互联网基础资源技术与应用发展态势（2019—2020）

中国互联网络信息中心　　曾　宇　　　　主　编

胡安磊　李洪涛　副主编

机械工业出版社

CNNIC 是我国的国家互联网络信息中心,成立 23 年来,专注于我国互联网基础资源的政策研究、运营管理、技术研发和应用推广。本书汇集了 2019 至 2020 年度 CNNIC 在互联网基础资源领域的重要研究成果,包括综述篇、技术发展篇、动态趋势与产业应用篇和国际组织动态篇 4 个部分共 24 篇文章,内容既涵盖了互联网基础资源主要技术、运行态势、安全状况等传统互联网基础资源研究领域,也包括了互联网基础资源大数据、基于区块链的互联网基础资源管理、边缘计算等与互联网基础资源相关的新兴热点领域,对我国域名行业发展、新通用顶级域发展进行了汇总分析,汇集了 ICANN、IETF 等重要国际组织近两年的主要工作和动态。对相关技术与应用发展的基本情况、研究热点、国内外发展趋势进行了较为深入的分析、研判,为互联网领域的管理者、研究者和从业人员提供了较为全面的参考借鉴。

本书得到国家重点研发计划重点专项项目"新型域名解析系统架构和关键技术"(2019YFB1804500)支持。

图书在版编目(CIP)数据

互联网基础资源技术与应用发展态势. 2019—2020/曾宇主编. —北京:机械工业出版社,2020. 8

ISBN 978-7-111-65804-7

Ⅰ.①互… Ⅱ.①曾… Ⅲ.①互联网络 – 研究 – 中国 – 2019 – 2020 Ⅳ.①TP393. 4

中国版本图书馆 CIP 数据核字(2020)第 096716 号

机械工业出版社(北京市百万庄大街22号 邮政编码100037)

策划编辑:吕 潇 责任编辑:吕 潇

责任校对:张晓蓉 封面设计:马精明

责任印制:郇 敏

北京圣夫亚美印刷有限公司印刷

2020 年 10 月第 1 版第 1 次印刷

184mm×260mm · 27.25 印张 · 2 插页 · 734 千字

标准书号:ISBN 978-7-111-65804-7

定价:139.00 元

电话服务　　　　　　　　　　网络服务

客服电话:010 – 88361066　　机 工 官 网:www. cmpbook. com

　　　　　010 – 88379833　　机 工 官 博:weibo. com/cmp1952

　　　　　010 – 68326294　　金 书 网:www. golden – book. com

封底无防伪标均为盗版　　机工教育服务网:www. cmpedu. com

互联网基础资源技术与应用发展态势（2019—2020）

指导委员会：

主　任：曾　宇

委　员：张　晓　薄兆一　李　强　汪立东　胡安磊　李洪涛

编写委员会：

主　编：曾　宇

副主编：胡安磊　李洪涛

编委（按姓氏笔画为序）：

马　琦	马中胜	马永征	王志洋	王艳峰	王常青	左　鹏	叶崛宇
朱　宁	刘　冰	刘　欣	刘昱琨	孙　钊	祁　宁	闫夏莉	李长江
李汉明	李炬嵘	李洪涛	杨　学	杨　琪	杨　墨	杨卫平	肖建芳
何　峥	冷　峰	张　茜	张明凯	张海阔	张跃冬	张新跃	陈　静
延志伟	罗　北	岳巧丽	周琳琳	孟　蕊	赵　琦	郝丽阳	胡卫宏
胡安磊	禹　桢	姚健康	姚睿倩	袁　梦	徐　颖	殷智勇	高　爽
高喜伟	唐洪峰	尉迟学彪	董　墨	董科军	曾　宇	谢杰灵	谭淑芬

万联网基础资源技术与应用发展报告（2019—2020）

序　言

　　以互联网为代表的信息通信技术为世界带来了翻天覆地的变化，前所未有地改变了人类生产生活的方式，极大促进了全球经济和社会发展，这无疑是互联网的发明者们带给全世界的礼物。"跨越长城、走向世界"，1994 年那条 64kbit/s 的网线将中国和世界相连，互联网加深了中国人民和世界人民的友谊，增进了中国人民和世界人民的理解，也为中国改革开放增添了新的活力和新的动力，成为中华民族伟大复兴的重要助力。作为中国全功能接入互联网的亲历者，我非常荣幸能够参与这样一项光荣的工作，为它的实现贡献自己的一份力量。

　　中国互联网的飞速发展举世瞩目，有赖于以互联网为代表的信息通信技术在中国的迅猛发展，其中域名、IP 地址、自治系统号码等互联网基础资源发挥着极为重要的基础性作用，定期对我国乃至全球互联网基础资源技术与应用发展态势进行系统全面的研究和判断，有助于我们更好地掌握和了解互联网的总体发展状况，促进互联网的健康持续发展。

　　从运行状况和安全态势来看，近两年来，随着网络技术的不断发展和变革，互联网基础资源领域从技术手段到业务形式都发生了许多新的变化，全球域名注册总量处于缓慢增长的趋势，但 IPv6 应用和根镜像部署都获得了较快速的发展；域名安全和新技术应用则展示出了新的变化趋势，像海龟攻击、域名劫持等形式的持续安全威胁逐步替代了原有的大规模拒绝服务攻击，成为新的安全威胁形式。针对我国域名服务体系进行系统、全面的安全态势分析，将有助于我们更好地理解这项互联网基础服务的运营安全状况，增强对我国域名服务体系的安全管控能力，同时也可以借此更好的掌握网络空间的基础安全生态环境，发掘网络空间潜在的安全问题，以更好地支撑对网络空间的有序治理。

　　从互联网基础资源相关的新兴热点领域和发展动向来看，基于区块链的域名解析技术、全联网技术等成为影响互联网基础资源体系架构的新的研究领域；资源公钥基础设施（RPKI）、边缘计算、基于加密传输的 DoH 和 DOT 技术、云原生边缘解析技术等新兴技术研究等逐渐成为新的研究热点；机器学习、区块链的研究也逐步进入域名领域，成为域名技术发展的重要研究方向，推动域名技术的持续变革。

　　截至 2020 年 3 月，我国网民数已超过 9 亿，随着云计算、移动互联网、物联网、智慧城市等新兴领域蓬勃发展，我国下一代互联网发展前景呈现出无限的想象空间，互联网基础资源技术领域的创新和发展也处于关键历史时期，我国互联网基础资源领域的研究人员要紧跟技术前沿、聚焦创新发展，及时跟进、尽早研究、尽快部署和应用，更好地支撑我国互联网下个十年的蓬勃发展。

1997 年，中国互联网络信息中心（CNNIC）成立。作为中国信息社会重要的基础设施建设者、运行者和管理者，CNNIC 始终扎根互联网基础资源领域，在互联网基础设施建设和运行保障、互联网基础资源技术研究及推动相关国际交流合作等方面做了大量扎实的工作。本书汇集了 2019 年以来 CNNIC 在互联网基础资源领域的重要研究成果，包括综述篇、技术发展篇、动态趋势与产业应用篇和国际组织动态篇四个部分二十余篇文章。内容既涵盖了互联网基础资源主要技术、运行态势、安全状况等传统互联网基础资源研究领域，也包括了互联网基础资源大数据、基于区块链的互联网基础资源管理、边缘计算等与互联网基础资源相关的新兴热点领域；对我国域名行业发展状况、新通用顶级域在我国的发展进行了汇总分析，汇集了 ICANN、IETF 等重要组织近两年的主要工作和动态；对相关技术与应用发展的基本情况、研究热点、国内外发展趋势进行了较为深入的分析、研判，是对近两年来我国乃至全球互联网基础资源技术与应用发展状况的一次系统梳理和忠实记录。

本书的出版，是 CNNIC 发挥国家互联网络信息中心作用，持续坚持互联网基础资源领域技术研发和开放合作的重要成果产出和工作体现，希望本书能够成为了解中国互联网络基础资源发展的重要窗口，为互联网领域的管理者、研究者和从业人员提供较为全面的参考借鉴，也为全球关心互联网发展的人了解中国在互联网基础资源技术领域取得的成绩，从而促进全球技术发展创造条件。用互联网的力量，为全人类造福。

研究员、国际互联网名人堂入选者

2020 年 5 月

编者序：
回顾过去　展望未来
——更好推动我国互联网基础资源大发展

当今世界正处于百年未有之大变局。以信息技术为代表的新一轮科技革命方兴未艾，信息技术与生物技术、新能源技术、新材料技术等交叉融合，正引发以绿色、智能、泛在为特征的集群式技术突破。当前互联网日益成为创新驱动发展的先导力量，推动产业变革深入发展，促进全球数字经济蓬勃发展。

过去几年，我国数字经济的发展成就非凡，取得了举世瞩目的成就。我国数字经济规模全球领先，数字经济占 GDP 比重持续攀升，2018 年达到 34.8%，数字经济规模达到 31.3 万亿元[⊖]，位居全球前列，对经济增长的贡献率明显提升，成为我国经济发展的重要驱动。互联网基础环境全面升级，网络环境更加优化、网络覆盖更广、网络速度更快、网络资费更低，网络基础资源"量增质升"。数字经济的快速发展，创造出更多、更高质量的就业机会，成为就业"稳定器"和"倍增器"。数字贸易成为推动高水平开放的新动能，跨境电子商务等数字化贸易形态发展迅速，数字消费成为扩内需新亮点。网信技术自主创新能力显著增强，网信独角兽企业快速发展，互联网企业全球竞争力显著提升。过去的几年，网络扶贫向纵深推进，手机应用软件（APP）呈爆发式增长，网络内容呈现全面繁荣，网络空间治理水平不断提升，互联网全面助力小康建设，不断满足人民群众对美好生活的新期待。过去几年，互联网国际交流合作日益深化，"网上丝绸之路"合作持续推动"一带一路"沿线国家的互联互通，并引领国际技术、产业合作新潮流。

发展数字经济，助推实体经济与传统产业数字化转型，对提升全要素生产率，推动我国经济增长和区域产业结构优化调整意义重大。过去几年，我国数字经济与实体经济深度融合发展，数字经济的发展为"中国制造"转型升级，为"中国智造"带来了新的历史契机，为现代服务业发展提供了强大的动力。当前，受新冠肺炎疫情的影响，全球供应链混乱、国际贸易额大幅缩减，疫情的全球蔓延对全球经济带来了显著影响，以数字经济驱动我国

⊖　数据来源：《数字中国建设发展报告（2018 年）》。

"后疫情时代"国民经济增长成为更加重要的选项。我国人口红利在互联网领域当前尚未完全消化，未来几年将推动互联网应用持续保持高速发展，由互联网应用催生的数字经济蕴藏着推动"后疫情时代"我国经济持续高速发展的巨大动能，可以说，推动互联网和各行业的融合创新发展是推动数字经济蓬勃发展的重要举措。互联网基础资源作为互联网的重要基石，也是我国数字经济蓬勃发展的重要基石。作为数字经济发展的重要基石，我国互联网基础资源领域技术、应用和产业的发展有力保障和推动了我国数字经济的发展。过去的几年，我国互联网基础资源在基础设施建设、核心技术突破、互联网治理方面取得系列成果，如2019年发布新型域名解析架构、提出全联网标识解析框架等，过去的一年，我国全球根镜像解析节点和全球CN解析服务节点布局更为完善、域名空间安全保障举措更为完善，但我们也要清醒地看到，我国在互联网基础资源领域核心技术、应用和产业与美国相比还存在很大差距，我们在互联网基础资源领域创新能力还不够突出，无中心化、各方平等参与、公开透明、可监管、安全可扩展的新型域名体系尚未完全建立，信息领域技术、应用、产业体系化发展尚在成型，对新技术发展规律和趋势的把握还不够深入，对网络攻防对抗规律等研究探索也还不够深入。我们在掌握新知识、熟悉新领域、开拓新视野等方面能力需要进一步加强，尚未彻底打破思维定势和路径依赖，对互联网规律的把握能力、对信息化发展的驾驭能力、对网络安全的保障能力还需持续提高。我们还要看到当前我国互联网基础资源的发展依然存在巨大风险，主要是如下几个方面。

互联网基础资源领域"卡脖子"的风险。互联网基础资源主要指提供关键互联网服务的重要基础资源，包括标识解析、IP、路由等及其服务系统和支撑服务系统的底层基础设施等。构建互联网基础资源支撑服务系统大量的底层基础设施（高性能服务器、路由器、交换机、防火墙等核心部件），如高性能CPU（中央处理单元）、FPGA（现场可编程门阵列）、高端交换芯片、存储控制芯片等核心技术均由美国等西方发达国家企业垄断，数据库、操作系统等也基本都由美国等西方发达国家企业垄断，一旦这些国家和企业对我国断供、禁止使用，我国该如何应对？2019年以来，美国商务部将华为等我国优秀信息领域企业列入所谓"实体清单"，禁止美国企业向华为等我国企业出售相关技术和产品，实施禁运，就是鲜明例子。

网络安全形势严峻的风险。当前，根区数据管理主要由ICANN（互联网名称与数字地址分配机构）及其关联公司负责，存在一个国家或地区面临其顶级域名被从根区删除而造成全球用户无法访问该顶级域名下网站的风险。全球13个根服务器及其镜像服务器由美国、瑞典、荷兰、日本4个国家的12家机构负责运行，别的国家会因此面临被根服务器及其镜像服务器拒绝提供解析服务而造成该国网络用户无法上网的风险，以上风险严重威胁网络空间国家主权并危害互联网的开放和平等；与此同时，针对根服务器的安全威胁，特别是针对根服务器的 DDoS（分布式拒绝服务）威胁，也穷出不穷。过去十几年，发生多起严重的针对根服务器的 DDoS 攻击，给全球域名解析造成重大影响，如 2002 年 10 月 21 日，全球 13 台 DNS 根服务器遭受了大规模 DDoS 攻击，其中的 9 台根服务器相继不能正常服务；2007 年 2 月 6 日，全球 4 台根服务器受到两波 DDoS 攻击，最终导致 2 台根服务器瘫痪了几个小时。可以看到，上述网络安全攻击行为对全球域名解析系统的安全稳定运行造成重大影响，严重危害网络空间的安全；另一方面，全球针对互联网基础资源的 APT（高级持续性威胁）攻击、DDoS 攻击、数据泄露等事件不断发生，安全风险日渐凸显。2018 年国际上发生的比特币应用 BlackWallet 的 DNS 服务器遭攻击事件、亚马逊权威域名服务器遭遇 BGP（边界路由协议）路由劫持攻击事件和针对中东地区的政府、电信、互联网企业的 DNSpionage 恶意软件等安全事件中，攻击者利用域名系统安全漏洞，结合其他网络攻击技术，导致攻击抵御难度更大，攻击后果严重。

互联网国际治理体系一家独大的风险。技术革命的不断深入和贸易保护主义、孤立主义、民粹主义的全球盛行驱动当今世界网络空间发展态势日趋复杂。网络空间国际治理规则尚未形成，一家独大、一超多强、西强我弱局面尚未有效改变。2016 年 10 月，IANA（互联网数字分配机构）职能管理权移交后，美国政府不再直接介入根区数据管理，但其运作和关键决策仍然可能受到相关政治因素的影响。当前，互联网国际治理体系仍然存在一家独大的风险，且在"后疫情时代"呈现和地缘政治更为紧密结合的态势。互联网的发展应由世界各国共同掌握、互联网的规则应该由世界各国共同书写、互联网的治理应该由世界各国共同参与、互联网的发展成果也应该由世界各国人民共同分享。

虽然我国互联网基础资源领域面临严峻的风险和挑战，但也要看到前所未有的发展机遇。在政策红利方面，当前支持我国互联网基础资源发展的政策密集出台，迎来系列政策机遇。在新兴技术发展方面，新兴信息技术变革带来重大技术机遇。一方面，物联网发展进入新时期，即"全联网（全球泛在物联网）"时期。全联网所带来的海量的"人、机、物"信息，将极大地推动云计算、大数据、人工智能等技术和产业创新发展，也必然推动互联网基础资源这一全联网发展的基础滚动向前；另一方面，当前 DNS 体系已运行近 40 年，在技术、产业、网络空间治理等方面已存在诸多不适应之处，亟待变革，研究并实现无中心化管理、平等开放、安全可靠的新型域名解析架构已成为业界共识；DOH（DNS Over Https）、DOT（DNS over TLS）等新技术也对递归服务器、隐私保护等提出新的要求，带来新的机遇。

在防范化解网络安全风险方面，防范化解网络安全风险也给我们带来重大机遇，危中有机。中美贸易摩擦让我国彻底坚定了核心技术要牢牢掌握在自己手中的决心。"根停服风险"严重威胁我国网络空间国家主权并严重危害互联网的平等和开放。为防范风险，俄罗斯开展了多次"断网"测试，未来，我国网民将更愿意使用".CN"，同时，也为我国推动全球建设新型根域名解析系统，建立平等、开放的互联网治理体系提供了绝佳机遇。在数字经济方面，"一带一路""新基建"等多重利好共振为我国数字经济发展提供新机遇，"后疫情时代"我国数字经济将迎来新一轮高速发展。在互联网治理方面，多重因素叠加下全球互联网治理日趋复杂，这也为我们推动构建人类网络空间命运共同体带来重要机遇。

本书概略总结了我国互联网基础资源技术与应用在过去两年的进展，既有从技术发展趋势维度的深度思考，也有对过去几年域名基础设施运行管理经验的系统总结，还有对互联网国际治理的深入分析等，这些精彩的文章不过是我国互联网基础资源领域快速发展的缩影，还有诸多进展因为时间原因，来不及整理，没有纳入本书。

虽然过去几年我国在互联网基础资源领域技术、应用和产业方面均取得了一定成就，但与西方发达国家相比，还存在诸多差距。我们需正视差距、提高站位、树立全球视野，主动顺应和引领互联网基础资源变革。未来几年，建议从如下几个方面进一步推动我国互联网基础资源技术、应用与产业的发展。

一、加快互联网基础资源领域核心技术突破

一是加快推进区块链核心技术突破，全力以赴、攻坚克难，进一步完善我国区块链国内、国际标准研究和专利布局，建设基于区块链的新型域名解析系统，促进区块链和人工智能、物联网等技术的深度融合发展；二是抢抓5G、边缘计算、人工智能等技术带来的人、机、物无处不在，始终在线的全联网发展机遇，广泛融合 DNS、Ecode、EPC（电子产品编码）、OID（对象标识符）、Handle 等多种网络标识技术，加快突破安全可控、高效、智能、泛在等关键技术，加快全联网标识解析服务架构研究，推动建立全球标识根解析服务体系，探索为复杂环境海量异构对象提供以我为主、基础设施无关的标识解析服务，加快构建全联网标准体系，推动全联网技术在智能制造、智慧物流、智慧医疗、智慧交通等领域的应用；三是实施互联网基础资源大数据战略，高效采集、有效整合、深度利用互联网基础资源在注册、解析及应用支撑等各环节中产生的数据，基于大规模分布式数据采集、海量数据存储、数据挖掘、数据一致性等关键技术，结合网络舆情、经济、技术、社会等多源异构数据，加

快建设互联网基础资源大数据平台，为加强网络内容管理、促进信息资源共享、提升互联网安全水平等提供强有力支撑。

二、防范化解互联网基础资源领域重大风险

一是需加大对互联网基础资源领域网络攻防对抗技术及发展规律的研究探索，加快建设互联网基础资源安全态势感知平台，实现互联网基础资源领域网络安全风险动态预警；二是深入研判 DOH、DOT 等新兴网络技术风险，形成一揽子应对举措。推进 RPKI（资源公共密钥基础架构）系统平台部署应用，进一步提升互联网路由安全；三是进一步完善国家顶级域名全球服务节点布局，推动全球根服务器镜像节点在我国均衡、有序部署，持续完善国家顶级域名系统安全保障体系，有效保障我国网络空间安全。

三、推动建立域名等互联网基础资源全流程管理体系

一是加大域名监管力度，进一步强化对域名抢注、域名囤积、域名盗用、域名侵权、域名非法交易等行为的处理、打击力度，进一步加大对域名应用于涉政治有害类、涉网络诈骗、涉黄、涉赌、涉毒等有害应用的打击力度，进一步强化对域名注册、应用、转让、交易、注销等各环节的监管，进一步健全、完善域名全流程管理制度体系；二是加大对 IP 地址分配、应用、转让等各环节监管，加大对 IPv4 地址囤积及非法交易等监管力度，推动 IPv6 应用深入发展，构建 IP 地址分配、技术发展、应用普及等良性生态，进一步健全、完善 IP 地址管理制度体系；三是基于人工智能、大数据等技术，建立完善网络钓鱼欺诈主动探测技术体系和系统平台，实现覆盖多源受理、主动探测、申诉处置的全流程处理和自动化处理，大幅缩短钓鱼网站发现周期。针对多发易发钓鱼现象的互联网金融、电子商务类网站，联合金融机构、大型互联网企业等开展专项打击行动。

四、推动构建新型网络空间国际治理秩序

一是发挥域名控制权在网络空间国际治理中的牵引作用，抓住当前多重因素叠加有利时机，推动现有 DNS 向新型网络标识体系转变，从而驱动全球互联网治理体系向更加开放、平等的网络空间命运共同体演进，以在全球互联网基础资源领域变革中掌握话语权、主动权；二是进一步提升互联网治理研究水平，推动更多的优秀人才到互联网领域国际组织任职。深入参与 ICANN、IETF（国际互联网工程任务组）等国际组织和 APNIC（亚太互联网

络信息中心）、APTLD（亚太地区顶级域名联合会）等区域网络空间国际组织相关工作，形成更多的技术、标准等提案，力争在网络空间国际治理组织机构中形成一致声音。

大道至简、知易行难。我们需直面挑战、抓住机遇，久久为功，以取得突破。

未来几年，是"后疫情时代"西方发达国家贸易保护主义、民粹主义驱动全球产业链、供应链、价值链分化重构的关键时期，是我国信息技术产业政策红利的快速释放期，是新基建引领我国数字经济新发展的关键时期，是新一代信息技术驱动我国产业结构优化升级的关键时期，也是中国模式向国际社会扩散的关键成型期。世界百年未有之大变局下的信息技术迭代创新加速和信息技术产业链、价值链深度调整为我国核心技术突破带来新机遇，也为我国互联网基础资源领域技术、应用和产业的蓬勃发展带来重要机遇。

世界百年未有之大变局下，我们需进一步笃定思想、沉着冷静、保持战略定力、坚定信心、释放活力、加强凝聚力、提升战斗力，主动顺应和引领互联网基础资源变革，力争取得更多进展、更大突破和重大成果，为网络强国建设贡献更大力量！

研究员、中国互联网络信息中心主任

2020 年 5 月 2 日

目　　录

国际组织动态篇

附录

综　述　篇

面向全联网的标识解析

摘要：物联网发展进入了一个更加泛在的时期，即"全球物联网（简称：全联网）"时期。对网络实体、内容和服务等数字对象命名、寻址（标识解析）是全联网全要素、各环节信息互通的重点。本文回顾了主流标识解析技术架构的特点，分析了全联网标识解析的设计需求和关键技术，提出了一种面向全联网标识解析的新型架构。

关键词：全联网；标识解析

一、引言

1969 年，具有四个节点的阿帕网（ARPANET）正式启用，人类社会从此跨入互联网时代。50 多年来，互联网凭借实时交互、资源共享、相对公平和超越时空限制等特点，极大降低了信息获取的门槛，加快了信息流通的速度，给人类社会带来了前所未有的影响和发展动力。

1999 年，麻省理工学院在研究物品编码技术时提出"物联网"的概念。2005 年，国际电信联盟（International Telecommunication Union，ITU）在信息社会世界峰会上发布《ITU 互联网报告2005：物联网》[○]，宣布"物联网"时代来临，人类社会逐渐由互联网时代进入物联网时代。如果说互联网是把人作为连接和服务的对象，物联网是将连接和服务的对象从人扩展到物，实现"万物互联"。

当前，物联网的发展进入了一个新的时期，即"全联网"时期。国家信息化专家咨询委员会原常务副主任周宏仁指出：全联网将是一个一体化集成的、人、机、物无处不在、始终在线的，世界上最大的超巨系统[○]。其中，"人"是指计算机化的人；"机"是指计算机互相连接组成的互联网；"物"是指物－物相连组成的物联网，三者共同构成了全联网。如果说物联网只是互联网应用向"物"的延伸，是关于"物"的管理和利用的信息系统，那么全联网则不只是一个"物－物"互联的网络、技术或应用生态，而是会成为一个全球经济社会活动日常运行的基础设施和系统。全联网是大数据、云计算和人工智能赖以持续发展的基础，是构造人工智能驱动世界的切入点。

标识解析是全联网的基础性功能和服务。在全联网时代，如何对海量实体（人、机、物）提供安全、智能、高效、泛在和可控的标识解析服务，是极具挑战且亟需探索的问题，是全联网这一复杂超巨系统需要优先思考布局的核心问题和难点问题。本文总结了主流标识解析方案的特点，分析了全联网标识解析服务的设计需求和关键技术，提出了一种面向全联网标识解析的新型架构，旨在实现全联网标识解析环节数据无障碍获取，为全要素、各环节信息互通打下基础。

二、国内外主流标识解析方案

从全联网协议体系考虑，需要三种标识：一是服务标识，用来标识全联网各类智能应用和上

○　https：//www.itu.int/pub/S－POL－IR.IT－2005/e。

○　周宏仁：《互联网向全联网的发展》，中国互联网基础资源大会，2019 年 6 月。

层服务；二是通信标识，基于通信标识实现海量标识端对端高效安全的互联互通；三是对象标识，标识异构的物理和虚拟对象，进行高效安全的设备管理和灵活敏捷的信息整合。

在当前互联网、物联网中，已存在多种异构的标识解析体系及服务系统，以实现不同应用环境中的服务、通信和对象的标识注册和解析服务。主流的标识解析技术与系统有域名系统（Domain Name System, DNS）、对象标识符（Object Identifier, OID）、产品电子代码（Electronic Product Code, EPC）、实体码（Entity code, Ecode）、泛在识别码（ubiquitous code, ucode）和 Handle 等。其中，OID、EPC、Ecode 以及 Handle 主要面向物联网需求，现已逐渐在工业互联网等领域推广应用；DNS 仍主要应用于互联网域名标识，但同时也承载 OID、EPC 等解析系统的部分寻址功能。

（一）DNS

DNS 是互联网主要使用的标识解析方案，通过实现域名和 IP 地址的相互映射，使人们能够更方便地访问互联网。

1）技术特点方面。DNS 的层次化结构具有良好的可扩展性，并且其功能也在不断演进，至今被广泛应用的 DNS 资源记录多达 30 余种。DNS 支持分布式部署，全球部署的递归服务器数量超过 1000 万台，非递归服务器数量超过 500 万台，国际互联网工程任务组（The Internet Engineering Task Force, IETF）发布 DNS 相关 RFC 技术规范近 300 篇，为 DNS 的稳定、可靠运行提供了有力的技术保障。

2）标识应用方面。DNS 在互联网领域应用极其广泛，目前全球域名数量已突破 3 亿。随着新通用顶级域名的开放及对国际化域名的支持，域名的可选空间进一步扩大。域名注册者的选择已经从早期仅限于为数不多的几个通用顶级域名扩展到现在上千个新通用顶级域名。

3）根服务方面。目前 DNS 共有 1 个主根、12 个辅根，此外全球部署上千台套根服务器镜像节点。截至 2019 年 12 月，我国共引入根镜像节点 12 台套。根区数据管理主要由互联网名称与数字地址分配机构（The Internet Corporation for Assigned Names and Numbers, ICANN）及其关联公司负责，我国没有根区数据及根服务器的管理权。

4）存在的主要问题。DNS 系统的主要问题是根区数据管理的封闭化和根服务器系统单边管理带来的"根停服风险"（该风险威胁除美国外其他国家的网络空间主权和互联网的平等、开放）以及针对域名系统的安全攻击如分布式拒绝服务（Distributed Denial of Service, DDoS）攻击、DNS 欺骗攻击和域名劫持攻击等。

（二）Handle

Handle 系统于 1995 年由 TCP/IP 的联合发明人、互联网之父罗伯特·卡恩博士领导的美国国家创新研究所（Corporation for National Research Initiatives, CNRI）研发，以 Handle 作为数字对象的唯一标识符，为数字对象提供永久标识、动态解析和安全管理等服务。目前由数字对象网络架构（Digital Object Network Architecture, DONA）基金会下设的理事会，负责对 Handle 的管理机制、发展规划、应用推广等进行战略决策，同时对部署在世界各地的 Handle 根系统进行管理。

1）技术特点方面。一是唯一性，Handle 系统全球解析系统和分段管理的运行维护机制确保 Handle 标识在全球范围内的唯一性；二是永久性，Handle 系统所颁发的 Handle 标识可保证标识解析使用的永久性，当实际对象的内容、位置发生改变时，引用 Handle 标识的使用者无需任何处理即可感知对应的变化；三是可扩展的命名空间，新的本地名字空间可以通过获得一个唯一的

Handle 命名前缀而加入全局名字空间，从而避免和现存命名空间发生冲突；四是分布式管理，Handle 系统设计了分布式分级服务模式，任何本地 Handle 名字空间都可以被本地服务器或全球服务器所访问。

2）标识应用方面。目前 Handle 系统已经成熟应用于数字图书馆、数字博物馆、数字出版等领域。数字出版领域的数字对象唯一标识（Digital Object Identifier，DOI）系统⊖是 Handle 系统最著名的应用。Handle 系统已部署使用 20 多年，目前注册和管理超过 10 亿个全球唯一标识符。近年来随着工业互联网的发展，Handle 系统也在探索和尝试在该领域应用的可能性。

3）根服务方面。Handle 系统采用多主根管理系统。全球 Handle 根系统负责 Handle 全球根服务，由独立运行且相互协同的全球根节点组成。截至目前，全球共有"9＋1"个全球根节点，分别为中国、美国、英国、德国、沙特阿拉伯、南非、卢旺达、突尼斯、俄罗斯和 ITU。我国对部署在我国的 Handle 根节点具有运营和服务的自治权，可制定与执行相关管理政策并管理 Handle 资源。

4）存在的主要问题。一是 Handle 系统的应用一直以来主要集中于数字内容领域，利用其唯一标识的命名、注册以及简单的解析功能，为数字内容提供持久的标识与静态定位链接，物联网、工业互联网环境下，标识对象的可移动性以及标识动态更新与管理，对时延和可靠性提出了更高要求，解析服务也需要能够为数以亿计的海量联网对象提供寻址和解析服务，Handle 系统能否在这些场景下提供可靠的服务尚未经过检验；二是 Handle 仅对根节点采用了多根对等结构，二级节点仍属于层次化结构，易受到攻击和控制；三是 Handle 现有安全机制无法保证数据安全，可能导致解析出错或不可信解析。同时，部分 Handle 全球根节点运维基于封闭软件，存在开放性较低等问题。

（三）OID

OID 是一种目前应用广泛的标识机制，可应用于任何类型的对象、概念等。在 20 世纪 80 年代，国际标准化组织（International Organization for Standardization，ISO)/国际电工委员会（International Electrotechnical Commission，IEC）、ITU 等就已经开始了 OID 的研究工作。在我国，为顺应产业发展的需要，设立于中国电子技术标准化研究院的国家 OID 注册中心（CNOID）⊖于 2007 年成立，负责 OID 中国分支的注册、解析、管理以及在国际标准化组织的备案等工作。

1）技术特点方面。OID 标识具有灵活、可扩展等特点，可用于多种不同类型对象的标识。OID 编码结构为树状结构，不同层次之间用"."分隔，层数无限制。标识名称可包括数字和字母数字两种形式。

2）标识应用方面。OID 标识在国际上应用范围较广。截至 2020 年 4 月，国际 OID 数据库中已有超过 150 万个顶层的 OID 节点被注册，全球超过 200 个国家/地区的政府主管机构代表本国成员体注册了 OID⊖。在我国，国家 OID 注册中心已为 200 多家政府机关、企事业单位和社会团体注册了国家顶级 OID 节点，覆盖生产制造、电子医疗、信息安全、智能交通、电子商务、网络管理和教育信息化等众多产业领域。

⊖ https：//www. doi. org/。

⊖ http：//www. china - oid. org. cn/。

⊜ http：//www. oid - info. com/cgi - bin/display？a = count_ nodes。

3）根服务方面。在 OID 标识体系中，顶层 OID 标识由 ISO、ITU 单独或者联合管理和维护，相关国家、机构或者组织独立负责各自分支下的 OID 分配、注册、解析等工作，实现自主管理和维护。目前 OID 根注册系统由法国电信维护，根解析节点（oid‑res. org）由韩国 KISA（Korea Internet & Security Agency，韩国信息安全局）维护，可实现 OID 根目录解析等服务功能。

4）存在的主要问题。OID 在技术和架构上存在一些不足：一是标识的永久性问题，通过对 OID 标识的解析可以获取该标识所对应的信息，但是 OID 并不能保证该信息的永久性，该问题使得 OID 难以被应用到科技文献数据等领域；二是 OID 标识的解析系统依赖 DNS 架构，OID 的实现方案是将 OID 树映射到 DNS，OID 根在 DNS 中映射为".oid‑res. org"，OID 根节点的信息保存在 DNS 的区文件中，从安全角度来讲，OID 解析系统依赖于 DNS 的安全性；三是我国没有 OID 根服务的管理权，只负责 OID 中国分支 1. 2. 156（ISO. member. china）和 2. 16. 156（ISO‑ITU. member. china）的注册、解析、管理以及国际备案工作。

（四）EPC

EPC 标识体系 1999 年由美国麻省理工学院首次提出，主要应用于物品标识和物流供应链的自动追踪管理。EPC 是一种编码系统，建立在全球统一的条形编码系统之上，并对条形编码系统做了一些扩充，用以实现对单品进行标识。EPCglobal 网络是一个能够实现供应链中商品快速自动识别及信息共享的网络架构。目前，EPC 标识系统由国际物品编码协会（Global Standards 1，GS1）管理。2004 年，中国物品编码中心取得授权，负责我国 EPC 的注册、管理以及运营工作。

1）技术特点方面。EPC 编码设计考虑了与无线射频技术（Radio Frequency Identification，RFID）的结合，其标准与目前广泛应用的 GS1 编码标准兼容，支持对包括地理位置、资产和物流单元等几乎所有世界上存在的实体和虚拟物品进行编码。EPC 编码属单品编码，而非类别编码，其编码容量巨大，可满足任意单个物品精细化管理的需要。

2）标识应用方面。EPC 标识体系在美国、欧洲以及亚洲的日本、韩国应用较为普及，主要在商品流通和供应链领域。我国在 EPC 的应用上虽然起步较早，但经过十多年的发展，规模始终不大。国内企业对于 EPC 的采纳程度较低，只有一些出口规模较大的企业有实施 EPC 的刚性需求，其出口商品需遵循国际通用规则，以满足国外零售商的要求。

3）解析服务方面。EPC 解析系统依赖于目前的 DNS 架构。在 EPC 体系中，其解析服务系统的对象名字服务（Object Name Service，ONS）采用 DNS 体系来实现 EPC 编码的解析服务。所有 EPC 编码在 ONS 查询时会被映射到".onsepc. com"域名空间。ONS 解析体系的根服务器节点，就是管理和维护 EPC 编码顶级前缀并提供解析服务的节点，实际上是 DNS 系统的二级域。全球 ONS 服务由 EPCglobal 网络委托美国 VeriSign 公司运营，现已设有 14 个资料中心用以提供 ONS 搜索服务，同时建立了 7 个 ONS 服务中心。

4）存在的主要问题。一是基于 DNS 的 ONS 解析服务会继承 DNS 架构本身存在的问题；二是虽然 EPC 名字空间（96 位编码）可支撑庞大的物联网标识需求，但随着全联网的发展和大规模部署，ONS 能否承载全联网蓬勃发展带来的巨量解析请求尚不清晰。

（五）Ecode

Ecode 是一种适用于物联网任意对象的编码解决方案，由中国物品编码中心提出。2015 年，由物品编码中心主导完成国家标准 GB/T 31866—2015《物联网标识体系 物品编码 Ecode》正式发布，成为我国首个物联网国家标准。

1）技术特点方面。Ecode 编码结构为三段式，依次是版本 V、编码体系标识 NSI 和主码 MD。版本 V 用于区分不同数据结构的 Ecode，编码体系标识 NSI 用于指示某一编码体系的代码，主码 MD 表示某一行业和应用系统中的标识代码。Ecode 在设计上可兼容已有编码体系。

2）标识应用方面。Ecode 应用主要在农产品、成品粮、红酒、茶叶、化肥、乳品和工业装备等产品追溯及原产地认证领域。截至 2020 年 4 月，Ecode 已发行标识总量达到 87280066324 个，解析总量 6142597 次，平均日解析量为 4142 次。

3）解析服务方面。Ecode 解析由编码体系解析服务、编码数据结构解析服务、物品码解析服务三部分构成。

4）存在的主要问题。一是 Ecode 由我国物品编码中心推动，提出的编码方案兼容已有各种编码，应用主要在我国，还存在与国际互联互通的问题；二是当前 Ecode 平均日解析量不高，其面向海量解析服务的性能和效率需基于大规模实践应用进行验证。

（六）ucode

ucode 由日本东京大学泛在 ID 中心（ubiquitous ID Center, uID 中心）于 2003 年提出，旨在将现实世界用 ucode 标识的各种实体与虚拟世界中存储在信息系统服务器中的各种相关信息联系起来，实现物物互联。

1）技术特点方面。ucode 采用 128 位记录信息，并可以 128 位为单元进一步扩展至 256 位、384 位或 512 位，编码容量巨大。为了保证标识的唯一性，ucode 空间细分为两级域来进行管理，上层域称为顶级域（Top Level Domain, TLD），下层域称为二级域（Second Level Domain, SLD）。

2）标识应用方面。ucode 在日本的应用规模比较广泛，如商场导航和促销、停车场汽车定位等。

3）解析服务方面。ucode 采用类似 DNS 的解析服务架构，其通信协议采用支持密码认证的实体传输协议（entity Transfer Protocol, eTP）。ucode 根服务器由位于日本的 uID 中心管理维护。TLD 服务器分布在日本、其他亚洲国家以及欧洲国家。

4）存在的主要问题。ucode 标识体系主要在日本应用，解析协议并没有考虑对其他编码系统标准的兼容性，对于新的编码方式不能添加相应的解析规则。

（七）小结

从上述分析来看，一是 DNS、Handle、Ecode 和 ucode 等自成体系，异构人、机、物标识体系兼容互通较差，不同标识体系之间兼容互通存在技术、政策等诸多障碍；二是 DNS、Handle 和 Ecode 等标识申请、配置和信息变更效率低，无法满足全联网高效实时标识解析场景下的服务要求；三是 DNS、Handle、Ecode 和 ucode 等标识技术系统安全保障和服务能力也参差不齐，Handle、Ecode 和 ucode 等尚未形成完善的安全保障和大规模服务能力；四是当前的泛在标识管理和推进组织也种类繁多，且各自为阵（需要更加公平的治理体系），各标准组织（如 ISO、ITU、IETF 和 IEC 等）都在全力推动不同的标识体系，竞争大于合作；五是当前标识技术和体系大多针对特定应用场景，缺乏对共性需求的考虑，对高效率、移动性、智能化和兼容互通等方面需求

○ http：//std. samr. gov. cn/gb/search/gbDetailed? id = 71F772D80944D3A7E05397BE0A0AB82A。

○ http：//www. iotroot. com/。

考虑不足。

三、全联网标识解析需求分析

（一）设计原则

从全联网应用视角出发，通过调研车联网、智能电网、智慧医疗和智慧物流等多种全联网应用场景的标识需求，全联网标识解析架构设计应遵循移动性、高效率、安全性、基础架构无关和本地化等原则。

1. 移动性

随着无线通信、传感网络和边缘计算等技术的不断普及，车联网、智慧医疗和智能家居等场景中节点随时随地、高效联网的需求不断提升。在物联网等概念形成之前，移动性已是互联网架构所面临的主要问题之一。多年来，学术界围绕标识系统，从不同角度和不同层次提出各种探索性方案，以满足移动性场景中识别、定位、访问和安全的需求。以车联网为例，车辆在移动过程中会不断切换网络接入点，并通过无线通信技术与外界建立有效的连接，为此需要研究高效的自动联网技术，同时需确保自身可被访问性以及连接的高可靠性。

2. 高效率

全联网中的数据采集和控制系统，主要目的在于对物理世界进行监测和控制，对实时性有着极高的要求。全联网应用中包含诸多毫秒级延迟的实时响应场景，以智能电网为例，每日新增近千亿条数据、每秒近 3000 次采样；智能电网领域唯一的全球通用标准 IEC61850[一]规定，设备监测消息最高延迟不超过 3ms，同时，要根据位置（物理或网络接入节点）做出实时的电力供应决策。

效率是全联网标识系统的核心诉求之一，包括对节点的快速定位、高效率的标识解析、信息的高效传输以及效率随网络规模的高可扩展性等。

3. 安全性

安全对全联网的挑战，主要来源于以下几个方面：首先，全联网是一个超大规模复杂巨系统，海量的网络节点、共存的异构通信场景以及日益明显的分布式智能特性，都带来了安全方面的重大挑战；其次，全联网各场景内部长久以来形成了众多较为封闭的系统，这些系统在加密、认证等技术的应用上不够普遍；同时，标准化技术的运用、技术来源的多样化以及网络攻击的智能化和高频化，也成为全联网安全隐患的重要根源。

随着通用信息通信技术的引入，以及开放式的协议、操作系统和平台等的使用，全联网应用系统中的主流操作系统、TCP/IP、DNS 和 DHCP 等技术协议日益成为被攻击点。全联网主要的安全风险包括对数据的窃取、篡改和伪造等，对标识解析系统的 DDoS 攻击、劫持攻击等。

4. 基础架构无关

在车联网场景中，一定范围内的车辆会动态地组成异构的网络，在工业、能源和环境监测等场景中，传感网络同样具有动态、异构等特点。这种异构网络的最显著特点在于不依赖于传统的通信基础设施（即网络接入点）而存在，即基础架构无关性。随着全联网的发展，以及节点侧能耗效率、计算/存储/通信能力的提升，基础架构无关对独立于网络基础设施而形成的自组网而言日益重要。

〇　　https：//webstore.iec.ch/publication/6028。

基础架构无关包括标准化、网络兼容、标识兼容和特定软硬件兼容等内容。比如，智能电网发展的主要障碍之一在于通信模式、协议和组成系统的多样性，导致计算和存储能力、网络带宽、通信协议和能耗等方面都存在巨大差异，从而对设备和应用之间的信息交互形成阻碍。

5. 本地化

本地化的内涵在于信息采集、传输和使用都局限在特定的场景中，与本地特征密切相关。比如在智慧农业场景中，局部范围内的传感节点只隶属于特定控制系统，节点没有 IP 地址，只有本地地址。本地化特性主要来自于管理和服务的定制化需求，包括局部有效、管理分域、语言/度量和服务/应用等。

（二）关键技术

标识所代表的实体是全联网的基本组成单元，标识及其相关信息，是形式化表征物理和虚拟实体的核心要素。通过定制化的数据存储、分析和处理技术，以定位实体并按需获取所需信息，构成了标识解析技术的主要内涵。标识系统的关键技术，主要包括三个方面：一是标识技术方面，本质在于实现各类实体的数字化映射；二是解析技术方面，主要指对海量标识数据的查询、计算和服务响应等；三是安全技术方面，即对标识及其属性信息以及对解析过程和相关日志信息的保护等技术。

1. 标识技术方面

标识的本质是通过有目的的信息编制，支撑万物感知和发现。因此，标识不仅仅是狭义上的信息编码形式，而是对全联网内泛在目标进行定义和描述，前者用于排他性识别，而后者则用于更为宽泛的管理和控制的目标。目前，典型的标识包括：互联网领域的域名，以层次化的结构和便于记忆的词汇，对目标类型进行描述；商品流通领域的物品编码，根据品类特征进行分类，并为单个物品赋予唯一身份代码，比如零售商品编码、物流单元编码和车辆识别代号等；电力行业的 KKS（Kraftwerk Kennzeichen System，电厂标识系统）编码，和对电站、系统、设备和部件等实体要素进行识别和分类。

全联网标识技术的研究，主要集中在以下几个方面：探索具有高度语义可扩展的信息编制范式，为客观全面描述物体、事件和服务等全联网基本要素提供支撑，比如在生产制造和智能家居等领域对域名进行扩展；通过标识对实体间的关系进行刻画，比如在物流领域将车辆、货箱和物品之间的关系编制到标识内容中，或者在电网标识中体现出设备之间的多层网状结构；标识信息的标准化，确保相同要素在不同标识中具有一致的形式。

2. 解析技术方面

互联网场景下，诸如 DNS、DOI 等，解析的含义通常是以特定标识为目标，进行信息提取，比如获取域名对应的 IP 地址、DOI 对应的文章内容等。互联网语境下的解析，更偏向于通用类的服务，很少用于决策支持。在全联网场景下，解析的内涵得到极大扩展，不再局限于针对特定标识的信息获取，而是更加富含语义，能够对决策形成直接的支持。总体来看，全联网标识解析可以理解为基于全球分布式层次化技术架构对信息进行高效的查询。标识解析的主要技术环节，包括对标识数据的管理和计算，其中涉及多种主流和新兴的技术。

（1）数据管理

全联网标识（编码及其属性），除了普适性的大数据特征之外，还具有自身鲜明的特点，比如极强的时空关联性、文本信息为主、噪声内容较多和应用通常需要异构数据支撑等。为提升互操作性，降低信息流动难度，高效的数据管理技术是必不可少的。传统关系数据库中的数据模型，难以同时满足全联网内识别物体、描述属性、刻画关系和高效访问等需求。因此，针对全联网标识的组织和管理，需要新型数据库的支撑。

1）分布式架构。由于规模巨大且增长迅速，全联网标识及相关信息的统一管理将以分布式架构为主。其中，分布式 NoSQL 数据库因为其所具有的高可扩展性，成为支撑全联网标识数据管理的重要技术。同时，在性能方面，NoSQL 数据库也更适合于对海量传感器读写的场景。

2）列数据库。传统以行为主的数据库系统，在写操作方面表现突出。但在全联网场景中，通常的需求是基于海量数据进行 Ad hoc 查询，因此，列数据库是重要的选项。海量标识的同一属性，以列形式实现连续的存储，有助于提升读操作的效率。常见的列数据库有 BigTable、Cassandra 和 HBase 等。

3）对象数据库。全联网标识，对应着物理世界和数字化空间内的实体、服务、事件等，基本都可以用"对象"的概念来描述。对象数据库用于体现对象之间的各种关系以及对属性进行全面描述。对于对象模型的刻画，主要通过 XML（eXtensible Markup Language，可扩展标记语言）或 OWL（Web Ontology Language，网络本体语言）等语义描述语言，对设备、服务和情景等进行描述、组织和实现；而在存储方面，代表性方案包括使用 MongoDB 或 SimpleDB 管理数据，用 CouchDB 作为事件的持久化存储工具等。

4）图数据库。对象模式下的数据组织，已经包含了对实体间关系的刻画功能。在互联网领域，AS／router（IP）拓扑分析是重要的研究方向，而网页之间也需要以标签的共享来刻画相关性。在全联网场景中，典型需求包括物品是否在特定货柜中、多个传感器是否具有地理亲缘性等。比如，为支撑物流运输过程中对物品、包裹、货架之间关系的查询和计算需求，可以基于图模型来管理 RFID 数据。为了高效响应此类需求，需要进一步优化数据组织和持久化方案，最直接的思路就是将标识以图的形式加以存储，比如 OrientDB、Neo4j 和 Titan2 等。以图数据库为基础，可以扩展全联网内关联分析的内涵，将更为多元的信息（不限于设备、车辆、货物、传感器和标签等）映射到图模型上。

5）时序数据库。时序相关的分析是物联网、车联网和电网等应用的基本需求，从数据清洗、异常监测到事件发现，都离不开时间信息的标记和计算。对时间标签的依赖，意味着对实体状态的高频更新，传统的数据库管理系统，难以在提供高效写性能的同时兼顾按时间查询检索的功能。目前，在智能电表领域，时序数据库在数据加载、计算和存储方面已展现出较大潜力。

（2）语义计算

在全联网内，以语义化为基础，能够全面系统地描述人、机、物及相关信息，实现物联世界的标准化，提升设备、系统及平台之间的互操作性。以欧盟为例，在其物联网研究路线图[⊖]中，将语义标签（semantic tagging）、语义传感网（semantic sensor web）和基于语义的发现（semantic–based discovery）等，列为物联网研究要点。在语义数据建模方面，常用的技术包括RDF（Resource Description Framework，资源描述框架）、OWL，相应的查询通过 SPARQL（SPARQL Protocol and RDF Query Language）语言实现。而在语义计算相关的分析方面，贝叶斯网络、决策树、K 近邻、支持向量机和聚类等是比较常用的模型。

（3）事务处理

全联网对物理世界的感知和监测，虽然原始数据可能是类似传感器读数的简单数据，但支撑分析决策和上层应用的，本质上是物理世界中发生的事件（event）。从事件角度进行分析和挖掘，在诸多领域早有应用，比如金融服务、仓储管理和网络点击流分析等。目前，复杂事务处理已被普遍运用于智慧医疗、工业互联网和智能电网等多个领域。从技术角度看，全联网中的事务

⊖ VERMESAN O, et al. Internet of things strategic research roadmap, 2009.

处理，本质上是对高速流入的数据进行计算和分析，快速而准确地识别事件序列，支撑节点管理和异常发现等应用。事务处理与语义计算的结合，是提升标识发现能力的重要研究方向。

（4）流计算

全联网中，解析相关的数据处理和聚合，以及基于位置、语义和事务的计算，很多时候是以数据流为基础进行的。比如，对来自多个数据源的异构数据流进行聚类、分类和异常发现，以支撑在线监控、防欺诈等实时应用。

（5）人工智能

在万物数字化和互联互通的基础上，整个场景内实现"智能化"，是全联网的主要诉求之一。为了响应应用层面的标识解析和发现需求，以人工智能为基础的分析挖掘，已在全联网各领域内得到广泛应用。根据 Gartner 预测，到 2022 年，超过 80% 的物联网项目将引入人工智能技术，这一比例将远超 2018 年 10% 的比例。

从标识系统的角度看，智能化的含义主要体现在，以智能化的技术为支撑，响应来自于应用层的非确定的解析或发现请求，以满足不同场景下的应用需求。以机器学习为例，典型的实践探索包括：以贝叶斯网络应用支撑智能家居应用⊖，基于隐马尔可夫模型实现物联网情景计算⊜，运用支持向量机对物联网数据流进行自动分类⊜等。同时，近年来深度学习逐渐被用于全联网各领域的数据分析。深度学习模型可以方便地实现原始数据的特征抽取和语义化，尤其契合全联网数据大规模、非结构化和高复杂度的特点，如利用深度神经网络进行传感数据分类⑳，基于强化学习支持无线传感网络的情景感知⑤等。

（6）云计算

当前全联网应用的主要痛点在于，节点规模和数据规模所导致的系统负担越来越重，同时整个系统呈碎片化形态，包括网络、协议、软件、系统和应用等。云计算是以虚拟化和分布式技术为基础的、高可扩展的计算和存储平台，可以实时适配系统规模的增长，为海量标识、属性和状态信息的管理提供便利，同时提供可以屏蔽底层技术差异的、用户友好的界面和接口，能够实现更为可靠的系统和更具整体性的安全框架，为多方的数据共享和业务协作提供高效支撑，实现全联网内各领域应用的融合创新。

目前，Google Cloud⑥、Amazon Web Services（AWS）⑦、Microsoft Azure⑧和 IBM Watson⑨等云平台，都提供了针对物联网节点的管理和分析功能。未来，云计算在全联网领域的应用，将进一步以解决平台之间的互操作性为目标，同时提升海量设备及相关数据的管理、实时分析和自学习等

⊖ BHIDE V H，WAGH S. i – learning IoT：An intelligent self learning system for home automation using IoT ［C］. International Conference on Communications and Signal Processing，IEEE，2015：1763 – 1767。

⊜ CHEN Y，ZHOU J，GUO M. A context – aware search system for Internet of Things based on hierarchical context model ［J］. Telecommunication Systems，2016，（62）1：77 – 91。

⊜ MUHAMMAD AAMIR KHAN，et al. A novel learning method to classify data streams in the internet of things ［C］. 2014 National Software Engineering Conference，IEEE，2014：61 – 66。

⑳ NICHOLAS D LANE，et al. An Early Resource Characterization of Deep Learning on Wearables，Smartphones and Internet – of – Things Devices ［C］. International Workshop on Internet of Things towards Applications，2015：7 – 12。

⑤ KOK – LIM ALVIN YAU，PETER KOMISARCZUK，PAUL D TEAL. Reinforcement learning for context awareness and intelligence in wireless networks：Review，new features and open issues ［J］. Journal of Network and Computer Applications，2012，（35）1：253 – 267。

⑥ https：//cloud. google. com/solutions/iot/。

⑦ https：//aws. amazon. com/iot – platform/。

⑧ https：//www. microsoft. com/en – us/cloud – platform/internet – of – things – azureiot – suite。

⑨ http：//www. ibm. com/internet – of – things/。

能力。

（7）边缘计算

以物联网为例，数据和指令的传输距离变长，会对整个系统效率和灵敏度造成影响。大量查询、计算乃至存储，都需要发生在网络边缘。通过边缘计算，在节点一侧实现平台功能，在部分场景或应用中具有极为广阔的前景，包括智能电网、车联网等对实时决策、效率和安全性有较高需求的场景。比如，端到端决策的场景中，一个传感器直接查询另一传感器的数据（身份、属性等），从解析发起到响应，所有过程都发生在网络边缘侧。

边缘计算在标识解析中的应用，主要包括以下方面：标识信息管理，多个节点形成分布式数据库，所有的标识信息提取都发生在网络边缘侧；标识信息处理，为确保全联网时空语境下的正确解析，必须基于边缘计算为标识生成高精度的附加信息，其中最典型的就是附加时间和地理位置信息；决策支撑，针对微电网（Micro - Grid）、车辆自组网等类似两两传感节点间的决策分析，在资源整体受限的边缘侧实现节点识别和标识信息解析优化等功能。

（8）区块链

区块链作为一种分布式账本技术，是数字加密技术、网络技术、计算技术等信息技术交织融合发展的产物，近年来引起广泛关注。区块链能够赋予数据难以篡改的特性，进而保障数据传输和信息交互的可信和透明，以低成本建立互信的"机器共识"和"算法透明"，从而加速重构现有的业务逻辑和商业模式。区块链具有去中心化、可追溯和高安全等突出特征，为构建全联网去中心化、融合的标识解析服务平台，推动建立新型标识管理技术架构与体系，保障国家网络空间主权提供了新的解决方案。

3. 安全技术方面

信息安全是全联网系统的基本需求，贯穿于全联网运转的各个层面。目前，全联网标识相关的安全技术，主要着眼于如何确保只有获得授权才能访问相关数据。比如家庭或企业的用电数据，只能被电力生产和电网运营者获取和使用，而且要在访问粒度上进行细化设计，确保隐私安全。从技术层面看，全联网标识相关的安全技术研究主要集中在数据脱敏、数据防篡改、数据加密、认证授权和防网络攻击等方面。

1）数据脱敏：指对敏感数据通过脱敏规则进行数据的变换、修改，以解决敏感数据在非可信环境中使用的问题。对于涉及商业机密和个人隐私的系统来说，数据脱敏是重要的安全防护手段。比如，电力的需求响应系统、智能家居的云平台和车联网中的轨迹数据等，都是脱敏技术的重要应用场景。目前，针对隐私防护，基本的方法包括运用匿名、加密和数据泛化等技术，实现数据的定制处理，在不影响分析挖掘效率和精度的同时，防止敏感信息外泄。针对智能电网和工业制造等场景，已经开展了基于匿名机制对单个传感节点数据进行保护、防止恶意识别定位等相关研究。

2）防篡改：针对工业/能源等控制系统中的数据完整性问题，通常需要结合相应的应用场景来研究具体技术方案。一般的数据防篡改机制基于加密算法实现，区块链天然的防篡改特点为全联网数据完整性提供了新的技术路线。

3）数据加密：数据加密包括数据传输加密技术、存储加密技术和数据完整性鉴别技术等。全联网应用场景差别很大，应根据具体场景，综合权衡安全、效率等诸多因素，比如在资源受限或实时性要求较高的应用场景，设计更为高效的加密算法。

4）认证授权：认证授权的本质是基于消息发送和接收两方对于密钥的共识，对发送者身份进行验证，或确认所收到数据未被修改。与互联网扁平化的结构不同，全联网由众多系统互联形成，在垂直和横向上都存在差异化的资源访问控制需求，需要设计灵活和细粒度的权限控制，结合节点的身份（identity）、属性（attribute）、角色（role）及所处时空等因素，实施差异化的认证授权，或者说是上下文相关（context–based）的认证。

5）防网络攻击：防止 DDoS 等网络攻击，是全联网的研究重点。以能源工业为例，为了保护数据采集与监视控制系统（Supervisory Control and Data Acquisition，SCADA）中的通信链路，美国天然气协会（American Gas Association，AGA）制定了 AGA–12 系列标准。防网络攻击的常规思路是基于过滤等机制，通过对消息包源地址的验证，及时发现可疑流量并阻断其访问。当前主流防火墙主要以互联网协议为基础，全联网场景下需要针对底层协议（如 Modbus 和 DNP）进行技术研究和产品开发。对于全联网网络攻击的防御，尤其是在攻击无法完全避免的情况下，如何逐步控制并降低对系统的负面影响将成为未来研究重点之一。

（三）主要研究方向

全联网最终目标是基于人、机、物等的泛在互联，巨量时空跨度的数据流动，构建更加智能、高效的分析、决策和控制机制，实现人类社会各类系统的信息连接和融合发展。相应地，全联网标识解析目标包括：实现当前孤立存在的各垂直系统的互联互通；进一步探索标识层面的统一，满足未来标识融合发展趋势，并从根本上解决全联网跨界融合问题。同时，加大对新兴技术的研究，保障数据和解析安全。

1. 系统的互联互通

与 DNS、Handle、OID 和 EPC 不同，全联网领域的标识系统并未形成一个有机体，解析行为不具有全局性（发生在特定系统内，依赖局部数据），在短时间内很难实现物理层面的互联互通。为此，针对标识体系林立的局面给全联网内信息交互和应用融合带来的障碍，应考虑建立一种去中心化、分布式管理系统，设计可以横跨多标识领域的解析机制，以统一的服务接口实现与泛在异构标识服务系统的连接，并实现向后兼容。

2. 标识层面的"统一"

当前，主要研究思路是在多标识并存的现状基础上，通过标识间的映射实现对应用的一致支撑，但从长远看，标识的统一，是提升信息交互水平，推动应用的跨行业、跨平台和规模化发展的根本路径。关于标识统一的研究，首先可以借鉴当前思路，以转换/映射实现标识"统一"，在兼容现有各类标识系统的基础上，实现应用透明；其次，以统一标识为锚点构建全联网统一标识系统，实现异构标识从注册到解析的全局一致性。

3. 数据和解析安全

在全联网场景下，数据和解析安全的风险将更为突出。物联网的"get"行为涉及敏感信息，比如商品属性、设备状态等信息，而"set"则直接关系到大量基础设施的正常运转。针对标识解析系统存在的解析安全和数据安全问题，应以全联网系统广域分布的现实为出发点，探索全球分布、具有高一致性的数据管理机制，确保多用户、多应用和多标识环境下的标识服务安全。同时，进一步加强传统标识解析系统安全问题的研究。

4. 新一代信息技术应用研究

全联网解析技术的研究，为大数据、人工智能、区块链等新一代信息技术提供了广阔的应用空间。在系统架构方面，以区块链为基础构建有机协同的全联网标识解析技术架构，探索特定场景下区块链的性能适配优化；在标识数据访问方面，以高性能的分布式数据库支撑海量标识及相关信息的持久化和高效读写；在标识高效解析方面，以深度学习模型支撑基于行为分析的标识解析加速方法；在标识信息管理方面，基于语义计算探索对标识数据对象特征的规范化描述，实现全网一致的标识检索和发现机制；在标识信息分析方面，通过多变量和高维分析技术，适配全联网内节点间强关联和高频交互的场景。

四、一种面向全联网标识解析的新型架构

各种异构标识林立的局面，严重阻碍了全联网的信息交互和应用融合，因此，亟需建立统一的标识解析体系，全面提升全联网内各场景间的信息交互水平，推动全联网应用的跨企业、跨行业和跨区域发展。

目前，主流的标识解析方案主要是基于 DNS，或是参考 DNS。DNS 具有相对完善的协议体系和基础设施，全联网标识解析可以依托 DNS 技术架构，同步考虑多种异构标识兼容的问题。同时，引入联盟链机制，解决类似 DNS 根区数据管理存在的单边管理和管理封闭等问题。基于全联网标识解析体系的设计需求，我们提出了一种面向全联网标识解析的新型服务架构，其架构如图 1 所示。

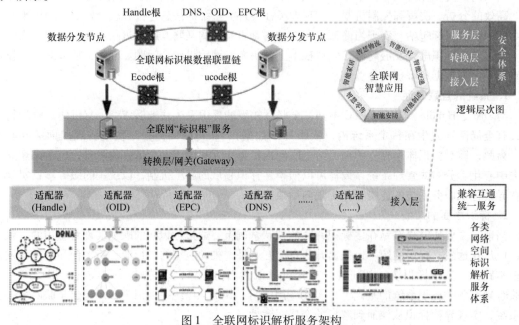

图 1　全联网标识解析服务架构

全联网标识解析服务架构由三层组成：接入层、转换层和标识根服务层，安全防护体系贯穿整个架构。

1）标识根服务层。基于联盟链技术，实现各方参与、平等开放和可监管的全联网标识根数据管理体系。同时，设置全联网标识根，支持根数据、前缀映射数据和热点标识解析数据等数据的分发管理。

2）转换层。支持主流标识解析请求，并支持多种标识与域名的相互转换，转换形式包括规则转换、映射转换等。支持标识缓存，加速本地解析。

3）接入层。接入主流标识解析体系，如 DNS、Handle、OID、EPC 和本地标识解析等。

当应用发起标识解析请求后，转换层接收解析请求，向全联网标识根服务发起根解析/映射查询，标识根服务返回根解析/标识前缀映射信息；转换层向接入层对应适配器发起解析请求；接入层进行解析查询，得到解析查询结果；转换层/网关将解析结果进行协议转换，将解析结果返回给全联网应用。在具体实现中，通过缓存热点标识解析信息、不同标识前缀的映射信息，可

有效减少解析步骤，提升解析效率。

本架构提供了一个统一的服务接口，兼容目前主流标识解析体系，可以实现标识层面的统一和互联互通，并在以下四个方面开展了创新研究。一是根数据管理，为了满足全联网标识体系的公平、对等、透明，避免单边控制风险，引入联盟链技术，将各标识体系根（各标识根亦可基于区块链技术进行管理）构成联盟链，同时链上增加数据分发节点，支持对各标识根数据的同步，为与现有标识体系兼容，在服务层引入全联网标识根，负责统一分发各类标识对根服务的请求；二是高效递归解析，通过根解析本地化，减少递归解析环节，基于特定场景，如指定行业和企业等，引入多级共享缓存机制，提升缓存命中率，提高本地解析效率；三是标识智能识别，本架构支持多种异构标识方案，引入机器学习算法对标识进行智能识别，再调用转换层进行适配、解析；四是基于解析日志的数据挖掘，本架构实现了标识数据的无障碍获取，打破了异构标识体系导致的信息孤岛，为实现不同应用场景数据互操作奠定了基础。

（一）基于联盟链技术的根数据管理

DNS 根数据管理存在单边管理和封闭管理等诸多问题，严重威胁到除美国以外其他国家的网络空间安全，阻碍了互联网的平等、开放。区块链去中心化、不可篡改、可追溯和开放共享的特点，为全联网标识解析根数据管理提供了可靠保证。

全联网标识根数据管理架构如图 2 所示，其根数据管理联盟链由各标识体系的根数据管理节点和数据分发节点组成。由于 OID、EPC 解析沿用了 DNS 模式，它们的根数据管理节点与 DNS 根数据管理节点共同构成一个管理节点。同时，引入全联网标识根，负责对全联网标识解析请求进行统一分发，并可随着根区数据管理机制的不断演化，最终实现对各标识体系根数据层面的统一管理。为保证全联网标识根的服务质量，可采用 Anycast 技术全球部署。由于采用了联盟链机制，本架构可以动态支持新增的标识解析方案的扩展。

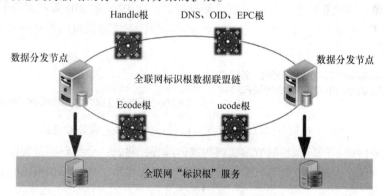

图 2　基于联盟链的根数据管理

（二）基于根解析本地化、多级共享缓存技术的高效递归解析

全联网场景要求提供低时延、高并发的高效递归解析服务。在递归解析环节，本架构沿用了RFC 7706⊖的根解析本地化服务，将标识根数据同步到缓存服务器，减少递归查询向标识根服务器请求的环节。同时，为特定同一场景，如同一工厂、企业、甚至行业建立递归解析服务器集群或边缘解析服务，通过多层/多级缓存机制，有效提升缓存命中率，改善解析效率，图 3 给出了具体的流程。根数据本地服务器定时同步全联网标识根数据，提供根数据本地解析服务。考虑到

⊖　https：//tools.ietf.org/html/rfc7706。

特定同一场景解析请求的趋同性，利用热点数据缓存或合理设置 TTL（Time To Live，存留时间）时间等，可以有效提升解析效率。

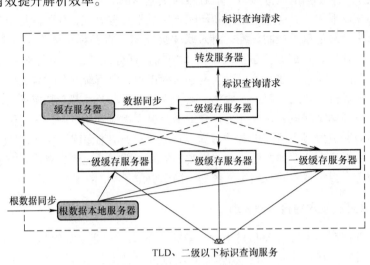

图 3　高效递归缓存解析流程

（三）基于机器学习的标识智能识别

本架构需要兼容多种异构的标识解析方案，因此需要对待解析的标识进行智能化识别。一种简单的思路是建立协议规范，待解析标识携带编码方案信息，"直通"进入解析环节。但更多时候，需要通过智能化识别标识编码方案，再由转换层完成解析请求。

一般来说，不同标识编码都是唯一的。基于这个前提，通过机器学习方法识别标识成为可能。通过标识组成模式和特征，直接识别出编码方案，如 DNS 和 OID 等；对编码方式接近的标识，如 EPC 和 Ecode 等，通过机器学习，建立分类模型，完成标识编码类型的识别。图 4 所示为标识分词示意。

```
1 0260 000000000000000009797    102 600000000 0000000009797
2 0125 000000000000000000863    201 250000000 0000000000863
062 002377613 14182954 00000000051  0 6200 23776131418295400000000051
```

图 4　标识分词示意（深色为 Ecode 规格，浅色为 EPC 规格）

通过收集或构造不同标识编码方案实例构成训练集，将每一个编码实例看成一个样本，就可利用人工神经网络、支持向量机等机器学习算法训练分类模型，实现标识编码的智能化识别。

（四）基于解析日志的数据无障碍获取及分析挖掘

本架构兼容了主流的标识解析方案，从标识的角度实现了数据的无障碍获取，能够让不同场景之间的数据实现关联，为数据互操作和数据挖掘奠定了基础。

1）实现全联网中人、机、物等数字对象的画像。借鉴互联网用户画像领域的 ID Mapping 技术，根据解析日志中的元数据和主数据，利用语义分析和数据关联技术，对数字对象进行画像和信息更新，实现对全联网中数字对象的全生命周期管理。

2）实现企业内部人流、物流和资金流的有效流动。全联网标识解析能够对企业的人、物、资金等数字对象解析行为进行记录，让企业内外数字对象的关联分析成为可能，通过简单的数据分析，就能为人流、物流和资金流的高效流动提供决策支持，从而大幅提升企业运营效率，增加经济效益。

3）实现行业内、企业间供应链管理优化。随着经济全球化高速发展，社会化分工越来越细，供应链体系越来越重要，兼容的标识解析可以打破企业间的"数据烟囱"，依据行业规范，可以基于解析日志分析企业间供应链现状，并提出优化方案，提升生产效率。

（五）小结

以上提出的面向全联网的标识解析服务架构，实现了标识层面的统一和互联互通。当前，我们已经开展了基于联盟链的标识根数据管理的原型验证和多种标识体系规则和映射转换的评估，初步结果表明本架构具有一定的可行性和先进性。

在基于联盟链技术的根数据管理方面，目前国内外相关研究已经有一定先例和较好进展，但尚缺乏多种标识根区数据的统筹考虑，本文所提方法创新性地将各类标识根数据变为联盟链预选节点，可实现多方共治、安全可信及高效可扩展、兼容可演进的根区数据管理架构。同时，通过引入数据分发节点与全联网标识根服务对接，能充分兼容当前全球互联网多利益相关方共治格局及当前标识解析服务体系，实现公平、对等的标识解析服务。此外，本架构考虑到全联网标识解析的场景和特点，创新性地引入了本地根服务、面向企业/行业应用的多级缓存和边缘缓存机制，可大大提升缓存命中率，提高解析效率。

五、下一步工作推进思路

CNNIC 在国家信息化专家咨询委员会的支持下，开展了全联网标识解析技术体系的研究，提出全联网标识解析原型架构，并在首届中国互联网基础资源大会上与参会专家共同发布了"全联网标识与解析共识"，倡导通过标识领域的相关单位以及专家的紧密合作，加速推动全球全联网标识技术发展，并进一步提升我国互联网基础资源领域技术创新能力。

整体来看，全联网核心技术仍在持续发展，标准体系不断完善，产业体系处于构建过程中，相关技术、标准、应用、服务还处于起步阶段。在全联网标识体系研究和建设方面，建议从顶层设计、产业生态和技术研究三个角度进行引导，分步有序地推动全联网标识体系的建设和发展。

一是加强顶层设计。加强全联网标识体系建设方面的政策引领，从战略高度研究提出保障国家经济安全和产业安全的政策框架，为接入各场景应用、连通主流标识解析服务节点、实现融合全联的异构标识解析服务生态扫清障碍。加强对外合作，推动与物联网、工业互联网等相关国际组织，以及商品流通、工业制造和物流等领域的主要标识管理运营机构的技术交流，为全联网标识体系在全球持续深入发展提供支撑。

二是构建协同生态。与国内商品流通、工业制造等领域的主流标识系统开发和运营方开展合作，构建产、学、研、用联盟，打造多方协同参与的标识及数据管理体系。与标识生产者、应用开发方和通信技术厂商广泛开展合作，打造涵盖赋码、解析、运营和应用等主要环节的全联网标识技术体系和产业生态，积极推动在国内车联、能源、物流和工业等领域的实证测试、性能评估和应用落地。

三是深入开展研究。进一步加大分布式技术在全联网标识体系内的应用，针对标识数据的高效访问、更新和安全管理开展研究，包括分布式体系内的加密认证、数据传输和访问控制等，以保障应用信息安全和高效解析；进一步加大人工智能、机器学习在全联网标识体系内的应用，主要包括异构标识的智能识别以及海量服务请求的实时分析等，实现一站式的标识智能解析服务，确保全联网标识体系的安全运行；进一步加大全联网标识体系下对现有标识解析架构的创新研究；开展针对网络通信、数据结构和算法优化等研究和技术的探索，构建全域多标识的高性能解析架构。

四是分步有序推进。未来全联网标识解析工作可以采用分阶段推进策略：

1）关键原型验证阶段。对各类标识进行智能识别，优化递归解析服务，实现兼容主流标识解析的架构；同时，利用多级共享缓存技术，支持高效递归解析。

2）多方共治阶段。构建联盟根委员会，实现全联网标识根数据的多方共治管理，实现各类异构标识根数据的分布式、开放和可信管理。

3）融合全联阶段。通过与主流标识管理机构建立合作，实现融合全联的异构标识解析服务生态。

总体而言，全联网时代下网络实体、内容和服务等对象的命名、寻址是关键功能和基础服务，其安全可控、高效、智能和稳定关乎网络空间安全，提前布局全联网标识解析技术对推动我国网络强国建设具有重要意义。

（本文作者：曾宇　李洪涛　王志洋　杨琪　胡卫宏　张海阔）

全球域名运行态势和技术发展趋势

摘要：2018 年，CNNIC 针对全球域名运行态势和技术发展趋势开展研究，并对外正式发布《全球域名运行态势和技术发展趋势报告（2017）》，引起广泛关注。近两年来，随着网络技术的不断发展和变革，域名行业不管从业务形式还是技术手段都发生了许多新的变化，尽管全球域名注册总量在过去的两年内处于缓慢增长的趋势，但是通过数据分析看到包括 IPv6 应用和根镜像部署都获得了较快速的发展；域名安全和新技术应用则展示出了新的变化趋势，像海龟攻击、域名劫持等形式的持续安全威胁逐步替代了原有的大规模拒绝服务攻击，成为新的安全威胁形式。机器学习、区块链的研究也逐步进入域名领域，成为域名技术发展的重要研究方向，推动着域名技术的持续变革。

关键词：域名系统；国家顶级域名；根镜像；IPv6 发展；域名安全；隐私保护

一、前言

域名系统（Domain Name System，DNS）是互联网的关键基础设施。中国互联网络信息中心（CNNIC）作为国家顶级域名 CN 的运行管理机构，长期关注域名系统的运行态势和发展状况。在过去的两年内，域名系统在运行基本态势、总体安全状况以及新技术研究等方面都产生了较大的变化。为了让更多的从业者掌握最新动态，我们总结研究成果，力求从多维度、多视角展示域名系统的最新状况及未来发展趋势，旨在促进域名系统健康发展，维护我国互联网基础设施的平稳有序运行。

二、域名运行态势分析

域名系统是互联网的关键基础设施，随着近几年互联网的高速发展，特别是 IPv6 技术的推广使用，安全与隐私保护等技术的不断发展变化，域名行业也在经历不断的优化升级从而适应不断创新的互联网络。与 2018 年初相比，域名系统在过去的两年内总量稳中有升；我国国家顶级域名（".CN"".中国"）总量保持稳定增长，新通用顶级域名（".公司"".网络"）总量略有下降；随着《推进互联网协议第六版（IPv6）规模部署行动计划》的逐步部署推进，域名系统，特别是 IPv6 相关业务及应用也展现出相对于传统域名业务更强劲的增长势头。

本文将首先从全球域名注册及使用状况分析开始，结合域名根服务、权威和递归 3 个层次的数据分析工作来展现域名业务的总体变化趋势，同时对一些新的域名业务形式及技术发展趋势进行了详细的调研及总结。

（一）域名运行数据分析

1. 全球域名统计数据分析

根据威瑞信（VeriSign）最新的数据统计报告⊖展示，截至 2019 年第四季度，全球域名注册总量约 3.62 亿，较 2018 年初全球域名注册总量增长约 9.7%。图 1 展示了最近一年中全球域名

⊖ https://www.verisign.com/en US/domain – names/dnib/index.xhtml。

注册总量的变化趋势。可以看出，近年来全球域名注册量依旧保持缓慢增长的态势。

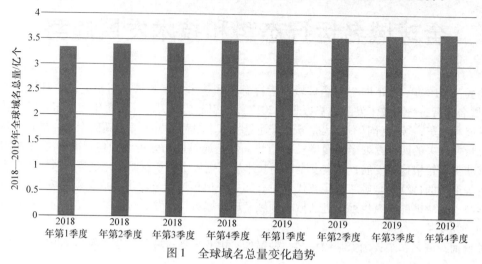

图1　全球域名总量变化趋势

按照顶级域的不同类别，顶级域名可以简单地分为以下3类：通用顶级域名（gTLD），国家顶级域名（ccTLD）和新通用顶级域名（New gTLD），3个类别的域名占比统计[⊖]如图2所示。可以看出，全球的域名注册中通用顶级域名约1.74亿，国家顶级域名约1.57亿，新通用顶级域名约0.29亿，占比较低。

顶级域名注册总量全球排名[⊜]如图3所示，其中包含了3个通用顶级域名（".COM"".NET"和".ORG"），5个国家及地区顶级域名（".CN"".DE"".UK"".NL"和".RU"），以及1个新通用顶级域名ICU和近年来增长迅速的顶级域名TK。截至2019年12月31日，CN域名（中国国家顶级域名）注册总量达2246万个，较2018年（注册总量为2125万个）增长了5.69%。在域名注册总量分布方面，由VeriSign管理的COM域名以1.45亿的数量稳居第一位，而其他域名数量差距较明显。

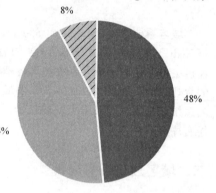

■ gTLD　▨ ccTLD　▨ New gTLD

图2　全球域名注册总量占比统计

全球国家顶级域名（ccTLD）排名[⊖]如图4所示，我国的国家顶级域名".CN"以2246万的域名规模位居第一位，德国国家顶级域名".DE"排名第二，英国国家顶级域名".UK"排名第三。".TK"域名是南太平洋岛国托克劳的国家顶级域名，该顶级域由托克劳政府授权给一家商业公司在全球进行注册局运营。".TK"域名的注册采取免费申请注册（四个字符以上）的运营策略，其注册量波动较大。由于".TK"运营主体和运营策略的特殊性，在一些域名保有量统计中，未将".TK"域名计入国家顶级域名排序。

在New gTLD领域，ICU、TOP和XYZ位居域名注册量总量前三位[⊖]。与2018年底相比，ICU注册量增长迅速，排名升至第一。整体来说，简单易记且含义应用广泛的New gTLD具备更加良好的发展前景。图5所示为2019年新通用顶级域名的注册情况统计信息。

⊖　https：//www.verisign.com/en US/domain - names/dnib/index. xhtml。

⊜　VeriSign 域名行业数据报告总结 https：//www.verisign.com/en US/domain - names/dnib/index. xhtml？section = executive - summary。

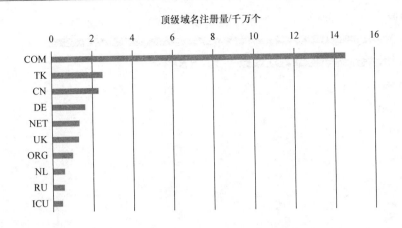

图 3　全球顶级域名注册量

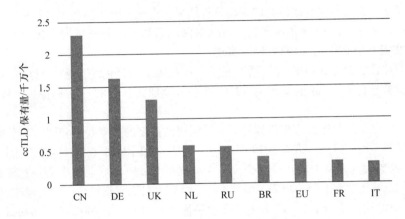

图 4　全球 ccTLD 域名总量排名

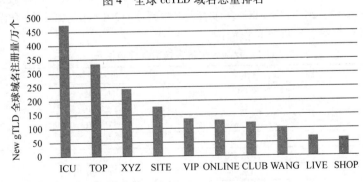

图 5　全球 New gTLD 域名总量排名

根据《CNNIC 第 44 次中国互联网络发展状况统计报告》的信息显示，国内域名的注册统计分布如图 6 所示。其中“.CN”域名在国内的注册总量约占 45.5%，位居首位；其次为“.COM”域名，注册总量约占 30.3%。

2. 国内外域名解析数据分析

（1）根域名数据分析

根服务器存储所有顶级域名的解析记录。所有的递归服务器都要先从根上获得顶级域名的解

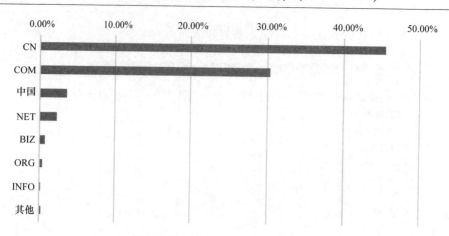

图 6　国内域名注册总量分布统计

析记录后，才能继续完成多次的迭代查询获得解析结果，因此根服务器在域名解析中起着至关重要的作用。当前，全球共有 13 个根服务器，由互联网域名与号码分配机构（ICANN）授予互联网域名根区及 IP 地址管理机构（PTI）统一管理。

根服务器的部署借助于 Anycast（任播）技术，提供唯一地址的全球多节点广播方式，根据 ICANN 官方统计数据显示⊖，截至 2019 年 12 月 31 日，全球共有 1189 个根镜像数，较 2017 年初增长 233 个。

同时，由于各根服务器运行管理机构针对扩展根镜像部署的态度并不相同，各个根服务器对应的根镜像也呈现不均衡特点。截至 2019 年 12 月 31 日，我国大陆（不含港澳台地区）已先后引入 I（北京 1 个）、J（北京 1 个）、F（北京 1 个、杭州 1 个）、L（北京 2 个、上海 1 个、武汉 1 个、郑州 1 个）、K（北京 1 个、贵阳 1 个和广州 1 个）共计 5 组根镜像、12 个根镜像节点，见表 1。其中，CNNIC 引入 I、F、L、J、K 的 8 个根镜像，分别为：于 2005 年与 Netnod 合作引入 I 根镜像；2011 年与 ISC 合作引入 F 根镜像；2012 年与 ICANN 合作引入 L 根镜像；2016 年与 VeriSign 合作引入 J 根镜像；2019 年与 ISC 合作引入 F 根镜像；2019 年与 ICANN 合作引入 L 根镜像；2019 年与 RIPENCC 合作引入两个 K 根镜像。

表 1　我国大陆根镜像引入部署情况

根镜像	合作单位	引入机构	部署位置
F	ISC	CNNIC	北京
F	ISC	CNNIC	杭州
I	Netnod	CNNIC	北京
J	VeriSign	CNNIC	北京
L	ICANN	CNNIC	北京
L	ICANN	CNNIC	上海
L	ICANN	北龙中网	北京
L	ICANN	信通院	武汉
L	ICANN	信通院	郑州
K	RIPENCC	CNNIC	北京
K	RIPENCC	CNNIC	贵阳
K	RIPENCC	信通院	广州

国内分布式节点对 13 个根服务器（含镜像）域名解析状态的探测结果表明（见图 7），国内

⊖　全球根服务器信息网站 www. root – servers. org。

的 F、I、J、L、K 根相比较其他未引入的根有较好的服务解析质量（备注：M 根部署在日本，相对而言，由于国际互联链路跳数短，国内有相当一部分根域名解析会请求至日本解析）。国内已引入的根服务较其他未引入的平均响应时间降低约52%，尤其是 J 根和 L 根的解析服务质量明显更佳，这也证明了通过引入根镜像的部署确实可有效提升国内互联网根域名的访问性能。

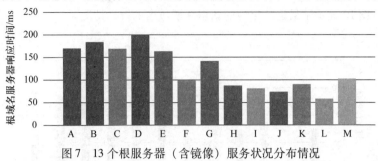

图7　13个根服务器（含镜像）服务状况分布情况

图 7 所使用的数据是从监测点向所有根服务地址发起探测而获得的。通过探测时延数据评估服务质量。其中，能在 100ms 内返回结果则服务质量定义为优；能在 100～250ms 返回结果则服务质量定义为良；否则服务质量为差。我国已经引进根镜像的访问时延与其他剩余9个根相比，有显著的改善。其中，L 根平均时延在 58ms 左右，表现最佳。

（2）权威域名数据分析

CNNIC 作为".CN"域名的权威管理机构，通过两地三中心数据中心核心网络架构及覆盖全球多个地区的服务节点网络每天为互联网用户提供百亿次的 DNS 数据的查询服务。根据对平台数据的抽样统计，不同地区的服务节点查询分布如图 8 所示。

以图 8 可见，对于中国国家域名".CN"的查询，国内外地区".CN"域名解析服务节点查询比例的总体差距较小，查询国内域名解析服务节点约占总量的59%，查询国外解析服务节点约占总量的41%，整体

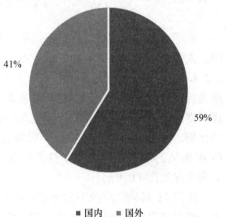

图8　国内外节点解析量占比

表现比较均衡，国外域名解析服务节点在国家域名解析服务平台中发挥着重要作用。同时我们对查询的来源 IP 也按国家进行了分类，通过 IP 和地理位置的映射，总体的查询源 IP 的归属国家统计如图 9 所示。其中来自中国的 IP 达到了每月 75 万次独立 IP 的访问，占比总量约17%，来自美国和德国的来源访问也占据了较大的访问比例。另外对于这些独立的 IP 查询绝大多数属于递

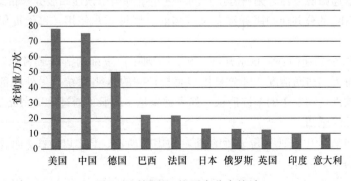

图9　查询源 IP 按国家分布统计

归服务器地址，不仅包含公共递归服务（如 1.2.4.8，8.8.8.8 等）的后台查询服务器的 IP 地址，还包含一些企业自用的递归服务器地址。

随着互联网规模的不断扩大，用户对于域名的需求量也在不断提升。在过去的一年时间内（2019 年 1 月至 2019 年 12 月）".CN"域名的新增注册量就超过了 1200 万个，域名的全年净增量超 300 万个。图 10 显示了最近一年内的新增注册域名的统计情况。

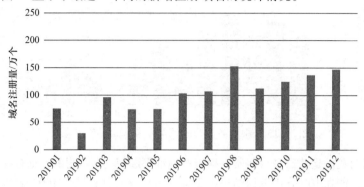

图 10　2019 年 1 月至 2019 年 12 月 CN 域名每月新增注册量统计

在".CN"的权威服务器每天接收到的百亿次的域名查询中，大多数来自于公共的递归服务器，比如 CNNIC 运行维护的 1.2.4.8，及谷歌运行维护的 8.8.8.8 等。此外，国内运营商普遍会为用户设置就近的网内递归服务器来减少 DNS 查询延迟，运营商的内部递归服务器的查询也在整体查询中占据了相当大的比例。通过对域名查询来源 IP 的所属机构进行分类，并将这些 IP 地址的信息进行聚类分析（依赖于 WHOIS 信息），得到分布情况如图 11 所示。

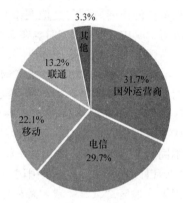

图 11　.CN 权威服务器公共递归查询统计

由图 11 可见，国内中国电信、中国移动分别占据".CN"查询来源排名的前两位，分别达 29.7% 及 22.1%，可以侧面反映出国内互联网用户主要是中国电信及中国移动用户；此外，来源于谷歌公司公共递归服务器 8.8.8.8 的查询位居第三位，其公共递归在国外应用广泛；来源于 CNNIC 公共递归服务器 1.2.4.8 的查询排名第 9 位。

（3）公共递归服务器数据分析

CNNIC 管理着两个公共递归服务器 1.2.4.8 和 210.2.4.8，任何接入互联网的用户都可以在本地配置其为默认递归服务器，则所有用户的域名请求都会由该递归服务来帮助完成查询。在过去的一年内，CNNIC 的公共递归服务被越来越多的互联网用户使用，每天提供数十亿次的查询服务。

通过对 CNNIC 公共递归查询日志开展分析，得到用户查询的活跃域名列表 Top10 如表 2 所示，代表了用户每天的访问情况。部分是用户直接访问的 Web 系统，另外一部分则是用户使用的操作系统或者软件自动发送的查询请求。如今越来越多的服务通过接口完成服务调用，此类调用对于用户往往无法感知。

递归服务器的来源 IP 按照省份进行的分类如图 12 所示，其中以浙江、河南、山东三省占比较高，占据总量的 1/3 左右。

对用户查询的来源 IP 进行运营商维度的统计如图 13 所示。可以看到，国内使用 CNNIC 公共递归的用户仍旧以中国电信网内用户为主，约占总量的 47.2%，其次为中国联通占比约为 26.7%，中国移动占比约为 23.8%，三个运营商占总量的 97.7%。

表2 域名查询量排行

排名	域名	查询次数
1	baidu. com	562804428
2	wiwide. com	143142521
3	qq. com	132455920
4	in – addr. arpa	90969541
5	gtld – servers. net	58741223
6	microsoft. com	43005305
7	fzzqxf. com	36190890
8	shxse. com	32197756
9	yximgs. com	28337510
10	aliyuncs. com	27735242

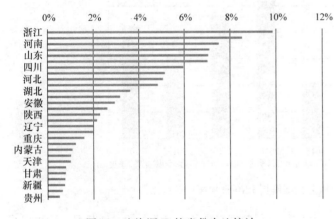

图12 查询源 IP 按省份占比统计

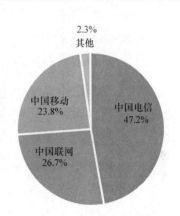

图13 查询源 IP 所属运营统计

（二）IPv6 发展状况分析

1. 地址分配状况概述

2017 年 11 月 26 日，中共中央办公厅、国务院办公厅印发《推进互联网协议第六版（IPv6）规模部署行动计划》，对未来 10 年我国 IPv6 发展提出具体要求。2019 年 4 月 16 日，工业和信息化部发布《关于开展 2019 年 IPv6 网络就绪专项行动的通知》，持续推进 IPv6 在网络各环节的部署和应用，全面提升用户渗透率和网络流量，加快提升我国互联网 IPv6 发展水平。《CNNIC 第 45 次中国互联网络发展状况统计报告》统计，截至 2019 年 12 月，我国 IPv6 地址（块/32）总量达 50877 个，较 2018 年底增长 15.7%，较 2017 年底增长 94.4%。我国 IPv6 地址数量的变化趋势如图 14 所示。

2. DNS 解析数据分析

DNS 域名查询信息的变化可从侧面反映出 IPv6 应用的发展情况。CNNIC 通过分析".CN"域名查询数据，跟踪了 IPv6 在国内外的发展情况。总体来说，IPv6 的查询在 2019 年整年内较为平稳，在所有针对".CN"域名查询中的占比由 2018 年初的 3.93% 提升至 2019 年第 3 季度的

图 14　我国 IPv6 地址数量

8.55%，增幅超 117%。".CN"国家域名权威解析 IPv6 日均解析量占比如图 15 所示。

　　从以上数据可以看出，与 2018 年相比，IPv6 在 2019 年的发展速度放缓，我国在 IPv6 方面持续推进和部署进入平稳发展阶段。

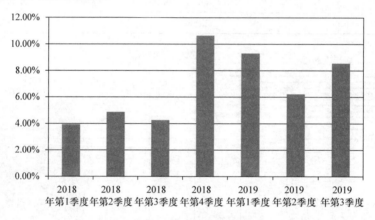

图 15　CN 国家域名权威解析 IPv6 日均解析量占比

　　以上对域名基础业务开展统计分析，从实际运行数据得到了域名业务的发展状况。除可以得到域名体系各个环节的发展状况，如根域名、权威域名及递归域名的发展状况外，也可通过分析 DNS 基础数据反映出 IPv6 应用的发展态势。未来可以进一步从 DNS 基础信息挖掘有价值的信息，辅助掌握互联网基础设施的发展状况，为了解互联网发展现状、洞察网络发展足迹以及为引领未来发展提供理论支撑。

3. 网站应用状态分析

　　国外 Employees. org⊖网站开展了一项已经持续了十几年的大规模 IPv6 监测项目，项目在执行过程中每天对 Alexa 排名 Top25000 的域名进行持续的 IPv6 解析和可用性探测。为了直观地看到近几年的趋势变化，我们将这些数据进行了处理。图 16 所示为 Alexa 排名 Top25000 的域名中存在 AAAA 记录的域名数量所占的比例。随着时间的推移，这个数据从最初的低于 1% 逐步提升到 2019 年 12 月的 28.1%，说明主流网站在部署实施 IPv6 上面表现出较为明显的上升趋势。

　　为了探测上述 AAAA 记录在实际应用中的状况，项目分别针对各 AAAA 记录发起探测请求，并统计失败概率，如图 17 所示。可以看出，近年来访问失败的概率呈逐渐下降趋势，反映出网络基础设施的部署和 IPv6 链路的连接质量在不断改善。

───────────

　　⊖　IPv6 全球 AlexaTop 域名每日监测统计信息 https：//www. employees. org/ - dwing/aaaa - stats/。

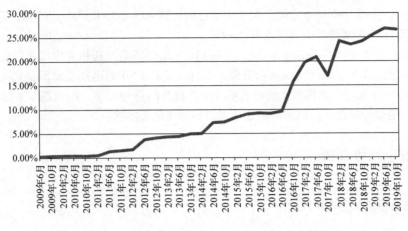

图 16　Top25000 网站 AAAA 记录总量所占比例

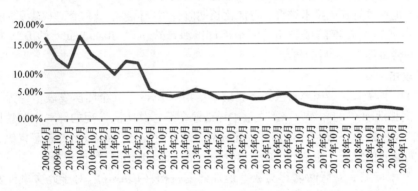

图 17　Top25000 网站 AAAA 地址连通失败率统计

（三）域名运行发展趋势预测

1. 国内外域名业务保持持续稳定的发展趋势

域名的增长趋势可以反映出我国域名行业的蓬勃活力，这与国内互联网用户的实际需求及相关行业主管部门的政策支持密不可分。随着相关部门对域名管理和支持力度的不断加强，域名业务将持续稳定健康发展，推动互联网基础资源行业不断向前迈进。

在全球互联网技术持续发展的大环境下，随着 CDN 技术及云平台基础设施的不断成熟，DNS 业务相关技术的扩展呈现了更多的可能性。传统的 DNS 业务相关技术在面对当前的互联网环境时，需要做出更多的顺应时代发展趋势的选择与决策。随着越来越多的企业将应用搬移到云上运行，催生了多种基于云端的 DNS 业务新形式及新技术的诞生。在可预见的未来，域名业务将逐步得到丰富和完善，域名系统也将呈现多元化的趋势。

2. 国家专项行动持续推动基础资源服务的稳定有序发展

2019 年 3 月 5 日第十三届全国人民代表大会第二次会议上，国家发展和改革委员会提出《关于 2018 年国民经济和社会发展计划执行情况与 2019 年国民经济和社会发展计划草案的报告》，报告提及加快 5G 商用步伐和 IPv6 规模部署，加强人工智能、工业互联网、物联网等新型基础设施建设和融合应用。2019 年 4 月 16 日，工信部发布《关于开展 2019 年 IPv6 网络就绪专项行动的通知》（以下简称专项行动），确定 2019 年末三个主要目标：获得 IPv6 地址的 LTE 终端比例达到 90%，获得 IPv6 地址的固定宽带终端比例达到 40%；LTE 网络 IPv6 活跃连接数达到 8 亿；完成全部 13 个互联网骨干直联点 IPv6 改造。

可以预期，随着专项行动的逐步推进，国内 IPv6 基础环境及其相关应用将面临新一轮的快速增长。域名系统作为互联网重要基础资源，必将伴随着 IPv6 的迅速发展而受到更为严峻的考验。为满足因 IPv6 大规模商用引发的域名系统能力提升的迫切需求，国内域名系统预期在 2020 年后将出现普遍性升级改造，以应对随之而来的各种变化及挑战。

三、域名安全态势分析

（一）域名相关安全事件回顾

2018 年以来，整个域名行业发生了多起针对域名劫持的安全事件，相对于传统 DDoS 攻击的简单粗暴，这类安全事件则表现出长期且复杂化的发展态势。同时，攻击者在挖掘域名系统安全漏洞的同时，也注重与其他技术结合，造成比长期监听用户信息、获取管理权等更加严重的攻击后果。2018 年至 2019 年度的域名相关安全事件以海龟攻击⊖、BlackWallet 的 DNS 劫持事件⊜、亚马逊路由劫持事件⊜三起最为典型。

1. 海龟攻击

2018 年 11 月 27 日，美国思科公司下属的泰洛斯（Talos）安全团队发表了题为《针对中东地区的 DNS 间谍活动》⑭的文章，该篇文章中详细地介绍了其团队发现的针对中东地区特别是黎巴嫩和阿联酋发生的 DNS 劫持攻击事件，导致部分政府机构的 .gov 域名被恶意操纵，实现长期窃取用户之间的通信信息，并命名该攻击事件为海龟（Sea Turtle）劫持攻击。

2019 年 2 月 15 日，互联网名称与数字地址分配机构（ICANN）⑮对于此次事件发布安全声明，并和社区相关成员共同合作来调查此次攻击事件，并告知相关域名行业的注册管理机构、注册商、经销商以及相关成员立即采取相关安全措施来保障域名的稳定和运行安全。

2019 年 4 月，希腊国家域名管理机构发表声明称其遭受同样类型的安全攻击，经思科 Talos 团队确认系来自于相同的攻击组织所为⑯，说明海龟劫持攻击仍然持续存在，很多成为攻击受害者的机构和组织只是还未发现正在遭受持续信息泄露、被窃取导致的风险和危机。

2. BlackWallet 的 DNS 劫持事件

2018 年 1 月，加密数字货币应用 BlackWallet 遭遇黑客攻击，黑客劫持了 BlackWallet.co 域名对应的 DNS 服务器，通过修改其 DNS 解析，将针对 BlackWallet 的网站引导至伪造的 BlackWallet 网站。通过在伪造的 BlackWallet 页面中嵌入恶意代码，用户在使用 BlackWallet 的服务时访问

⊖ 思科 Talos 团队关于海龟攻击的介绍 https：//blog. talosintelligence. com/2019/04/seaturtle. html。

⊜ BlackWallet DNS 遭受黑客劫持攻击 https：//www. bleepingcomputer. com/news/security/hackers – hijack – dns – server – of – blackwallet – to – steal – 400 – 000/。

⊜ 针对中东地区的 DNS 间谍活动 https：//blog. thousandeyes. com/amazon – route – 53 – dns – and – bgp – hijack。

⑭ 中东遭受 DNS 渗透攻击 https：//blog. talosintelligence. com/2018/11/dnspionage – campaign – targets – middle – east. html。

⑮ ICANN 关于近期多个组织遭受 DNS 渗碳攻击的声明 https：//www. icann. org/news/announcement – 2019 – 02 – 15 – en。

⑯ https：//blog. talosintelligence. com/2019/07/sea – turtle – keeps – on – swimming. html。

BlackWallet 的凭证信息将被黑客截取。

事件发生后，尽管 BlackWallet 在各类社交平台发布紧急通知，但是仍旧有很多用户通过恶意的 DNS 解析登录到攻击者设置的伪造网站中，该攻击者总计窃取 66 万 Lumen 虚拟货币，总价值约 40 万美元。针对虚拟货币的 DNS 劫持事件已经不是第一次发生，早在 2017 年多家虚拟货币管理机构就遭受过相似的 DNS 劫持攻击。

3. 亚马逊 DNS 遭遇路由劫持事件

2018 年 4 月，亚马逊权威域名服务器遭遇 BGP 路由劫持攻击，多地区用户遭受影响。具体来说攻击者伪造 DNS 服务器，并使用路由策略将用户的 DNS 查询流量从真实的亚马逊权威域名服务器导向至攻击者伪造的 DNS 服务器，使用虚假的 IP 地址回复用户针对 myetherwallet.com 的查询请求，导致用户针对 myetherwallet.com 网站的查询导向至虚假网站。一旦用户在虚假网站输入登录信息，攻击者即可获取该信息并在真实的 myetherwallet.com 网站登录，窃取受害用户的数字货币。图 18 所示为遭受攻击时受影响/未受影响地区 DNS 响应数据包对比图。

图 18 遭受攻击时受影响/未受影响地区 DNS 响应数据包对比图

该次攻击事件是近年来少见的使用 DNS 发起攻击并造成直接经济损失的典型案例（超过 1300 个亚马逊持有 IP 遭到入侵，直接造成 16 万美元的以太币损失）。

（二）DNS 安全趋势预测

1. 基于流量的 DDOS 攻击事件相对减少，APT 类攻击数量增加

通过对比近年来安全攻击发生的频率和类型，短期大规模的 DDoS 攻击尽管仍存在，但是相对于 2017 年已有较大幅度的降低，通过对上述安全事件的分析和回顾，我们可以发现当前域名安全攻击事件越来越趋于复杂化，攻击行为有别于传统 DDoS 的简单暴力，这种安全攻击往往通过结合多种攻击方式逐步突破企业的安全边界，从而实现长期的渗透攻击和数据窃听目的。结合路由系统等其他环节综合实施 APT 类攻击成为黑客的新手段，攻击抵御难度逐步提升，造成的影响也更加严重。

2. 针对虚拟货币的安全攻击呈现增长趋势

虚拟货币作为一个新兴事物，近年来受到越来越多用户的关注，不管是虚拟货币发行量还是用户参与数量，这几年均大幅度提升。由于直接与经济利益挂钩，虚拟货币也成为当前网络攻击的新焦点，黑客采取的网络攻击技术手段也呈现出多样化的趋势，利用网络漏洞，结合域名劫持、网站脚本攻击等方式，导致针对虚拟货币的攻击防护越来越困难。同时这些互联网企业不管从规模还是资源投入都很难达到传统金融行业的水平，有限的人力和资源的投入进一步加剧了此类安全事件的发生。

四、域名新技术与热点分析

（一）DNS 关键技术发展状况

1. DNS 协议优化

DNS 协议自从诞生以来，逐步得到增强和完善，引入了很多新的特性，比如对 TCP、EDNS 扩展以及 DNSSEC 安全方面的支持等。尽管这些协议已经标准化，但是由于当前提供域名解析 DNS 软件的种类太多，很多运行在线上的 DNS 由于本身不兼容或者版本未更新导致无法满足当前的 DNS 标准协议，为保证解析的有效性，这就要求其他的 DNS 软件需要在实现上加入更多后向兼容的支持。

2018 年，由 ISC、CZNIC 以及谷歌等企业联合倡议并发起了 DNS 旗帜日（DNS FlagDay）[一]项目，该项目目的是想通过社区合作的形式逐步优化当前的 DNS 解析流程，督促不同解析流程中的参与者（递归及权威服务提供方）去积极配合共同提升域名解析效率。由于项目的倡议者 ISC、CZNIC 均为较大的开源 DNS 软件供应商，谷歌为全球较大的 DNS 递归服务提供商，一旦这些较大的企业推进协议优化，必定会带动其他中小企业去逐步调整其 DNS 以满足解析要求，因此项目自成立以来，引起了国内外相关机构的高度重视。

DNS FlagDay 项目自启动以来，计划每年完成一项 DNS 相关协议的优化，2018 年制定的是一项针对 EDNS（扩展 DNS）协议的优化措施，该项优化，主要目的是为了解决 DNS 服务器之间由于 EDNS 所引起的交互性问题。当 DNS 服务器 A 在向不兼容 EDNS 的 DNS 服务器 B 发送携带 EDNS 扩展的 DNS 查询数据包时，部分服务器由于无法处理该数据可能会超时，服务器 A 为了满足兼容性需要额外地发送不携带 EDNS 的 DNS 查询，从而获得最终解析数据。这样的查询流程势必会造成额外的延迟开销。为了解决该问题，DNS FlagDay 项目计划强制推进 EDNS 的兼容性支持，将所有无法支持 EDNS 协议的 DNS 服务器认为是无效的服务器，不再额外地加入重试机制。项目自启动后，在社区得到了大量积极的响应，很多其他软件商和 DNS 解析提供商都积极地推进对 EDNS 的支持，截至 2019 年 2 月，EDNS 支持率已得到较大幅度的提高。

2019 年，DNS FlagDay 项目继续开展新一轮优化调整。此次优化将围绕 DNS 数据包过大的问题展开，当前根据协议标准 DNS 服务配置的 EDNS 最大数据包大小作为 UDP 传输的最大数据包。对于响应的数据包超过该数值的情况，服务器将设置截断比特位（TC）并要求以 TCP 的方式进行重新传输。优化调整将要求 DNS 服务器可以支持 TCP，以满足重试的要求。同时服务器需要识别 TC 标志位，并可以执行 TCP 重试机制，至于数据包大小，官方给出的建议是 1232B（在 1280B 的 MTU 下，满足最小 IPv6 的头部大小和 UDP 开销 48B），可根据实际的网络和环境进行调整。当前该项目仍在持续推进。

2. DNS 根区密钥轮转

2017 年的"全球域名运行态势和技术发展趋势报告"介绍了根区轮转计划的背景和进展。

2018 年 10 月 11 日，ICANN 正式推动根区密钥轮转工作，使用新的 KSK（即 KSK-2017）签署的新版根区数据已经面向公众正式发布。根据 ICANN 统计信息来看，自根区 KSK 轮转启动后，未发现任何组织报告由于遭受根区 KSK 密钥轮转事件影响而导致的故障事件[一]。

[一] http：//dnsflagday.net。

[一] ICANN 根区密钥轮转汇总信息 https：//www.icann.org/resources/pages/ksk-rollover。

尽管在轮转过程中不可避免地出现了一些问题，但并未超过 ICANN 社群预先设定的应急阈值，因此未导致轮转回滚事件的发生。此后，ICANN 继续推进并于 2019 年 1 月 11 日完成了针对旧的 KSK（即 KSK – 2010）的废弃操作。此项操作是针对实施了 RFC 5011（Automated Updates of DNSSEC Trust Anchors，自动更新 DNSSEC 信任锚）⊖的解析器的专属操作，实施 RFC 5011 的解析器可根据废弃标识符自动完成 DNSSEC 信任锚更替，避免在密钥轮转过程中由于人工失误而导致的操作故障。

为了保障整个轮转过程中的可测量性，DNS 社区推动实施了 RFC 8145（Signaling Trust Anchor Knowledge in DNS Security Extensions，提交 DNSSEC 信任锚）协议⊖的部署。该协议主要用于统计解析器当前信任锚并上报根服务器，ICANN 在密钥轮转期间持续利用 RFC 8145 测量在根区 KSK 密钥轮转事件过程中解析服务器的真实表现。图 19 所示为 ICANN 公布的截至 2019 年 1 月 1 日统计的信任锚变更情况。其中线条①表明了当前提交信任锚数据的数量，线条②表明了仅使用旧的 KSK 密钥的解析器数量，线条③表明了仅仅使用旧的 KSK 密钥作为信任锚的解析器的比例。从图中趋势可以看出，仅使用旧的 KSK 密钥作为信任锚的解析器以及相应比例都逐渐减小，意味着根区 KSK 密钥轮转逐渐被解析器接受并发挥相应作用。

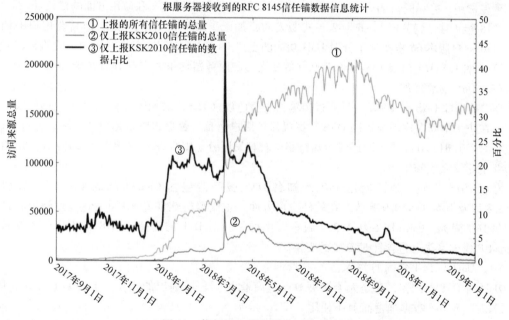

图 19 信任锚上报数量及百分比统计

2019 年 3 月 22 日，ICANN 继续推进根区 KSK 密钥轮转的最后一步，即删除旧的根区 KSK 密钥，当前根区仅包括了新的 KSK 资源记录，宣告了首次根区 KSK 密钥轮转事件的成功。

3. DNS 隐私保护

DNS 协议由于其简单有效，自诞生以来得到大范围的部署和使用。在 ARPNET（早期互联网）时代，人们很少关心安全相关的事情，网络本身也多是构建在一个基本可信的范围内。但是伴随互联网的爆发式发展，越来越多的安全事件被揭露出来。如今的安全已不仅仅限于传统黑客的破坏行为，我们看到更多的是用户个人数据的泄露，大规模的用户信息收集和分析等事件频

⊖ RFC 5011 DNS 信任锚自动更新协议 https：//tools. ietf. org/html/rfc5011。
⊖ RFC 8145 DNS 信任锚自动上报机制 https：//tools. ietf. org/html/rfc8145。

出，甚至一些政府组织和运营商也加入进来，试图全方位地掌握用户信息，比如早些年的美国棱镜门事件就是一个典型的例子。

DNS 服务承载用户的查询信息，里面包含很多实际的用户访问信息，比如用户访问的网站域名、访问频率以及时间等信息，这些信息可以用于大量的商业目的，国内外甚至存在劫持用户DNS 请求的信息，从而达到"引导"用户的目的，DNS 隐私保护变得越来越重要。

DNS 技术演进过程中，引入了多个关于隐私保护的措施和方法，但是实际执行情况并没有那么理想，比如早年提出的查询数据最小化问题（RFC 7816），实际普及率并不高，实际部署率才 3% 左右。近年来 DoH 和 DoT 作为两个重量级的隐私保护技术被引入并得到包括谷歌、Cloudflare 等企业的线上部署实施，促进了社区对这两个项目的参与积极度。

（1）DoH 技术简介

DoH 技术即 DNS over HTTPS，是安全化的域名解析方案。DoH 的主要原理是以加密的 HTTPS 协议传输 DNS 解析请求，就像加密网页信息一样，原始的 DNS 协议数据被封装到 HTTPS 请求中传输，与常规的网站数据一起通过 443 端口在传输链路上传递，不再通过 53 端口协议进行发送。增加了数据提取和分析的难度，解决了解析请求被窃听或者修改的问题（例如中间人攻击）从而达到保护用户隐私的目的。RFC 8484 中关于 DoH 给出了详细定义和应用方面的建议。

2018 年 9 月，浏览器 Firefox 62 正式版发布，加入了 DoH 的功能实现，但需要用户手动开启，Chrome 自版本 66 也实现了针对 DoH 功能的支持。同时递归服务提供商比如谷歌的 8.8.8.8、Cloudflare 的 1.1.1.1 以及 IBM 的 9.9.9.9 等知名递归服务器均正式支持 DoH 功能。

（2）DoT 技术简介

DoT 技术即 DNS over TLS，是通过传输层安全协议（TLS）来加密并打包 DNS 数据的安全协议，旨在防止中间人攻击与控制 DNS 数据以保护用户隐私。数据将默认通过 853 端口进行传递，因此相对于 DoH，其在骨干网或者传输链路中较容易区分。RFC 7858 与 RFC 8310 中详细地给出了 DoT 的定义及实施细节。

截至 2018 年底，公开使用 DoT 的知名 DNS 服务器包括 Cloudflare 的 1.1.1.1、谷歌的 8.8.8.8 以及 IBM 的 9.9.9.9 等。在软件应用方面，主流解析软件 BIND 可通过使用隧道软件代理提供 DoT 服务，PowerDNS 从 1.3.0 版本即添加了针对 DoT 的支持，2018 年 8 月正式发布的 Android P 操作系统已包含针对 DoT 的支持。

（3）DoH 与 DoT 之间的关系

DoH 与 DoT 相比较，都是为了解决 DNS 隐私保护问题所提出的技术方案。DoH 采用了 HTTPS 协议进行 DNS 数据加密而 DoT 使用了 TLS。

DoH 主要面向用户与递归服务器之间交互的数据保护，当然如何选择可信的 DoH 服务器也变得愈加重要，当前不同的浏览器厂商开始实施对 DoH 的支持，也都计划在起步阶段能够争取到更多的用户，从而绕开运营商，直接面向用户提供更可控的解析服务。DoH 借助 HTTPS 的缓存机制和 HTTP2.0 流复用功能，可以提供更快速而高效的域名解析。

DoH 主要针对网页数据中的域名解析流程进行保护，而 DoT 则面向代理用户终端所有 DNS 解析，用户所有查询都通过 DoT 代理的方式经过封装发送给 DoT 服务器，从而保证客户端与服务端之间数据传输的安全，但是由于缺少缓存和复用，DoT 实际的解析效率有待测试。

（4）DoH 与 DoT 的应用研究

在 2018 年 10 月的 OARC 会议中，来自商业 CDN 公司 Cloudflare 的技术人员分享了 DoH 以及 DoT 的部署经验。Cloudflare 公司使用 1.1.1.1 和 1.0.0.1 提供面向公众的递归域名解析服务，服务节点分布在全球 151 个数据中心，内部使用 Knot 软件提供域名解析服务，可有效支持 DoT；使用 Nginx 架设在解析器前端，结合 Lua 脚本语言提供针对 DoH 的支持。

2019 年 10 月份，普林斯顿大学的研究人员针对当前 DNS、DoT 和 DoH 的实际线上运行效果进行了测量分析⊖，测量包含普通网络、4G 网络以及 3G 网络中的域名解析性能，研究发现部分环境下 DoH 的测试效率甚至要比 DNS53 的更高一些，但是由于部署环境与实际运行环境仍然具有一定的差距，比如测试使用的 Amazon 虚拟云主机解析数据包 TCP 和 UDP 的转发效率依赖虚拟化水平，同时测试环境也并未进行太多的调优手段干预，实际解析的结果仅限于参考。

（二）机器学习、区块链技术在 DNS 领域的应用

1. 机器学习技术在 DNS 领域的应用

机器学习是一门人工智能的科学。经过多年的发展，机器学习已经有了十分广泛的应用。但将机器学习应用于 DNS 领域却并不常见。

在 2018 年 10 月的 OARC 会议中，新西兰域名管理机构 NZRS 的工程师介绍了利用自动化机器学习的工具包（Auto – Sklearn）对 ".NZ" 权威服务器的来源请求进行分析⊖，同时介绍了一种源解析器分类系统，可以根据权威解析对来自权威服务器的流量识别解析器行为，这种技术可以扩展到检测其他模式，比如验证解析器或 QNAME 最小化。

分类器用到的聚类算法：K – Means、高斯混合模型、Mean Shift、DBSCAN 和凝聚聚类。通过对为期一周（2017 年 8 月 28 日至 2017 年 9 月 24 日）的样本数据进行分析，实现了域名查询来源地址的聚类分析：可利用查询行为归类到比如 ISP、谷歌 DNS、OpenDNS，还有一些教育和研究机构，比如 ICANN、Pingdom、ThousandEyes 以及 RIPE Atlas 探测器等。

2. 区块链技术在 DNS 领域中的应用

区块链（Block Chain）技术是近年来引起广泛关注的去中心化技术。为了最大化消除 DNS 隐私泄露的问题，部分研究人员提出利用区块链技术设计去中心化的域名解析架构的思想。去中心化的 DNS 协议要比传统的中心化 DNS 协议更安全，可以有效防止域名劫持、缓存投毒（Cache Poisoning）等安全威胁。

根据国外去中心化域名注册商 PeerName 网站记录显示，当前主流且可面向用户提供注册服务的去中心化域名为 ".BIT" ".COIN" 以及 ".ETH" 等。其中，".BIT" 域名由 Namecoin 负责维护。根据其官方网站显示，Namecoin 是一个实验性质的开源技术解决方案，旨在增强 DNS 的安全性，为 DNS 提供如隐私保护等新的特性。".COIN" 域名由 EmerCoin 负责维护。根据其官方网站显示，EmerCoin 被直译为崛起币，是一种安全区块链商业服务领域的新兴解决方案。其中 EmerDNS 是去中心化的 DNS 产品，其产生的 ".COIN" 域名是解决 DNS 隐私保护等安全问题的解决方案。".ETH" 则由 Ethereum 负责维护。根据 Ethereum 官网显示，".ETH" 是 Ethereum 平台的域名产品，采用完全去中心化的方式实现域名解析。与其他同类型的基于区块链技术的 DNS 系统相比，".ETH" 最大的不同是使用了非公开竞拍的模式实现域名注册。

域名系统从上到下的分布式、去中心化发展是其持续演进的一个重要方向，因此，近两年来涌现了很多类似结合区块链的应用设计。但是这类颠覆性的设计理念大多与当前的域名系统无法较好兼容，部分设计框架太过激进和理想化，短期内不大可能被业界广泛接受，因此只能用于一

⊖　普林斯顿大学针对 DNS 的性能测试项目介绍 https：//collaborate. princeton. edu/en/publications/analyzing – the –
　　costs – and – benefits – of – dns – dot – and – doh – for – the – moder。

⊖　NZRS 关于使用机器学习完成 DNS 数据分析的方法介绍 https：//cdn. nzrs. net. nz/kowBxQExDp – Zx/
　　V0JgQWw. lod76/Resolver％20detection％20using％20machine％20learning％20 –％20OARC29 – 02. pdf。

些特殊场景，随着技术的不断提升，如何突破当前壁垒，实现大范围普及应用面临巨大挑战。

（三）域名新技术现状总结与发展趋势分析

1. 国际协作共同推动 DNS 协议优化

近年来，随着技术的不断发展和更迭，DNS 也在朝着更简洁高效的方向不断迈进，由国际社区联合发起的 DNSFlagDay 项目，就是通过社区协作的目的，降低 DNS 服务在查询过程中的复杂性，提升交互效率，该项目的持续推动，必将给整个社区发展带来积极有效的转变。

2. DNS 隐私保护得到进一步普及和使用

DNS 隐私保护尽管作为一个已经存在很久的主题，近两年来随着相关技术的成熟逐步走入大众的视野，DoH 和 DoT 技术也得到像火狐、谷歌以及 Cloudflare 等企业的部署应用，一些顶级域名管理机构，比如 CZNIC（捷克网络信息中心）也在尝试部署隐私保护服务给用户使用，未来预计会有更多的域名服务机构加入进来，共同推动隐私保护技术的成熟发展。

3. 机器学习、区块链技术在 DNS 领域的应用仍处于起步阶段

区块链和机器学习获得越来越多行业的关注，但是真正成熟落地的场景仍旧比较有限，DNS 与这些技术的融合也尚处于尝试阶段，很多问题有待于进一步的解决才能最终进入生产环境，但我们预期随着计算机性能的提升，不管是主机端还是移动用户端，这类高新技术服务都会越来越多地被应用，未来 DNS 服务也将以多样化的形式满足不同的业务场景需求。

五、总结

通过本报告可以看出，过去的 2018—2019 年度域名系统在域名注册、域名解析及新技术融合等多个方面均存在一些显著变化，且整体处于稳定有序的发展之中，全球域名发展和 IPv6 的注册应用情况均有较大幅度的提升，为后续技术的不断更新升级奠定良好的基础。同时我们也看到域名系统所面临的安全风险依然严重，传统的 DDoS 攻击风险尽管存在，但是通过结合多项攻击方式实现的劫持攻击成为过去两年中的重点安全风险，且防范更加困难。本报告从多方面对域名运行态势和发展趋势展开研究，旨在回顾 DNS 发展历程，分析当前域名系统面临的问题，展望 DNS 发展趋势，为推进国内域名行业健康发展贡献微薄之力。

（本文作者：张跃冬　张明凯　冷峰）

中国域名服务安全状况与态势分析

摘要： 2018—2019 年，我国域名服务体系总体安全状况继续保持平稳上升态势，但部分环节的安全问题依然存在。

1) 根域名服务——2018 年和 2019 年全球分别新增 88 个和 145 个根镜像服务器。截至 2019 年 12 月 31 日，全球根服务器及镜像服务器总数达到 1189 个，其中我国境内根镜像服务器 12 个。根域名服务对 IPv6、DNSSEC 和 TCP 网络协议的支持率为 100%。

2) 顶级域名服务——截至 2019 年 12 月 31 日，全球顶级域名数量达到 1516 个。2019 年顶级域名数量有所减少，部分新通用顶级域名已经开始退出运营。顶级域名服务对 IPv6、DNSSEC 和 TCP 网络协议的支持程度较高，对外服务性能继续提升。

3) 二级及以下权威域名服务——我国二级及以下权威域名服务在 IPv6、DNSSEC 和 TCP 网络协议支持方面进展仍然缓慢，而国内重点权威域名服务 IPv6 支持状况有一定提升，达到了 13.20%，也客观反映了我国 IPv6 规模部署工作的成效。

4) 递归域名服务——递归域名服务在 DNSSEC 协议支持程度方面严重滞后，支持率仅有 1.58%，在对 TCP 和 EDNS0 的支持程度方面也呈下降趋势，但国内主要递归域名服务在安全协议支持上远高于国内递归域名服务的平均水平，其中对 EDNS0 的支持率达到 97.41%，对 TCP 的支持率达到 96.48%。

关键词： 域名服务系统；域名监测；域名服务安全；权威域名服务；递归域名服务

前言

域名服务提供了从互联网域名到互联网 IP 地址的查询转换服务，是用户访问各种互联网应用所需要的一种基础服务，被视为整个互联网的入口。因此，域名服务安全直接影响到整个互联网的安全，是网络空间安全治理的一个重要方面。针对我国域名服务体系进行系统、全面的安全态势分析，将有助于我们更好地理解这项互联网基础服务的运营安全状况，增强对我国域名服务体系的安全管控能力，同时也可以借此更好地掌握网络空间的基础安全生态环境，发现网络空间潜在的安全问题，以更好地支撑对网络空间的有序治理。

作为互联网资源的名字标识服务，域名服务体系包含权威和递归两大服务类别，具体架构如图 1 所示。其中，权威域名服务通过一个倒置的树形结构构建起一套全球统一的层级化分级授权的命名体系，自上而下由根域名、顶级域名和二级及以下权威域名构成；递归域名服务则是进入整个域名空间的入口，通过对权威域名自上而下的逐级查询为用户提供域名与 IP 地址之间的映射关系。

为了能够对我国域名服务体系的服务状况和安全态势进行全面、有效的把握和研判，中国互联网络信息中心（CNNIC）从 2009 年起即开始对我国域名服务体系进行全方位、多维度的监测分析。CNNIC 自主建设的国家域名安全监测平台通过监测节点的全球分布式部署，覆盖国内全部省份，实现了从安全、性能、故障、流量和配置五个方面对我国域名服务体系下的根、顶级域和二级及以下权威域，以及递归域名服务的监测与分析，涵盖 NS 配置、服务时延趋势、端口随机程度、TCP/EDNS0/IPv6 支持、DNSSEC 和 BIND 版本等涉及域名服务安全的重点指标的后台

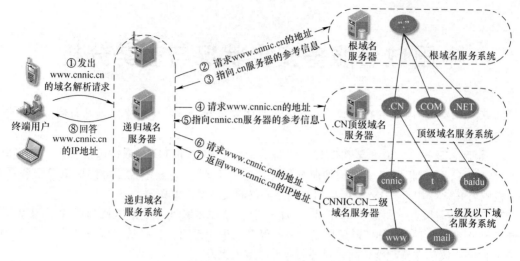

图 1　域名服务体系架构图

定期自动化监测。

　　依托该平台相关数据，CNNIC 自 2012 年起开始对外发布域名安全态势年度报告，对域名服务体系各个环节的系统软件、协议支持和服务性能等涉及域名服务安全状况的关键要素分别进行了客观描述和历史趋势分析，在此基础上针对上述两大类别域名服务分别作了总体的安全量化评价，最后给出了我国域名服务体系安全态势的总体分析结论。

　　本报告综合 2018 年和 2019 年年度报告中的内容和数据，对两年内的中国域名服务状况和安全态势进行了具体分析。

专业术语表

缩略语	英文全称	中文全称
AS	Autonomous System	自治系统
ccTLD	Country Code Top Level Domain	国家与地区顶级域名
CDN	Content Delivery Network	内容分发网络
DNS	Domain Name System	域名系统
DNSSEC	DNS Security Extensions	域名系统安全扩展
DDoS	Distributed Denial of Service	分布式拒绝服务攻击
EDNS0	Extension Mechanisms for DNS Version 0	DNS 的扩展名机制
gTLD	General Top Level Domain	通用顶级域名
IANA	Internet Assigned Numbers Authority	互联网数字分配机构
ICANN	Internet Corporation for Assigned Names and Numbers	互联网名称与数字地址分配机构
IP	Internet Protocol	网络之间互联的协议
IPv4	Internet Protocol version 4	互联网协议第四版本
IPv6	Internet Protocol version 6	互联网协议第六版本
ISC	Internet Software Consortium	互联网系统联盟

（续）

缩略语	英文全称	中文全称
NS	Name Server	域名服务器
TCP	Transmission Control Protocol	传输控制协议
TLD	Top Level Domain	顶级域名
TTL	Time To Live	生存时间
UDP	User Datagram Protocol	用户数据报协议

一、域名服务安全状况

本报告分别介绍域名系统在根、顶级、二级及以下权威和递归等四个环节在系统软件、协议支持、服务性能等涉及域名服务安全状况的关键方面的配置运行情况。

（一）根域名服务

1. 简介

根域名服务位于整个权威域名层级结构的最顶端，全球共设立了 13 个根服务器（10 个位于美国，其他 3 个分别位于瑞典、英国和日本），分别由美国威瑞信公司（VeriSign）、南加利福尼亚大学信息科学研究所、美国 Cogent Communications 公司、美国马里兰大学、美国航空航天局（NASA）、美国互联网系统联盟（ISC）、美国国防部国防信息系统局、美国国防部陆军研究所、瑞典 Netnod 公司、欧洲网络协调中心（RIPE NCC）、美国互联网名称与数字地址分配机构（ICANN）和日本 WIDE Project 等 12 家境外机构负责运营，具体见表 1。

表 1 各根域名服务器运营机构概览

根	所在国家	单位名称	机构性质
A	美国	威瑞信公司（VeriSign）	公司
B	美国	南加利福尼亚大学信息科学研究所（ISI）	大学
C	美国	Cogent Communications	公司
D	美国	马里兰大学	大学
E	美国	美国航空航天局（NASA）	科研机构
F *	美国	互联网系统联盟（ISC）	公司
G	美国	美国国防部国防信息系统局	军事
H	美国	美国国防部陆军研究所	军事
I *	瑞典	瑞典 Netnod 公司	公司
J *	美国	威瑞信公司（VeriSign）	公司
K *	英国	RIPE NCC	非营利组织
L *	美国	互联网名称与数字地址分配机构（ICANN）	非营利组织
M	日本	WIDE Project	科研机构

注："＊"表示在中国大陆地区配有该根的镜像服务器。

为保证高可用性及抗攻击能力，自 2002 年以来，各根服务器在全球范围内进行了广泛的镜像部署，以此扩展其全球服务能力，提升其安全性。目前，13 个根域名服务器均部署了不同数量的镜像服务器。截至 2019 年 12 月 31 日，全球根服务器已共计部署镜像 1189 个（2018 年新增 88 个，2019 年新增 145 个）。图 2 所示为根域名服务的镜像服务器数量历年变化情况。图 3 所示为 2018 年和 2019 年各根域名服务器的镜像服务器数量情况。

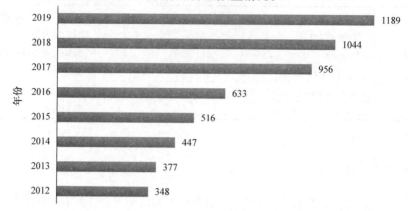

图 2　根域名镜像服务器数量历年变化情况（2012—2019）

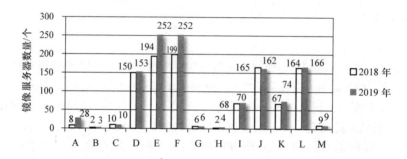

图 3　各根域名服务器的镜像服务器数量（2018—2019）

2. 系统软件

监测数据显示，2018 年和 2019 年所有的根域名服务器均使用 Unix 或者 Linux 作为其操作系统。在域名解析软件方面，2018 年监测数据显示大多数根域名服务器使用 Meilof Veeningen Posadis 软件，个别服务器使用了 NLnetLabs NSD 和 ISC BIND 等其他软件，2019 年数据显示大多数根域名服务器使用 ISC BIND 软件，个别服务器使用了 NLnetLabs NSD 和 Knot DNS 等其他软件。

上述情况显示根域名服务器运营机构在不断调整其解析软件配置，其主流解析软件 2018 年从 ISC BIND 更换为 Meilof Veeningen Posadis，而 2019 年又重新回到 ISC BIND。两次更换根域名服务器主流解析软件的具体原因目前尚不得而知，分析后我们认为可能的原因有：

1）ISC BIND 软件已经逐渐不能满足根域名解析的要求，根域名服务器运营机构在寻求其合适的替代软件，但在运行一段时间后发现所选择的 Meilof Veeningen Posadis 仍然存在不完善的地方，不得不重新切换回 ISC BIND，后续有可能还会选择其他解析软件。

2）ISC BIND 软件仍然是根域名服务器运营机构的首选，只是因为某些原因（例如高危漏洞、商业合作问题等）临时被 Meilof Veeningen Posadis 替代作为过渡，问题解决后根域名服务器运营机构会重新选择 ISC BIND 软件，其地位仍然稳固。

3. 协议支持

由于在整个互联网中的特殊地位，加之其本身所固有的协议设计限制，域名服务系统一直是各种网络攻击行为的重要针对目标。随着网络攻击技术的不断发展及 DNS 协议和软件漏洞的频繁曝出，攻击者已经大大缩短了域名劫持所需的时间。若要消除域名劫持风险，现行有效的解决方案就是部署 DNSSEC 验证服务，通过对 DNS 通信数据的数字签名验证来确信用户所接收到的数据是完整有效的。

作为 DNSSEC 信任链的根源，根域名服务系统是否支持 DNSSEC 验证服务对于整个域名服务系统的 DNSSEC 有效部署至关重要。监测显示，目前的根域名服务系统均已部署 DNSSEC 验证服务，数据加密算法为 RSA/SHA – 256。

此外，IPv6 网络的普及离不开域名服务系统对 IPv6 的支持。目前，13 个根域名服务器均已配置 IPv6 地址，从而实现了对 IPv6 查询的全面支持。随着 DNSSEC 和 IPv6 地址的推广使用，DNS 应答数据包将逐步增大。在 IPv4 网络到 IPv6 网络的过渡期间，还会存在某些域名服务器同时使用 IPv6 和 IPv4 地址的情况，而传统的 DNS 数据包通过 UDP 数据包的形式进行传输，其大小被控制在 512B 以内，无法满足大数据包的传输需求。因此，域名服务器在传输超过 512B 的数据包时应开启 EDNS0 支持，或采用 TCP 代替 UDP 进行传输。监测结果显示，根域名服务系统均已支持 TCP 和 EDNS0 传输。

图 4 所示为 2015 – 2019 年根域名服务的协议支持比例变化情况，可以看出，根域名服务系统在协议支持程度方面已经基本趋于完善和稳定，DNSSEC、IPv6 和 TCP 支持率均为 100%。

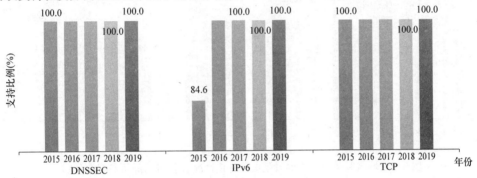

图 4 根域名服务协议支持率历年变化情况

4. 服务性能

根域名服务处于整个域名服务体系的最顶端，其服务性能的高低直接影响到整个互联网应用的服务质量。截至 2019 年 12 月 31 日，在全球已部署的 1189 个根镜像服务器中，有 12 个位于我国大陆地区，其中 2018 年根镜像服务器数量没有变化（9 个），2019 年在工信部对设立域名根服务器及域名根服务器运行机构进行审批后，原有 4 个根镜像服务器被撤销，新增加 7 个根镜像服务器，当前国内根镜像情况具体见表 2。

表 2 国内根域名服务器镜像服务引入情况

根镜像	合作机构	引入机构	部署位置
F	ISC	CNNIC	北京
F	ISC	CNNIC	杭州
I	Netnod	CNNIC	北京
J	VeriSign	CNNIC	北京
L	ICANN	CNNIC	北京
L	ICANN	CNNIC	上海
L	ICANN	北龙中网	北京
L	ICANN	信通院	武汉

（续）

根镜像	合作机构	引入机构	部署位置
L	ICANN	信通院	郑州
K	RIPE NCC	CNNIC	北京
K	RIPE NCC	CNNIC	贵阳
K	RIPE NCC	信通院	广州

我国互联网用户对根域名服务的平均查询时延历年变化趋势如图5所示。可以看出，在我国大陆地区部署有镜像服务器的F、I、J、L和K根，其平均查询时延相比其他根域名服务器明显较短，而且2019年相对2018年解析时延也明显缩短。因此，根镜像服务器的引入，可以有效提高国内根域名服务质量，整体改善网民上网体验，增强我国常态下的域名服务保障能力。

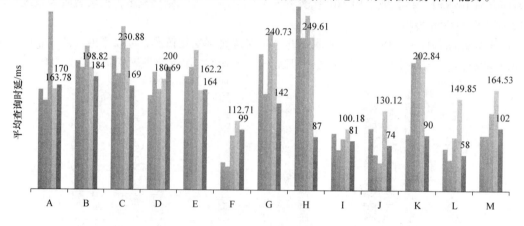

图5　根域名服务平均查询时延历年变化情况（每组图形从左至右分别
为2015年、2016年、2017年、2018年、2019年）

整体而言，根域名服务在协议支持方面已经趋于完备，在全球服务性能方面一直在持续提升，然而我国的根镜像服务器数量依然较少，与国内庞大的互联网用户规模不匹配，根域名的服务能力仍有很大改善提升空间。本报告倡议国内相关机构进一步推动更多数量的根镜像服务器在我国的部署运行，以提升整个国内互联网基础资源安全保障水平。

（二）顶级域名服务

1. 简介

顶级域名服务位于整个域名服务体系的次顶端，主要包括两大类别：一类是通用顶级域名（gTLD），包括".COM"".NET"等传统通用顶级域名，以及近几年新扩展的".网络"".XYZ"".VIP"等新通用顶级域名（New gTLD）；另一类是国家顶级域名（ccTLD），例如我国的".CN"和".中国"，德国的".DE"，英国的".UK"等。不同于通用顶级域名，国家顶级域名用于标识某个特定国家或地区的域名空间，根据《信息社会世界首脑会议－信息社会突尼斯议程》，一个国家对于本国ccTLD的管理决策不受他国干涉，因此ccTLD被认为是国家主权在网络空间的象征。

根据IANA官方数据，截至2019年12月31日，全球域名服务体系中共存在1516个顶级域名。其中，2018年全年增加了5个顶级域名，而2019年减少了62个顶级域名。这些变化的顶级域名都是新通用顶级域，可以看到，经过多年的运营后，新通用顶级域的发展状况分化情况明显，部分新通用顶级域已经开始退出运营。

2. 系统软件

监测显示，顶级域名服务系统普遍采用 Unix 或 Linux 操作系统，占比超过 86%。在域名解析软件方面，2019 年监测数据显示，Meilof Veeningen Posadis、NLnetLabs NSD 和 ISC BIND 在顶级域名服务器中的使用率最高，分别占到了 49.01%、32.44% 和 13.17%。而 2018 年，NLnet-Labs NSD 和 ISC BIND 使用率最高，分别占到了 41.0% 和 36.9%。可以看到，ISC BIND 和 NLnet-Labs NSD 作为过去顶级域名服务器所使用的前两大域名解析软件，其使用率正在逐年下降，部分顶级域名运营机构更换了其他 DNS 解析软件。2019 年 Meilof Veeningen Posadis 的占比上升，我们分析是 2018 年根域名解析服务器大规模替换使用 Meilof Veeningen Posadis 后，各级域名服务机构跟随根域名服务器运营机构进行了替换，但随着 2019 年根域名服务器重新使用 ISC BIND，后续顶级域名服务系统域名解析软件的应用发展趋势还有待观察。

此外，2018 年和 2019 年，安装 ISC BIND 的顶级域中分别有 24.4% 和 23.78% 开启了版本应答功能，开启此功能有助于攻击者更好地确定系统漏洞进行攻击，存在一定的安全隐患。本报告建议相关顶级域名运营机构及时关闭此项功能。

3. 协议支持

随着业界对 DNSSEC 的大力推动，各顶级域名运营机构也开始积极部署 DNSSEC 验证服务。截至 2019 年 12 月 31 日，已有 91.51% 的顶级域名部署了 DNSSEC 验证服务，所支持的加密算法仍以 RSA/SHA – 256 和 RSASHA1 – NSEC3 – SHA1 为主，两者占比达到了 94.49%。值得注意的是，2018 年和 2019 年分别有 3.7% 和 3.68% 的 DNSSEC 顶级域名服务器采用传统的 NextSECure（NSEC）机制，该机制存在区文件被遍历、枚举从而泄露所管理的域名解析数据的风险，建议顶级域名运营机构应尽快停止采用 NSCE 机制。

顶级域名服务系统的协议支持情况如图 6 所示。可以看出，2017 年以来顶级域名服务系统在 DNSSEC、IPv6 和 TCP 支持程度上始终保持很高的支持率。在顶级域总体数量减少的情况下，2018 年和 2019 年顶级域名服务器（NS）对 DNSSEC、IPv6 和 TCP 的支持率分别是 91.3%、87.9%、100% 和 91.5%、86.1%、99.8%，始终保持了较高水平，这也说明了在对 DNSSEC、IPv6 和 TCP 的支持方面顶级域名服务系统始终走在前列[⊖]。

4. 服务性能

监测数据显示，2018 年和 2019 年顶级域名服务系统均实现了冗余配置[⊖]，平均每个顶级域

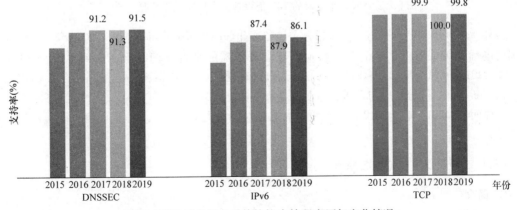

图 6　顶级域名服务系统协议支持程度历年变化情况

⊖ 本报告中的 IPv6 支持率基于域名服务器（即 NS）级别进行判定和统计。

⊖ 本报告通过该域名服务器所拥有的服务地址的多少反映其冗余配置程度。

所拥有的服务地址数量为 8.8 个，其中超过八成的顶级域名服务拥有 7 个以上的服务地址，表现出较高的冗余程度，具体情况如图 7 所示。

图 7   顶级域名服务服务地址数量分布历年变化情况（%）

权威域名服务器开启递归服务存在易遭受 DDoS 攻击的风险。监测显示，2018 年和 2019 年顶级域名服务器的递归服务开启比例分别为 5.0% 和 3.5%，2019 年比例有所降低。建议相关运营机构继续加强对新增顶级域名的安全防护配置水平，避免同时提供权威和递归解析服务。

较高的冗余配置能够增强域名服务的鲁棒性和抗攻击能力，但也增加了服务器间域名数据不一致的风险。监测显示，2018 年和 2019 年分别有 4.94% 和 2.98% 的顶级域名存在授权数据不一致的问题，这会导致它们返回给终端用户的 DNS 信息⊖不一致。

权威域名服务器通过设置 TTL 值来决定其权威数据在递归服务器缓存中的存活时间。如果域名服务器设置了较大的 TTL 值，可能会使得相关权威数据在递归服务器缓存中存活时间过长而导致过期；但如果 TTL 值设置得过小，域名服务器将会因为频繁的缓存数据更新和区传输导致较大的通信开销，同时增加了终端用户的查询时延。顶级域名服务器的 TTL 值的设置大小分布如图 8 所示，可以看出，越来越多的顶级域名开始倾向于选择使用较大的 TTL 值设置，其中接近六成的顶级域名服务器的 TTL 值被设定在一天以上（即 >86400s）。

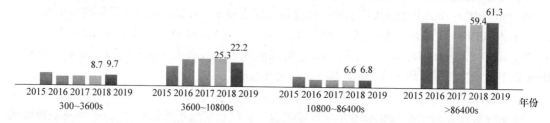

图 8   顶级域名服务器的 TTL 值设置分布历年变化情况（%）

另外，各顶级域名的平均查询时延分布历年变化如图 9 所示。可以看出，2018 年和 2019 年，从国内进行顶级域名查询，绝大多数顶级域名服务器的平均查询时延在 0.4s 以内（2018 年 82.3%，2019 年 91.7%），整体情况较好，而查询时延在 0.2～0.3s 的占比最高，在 0.1s 以内的占比在不断降低，经分析应与顶级域名服务器大多数在国外有关。

整体而言，2018 年至 2019 年，顶级域名服务在协议支持情况、对外服务能力方面得到了进一步提升。

（三）二级及以下权威域名服务

1. 简介

监测数据显示，2018 年 12 月我国的二级及以下权威域名服务器约有 6 万台套（按独立 NS

⊖　不排除监测时发生区传输等影响区数据一致性的操作时段。

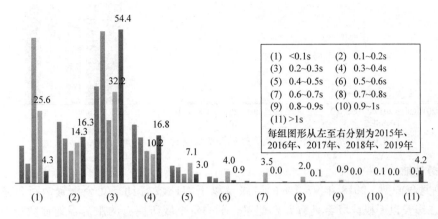

图9 顶级域名服务平均查询时延分布历年变化情况（%）

数量计算，下同），2019 年 12 月约有 1.2 万台套。自 2017 年以来，监测发现的二级及以下权威域名服务器数量在不断下降，其原因一方面是可能有部分系统的安全策略阻断了平台的探测，另一方面是随着 CNNIC 和阿里巴巴等机构的权威域名解析托管平台的发展，众多域名已不再自行提供权威解析服务，而由托管平台统一提供权威解析服务。

作为域名服务系统中数量规模最大的一个环节，二级及以下权威域名服务系统是承载各种互联网应用的直接载体，是终端用户域名访问行为的最终目标，其安全状况的好坏直接影响到各种互联网应用能否稳定运行，一旦发生问题后果将非常严重。

2. 系统软件

监测数据显示，作为二级及以下权威域名服务器所使用的主流操作系统类型，Unix/Linux 所占比例在 2018 年和 2019 年分别是 73.0% 和 66.91%。

分析二级及以下权威域名服务器主要使用的域名解析软件，2018 年排名前两位的是 ISC BIND 和 Microsoft Windows DNS，分别占到了 64.6% 和 15.9%，而 2019 年排名前两位的是 ISC BIND 和 Meilof Veeningen Posadis，分别占到了 57.14% 和 22.10%。ISC BIND 占比仍然超过 50%，但呈不断下降的趋势，而 2019 年 Meilof Veeningen Posadis 的占比上升的原因可能是 2018 年根域名解析服务器大规模替换使用 Meilof Veeningen Posadis 后，各级域名服务机构跟随根域名服务器运营机构进行了替换，但随着 2019 年根域名服务器重新使用 ISC BIND，后续权威域名服务系统域名解析软件的发展趋势还有待观察。

此外，2018 年和 2019 年，分别有 42.57% 和 40.49% 的 ISC BIND 软件仍旧开启版本应答功能，开启此功能有助于攻击者更好地确定系统漏洞进行攻击，存在一定的安全隐患。本报告建议相关域名运营机构及时关闭此项功能。

3. 协议支持

在根域名服务和顶级域名服务 DNSSEC 部署程度已经非常高的情况下，二级及以下权威域名一直是业界期望整体实现 DNSSEC 功能、消除安全孤岛的工作难点所在。监测显示，2018 年和 2019 年分别仅有 0.03% 和 0.1% 的二级及以下权威域名部署了 DNSSEC 验证服务，数量依然很少，进展非常缓慢。二级及以下权威域名服务器的协议支持情况如图 10 所示。可以看出，二级及以下权威域名服务器已经普遍开始支持 TCP 查询，但是在 DNSSEC 和 IPv6 支持方面的进展均非常缓慢。

图 10　二级及以下权威域名服务器协议支持率历年变化情况（%）

4. 服务性能

在服务冗余方面，2018 年 97.7% 的二级及以下权威域名具有冗余配置，而 2019 年只有 58.85% 的二级及以下权威域名具有冗余配置，平均每个域所拥有的服务器地址数由 2018 年的 9.6 个降到 2019 年的 4.57 个，下降很快，具体情况如图 11 所示。其原因可能与监测到的二级及以下权威域名服务器数量大幅下降，部分域名已不再自行提供权威解析服务，而由托管平台统一提供权威解析服务有关。

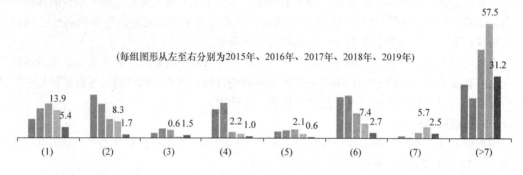

图 11　二级及以下权威域名服务器服务地址数量分布历年变化情况（%）

另外，2018 年和 2019 年分别有大约 34.0% 和 24.58% 的二级及以下权威域名服务器开启了递归服务，这种配置缺陷存在易遭受 DDoS 攻击的风险，建议权威域名运营机构尽快加以改善，避免同时提供权威和递归解析服务。

二级及以下权威域名服务器的 TTL 值的设置大小历年变化情况如图 12 所示，与顶级域名服务器类似，越来越多的二级及以下权威域开始倾向于选择设置较大的 TTL 值。

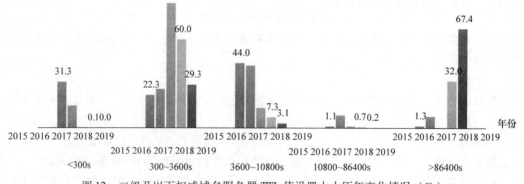

图 12　二级及以下权威域名服务器 TTL 值设置大小历年变化情况（%）

二级及以下权威域名服务器的平均查询时延分布历年变化情况如图13所示。可以看出，近4年来我国的二级及以下权威域名服务的整体查询时延始终保持较好的水平，2019年超过八成的二级及以下权威域名服务器的平均查询时延在100ms以内。然而，二级及以下权威域名服务器的整体查询时延分布较广、差别巨大，这充分反映出各二级及以下权威域名服务器在性能负载、运维管理水平等方面参差不齐，这是二级及以下权威域名服务作为最大规模的域名服务环节所表现出的特有现象。

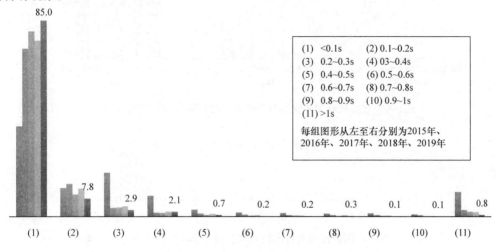

图13 二级及以下权威域名服务器平均查询时延比例分布历年变化情况（%）

5. 重点权威域名服务

（1）简介

除了对我国的二级及以下权威域名服务器做全面监测分析以外，CNNIC还遴选了300多个来自政府机构、金融机构、网络运营商以及涉及国计民生行业的重点权威域名，对其服务器的安全配置情况进行了针对性统计分析。

（2）系统软件

监测显示，2018年和2019年重点权威域名服务器采用Unix或Linux操作系统的比例为61.1%和73.68%，采用ISC BIND作为域名解析软件的服务器比例较高，分别占到了64.2%和67.12%，其中分别有37.3%和30.65%的ISC BIND开启了版本应答功能，存在版本信息泄露的安全隐患。

（3）协议支持

重点权威域名服务器的协议支持情况如图14~图16所示。与国内其他二级及以下权威域名相比，重点权威域名服务的DNSSEC、IPv6和TCP支持情况相对略好，但总体上对DNSSEC和IPv6的支持程度依然处于较低水平。IPv6近两年的支持状况有一定程度提升，2019年达到了13.2%，也客观反映了国内IPv6规模部署工作推进的成效。此外，2018年和2019年仍然分别有13.0%和8.77%的重点权威域名服务器开启了递归服务，这将导致其遭受DDoS攻击的风险增加。

（4）服务性能

在服务冗余方面，2018年和2019年分别有8.6%和2.8%的重点权威域名服务没有冗余配置，平均每个重点权威域名服务的服务器地址分别是7.6个和7.42个，总体冗余程度相对其他权威域名服务要高，如图 17 ~ 图 19 所示。

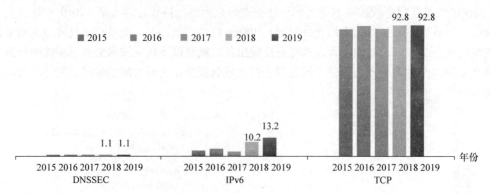

图 14　重点权威域名服务器协议支持比例历年变化情况（%）

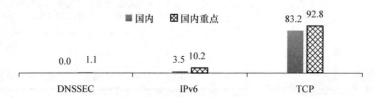

图 15　2018 年国内及国内重点权威域名服务协议支持情况对比（%）

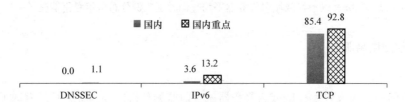

图 16　2019 年国内及国内重点权威域名服务协议支持情况对比（%）

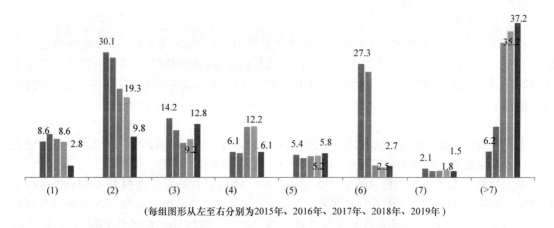

（每组图形从左至右分别为2015年、2016年、2017年、2018年、2019年）

图 17　重点权威域名服务的服务器地址数量比例分布历年变化情况（%）

重点权威域名服务的 TTL 值设置情况如图 20 ~ 图 22 所示，可以看出，大部分重点权威域名服务的 TTL 值设置较大，域名权威数据稳定。

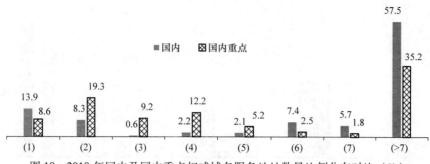

图18 2018年国内及国内重点权威域名服务地址数量比例分布对比（%）

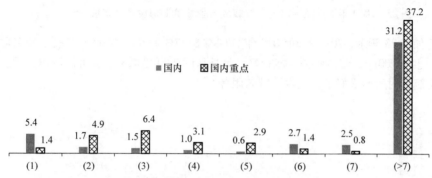

图19 2019年国内及国内重点权威域名服务地址数量比例分布对比（%）

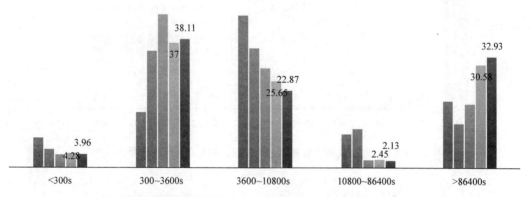

（每组图形从左至右分别为2015年、2016年、2017年、2018年、2019年）

图20 重点权威域名服务的TTL值设置分布历年变化情况（%）

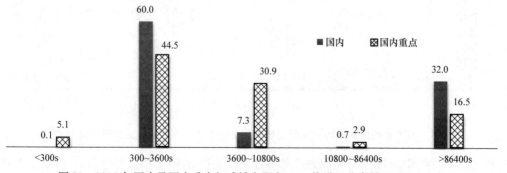

图21 2018年国内及国内重点权威域名服务TTL值设置分布情况对比（%）

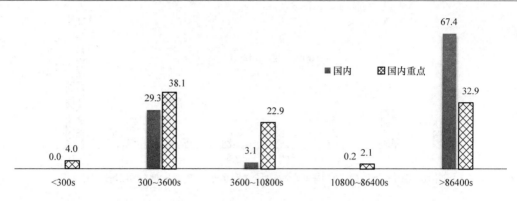

图22 2019年国内及国内重点权威域名服务 TTL 值设置分布情况对比（%）

此外，如图 23 所示，2018 年和 2019 年分别有 81.7% 和 93.8% 的重点权威域名服务的平均解析时延均小于 100ms，整体服务性能较好。另外从图 24 和图 25 中也可以看出，重点权威域名服务的平均解析时延明显好于其他权威域名服务。

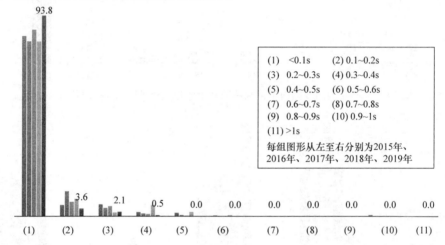

图23 国内重点权威域名服务器查询时延比例分布历年变化情况（%）

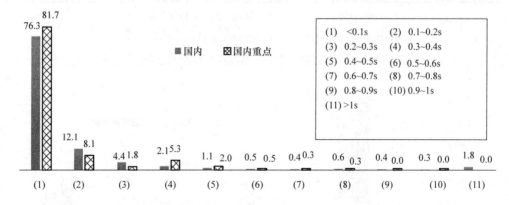

图24 2018年国内及国内重点权威域名服务器平均查询时延比例分布对比（%）

整体而言，我国二级及以下权威域名服务在协议支持方面仍存在明显短板，特别是 DNSSEC 和 IPv6 的部署进展极为缓慢，重点权威域名服务水平高于其他权威域名服务。二级及以下权威

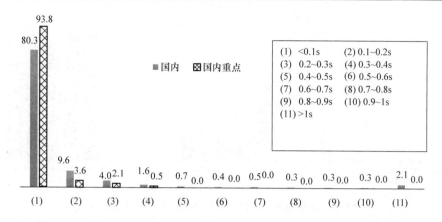

图 25　2019 年国内及国内重点权威域名服务器平均查询时延比例分布对比（%）

域名服务能力参差不齐，部分二级及以下权威域名服务采取的是自建方式，另一部分则是交给托管商进行托管，而各托管商在运维管理水平、安全保障能力等方面也存在较大差异，一旦出现网络安全事件，难以开展及时有效的应急处置和追溯问责，特别是规模较大的托管商一旦发生问题，可能会导致大量域名的访问失效。

（四）递归域名服务

1. 简介

递归域名服务是用户访问整个域名空间的入口，所有的域名查询都需要通过递归域名服务来执行。监测显示，我国递归域名服务系统大约有 11 万余台/套。作为和终端用户直接交互的环节，递归域名服务系统的服务状况和安全配置情况对于终端用户所获取到的域名解析数据的完整性、正确性和及时性有着直接的影响，同时在国家网络安全管理和应急安全处置中发挥着重要作用。

2. 系统软件

监测显示，2018 年和 2019 年递归域名服务器采用 Unix 或 Linux 操作系统的比例分别为 65.1% 和 64.95%。

域名解析软件方面，2018 年，Microsoft Windows DNS 和 ISC BIND 是两大主流域名解析软件，使用率分别占到了 74.8% 和 14.8%，而 2019 年发生了很大变化，ISC BIND、Meilof Veeningen Posadis 和 Microsoft Windows DNS 分别排名前三，使用率分别占到了 31.63%、21.66% 和 15.01%。经分析，2019 年 ISC BIND 和 Meilof Veeningen Posadis 占比上升的原因与权威域名解析服务的情况相似，部分域名运营机构跟随根域名服务器运营机构进行了解析软件替换。

另外，2018 年和 2019 年使用 ISC BIND 的递归域名服务器中开启版本应答的比例分别为 46.24% 和 44.01%，存在版本信息泄漏隐患，建议相关运营方及时关闭此项功能。

3. 协议支持

递归域名服务器的协议支持率历年变化情况如图 26 所示。可以看出，近年来我国递归域名服务器在 DNSSEC 验证服务的支持方面进展仍然缓慢，2018 年和 2019 年的支持率分别仅有 0.51% 和 1.58%，而且，对 TCP 和 EDNS0 的支持程度也呈逐年下降趋势。

值得注意的是，递归域名服务对于大数据包的支持情况已经比较完善，2018 年和 2019 年支持超过 512B 的大数据包的服务器比例分别约为 96.7% 和 98.86%，具体如图 27 所示。

递归域名服务一直面临缓存中毒攻击的威胁，其主要原因就是递归域名服务的端口随机性不

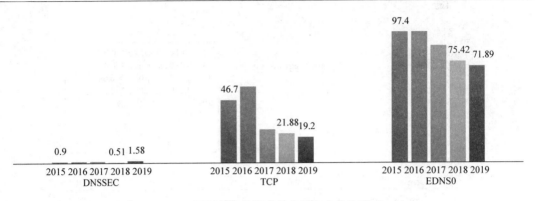

图 26　递归域名服务协议支持率历年变化情况（%）

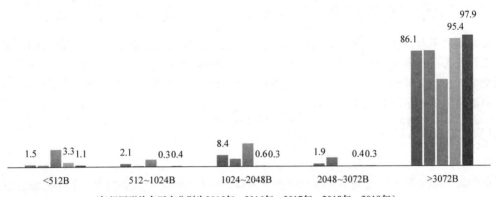

（每组图形从左至右分别为2015年、2016年、2017年、2018年、2019年）

图 27　递归域名服务大数据包支持率历年变化情况（%）

高，从而提高了缓存中毒攻击的成功率。国内递归域名服务的端口随机性优良比例情况如图 28 所示，2018 年和 2019 年端口随机性为优的递归域名服务比例分别为 99.7% 和 100%，整体情况很好，缓存中毒的风险较低。

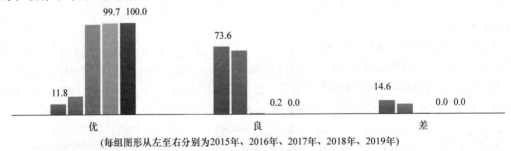

（每组图形从左至右分别为2015年、2016年、2017年、2018年、2019年）

图 28　递归域名服务端口随机性优良比例历年变化情况（%）

4. 服务性能

递归域名服务的平均查询时延比例历年变化情况如图 29 所示。可以看出，递归域名服务整体平均查询时延情况较为理想，近几年查询时延在 100ms 以内的比例保持在九成左右，整体上保证了用户获取域名查询结果的高效及时。

5. 主要递归域名服务

（1）简介

对于大部分国内用户来说，他们所使用的递归域名服务主要来源于两种：一种是国内基础电

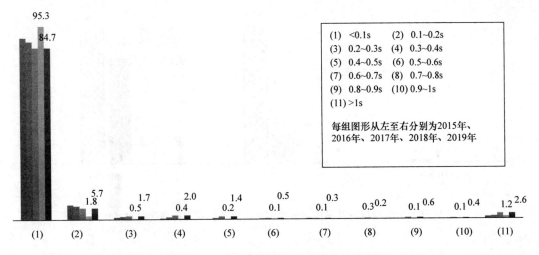

图 29　递归域名服务平均查询时延比例历年变化情况（%）

信运营企业所提供的递归域名服务，另一种是一些大型互联网服务企业所提供的公共递归域名服务。目前，国内主要基础电信运营企业（如中国电信、中国联通、中国移动等）和各大主要公共递归域名服务（诸如 CNNIC 公共云解析、114DNS 和 OpenDNS 等）在全国范围内部署的主要递归域名服务器共计有五百余台套。

（2）系统软件

监测显示，2018 年和 2019 年国内主要递归域名服务器采用 Unix 或 Linux 操作系统的比例分别为 85.7% 和 90%，使用 ISC BIND 作为域名解析软件的比例分别为 58.3% 和 24.24%，其中 BIND 版本应答比例分别为 19.1% 和 15.71%，优于国内递归域名服务的整体平均水平。

（3）协议支持

如图 30 ～ 图 32 所示，协议支持方面，2018 年和 2019 年国内主要递归域名服务对 EDNS0 的支持率分别为 95.37% 和 97.41%，对 TCP 的支持率分别为 97.59 和 96.48%，远高于国内递归域名服务的平均水平。另外，国内主要递归域名服务的 DNSSEC 支持率同样偏低，2018 年和 2019 年均为 0.93%。

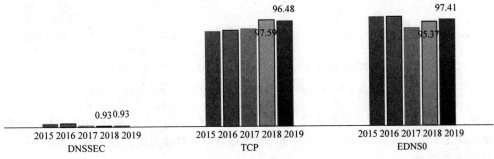

图 30　国内主要递归域名服务协议支持率历年变化情况（%）

国内主要递归域名服务对于大数据包的支持程度同去年相比已经基本稳定，并同国内整体水平保持基本一致，2018 年和 2019 年支持超过 512B 的大数据包的服务器比例分别达到约 95.37% 和 97.41%，如图 33 所示。

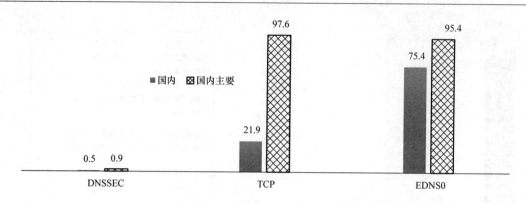

图 31　2018 年国内及国内主要递归域名服务协议支持情况对比（%）

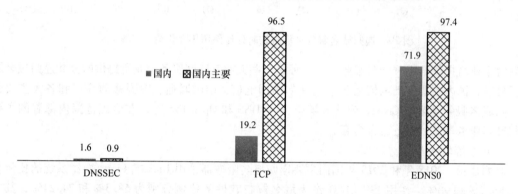

图 32　2019 年国内及国内主要递归域名服务协议支持情况对比（%）

（每组图形从左至右分别为2015年、2016年、2017年、2018年、2019年）

图 33　国内主要递归域名服务大数据包支持率历年变化情况（%）

　　另外，国内主要递归域名服务的端口随机性程度整体较高，2018 年和 2019 年端口随机性为优的服务器比例均达到了 100%，与国内递归域名服务一样整体为优，如图 34 ~ 图 36 所示。

　　（4）服务性能

　　如图 37 ~ 图 39 所示，国内主要递归域名服务的查询时延情况同国内整体水平基本保持一致，2018 年和 2019 年分别有 85.4% 和 73.2% 的服务器查询时延集中在 100ms 以内，与其他递归域名服务的平均值相比整体解析性能良好。

　　由于递归域名服务直接面向用户，能够轻易掌握用户的所有上网行为信息，其安全运行对于保障我国互联网日常安全极为重要。整体而言，我国递归域名服务状况良好，但在协议支持方面存在明显短板，DNSSEC 的部署进展较为缓慢。

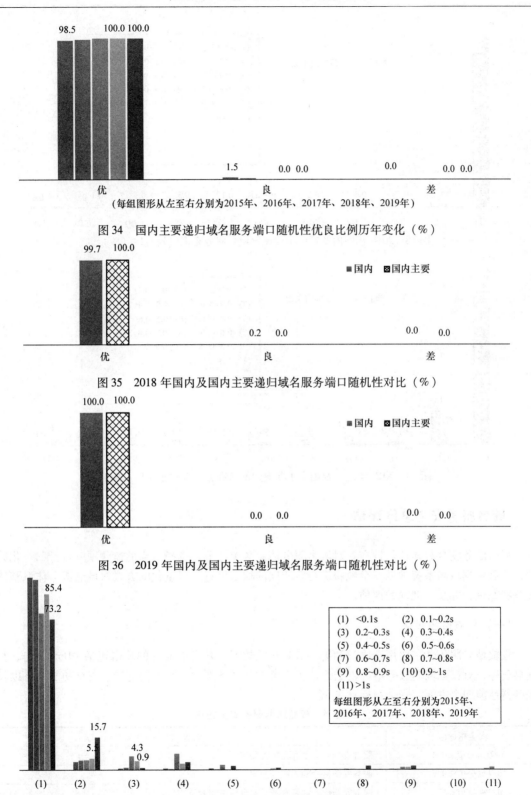

（每组图形从左至右分别为2015年、2016年、2017年、2018年、2019年）

图34　国内主要递归域名服务端口随机性优良比例历年变化（%）

图35　2018年国内及国内主要递归域名服务端口随机性对比（%）

图36　2019年国内及国内主要递归域名服务端口随机性对比（%）

图37　国内主要递归域名服务查询时延历年变化情况（%）

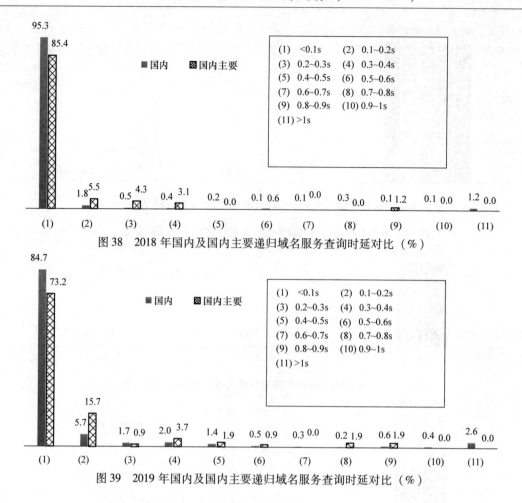

图38　2018年国内及国内主要递归域名服务查询时延对比（%）

图39　2019年国内及国内主要递归域名服务查询时延对比（%）

二、域名服务安全总体评估

域名服务安全总体评估旨在针对域名服务体系各个环节，选择恰当的监测项并进行归一化处理，然后根据域名系统常见安全威胁进行监测项的权重设置，以量化的方式对域名服务体系整体安全状态进行客观、准确的评估。

（一）权威域名服务

权威域名服务器主要用于维护和提供域名权威数据，其可能遭受的攻击包括 DDoS 攻击、数据篡改等，对权威域名服务器的安全评估主要考虑其服务架构、服务器配置、安全功能支持以及服务器性能四个方面。安全指标见表3。

表3　权威域名服务安全指标

安全指标值	含义
0≤分值<0.4	服务安全差，如存在配置漏洞
0.4≤分值<0.7	服务安全良，如无配置漏洞
0.7≤分值≤1	服务安全优，如具有若干安全防护配置

根据监测数据，我国的权威域名服务总体安全状况如图40所示。可以看出，我国权威域名服

务总体安全状况呈现出整体向好的趋势，即安全状况为差的权威域名服务器比例在逐年降低。2018年和2019年我国权威域名服务的平均安全状况分值分别为0.54和0.42，总体安全状况为良。

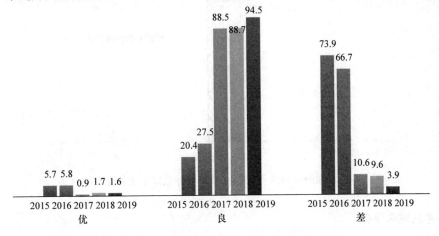

图40 权威域名服务总体安全状况历年变化（%）

对于我国的重点权威域名服务，其总体安全状况如图41～图43所示，可以看出，大部分国内重点权威域名服务器配置较为完善，安全状况良好。

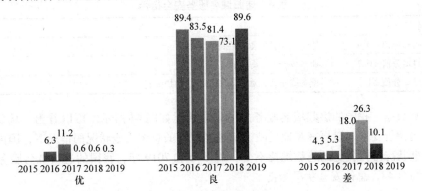

图41 重点权威域名服务总体安全状况历年变化（%）

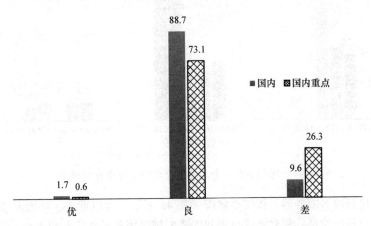

图42 2018年国内及国内重点权威域名服务总体安全状况对比（%）

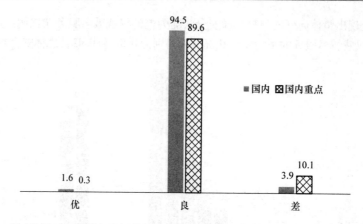

图 43　2019 年国内及国内重点权威域名服务总体安全状况对比（%）

（二）递归域名服务

递归域名服务器负责域名解析查询，并对所获取到的权威数据进行缓存，其可能遭受的攻击包括 DDoS 攻击、缓存中毒等，对递归域名服务系统的安全评估主要考虑服务器配置、安全功能支持以及服务器性能三个方面，安全指标见表 4。

表 4　递归域名服务安全指标

安全指标值	含义
0≤分值<0.4	服务安全差，如存在配置漏洞
0.4≤分值<0.7	服务安全良，如无配置漏洞
0.7≤分值≤1	服务安全优，如具有若干安全防护配置

根据监测数据，我国的递归域名服务总体安全状况如图 44 所示。可以看出，从 2018 年起，在加入更多的评价要素、以更客观地反映递归域名服务的总体安全状况的情况下，国内递归域名服务整体安全状况维持良好的趋势维持不变。2018 年和 2019 年，我国的递归域名服务平均安全状况分值均为 0.44，总体安全状况为良。

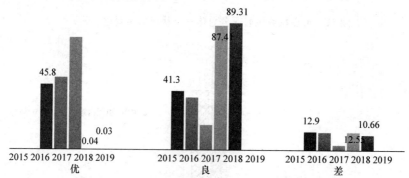

图 44　递归域名服务总体安全状况历年变化（%）

我国的主要递归域名服务器总体安全状况如图 45 所示。可以看出，接近九成的国内主要递归域名服务的安全状况为良，相对来说高于我国递归域名服务的整体平均水平，但仍有一定比例的服务器存在安全配置漏洞。

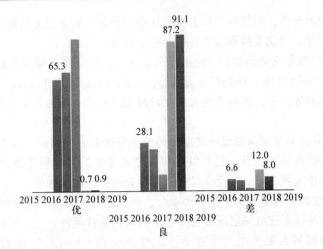

图 45　我国主要递归域名服务总体安全状况历年变化（%）

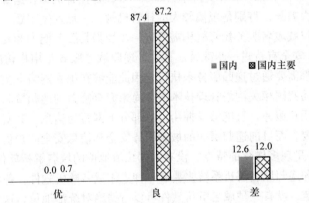

图 46　2018 年国内及国内主要递归域名总体安全状况对比（%）

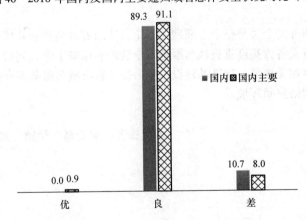

图 47　2019 年国内及国内主要递归域名总体安全状况对比（%）

三、我国域名服务体系安全态势分析

　　域名服务作为互联网的一项基础服务，是互联网基础设施的关键组成部分。可以说，没有域名服务的安全，就没有整个互联网的安全。整体来看，2018 至 2019 年，我国域名服务体系的整体安全状况有了一定的改善，但是我国域名服务体系的各环节域名服务依然存在不同程度的安全问题，表现在系统软件、协议支持和服务性能等各个方面。

1）我国的根域名服务安全仍存在一定的提升空间。虽然根域名服务在协议支持、服务性能方面日臻完善，截至 2019 年底，国内经工业和信息化部正式批准设置了 12 个根镜像服务器，然而在我国整个域名服务体系中，相对于庞大的互联网用户基数，根域名服务节点的数量和服务性能有待进一步提升。

2）顶级域名服务尤其是国家顶级域名服务的安全保障能力仍需进一步加强。全球顶级域名的整体对外服务性能仍在持续提升，然而针对顶级域名系统的大规模拒绝服务攻击威胁依然存在，因此我国在国家顶级域名服务安全保障能力建设方面仍需继续加强。

3）二级及以下权威域名服务集中化趋势明显，风险也更为集中，需要继续加强服务能力和安全保障能力。二级及以下权威域名服务主要包括自建和托管两种方式，权威域名服务托管逐渐成为主流。而当前权威域名服务能力参差不齐，对 IPv6 和 DNSSEC 协议的支持程度普遍较低（其中 IPv6 支持率为 3.6%，DNSSEC 支持率为 0.03%），各托管机构在运维管理水平、安全保障能力等方面也存在较大差异，特别是规模较大的托管机构，一旦发生问题，可能会导致大量域名的访问失效。因此，权威域名服务托管机构需要进一步加强其服务能力和安全保障能力建设。

4）递归域名服务安全有待进一步改善。首先，递归域名服务是用户访问整个域名空间的入口，所有的域名查询都需要通过递归服务来执行，因此能够在国家网络安全管理和应急安全处置中发挥重要作用，然而我国相关网络管理技术手段尚未完全覆盖到递归域名服务。其次，由于递归域名服务直接面向用户服务，且能够掌握用户的部分上网行为信息，其安全运行对于保障我国互联网安全也极为重要，而目前递归层面的域名服务安全和信息安全防护仍然存在一定的缺失。

5）域名解析软件呈现多样化的特点，没有占据统治地位的域名解析软件。从 2018～2019 年的数据看，各级权威和递归域名解析系统主要有 4 种主流域名解析软件，各软件的使用率每年也在急剧变化，并不固定，没有一种域名解析软件可以占据绝对统治地位，这也说明市场竞争尚未结束，当前域名解析软件还不能很好地满足所有用户需要，新的域名解析软件还存在一定的市场机会。

综上所述，域名服务安全关乎整个互联网的安全，伴随着域名产业及域名服务行业的持续快速发展，本报告呼吁有关各方高度重视域名服务安全管理和保障工作，同时加强对域名服务安全监测、安全事件防治等相关规范、标准的建设，努力提升自身域名服务安全防护水平，共同打造和维护健康、安全的网络空间环境。

（本文作者：胡安磊　徐颖　张新跃　李炬嵘）

互联网基础资源大数据采集及分析技术发展研究

摘要：互联网基础资源大数据中蕴含着揭示全球互联网运转模式的高价值信息，已成为互联网相关研究不可或缺的重要资源。在互联网基础资源大数据采集方面，从最初的单点系统发展到目前的大规模分布式系统，不断在数据质量、采集效率和稳定运行等方面进行着探索。在互联网基础资源大数据分析方面，图计算、时序分析和人工智能等新兴技术，已在网络拓扑和安全分析方面发挥重要作用。我们在借鉴学习国际和国内最新成果的基础上，持续推进国家互联网基础资源大数据（服务）平台建设和采集子平台的技术架构优化，并运用图计算和人工智能等技术在互联网络拓扑分析和不良域名识别等方面取得初步成果。

关键词：互联网基础资源；数据采集；人工智能；图计算

一、序言

作为互联网重要的基础资源，域名、IP 地址及其服务系统提供关键的互联网核心服务。互联网基础资源核心服务依托于高性能服务器、网络和存储等基础设施环境，在实现大规模域名注册解析等过程中，产生并对大量的地址和数据资源信息进行处理和存储，推动了互联网基础资源等大数据分析处理相关技术的发展。互联网基础资源大数据是指在注册、解析及应用支撑等各环节中所产生的各类数据（包括但不限于域名注册信息、IP 地址和 AS 号码等），以及相关的互联网物理设施数据与互联网应用数据。

二、互联网基础资源采集技术

（一）主要数据类型

互联网基础资源大数据主要包括两类：一是全局性的 IP、AS 和域名列表及基本属性信息。这部分数据主要由全球重要的 RIR（Regional Internet Registry，地区性互联网注册机构）、管理机构等组织拥有，呈分裂格局且更新较慢，通常在需要时按需下载即可；二是反映基础资源的状态以及相互关系的数据。比如，BGP 和网络探测数据包含路由信息并反映了 AS、IP 和域名之间的关联，DNS 数据反映了域名的设置和服务信息。第二类数据本质上反映的是互联网的运作状态，规模庞大且具有极高的动态性，是互联网基础资源大数据采集技术的主要应用点。

采集互联网基础资源数据，主要目的在于为互联网的度量（Internet Measurement）、模式分析和趋势预测提供数据基础。自 20 世纪 90 年代互联网兴起之后，相关机构即开始了对互联网基础资源数据的采集，比如 RIPE NCC（RIPE Network Coordination Center，欧洲网络协调中心）和 RouteViews（美国俄勒冈大学主导的 BGP 信息采集项目）分别于 1997 年和 1999 年开始采集 BGP 数据。但是，随着互联网规模的增长，IP、BGP、网络性能和 DNS 日志等互联网基础资源数据的采集难度大为提升，需要在效率和精度等方面进行技术优化，同时也需要在数据清洗和分析等方面实现方法论的更新。

（二）基本数据源

互联网基础资源数据被广泛用于网络拓扑、网络性能和网络访问模式的分析，所涉及的主要数据源包括 BGP 路由宣告数据、Traceroute 和 Ping 返回数据，DNS 请求解析数据等。

1. BGP 路由宣告数据

通过抓取 AS 间流动的 BGP 路由信息，可以了解互联网 AS 级的拓扑结构。BGP 路由包含了相应目标的 IP 地址前缀以及抵达该目标所需经过的 AS 列表。其中，AS 列表的最后一项为该条路由的起始节点（origin AS）。当前，主要的 BGP 数据源包括 RIPE NCC 和 RouteViews 等。

由于互联网规模的持续增长和结构的动态变化，在生成能够真正用于分析、挖掘的数据时，需要根据 BGP 和网络实际运转情况进行相应处理，包括对空路径（Null AS paths）、回路、同一 AS 在路径中重复出现、无效节点（invalid AS，未分配或者保留的 AS 号码）、路由聚合等情况进行修正并去重。此外，数据全面性是采集时的重要考量，比如在通过"show ip bgp"一类命令获取路由快照的同时，还需要在路由器上采集原始的 BGP 更新数据流，从而为网络拓扑的准确分析提供支撑。

2. Traceroute 返回结果

网络拓扑的构建，同样可以基于主动式的采集模式[1]，其主要依赖于 Traceroute 探测的返回结果。Traceroute 是网络管理和运维的基本工具，可以用来识别路由中的低效和异常环节。尤其在识别网络数据实际流向方面，如果无法获取各路由域的实时数据，则 Traceroute 可以说是唯一有效的工具。

Traceroute 的工作原理是：连续发送具有不同 TTL（Time To Live，数据包的转发次数）值的 ICMP 数据包，并从路径上各节点返回的 ICMP 响应包中提取相应的 IP 地址，从而由近到远地依次识别出传输路径上的各个节点。

3. Ping 返回结果

对于网络性能的测量，通常包含了性能和可达性数据的采集。目前，最基本的网络性能度量是基于 Ping 的返回结果，获取端到端之间的延迟数据。Ping 的工作原理是：主动生成 ICMP 请求包和计时器，针对特定目标进行发送，在收到目标返回的 ICMP 回送应答时，计时器停止并报告经过的时间。利用 Ping 返回结果，可以直观地了解源节点到目的节点的可达性和传输延迟。

Ping 还可以用于推断网络链接的带宽：通过改变分组长度并将一个路由器的 Ping 时间与路径上的下一跳路由器进行比较，根据网络抖动水平，可以推断链路的带宽。

4. DNS 解析数据

互联网访问数据，最主要的就是访问网站所产生的 DNS 解析数据。目前，可用的 DNS 解析数据主要来自于权威和递归解析服务器，以及近年来逐渐涌现的云解析服务器。

（1）权威解析数据

从权威域名服务器收集的 DNS 数据，可以为恶意网站的发现提供依据。但是，这类数据没有包含 DNS 查询的结果（即相应的 IP 地址）。而且，因为法律规定及个人隐私保护的要求，权威解析服务器对数据的获取限制较严。

（2）递归解析数据

由于权威解析服务器数据在信息含量和数据获取方面的问题，当前针对 DNS 数据的分析和挖掘，主要还是以递归解析服务器上的日志数据为主而展开的。典型数据源如 Farsight 公司的 Security Information Exchange 数据库[○]，以及各类定制采集的案例[2]。

（3）云解析数据

递归解析数据的主要问题在于只包含了特定区域（地理及网络）内的访问行为。随着谷歌云 DNS[○]、OpenDNS[○]、Norton ConnectSafe®以及 CNNIC 权威云®等公共云解析服务器的出现，面向全球用户提供服务，其 DNS 解析数据更适合于进行全面的互联网访问模式分析。

5. 其他

从信息的全面性和分析的准确性考虑，互联网基础资源相关的数据分析可能还需要部分流量数据作为补充，因为其中包含有 IP 和域名等基础资源的真实使用信息。比如，恶意域名的分析和挖掘，需要在 DNS 解析数据的基础上再结合 DNS 请求数据（即 DNS 流量）。流量数据的采集，可以通过 Tcpdump 或端口镜像等技术实现。

（三）采集系统技术

在数据准确、高效采集和广泛兼容等主要需求的推动下，互联网基础资源领域的主要采集端系统进行了各个层面的定制和优化。

1. 技术原理

站在采集端的角度，互联网基础资源数据的采集，可以分为主动式（Active Measurement）和被动式（Passive Measurement）两大类。主动式采集，主动向网络（特定的目标节点集合）发起探测，根据返回结果支撑对网络拓扑（Traceroute）和性能（Ping）等方面的分析；被动式采集，抓取网络上已有的数据（包括服务器端已经实现持久化存储的数据以及网络流量数据），并以此为基础剖析互联网的宏观结构和访问模式等。

以 DNS 解析数据为例，可以通过主动和被动两种方式分别获取。

（1）主动式 DNS 数据采集

从采集点主动向网络发出请求并获取返回结果。基本流程：主动发送 DNS 查询并对响应结果进行采集和存储[3]。目标点的选择可以来自于多个数据源，如 Alexa Top Sites®、各种黑名单以及权威服务器区文件。主动式采集获取的 DNS 数据主要包含域名相应的 DNS 记录信息（已解析的 IP、规范名称和 TTL 等），无法用来分析真实的网络访问行为。类似的采集机制，与 Traceroute 和 Ping 结果的获取机制相同。

（2）被动式 DNS 数据采集

通过在 DNS 服务器前部署采集器（即采集流量数据）或访问 DNS 服务器日志（用爬虫技术对 FTP 或 HTTP 链接进行抓取），收集真实的 DNS 查询和响应数据[2]。显而易见，被动式采集的 DNS 数据更具代表性和统计意义，可以广泛用于对网络攻击等恶意行为的识别。

对于互联网基础资源大数据，采集与处理密不可分。当前常用的采集工具以及相关的网络协议，设计之初主要是满足互联网使用和维护的需求，并未针对互联网度量进行相应的优化，因而导致返回结果在全面性和真实性上有所欠缺。在网络拓扑数据获取方面，因 BGP 和 Traceroute 而

○　https：//www. farsightsecurity. com/solutions/security – information – exchange/。

○　https：//developers. google. com/speed/public – dns/。

○　https：//signup. opendns. com/premiumdns/。

四　https：//dns. norton. com/。

五　http：//www. cnnic. cn/bflm/sdns/gysdns/201208/t20120802 32745. htm。

○　http：//aws. amazon. com/alexa – top – sites/。

导致了大量繁杂的数据清洗工作：

1）BGP dump：在探测点的路由器上，执行 BGP DUMP 命令，存储返回的 BGP 路由宣告数据。为了后续处理的方便，软件包中提供了格式转换工具，实现数据从二进制到可读文本的转换。

2）Ping：为提升数据质量，加入对 UDP、TCP 和特定 TTL 探测的支持，以应对 ICMP Echo 失效的情况。

3）Traceroute：为提升效率，去掉 DNS 解析功能；加入 ICMP 包大小控制机制，以满足特定采集任务的需求；为提升兼容性，支持 TCP 的探测（tcpTraceroute[⊖]）；为提升数据全面性及对多路径的探测[4]，发现源和目的节点之间按数据流（per – flow）负载均衡的所有路径；为提升数据质量，定制 UDP 探测包中的校验域（Checksum Field）和 ICMP 返回包中的序列域（Sequence Number Field），确保发向同一目标的数据包都经过同样的路径，并有效减少回路等异常情况（Paris – Traceroute[⊜]）；为确保采集顺利进行，随机变换源地址端口，并采用 UDP 方式进行探测，以防止被误认为恶意行为（MDA Traceroute）；为方便 AS 路径分析，prTraceroute 在获取返回结果的同时，通过 WHOIS 查询，将响应包源地址转化为 AS，如图 1 所示。

```
[1335] kit.isi.edu > prtraceroute ftp.ripe.net
prtraceroute to ftp.ripe.net (193.0.0.195), 30 hops max, 12 byte packets
 1  [AS226] cisco2-160.isi.edu (128.9.160.2)  9.531 ms  9.755 ms  8.841 ms
 2  [AS226] ln-gw32.isi.edu (128.9.32.1)  124.38 ms  15.269 ms  17.034 ms
 3  [AS226] 130.152.168.1 (130.152.168.1)  16.77 ms  10.429 ms  10.187 ms
 4  [AS2150] SWRL-ISI-GW.LN.NET (204.102.78.2)  63.025 ms  193.177 ms  17.107 ms
 5  [AS3561] border1-hssi1-0.Bloomington.mci.net (204.70.48.5)  16.474 ms  15.876 ms  15.211 ms
 6  [AS3561] core1-fddi-0.Bloomington.mci.net (204.70.2.129)  53.068 ms  215.841 ms  40.662 ms
 7  [AS3561] core1.Washington.mci.net (204.70.4.129)  79.217 ms  84.029 ms  82.851 ms
 8  [AS3561] core1-hssi-3.NewYork.mci.net (204.70.1.6)  85.65 ms  85.414 ms  84.62 ms
 9  [AS3561] 204.70.2.30 (204.70.2.30)  84.562 ms  85.313 ms  85.524 ms
10  [AS3561] surfnet.NewYork.mci.net (204.189.136.154)  186.696 ms  194.363 ms  184.965 ms
11  [AS1103] Amsterdam2.router.surfnet.nl (145.41.6.66)  195.545 ms  195.767 ms  187.228 ms
12  [AS1200] Amsterdam.ripe.net (193.148.15.68)  193.955 ms  196.1 ms  182.065 ms
13  [AS3333] info.ripe.net (193.0.0.195)  211.185 ms  265.305 ms  278.876 ms

Path taken: AS226 AS2150 AS3561 AS1103 AS1200 AS3333
```

图 1　prTraceroute 返回结果[⊜]

2. 采集端系统

典型的互联网基础资源大数据采集端系统，以及当前主要的技术实践如下。

（1）PlanetLab

以主动探测的方式采集互联网基础资源大数据，如果时间窗口过小（比如数天乃至数小时），其结果不具有普遍性，无法真实反映网络的运转状况。为此，PlanetLab[5]等项目主要针对相对长期（比如数月以上）的主动式探测，对真实运转场景中的网络状态进行分析和预测。

在计时准确性方面，考虑到采集端普遍系统负载较高的问题，常规的操作系统计时接口往往无法记录开发人员所预期的时间点。比如，紧跟在数据包接收动作之后的计时调用，所记录的结果通常会晚于数据包真正到达的时间。为此，考虑到 Linux 会为接收缓冲打上时间标签，PlanetLab 使用内核级的计时接口来提升准确性。

PlanetLab 项目在采集点管理、任务协同执行方面，为互联网基础资源数据的分布式采集提供了很好的借鉴。比如，在资源优化方面，采用按用户分配处理器时间片的方式，替代按线程调

⊖　http：//micheal. toren. net/code/tcpTraceroute。

⊜　*Paris Traceroute is free, open – source software*，http：//www. paris – Tranceroute. net/。

⊜　https：//manned. org/prTraceroute/fd6246d2。

度的机制，确保采集点上多个任务的整体平滑推进。

（2）客户端类系统

为扩大采集的覆盖面、提升数据的全面性，除了在网络主干通路上进行数据采集之外，另一种思路是利用海量的、位于网络末端的节点（如个人计算机等），进行互联网基础资源数据采集，典型项目包括 Neti@ home[6] 和 DIMES[7] 等。以 Neti@ home 为例，将采集软件安装在自愿参加采集活动的用户端机器上（比如个人计算机），然后开始被动式的采集。

在提升了数据全面性的同时，由于采集发起点往往位于代理和防火墙之后，而且有较大的可能性会面临路由异常的情况，这类系统通常会面临比较严重的数据质量问题。

（3）Scamper

Scamper 是由 CAIDA（Cooperative Association for Internet Data Analysis，互联网数据分析合作协会）开发的 C 语言开源软件包，实现对全球互联网的大规模拓扑和性能数据采集，目前月均大概进行 5 亿次探测。Scamper 底层采集机制以 Traceroute 和 Ping 为主，支持 Paris Traceroute、MDA Traceroute、radargun、ally、mercator、sting 和 speedtrap 等定制版本。Scamper 的设计理念和技术特点，主要体现在效率和兼容两方面。

在架构设计上，针对多个并发的探测任务，引入了基于事件的理念，用探测（Probe）、等待（Waiting）和已完成（Done）队列，构建任务管理逻辑，并通过收到反馈数据或等待超时等消息触发相应的动作（见图2）。对于端口和文件等资源瓶颈，运用非阻塞（non‑blocking）的文件描述符和 select 系统调用，防止因等待返回结果而导致的对系统资源的占用，确保多次探测之间不会相互阻塞，提升采集点上的多任务并发性。通过如上技术实现，有效降低了处理器和内存占用，并具有良好的可扩展性。

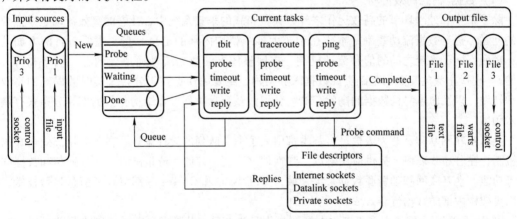

图 2   Scamper 的内部架构[8]

在兼容性设计方面，Scamper 开发了通用的可移植层，隐藏了底层操作系统的细节（比如伯克利套接字和 Windows 网络编程规范之间的差异性），实现对 Linux、MacOS X 和 Windows 等主流操作系统的支持。同时，能够支持 UDP、ICMP 和 TCP 等类型的探测，以及对 IPv4 和 IPv6 网络数据的采集。

（4）技术优化

在被动采集方式下，对系统有着更高的效率要求，因此也需要实现更为底层的技术优化。比如，在网速不断提升的背景下，对抓取效率和稳定性都有更高要求，可能的优化方面包括了对网卡的定制。为了进一步提升系统的运行效率，RIPE NCC 开发了采集硬件，将收发包和基本的格式化工作固件（Firmware）化，并通过时间窗口过滤超时数据，以防止系统过载。

在规模化的被动采集模式下，通常需要对数据进行实时的处理，以达成特定的采集目标或者减轻后续流程的压力。比如，将二进制格式的 BGP 数据转化成更易于分析和解读的文本格式；通过属性、路由和宣告信息来完成对 BGP 数据包的过滤，以识别 AS 路径并实现父子网关联。以 BGP Scanner 工具为例，为了提升大规模 BGP 数据的处理效率，以 C 语言实现，采用多线程并发和内存优化设计，并引入 ISO C99 和 ISO C11 中的特性（如动态堆栈分配等）来实现对系统资源的直接访问。又如，在针对 DNS 响应数据包的采集系统中，包括了过滤特定类型消息和数据域的功能[9]，或是通过特征提取实现 DNS 流量定制采集[10]。

3. 分布式采集系统

为了形成全局性的互联网观测和度量，了解互联网真实的运转情况，深入开展互联网拓扑、路由动态性、网络安全和负载模式等方面的研究，通常需要在全球范围内部署采集点，实现对互联网基础资源数据的全面、客观和准确的采样和必要的处理。因此，地理分布、统一管理的分布式采集架构成为必需。CAIDA、RIPE NCC 和 RouteViews 项目等都建有全球分布的采集设施：

1）RIPE NCC 的 Atlas 系统在全球进行部署，2018 年年底，Atlas 系统总计有上万个探测器，覆盖全球 181 个国家、3554 个 IPv4 自治系统（AS）和 1461 个 IPv6 自治系统⊖。

2）RouteViews 项目通过遍布全球主干网络的 24 个采集点，大规模采集 BGP 等数据。

随着互联网节点规模和流量的提升，为了确保高质量的数据采集、分布式系统的协调稳定、降低系统维护开销（如社区共享模式下系统多样性所导致的管理复杂度），主流的研究机构开始独立在全球进行采集系统的部署，通过架构和技术的优化，支撑对互联网真实运转情况的实时刻画。目前，分布式采集系统的主要技术点在于数据的高效流转和管理两个方面。

（1）数据/消息高效流动

除了采集和处理环节的高效运作之外，在分布式的采集系统中，数据的高效流动是重点要解决的问题。提升数据流动效率，本质在于扩大整个架构内部的信息容量，主要包含两方面的优化：理顺不同子系统之间的信息流动机制、扩展整体上的数据流动通道（内存、网络和持久化存储）。现代主流的互联网基础资源数据采集架构，主要关注点在于分布式实时数据流的高效接收和转发，以及海量异构数据的高效存储，分别涉及消息队列、非结构化数据库和分布式存储等技术领域。

全球互联网基础资源大数据平台基本都引入了消息队列的设计思想，在于利用高效可靠的传递机制，在分布式环境下提供应用解耦、弹性伸缩、冗余存储、流量削峰、异步通信和数据同步等等功能。在互联网基础资源数据采集领域，RIPE NCC 和 CAIDA 等都引入了消息队列技术，提升采集架构内部的数据流转效率。

以 RIPE NCC 为例，在采集点与数据持久化存储之间，设置相应的缓存和转发机制（控制器和消息队列），采集器从远程采集点将数据传输到 RIPE NCC 网络中。

在新一代采集系统的设计中，将以前由单一线程完成的任务，改为针对特定任务设计，从而进一步提升各类消息的发送、接收和处理效率（如图 3 所示深色部分：基于 RPC 协议，通过多个队列接收远程数据，汇聚到消息队列集群后进一步分发到各个任务模块）。

目前，消息队列的典型技术包括 RabbitMQ 和 Kafka 等，在可靠性、效率、数据容量和可扩展性等方面各有优势，可以根据采集任务的差异进行选择。

（2）数据管理

在互联网基础资源数据持久化方面，可以考虑分布式文件系统、NoSQL 和时间序列数据库等

⊖　数据来源：RIPE NCC ANNUAL REPORT 2018。

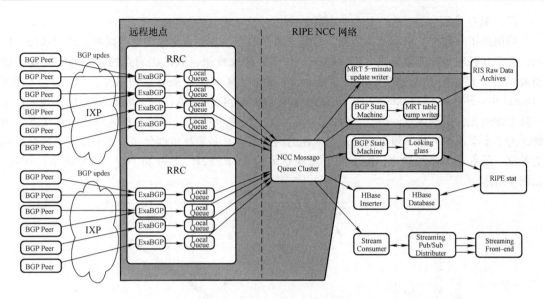

图 3 采集器和后端应用模型

新兴技术的组合。对于网络路由（AS、路由、IP 之间的嵌套对应）、DNS 日志及特定分析结果等数据，采用分布式 NoSQL 数据库，可以在有效地应对大规模数据的挑战的同时提升后续数据抽取和分析过程中的效率。同时，BGP、网络访问和流量等天然带有时间属性的数据，可以采用主流的时序数据库进行持久化存储。

RIPE NCC 最初采用 MySQL 数据库作为底层存储，后随着 BGP 数据量的日益扩增，自 2013 年起改用 Hadoop 分布式系统作为存储支持。CAIDA 的 BGPSTREAM 系统⊖以 Spark 和 Kafka 作为底层架构，支持海量 BGP 数据流的实时接收和分发。

（四）需求及挑战

1. 技术需求

（1）数据准确

底层工具自身的问题。在采集 Traceroute 和 Ping 等返回结果的过程中，除了前面提到的因为协议或工程方面的原因而导致的问题之外，采集工具本身也存在一定的问题。比如，在 Traceroute 的返回结果中，包含了每一跳（hop）的 IP 地址、RTT（Round－Trip Time，往返延迟）和 TTL 值。但是，如果在发出 Traceroute 请求时 TTL 设置不当，可能导致特定节点在返回路径中重复出现的情况，为后续处理和分析带来困扰。

操作系统计时问题。在性能相关的网络数据采集中，计时是一个非常关键的环节。在以高级语言实现的采集代码中，需要尽可能使所记录的时间与实际接收网络包的时间相接近，否则可能导致最终结果存在较大偏差。以 Linux 系统调用为例，ioctl 和 recvmsg 等都提供了计时接口供选择。在 tcpdump 和 libpcap 等工具的实现中，其底层调用库也对计时问题提供了具体的解决方案。在对网络进行连续探测的时候，计时问题同时涉及发送和接收两个环节。在发送环节，如何准确记录数据包真正进入网络的时间，同样是需要考虑的问题。比如，如果发送网络包的频度过高，很可能导致所记录的时间早于数据包真正被发送的时间。

⊖ https：//bgpstream.com/。

（2）数据全面

以网络拓扑数据的主动采集为例，数据全面性的不足，将直接影响对互联网拓扑的认知。比如，关于互联网拓扑遵循幂律（power law）分布的研究成果，就因探测点的规模和布局而受到质疑[11]，直接影响了结论的可信度；PlanetLab 系统中有 85% 的采集点和 40% 的 AS 位于 GREN（Global Research and Education Network，全球研究和教育机构网络）内，导致 70% 的探测和反馈实际上发生在特定网络空间中[12]，无法全面客观地反映全球互联网的拓扑结构和运作状况。因此，为了全面而深入地了解复杂而动态变化的网络结构，必须从地理分布的多个位置采集路由相关数据。随着观测点的增多，能够明显发现更多的 AS 间 P2P（Peer to Peer，对等网络）连接，如图 4 所示。

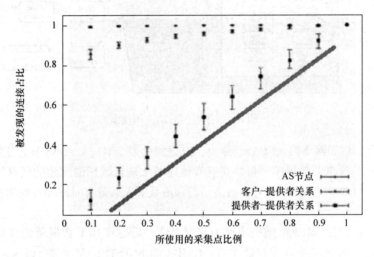

图 4　P2P 连接被观测到的比例随采集点增多而提升[13]

类似地，如果 DNS 查询仅从有限的一组主机发出，则收集到的数据可能存在偏差，因此也应该从分布的多个点上进行采集。对于被动式的 DNS 数据采集，更是如此：如果采集器部署在来自不同位置、不同组织的 DNS 服务器中，则被动收集的 DNS 数据比主动收集的数据更全面。

此外，对于无法基于单一数据源进行准确分析的情况，需要用多方数据进行综合验证，比如 AS 拓扑的推断，需要整合 BGP 数据、Traceroute 数据和 IRR（Internet Routing Registry，网络路由注册机构）数据等。

（3）高效采集

以全球布局的解析服务系统为例，记录着用户访问网络的海量数据。目前，谷歌云解析服务器每日查询量在 4000 亿次左右⊖，OpenDNS 每日收到 1400 亿次 DNS 请求⊖，而 VeriSign 在 2016 年第四季度的日均查询量已达到 1430 亿次⊖。欧洲网络资讯中心（RIPE NCC）全球部署 20348 个采集点（截至 2019 年 6 月 28 日），年均收集数据千亿条。在互联网基础资源数据规模庞大且实时涌现的情况下，低效的数据采集无法反映真实的网络运转状况，最终将导致分析和决策的失效，同时也无法及时发现连接失效或者 BGP 劫持等异常。

高效采集对主动式采集形成了重大挑战，尤其是采集端系统的架构设计和实现效率。对于被

⊖　https：//safetricks. org/best‐dns‐server‐sites/。

⊜　https：//www. opendns. com/。

⊜　http：//www. 199it. com/archives/569569. html。

动式采集而言，高效采集带来的挑战主要是在汇聚海量数据之后的快速清洗和处理。因此，适当将清洗和处理环节前移，可以有效减轻数据传输以及后端系统的压力。目前，随着硬件性能的提升、新兴架构的涌现以及人工智能技术实现效率的提升，采集点一侧的计算能力总体呈上升态势。站在架构层面看，除了底层采集技术的效率之外，更重要的是整个分布式采集架构的数据流转效率，尤其是接受分布式的实时数据流并将其转发给后续处理环节的效率。

（4）资源优化

主动式采集模式下，对资源使用方面的优化，主要是在兼顾采集效率的前提下，优化采集端系统对计算、存储和网络资源的占用（降低使用量、缩短占用时间），以提升采集架构整体的运转和管理效率。被动式采集模式下，必须对网络上的真实流量进行高频采样，因此相较于主动式模式会需要更多的处理和存储资源。在网络速度不断提升、使用日益频繁的背景下，被动式采集系统对资源的需求更加强烈，如果优化手段缺位，将极大损害系统的可扩展性。

比如，为了让所采集的数据能够尽量反映整个互联网的真实情况，可能需要对海量的目标节点发起 Traceroute 或 TCP SYN 等请求。但是，采集目标分布越广，全部探测结果返回的时间就越长，可能导致有相当数量的任务会长时间驻留内存。同时，对于快速反馈的结果，需要能够及时地接收并进行相应处理（解码或格式转换等）。因此，如果采集系统的代码实现效率不高，会导致对采集系统形成较重的负载，从而影响并发任务的执行以及采集架构的管理效率。

针对资源占用优化的问题，典型的解决方案包括：

1）在系统和内核调用层面进行优化。比如使用内存直接访问机制（DMA）来完成磁盘 I/O，而不通过常规的文件读写接口。

2）对采集工具本身进行二次开发。比如，Traceroute 本身就自带有连续探测的特性，在收到本次探测的反馈后自动再次发起探测。如果希望对时间间隔进行管理，可以基于工具源码进行定制。

3）优化并发机制。如果为每个探测任务分配一个线程，则很难实现网络端口和文件描述符等系统资源的共享，也就无法在采集规模提升时进行相应的扩展。在这方面，可以参考基于事件（event – based）的系统设计思路。

最后，需要说明的是，优化资源占用的需求与高效采集的目标存在相关性。资源占用量的降低和时间的缩减，客观上提升了采集端系统的多任务并发性，也就是在整体上提升了数据采集效率。

（5）广泛兼容

从易部署、高效采集和可持续发展的角度看，采集端系统需要能够支持多种操作系统和架构。以网络编程接口为例，目前通用的伯克利套接字应用编程接口（Berkeley Socket API），主要为构建通用的网络应用而设计，并不完全适用于互联网基础资源数据的采集，更无法直接运行在 Windows 等操作系统上。此外，如果需要实时地排除异常数据（比如无效的探测返回结果），但是主流操作系统之间并没有标准的方式能达成这一目的。兼容性缺失所导致的直接后果是，在特定系统上为特定的探测任务而开发的代码，需要通过繁重而细碎的工作才能移植到其他系统上（比如对收发包字节序的调整）。

因此，对操作系统透明、能够以标准化模式完成网络包发送和接收工作的采集工具，是推动互联网基础资源数据采集和研究的重要需求。同时，随着新兴技术、协议和网络的不断涌现，采集端系统也应提供一致的支持（比如针对 IPv6 网络基础资源数据的采集）。

（6）稳定可靠

采集端可靠性基于广域分布的架构采集，需要采集端持续可靠地采集互联网基础资源数据，需要分布式采集系统持续可靠地完成数据的集中汇聚。但是，比较大的采集任务，可能会需要长达数日乃至更长时间。在此过程中，海量数据被采集并通过较长的距离传输到数据汇聚点，一旦采集点或网络出现问题，很可能导致整个采集任务的失败。因此，需要有高效的故障发现机制，能够实时感知全球各地采集子系统的运转，包括硬件设备、操作系统和系统软件是否正常以及当前系统压力等。

数据传输汇聚的可靠性。互联网基础资源数据的采集，是一个有序的、从下而上逐层汇聚的机制，在整体架构设计和部署时，应有对数据可靠传输的保障。比如，在通过分布式设施采集 BGP 数据时，由于命令返回的结果可能多达上百兆字节，因此发起连接方不能离路由器太远，否则可能导致采集时间过长带来更多的不确定性。

整体系统的可靠性。传统上，互联网基础资源数据经常是以一种社区共享（采集点系统部署到全球各地高校或研究机构的自有设施内）的模式进行的。因此，硬件、操作系统和软件的差异性，提升了系统配置和维护的难度。随着分布式采集架构（具有统一的管理逻辑）的出现，需要对大规模系统进行统一的开发、运维和升级，所需成本较高[14]。因此，高效的统一管理是互联网基础资源数据采集架构的重要需求。

确保系统平衡、海量任务协同推进。分布式的采集机制，以及提交、处理和分析等环节的紧密协调，形成了覆盖互联网基础资源数据全生命周期的自动化流水线。相应地，横向协调各采集子系统工作、纵向理顺数据处理流程的管理与调度技术，也成为使整个互联网基础资源数据采集架构正确、高效运转的必要元素。其中，在数据完成持久化存储之前的环节，由全球分布的子系统完成，涉及跨广域网的作业迁移，是调度机制的重点所在：当出现硬件故障或采集任务失败等情况时，根据各采集子系统的实时状态，决定是否在本地重启任务或将其调度到其他子系统（比如距离故障点最近的系统，以确保如性能采集等结果的客观性）上执行。

2. 主要挑战

（1）减少影响

互联网基础资源数据的采集，普遍需要对网络中的其他节点进行探测，而现实很难做到让被探测的节点预先获知。因此，站在被探测端的角度，很容易将数据采集行为看作是恶意的，比如误认为是蠕虫病毒或 DoS（Denial of Service，拒绝服务）攻击。而且，在进行大规模的采集时，由于对局部网络内资源（比如核心路由器）的消耗较大，更增加了被误认为是恶意攻击的可能性。比如，随机地向多个目标的 80 端口发送 SYN 包、大规模的 IP 探测、向路由器发起多次 Ping 请求、从地理分布的多个节点探测特定目标或产生高网络流量等，都很可能被误判为恶意。比如，PlanetLab 最初经常被认为是分布式的 DoS 攻击，而 DIMES 项目则采取了相应的措施（将探测带宽限制在 1KB/s 以下）。

为此，采取从小规模探测开始再逐渐增加采集点的模式，可以一定程度上降低被误判的可能。此外，通过选择特定的源或目的端口，使自身流量更易于被识别，进一步防止被误认为是恶意流量。但是，面对大规模、高密度的采集任务，如何降低被误判的可能，仍需要大量的研究和技术优化工作。

（2）可管理性

采集架构可能是由已有的多个系统集成的，平台硬件、操作系统和采集软件的不同，需要一致性的管理和运维。同时，针对地理分布的大规模采集设施，在硬件固件升级、操作系统补丁、采集软件更新等方面，需要更为有效的手段。

作业或任务间的协调对齐。主动式模式下针对多个目标进行的采集，需要有一定的机制将归属于不同任务的流量进行区分和协调，以防数据混杂乃至失效。同时，按既定逻辑、存在相互依赖关系的多个任务：比如，前次任务结束后，等对网络的影响消失后，再开始下一次采集；同次任务内部，不同作业所采集数据的集成，要及时排除故障或异常作业的数据，否则一旦数据完成融合、不可再分，将导致整个任务的失败；组成一次完整采集任务的多个子任务之间，可能存在着既定的次序（比如采集工具中自带的容错机制，需要根据当前返回结果判断是否执行后续任务），而子任务普遍是分布式运行的，因此需要在整体上对作业的启停进行控制，确保整体采集任务按既定逻辑协调推进。此外，操作系统自身的作业调度需确保进一步提升资源使用的灵活性，确保同一采集点上多个任务之间的高效协调、平滑推进。

总体看来，面对广域分布、多层次和任务异构的互联网基础资源采集系统，作业调度还是难点所在，RIPE 和 CAIDA 等架构的技术资料中，尚未提供明确的描述。

（3）数据安全

在 NETI@home 等系统中，以用户终端作为底层探测点，所采集数据中不可避免会包含个人隐私相关的信息。尤其是采用被动方式时，采集的数据都是在用户访问互联网时产生的，隐私问题尤为严重（比如日常访问的网站，就属于敏感信息）。NETI@home 为参加采集的用户提供了选择哪些数据可以被采集的选项，但是在个人隐私获得高度重视的今天（比如欧盟《通用数据保护条例》），互联基础资源数据的采集和个人隐私的保护，几乎是不可调和的矛盾。2019 年末，主要的 IP 地理数据源 MaxMind 根据当地政府新规，对数据的获取进行了限制。

在 DNS 解析日志中，包含了网络服务的真实访问量，具有高度的敏感性，尤其是将来自于多个源头的 DNS 服务数据进行集成时。大规模分布式采集系统收集的网络拓扑数据，可以洞察相当大的时空范围内的网络情况，尤其是互联网服务提供商内部的网络拓扑结构，属于商业机密信息。

针对数据采集中不可避免的敏感信息问题，有基本可行的机制可借鉴。在学术研究活动中，包括互联网在内，诸多领域都会涉及对含有敏感信息的数据的采集，比如医学。基本的模式，都是由独立的组织完成数据采集，经过清洗和处理之后，再将数据公布。以 NETI@home 项目为例，各采集点数据统一发送到位于美国佐治亚理工学院的服务器上，经过隐私处理之后再公开发布。

此外，在技术层面，研究界和工业界也展开探索：比如对数据包内容去隐私，以及防止对通信端的识别（Communicant Identity），相关的研究包括对网络数据包的匿名处理等。

通过互联网基础资源数据的采集，研究网络结构和动态性，本身就和个人隐私以及商业机密的保护是矛盾的。过于严格的加密和匿名技术的运用，无疑对数据的分析和挖掘有着负面作用。因此，如何在两者之间做到平衡，还需进一步开展研究。

（4）架构可靠

由于系统部署日益趋向于全球化分布，系统技术组成也越来越多样化，互联网基础资源大数据采集系统面临着巨大挑战。同时，在系统自身的安全防护方面，现代的互联网基础资源数据采集系统有着统一的管理和调度，而且大多分布在互联网的主干上，如果系统被侵入，就是天然的网络攻击发起点，可能对全球互联网造成非常严重的冲击。

同时，随着采集任务数量的增加，如何控制内存消耗的增长、消除网络 I/O 瓶颈以及确保多任务在多核乃至众核架构上的高效调度等，仍需要在系统、内核和硬件层面进行探索优化。

（5）采集质量

宏观上，对互联网真实运转状况的探索，在研究界仍旧是一个开放的话题，尚未形成统一的认知。尤其是，在不同目的、不同的采集点分布、不同的分析思路下，会得出差异化的结果。因此，为了尽可能贴近真实情况，需要尽可能地提升数据质量。但是，在现代的采集架构下，提升数据质量，仍存在诸多挑战：

1）数据准确性。比如如何穿透防火墙或代理、获取准确的延迟和拓扑数据等。

2）数据一致性。由于地理分布的采集点可能具有不同的软硬件配置，而任务运行时各采集点所处的网络情况也可能具有较大差异，可能导致汇聚后的数据存在严重的非一致性问题。

3）数据全面性。比如 RouteViews 和 RIPE NCC 的数据，无法全面反映 AS 间的各种关系。

4）异常干扰。对于非技术性因素所导致的异常值的过滤，所采集的数据是准确的，但属于网络异常所产生，对于整体性的分析可能形成干扰。比如，路径异常所导致的 AS 临时路径，能够被准确地采集到，对于互联网拓扑分析形成了干扰。因此，需要多条数据进行比对和过滤。

（五）CNNIC 相关工作

1. 加强平台建设

考虑到互联网基础资源大数据平台因数据规模不断增长的需要，同时参考互联网基础资源大数据采集设施由集中式向分布式演变、数据采集和处理逐渐合一的趋势，CNNIC 在借鉴学习国际和国内在大数据平台技术架构方面最新成果的基础上，探索分布式架构技术实践，并以全球大规模数据分布式处理与同步架构为最终目标，不断进行技术架构的迭代优化和功能的扩展，打造支撑 CNNIC 互联网基础资源大数据可持续发展的技术架构能力。2018 年 9 月 20 日，CNNIC 发布了国家互联网基础资源大数据（服务）平台，聚焦互联网基础资源数据的梳理和分析，初步构建形成规范化、体系化和易用化的互联网基础资源数据资产和数据分析应用服务环境，为国家互联网基础资源和互联网发展研究提供数据和平台支撑。目前，CNNIC 正在推进国家互联网基础资源大数据（服务）平台的二期建设。

同时，充分参考和借鉴 RIPE NCC、CAIDA 等机构在互联网基础资源分布式探测和采集方面的相关成果，进一步完善采集平台的技术架构。在海量数据实时处理方面，引入 Storm、Spark Streaming 等主流的流计算框架，比如以近 700 个处理器核的 Spark 集群实现了对全球 BGP 数据的实时处理；在全球分布式节点的协同方面，采用 RabbitMQ 实现高可靠性的消息传递。此外，在采集端系统的性能和效能提升方面，也已经积极开展了相关研究工作。

2. 扩展数据覆盖

在积极推进采集平台优化的同时，CNNIC 持续建设面向全球互联网基础资源的层次化、体系化和智能化的数据采集探测体系。以 BGP 数据为例，BGP 数据采集平台由 26 台服务器组成，采用随机轮询的方式采集 RouteViews 项目的 BPG update 汇总数据，该项目共有遍布全球主干网络的 24 个采集点，每 2 小时会进行一次针对同一时间 24 个采集点的数据整合处理，整合后数据约为 3GB，累计平均一天数据规模在 200GB 以上，所采集的数据已经被运用于 IPv6 网络分析和不良域名识别等工作中。同时，CNNIC 将进一步扩展采集的数据种类，计划全面覆盖 DNS、RTT、Traceroute、NTP、HTTP 和 SSL 等多种互联网基础资源数据。

三、互联网基础资源大数据分析

互联网基础资源支撑互联网运转，其相关数据可以较为客观地反映网络发展趋势和网络空间行为模式（比如网络攻击所使用的 IP/AS 等资源，是很难掩盖的）。比如，以 WHOIS、IP 前缀、AS 和位置信息等数据为基础，能够抽取出大量恶意域名或 URL（统一资源定位，Uniform Resource Locator）系统相关的特征供自动建模使用，大大降低了结果的错误率，如图 5 所示。

特征集	特征总数	相关特征	错误率(%)
基础	4	4	10.12
僵尸网络	5	5	15.34
黑名单	7	6	19.92
黑名单+僵尸网络	12	10	12.14
WHOIS数据	3967	727	3.22
主机相关	13386	1666	2.26
词汇组成	17211	4488	1.93
特征全集	30597	3891	1.24
WHOIS+黑名单	26623	2178	1.48

图 5　恶意域名分析结果[15]

以图计算和时序分析为基础，实现人工智能技术在互联网基础资源领域的应用，能够助力互联网拓扑、性能、异常以及安全等多方面的分析研究。

（一）主要应用领域

基于 IP、AS 和 DNS 等相关的互联网基础资源数据，所开展的分析挖掘活动，主要集中在网络拓扑分析、网络性能评测、网络异常/安全分析等方面。

1. 网络拓扑分析

互联网是全球最为复杂的系统之一。从物理层到应用层，互联网拓扑（Topology）都可以用来研究各个网络层次上的互联结构。在互联网基础资源的层面，更多是指由 BGP 路由协议所导致的网络架构，也即由 AS 为节点所形成的图结构。为洞察全球互联网的发展状况提供便利。对于网络服务提供商来说，AS 级拓扑数据中蕴含的路由动态和连接性能，可以有力支撑网络规划及管理，及时发现异常，在分治管理的互联网领域形成高效的协同。此外，全球互联网可靠性、服务效能、商业架构和治理状况的分析，也主要是基于 AS 拓扑展开的。但是，互联网的发展缺乏统一的规划和控制，其拓扑结构也相应呈现自发蔓生的形态。因此，为了对互联网结构形成准确而全面的认知，必须对各类数据（主要是 BGP 消息和 Traceroute 类探测数据）进行特定的处理和深入的分析，逐渐形成一个专门的研究领域。

从 BGP 路由宣告中构建 AS 无向图的基本原理如下：

1）对 BGP 路由宣告数据进行处理，提取出 AS 路径信息；

2）根据 BGP 路由数据中的路径信息，提取 AS 节点以及在网络拓扑中的相邻关系；

3）以 AS 为节点，相邻关系为边，构建出 AS 级别的网络拓扑数据。简单示例如图 6 所示。

基于 Traceroute 数据实现 AS 级拓扑构建的原理是：

1）首先将 Traceroute 路径上的 IP 地址映射到关联的 AS。通常情况下，BGP 数据来源于 AS 对其所关联 IP 块的宣告，而该宣告经过其他 AS 的依次传播，最终形成了数据中的前缀和 AS 路径。这其中蕴含的前缀与路径中起点 AS 的关联关系，可以作为 IP‑AS 映射的依据。除此之外，

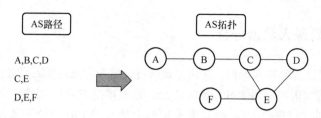

图 6　BGP 数据转换为 AS 无向图

```
TIME               : Mon Apr  8 00:00:00 2019
LENGTH             : 1329
TYPE               : BGP Table Dump version 2 Entry
      SEQUENCE     : 42
      PREFIX       : 1.0.212.0/23
      PEER IP      : 103.247.3.41
      PEER AS      : 58511
ATTRIBUTES         :
    ATTR_LEN       : 37
    ORIGIN         : 0
    ASPATH         : 58511 6939 4766 38040 23969
    NEXT_HOP       : 103.247.3.41
    MED            : N/A
    LOCAL_PREF     : N/A
    ATOMIC_AGREG   : N/A
    AGGREGATOR     : N/A
    COMMUNITIES    : N/A
```

图 7　AS 与相关的前缀

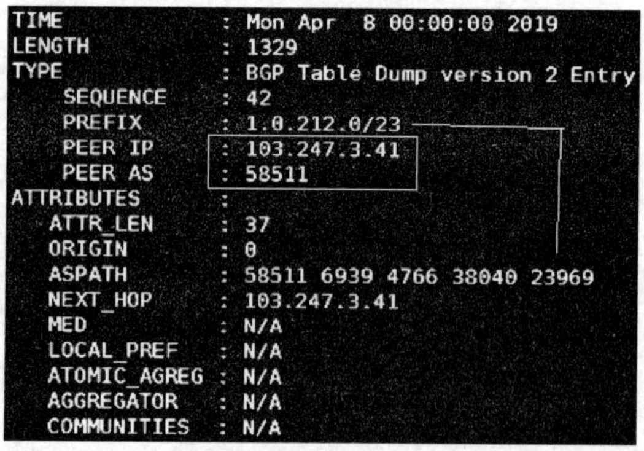

BGP 数据中的“PEER IP”和“PEER AS”也能形成关联关系。以图 7 为例，1.0.212.0/23 对应到 AS 23969，而 103.247.3.41/24 对应到 AS 58511。

2）基于 AS 路径起点与所宣告 IP 块的对应关系，形成 IP - AS 的关系集合，然后针对 Traceroute 结果中每一跳的 IP 地址，在上述数据中查找距离最近的父网（Longest Matching Prefix）所对应的条目，相应的 AS 即为所需的结果，进而将整条路径转变为 AS 路径。

3）以多条 AS 路径为基础，形成以 AS 为节点的拓扑图。

2. 异常/安全分析

国际组织和机构充分利用互联网基础资源大数据，基于对互联网性能的度量和状态的感知，发现异常或故障，进而追根溯源，及时识别僵尸网络、钓鱼攻击及其他相关不良行为。由于互联网基础资源具有固有的分配流程和机制，具有较高的“稳定性”（比如，域名所对应的 IP 地址不太可能频繁变动）。因此，利用基础资源相关的数据进行安全和异常方面的分析，在一定程度上可以提升结果的可信度。异常或安全分析的主要原理如下：

1）基于 BGP 数据。BGP 对维护 AS 之间的可达性具有重要意义，直接关系到互联网的稳定运转。换个角度看，前缀劫持（Prefix Hijacks）、错误配置和连接失效以及恶意攻击等，都会对 BGP 的运作产生影响，比如近年来发生在加拿大和瑞士等地的 BGP 安全事故。因此，通过对 BGP 数据的分析，可以及时发现互联网发生的异常或故障。比如，基于统计模型识别流量劫持行为，以及基于 BGP 数据开展路由泄露（Route Leak）分析等。

2）基于域名和 DNS 数据。通过递归解析器服务器的内部接口捕获数据，能够提供有关 DNS 查询和响应的客户端的详细信息，这些信息可能直接关联到某些类型的恶意行为。例如，僵尸网络控制的主机在查询域和时间模式方面通常具有类似的 DNS 查询模型。任何公司或研究机构都可以在自己的 DNS 递归解析服务器上直接部署数据采集器，而不需要与其他方合作。因此，许多用于恶意域检测的现有方案建立在来自 DNS 递归解析服务器的数据上，特别是那些特征与各个主机的行为相关的 DNS 递归解析服务器。

（二）图计算

图计算（Graph Computing）是以“图论”为基础的对现实世界的一种“图”结构的抽象表达，以及在这种数据结构上的计算模式。以图 8 为例，即是将实际网络连接抽象为以 IXP（Internet Exchange Point，互联网交换中心）和 AS 为节点的二分图结构。

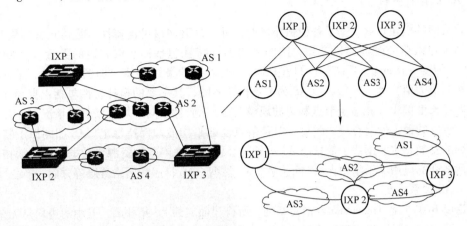

图8　用二分图实现对网络拓扑的抽象⊖

　　图计算在众多领域已经得到普遍应用，包括社交网络分析、互联网分析（推荐算法等）、生物计算、集成电路设计等。以图计算为理论基础、机器学习等为技术手段，可以将互联网基础架构转化为节点和边的表示方式，进而开展网络连接性和稳定性等方面的研究。同时，图计算还能够应用于恶意网络识别等领域，比如清华大学利用域名与 IP 之间的关系（解析或查询）以及 AS 与 IP 之间的关系（路由宣告），实现恶意域名间的群聚关联（见图9）。

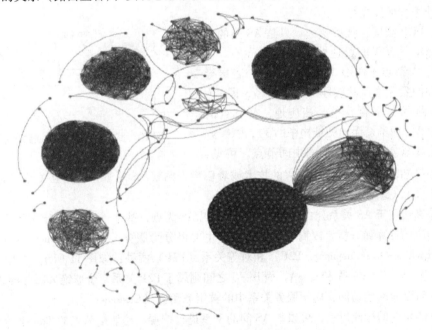

图9　域名关系群聚图⊖

⊖　https：//core. ac. uk/display/84092729。

⊖　KHALIL ISSA，YU，TING，GUAN BEI. （2016）. *Discovering Malicious Domains through Passive DNS Data Graph Analysis.* 10. 1145/2897845. 2897877。

1. AS 级拓扑分析

在完成图的构建之后，基于各种拓扑特性，可以针对网络可连接性、路径冗余等展开分析，进而为协议和策略的改进提供支撑。图的主要拓扑特性包括：节点和边的数量（反映图的规模）、节点的度（Degree，反映节点的重要性）、两点间的最短路径（即图的直径，任意两点间最短路径的最大值）等。比如，以 AS 为节点构建的图，其主要的拓扑特性包括：直径和节点间的平均路径长度偏小（相对于节点和边的规模而言），而且在网络规模增长的情况下，几乎保持不变；节点度的最大值提升较为明显，但是节点度的平均值却保持稳定。AS 图的以上特性，反映互联网的发展是主要围绕少数核心 AS 进行的。针对互联网基础资源大数据，以图的拓扑特性为基础所展开的应用场景集中在 AS 间关系、AS 类型、AS 排序和网络分层等方面。

（1）AS 关系推断

无论以 BGP 或者 Traceroute 数据为基础，所构建而成的 AS 拓扑图，其中的边均是无差别的，这有悖于现实的互联网组成和运作模式。AS 之间的拓扑关系或可连接性（Connectivity），并不能真实反映网络的运行情况。比如，出于商业或技术等原因，现实的路由场景中，最短路径往往不是最终的选择。或者说，即便从原始 BGP 数据中提炼出正确的网络拓扑结构，并不意味着能够真正掌握互联网的运转状况。20 世纪 90 年代，就有根据 AS 间的关系为路由设置提供支撑的研究[16]，而更为系统性的研究则始于 2001 年[17]。基于 AS 间的关系，可以对多宿主等特性进行量化研究，进而洞悉互联网发展背后的稳定性或经济性等考量因素。以 AS 间的商业关系⊖为例，与全球互联网性能、稳定性和演化趋势的分析都紧密相关，可以被应用于流量、路由以及网络基础设施选址等方面的优化。

但是，BGP 数据直观反映的，只是 AS 间的可连接性，而不是真正的可达性（Reachability）。以图 10 为例，A 节点不向 D 节点转发流量，直接导致无向图的抽象无法反映实际的可用路径，即 "C→A→D" 路径是不存在的。相应地，A 节点的 Transit 度为 2（而不是无向图结构中的 3），意味着 A 节点只是 2 条实际最长路径的中间节点。可见，

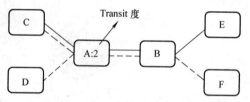

图 10　路由策略对网络通路的影响

在基本拓扑已知的情况下，运用新兴的技术或者模型，洞察 AS 间真正的相互关系（流量走向、带宽和稳定性），是互联网架构分析的重要内容。

将图计算运用于 AS 关系分析，其本质在于：以 AS 为点，基于 AS 间的特定关系，构建图结构并开展相应的计算和分析。以商业关系为例，主要可分为服务关系（Customer – to – Provider，C2P 或者 Provider – to – Customer，P2C）和对等关系（P2P）两种：如图 11 所示，C2P 关系包括 D→B、E→B、F→C、B→A 和 C→A，而 B—C 之间则属于 P2P 关系。全球绝大部分的 AS 仅仅负责末端用户对互联网的访问，属于服务关系中的被服务角色（Customer）⊖。

在完成图模型的构建以后，可以就 AS 间的关系进行挖掘，比如按节点的 Transit 度以及相邻节点的属性等进行 AS 间关系的推断。

在无向图基础上对边进行细粒度（方向/权重等）刻画后，可以让拓扑抽象更为贴近网络运

⊖　http://www.caida.org/data/as – relationships/。

⊖　TOZAL, MEHMET. (2017). *Autonomous system ranking by topological characteristics：A comparative study.* 1 – 8. 10.1109/SYSCON. 2017. 7934814。

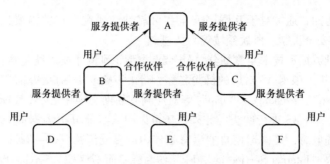

图 11　各 AS 间的 C2P/P2C 以及 P2P 关系

作的真实情况（见图 12）。以最短路径的计算为例：无差别边的 AS 图，两点间距离就是最短路径，而在差异化边的 AS 图中，在计算两点间距离时还要确认路径的有效性，比如通过对 C2P/P2C 或 P2P 关系的推断，判断两点间是否存在可达路径并计算任意两点间最短路径。

由于涉及商业关系，全局性的 AS 间关系信息很难获取（局部的关系信息，机构可能也不愿意公开）。目前，研究人员主要基于以下数据源开展分析：Route-Views 和 RIPE NCC 的 BGP 数据、CAIDA 的 Traceroute 探测数据、网络路由注册机构的数据。计算 AS 图中边类型的代表性思路如下：

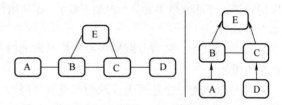

图 12　AS 的无向图与能够刻画实际流量方向的有向图

1）从 BGP 数据中提取 AS 路径并构建图，计算每个节点的核数（Coreness，度量节点重要性的指标[18]。从图 13 可见，节点 A/B/E 的核数高于节点 C 和 D，在整个图中具有更为重要的地位）或其他代表性指标。而后，对于每条边，两侧节点如果指标相近，则为 P2P 关系，反之，则为 P2C 或者 C2P 关系。

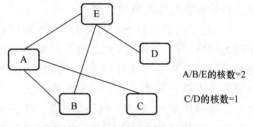

A/B/E的核数=2
C/D的核数=1

图 13　节点的核数（Coreness）

2）计算节点的可达性（Reachability，即从该节点出发仅通过 P2C 关系所能够到达的其他节点的数量），以可达性最大的节点为根，次大的节点为叶子，如此逐层下移，最终形成多个树形的数据结构，并根据每个节点自身的深度（Depth）和宽度（Width，同层次的节点数），推断节点间的关系。

3）以 Transit 度为基准进行判断，以降低由存根网络（Stub Networks，即 Transit 度为 0 的节点）所引起的错误率。同时，也可结合节点度排序，以减少由于路由器配置错误所带来的影响。

4）在无向图的基础上，通过 Transit 度等的计算和排序，分析其中最大的社团（Clique，其中所有节点两两之间都存在实际通路），并根据图中路径是否同时跨越了社团边界，来判断 P2P 或 P2C 关系。

（2）AS 类型识别

在互联网演进的过程中，不同 AS 展现出差异化的发展模式。因此，对 AS 进行分类，有助于更为精准地认知互联网发展的规律和模式。同时，AS 的分类也能对 IP 地址的分类进行支撑，比如商业用户和家庭用户，从而助力于网络规划和应用开发。此外，即便对 AS 间的关系进行了大致的区分，仍无法完全真实地洞察网络互联状况，而更细粒度上的刻画，也需要通过对 AS 特

互联网基础资源技术与应用发展态势（2019—2020）

性的分析来完成：比如，通常对于互联网安全和可靠性的研究，日益需要以 AS 节点的差异性（规模、连接特性、安全机制、所属领域等）为基础。

从所依赖的基础数据和技术角度划分，AS 节点类型识别的主要思路包括：

1）基于文本分析。根据 AS 对应的机构名称、路由策略和 IP 前缀等信息，对高频词进行抽取并分类（比如"ixp""exchange""nap"等对应到互联网交换中心类，"education"等归入教育研究类），进而逐个对 AS 进行归类。此外，还可以引入行业分类数据进行验证比对，确保分类合理。在关键词抽取时，可以运用自然语言处理中的多元语法（N‐Grams）模型，确保结果的准确性，比如抽取"Internet Service Provider"作为标签而不仅是"Service Provider"。

2）基于流量数据。AS 间的流量模式，随 AS 类型而不同。比如：两个主要面向家庭用户提供网络接入服务的 AS，相互之间的流量会显得更为"对称"，而处于服务关系中的 AS 之间的流量则具有显著的"单向"性。按流量划分类型的方法，可以很直观地刻画出 AS 的显著特征：

➤ 主机托管类：比如大型电子商务网站、大型电信公司和搜索引擎等，数据主要从互联网传向用户侧（Outbound Traffic，比如下载），而从用户侧传向互联网的数据较少（Inbound Traffic，比如上传）。

➤ 家庭接入类：随着互联网用户规模的增加以及网速的提升，P2P 一类应用直接导致了 AS 间流量的增加。

➤ 商业接入类：上述两类反映的都是互联网边缘的 AS 业务类型，而商业接入类型指的是，为其他 AS 提供服务的 AS（来源于 P2P/P2C 关系）。

以 IP 和 BGP 相关数据对流量进行刻画，可以支撑对上述类型的判断。比如基于 Web 服务器的 IP 地址、AS 间共享 P2P 文件的用户 IP 和 BGP 数据，再结合网页或 P2P 传输的规模，可识别主机托管和家庭接入两种类型。

3）基于边的类型。不同类型的 AS 对应着不同的网络架构特性。因此，除了从文本和流量角度进行分析外，还可以直接从 AS 图的拓扑特性入手进行分类。比如 AS 图节点之间的关系，能够用来对 AS 进行精确分类。基于对互联网层次化结构的常识认知（AS 路径的走向是从底层 AS 开始、经过主干网络上的 AS，然后再抵达底层 AS），以节点度作为 AS 对应网络规模的指标，根据 AS 的度以及在路径中

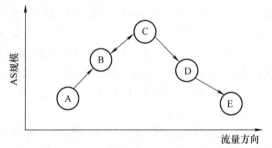

图 14　AS 路径模式以及点/边类型推断

的位置，同时推断出相邻 AS 之间的关系以及 AS 的类型（见图 14）。更进一步，在判定边的分类（尤其是 C2P/P2C 关系）的基础上，可以根据 AS 的"带宽"（所服务的 AS 数量）排序，靠前的 AS 即认为是网络中的主要服务提供者。

（3）AS 排序/打分

对 AS 的排序和打分，本质上也属于分类问题的范畴，其意义在于可以直接利用 BGP 等数据，开展网络管理、安全防护、架构演变以及商业活动相关的分析。以 AS 节点排序为例，简单地看，可以等同于对节点的重要性进行排序，也就是找出位于网络"中心"位置的 AS 节点。这些节点位于互联网的主干道上，承载了主要的全球数据交换任务。对于 AS 的排序，主要可以从性能、安全以及社交网络特性等方面入手：

1）基于性能数据。基于 Traceroute 数据中的丢包率、往返（Round‐Trip）延迟和所经节点数等，对 AS 进行排序，可以掌握网络的真实运转状况，但是由于数据波动以及采集和计算规模

较大，更适用于对较小规模网络的分析。

2）基于安全特性。针对 BGP 数据中相关的 IP、前缀或者 AS 号码进行异常或隐患分析后，对 AS 的安全特性进行量化并排序。比如，根据 IP 地址黑名单，通过 AS 与 IP 的对应关系，发现聚集大量恶意资源的 AS，进而对相应的网络接入服务提供商进行安全评分。但是，仅仅通过黑名单一类的机制，无法实现对所有 AS 的全覆盖。原因在于，网络攻击者除了控制 AS 内的资源用以非法活动之外，为了防止上游 AS 切断流量，还会试图控制后者。与此同时，由于恶意行为相关 IP 并不属于路径的中间 AS 节点，导致后者的被入侵可能需要数年时间才能被发现[19]。因此，全面的安全风险评估，需要结合网络拓扑结构进行。比如，先以非路径中间节点的 AS 安全评分为基础对节点赋予权重，运用 PageRank 等算法（将中间节点 AS 与恶意 AS 之间的连接，类比到网页之间的互链），进一步发现可能在为恶意资源提供服务的 AS[20]。

3）基于社交网络特性。排序是社交网络分析（Social Network Analysis）的基础需求，相关方法同样可以运用于 AS 拓扑分析上。结合图计算和社交网络分析，可以通过不同指标对 AS 节点进行排序，支撑相应的网络分析目标。

➤ 中心性（Centrality）是社交网络分析中常用的一个概念，用以表达节点趋近于网络中心的程度，也是反映 AS 重要性的主要指标之一。通过常见的社交网络中心性分析，可以用于发现位于网络中心的节点集合。

➤ 用细分的节点度指标，能够洞察 AS 节点的局部特性。比如，根据边的类型，以所服务的 AS 节点数量排序，可以凸显那些在网络边缘提供接入服务的 AS 节点；以所依赖的服务 AS 节点数量排序，可以凸显那些位于多条路径上的关键节点；以具有对等关系的 AS 总数为序，能够反映 AS 的运维重要性。

➤ 以服务群集规模（Customer – Cone Size：以 AS 为起始点，沿着服务关系层层扩展外延，所能到达的 AS、IP 地址和前缀的总规模）为指向，可洞察 AS 在全球互联网路由体系中的重要性。

（4）网络分层分级

网络分层，相当于一种宏观上的 AS 分类。总体来看，少数 AS 位于互联网主干道上，负责提供大规模的服务，而其他 AS 则将流量逐级导向相应的服务型 AS，最终到达目的节点，整个路由过程，勾勒出一个层次化的架构（见图15）。这种分层结构的稳定性已经被研究所证明（即，节点规模增长，但各层之间的比例基本保持不变)[21]。根据层次化结构探究互联网运作的内在机制，能够洞察各类 AS 节点角色的比例、互联网发展模式（深度优先或宽度优先）等。比如，直连到最顶层节点的 AS 占比较大，说明互联网主要围绕着主干网络进行扩展。此外，可以根据 AS 节点度，将所有 AS 划分为国家级、区域级和城市级等不同级别。

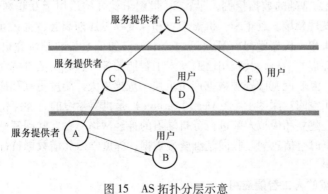

图15　AS 拓扑分层示意

2. 恶意网络识别

与网络恶意行为相关的域名，通常会显示出一定的空间特性。比如，由于 IP 的获得成本远高于域名，同一 IP 经常对应到多个域名。因此，从图拓扑结构入手挖掘类似的关联性，是准确及时发现恶意行为的可行之路。而且，在域名和 DNS 数据相对容易被篡改的情况下，对拓扑特性进行分析是一种必要的补充。

基于图计算识别恶意网络，可以根据域名和主机的关系（查询或者解析）构建二分图，推断域名之间的关联性，并进一步构建完全以域名为节点的关系图供分析用。

1）基于解析关系。基于被动式获取的 DNS 数据，根据其中的域名、IP、首次/最后解析时间、所观察到的解析次数等数据，提取不同域名与 IP 之间的对应关系。在构建二分图时，以域名和 IP 为节点，对观察到存在解析关系的节点连边。在此基础上，可根据域名间共享的 IP 数量等指标，在将域名节点连边的同时赋予不同的权重。最终，在域名节点图的基础上，将海量域名以及相互之间的关联度，转换形成社区（Community）特征明显的图，并根据种子节点（已知为恶意的域名）推断其他域名是否为恶意的。

2）基于查询关系。基于域名解析或者 BGP 前缀数据，进行的安全分析和异常发现，在数据采集方面难度较大。针对域名组成应用机器学习（自然语言处理），则需要大规模、高质量的训练数据集。由于受感染的主机会通过 DNS 与发起攻击的恶意源（比如蠕虫网络的命令及控制服务器）进行联系，因此以企业/组织所拥有的 DNS 请求日志为基础，也可通过对查询关系的分析，实现基本的恶意域名发现功能（初始二分图如图 16 所示）。

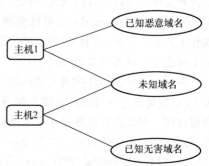

图 16　已标定的主机 - 域名二分图

3）其他思路。基于社交网络分析中的 Page Rank 算法等，对域名高危程度进行排序，同样能够为发现恶意域名提供参考。

（三）人工智能

近年来，大数据和人工智能技术在互联网基础资源数据分析领域的应用逐渐增多。

1）以网络安全方面的应用为例，通过日志文件、电子邮件、事件记录、DNS 日志、系统配置文件和网络流量等海量异构数据的采集和分析，使得相应的技术环节具备了浓厚的大数据色彩。

2）以人工智能为基础的数据挖掘，早在 20 世纪末就开始运用于互联网数据分析中[22]，最初主要专注于异常发现领域。近年来，机器学习和深度学习逐渐兴起，也在互联网基础资源数据分析领域开始崭露头角。机器学习（Machine Learning）的核心目的是研究机器获取新知识和新技能，并识别现有知识的学科，其应用已遍及人工智能的各个领域。随着移动互联网、物联网和 IPv6 等领域的发展，互联网基础资源数据产生更快、规模更大、维度更高和应用更广，为机器学习提供了广阔的应用空间。深度学习（Deep Learning）是机器学习的一种深化，基于对数据进行表征学习的方法旨在建立和模拟人脑进行分析学习的神经网络。在互联网基础资源相关的分析挖掘中，面对蕴含丰富时空信息的互联网基础资源数据，深度学习凭借数据特征识别和提炼方面的优势，逐渐崭露头角。

1. 基于域名数据的人工智能应用

在恶意域名发现领域，人工智能技术已获得广泛应用，同时在域名相关服务方面也有探索实践。

(1) 恶意域名发现

现代的网络攻击通常具有大范围、分布式等特点，需要同时调配管理大量的互联网基础资源。尤其是，当控制海量主机并将其用于发起攻击时，通常需要依赖 DNS 来完成相应的通信。由于恶意域名在众多网络攻击中扮演主要角色，因此会采取各种策略来确保自身的可用性。

➤ 僵尸网络攻击者通常基于 DGA（Domain Generation Algorithm，域名生成算法）持续变换域名，以规避黑名单和防火墙的封锁，确保肉鸡和控制节点之间的通信。以 Conficker. C 蠕虫⊖为例，每天会随机生成上万个域名。

➤ 另一方面，恶意域名的解析 IP 也会在不同地区、国家和 AS 间切换，其中隐含的特征可以为识别恶意域名提供线索。比如域名所对应 IP 的总数、涉及国家数以及共享同一 IP 集合的域名总数等。

➤ 恶意攻击者，通常通过调低 TTL 值（响应结果的缓存时间）或使用 DNS 轮询（Round – Robin）等方法，以规避黑名单的封锁并及时启动备用 IP 地址。同时，恶意网络还倾向于频繁地改变 TTL 值。因此，TTL 的数值以及变化频度，都可以作为识别恶意网络的重要参考。

对于恶意域名的及时发现，最初是采用黑名单机制，持续收集汇总已知的恶意域名或 IP 地址。但是，恶意域名规模庞大而且生命周期较短，很难被及时收录，从而导致黑名单机制在时效性上相对"滞后"。因此，必须广泛挖掘各类可用的数据源，实现智能而高效的算法。除了前面介绍的图计算方法外，新兴人工智能技术也获得了日益广泛的应用。

基于互联网基础资源识别恶意域名，最主要的出发点是利用恶意域名的动态特性（如上所述），包括域名组成、注册信息、对应 IP 和 AS 等方面。所依赖的数据主要包括 DNS 日志、WHOIS 数据、BGP 数据以及可用的黑名单和白名单等，主要的方法则是根据场景不同选取不同的特征集合，并运用各类常见的分类器（贝叶斯、逻辑回归、支持向量机等）进行建模。

1）基于域名本身。运用自然语言处理技术，从域名组成入手，提取能够识别恶意网络的特征。基于域名生成算法生成的域名，不以可记忆性为首要追求目标。因此，数字型字符以及有意义词汇（最长的有意义子串，如英文单词或网络服务商名称等）在整个域名中的长度占比，可以作为识别这类域名的重要特征。此外，这类域名在二级域名长度上与普通域名有显著差异，长度标准偏差、单字符出现频率、多元语法模型统计结果以及对应的顶级域（TLD）分布情况等同样可以用于智能识别。

2）基于 WHOIS 信息和区文件。恶意攻击者通常会事先在极短时间内申请大量的域名[23]。因此，WHOIS 数据能助力于恶意域名的识别。同时，为了防止对无害域名的误判，还可以引入 DNS 区文件数据（包含域名相关的子域名、权威域名服务器等）。其原理在于：正常情况下，绝大部分域名的权威域名服务器不会频繁变动，而恶意攻击者则需要快速改变以规避相应的过滤机制。这种动态特性导致了可供智能技术识别的"特征"，比如注册时间短、相关 IP 所归属的注册商数量多、具有自解析（Self – Resolution）配置等。

3）基于 DNS 数据。基于 WHOIS 数据和区文件的方法，面临域名可能尚未注册的问题。利用 DNS 协议，能够以主动探测的方式对可疑域名进行全面的监测，但是也容易被攻击者所发现。为此，利用被动采集的 DNS 数据进行分析，可以避免恶意攻击方施加的干扰，其整体思路可概括如下：基于 DNS 查询和系统日志等海量数据，运用机器学习等提取域名、IP 源和 TTL 值等关

⊖　http：//mtc. sri. com/Conficker/。

键信息中蕴含的特征，及时发现网络欺诈和攻击行为。

4）基于 BGP 数据。从 BGP 数据中提取恶意域名潜在的特征，比如相关的 BGP 前缀数、BGP 前缀的地理分布性、对应 IP 数、域名（含子域名）对应的 AS 数量等，然后运用机器学习算法建模识别。

5）识别恶意链接。基于上述相同的原理，可以将恶意域名的识别扩展到恶意链接（形似 xxx. com/yyy 等）的识别上，主要区别在于文本特征工程的不同，比如长度、包含的"."数量以及分词结果（主机部分以"."为分隔，路径部分以"/"为分隔）等。

6）基于流量数据。识别域名生成算法生成的域名，也可以通过对 DNS 相关流量的分析完成，比如利用无监督学习分析服务器间的流量，发现受感染的服务器。

需要注意的是，域名、区文件以及 DNS 的查询和响应流量，其中的特征总体上说具有较强的"局部性"，相对容易被刻意修改或隐藏（比如域名组成和 TTL 的设置等）。因此，基于图计算，用相对更具"全局性"的拓扑特性来进行识别，是重要的可选项。

（2）其他相关应用

除了识别恶意域名之外，人工智能技术还被相关机构和厂商用来进行域名相关的识别⊖、推荐⊜以及用户分类等。

2. 基于 BGP 数据的人工智能应用

近年来，除了在域名和 DNS 日志分析之外，凭借高效分析高维数据的优势，机器学习技术在网络拓扑分析方面开始得到应用。基于 BGP 数据，进行 AS 互联拓扑的分析，最基本的思路是从图数据结构的视角切入，将 AS 看作点，将 AS 之间的关系看作边。但是，图中点和边差异性的缺失，会极大影响分析结果的准确性。如前所述，通过图计算的思路可以开展 AS 之间的关系（边）和 AS（点）类型属性的研究。与此同时，随着人工智能技术的兴起，其在 AS 拓扑精细刻画方面的应用也逐渐涌现。

（1）AS 间关系的分析

与纯粹依靠图计算理论相关指标来进行"推断"方法不同，人工智能方法主要通过对 AS 节点特性的学习，自动判断节点间边的类型。整体思路如下：利用 BGP 数据生成无向图之后，以已知数据集（如 CAIDA 的 AS 关系验证数据⊜）为基础，将当前数据中可以确定关系的节点，作为建模所用的数据集，并进行训练集和测试集的划分。对于每条边，可用两端节点的度、各自与顶层节点的最短路径长度等形成特征向量，而两端点的关系作为标签。最后，利用 AdaBoost 等分类模型，构建 AS 关系预测模型。

（2）AS 分类研究

前面介绍的对 AS 进行分类的思路，或以较为显式的主观认知出发，基于 AS 相关机构的描述进行分类；或以成熟的理论（图）为基础，根据 AS 拓扑图加以划分。但是，上述思路仍显得不够全面和自动化。比如，如果综合考虑 AS 节点所处的服务或对等关系总数，能够显著地区分相关互联网服务提供商的规模：大型服务商通常有大量的用户节点和少数的对等节点，而小型服务商通常拥有大量的对等节点。

随着机器学习的实践和发展，可以结合网络路由注册机构的数据®与 RouteViews 等传统的

⊖　https：//github. com/opendns/PinyinDetector。

⊜　https：//blog. verisign. com/domain－names/verisign－launches－namestudio－to－help－businesses－and－individuals－find－a－great－domain－name－for－their－online－presence/。

⊜　http：//data. caida. org/datasets/as－relationships/serial－1/。

㉕　http：//www. irr. net/。

BGP 数据源，为人工智能算法提供全面的特征以便建模识别。可用于 AS 智能分类的主要特征包括：机构描述、路由策略、IP 前缀、服务/客户/对等节点数量、IP 前缀数量以及所覆盖的 IP 地址规模等。

与 AS 间关系的推断不同，AS 分类没有统一的标准。因此，在标签生成环节，可对 AS 进行如下的大致分类：大型或小型互联网服务提供商、企业、教育/研究机构以及信息中心等。此外，也有分类标准相对单一的研究探索[24]。由于 AS 分类大多属于多分类问题，可采用适配多标签问题的 AdaBoost. MH 算法等。

（3）BGP 异常发现

大规模的网络攻击、配置错误、基础设施失效以及自然灾害等，都会导致 BGP 路由的异常，影响全球互联网的稳定。比如，蠕虫攻击导致的 BGP 路由拥塞[25]、大规模停电引起的 BGP 路由失效[26]以及路由配置错误导致网站无法访问⊖等。

人工智能技术在互联网领域的最早应用领域之一，即网络流量数据分析。而 BGP 异常的发现和识别，以 BGP 更新（Update）数据（等同于路由器之间的流量）为基础。因此，人工智能理论和技术用于 BGP 异常发现，具有大量的现实经验借鉴。同时，随着互联网规模与复杂度的增长，时刻产生海量的 BGP 消息，需要借助于人工智能技术来进行处理和分析。21 世纪以来，人工智能技术开始被运用于 BGP 异常发现领域。近 10 年来，随着大数据和机器学习的兴起，人工智能在 BGP 异常发现领域的运用进一步走向深化，其基本思路是从 BGP 数据中的 AS、IP 以及宣告前缀等进行分析，提取显著特征，运用贝叶斯分析、支持向量机、主成分分析、决策树和神经网络等模型识别 BGP 活动中的异常。

1）主要特征。BGP 异常的发生，会导致更新消息的数量、所涵盖的前缀数量、同类型消息的重复或新增路径数、同类型消息的时间间隔等特征的明显变化。总体上看，识别 BGP 异常的特征，可以分为全局和局部的。全局特征，包括更新消息（包括宣告和回撤）的数量、类型和频次等。局部特征则主要是指 AS 拓扑图的相关特征，比如节点规模和节点度等。以电力故障和蠕虫攻击为例，都会导致回撤消息数量的激增以及 AS 图的边和节点数量的剧烈变化（见图 17）。无论这些特征与 BGP 异常之间的因果性如何，都是及时发现网络相关问题的重要线索。比如，BGP 消息的突然增多，可能是由连接异常所致，同时也会引发 BGP 路由器的过载乃至崩溃。因此，无论哪种情况，都对对应问题或隐患提供了警示，也就为机器学习等算法的应用提供了空间。

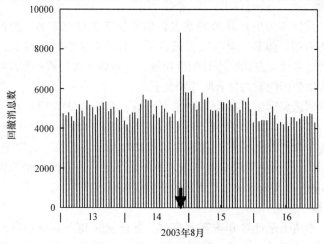

图 17 电力故障时 BGP 回撤消息的突增[27]

⊖ http：//www. wired. com/news/technology/0, 1282, 41412, 00. html。

2）建模思路。在提取与 BGP 异常强关联的数据特征之后，可以运用统计分析、分类和聚类等构建异常识别模型。针对局部的路由异常，可以利用局部可见类前缀的比例、长度和存在时间等特征，用分类回归树等实现建模。除了利用 BGP 数据中的隐含特征之外，在错误配置发现方面，还可以将配置文件中各命令的参数作为特征，通过文本分析和贝叶斯模型，计算配置错误的概率（类似于常见的垃圾邮件过滤机制）。需要注意的是，如果想达到同时识别多种异常的效果，数据的全面性是确保模型有效的必需条件（比如对 RIPE NCC 和 Routeview 数据的整合）。

3. 深度学习的应用

由于互联网基础资源大数据的类型和规模原因，在运用人工智能算法之前，往往需要大量特征选取或离散化工作。比如，识别 AS 类型时，平均服务节点数相较于平均用户和对等节点数，区分度较低。而在识别网络异常时，BGP 更新消息数量、宣告消息的数量、消息中涵盖的前缀数量、新路径的数量等，属于最具代表性的特征。

近年来，凭借在数据特征自动提取方面的优势，深度学习逐渐在互联网基础资源大数据分析领域开始得到应用。比如，通过对 DNS 日志数据的简单处理（而非 TF－IDF、bag of words 等常见的处理方法），简化原始数据处理以及基于不同特征建模的对比选优工作，进而可以用循环神经网络（RNN）及其变体长短期记忆网络（LSTM）等模型识别恶意域名。上述神经网络同样可以用于 BGP 异常发现等方面。此外，深度学习与图计算的结合，也成为互联网网络拓扑分析的可行之路⊖。

（四）时间序列分析

时序分析是分析时间序列的发展过程和趋势，预测将来时域可能达到的目标的方法。此方法运用概率统计中的时间序列分析原理和技术，利用时序系统的数据相关性，建立相应的数学模型，描述系统的时序状态，以预测未来。互联网基础资源，具有高度的动态性。针对同一对象的采样，随时间变化而可能不同。比如，路由短暂不可达会导致临时路由的出现（可能会保持数小时之久），而硬件故障所导致的新路由，通常会留存数日之久。因此，互联网基础资源数据，无论是主动采集模式下获取的 Traceroute 结果，还是 BGP 路由宣告数据，大多带有时间属性。目前，时序分析已成为互联网基础资源大数据分析的重要手段。

1. 恶意域名识别

对于生命周期（或活跃历史）较短的域名，如果仅基于目标域名、查询时间、TTL 和相关 IP 等特征，识别能力有限。但是，通过这类域名所具有的明显的时序特征，可以实现更为精准的发现。比如，恶意域名通常自动产生且频繁切换，导致域名查询请求数量在短时间内呈现剧烈波动的特征，形成可供分析挖掘的显著时序特征。

利用时序分析识别恶意网络，基本思路如下：基于海量的 DNS 服务器日志，通过时间切片统计各片内的请求数量，形成时间序列，运用变化点检测（Change Point Detection，CPD，见图18）等算法，识别短生命周期的域名。或者，通过切片范围内特征（比如查询次数）的相似度（比如欧拉距离）计算，找出频繁改变运作模式的可疑域名。这方面典型的探索包括欧盟第七框架计划（Seventh Framework Programme）资助的 EXPOSURE 系统[28]。

2. BGP 异常发现

BGP 异常发现，本质上是针对 BGP 事件序列（即连续的 BGP 更新消息）进行分析，因而同样能够映射到时序计算的范畴。比如，BGP 消息间的时间间隔就是用于异常发现的重要特征之

⊖　https：//arxiv. org/pdf/1707. 04041. pdf。

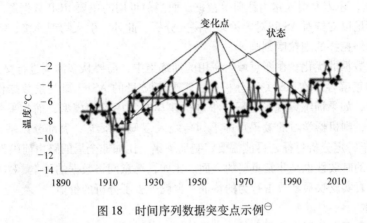

图 18　时间序列数据突变点示例[⊖]

一。在连续的 BGP 更新消息中，可以用支持向量机和神经网络等挖掘特定的事件模式（比如出现新 AS 路径），进而发现路由波动等异常现象。目前，时序计算已成为互联网基础资源大数据分析的基础要素，比如 CAIDA 的 IODA（Internet Outage Detection and Analysis）项目[⊖]，对全球互联网进行实时监测，将 BGP 路由、网络流量和 IP 地址可达性等数据以时间序列形式存储，挖掘形成大规模网络故障的预警信号。

（五）可视化分析

对于互联网基础资源数据而言，大规模地获取具有一定难度（比如记录有 BGP 异常的原始数据），对机器学习等技术的应用形成了障碍。而数据的复杂度，也给自动化分析带来了障碍，比如大量的特征工程工作或者多类型异常的同时识别等。因此，针对某些特定的分析目标，比如 BGP 路径中的起点节点变化（Origin AS Change）以及不同事件之间的关联性等，可利用直观的视觉认知，通过可视化技术更为高效地实现。当前，网络拓扑展示方面的成果包括 Plot - latlong、Cuttlefish、NetGeo、PlotPaths 和 Graphite 等。以 PlotPaths 为例，专用于对 Traceroute 路径的可视化展示。

（六）需求及挑战

互联网基础资源大数据的分析，尤其是引入人工智能等新兴技术之后，面临的主要需求和重要挑战如下。

1. 数据质量

机器学习、深度学习等新兴的人工智能技术，在提升分析效率和精度的同时，也对数据提出了更高的要求。

数据内容与分析目标之间的偏差。比如，BGP 设计初衷并非为了刻画互联网拓扑，而是更趋向于体现网络运营和维护方面的实践，数据中存在的路由聚合、MOAS（特定前缀出现在多条具有不同 AS 起点的路径中）现象、路径缺失以及回路等问题，为分析挖掘带来了较高难度。同样的问题也存在于 Traceroute 类探测数据中。

数据全面性。以拓扑分析为例，实际流量在 AS 路径上的走向未必是层次化的，因此不能仅

⊖　https：//eecs. wsu. edu/ ~ cook/pubs/kais16. 2. pdf。

⊖　http：//www. caida. org/projects/ioda/。

仅依靠 BGP 数据，还需要引入路由注册等数据。而当前可用的主要 BGP 数据源（Route Views 和 RIPE 等），仍不足以支持对 AS 间对等关系的深入分析。此外，引入物理连接、实际流量等数据，能够助力于对网络拓扑的细粒度刻画。

训练与测试数据的优化。在恶意域名所用的训练集中，需要从多源头进行交叉验证，确保恶意或普通标签的正确性。在 AS 关系分析中，需要高质量的 AS 已知关系数据作为训练集。在 BGP 异常发现中，如果训练集规模受限，很难构建具有实用性的模型，而如果数据中包含了过多的非正常宣告，则机器学习的效果可能不如传统入侵检测系统（大部分以基于签名、校检的方式实现）。对于特定分析目标，可能需要定制训练集，比如非全局的路由前缀集合等⊖。

此外，数据的时效性也是非常重要的方面。比如，恶意网络数据的采集，如果是一年前乃至更早的，则无法真实反映最新攻击行为的特征，也就失去了分析的价值。

2. 数据处理

互联网基础资源大数据中蕴含大量的高价值特征，但是为了模型的准确和健壮，需要对海量数据特征进行遴选。特征选择的主要目的在于，尽可能剔除不相关或次要的特征，从而降低计算复杂度和提升模型的准确性。以 BGP 异常发现为例，在多达数十种相关联的特征中，根据数据、算法和分析目标的不同，需要选择与异常事件关联性最强的特征，否则将降低算法的实用性。在具体思路上，可以选择在异常期间发生显著变化且在非异常阶段基本稳定的特征。比如，在分析 2008 年美国佛罗里达大停电时的 BGP 数据时，如果不进行特征选择，甚至可能无法识别异常，而如果使用回撤消息（Withdrawal）数作为唯一特征，则可以明显发现这段时间数据与普通数据的不同。以蠕虫类攻击的数据分析为例[27]：如果使用所有特征，模型的显著识别效果仅持续 6 小时左右（即蠕虫发作的高峰期）；而仅使用重要特征时，对蠕虫的识别率在 12 小时都保持了较高水平。

数据的归一或标准化（Normalization）。互联网基础资源数据纷繁复杂，其中用于智能挖掘的特征来自于不同量纲和取值范围的数据，通常需要统一到特定的范围内，确保后续计算的意义，常见的方法如基于标准差（Standard Deviation）实现等。

3. 效率优化

对互联网基础资源大数据的实时分析，对网络运维和恶意行为发现具有重要的意义。但是，实时分析仍面临诸多困难，比如 BGP 数据的全面采集本身就是一项耗时耗力的工作，很大程度上降低了分析活动的实用性。

图计算、时序分析等，面临着较重的计算优化任务。比如全球 AS 有向图、大型机构内部主机及其所访问域名的二分图，都能达到百万级节点、千万级边的规模，导致最短路径求解等问题具有极高的计算复杂度。进一步，如果将 AS 间关系的分析应用于网络规划领域（节点之间应该建立什么样的关系，以提升网络整体运转的效率和可靠性），则映射到组合优化问题上，同样面临艰巨的计算任务。针对海量图数据，可以基于 GPU、FPGA 等新兴架构推进并行算法的研究⊖。人工智能技术应用方面，机器学习等新兴技术在带来更准确的分析的同时，也导致了计算负担的增大。因此，为提升研究成果在实际场景中的应用前景，需要同时从数据和算法入手进行定制优化。

4. 专业知识

传统的互联网基础资源数据分析，大多建立在对理论和实践细节足够了解的基础上。比如，

⊖ http：//visibility. it. uc3m. es/。

⊖ https：//www. nap. edu/catalog/18374/frontiers – in – massive – data – analysis。

在深入了解具体协议和技术实现（如 BGP 和 Traceroute 等）的基础上，再运用数学和计算机理论完成分析。以基于图计算的恶意域名发现为例：查询恶意域名的主机，很可能已经被感染，而且其所查询的其他域名，也大概率是恶意的；多个域名共同解析对应 IP 的交集，足以强烈地反映域名之间的关联度（是否同为恶意）。

近年来，机器学习和深度学习等，以海量数据为基础，实现对内含模式的自动发现，已经开始在网络拓扑、流量识别、安全分析等方面崭露头角。但是，在特征选择上，需要对相关网络协议有足够了解，以提升模型的精确度和效率。对于分析结果，由于互联网分治结构导致的数据多源、质量不一致等问题，同样需要从专业角度进行剖析和验证，又如 AS 分类结果的核验以及基于可视化发现 BGP 异常的例子。

5. 模型探索

与具体网络场景和可用数据的适配，是互联网基础资源大数据分析面临的主要问题之一。同时，机器学习和深度学习等新兴技术的应用，也面临着不同的挑战。

与互联网发展现状的适配。随着互联网规模扩大，算法模型面对的数据多源异构特性会更加明显，也就相应带来了挑战。比如，复杂的 AS 间关系，给互联网拓扑分析带来挑战，而以图计算及 DNS 数据为基础的恶意域名识别，会受 AS 和 IP 资源分布格局的影响。又如，云计算发展导致的大量域名共享 IP 现象（亚马逊的一个 IP 地址可能对应了上万个域名），必然对相关的分析思路造成影响。此外，对于互联网发展态势等宏观分析目标，仅仅从拓扑图规模或连接特性，无法形成全面认知，而常用的特征（节点度、平均路径长度等）也面临失效的可能。由于互联网的动态性，不同时刻的数据采样可能导致不同的分析结果，需要确保分析模型在不同输入数据下的稳定性。同时，由于物联网和 5G 技术的发展，分析目标本身也具有动态性，比如随着互联网协议在物联网领域的逐渐普及，对于网络异常的定义，在不同应用场景中可能有较大区别。在对 AS 的分析中，服务节点和客户节点的区分也逐渐难以反映真实网络世界中的交互模式。

与可用数据集的适配。互联网基础资源大数据具有较高的采集难度，在数据的覆盖面和颗粒度等方面很难做到两全其美。当前大多数的研究成果或结论，更多的是与反映特定网络时空场景的数据集相关。相应地，在不同数据上使用不同的分类方法，呈现出较大的差异（见图 19）。因此，在同一研究目标下，不同数据集和不同模型之间的配合使用非常重要。比如，针对互联网基础资源原始数据中存在的大量无效、偏离和异常值，可以采用更能排除异常数据干扰的算法如Gentle AdaBoost 等。此外，当可用数据资源较少（如 BGP 异常）时，要注意防止过度拟合（Overfitting）的问题。

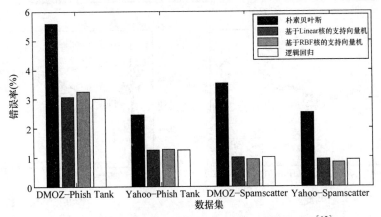

图 19 各种分类方法在恶意网络识别上的效果对比[15]

机器学习。首先要扩展应用空间。聚类等在互联网基础资源大数据领域的应用，还有较大提升空间（比如，在 AS 分类上效果有限），而由于互联网基础资源数据准备方面的困难，类似的无监督学习方法可能会成为主要探索方向。其次，在提升分析精准度方面还需要进一步探索。比如 BGP 异常发现时，不仅能区分异常与正常情况，还能进一步识别异常的类型（比如是否为蠕虫网络）。在恶意域名发现领域，决策树的定制在区分恶意与普通域名方面具有较大潜力[29]。

深度学习。参考前面关于数据和专业知识的描述，扎实地做好数据处理和特征工程，是当前互联网基础资源大数据分析极其重要的环节，而深度学习在特征工程方面的优势还需要更多的研究和探索来实现。此外，深度学习目前还主要用于处理 DNS 数据上（以自然语言处理为基础），未来尤其需要在 BGP 数据分析方面进行探索和研究。

（七）CNNIC 相关工作

近年来，CNNIC 就图计算、时序分析、人工智能技术在互联网基础资源大数据分析方面的应用，积极展开探索并取得初步成果。

基于图计算和时序分析技术，刻画 IPv6 网络拓扑并分析其发展模式。基于 2003 年至 2018 年共 16 年的 IPv6 BGP 消息数据，提取 AS 级复杂网络结构数据，分析其各维度特征的变化情况，通过一系列计算验证了复杂网络的节点间连接状态满足幂律分布，节点间存在富人俱乐部现象（对外连接较多的节点，相互间也连接密切），验证了 IPv6 网络的发展同样是围绕主干进行的。同时，根据各维度特征的时间序列展开分析，通过差分自回归移动平均模型（Autoregressive Integrated Moving Average Model，ARIMA）建模，较准确地预测了未来 IPv6 AS 网络拓扑的变化情况，对未来网络的发展趋势分析有指导作用和长远意义，如图 20 所示。

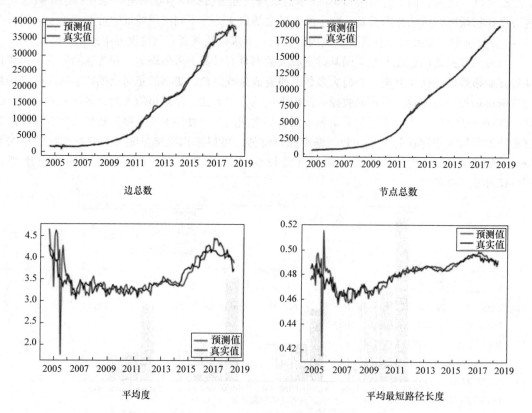

图 20　主要特征的时间序列与模型预测结果对比图

通过图计算与人工智能分类算法的结合，构建不良域名识别模型。基于主动探测的域名解析数据和从公开来源获取的验证数据，通过分析域名、IP 和 AS 之间的全局关联关系，构建域名之间的关系图谱，实现不良网络应用的快速发现。在识别准确率方面，算法能够在获得较低假阳率的同时确保得到极高的真阳率，具有较高的普适性和可扩展性，可以根据种子类型的不同（如赌博类、涉黄类、钓鱼类和僵尸类等）而挖掘发现不同种类的疑似不良网络应用，具有较高的实用价值和大规格工程化潜力。

在深度学习的应用方面，CNNIC 通过对不良网站样本特征的深入分析，提出基于深度学习的高效解决方案，显著提升了对色情、赌博及钓鱼等不良网站的识别能力。2019 年全年，检测系统累计主动发现各类国家域名（". CN"和". 中国"域名）不良应用网站（如色情网站、赌博网站和钓鱼网站）超过 20 万，有效打击了不良应用网站，促进了文明、诚信、法制、安全和和谐的网络环境建设。

参 考 文 献

［1］ HUFFAKER B, PLUMMER D, MOORE D, et al. Topology discovery by active probing ［C］. SAINT 2002, Nara City, Japan, 2002: 90 – 96.

［2］ ANTONAKAKIS M , PERDISCI R, DAGON D , et al. Building a Dynamic Reputation System for DNS ［C］. Process of the 19th USENIX Conference on Security（SEC10）, 2010: 273 – 290.

［3］ ATHANASIOS K, PANAGIOTIS K, CHARLES L, et al. Enabling Network Security Through Active DNS Datasets ［C］. Proceedings of the International Symposium on Research in Attacks, Intrusions, and Defenses. , 2016: 188 – 208.

［4］ AUGUSTIN B, FRIEDMAN T, TEIXEIRA R. Measuring load-balanced paths in the Internet ［C］. IMC '07, San Diego, CA, 2007: 149 – 160.

［5］ SPRING N, PETERSON L, BAVIER A, et al. Using Planet-Lab for network research: myths, realities, and best practices ［C］. Proceedings of the Second USENIX Workshop on Real, Large Distributed Systems（WoRLDS）, San Francisco, CA, 2006.

［6］ SIMPSON C R JR, RILEY G F. NETI@ home: A distributed approach to collecting end-to-end network performance measurements ［C］. Proceedings of Passive & Active Measurement（PAM）, Antibes Juan-les-Pins, France: 2004.

［7］ SHAVITT Y, SHIR E. DIMES: Let the internet measure itself ［J］. SIGCOMM Computer Communication Review, 2005, （35）5: 71 – 74.

［8］ LUCKIE M. Scamper: a Scalable and Extensible Packet Prober for Active Measurement of the Internet ［C］. Proceedings of the 10th ACM SIGCOMM conference on Internet measurement（IMC）, Melbourne, Australia, 1 – 3, 2010: 239 – 245.

［9］ WEIMER F. Passive DNS replication ［C］. FIRST Conference on Computer Security Incident, Singapore, 2005.

［10］ PLONKA D, BARFORD P. Context-aware clustering of DNS query traffic ［C］. Proceedings of the 8th IMC, Vouliagmeni, Greece, 2008.

［11］ CHEN Q, CHANG H, GOVINDAN R, et al. The origin of power laws in internet topologies revisited ［C］. Proceedings of IEEE Infocom, 2002.

［12］ BANERJEE S, GRIFFIN T G, PIAS M. Theinterdomain connectivity of PlanetLab nodes ［C］. Proceedings of Passive & Active Measurement（PAM）, Antibes Juan-les-Pins, France, 2004: 73 – 82.

［13］ AMOGH D, CONSTANTINE D. Twelve Years in the Evolution of the Internet Ecosystem ［J］. Networking IEEE/ACM Transactions, 2011, （19）: 1420 – 1433.

［14］ CLAFFY K, CROVELLA M, FRIEDMAN T, et al. Community Oriented Network Measurement Infrastructure (CONMI) Workshop Report ［J］. Computer Communication Review, 2006, (36): 41 – 48.

［15］ MA J, SAUL L, SAVAGE S, et al. Beyond Blacklists: Learning To Detect Malicious Web Sites From Suspicious URLs ［C］. Proceedings of the 15th SIGKDD Conference, 2009: 1245 – 1254.

［16］ ALAETTINOGLU C. Scalable router con_guration for the internet ［C］. Proc. IEEE IC3N, 1996.

［17］ GAO L. On inferring Autonomous System relationships in the Internet ［J］. IEEE/ACM Transactions on Networking, 2001, 12.

［18］ KITSAK M, GALLOS L K, HAVLIN S, et al. Identification of influential spreaders in complex networks ［J］. Nature Physics, 2010, 6 (11), 888 – 893.

［19］ HOWARD R. Cyber Fraud: Tactics, Techniques and Procedures ［M］. Auerbach Publications, 2009.

［20］ WAGNER C, FRANÇOIS J, STATE R, et al. ASMATRA: Ranking ASs providing transit service to malware hosters ［C］. Integrated Network Management, IFIP/IEEE, 2013.

［21］ GE Z, FIGUEIREDO D, JAIWAL S, et al. On the hierarchical structure of the logical Internet graph ［J］. SPIE Proceedings, 2001, (4526) 7.

［22］ LEE W, STOLFO S, MOK K. Mining in a data – flow environment: Experience in network intrusion detection ［C］. Proceedings of the International Conference on Knowledge Discovery and Data Mining (KDD), 1999.

［23］ KREIBICH C, KANICH C, LEVCHENKO K, et al. Spamcraft: An inside look at spam campaign orchestration ［C］. Proceedings of LEET'09, Boston, USA, 2009.

［24］ Dhamdhere, A., Dovrolis, C., 2011. Twelve Years in the Evolution of the Internet Ecosystem ［J］. *IEEE/ACM Transactions on Networking* 19 (5): 1420 – 1433.

［25］ LADM, ZHAOX, ZHANGB, et al. An analysis of BGP update surge during Slammer attack ［C］. Proceedings of the International Workshop on Distributed Computing (IWDC), 2003.

［26］ COWIE J, OGIELSKI A, PREMORE B, et al. Impact of the 2003 blackouts on Internet communications ［R］. Technical report, Renesys, 2003.

［27］ LI, J, DOU D, WU, Z, et al. An internet routing forensics framework for discovering rules of abnormal BGP events ［J］. Computer Communication Review. 2005, 35.: 55 – 66.

［28］ BILGE L, KIRDA E, KRUEGEL C, et al. EXPOSURE: finding malicious domains using passive DNS analysis ［C］. Proceedings of the Network and Distributed System Security Symposium, San Diego, California, USA, 2011.

［29］ WITTEN I H, FRANK E. Data Mining: Practical Machine Learning Tools and Techniques ［M］. Morgan Kaufmann publishers, 2005.

（本文作者：李洪涛　杨琪　刘冰　马永征）

技术发展篇

基于共治链的共治根新型域名解析架构简介

摘要：域名系统已成为互联网的核心基础设施。由于历史原因，域名根解析体系一直采用单边或封闭管理模式，存在分布失衡、可扩展性较差，安全保障及监管能力不足、权力滥用等问题，无法保证互联网的开放和平等。本文提出一种新型域名解析技术架构：一方面，通过无中心化、多方参与、可监管的新型域名共治链，实现根区数据的多方共治管理；另一方面，基于共治链设计新型根服务器架构（共治根），实现多方共治、高效可扩展、可兼容演进的新型域名根解析服务体系。该体系不仅能兼容当前域名解析服务，同时还支撑国家网络空间主权理念。

关键词：新型域名解析；共治根；共治链

一、引言

域名系统（Domain Name System，DNS）[1]自 1985 年出现以来，已成为互联网最为重要的基础设施。它不仅为所有接入互联网的设备、主机和资源提供了命名服务，还支持互联网资源名字及地址间的解析。当前域名系统的名字空间结构、域名分配和解析过程都是严格层级化，根解析体系作为域名解析起点和系统结构中心，主要由管理维护顶级域名信息的根区数据管理系统和提供解析服务的根服务器系统两部分构成。目前根区数据管理主要由互联网名称与数字地址分配机构（The Internet Corporation for Assigned Names and Numbers，ICANN）及其关联公司负责，存在单边管理等问题；此外，13 个根服务器由 12 家机构负责运行，存在封闭管理的问题，严重威胁网络空间国家主权并危害互联网的开放和平等。

针对以上问题与风险，国内外开展了多方面的研究工作，但均未能从根本上解决问题。区块链的出现为解决根解析体系中心化问题提供了新的技术手段。本文分析了国内外主流的基于区块链的域名解析服务的特点，重点研究了基于区块链技术的去中心化共治根域名数据管理方案，在共治链与共治根的基础上提出了一种新型根域名服务架构。

二、相关研究

为变革当前域名根服务体系中心化管理模式，业界仍在推进与当前域名系统根服务体系并存的诸多方案，其中，开放根服务器网络（Open Root Server Network，ORSN）⊖通过设立与互联网数字分配机构（Internet Assigned Numbers Authority，IANA）根系统平行的体系以减少欧洲互联网社群对美国的过度依赖；"雪人计划（Yeti）"[2]则提出了 IPv6 报文尺寸扩展场景下的域名根服务器扩展方案；CNNIC 提出开放的根服务器地址广播机制以支持灵活可控的本地化根服务器部署[3]。

这些尝试主要设计了与当前 DNS 根服务体系的并存架构，但均未从根本上解决中心化根服务体系模式，主权国家网络空间安全仍然面临严峻挑战。为此，只有从体系架构层面设计无中心化、各方参与、平等开放、可监管的新型域名根解析系统，才能从根本上推动域名根服务系统向

⊖ https：//project－is－offline. orsn. net/。

符合全球互联网多利益相关方模式演进。凭借去中心化、可追溯、高安全等方面的突出特征，区块链在这一领域的应用具有得天独厚的优势。

（一）Namecoin

域名币（Namecoin）[4]是一种用于域名注册的区块链应用，发布于2011年，其基本思路是将域名注册信息永久性地写入区块链中，从而避免域名信息被任一机构控制。通过点对点网络共享一张域名查询表，并配置了去中心化DNS服务器解析功能。

Namecoin不支持顶级域申请，目前仅支持.bit顶级域下的域名注册，在比特币（Bitcoin）[5]的基础上，增加了RPC命令进行交易提交等操作。Namecoin采用基于工作量证明（Proof of Work，PoW）的共识机制，其平均出块时间与挖矿奖励设置都与Bitcoin相同。

Namecoin虽然继承了区块链的主要优点，但在应用层面上仍具有不可忽视的弊端。首先，它不能与现有的域名系统很好地兼容，用户需要借助插件或者特定软件才能解析访问".bit"域名，使用成本及门槛较高。其次，它是个完全去中心化的系统，用户可以任意申请域名名字。这在为用户带来便利的同时，也产生了因域名抢注而引发的争端，由于没有权威机构，这种争端往往难以解决。此外，Namecoin在实际运行中的受众面远不如Bitcoin，而公有链的高安全性需要大量的用户作为支撑，很容易受到51%攻击。

（二）Blockstack

考虑到Namecoin的整体算力不高并且吞吐量低的问题，2016年，有学者提出Blockstack[6]分层架构，实现了基于区块链的去中心化名字服务、数据存储、身份认证等功能。链上节点负责处理域名交易（每个节点包含各自域名的账本）、域名持有人密钥对以及域名对应的资源记录。

Blockstack整体架构分为控制层和数据层：控制层用于注册域名并创建<name，hash>对，同时定义了创建域名所有权的协议。控制层中包含了Bitcoin区块链层以及逻辑层，又称为虚拟区块链层；数据层用于数据存储以及数据获取，包含了用作数据发现的路由层以及用于数据存储的外部存储系统，数据均通过用户的公钥进行签名。控制层获取数据层传递的数据后，通过检查数据的哈希或公钥的签名来验证数据的真实性。

Blockstack底层链采用Bitcoin，虚拟区块链层是自身设计的Stacks链。由于新链启动时往往没有足够的算力参与其中，Blockstack共识机制采用燃烧证明（Proof of Burn，PoB）与PoW相结合，并且正在计划用传输证明（Proof of Transfer，PoX）[7]代替燃烧证明。

Blockstack通过在Bitcoin的链上建立一条虚拟链，既能满足Zooko三角问题中的所有需求，又可借助Bitcoin的安全性来保证数据的可靠。但它在设计上仍存在着某些弊端。除了沿袭区块链的缺陷外，在实际运行中，它的信息传输还可能受到诸多因素的影响，如竞争者节点会有意屏蔽带有Blockstack信息的交易不打包。此外，它只靠一条链来维持，在当前数目的用户下还能保持稳定，但在几倍于当前数据时面临严重性能挑战。更重要的是，Blockstack仍没有解决域名抢注、滥注等问题。

（三）DNSLedger

DNSLedger[8]尝试利用区块链技术的优势来解决当前域名集中化管理面临的风险，同时寻求与现行名字服务的平滑耦合。为降低系统复杂度，与Namecoin、Blockstack使用公有链不同，DNSLedger采用了联盟链技术，具体包含两种链：根链和顶级域名链。根链的作用类似当前的13个根服务器，维护所有顶级域名信息。而顶级域名链则负责各自顶级域名的相关信息，比如".cn"链只管理所有以".cn"为后缀的域名。

DNSLedger采用混合式共识算法（XFT）[9]，该算法既可以容忍拜占庭节点存在，也可容忍非拜占庭共识问题中不超过 $n/2$ 个故障节点。

DNSLedger 尝试在尽量保持当前域名系统运行模式基础上进行必要革新，为域名系统的发展和改进提供了一种思路。然而因其停留在框架设计阶段，且涉及域名根服务体系和各顶级域等相关多个组织和机构，在具体实现上还存在诸多不确定性。

（四）Handshake

握手协议（Handshake）是一种去中心化的域名认证协议，项目启动于 2018 年，专注于去中心化的域名注册、认证、交易和解析。Handshake 采用了一种与 DNS 兼容的分散式、无权限的命名协议，其中每个对等方都在验证并负责管理根区域，目的是创建现有根数据管理和运营的替代方案。Handshake 允许用户通过 HNS 代币来竞标域名，用户还会获得一个加密密钥，以支持隐私并安全地确认所拥有的定制域名。

Handshake 采用 PoW 共识机制，在确保人们公平地访问域名的同时，还可以防止类似 Sybil 这样的网络攻击（过去证书颁发机构很容易受到这种攻击）。同时，它还支持 UTXO 模型上的智能合约，其域名拍卖功能就是通过这种合约实现。该项目创新点之一是对默克尔树（Merkle Tree）进行了优化，提出了 FFMT（Flat – File Merkle Tree，又称为 Urkel 树），大大加快了默克尔树搜索、插入、删除等操作的速度，并减少了其存储空间。

2020 年 2 月，Handshake 主网上线，为去中心化域名体系在计算资源配置、验证和所有权解决方案等方面提供了新的思路，但对域名体系安全监管带来了更大的难度。

（五）ENS

类似于 DNS 将域名解析为 IP 地址，以太坊名字服务（Ethereum Name Service，ENS）负责将以太坊名称解析为以太坊地址。ENS 是完全去中心化的系统，顶级域名 .eth 是由运行在以太坊上的拍卖合约来管理，任何人可以通过这个拍卖过程为自己预留一个以太坊域名。

ENS 的具体实现包括一系列以太坊上运行的智能合约，如注册表，解析器，注册中心等，注册中心是管理顶级域名的智能合约，用户可以按照合约规定注册自己的域名。在共识机制上，ENS 使用的也是 PoW 共识算法，目前正在向权益证明（Proof of Stake，PoS）共识算法转变。

ENS 仅支持".eth"顶级域下名字注册，目前正在尝试提供 DNS 其他顶级域的集成，集成过程完成后可以在 ENS 中声明与 DNS 相同的顶级域下的域名。

（六）小结

以上项目在去中心化域名服务体系上都开展了深入研究，但是在技术可行性、服务性能以及安全监管等方面都有所欠缺，无法满足实际域名服务需求。如何设计兼容当前业务逻辑的共识算法以实现无中心化、平等开放的名字系统且支撑多样化的安全保障及业务监管仍具有较大挑战，尤其是从体系结构角度设计基于区块链的新型域名根解析体系，是当前 DNS 技术研究与治理社群以及区块链从业机构共同关注的应用领域。新体系也对高效可靠存储管理、精准安全事件分析等提出新的挑战。基于区块链去中心化理念，在域名根解析领域进行体系革新不仅是对传统中心化服务架构在效率、可扩展性以及应对愈演愈烈的针对 DNS 网络安全攻击等方面的根本性改进，更是落实网络空间主权理念的重要举措。

三、基于共治链和共治根的新型域名解析架构

针对当前单边受控、管理封闭的根域名系统无法支撑我国网络空间主权理念、现有系统架构

⊖ https：//handshake. org/。
⊖ https：//ens. domains/。

对域名监管与安全防护的支撑能力不足等问题，基于区块链技术构建无中心化、各方参与、平等开放、可监管的新型根域名和权威域名解析系统架构、协议与标准十分必要。以此为目标，本文提出了基于共治链和共治根的新型域名解析架构。

（一）总体架构

如图 1 所示，新型域名解析架构由三个部分组成：①在根域名数据管理方面，设计提出共治链结构，可实现无中心化、各方参与、内生安全、可监管的新型根域名数据管理体系；②在根服务器管理方面，基于全球部署的共治根服务，可实现平等开放、高效可扩展、兼容可演进的新型根服务体系，共治链通过链上数据分发节点为共治根提供安全可信的数据支撑；③在域名解析方面，通过设计包括共治根和增强递归节点在内的域名解析协议，满足高效安全、用户透明、兼容演进等域名解析需求。

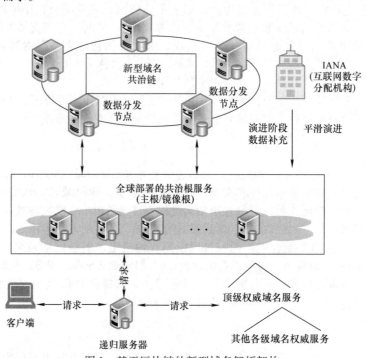

图 1　基于区块链的新型域名解析架构

新型域名解析架构支撑了国家网络空间主权理念，并能有效兼容现有域名解析体系。该架构在不改变现有权威、递归解析等基础设施运作模式的基础上，适合分阶段逐步部署演进，最终实现多边多方共治、可监管的新型域名服务体系。

（二）共识算法

按照顶级域类型的不同，共治链上有两种不同类型的节点：在国家地区顶级域名（country code Top‑Level Domains，ccTLD）体系中，各节点为国家与地区顶级域名管理或者托管机构；在通用顶级域名（generic Top‑Level Domain，gTLD）体系中，各节点为 gTLD 注册管理或者托管机构。

共识算法的使用是去中心化域名服务的最重要的一个特征。共识算法需确保各节点拥有对各自顶级域名（Top‑Level Domains，TLD）的绝对控制权。因此，需要适用于 ccTLD 和 gTLD 业务逻辑的共识算法，如可采用拜占庭容错的委托权威证明 BFT‑DPoA（Byzantine Fault Tolerance‑Delegated Proof of Authority）的共识算法，每个区块生产后立即进行全网广播，区块生产者一边生产下一个区块，同时会接收其他见证人对于上一个区块的确认结果。新区块的生产和旧区块确认的接收同时进行。大部分的情况下，交易会在1s之内确认（不可逆），这其中包括了区块生产和要求其他见证人确认的时间。一个区块生产后通过BFT协议立刻确认，加快了系统出块速度。此外，随着共治链的广泛部署，也可根据顶级域名更多业务形态需求为不同TLD类型定制不同的共识算法，从而形成共治链混合共识体系，以支撑更丰富的TLD业务模式。

（三）分片技术

有限的吞吐量一直限制着区块链的快速发展，分片技术（Sharding）为区块链扩容提供了一种可行的解决方案。分片技术是一种基于数据库分片传统概念的扩容技术，它将数据库分割成多个碎片并将这些碎片放置在不同的服务器上。在区块链中，网络上的交易将被分成不同的碎片，其由网络上的不同节点组成。因此，每个节点只需处理一小部分传入的交易，并且通过与网络上的其他节点并行处理就能完成大量的验证工作。

随着未来共治链规模扩展，可通过分片技术提升其可扩展性并针对ccTLD和gTLD应用不同的共识算法，以更好地支撑gTLD更复杂的商业行为需求（如gTLD的申请、转移和注销等）。依据各分片网络运行环境和共识算法动态调整节点连接情况、数据分发策略、"推拉结合"的区块广播方式等，可确保底层数据通信能够高效安全地进行，提高网络信息传递的可靠性与安全性，防止恶意节点攻击，为上层业务开展提供有力保障。

（四）性能保障

针对基于共治链的域名解析性能问题，通过研究高效域名解析算法与机制，可实现高性能、低时延的域名解析，同时保持与现有域名解析系统的兼容。

1. 链上递归服务

基于共治链的新型域名解析协议，采用演进部署方案，共治根节点从IANA获取其他未参与共治链的顶级域名数据，保证新型域名解析系统与现有域名解析系统的兼容；同时，引入增强递归解析节点，其主要功能包括：

1）根据域名黑白名单，快速应答用户的域名解析请求，加速递归域名解析性能；

2）从共治链中，实时获取链上的全局顶级域名数据和域名黑白名单；

3）针对黑白名单未覆盖的域名解析请求，作为通用递归服务器，迭代查询顶级域名服务器。域名白名单是热点的二、三级权威域名或国家重点保障的关键权威域名，域名黑名单是敏感的二、三级权威域名（例如钓鱼网站域名等）。

进一步，本架构支持增强的递归解析，设计增强递归解析节点与数据分发节点、共治根节点等实体的域名数据交换机制，采用DNS安全扩展（Domain Name System Security Extensions，DNS-SEC）等机制，加强解析节点之间的安全保障和隐私防护。对于用户的域名解析请求，通过递归服务器查询本地的域名缓存，或者通过增强递归服务器查询本地的域名缓存、共治链的顶级域名数据和域名黑白名单；如果查询成功，直接返回域名解析请求结果；否则，查询共治根，迭代查询其他权威解析服务器。

2. 高吞吐量支持

为进一步提高共治链的吞吐量，可采用分片技术，但在域名根区管理的场景中，存在如下两个特点：①共治链的混合共识机制保证区块链不会分叉，即区块产生后其中交易便得到全网确认；②各分片之间仅存在数据共享关系，无交易无互操作（即互相引用）。共治链系统的总吞吐量（Transactions Per Second，TPS）为各分片吞吐量之和，即

$$TPS = \sum_{i=0}^{N} TPS_i$$

其中，i 表示各分片编号；N 表示分片总数。

基于实验测试及推算，在节点性能高、网络状况好的情况下，当业务分片数为 2，各分片节点数为 200 时，各分片内常规数据变化每秒支持 2000 次 DNS 记录变更，变更生效时间为 X（X 为各区块产生间隔，$X < 1\text{min}$）。因此，结合区块链底层网络广播通信优化技术，可实现在 2000 节点规模下，支撑共治链吞吐量峰值达到 4000TPS 以上的顶级域名数据管理事务处理能力，并确保事务处理时延小于 1min。

（五）国家网络空间主权保障

基于共治链的共治根从体系架构层面设计无中心化、各方参与、平等开放、可监管的新型域名根解析系统，能从根本上推动域名根服务系统向符合全球互联网多利益相关方模式演进，也有利推动全球互联网治理体系向更加开放平等模式、向网络空间命运共同体方向演进，具体而言，本架构通过区块链实现了多方参与的根区文件管理以支撑网络空间的管辖权，共治链采用 BFT－DPoA 共识算法确保了网络空间的独立权，共治根本地化部署模式体现网络空间的防卫权，整个架构平等开放的设计和运行模式保障了网络空间的平等权。

此外，该架构通过研究共治链新型域名数据管理协议、共治根服务协议等，可以分阶段实现与 IANA 根区数据的互相补充，进而承载完整的根区服务，达到无缝兼容当前域名解析服务的目标。

通过共治根服务将有效提升我国网络安全与运行效率，为我国互联网提供安全可信的根域名服务保障，全面增强我国在全球网络空间的话语权和主导力。

（六）国际合作

作为中国互联网基础资源领域技术创新研究的国家队，中国互联网络信息中心（China Internet Network Information Center，CNNIC）近年来深入研究区块链等新一代信息技术以期解决当前传统域名解析系统中存在的诸多问题。目前，已申请近 20 项基于区块链的互联网基础资源服务体系相关国内发明专利，并提交 5 项基于区块链的新型域名解析架构相关国际 PCT 专利申请。

2019 年 1 月 12 日，由 CNNIC 主办的互联网新技术研讨会在京举行，会议着重就未来域名系统演进方向以及 CNNIC 提出的基于区块链的新型域名解析系统架构和关键技术展开了研讨。技术团队与 ICANN 前主席、第一个 RFC 作者斯蒂芬·克罗克博士等国内外知名专家进行了交流，专家对共治链和共治根设计架构给予了充分肯定。

（七）小结

在基于区块链的新型域名解析系统架构方面，目前国内外相关研究已经有一定先例和较好进展，但尚缺乏从体系框架层面支撑根区管理的共享共治。本文提出的基于区块链的新型域名解析架构，在技术、效率、监管和兼容等方面都进行了创新：

1）先进性：基于区块链技术，设计并提出了安全可信、高效存储、无分叉和去中心化的新型域名解析架构，实现了多方共治、平等开放、高效可扩展和安全可监管的共治链根区数据管理技术，以及高效可扩展、兼容可演进的共治根服务机制。

2）高效性：通过共治链混合共识算法不仅满足不同顶级域的业务逻辑，而且可通过采用区块链分片等技术，进一步支撑业务扩展引起的吞吐量瓶颈，提高系统事务处理性能。共治根服务能有效兼容现有服务体系，在抵御单点失效、大规模 DDoS 攻击等方面，能够满足当前域名根服务安全高效保障需求。

3）监管性：基于区块链的共治链去中心化体系架构，既可实现多方共治、安全可监管的根数据管理能力，同时也具备基于域名黑白名单的域名治理和滥用监管等功能。架构基于可信时间服务研发可信时间戳存证技术，通过安全事件记录机制为系统提供可靠的时序与可信存证基础，实现有效监管。

4）兼容性：基于共治链和共治根的新型域名解析系统能有效支撑国家网络空间主权理念，并充分兼容当前全球互联网多利益相关方共治格局，基于共治链的共治根架构也能够完全兼容当前域名解析服务体系和域名系统基础设施，并可实现域名体系的平滑演进。

四、原型验证

目前 CNNIC 已完成原型验证系统的构建，实现了 TLD 业务数据在区块链的主要操作模式，并使用真实域名业务数据，对节点管理、共识机制等重要功能开展了如下实验验证：

1）构建测试验证系统，搭建首期共治链节点及相应的域名业务节点，包括多个 ccTLD 和 gTLD 注册管理节点以及顶级域名注册管理机构身份管理节点，以测试 TLD 入链、TLD 数据更新等主要操作的可行性。

2）扩大共治链中 TLD 数量及其数据更新频率，并引入电信运营商角色以验证递归解析功能。验证当前 DNS 根服务系统与共治根的兼容共存及过渡演进可行性。

通过创新性地搭建包括共治链、共治根在内的综合实验环境，进行完备的域名业务用例集设计、测试工具开发和标准化工作，验证日常场景和极端场景下的业务冲突及解决策略，可以为我国主管部门互联网治理决策提供定量分析，为国际互联网合作机构提供有效尝试和创新探索，率先为根服务器演进提供评估标准和路线方法。

五、下一步工作

本文提出的基于共治链和共治根的新型域名解析架构，可以真正实现共享共治，能够将目前对我国网络空间安全极为不利的层次式、中心化互联网管理模式，打造成去中心化、各方参与、可管可控的新型管理模式，并能保证常态下与现有域名服务体系的兼容和互联互通。

所提出的新型域名解析架构涉及域名、通信协议和存储等多项技术，后续将持续深入研究这些领域所提出的优秀且成熟的新技术，加强其与区块链技术的融合，不断打造更加完备的解析架构，同时加强国际合作，更好推动架构落地。

参 考 文 献

[1] MOCKAPETRIS P, DUNLAP K J. Development of the Domain Name System [J]. ACMSIGCOMM Computer Communication Review, 1988, 18（4）：123-133, 1988.

[2] SONG L, LIU D, VIXIE P, KATO A, et al. Yeti DNS Testbed [C]. IETF draft, 2018.

[3] LEE X, VIXIE P, YAN Z. How to scale the DNS root system? [C]. IETF draft, 2014.

[4] LOIBL A, NAAB J. Namecoin [J] Netw. Archit. Serv. , 2014.

[5] SATOSHI N, NAKAMOTO S. Bitcoin：APeer-to-Peer Electronic cash system [J]. Bitcoin, 2008.

[6] ALI M, NELSON J, SHEA R, et al. Blockstack：A Global Naming and Storage System Secured by Blockchains [C]. USENIX Annu. Tech. Conf. , 2016：181 - 194.

[7] ALI M, BLANKSTEIN A, FREEDMAN M J. PoX：Proof of Transfer Mining with Bitcoin. 2020.

[8] DUAN X, YAN Z, GENG G, et al. DNSLedger：Decentralized and distributed name resolution for ubiquitous IoT [C]. IEEE International Conference on Consumer Electronics, 2018.

[9] LIU S, VIOTTI P, CACHIN C, et al. XFT：Practical Fault Tolerance Beyond Crashes [C] . 12th USENIX Symposium on Operating Systems Design and Implementation, Savannah, GA, USA, 2016.

（本文作者：曾宇　李洪涛　董科军　延志伟）

用户侧协议改进对域名服务体系的影响

摘要：域名系统（Domain Name System，DNS）是互联网最重要的标识服务系统，是互联网协议体系中承上启下的重要"神经系统"，也是全球互联网治理的博弈焦点。

DNS 治理模式的开放性和技术规则的严密性成正比，理解 DNS 技术发展趋势是理解 DNS 管理机制演变的钥匙，例如，DNS 管理上实现等级制分权的基础是在技术上实现了对域名根数据的控制和抓总。

DNS 作为一种成熟的技术，尽管看似简单，但仍有很大可能会在未来互联网技术架构中长期活跃存在。当前 DNS 技术和 DNS 管理机制面临着种种发展方向，其中，用户侧协议改进，即用户终端与递归域名服务器的技术演进，具备从根本上解构和重塑整个域名服务体系的潜力，将是今后互联网治理模式演进的重要推动力之一，值得互联网技术和政策工作者重视和深入研究。

关键词：用户侧协议改进；域名服务体系；互联网治理

一、域名服务体系

（一）冷战催生的互联网

从某种意义上讲，互联网是美苏冷战的产物。1962 年，古巴核导弹危机发生。美国军方对当时的网络布局结构感到担忧，美国军队通信网络化程度越高，脆弱程度也越高，越容易遭到破坏。美国国防部认为，有必要设计一个由多个分散指挥点组成的指挥系统，当某些指挥点被破坏时，整个系统仍能保证正常运行。

1969 年 11 月，美国国防部高级研究计划管理局推动了阿帕网（ARPAnet）军事科研项目。ARPAnet 开始时只有 4 个节点，采用去中心化的分布式包交换技术，将加利福尼亚大学洛杉矶分校、斯坦福研究院、加利福尼亚大学和犹他州大学的 4 个计算中心连接起来。

到 1970 年底时，ARPAnet 已经扩展到了包括哈佛大学和麻省理工学院在内的 13 个节点。

1970 年后，ARPAnet 通过卫星链路连接了夏威夷、挪威和英国伦敦，成为真正的全球覆盖网络。1973 年，ARPAnet 共有约 40 个节点。

1973 年，计算机科学家温特·瑟夫（Vinton Cerf）和罗伯特·卡恩（Robert Kahn）发明的新协议，即后来的 TCP/IP，TCP/IP 成为现代互联网的核心基础。二人也因此被并称为"互联网之父"。

1983 年 1 月 1 日，ARPAnet 将 TCP/IP 设为唯一的通用协议，所有连入 ARPAnet 的主机实现向 TCP/IP 的转换，从而诞生了现代意义上的互联网（Internet）。同年，ARPAnet 被拆分成了军事专用的 MILnet 和转为民用版本的 ARPAnet。

1983 年前后，伴随着 TCP/IP 的大规模应用，大批互联网基础服务协议正式成为互联网标准，这其中以 1982 年的简单邮件传输协议（SMTP RFC 821）、1983 年的域名系统协议（DNS RFC 882/883）、1985 年的网络时间协议（NTP RFC 958）为代表，这些协议被并称为 TCP/IP 协议族。

1986 年，美国国家科学基金会（National Science Foundation，NSF）设立了 NSFnet 项目，在 CSNET 的基础上，进一步推动大学和科研院所连入 ARPAnet，开展各类学术交流和科研活动。NSFnet 及其支撑的科研应用成为这一时期的网络骨干和主流应用，传统的 ARPAnet 节点逐渐式微。

欧洲大陆，欧洲核子研究中心（Conseil Européen pour la Recherche Nucléaire，CERN），世界上最大的跨国粒子物理学实验室，一直苦于内部缺乏统一的计算机通信标准。CERN 于 1983 年建立了数据通信（Digital Communication，DC）组，授权 DC 组统一管理整个 CERN 的计算机网络事务。1988 年，DC 组最终决定以 TCP/IP 统一 CERN 网络。1989 年，CERN 首次开通了其与外部网络的 TCP/IP 连接。1990 年，CERN 与 NSFnet 康奈尔大学节点实现互联。

亚洲地区，韩国在 1982 年率先建成了 TCP/IP 网络并在 1984 年连入美国 CSNET。日本虽然早在 20 世纪 70 年代就开展了计算机网络研究，但直到 1989 年才建立了与 NSFnet 的 TCP/IP 连接。

1989 年，澳大利亚与新西兰也接入互联网。

1990 年，美国国防部正式取消对 ARPAnet 的资助，NSFnet 成为 Internet 最重要的骨干网。互联网步入全面开放时期。

1991 年，中国香港、中国台湾、新加坡等地区和国家连入 NSFnet。

1994 年，ARPAnet/Internet 诞生 25 周年。我国通过中科院、清华大学、北京大学实现与 NSFnet 的全功能连接，成为第 77 个加入互联网的成员。

（二）互联网的特点

纵观自 1969 年建立 ARPAnet 以来的 25 年，互联网走过了一条"军用—科研—商用—民用"的道路，从美国本土的 4 个节点，不断扩展到全球各个国家和地区的各个角落。这其中，基于对等互联原则的 TCP/IP 发挥了重要作用。所谓对等互联，就是组成互联网的各张子网内部自成体系，但是通过标准的 TCP/IP 来进行组网协商和报文通信。这一本质特性保证了整个互联网的去中心化和组网成员单位的地位平等，也带来了高冗余性和兼容性，但客观上也为集中管理带来困难。事实上，互联网自诞生至今，也从来没有真正意义上的集中管理节点或系统。这一点，恰恰与传统的电信网络形成鲜明对比。

传统电信网，虽然不具备互联网的灵活性，却长于集中式的管理控制。传统电信网除了主要运营传递电信业务网，还有多个支撑性网络来保障电信业务网络正常运行、提升网络服务质量。支撑网中传递相应的监测和控制信号。

支撑网负责提供业务网正常运行所必需的信令、同步、网络管理、业务管理、运营管理等功能，以提供用户满意的服务质量。归纳而言，同步网负责信号时钟同步；信令网控制指令，载送信令消息的数据传送系统；管理网负责监视和控制；三者即各司其职，又共同完成对传送网、业务网和应用层的管理和控制，保障了通信参与方对资源占有释放的有序调度。

不同于传统电信网，互联网体系中没有掌控全网线路调度的"支撑网"。互联网通信模式是面向无连接的、结点之间的关系是对等非层级的、路由是分布的，难以有一个独立于互联网业务之外的"第三方"角色来操控和实施全网管理。

因此，分布式和去中心化特性一方面给互联网带来冗余性高、兼容性强、部署灵活等优点，但另一方面，无法满足互联网与社会经济深度融合后不断提升的管控要求。不论是运营商对可用性和稳定性的商业要求，还是政府主管部门对安全性和追溯性的制度规范，都需要设法在互联网中找到恰当抓手，实现类似电信"支撑网"的作用，对互联网通信的参与方和通信过程进行适当管控。经过近20年的实践，全球各国政府及研究机构，不约而同地都聚焦在了以IP地址和域名为代表的互联网基础资源和关键服务上，并围绕它们逐步发展出了一整套全球互联网管理机制和治理体系。

（三）域名系统在互联网架构中的重要作用

互联网域名和IP地址是互联网实现通信的重要基础前提，它们是重要的互联网基础资源。必须为互联网中的每台设备（计算机、智能手机、物联网设备）分配IP地址，该设备才能在互联网中进行路由和通信。但仅仅有IP地址，也无法形成有效交流。这是因为IP地址本身是一串固定长度的数字，且是对人而言难以记忆的数字串，其本身没有任何的语义。早在ARPAnet时期，研究人员就开始给计算机"起名"，用一些简单好记的名称来替代计算机的IP地址。斯坦福研究院的工作人员编制了一个叫做hosts. txt的文件，用来集中记录那些连上APRAnet主机名字和对应的IP地址。时至今日，Windows和Linux等操作系统里均保留着这一传统，缺省设有hosts. txt文件。

这个人工管理维护的文件随着联网设备数量的迅猛增加，逐渐演化为一个通过专用服务系统进行分配和查询的自动化名称管理系统，即现在的互联网域名系统。绝大多数互联网应用一般都通过先查询域名系统获得通信对端名字对应的IP地址之后，才能进行IP层的互联互通和数据交互。

（四）域名服务体系分析

DNS的业务逻辑主要分为两条：注册服务和解析服务。前者支持域名的申请和信息登记，后者支持域名映射数据的查询应答。

1. 注册服务

域名注册服务涉及如下角色：

1）域名注册者。即域名持有人，英文为Registrant。大家在查询域名注册信息的时候会经常看到这个词。

2）域名注册管理机构。俗称注册局，是一个或者多个顶级域的管理机构，英文为Registry。互联网名称与数字地址分配机构（The Internet Corporation for Assigned Names and Numbers，ICANN）于1998年成立，ICANN是一个非营利性质的国际组织，负责协调管理全球的顶级域名及相应的注册管理机构。我国国家顶级域". cn"和". 中国"的管理机构是CNNIC，它同时也肩负着中国国家网络信息中心的职责。最常用的通用顶级域.com和.net的注册管理机构是美国公司Verisign。

3）域名注册服务机构，俗称注册商。域名注册管理机构往往并不直接为域名注册者提供域名注册和使用过程中的各项服务，而是通过代理机构来面对域名注册者。这些经过域名注册管理机构授权或者认证的为域名注册者提供域名注册相关业务和服务的机构就是域名注册服务机构。

域名注册服务机构往往同时获得多个域名注册管理机构的授权，为域名注册者提供各式顶级域域名的注册服务，如万网（阿里云）可以提供". cn"". 中国"".com"".net"".org"等多个顶级域域名的注册服务。

2. 解析服务

域名解析服务是一种查询域名所指向的相关数据的过程。在域名系统中，DNS的解析服务可以分为两类模式：

1）用户终端与本地代理服务器（递归服务器）的用户侧解析。

2）递归服务器与权威服务器（根、顶级、二级等）的权威侧解析。

如图 1 所示，在 DNS 查询过程中，用户向递归服务器（本地服务/云端服务）提交查询请求，递归服务器按照域名体系的树状结构，依次访问域名根服务器、顶级域名服务器、二级域名服务器等，最终得到域名及对应的 IP 地址，并将结果返回给用户。

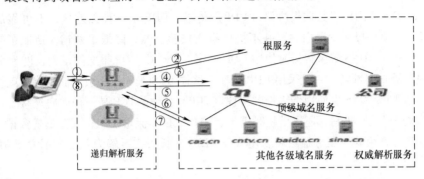

图 1 域名系统及 DNS 查询过程

用户侧查询是常见的发送到本地代理域名服务器的请求。当本地代理服务器接收到查询请求时，代理服务器会代为执行接下来的所有查询，并将查询结果返回给用户终端，而用户终端只需等待。若本地代理服务器无法直接回答请求，会以"递归"形式向权威域名树中的各分支反复查询。进行递归查询的代理服务器会持续查询直到搜索到响应 IP 地址，或"主机不存在"。不论结果如何，代理服务器都会将结果反馈给客户机。

由于名字空间采用的是分层授权方式——上层名字具有指向下层名字的"指针"，从而在保证了名字空间可扩展性的同时，实现域名的逐层寻址。各国家顶级域和通用顶级域必须把自身的权威数据提交给域名根系统，否则将因为缺乏用户入口成为互联网上的"信息孤岛"。因此，在权威域名树上，根服务器作为名字的起点和查询的入口便具有格外重要的作用，也是互联网治理的全球热点话题。

纵观 30 年来域名服务体系的变化，我们发现围绕域名服务体系存在两种力量和思想，即主张告别主权国家的互联网公民社会乌托邦思想，和立足美国政府授权的单一主权国家管理理念，两种思想和力量的斗争贯穿了互联网域名服务体系（尤其是根服务器系统）的变化过程。在 2016 年 10 月 1 美国政府主动放弃根服务器管辖权，兑现了美国希望互联网资源管理民营化的承诺，客观上有利于域名服务体系治理向着更加多元、透明的方向继续前进。但移交成功只是万里长征走完了第一步，移交后的域名根管理机构 PTI 是注册在美国加州的法律实体，其运营仍然受美国法律管辖并因此受到诟病。

一种观点认为，权威域名树尤其是根节点归 ICANN 和 PTI 控制，对这棵树的修修补补无法撼动历史形成的美国单方不对称的治理优势，因此，唯有不忘初心，回到分布式网络系统的理念原点，更多地把目光放到用户侧，也即"用户终端"和"递归服务器"的服务生态，用"最后一公里"网络运行者天然具备的本地管辖权，对冲 ICANN 和 PTI 对权威域名树的上位管辖权，来探索新型的多利益相关方及多边合作治理。而近期在 IETF 涌现的各类"用户侧"域名技术协议，印证了这种观点的可能性和可行性，为探索实践新型域名管理机制提供了技术路线和手段工具。

二、用户侧域名协议扩展

（一）传输协议：从 UDP 到 TCP 到 HTTPS

传统上，DNS 使用用户数据报协议（UDP）传输。UDP 是一种无连接、不可靠的传输层协议。UDP 只简单地将报文发送出去，并不提供报文校验机制，降低了开销，换取了较高的传输效率。一般情况下，DNS 域名解析时使用 UDP 协议。IPv4 中 UDP 报文的最大长度为 512B。客户端向 DNS 服务器查询域名，一般采用 UDP 传输。这样 DNS 服务器负载更低，响应更快。

在某些情况下，DNS 也使用传输控制协议（TCP）传输。TCP 是一种面向连接、可靠传输的协议，具备数据报校验机制，还提供超时重传、校验数据、流量控制、丢弃重复数据等功能。若 DNS 处于 TCP 工作模式，服务器会将长度大于 512B 的长报文拆解为若干个不大于 512B 的报文序列。

无论是 UDP 或 TCP 模式，都是明文传输，无法解决 DNS 客户端到递归服务器之间的域名报文被监听和被替换的问题（也称 DNS 劫持）。已有的 DNSSEC 技术着重解决递归服务器和权威服务器之间的域名劫持问题，而无法提升用户侧域名服务的安全性。为此，业界提出了利用 TLS 协议或 HTTPS 协议来传输域名报文，利用 TLS 和 HTTPS 的内生安全机制来防止数据窥探和篡改，这种技术称作基于 TLS/HTTPS 的 DNS 协议。

IETF 的 RFC 8484 对基于 HTTPS 的 DNS 协议进行了定义。RFC 中规定使用 HTTPS 协议访问事先定义好的 URI 来获取域名与 IP 的映射关系。

假设需访问的 URI 地址为 https：//dnsserver. example. net/dns – query ｛? dns｝：

1）请求 www. example. com 的 GET 方法为

```
: method = GET
: scheme = https
: authority = dnsserver. example. net
: path = /dns -
query? dns = AAABAAABAAAAAAAA3 d3 dwdleGFtcGxlA2NvbQAAAQAB
: accept = application/dns - message
```

2）请求 www. example. com 的 POST 方法为

```
: method = POST
: scheme = https
: authority = dnsserver. example. net
: path = /dns - query
: accept = application/dns - message
: content - type = application/dns - message
: content - length = 33
<33 bytes represented by the following hex encoding >
    00 00 01 00 00 01 00 00    00 00 00 00 03 77 77 77
    07 65 78 61 6d 70 6c 65    03 63 6f 6d 00 00 01 00
    01
```

其中 33B 的数据代表包括 DNS 头的 DNS 报文数据。

3）如查询返回 AAAA 记录为 2001：db8：abcd：12：1：2：3：4，TTL 值为 3709s。响应格式为

```
: stautus = 200
: content - type = application/dns - message
: content - length = 61
: cache - control = max - age = 3709
< 61 bytes represented by the following hex encoding >
    00 00 81 80 00 01 00 01   00 00 00 00 03 77 77 77
    07 65 78 61 6d 70 6c 65   03 63 6f 6d 00 00 1c 00
    01 c0 0c 00 1c 00 01 00   00 0e 7d 00 10 20 01 0d
    b8 ab cd 00 12 00 01 00   02 00 03 00 04
```

目前已有多家服务提供商支持基于 HTTP/HTTPS 的 DNS 解析服务。

1. 腾讯移动解析

腾讯移动解析（HTTPDNS）基于 HTTP 向腾讯云的 DNS 服务器发送域名解析请求，改变了传统 DNS 协议向运营商本地 DNS 解析服务器发起解析请求的方式。HttpDNS 可以支持腾讯系软件避免域名劫持和跨网访问等域名解析异常的问题。

参考链接：https：//cloud. tencent. com/product/hd

2. 阿里云移动解析

阿里云移动解析代替了传统的基于 UDP 的 DNS 协议，能够支持阿里客户端软件发送域名解析请求绕过网络运营商的本地 DNS，直接发送至阿里云 HTTPDNS 服务器，从而避免域名劫问题。

参考链接：https：//help. aliyun. com/product/30100. html

3. 谷歌的 DNS – over – HTTPS

Google 在 2016 年 4 月 1 日推出了 DNS Over HTTPS（DoH）查询服务，提供基于 HTTP GET 请求的查询方式，返回 JSON 格式结果，提供端到端的 DNS 请求验证。

参考链接：https：//developers. google. com/speed/public – dns/docs/dns – over – https

4. DNSPOD HTTPDNS

DNSPOD HTTPDNS 代替了传统的 DNS 协议向服务器的 53 端口进行请求，改用 HTTP 协议向服务器的 80 端口进行请求。

参考链接：https：//www. dnspod. cn/httpdns

5. 浏览器

截至 2019 年 11 月，已有六家主流浏览器供应商计划支持 DoH。

Mozilla 开发的 Firefox 浏览器是第一款提供 DoH 支持的浏览器，可以通过浏览器的"网络"部分中的"设置"部分来启用它。

Google Chrome 是继 Firefox 之后添加 DoH 支持的第二款浏览器。可以通过访问该 URL：chrome：//flags/#dns – over – https 在 Chrome 中启用 DoH。

微软基于 Chromium 的 Edge 浏览器已经支持 DoH，用户可以通过访问该 URL：edge：//flags/#dns – over – https 来启用。

Opera 浏览器已经推出了 DoH 支持，通过访问 opera：//flags/opera – DoH 来启用，Opera DoH 流量都将传输到 DoH 解析器。

Vilvadi 浏览器也宣布支持 DoH，其用户可以通过访问 vivaldi：//flags/#dns－over－https 来启用该功能。

Brave 浏览器隐私和安全部门表示将要实施该功能，但还没有给出 DoH 部署的确切时间表。

（二）数据管理：用本地缓存替代云端数据

DNS 根服务器作为最重要的权威服务环节，面临着硬件故障导致的服务中断、路由配置错误导致服务不可达、分布式拒绝服务攻击等安全风险。包括根服务器在内的域名服务如何尽可能的分布式管理或者本地化运行，不仅对于优化服务质量具有重要意义，而且也有助于强化其安全保障能力。

当前大型递归服务都在大量缓存域名查询数据，以进行快速响应同时提供应急保障。基于此理念，谷歌推出了基于 Loopback（本地地址）的根服务本地化技术 IETF RFC 7706⊖。该技术的主要思想是由本地递归服务器获取一份关于根区数据的最新拷贝，并以此直接运行根服务，从而减少了本地递归服务器与远程根服务器的通信代价，提高了 DNS 查询响应效率，另一方面也降低了根服务器所接收到的关于无效域名的查询流量。

Loopback 机制的核心思想是让递归服务器直接承担根区查询解析任务。支持 Loopback 的递归服务器从 IANA 处同步来完整的根区文件（其完整性由根区 DNSSEC 签名保障），在本地接口上提供服务，其架构图如图 2 所示。目前该方案已经在谷歌公司提供的公共递归服务系统（如8.8.8.8）上实现。

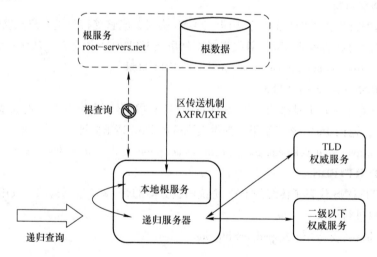

图 2　本地化 DNS 根解析架构

这种思路其实就是充分发挥运营商、云服务提供商等本地网络管理方的作用，将递归服务器从单纯的按需逐条查询的代理服务器，变为一次性同步完整权威区文件（根区文件、重要顶级域名区文件等）的缓存服务器。这样一来，用户只需要信任本地缓存服务器即可，包括根服务器在内的权威域名服务器的重要性均有所下降，同时也降低了可能由权威服务不可达引发的风险。Loopback 技术在传统的根服务器之外，开辟了新的根区信息传播渠道。可以预见，如果全球的递归服务器都支持 Loopback，根服务器的作用和地位将被大大弱化。事实上，Loopback 技术思路与我国电信运营商业已采用的一些本地缓存管理思路也是一脉相承的。

⊖　https：//tools. ietf. org/html/rfc7706。

（三）选择性输出：加强自主判断提升查询效率

IETF 发布了"一种积极利用 DNSSEC 验证机制的缓存方法"的标准 RFC 8198。RFC 8198 的主要思路是充分利用 DNSSEC 中的 NSEC/NSEC3 资源记录，对域名是否存在直接在本地进行判断，并构建合规的返回结果，避免无效域名对权威服务器的查询。

这一标准主要是针对目前存在的针对根服务器的大量无效查询的情况。据统计，占比约 65% 的对根服务器查询请求均为无效查询[⊖]（返回结果为 NXDOMAIN）。通过这一方式，不仅可以有效提升权威/递归服务器的资源利用率、减少延迟，还能很好地缓解常见的针对根服务器的大规模 DDoS 攻击的情况。图 3 和图 4 分别给出了 NSEC 和 NSEC3 记录的实现原理。

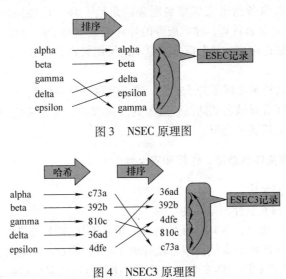

图 3　NSEC 原理图

图 4　NSEC3 原理图

针对部署了 DNSSEC 的区文件中的任一有效域名的查询，返回值中会有 NSEC/NSEC3 记录，记录内容是该区中字母序/哈希序的下一个有效域名。基于 NSEC/NSEC3 记录，通过构建 NSEC/NSEC3 有序表，即可在本地快速判断待查域名是否是有效域名，从而减轻了权威服务器的压力。

为了降低 DNS 数据的暴露，减少 DNS 隐私泄露，法国研究人员提出了一种基于域名查询最小化（Query Name Minimization）的 DNS 隐私保护技术。该技术并不依赖任何加密协议，而是约定递归服务器只能发送域名的部分字段给权威服务器。比如，用户分别只发送"com."和"example.com."，而不是发送整个域名"www.example.com"，从而在一定程度上抑制来自第三方链路监听的风险和来自根服务器的隐私窥探风险。当然，该方案无法完全杜绝针对递归服务器的隐私窥探风险，为此研究人员们又引入了"模糊查询"（Query Obfuscation）策略来解决 DNS 隐私泄露问题。所谓"模糊查询"是指将用户所查询的域名和其他多个无关域名混杂在一块，同时发送给 DNS 服务器，使得 DNS 服务器和网络监听者都无法判断用户的真实意图，从而在一定程度上消除了 DNS 隐私泄露风险。

三、用户侧技术对域名服务及治理的影响

在 TCP/IP 架构下，域名系统作为上层应用标识和底层寻址体系之间的映射和解析环节，是

⊖　http://stats.dns.icann.org/hedgehog/。

网页浏览、电子邮件等几乎所有互联网应用的关键入口环节。移动互联网、物联网等互联网新形态的发展，并没有改变域名系统作为网络关键基础设施的地位，可以预计域名规模和应用深度仍将继续扩大，但其应用模式会随着互联网应用模式的转变而转变。

传统上，域名系统的技术方案多集中在服务侧，也即递归服务器与权威域名树的数据交互和业务交易。以 EPP 为代表的的域名注册协议族，以 WHOIS 为代表的域名查询协议族，和以 DNS-SEC 为代表的域名解析协议族，构成了服务侧域名技术体系的三驾马车。服务侧技术的不断改进，强化了以 ICANN 和 PTI 为首的域名权威树体系，但对负责处理最后一公里域名服务请求的递归服务却少有提升作用。这种不平衡的发展，实际上影响了可信健康的域名服务体系的构建。无论服务侧域名体系如何安全和强大，归根结底，都需要递归服务器向终端用户进行最终的数据传递，需要本地运营商和服务商来完成域名服务的最后一环。正如同内容分发网络 CDN 之于WEB 服务，边缘雾计算之于云计算，递归服务的好坏成败直接影响全球分布的域名数据库的最终服务效果。反过来，贴近用户的递归服务器是本地网络管理者部署实施网管策略的最直接和最有效的抓手。

近年来，用户侧域名技术出现了若干扩展，符合互联网体系螺旋上升演进的规律，体现了互联网业务发展到一定深度后对域名基础设施短板的反向改进，在改善用户体验、提升应用深度、加强网络管理等各维度上拓展了空间。

（一）完善了域名服务体系功能、性能和安全性

1. 加强了域名服务安全性

（1）DoT/DoH 带来的安全性和隐私性

不同于绝大多数 DNS 协议，DoT/DoH 的技术实现早于其 IETF 协议的设计制定，包括我国阿里、腾讯在内的众多互联网服务提供商很早就开展了利用 HTTPS 安全机制实现域名安全传输的试验和实践。DNSSEC 协议对用户侧安全的忽视，迫使业界对域名最后一公里安全性开展自救实践，倒逼 IETF 开展了 DoT/DoH 技术的标准化工作。

DoT/DoH 技术赋能了浏览器和各类支持 HTTP 协议的应用程序自主实现域名解析，将成熟的基于 PKI 原理的 TLS 和 HTTPS 安全协议应用于域名服务，极大地改善了长期以来一直缺位的域名服务用户侧安全性和隐私性。

（2）RFC 7706 本地缓存提升抗攻击能力

RFC 7706 协议机制的核心思想就让递归服务器同时承担根区解析任务。支持 RFC 7706 的递归服务器从 IANA 同步来完整的根区文件，在本地接口"Loopback 地址"上提供服务。这种思路，其实就是充分发挥运营商、云服务提供商等本地网络管理方的管理作用，将递归服务器从单纯的按需逐条查询的代理服务器，变为一次性同步完整权威区文件（根区文件、重要顶级域名区文件等）的缓存服务器。这样一来，用户只需要信任本地缓存服务器即可，包括根服务器在内的权威域名服务器的重要性均有所下降，同时也降低了可能由权威引发的安全风险。RFC 7706在传统的根服务器之外，又开辟了新的根区信息传播渠道，可以预见，如果全球的递归服务器都支持 RFC 7706，根服务器的作用和地位将大大削弱。事实上，RFC 7706 的技术思路与我国电信运营商业已采用的一些本地缓存管理思路也是一脉相承的，也更贴近我国的网络管理模式。

（3）选择性查询策略支撑了隐私保护

域名查询最小化（Query Name Minimization）约定递归服务器发送部分域名字段域名给权威服务器，从而在一定程度上抑制来自第三方链路监听的风险和来自根服务器的隐私窥探风险。模糊查询（Query Obfuscation）将用户所查询的域名和其他多个无关域名混杂在一块，同时发送给

DNS 服务器，使得 DNS 服务器和网络监听者都无法判断用户的真实意图，提高了窥探隐私的技术成本。

2. 提高了域名服务效率

（1）RFC 7706 本地缓存提升性能

RFC 7706 除了降低权威服务失效导致的安全风险外，也有效地提升了域名查询性能，实现了内存读取级别的速度。递归访问包无需在真实互联网上跨域收发 UDP 包，而只需象征性地在 Loopback 地址上访问下本地内存即可，节省了网络 I/O。

（2）RFC 8198 降低服务器开销

RFC 8198 提升了本地缓存数据的利用率，减少了不必要的重复查询及相应的网络流量，这种充分利用统计学方法避免无效域名查询，提升递归服务器的资源利用率、减少延迟的思路，值得递归服务运行者不断深入研究。

3. 提供了实现多语种域名的新途径

现有的多语种域名（IDN）协议采用了一种被称为 Punycode 的编码技术，也即将应用层 unicode 字符转换成由 26 个英文字母和 10 个阿拉伯数字及"–"符号组成的字符串，这种"降级"操作的初衷是为了和互联网早期设计的域名编码兼容，但在实践中却无形阻碍了多语种域名的应用，因为它要求所有包含域名查询功能的用户端应用程序将默认普遍适用的 unicode 转换为 punycode，事实上成为新时期互联网多语种生态中的瓶颈。

DoH 的出现给应用程序提供了一种新的多语种域名解决思路，即利用 HTTP 协议天然支持 unicode 的属性，用户端直接以 unicode 进行网络传输，将 unicode 和 punycode 转换放在服务端来解决，理论上这将极大解放所有客户端应用程序的多语种域名支持能力。

（二）增加了域名监管难度（主要针对 DoH）

1. 隐私保护与打击域名滥用的矛盾

DoH 提供了域名访问的安全性和隐私性，同时，也提升了监管部门对不良域名的发现难度。加密算法的攻防两面性、以及 HTTPS 协议的易部署性，使得监管部门面对未来用户侧域名流量的隐匿传输，而不得不探索新的域名管理机制和域名安全技术，来保障对不良域名和滥用域名的打击力度。

2. 传统 CA 证书管理对域名的覆盖问题

DoT/DoH 协议本质上是 PKI 体系应用密码学的实现，因此合法的数字证书是 DoT/DoH 应用的基础。传统上，DNS 体系自有一套证书体系（如 DNSSEC），注册局是这套证书体系的主要管理者。但对 HTTPS 来说，浏览器认可的 CA 中心是其证书体系的核心。两套证书体系如何在新机制下融合，主管部门如何介入这一新型证书生态的管理，值得认真研究。

3. 国产加密算法的应用问题

自 DNSSEC 起，国产加密算法在域名安全协议上的应用就是一个重要课题。我国科研机构已经在中国通信标准化协会（CCSA）开展了基于国产加密算法的 DNSSEC 协议扩展的研究。可以预计，国产加密算法在以 DoT/DoH 为代表的用户侧域名安全机制上应用，将是下一阶段的研究热点和管理重点。

（三）解构现有域名体系，促进去中心化多方共治治理形态

1. 促进了域名社群、CA 社群、WEB 社区的交流和融合

一直以来，域名管理和服务体系侧重于围绕域名权威树构建的数据管理者生态。这个生态主要包括 ICANN/IANA、各国 ccTLD 管理者、各 gTLD 管理者。而域名的实际使用者（终端用户）

和用户侧服务提供者（运营商和递归服务器）在这个生态中少有话语权和存在感。这种不平衡的设计，直接决定了域名滥用、多语种等问题无法得到有效解决，因为最直接的利益相关者被排除在生态之外。

DoH 的出现，为改进和改造固有生态提供了新的机遇。一方面，DoH 使得以浏览器为代表的 WEB 应用开发者进入，引入了新型的递归服务提供者；另一方面，也因此管理 HTTP 协议的 W3C 与管理域名的 ICANN 发生了工作职能交集；再者，证书管理问题引入了 CA 体系。可以预计，未来域名生态的多样化将随着新技术的发展和应用而不断升级。

2. 强化了各国政府和最后一公里运营者的本地管辖权

在 RFC 7706 之前，虽然我国电信运营商没有公开提出成文的标准规范，但在实践中，也摸索出类似于 RFC 7706 的方案思路，发展出对递归服务器缓存的直接管理方案。RFC 7706 的出现使得域名服务最后一公里的运营者（电信运营商）和管理者（政府主管部门）获得了一个合法合理的介入渠道和管理抓手，客观上强化了本地管辖权，形成了化解权威域名树管理风险的对冲能力。

3. 蕴含甚至激化了多边和多方的内在矛盾

传统的域名管理体系是以 ICANN/IANA 为首的多利益相关方体系，本地电信运营商及政府这些多方角色处在域名生态的边缘。而 DoH、RFC 7706、RFC 8198 等用户侧协议的出现，赋予了用户侧域名服务提供者和管理者以更直接的服务能力和更大的管理权力，形成了对传统 ICANN 管理体系的潜在的冲击能力。ICANN 一直强调域名服务的完整性、一致性和透明性，并利用 DNSSEC 协议来强化这一管理诉求。但诸多用户侧协议或多或少降低了这种数据透明性，使得用户侧域名服务本身可能发展为黑盒。全局透明与本地安全的矛盾将如何化解，值得多方代表和多边代表共同探索共同研究。

四、尾声

通过对域名体系和用户侧技术发展趋势的分析，本文认为 DNS 作为一种基础技术，将在未来互联网技术架构中长期活跃存在，而围绕 DNS 技术构建的全球域名治理体系，也是今后互联网治理模式演进的基石，值得我们持续关注并积极投入到相关国际工作中去。我国的互联网社群作为最重要的互联网域名利益相关方之一，应当勤于思考，敢于突破，在国内互联网市场上摸索构建新型域名服务和管理模式的实践方案，并在国际场合发出中国声音、贡献中国智慧。

（本文作者：王伟）

网络钓鱼欺诈检测技术研究综述

摘要：分析了网络钓鱼欺诈的现状，并对钓鱼检测常用的数据集和评估指标进行了总结。在此基础上，综述了网络钓鱼检测方法，包括黑名单策略、启发式方法、视觉匹配方法、基于机器学习的方法和基于自然语言理解的方法等，对比分析了各类方法的优缺点，进一步指出了钓鱼检测面临的挑战，并展望了钓鱼检测未来的研究趋势。

关键词：网络钓鱼欺诈；钓鱼检测；机器学习；视觉匹配

一、引言

国家互联网信息办公室于 2016 年 12 月 27 日发布的《国家网络空间安全战略》指出，要严厉打击网络诈骗、网络盗窃等违法犯罪行为[1]。随着互联网的发展，互联网犯罪事件频有发生，严重损害了国家、企业和个人利益。网络钓鱼是实施网络诈骗、网络盗窃的主要手段，对网络钓鱼的检测已成为网络空间安全研究中的一个重要领域。

网络钓鱼（phishing）这一术语产生于 1996 年，它是由钓鱼（fishing）一词演变而来。在网络钓鱼的过程中，攻击者使用诱饵（如电子邮件、手机短信）发送给大量用户，期待少数用户"上钩"，进而达到"钓鱼"（如窃取用户的隐私信息）的目的。国际反网络钓鱼工作组（Anti - Phishing Working Group，APWG）给网络钓鱼的定义是：网络钓鱼是一种利用社会工程学和技术手段窃取消费者的个人身份数据和财务账户凭证的网络攻击方式[2]。采用社会工程手段的网络钓鱼攻击往往是向用户发送貌似来自合法企业或机构的欺骗性电子邮件、手机短信等，引诱用户回复个人敏感信息或单击里面的链接访问伪造的网站，进而泄露凭证信息（如用户名、密码）或下载恶意软件。而技术手段的攻击则是直接在 PC 上移植恶意软件，如浏览器中间者（Man - in - the - Browser，MitB）攻击，采用某些技术手段直接窃取凭证信息，如使用系统拦截用户的用户名和密码、误导用户访问伪造的网站等。

攻击者实施网络钓鱼攻击的重要目的有以下两点[3]。

1）获取经济利益：攻击者通过将窃取到的身份信息卖出或者直接使用窃取到的银行账户信息获得经济利益。

2）展示个人能力：网络钓鱼攻击者为了获得同行的认同而实施网络钓鱼活动。

近年来，网络钓鱼攻击已经成为互联网用户、组织机构、服务提供商所面临的最严重的威胁之一。美国联邦调查局（FBI）互联网犯罪投诉中心（IC3）收集的数据显示：2018 年因网络犯罪造成的总经济损失约高达 27 亿美元，这一数据几乎是 2017 年的两倍（2017 年的经济损失总额约为 14.2 亿美元）。在这近乎 30 亿美元的亏损中，商业电子邮件诈骗（BEC）或电子邮件账户入侵（EAC）诈骗几乎占据 2018 年报告的总损失的一半——高达近 13 亿美元[4]。尽管目前已经有多种反钓鱼工具和技术用来遏制钓鱼攻击，网络钓鱼的数量依然增长迅速。根据《Microsoft 安全情报报告》第 24 卷显示，2018 年 1 月至 12 月，网络钓鱼攻击增长了250%[5]。2019年APWG的统计报告显示，2019年前三季度共检测到钓鱼网站629611个[6]。图1所示为2014—2019年各季度APWG所检测到的钓鱼网站的数目⊖，从图1中可以看出，2014年以来，虽然有所波动，但钓鱼网站的数量整体呈持续增长的趋势。国内方面，截至2019年12月，中国反钓鱼网站联盟（APAC，Anti-Phishing Alliance of China）累计认定并处理钓鱼网站461880个[7]。网络钓鱼的日益猖獗使互联网用户面临身份欺诈、个人隐私信息泄露以及经济损失等各方面的威胁。因此，如何有效地检测并处理网络钓鱼已成为亟待解决的网络安全问题。

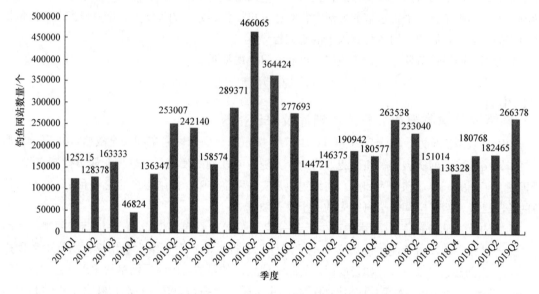

图1　2014—2019年各季度APWG检测到的钓鱼网站数目

网络钓鱼发展至今，其针对的目标已经从互联网终端用户扩展到了组织机构、网络提供商，也有了更为复杂的网络钓鱼形式，如近年来愈加严峻的鱼叉式网络钓鱼攻击（spear phishing）。在鱼叉式网络钓鱼中，攻击者通常会锁定特定个人或某机构的特定员工及其社交账号，向其发送个性化的电子邮件，诱使他们泄露敏感信息或在计算机上安装恶意软件。尽管鱼叉式网络钓鱼只是发送少量的邮件给少量的目标，但个性化的特点使其与一般的网络钓鱼相比，更难以检测且具有更高的成功率[8,9]。FBI指出，一种名为"执行长欺诈（CEO fraud）"的钓鱼在2013年10月到2016年2月期间造成的损失高达23亿美元[10]。

钓鱼检测技术通过利用钓鱼攻击所具有的某些特征对其进行识别，从而实现对网络钓鱼攻击的打击和防范。本文统计了2006—2019年网络钓鱼检测相关专利、文献的发表数目⊖，如图2所示，钓鱼检测相关研究成果的数目整体呈上升趋势。

国内目前钓鱼检测的相关研究很多，但缺乏论述全面、条理清晰的综述性文献。因此，本文尝试对网络钓鱼检测的思路、方法、技术进行全面的归纳和总结。

⊖　数据来自APWG发布的报告。

⊖　数据来自Web of science检索结果。

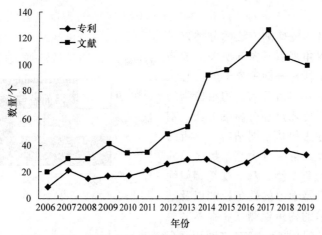

图2　2006—2019年钓鱼检测相关专利、文献发表数量

二、网络钓鱼检测视角分析、语料库及评价指标

（一）钓鱼检测视角分析

网络钓鱼的攻击和防御就像一场持续的"军备竞赛"，尽管目前已有许多关于钓鱼检测的技术研究和实现，但它们无法有效防御所有的网络钓鱼攻击。一方面，网络钓鱼攻击者常会根据已有的钓鱼检测方案改进钓鱼策略，达到规避检测的目的；另一方面，网络钓鱼活动具有伪装性高、时效性强、存活时间短及钓鱼目标广泛等特点[11]，往往很难有效地识别。

虽然网络钓鱼的模式在不断地演化，但其本质并未发生变化。网络钓鱼总是与其仿冒的目标有很强的关系，并存在一定的迷惑性信息。例如与合法链接相似的域名、使用指向合法页面的链接以及视觉上相似的内容等，才能诱导用户输入自己的敏感信息。网络钓鱼检测就是发现并利用这些与合法内容（URL、邮件、网页等）有关的迷惑性信息进行网络钓鱼的检测和识别的。

网络钓鱼攻击者进行网络钓鱼的流程如图3所示。首先，攻击者假设一个钓鱼网站或使合法网站携带恶意代码，并部署一些必需的后台脚本用于处理并获取用户的输入数据。然后，攻击者利用社会工程学⊖制作诱饵，并通过邮件、电话、短信等途径发放诱饵。在用户被引诱访问钓鱼页面并上传隐私信息后，攻击者即可利用事先实现的后台程序得到这些信息，并利用用户隐私信息牟取

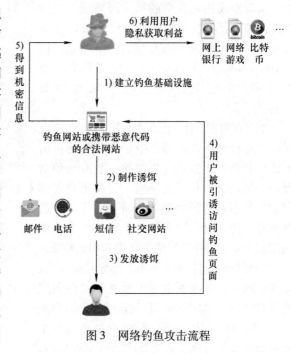

图3　网络钓鱼攻击流程

⊖　攻击者利用人自身（往往是心理学层面）的弱点来获取信息、影响他人，从而达到不可告人的目的。

利益。

目前常用的网络钓鱼检测方法的分类方式有很多，从检测的视角来看，根据所关注的钓鱼攻击的不同实施阶段——钓鱼攻击的发起从图3中的阶段3）发放诱饵开始，钓鱼检测的方法可以分为：基于传播途径分析的方法、基于网站入口分析的方法和基于网站内容分析的方法。根据检测手段又可以分为基于黑名单的钓鱼检测、启发式钓鱼检测、基于视觉相似性的钓鱼检测、基于机器学习的钓鱼检测以及基于自然语言处理技术的钓鱼检测（将在本文第三部分详细介绍）。这两种分类方式之间相互交叉，图4简明地描述了两者之间的关系，其中方块颜色的深浅表示使用频率的高低。

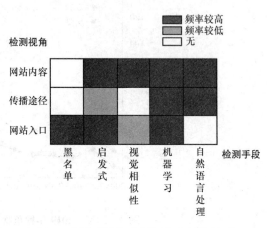

图4　检测手段与检测视角之间的关系

（二）基于传播途径分析的方法

网络钓鱼的传播途径包括电子邮件、短信、电话、即时信息、各种社交平台（微博、推特等）及其他新的通信方式。网络钓鱼信息的传播和扩散是攻击者发动钓鱼攻击的第一个阶段，在这一阶段进行网络钓鱼的检测可以将钓鱼信息直接过滤，使其无法到达终端用户，从而构成钓鱼攻击的第一道防线。目前有关传播途径的钓鱼检测研究中对短信钓鱼（SMS phishing, Smishing）检测[12]、电话钓鱼（Voice phishing, Vishing）[13,14]检测等的研究并不多，主要关注的是电子邮件钓鱼检测[15 - 19]。

电子邮件钓鱼检测通过对用户收到的电子邮件进行分析，对邮件中是否包含钓鱼信息进行判断、过滤。钓鱼邮件一般有两种情况：一是包含钓鱼网站链接，引诱用户去访问；二是不包含任何链接，而是利用用户的好奇心，诱导他们回复敏感信息[17]。图5概括了基于电子邮件分析的方法中常用的特征。

一封电子邮件主要包含3部分：邮件头、正文、附件。邮件头由多个预先定义的格式化字段组成，如 From、Delivered – To、Subject、Message – ID[20] 等。网络钓鱼攻击者虽然可以将邮件伪装成来自合法的组织或机构，却无法隐藏电子邮件的真实来源、Message – ID 等信息。电子邮件的正文部分是邮件的主

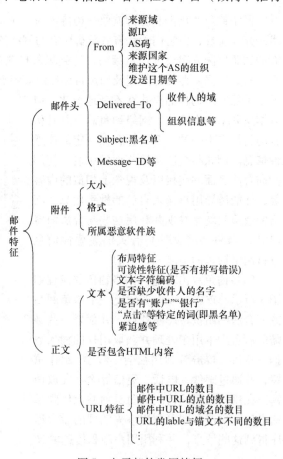

图5　电子邮件常用特征

要内容，通常是 Text 或 HTML 格式的。钓鱼邮件的正文有很多特征：例如，称呼只使用统称而非收件人的名字、刻意营造紧迫感（如要求用户立即更新账户信息，否则会有账户被盗的风险）及可疑的统一资源定位符（Uniform/Universal Resource Locator，URL）等，是钓鱼邮件检测的主要特征来源。此外，钓鱼邮件的附件中往往包含侦察软件或木马病毒，因此确认邮件附件的合法性是钓鱼邮件检测中必不可少的一环。

（三）基于网站入口分析的方法

URL 是因特网上标准的资源地址，即网站的入口。URL 仿冒在网络钓鱼中很常见，引诱用户单击 URL 访问其搭建的钓鱼网站是网络钓鱼的重要环节之一。为了提高用户访问钓鱼网站的可能性，钓鱼攻击者往往使用与所仿冒的目标视觉上相似的、具有迷惑性的 URL。一个标准 URL 的格式如下：

protocol：//hostname［：port］/path/［；parameters］［？query］#fragment

常见的 URL 仿冒的方法是在目标 URL 的基础上对主机名[⊖]（host name）部分和路径[⊜]（path）部分进行部分修改替换来构造钓鱼 URL，以达到混淆视听的目的。例如，攻击者使用"www. lcbc. com. cn"仿冒工商银行（真实 URL 为"www. icbc. com. cn"），使用"www. cmb955555. com"仿冒招商银行网站（真实 URL"www. cmbchina. com"）等。

除了视觉上的相似性之外，钓鱼 URL 还具有许多其他特征。在网络钓鱼检测中常用的 URL 特征主要是词汇特征[21-26]和基于主机的特征[23-26]，如图 6 所示。

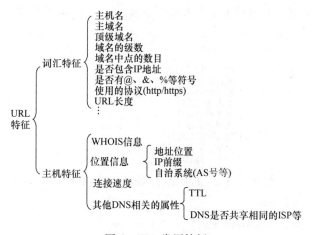

图 6　URL 常用特征

URL 的词汇特征是直接从 URL 中提取的特征，常使用"/""?""."" = ""_""&"和" - "作为分隔符，然后使用词袋模型对各词块进行表示。词汇特征能很好地捕捉钓鱼 URL 所具有的特点，如与合法域名相似，常包含@、&、% 等特殊符号。

主机特征描述了 URL 主机名部分所标识的网站主机的属性，通过这些属性可以估计该钓鱼 URL 的位置、拥有者等信息。常用的主机特征一般有 WHOIS[⊜]信息、位置信息、连接速度及其他 DNS 相关的属性等。

 ⊖ 存放资源的服务器的域名系统（DNS）主机名或 IP 地址。

 ⊜ 由零或多个"/"隔开的字符串，一般用来表示主机上的一个目录或文件地址。

 ⊜ WHOIS 是用来查询域名的 IP 以及所有者等信息的传输协议。

对 URL 进行分析在网络钓鱼检测的相关研究工作中使用率相当高，在基于传播途径分析的方法[16,18]和基于网站内容分析的方法[27,28]中都会用到。另外，URL 还是黑名单技术的主要对象[29]。但由于 URL 中并不具有钓鱼网站的决定性特征，即窃取用户信息的手段，具有局限性[30]，现在已很少有人进行单纯分析 URL 的研究。

（四）基于网站内容分析的方法

绝大多数的网络钓鱼最终都引诱用户访问其事先搭建好的仿冒网站。在这种情况下，基于网站内容分析的网络钓鱼检测实际上是反钓鱼的最后一道防线。

为了更好地取得用户的信任，钓鱼攻击者构建的钓鱼网页往往与真实网页十分相似，这种相似性包括 Logo 的相似性[31-33]、Favicon 的相似性[32,34]、CSS 架构的相似性[35,36]、布局的相似性[37-40]及网页整体视觉的相似性[37,41,42]，利用这种相似性及钓鱼网页与真实网页的不同之处进行目标品牌的识别和网络钓鱼的检测十分有效。

此外，对网站内容的分析还包括对网页底层 HTML⊖的分析[27,43-45]。在网页的 HTML 中存在着许多有辨识性的特征，如标题、链出的 URL 与本网页 URL 的域名是否一致、URL 与其标签是否一致，是否有隐藏字段，是否有 Form 表单等。图 7 总结了基于网页内容分析方法中常用的特征。在有些研究中只使用了 HTML 的文本内容，通过 TF – IDF 算法得到整个页面的关键词[43,44,46]。但多数研究在对网站内容进行分析的时候会同时使用多种 HTML 特征，例如，Yan 等使用的 HTML 特征为是否包含有效的网络内容服务商（Internet Content Provider，ICP）、空链的数目、出链的数目及是否包含有效的电子商务证书信息[45]；Marchal 等则使用了标题、文本、出链和版权声明这 4 个特征[27]。

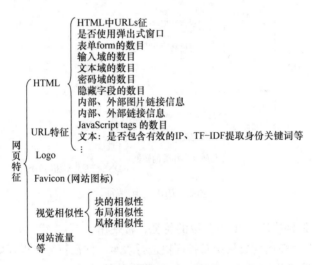

图 7　网页常用特征

每类特征都具有一定的针对性，在实际应用中，往往会将多类特征融合，从而尽可能地提高钓鱼检测的效果。例如，Zhang 等[47]融合使用了 URL 特征、文本特征及基于规则的特征；胡向东等[33]则使用了敏感文本特征和 Logo 图像特征进行金融类钓鱼网页的检测，具有很强的针对性和时效性；徐欢潇等[48]针对钓鱼网站有的以文字为主、有的以图片为主的现象，融合使用了文

⊖　超文本标记语言，是标准通用标记语言下的一个应用，它通过标记符号来标记要显示的网页中的各个部分。

本特征、页面布局特征及 URL 链接特征。

(五) 常用语料库

在进行钓鱼检测的研究时，往往需要大量的网络钓鱼数据和合法数据（邮件、URL、网页 HTML、网页截图等），本文总结了一些常用的语料库。

PhishTank：PhishTank[49]是一个可以让用户提交、验证和共享网络钓鱼链接的社区网站。用户提交可疑的钓鱼 URL 后，会有至少 2 名网站成员进行人工检查。一旦确认为网络钓鱼，就会将该 URL 加到一个可供他人下载的数据库中。

Millersmiles：Millersmiles[50]是关于欺诈类电子邮件和网络钓鱼行为信息的重要信息来源，它包含了大量来自实际事例中与电子邮件、伪造的网页内容相关的文字类和图片类资料。

SpamAssassin public corpus：SpamAssassin[51]是一个旨在检测垃圾邮件和钓鱼邮件的免费开源软件项目，它的公共语料库中包含大量垃圾邮件和非垃圾邮件语料信息，可为网络钓鱼邮件的检测提供数据集。

MalwarePatrol：MalwarePatrol[52]是一个由用户贡献的免费系统。与 PhishTank 类似，任何人都可以提交可能携带恶意软件、病毒或木马的可疑网址。提交的 URL 被 MalwarePatrol 确认为恶意的之后，该 URL 就会被放入一个黑名单中，供用户下载。

Open Directory：开放目录专案[53]（即 DMOZ）是一个大型公共网页目录，它是由来自世界各地的志愿者共同维护和建设的全球最大目录社区[54]。这个目录下的网页依照其性质和内容分门别类，在进行钓鱼检测的研究时可以从中获取合法 URL 的数据集。

(六) 评价指标

网络钓鱼检测的目标是从包含了网络钓鱼实例和合法实例的数据集中检测出钓鱼实例，本质上是一个二分类问题。在二分类问题中，共有 4 种分类情况，常用混淆矩阵衡量分类的准确性（见表 1）。其中，$N_{p \to p}$ 表示将钓鱼实例正确预测为钓鱼的数目，$N_{p \to l}$ 表示将钓鱼实例错误地预测为合法实例的数目，$N_{l \to p}$ 表示将合法实例错误地预测为钓鱼实例的数目，$N_{l \to l}$ 表示将合法实例正确预测为合法实例的数目。

表 1　混淆矩阵

实际实例类型	预测为钓鱼实例的数目	预测为合法实例的数目
实际为钓鱼实例	$N_{p \to p}$	$N_{p \to l}$
实际为合法实例	$N_{l \to p}$	$N_{l \to l}$

在网络钓鱼检测技术中，常用的性能评估指标如下。

1）灵敏度（sensitivity）：将钓鱼实例预测为钓鱼实例的能力，见式（1）。

2）特异度（specificity）：将合法实例预测为合法实例的能力，见式（2）。

3）误检率（False Positive Rate，FPR）：将合法实例错误地预测为钓鱼实例的比例，见式（3）。

4）漏检率（False Negative Rate，FNR）：将钓鱼实例错误地预测为合法实例的比例，见式（4）。

5）准确率（Prediction，P）：在所有预测为钓鱼的实例中，确实是钓鱼的实例所占的比例，见式（5）。

6）召回率（Recall，R）：等价于 sensitivity，见式（6）。

7）F－measure：准确率 P 和召回率 R 的加权调和平均数，计算如式（7）。其中 β 是参数，当 β=1 时，就是常见的 F_1 值，见式（8）。

8）精确度（ACC，accuracy）：钓鱼实例和合法实例正确预测的比例，见式（9）。

9）加权错误率（W_{Err}）：钓鱼实例和合法实例预测错误的加权错误率[55]，见式（10）。其中，λ 是权重系数，表示合法实例的重要程度。例如，若 λ=1，则钓鱼实例和合法实例的重要程度相同；若 λ=5，则对于将合法实例误检为钓鱼实例的惩罚是钓鱼实例漏检测惩罚的 5 倍。

$$sensitivity = \frac{N_{p \to p}}{N_{p \to p} + N_{p \to l}} \tag{1}$$

$$specificity = \frac{N_{l \to l}}{N_{l \to p} + N_{l \to l}} \tag{2}$$

$$FPR = \frac{N_{l \to p}}{N_{l \to p} + N_{l \to l}} \tag{3}$$

$$FNR = \frac{N_{p \to l}}{N_{p \to p} + N_{p \to l}} \tag{4}$$

$$P = \frac{N_{p \to p}}{N_{p \to p} + N_{l \to p}} \tag{5}$$

$$R = \frac{N_{p \to p}}{N_{p \to p} + N_{p \to l}} \tag{6}$$

$$F_\beta = \frac{(1+\beta^2)PR}{\beta^2 P + R} \tag{7}$$

$$F_1 = \frac{2PR}{P+R} \tag{8}$$

$$ACC = \frac{N_{p \to p} + N_{l \to l}}{N_{p \to p} + N_{p \to l} + N_{l \to p} + N_{l \to l}} \tag{9}$$

$$W_{Err} = 1 - \frac{N_{p \to p} + \lambda N_{l \to l}}{N_{p \to p} + N_{p \to l} + \lambda N_{l \to p} + \lambda N_{l \to l}} \tag{10}$$

三、网络钓鱼检测技术

（一）基于黑名单的钓鱼检测

基于黑名单的检测方法维护一个已知的钓鱼网站的信息列表，以便根据列表检查当前访问的网站。这份需要不断更新的黑名单中包含已知网络钓鱼的 URL（如 PhishTank[49]）、IP 地址（如 spamhaus[56]）、域名（如 SURBL[57]）、证书（如证书撤销列表 CRLs⊖）或者关键词等信息。

黑名单的方法应用广泛，是主要的网络钓鱼过滤技术之一，如 Google Chrome、Mozilla Firefox 和 Apple Safari 中使用的 Google Safe API[58]，就是根据谷歌提供的不断更新的黑名单，通过验证某一 URL 是否在黑名单中，来判断该 URL 是否是钓鱼网页或者恶意网页。

如何将可疑 URL 与黑名单中的网络钓鱼 URL 进行匹配是基于黑名单的方法中一个关键问

⊖　证书撤销列表是在其计划的到期日期前被证书颁发机构（CA）撤销并且不再受到信任的数字证书的列表。

题。为了规避黑名单的检测，网络钓鱼攻击者往往会不断改变钓鱼页面的 URL，而 URL 的任何一点变化都会导致与黑名单中的 URL 匹配失败，从而导致漏检情况的发生。针对精确匹配的局限性，Prakash 等[59]提出了一种改进方法 PhishNet，基于 5 种启发式的规则（如通用顶级域名的可替换性、目录结构相似性等）枚举已知网络钓鱼的简单组合，在经过 DNS 查询和页面内容匹配验证之后得到新的钓鱼 URL，然后将 URL 分解为 4 个部分——IP 地址、主机名称、目录结构和品牌名字，与黑名单中的相应部分进行近似匹配以判断 URL 是否是网络钓鱼。PhishNet 可以对黑名单列表进行扩充，并能检测出一部分未在黑名单中出现的网络钓鱼。

Felegyhazi 等[60]探讨了基于域名黑名单的主动型方法。该方法基于网络犯罪分子需要注册大量的域名以维持其活动这一发现，将一个域名黑名单作为种子列表，利用 DNS 区域文件（zone file）的 NS 信息和 WHOIS 域名注册信息对列表进行扩充。同时，该方法还利用名称服务器注册的新鲜度和自我解析等特征。结果表明，与以往被动的黑名单加入方式相比，这种主动将域名列入黑名单的方法可以减少 60% ~75% 域名加入黑名单的时间间隔。但该方法依赖于区域文件中的名称服务器信息及 WHOIS 数据库的可用性。

通过使用黑名单进行钓鱼检测，可以准确地识别已被确认的网络钓鱼，大大降低了误检率，另一方面，黑名单还具有主机资源需求低的优点[61]。但是，由于大多数网络钓鱼活动的存活周期短，黑名单的方法在防御 0 - hour 钓鱼攻击（新出现的钓鱼攻击）方面的有效性并不高。Sheng 等[62]的研究显示，黑名单的方法仅能检测 20% 的 0 - hour 钓鱼攻击，主要有以下两个原因。

1）黑名单的加入过程造成延迟。一个新钓鱼活动的 URL、IP 地址等信息必须在确认其为网络钓鱼后才能加入黑名单，而像 PhishTank、MalwarePatrol 等提供黑名单的机构往往采用人工投票确认的方式判定一个可疑的活动是否是网络钓鱼，因此带来一定的延时。研究表明，大约 47% ~83% 的网络钓鱼在被发现 12h 之后才能加入黑名单，但事实上，63% 的网络钓鱼行为会在发生后的 2h 内结束[62]。这一延迟极大地影响了黑名单方法检测的准确率。

2）黑名单的更新造成延迟。黑名单的更新有两种方法：

① 将更新的黑名单列表推送到客户端；

② 服务器检查所访问的 URL 是否是钓鱼网站，然后将结果通知给客户端[63]。

这两种方法都存在一定的问题。如果黑名单服务器广播更新的网络钓鱼黑名单，广播的频率低会产生延迟问题，频率过高又会增加服务器的负载。而方法②需要每个客户端联系黑名单服务器获取结果，虽然没有延迟问题，但可能会面临服务器的可扩展性问题。

（二）启发式钓鱼检测

网络钓鱼的启发式检测是根据网络钓鱼之间的相似性，从已检测到的网络钓鱼攻击中提取一个或多个特征。虽然并不能保证在钓鱼攻击中总是存在这些特征，但是一旦识别出一组泛化的启发式特征，就可以实现 0 - hour 钓鱼攻击检测，这是黑名单的方法所不具有的优点。但是，这种检测方式可能会增加将合法的网页或邮件误检的风险。

大多数启发式钓鱼检测使用的特征是从 URL 和 HTML DOM（文档对象模型）中提取的[28]。Zhang 等[44]提出的基于内容的方法 CANTINA 是著名的基于启发式的检测方法之一。该方法通过计算网页页面内容的 TF - IDF 得到页面的词汇签名（排名最高的 5 个关键词），使用谷歌搜索引擎检索这 5 个关键词及当前域名（如 http：//www. ebay. com/xxxx，则当前域名为"eBay"），根据检索返回的结果（若返回 0 条结果，则认为该行为是钓鱼）以及其他的启发式特征（见表 2）判断页面是否合法。在该方法中，启发式规则的使用在一定程度上降低了误检率，但增加了漏检率。

表 2　CANTINA 使用的启发式规则

启发式规则	可疑的钓鱼
域名的注册时间	≤12 个月
已知图片	页面包含已知的 logo 但其域名不属于 logo 的所有者
可疑的 URL	URL 包含@ 或 –
可疑的链接	页面中的链接包含@ 或 –
IP 地址	URL 中包含 IP 地址
URL 中的 "."	URL 中 "." 的个数≥5
表单	页面包含文本输入字段
TF – IDF – Final	将 TF – IDF 值最高的前 5 个词语和当前页面的域名作为页面的词汇签名在谷歌中检索，检查前 30 条检索结果中是否有与当前域名匹配的，若无检索结果，则认为是钓鱼

　　Lin 等[64]基于主流合法网站往往提供 2 个版本（移动版本和桌面版本）的网站服务，而网络钓鱼网站通常没有这一发现，针对多数网站单独构建移动端网站的情况，提出了基于用户设备检测的方法。该方法采用新的启发式规则，通过使用不同的用户代理（user agent）字符串对 URL 进行访问，比较返回的结果。若相同，说明该站点没有检测用户设备的机制，即该网站只有一个版本；若不同，则说明该站点有检测用户设备的机制。该方法虽然召回率较高（99%），但无法准确识别自适应网页设计（Respond Web Design，RWD）构建的合法网站，因此存在较高的误检率（15%）。

　　与黑名单的方法相比，基于启发式的检测方法能够检测新出现的网络钓鱼活动，但其误检率普遍高于黑名单[62]。这种方法比较简单，常以插件的形式应用于各种主流浏览器（如 Chrome、Firefox、IE 浏览器等）上。然而，由于启发式的规则特征主要来自于网络钓鱼的统计特征或人工总结，该类方法一方面依赖于领域知识，规则更新困难；另一方面，许多合法内容（如合法邮件、合法网页等）也有可能具有规则中的某些特征，从而造成误检率的提高。

（三）基于视觉相似性的钓鱼检测

　　与其他方法不同，基于视觉相似性的钓鱼检测并不关注底层的代码或网络层面的特征，而是通过比较页面之间视觉特征（局部特征和全局特征）来实现网络钓鱼检测。通常这种方法包括两个部分：视觉特征提取和相似性度量。从待检测网页提取一组特征，然后基于该特征集，计算该网页与数据库中所有网页之间的相似度得分。如果相似度得分超过某一阈值且该网页与合法网页信息数据库中的信息（域名等）不一致，则认为其是钓鱼网页。

　　基于视觉相似性的钓鱼检测分为基于 HTML 文本的匹配[37,38,40]和基于图像的匹配[41,42]。2005 年，Liu 等[37,38]提出了通过比较钓鱼网站和非钓鱼网站的视觉相似度进行网站类型判断的方法。该方法利用 HTML DOM 树，根据"视觉提示"将网页页面分块，然后使用 3 个度量评估待检测网站和合法网站之间的视觉相似性：块级相似性、布局相似性和风格相似性。如果一个网页的任何一个度量的值超过了预先设定的阈值，则该网页被认为是钓鱼网页。该方法能够以很低的误检率完成网络钓鱼的检测，虽然在进行页面之间的相似度计算时速度很快，但在合法页面视觉信息数据库数据量很大时，对页面进行判定的耗时会很严重。而且该方法很大程度上取决于网页分割的结果，尤其是块级相似性和布局相似性的计算，因此该方法的检测效果依赖于 DOM 表示的可用性，无法检测具有相似的外观、但 DOM 表示不同的网页。

在 2006 年，Fu 等[41]提出了一种使用陆地移动距离（Earth Mover's Distance，EMD）衡量网页页面视觉相似度的方法。该方法首次将网页页面映射为低分辨率的图像，然后使用颜色特征和坐标特征表示图像的特征。利用 EMD 计算网页页面图像之间的特征距离，并训练一个 EMD 阈值向量对页面进行分类。该方法完全基于 Web 页面的图像特征，不依赖于 HTML 内容的可用性。但是由于可疑网页和合法网页的数量巨大，一些不相关的网页图像对也可能具有高相似度，导致误检率的增加。

但 Fu 等的方法仅考虑网页图像中的颜色及其分布特点，未考虑网页中不同部分之间的位置关系，这可能导致相似检测的失效。针对该问题，曹玖新等[42]提出了基于嵌套 EMD 的钓鱼网页检测算法，对图像进行分割，抽取子图特征并构建网页的特征关系图（Attributed Relational Graph，ARG），计算不同 ARG 属性距离并在此基础上采用嵌套 EMD 方法计算网页的相似度。

现有的基于视觉相似性的钓鱼检测很大程度上依赖于网站快照的白名单或黑名单的使用[61]。从理论上讲，该方法是一种泛化的黑名单或白名单，需要频繁更新以保持完整性。另一方面，该方法往往假设钓鱼网站与合法网站相似，但在实际应用中，这种假设并不总是成立。对于只是部分复制合法网站（小于 50%）的钓鱼网站，基于视觉相似性的方法将无法成功检测[65]。

（四）基于机器学习的钓鱼检测

机器学习是人工智能的一个分支，基于机器学习的钓鱼检测将网络钓鱼检测问题视为一个文本分类或聚类问题，然后运用各种机器学习中的分类算法（如 K – 近邻、C4.5、支持向量机、随机森林等）、聚类算法（如 K – means、DBSCAN 等）达到对网络钓鱼攻击进行检测和防御的目的。目前，机器学习方法主要分为有监督学习、半监督学习和无监督学习 3 种，因此基于机器学习的钓鱼检测也是使用这 3 类学习方法实现的。

1. 有监督学习方法

基于有监督学习方法的网络钓鱼检测是利用带标记的钓鱼数据（钓鱼邮件、钓鱼网站、钓鱼 URL 等）和带标记的合法数据训练得到一个分类器，通过得到的分类器对待检测数据进行分类的方法，其整体流程如图 8 所示。

在网络钓鱼检测中常用的有监督学习方法如随机森林（random forest）、序列最小优化算法（Sequential Minimal Optimization，SMO）、J48、朴素贝叶斯等，其简要介绍如下。

随机森林：由多个决策树分类器组成，每棵树的特征是总特征集合中随机的一组、样本数据是整体样本数据有放回采样的集合，该算法最终的判决结果由所有个体决策树投票决定[66]。

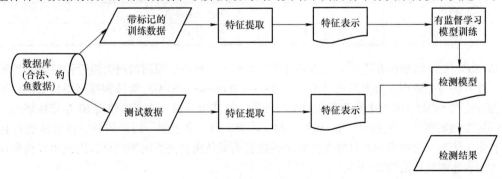

图 8　基于监督学习的钓鱼检测流程

SMO：由 John Platt 设计的用于训练支持向量分类器的序列最小优化算法[67]。

J48 算法：是 C4.5 分类算法的 Java 实现[68]。

朴素贝叶斯：是一个应用贝叶斯定理的简单分类器，该方法严格假定条件独立[69]。

Yasin 等先后分析比较了上述 4 种算法用于网络钓鱼检测的效果[17,19,20]，结果表明，在提取的特征相同的情况下，J48 和随机森林这 2 个算法的效果普遍较好。但随机森林在合法实例和钓鱼实例权重变化时，加权错误率波动较大[70]。

对于网络钓鱼的检测来说，分类的准确性主要取决于在分类的学习阶段所识别的网络钓鱼特征[18]。因此，在大多数使用机器学习技术进行钓鱼检测的研究中，其关注的重点大多是如何选择更有效的特征才能训练出准确率高、具有顽健性、能处理 0 - day 钓鱼攻击的分类器。

Xiang 等在 CANTINA[44] 的基础上提出了 CANTINA + 的检测方法[71]，该方法主要分为 3 个阶段：首先，利用 HTML DOM、搜索引擎及第三方服务提取了揭示网络钓鱼攻击特点的 8 个新颖的特征；然后，在进行分类过程之前，使用启发式规则过滤掉没有登录框的网页；最后，使用机器学习算法对 URL 词汇特征、Form 表单、WHOIS 信息、PageRank 值搜索引擎检索信息等 15 个具有高度表达性的钓鱼特征进行学习，实现钓鱼网页的分类。

Marchal 等指出[27]：

1）尽管钓鱼者试图使钓鱼页面与目标页面尽可能地相似，但是他们在搭建钓鱼页面时存在一定的约束；

2）网页可以由来自网页不同部分的一组关键词（如正文文本、标题、域名以及 URL 的一些内容等）表征，但合法网页和钓鱼网页使用这些关键词的方式是不同的。

基于这两个观点，他们提出了一种用于检测钓鱼网站和目标的新方法，选取了 212 个特征（见表3），然后使用 Gradient Boosting 进行钓鱼网站的检测。该方法不需要大量训练数据就可以很好地扩展到更大的测试数据，具有不依赖于语言、品牌，速度快，可以自适应钓鱼攻击及可完全在客户端实现的优点。但是该方法对基于 IP 的钓鱼 URL 进行检测时精度太低，并且可能将空的或不可用的网页以及保留域名误判为钓鱼。

表3　特征集

标号	数目	类型
f_1	106	URL
f_2	66	词语使用的一致性
f_3	22	启动和登录主级域（mld）的使用
f_4	13	注册域名（RND）的使用
f_5	5	网页页面内容
f_{all}	212	整个特征集

Moghimi 等[72] 则是在有监督学习的基础上，提出了一种基于规则的网上银行钓鱼攻击检测的方法，该方法首先使用支持向量机（Support Vector Madisone，SVM）算法训练网络钓鱼的检测模型，随后使用 SVM_DT 算法提取隐藏的决策规则，构建决策树。该方法仅用 10 条规则就达到了很高的精度和敏感性（准确率：98.86%，$F1$：0.989 98，灵敏度：1）。同样，该方法也存在缺点，它完全依赖页面内容，并且假设钓鱼网站的页面只使用合法页面的内容，因此难以检测识别钓鱼攻击者重新设计的钓鱼网站。

2. 半监督学习方法

有监督学习方法（如 SVM、朴素贝叶斯等）通常需要大量的数据进行模型的训练，才能达到很高的准确率。在网络钓鱼的标记样本很少时，无法使用监督学习的方法，在这种情况下往往采用半监督学习（如图9所示）或无监督学习的方法。

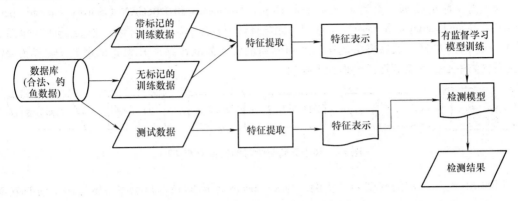

图9 基于半监督学习的钓鱼检测流程

2016年，Han等[8]针对鱼叉式网络钓鱼活动（spear phishing）的标记数据数量有限这一问题，提出了基于邮件profiling特征的鱼叉式网络钓鱼活动的归因和识别模型。他们选取了邮件的四类profiling特征：来源特征、文本特征、附件特征和收件人特征，这些特征不仅能充分反映鱼叉式网络钓鱼邮件特征，而且对钓鱼邮件活动的演变具有顽健性。在此基础上，Han等提出了基于属性图的半监督学习（Semi - Supervised Learning，SSL）框架，提高了机器学习算法在标记邮件有限的情况下进行鱼叉钓鱼活动归因和识别的实用性。

图10所示为钓鱼活动归因模型的整体工作流程[8]，流程图中的每一个分析模块都执行相同的半监督学习过程。他们根据邮件的profiling特征构造K - 近邻属性图。在属性图中，每个节点代表一封邮件，节点之间的边代表两者的相似性。系统在属性图中传递标签信息，并将邮件归因于相应的活动。实验表明，该模型在已知活动的归因中，仅使用25封标记邮件，就达到了0.9的$F1$值、0.01的误检率；同时，该模型还可以检测未知的鱼叉式网络钓鱼，在实验中使用246封标记邮件检测到了100%的darkmoon活动、超过97%的samkams活动以及91%的bisrala活动。

与监督学习方法相比，半监督学习方法仅需要少量的训练样本，能充分利用大量的未标记样本实现网络钓鱼的检测和识别，减少了人工标记数据的工作量。但是基于半监督学习的检测往往会比基于有监督学习的检测准确率低，特别是在未标记样本的分布与有标记样本的分布差异较大的情况下，钓鱼检测的性能会受到很大影响。

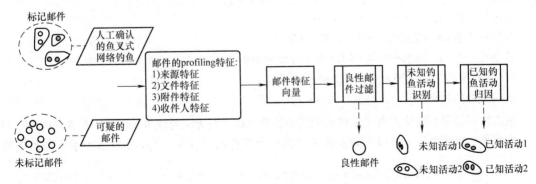

图10 鱼叉式钓鱼邮件分析流程

3. 无监督学习方法

图 11 所示为基于无监督学习的钓鱼检测的流程。在无监督学习中，事先不需要任何训练样本，即不需要标记数据，直接对数据进行建模。k – means 和 DBSCAN（density – based spatial clustering of application with noise）是常用的无监督学习算法。k – means 算法通过随机设置 k 个聚类中心来构建 k 个簇，然后将实例迭代地划分到距离（如欧氏距离）最近的聚类中心所在的簇并更新聚类中心。重复该迭代过程直至收敛。

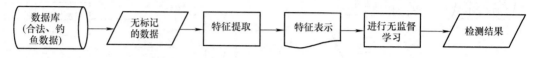

图 11　基于无监督学习的钓鱼检测流程

DBSCAN 基于实例的密度划分实例，与 k – means 不同的是，它不需要事先确定簇的数量。2010 年，Liu 等[73]以网页页面之间的链接关系、检索结果的排序关系、文本相似性及页面布局相似性等关系作为特征，采用 DBSCAN 聚类算法对钓鱼网页进行识别。基于无监督学习的网络钓鱼检测减少了人工标记的代价，但检测的准确率不高且检测结果受数据集的结构影响较大。

（五）基于自然语言处理技术的钓鱼检测

自然语言理解是计算机科学的一个领域，它使计算机能够理解人类所讲的语言，也就是说，让计算机以一种有意义的方式处理自然语言中的数据和指令。Verma 等[74]于 2012 年提出利用自然语言处理技术解决网络钓鱼邮件检测问题。

Aggarwal 等[17]针对电子邮件沟通方式的钓鱼活动，提出了检测不包含任何链接的网络钓鱼邮件的方案，这些邮件往往是利用用户的好奇心，促使用户向钓鱼者回复敏感信息。该检测方法使用自然语言处理和 WordNet[⊖]实现。通过对钓鱼邮件的分析，Aggarwal 等提取了不包含链接的网络钓鱼邮件所共有的要素：缺少收件人的名字、提及钱、诱导回复的句子以及紧迫感。通过对邮件文本进行词性分析和词干提取，得到以下打分标准：

$$\text{Score}(r) = \frac{n(m + s + u)}{2^L} \forall r \in SR \tag{11}$$

式中，R 是一个表示要求回复邮件的词的集合；

SR 表示 R 的同义词集合中的词的后续 4 个下义关系词的同义词集合；

若邮件中没有提到收件人的姓名，$n = 1$，否则 $n = 0$；

若邮件中提到钱，$m = 1$，否则 $m = 0$；

若邮件中有 SR 中的词，$s = 1$，否则 $s = 0$；

若邮件中有 SR 中的词的句子同时有一种紧迫的语气，$u = 1$，否则 $u = 0$；

L = 从 R 中的词到达词 r 的下义链接的数目；

每封邮件的最终得分 = $\max\limits_{r \in 邮件 \text{and } r \in SR} \text{Score}(r)$。

该方法可以很好地检测电子邮件沟通式的钓鱼邮件，但无法处理电子邮件中包含的附件。对于包含附件的电子邮件，可以将其他技术（如光学字符识别技术）与该方法相结合，提取附件

⊖　WordNet 是一个包含语义信息的英文字典，它根据词条的意义将它们分组，每一个具有相同意义的词条组称为一个 synset（同义词集合）。WordNet 为每一个 synset 提供了简短、概要的定义，并记录不同 synset 之间的语义关系。http://wordnet.princeton.edu。

和邮件文本内容特征进行钓鱼邮件的检测。

此后，Yasin 等在文献［19］中提出了钓鱼相加权的概念，使用知识发现与机器学习分类算法相结合的方法进行网络钓鱼邮件的检测。从整体上来说，它与大多数基于机器学习的钓鱼检测方法的流程是一致的，首先基于语料库进行特征选择、特征提取，然后基于提取的特征训练模型，再将训练得到的模型用于分类决策。不同之处在于特征选择的过程（即预处理阶段），这个阶段通过以下 4 个步骤完成对邮件标题、邮件正文以及文本特征的提取：

1）文本解析、标记和词干提取；

2）去除停用词；

3）语义文本处理；

4）钓鱼项加权。

在语义文本处理的过程中，根据同义词和词义的上下义关系，电子邮件中的每个词块都使用其与 WordNet 本体中概念相关的词语进行了扩展。这个过程有助于识别不同的电子邮件消息中的标记之间的语义关系，缩短彼此接近的特征向量之间的距离，进而提高分类精度。

与其他方法相比，基于自然语言处理技术（Natural Language Process，NLP）的检测方法在网络钓鱼检测的研究中并不常见，这可能与缺少比较成熟的自然语言处理技术有关。另一方面，很多电子邮件的内容可能包含打字错误，使用 NLP 处理起来更为复杂。

四、网络钓鱼检测方法对比分析及面临的挑战

（一）网络钓鱼检测方法对比分析

任何一种单一的技术都无法满足钓鱼检测的所有需求。本节选择了代表性的反钓鱼工作进行对比分析，从所属类别、基本原理及优缺点等方面进行了分析和总结，便于更直观地说明各类钓鱼检测工作的特点，并为后续研究提供明晰的参考，见表 4。

表 4　网络钓鱼检测技术比较

类别	典型工作	优点	缺点	基本原理
黑名单	PhishNet[59]	• 扩充了黑名单列表，可检测部分未出现在黑名单中的钓鱼 URL • 设计简单，易于实现	• 无法检测 0 – hour 钓鱼攻击 • 严重依赖原始的黑名单 • 借助第三方的工具进行 DNS 查询和页面内容匹配，可能引起较大的带宽开销和时间开销	基于原始黑名单生成新的 URL，扩充了黑名单列表，并通过 URL 分解和相似性计算进行钓鱼 URL 的检测识别
	基于域名黑名单的方法[60]	• 缩短了域名加入黑名单的时间	• 依赖于区域文件的可用性 • 对 WHOIS 数据库的访问可能会成为整个方法的瓶颈	基于恶意域名及其 NS 的方法利用 zone file 的 NS 信息和 WHOIS 信息实现对域名黑名单的主动扩充

（续）

类别	典型工作	优点	缺点	基本原理
启发式	CANTINA[44]	• 可检测 0 – hour 钓鱼攻击 • 容易实现	• 具有语言依赖性，TF – IDF 对东亚语言的处理效果不好 • 查询谷歌会带来时间开销，影响性能 • 规则简单，易规避	通过使用 TF – IDF 算法及谷歌检索结果，结合其他启发式规则（域名注册时间、URL 中点的个数等）实现对钓鱼 URL 的检测识别（使用了 URL 和 HTML DOM 特征）
	基于用户设备检测的方法[64]	• 可检测 0 – hour 钓鱼攻击 • 方法简单，易实现	• 无法准确识别自适应网页设计（RWD）构建的合法网站 • 规则过于简单，很容易规避	提出了新的启发式规则，主流合法网站往往具有移动和桌面 2 个版本的网站服务，而钓鱼网站通常没有，并基于此规则，结合 SVM 算法进行网络钓鱼的检测和识别（使用了 HTML 特征）
视觉相似性	Liu 等[37]	• 可检测 0 – hour 钓鱼攻击 • 对与合法页面视觉及 DOM 表示相似的网络钓鱼检测效果很好	• 依赖于 DOM 的可用性 • 使用的合法页面的视觉信息列表的完整性和时效性对钓鱼检测的结果影响较大 • 使用图片特征，效率较低	使用块级相似性、布局相似性和风格相似性 3 个度量来衡量待检测页面与合法页面之间的视觉相似性，从而判别该页面是否是网络钓鱼页面（使用了网页页面特征）
	基于 EMD 的视觉相似度方法[41]	• 可检测 0 – hour 钓鱼攻击 • 对具有视觉相似性的钓鱼，检测准确率高 • 不依赖于 HTML 的可用性	• 无法检测与目标网页视觉上不相似的钓鱼网站 • 需要存储计算大量的合法页面的图像信息	将网页图像映射为低分辨率的图像，使用颜色和坐标对图像进行特征表示，利用陆地移动距离计算网页图像之间的特征距离，根据 EMD 值完成网络钓鱼的检测识别（使用了网页页面图像特征）
	基于嵌套 EMD 的钓鱼网页检测方法[42]	• 具有较好的顽健性 • 不依赖于 HTML 的可用性 • 考虑了页面中各部分的相对位置因素	• 图像分割处理部分复杂度较大	将网页图像分割，抽取子图特征并构建网页的 ARG，在计算不同 ARG 属性距离的基础上使用嵌套 EMD 算法计算网页相似度

（续）

类别	典型工作	优点	缺点	基本原理
机器学习	CANTINA +[71]	• 可检测 0 – hour 钓鱼攻击 • 在分类之前使用启发式规则进行过滤，提高了效率 • 对所使用的特征进行了性能分析	• 使用了 HTML DOM 和第三方服务，受其可用性的限制 • 使用了搜索引擎，可能会影响性能	利用 HTML DOM、搜索引擎和第三方服务提取了 8 个新特征，使用机器学习算法完成钓鱼检测，同时基于启发式规则实现了 2 个过滤器以降低误检率、提高运行速度（使用了 URL、HTML 特征）
	一种用于检测钓鱼网站和目标的新方法[27]	• 可检测 0 – hour 钓鱼攻击 • 准确率、召回率、精度都很高 • 不需要大量数据 • 具有语言独立性 • 可完全在客户端实现	• 对于空的或不可用的网页和保留域名可能产生误判 • 对基于 IP 的钓鱼 URL 的分类精度太低	基于钓鱼攻击者在搭建钓鱼页面时的约束及合法网页和钓鱼网页使用关键字的方式不同这两点，提取了 212 个特征，并使用 Gradient Boosting 进行钓鱼网站的检测（使用了 URL 和 HTML 特征）
	PhishDetector[72]	• 可检测 0 – hour 钓鱼攻击 • 可从分类模型中提取隐含的知识，可与启发式方法结合 • 不依赖第三方的服务（搜索引擎、浏览器历史等）	• 完全依赖页面内容 • 无法检测使用 Flash 或者图片等（不使用 DOM）的钓鱼网页	使用 SVM 训练钓鱼检测模型，并使用 SVM _ DT 算法提取分类精度很高的隐含规则。（使用了 URL、HTML DOM 特征）
	基于邮件 profi-ling 特征的鱼叉式网络钓鱼活动的归因与识别[8]	• 可检测 0 – hour 钓鱼攻击 • 不需要大量的标记数据，降低人工标记开销 • 高检测率，低误检率	• 算法复杂，计算开销较高	提出了基于属性图的半监督学习框架，实现对鱼叉式网络钓鱼活动的归因和识别（使用了邮件特征）
	基于 DBSCAN 的方法[73]	• 可检测 0 – hour 钓鱼攻击 • 不需要标记数据	• 使用了搜索引擎，可能会有时间开销或检索方面的问题	利用网页页面之间的链接关系、检索结果的排序关系、文本相似性及页面布局相似性等特征，采用 DBSCAN 聚类算法进行钓鱼检测

（续）

类别	典型工作	优点	缺点	基本原理
自然语言处理	基于词性分析和词干提取的方法[17]	• 可有效识别不含链接网络钓鱼邮件	• 只针对邮件文本内容，无法检测附件内容 • 依赖于已知的钓鱼邮件，无法检测 0 – hour 钓鱼攻击	针对不包含任何链接的网络钓鱼邮件，通过对邮件文本进行词性分析和词干提取，然后根据该类邮件所有的特征对待检测邮件进行打分来判断其是否是钓鱼邮件。（使用了邮件特征）
	知识发现与机器学习结合的检测方法[19]	• 精度高 • 使用的特征较少	• 不具有自适应机制	提出了钓鱼相加权的概念，将自然语言处理中对文本处理的技术与机器学习结合起来进行网络钓鱼的检测和识别

　　在前文介绍的钓鱼检测评价指标中，最重要的两个是网络钓鱼攻击的检测精度和误检率。绝大多数的网络钓鱼攻击的存活时间都很短，因此提高对新出现的钓鱼攻击的检测能力十分必要的。而一个网络钓鱼检测系统的误检率的高低则直接关系到用户对该系统的信赖程度。

　　基于黑名单的钓鱼检测可以准确识别已被确认的网络钓鱼，查找效率高、快速精准，适用于要求误检率很低的情况。黑名单的方法设计简单易实现，但由于黑名单的加入和更新存在延迟，往往很难满足正确性、及时性和完整性这 3 个要求，容易产生漏检的情况，也无法检测新出现的网络钓鱼攻击。另外，黑名单的构建和更新需要人工干预和验证，可能消耗大量的资源。黑名单的方法虽然不适合单独使用，但是可以和其他能够检测 0 – hour 钓鱼攻击的方法（如启发式的方法、基于视觉相似性的方法等）结合使用，在将误检率控制在可接受的范围内的同时，提高对新出现的钓鱼攻击的防御能力。

　　启发式钓鱼检测可在网络钓鱼攻击发起时就进行，不必等待黑名单的更新，因此可以实现 0 – hour 网络钓鱼攻击的检测识别。并且这类方法简单、易于实现，在一些主流浏览器（如 Chrome、Firefox、IE 等）上得到广泛应用，但这种通过统计特征或人工总结得到的启发式规则有很大的局限性，一些合法网站也可能具有所使用的启发式规则的某些特征，导致误检率的增加。此外，启发式的规则简单，网络钓鱼攻击者可以通过重新设计钓鱼攻击，很容易规避启发式的钓鱼检测。

　　基于视觉相似性的钓鱼检测是基于钓鱼页面往往与合法页面在视觉上相似这一假设实现的，针对性强，可以很好地解决由图片构成的钓鱼网站的检测问题，也能够防御新出现的网络钓鱼攻击，但其本质上仍是黑名单的方法，需要频繁地更新，保持数据库的完整和最新，才能维持有效性。另一方面，这种使用图像特征的方法需要对图像信息进行处理，并且需要计算待检测页面与所有合法页面之间的视觉相似度，检测效率较低，与其他方法相比，需要更多的计算和存储成本。

　　基于自然语言技术的钓鱼检测通过让机器"理解"网络钓鱼邮件或钓鱼网站的内容，从语义的角度实现网络钓鱼的检测，但是目前相关研究较少，并且自然语言处理技术虽然对英文等拉丁语系的语言处理效果较好，但对中文语义的理解方面仍存在很大的问题，需要进一步发展完善。

将网络钓鱼问题抽象为一个分类或聚类的问题，然后采用机器学习算法完成分类或聚类任务，是目前网络钓鱼检测常用的手段之一。通过利用已有数据构建模型，减少了大量的人力，提高了钓鱼检测的效率。基于机器学习的检测方法还可实现 0 – hour 网络钓鱼攻击检测。另外，机器学习的方法可以从各个维度的特征（如 URL 特征、HTML 特征、视觉特征等）进行学习，并方便基于新的钓鱼形式进行特征空间的拓展，提高了检测精度；具有可扩充性，可通过增量学习将新的钓鱼数据加入数据集对检测模型进行修正；强化学习等技术可以不断提高分类器的能力，从而达到自适应网络钓鱼攻击发展的目的。

（二）网络钓鱼检测面临的挑战

尽管研究者们已经研究开发了诸多网络钓鱼检测技术、工具来帮助用户检测和避免网络钓鱼，然而网络钓鱼的攻击和防御之间的博弈从未停止。互联网的迅速发展也给网络钓鱼检测带来了很大的挑战。

1）网页规模迅速由 GB 级、TB 级向 PB、ZB 级扩大，对网络钓鱼检测技术的存储、计算能力的要求增大。

2）攻击者搭建钓鱼网页成本降低，给攻击者持续缩短网络钓鱼活动的生命周期带来了便利。

3）网络钓鱼不再局限在计算机层面，手机平台成为网络钓鱼的新目标。2012 年趋势科技（trend micro）的研究发现了 4000 条为手机网页设计的钓鱼 URL[75]。尽管这个数字不到所有钓鱼 URL 的 1%，但它表明手机平台开始成为网络钓鱼攻击的新目标，并且由于手机屏幕的大小限制，手机网络钓鱼更具有欺骗性。

4）传播途径不再局限于电子邮件、手机短信的方式，各种社交网站（如推特[76]、微博）、网络游戏[77]、二维码[78]等的兴起使传播途径更多元化，也让网络钓鱼检测更困难。

5）网络钓鱼攻击的形式繁多，鱼叉式网络钓鱼攻击、执行长欺诈、域欺骗（pharming）、标签钓鱼[79]（tabnabbing）等各种攻击形式层出不穷，难以应对。

6）DNSSEC 协议推动较为缓慢，钓鱼攻击者常常利用名址解析存在的漏洞，劫持合法网站展开钓鱼活动。这种网站劫持的钓鱼攻击，在用户访问合法网站时跳转到钓鱼网站，用户往往难以察觉，为钓鱼检测增加了难度。

除了客观环境给网络钓鱼检测带来的挑战外，攻击者们还会不断地改进攻击手段以规避检测，例如，使用对短链接技术[80]模糊钓鱼 URL 以更好地传播钓鱼链接；对网页内容进行各种混淆、加密；使用 Fast flux 技术规避黑名单技术；采用人机识别技术对访问者的身份进行判定，只有在认定是人工浏览行为时才推送钓鱼网页，否则推送事先准备好的合法网页（如百度首页）；进一步缩短网络钓鱼行为的生命周期等[81]。

（三）应对策略

由于网页规模持续增加，机器学习算法复杂度愈来愈大等原因，现阶段的单机钓鱼检测技术已经不能满足要求。众多学者提出了利用大数据平台助力钓鱼检测的思路。通过将海量网页分布到集群进行处理，可以大大降低单机处理量，同时致力于研究各类检测算法的 MapReduce 实现[82]，加快特征选择及建模过程，大规模提升了海量数据环境下的检测时效。

智能手机的不断发展，造成了手机端钓鱼迅猛增加的趋势。Wu 等[83]提出了一个轻量级反钓鱼手机检测框架 MobiFish，它通过将网页或应用程序的实际身份与其声称的身份进行比较来验证该网页或应用程序是否为钓鱼。Ndibwile 等[84]开发了一个手机端的反钓鱼原型应用 UnPhishMe。

该应用通过生成虚假登录及证书信息来模拟用户实际登录某一个网页的过程，再通过检测登录之后该网页 URL 的 hashcode 值、HttpURLConnection 状态码等是否变化来验证其是否为钓鱼网站。Mavroeidis 等[85]提出 QRCS（Quick Response Code Secure）方法来应对二维码形式的钓鱼网站，主要是通过对二维码发起人的身份认证来完成的。

五、结束语

本文从定义、发展趋势、攻击目的等方面对网络钓鱼进行了概述，并对常用的网络钓鱼检测方法进行了分析总结。虽然目前已经有很多效果不错的检测方法，但网络钓鱼的攻击与防御就是一场"军备竞赛"。随着检测技术的发展，攻击者们也不断地设计出新的钓鱼形式以规避已有的检测技术。正如"开发商只有在黑客找到他们之后才纠正他们的错误"，人们无法知道网络钓鱼攻击者下一个攻击的手段是怎样的，因此，如何使检测方法自适应网络钓鱼的发展演化是网络钓鱼检测方法研究的关键所在。

从目前的发展现状来看，机器学习存在很大的发展潜力。机器学习的方法具有对高维特征进行学习的能力，检测效果较好。而且这类方法具有很好的可扩充性，只需将新的钓鱼数据加入数据集就可完成对钓鱼检测模型的修正，因此能够很好地适应网络钓鱼攻击的发展，实现 0 – hour 网络钓鱼攻击检测。但是，目前基于机器学习的网络钓鱼检测方法中往往缺乏对各个特征效果的有效评估，无法确定每个特征对钓鱼检测的贡献如何。盲目地使用高维度的特征，可能会出现付出了很高的计算代价，但检测效果却只有略微提升的情况。本文认为，这是机器学习的检测方法在之后的发展中所需要解决的问题。另一方面，基于视觉相似性的钓鱼检测可以很好地解决由图片构成的钓鱼网站的检测问题，这类方法大部分依赖于图像的相似性检测。近年来，深度学习日益火热，极大地促进了图像处理效果的提高。结合基于视觉相似性的钓鱼检测的思想，将深度学习技术应用于网络钓鱼检测也将成为今后的研究方向之一。此外，随着自然语言处理技术的发展成熟，基于此类技术的钓鱼检测方法也非常有前景。

参 考 文 献

[1] 国家网络空间安全战略 [EB/OL]. http：//news. xinhuanet. com/politics/2016 – 12/27/c1120196479. htm.

[2] APWG. Phishing activity trends report – second quarter 2016 [EB/OL]. https：//docs. apwg. org/reports/ apwgtrendsreportq22016. pdf.

[3] WEIDER D Y, NARGUNDKAR S, TIRUTHANI N. A phishing vulnerability analysis of web based systems [C]. Computers and Communications, 2008：326 – 331.

[4] 2018 Internet Crime Report [EB/OL]. https：//pdf. ic3. gov/2018 _ IC3Report. pdf.

[5] Microsoft Security Intelligence Report, Volumn 24 [EB/OL]. https：//info. microsoft. com/ww – landing – M365 – SIR – v24 – Report – eBook. html? LCID = zh – cn.

[6] APWG. Phishing activity trends report – fourth quarter 2019 [EB/OL]. https：//docs. apwg. org/reports/ apwg _trends _ report _ q3 _ 2019. pdf.

[7] 中国反钓鱼网站联盟. 2019 年 12 月钓鱼网站处理简报 [EB/OL]. http：//www. apac. cn/gzdt/qwfb/ 202001/P020200122298099286049. pdf.

[8] HAN Y F, SHEN Y. Accurate spear phishing campaign attribution and early detection [C]. The 31st Annual ACM Symposium on Applied Computing, 2016：2079 – 2086.

[9] ALARM S, EL – KHATIB K. Phishing susceptibility detection through social media analytics [C]. The 9th International Conference on Security of Information and Networks, 2016：61 – 64.

[10] Krebs on security [EB/OL]. https：//krebsonsecurity. com/2016/04/ fbi - 2 - 3 - billion - lost - to - ceo - email - scams/.

[11] APWG. Global phishing survey：trends and domainname use in 2H2014 [EB/OL]. http：//docs. apwg. org/ reports/APWGGlobalPhishingReport2H2014. pdf.

[12] YAN G, EIDENBENZ S, GALLI E. Sms - watchdog：profiling social behaviors of SMS users for anomaly detection [C]. The International Workshop on Recent Advances in Intrusion Detection, 2009：202 - 223.

[13] NASSAR M, NICCOLINI S, EWALD T. Holistic VoIP intrusion detection and prevention system [C]. The 1st International Conference on Principles, Systems and Applications of IP Telecommunications, 2007：1 - 9.

[14] SONG J, KIM H, GKELIAS A. iVisher：real - time detection of caller ID spoofing [J]. ETRI Journal, 2014, 36 (5)：865 - 875.

[15] 彭富明, 张卫丰, 彭寅. 基于文本特征分析的钓鱼邮件检测 [J]. 南京邮电大学学报（自然科学版）, 2012 (5)：140 - 145.

[16] HUSÁK M, CEGAN J. PhiGARo：automatic phishing detection and incident response framework [C]. Availability, Reliability and Security (ARES), 2014：295 - 302.

[17] AGGARWAL S, KUMAR V, SUDARSAN S D. Identification and detection of phishing emails using natural language processing techniques [C]. The 7th International Conference on Security of Information and Networks, 2014：217.

[18] AKINYELU A A, ADEWUMI A O. Classification of phishing email using random forest machine learning technique [J]. Journal of Applied Mathematics, 2014.

[19] YASIN A, ABUHASAN A. An intelligent classification model for phishing email detection [J]. 2016, 8 (4)：55 - 72.

[20] VERMA R, RAI N. Phish - IDetector：Message - ID based automatic phishing detection [C]. e - Business and Telecommunications (ICETE), 2015 (4)：427 - 434.

[21] 黄华军, 钱亮, 王耀钧. 基于异常特征的钓鱼网站 URL 检测技术 [J]. 信息网络安全, 2012, (01)：23 - 25, 67.

[22] BLUM A, WARDMAN B, SOLORIO T, et al. Lexical feature based phishing URL detection using online learning [C]. The 3rd ACM Workshop on Artificial Intelligence and Security, 2010：54 - 60.

[23] MA J, SAUL L K, SAVAGE S, et al. Identifying suspicious URLs：an application of large - scale online learning [C]. The 26th Annual International Conference on Machine Learning, 2009：681 - 688.

[24] MA J, SAUL L K, SAVAGE S, et al. Beyond blacklists：learning to detect malicious Web sites from suspicious URLs [C]. The 15th ACM SIGKDD International Conference on Knowledge Discovery and Data Mining, 2009：1245 - 1254.

[25] FEROZ M N, MENGEL S. Examination of data, rule generation and detection of phishing URLs using online logistic regression [C]. 2014 IEEE International Conference on Big Data, 2014：241 - 250.

[26] FEROZ M N, MENGEL S. Phishing URL detection using URL ranking [C]. The IEEE International Congress on Big Data, 2015：635 - 638.

[27] MARCHAL S, SAARI K, SINGH N, et al. Know your phish：Novel techniques for detecting phishing sites and their targets [C]. Distributed Computing Systems (ICDCS), 2016：323 - 333.

[28] RAMESH G, KRISHNAMURTHI I, KUMAR K S S. An efficacious method for detecting phishing webpages through target domain identification [J]. Decision Support Systems, 2014, 61：12 - 22.

[29] ABRAHAM D, RAJ N S. Approximate string matching algorithm for phishing detection [C]. Advances in Computing, Communications and Informatics, 2014：2285 - 2290.

[30] 何高辉, 邹福泰, 谭大礼, 等. 基于 SVM 主动学习算法的网络钓鱼检测系统 [J]. 计算机工程, 2011, (19)：126 - 128.

［31］ CHIEW K L, CHANG E H, TIONG W K. Utilisation of website logo for phishing detection ［J］. Computers & Security, 2015, 54: 16 – 26.

［32］ GENG G G, LEE X D, ZHANG Y M. Combating phishing attacks via brand identity and authorization features ［J］. Security and Communication Networks, 2015, 8 (6): 888 – 898.

［33］ 胡向东, 刘可, 张峰, 等. 基于页面敏感特征的金融类钓鱼网页检测方法 ［J］. 网络与信息安全学报, 2016, 2 (2): 31 – 38.

［34］ GENG G G, LEE X D, WANG W, et al. Favicon – a clue to phishing sites detection ［C］. eCrime Researchers Summit (eCRS), 2013: 1 – 10.

［35］ PAN Y, DING X. Anomaly based web phishing page detection ［C］. Computer Security Applications Conference, 2006: 381 – 392.

［36］ ALKHOZAE M G, BATARFI O A. Phishing websites detection based on phishing characteristics in the web-page source code ［J］. International Journal of Information and Communication Technology Research, 2011, 1 (6).

［37］ WENYIN L, HUANG G, XIAOYUE L, et al. Detection of phishing webpages based on visual similarity ［C］. Special Interest Tracks and Posters of the 14th International Conference on World Wide Web, 2005: 1060 – 1061.

［38］ WENYIN L, HUANG G, XIAOYUE L, et al. Phishing Web page detection ［C］. Document Analysis and Recognition, 2005: 560 – 564.

［39］ 张卫丰, 周毓明, 许蕾, 等. 基于匈牙利匹配算法的钓鱼网页检测方法 ［J］. 计算机学报, 2010, (10): 1963 – 1975.

［40］ 邹学强, 张鹏, 黄彩云, 等. 基于页面布局相似性的钓鱼网页发现方法 ［J］. 通信学报, 2016 (S1): 116 – 124.

［41］ FU A Y, WENYIN L, DENG X. Detecting phishing Web pages with visual similarity assessment based on earth mover's distance (EMD) ［J］. IEEE transactions on dependable and secure computing, 2006, 3 (4).

［42］ 曹玖新, 毛波, 罗军舟, 等. 基于嵌套 EMD 的钓鱼网页检测算法 ［J］. 计算机学报, 2009, (5): 922 – 929.

［43］ TAN C L, CHIEW K L. Phishing website detection using URL – assisted brand name weighting system ［C］. Intelligent Signal Processing and Communication Systems (ISPACS), 2014: 54 – 59.

［44］ ZHANG Y, HONG J I, CRANOR L F. Cantina: a content – based approach to detecting phishing web sites ［C］. The 16th International Conference on World Wide Web, 2007: 639 – 648.

［45］ YAN Z, LIU S, WANG T, et al. A genetic algorithm based model for chinese phishing e – commerce websites detection ［C］. The International Conference on HCI in Business, Government and Organizations, 2016: 270 – 279.

［46］ 赵加林. 基于 K – Means 和 SVM 的流行中文钓鱼网站识别研究 ［J］. 软件导刊, 2016 (4): 176 – 178.

［47］ ZHANG W, JIANG Q, CHEN L, et al. Two – stage ELM for phishing Web pages detection using hybrid features ［J］. World Wide Web, 2016: 1 – 17.

［48］ 徐欢潇, 徐慧, 雷丽婷. 多特征分类识别算法融合的网络钓鱼识别技术 ［J］. 计算机应用研究, 2017 (4): 1129 – 1132.

［49］ PhishTank ［EB/OL］. http://www. phishtank. com/.

［50］ Millersmiles ［EB/OL］. http://www. millersmiles. co. uk/.

［51］ Spamassassin public corpus ［EB/OL］. http://spamassassin. apache. org/ publiccorpus/.

［52］ MalwarePatrol ［EB/OL］. http://www. malwarepatrol. com/.

[53] Open directory [EB/OL]. http：//www. dmoz. org/.

[54] Open directory project [EB/OL]. https：//zh. wikipedia. org/wiki/.

[55] ABU – NIMEH S, NAPPA D, WANG X, et al. A comparison of machine learning techniques for phishing detection [C]. The anti – phishing working groups 2nd annual eCrime researchers summit, 2007：60 – 69.

[56] Spamhaus [EB/OL]. https：//www. spamhaus. org/.

[57] SURBL [EB/OL]. http：//www. surbl. org/lists.

[58] Google safe browsing api [EB/OL]. https：//www. google. com/trans – parencyreport/safebrowsing/.

[59] PRAKASH P, KUMAR M, KOMPELLA R R, et al. Phishnet：predictive blacklisting to detect phishing attacks [C]. INFOCOM, 2010：1 – 5.

[60] FELEGYHAZI M, KREIBICH C, PAXSON V. On the potential of proactive domain blacklisting [J]. LEET, 2010, 10：6.

[61] KHONJI M, IRAQI Y, JONES A. Phishing detection：a literature survey [J]. IEEE Communications Surveys & Tutorials, 2013, 15 (4)：2091 – 2121.

[62] SHENG S, WARDMAN B, WARNER G, et al. An empirical analysis of phishing blacklists [C]. The 6th Conference on Email and Anti – Spam (CEAS), 2009.

[63] FLORÊNCIO D, HERLEY C. Analysis and improvement of anti – phishing schemes [C]. IFIP International Information Security Conference, 2006：148 – 157.

[64] LIN I C, CHI Y L, CHUANG H C, et al. The novel features for phishing based on user device detection [J]. JCP, 2016, 11 (2)：109 – 115.

[65] JAIN A K, GUPTA B B. Phishing detection：analysis of visual similarity based approaches [J]. Security and Communication Networks, 2017 (4)：1 – 20.

[66] BREIMAN L. Random forests [J]. Machine Learning, 2001, 45 (1)：5 – 32.

[67] PLATT J C. 12 fast training of support vector machines using sequential minimal optimization [J]. Advances in Kernel Methods, 1999：185 – 208.

[68] QUINLAN J R. C4. 5：programs for machine learning [M]. Elsevier, 2014.

[69] JOHN G H, LANGLEY P. Estimating continuous distributions in Bayesian classifiers [C]. The Eleventh Conference on Uncertainty in Artificial Intelligence, 1995：338 – 345.

[70] ABU – NIMEH S, NAPPA D, WANG X, et al. A comparison of machine learning techniques for phishing detection [C]. The anti – phishing Working Groups 2nd Annual eCrime Researchers Summit, 2007：60 – 69.

[71] XIANG G, HONG J, ROSE C P, et al. Cantina +：A feature – rich machine learning framework for detecting phishing Web sites [J]. ACM Transactions on Information and System Security (TISSEC), 2011, 14 (2)：21.

[72] MOGHIMI M, VARJANI A Y. New rule – based phishing detection method [J]. Expert Systems with Applications, 2016, 53：231 – 242.

[73] LIU G, QIU B, WENYIN L. Automatic detection of phishing target from phishing webpage [C]. The 20th International Conference on Pattern Recognition (ICPR), 2010：4153 – 4156.

[74] VERMA R, SHASHIDHAR N, HOSSAIN N. Detecting phishing emails the natural language way [C]. European Symposium on Research in Computer Security, 2012：824 – 841.

[75] MICRO T. Mobile phishing：a problem on the horizon [EB/OL]. https：//www. yumpu. com/en/document/view/10210640/rpt – monthly – mobile – review – 201302 – mobile – phishing – a – problem – on – the – horizon.

[76] JEONG S Y, KOH Y S, DOBBIE G. Phishing detection on Twitter streams [C]. Pacific – Asia Conference on Knowledge Discovery and Data Mining, 2016：141 – 153.

[77] ALBANESIUS C. Gaming apps increase spam, phishing by 50 percent [EB/OL]. http：//www. pcmag. com/

article2/0，2817，2362134，00. asp，2010.

[78] VIDAS T，OWUSU E，WANG S，et al. QRishing：the susceptibility of smartphone users to QR code phishing attacks ［C］. The International Conference on Financial Cryptography and Data Security，2013：52 – 69.

[79] SARIKA S，PAUL V. Parallel phishing attack recognition using software agents ［J］. Journal of Intelligent & Fuzzy Systems，2017，32（5）：3273 – 3284.

[80] CHHABRA S，AGGARWAL A，BENEVENUTO F，et al. Phi. sh/$ ocial：the phishing landscape through short URLs ［C］. The 8th Annual Collaboration，Electronic messaging，Anti – Abuse and Spam Conference，2011：92 – 101.

[81] 沙泓州，刘庆云，柳厅文，等. 恶意网页识别研究综述 ［J］. 计算机学报，2016（3）：529 – 542.

[82] J DEAN，S GHEMAWAT. MapReduce：simplified data processing on large clusters ［C］. Communications of the ACM – 50th anniversary issue：1958 – 2008，vol. 51，no. 1：107 – 113.

[83] LONGFEI WU，XIAOJIANG DU，JIE WU. MobiFish：A lightweight anti – phishing scheme for mobile phones ［C］. 2014 ·23rd International Conference on Computer Communication and Networks（ICCCN），Shanghai，2014：1 – 8.

[84] J D NDIBWILE，Y. KADOBAYASHI，D FALL. UnPhishMe：Phishing Attack Detection by Deceptive Login Simulation through an Android Mobile App ［C］. 2017 12th Asia Joint Conference on Information Security（AsiaJCIS），Seoul，2017：38 – 47.

[85] VASILEIOS MAVROEIDIS，MATHEW NICHO. Quick Response Code Secure：A Cryptographically Secure Anti – Phishing Tool for QR Code Attacks ［J］. Computer Network Security，2017，Volume 10446.

（本文作者：张茜　李洪涛　董科军　延志伟　尉迟学彪）

我国 IPv6 地址资源分配与应用监测分析

摘要：本文基于中国互联网络信息中心（CNNIC）自主建设的互联网基础资源监测平台的相关指标，通过收集全球 IPv6 地址分配和路由宣告数据、IPv6 AS 号码分配和路由宣告数据、国内网站 IPv6 应用情况数据，实时测绘和掌握 IPv6 在我国的整体部署和应用情况，对我国 IPv6 地址资源分配及应用的关键要素进行了客观描述和趋势分析，并对未来应用发展进行总结与展望。

关键词：互联网基础资源；IPv6 地址；路由；应用监测

一、前言

互联网协议（Internet Protocol，IP）地址是重要的互联网基础资源，是承载互联网发展的基石，对互联网的未来发展有决定性影响。IP 地址包括 IPv4 地址和 IPv6 地址，IPv4 地址是当前普遍使用的互联网协议地址，IPv6 地址是下一代互联网协议地址。目前，全球 IPv4 地址资源已经分配殆尽，全球互联网正在向以 IPv6 地址为基础的下一代互联网络过渡。

IPv6 是下一代互联网的核心，事关未来我国互联网行业的稳步发展，事关我国网络安全和信息化工作全局。2017 年 11 月 26 日，中共中央办公厅、国务院办公厅印发了《推进互联网协议第六版（IPv6）规模部署行动计划》，提出"用 5 到 10 年时间，形成下一代互联网自主技术体系和产业生态，建成全球最大规模的 IPv6 商业应用网络，实现下一代互联网在经济社会各领域深度融合应用，成为全球下一代互联网发展的重要主导力量。""到 2025 年末，我国 IPv6 网络规模、用户规模、流量规模位居世界第一位，网络、应用、终端全面支持 IPv6，全面完成向下一代互联网的平滑演进升级，形成全球领先的下一代互联网技术产业体系。"这将对我国 IPv6 产业的成熟形成巨大的推动，国内 IPv6 产业将进入高速发展的新时期。

同时，随着云计算、物联网、大数据等技术的不断发展，基于 IP 地址的全过程管理也是提升我国互联网大国地位、提高国家互联网核心竞争力的重要内容，是促进国内下一代互联网进一步发展的重要保障。本文基于 CNNIC 自主建设的国家域名安全监测平台的相关指标，通过收集全球 IPv6 地址分配和路由宣告数据、IPv6 AS 号码分配和路由宣告数据、国内网站 IPv6 应用情况数据，实时测绘和掌握 IPv6 在我国的整体部署和应用情况，对我国 IPv6 地址资源分配及应用的关键要素进行了客观描述和趋势分析，并对未来应用发展进行总结与展望。

二、全球 IPv6 地址分配机制及概况

（一）全球 IPv6 地址资源分配机制

互联网 IP 地址和 AS 号码资源的分配和管理是分级进行的，由非营利性国际组织互联网名称与数字地址分配机构（Internet Corporation for Assigned Names and Numbers，ICANN）负责 IP 地址的空间分配、协议标识符的指派、通用顶级域名（gTLD）及国家和地区顶级域名（ccTLD）系统的管理，以及根服务器系统的管理。当前由 ICANN 附属公共技术标识符机构（Public Technical

Identifiers，简称 PTI）承担互联网数字分配机构（IANA）分配与管理职能。

ICANN/PTI 负责将地址分配给区域级互联网地址注册机构（Regional Internet Registry，RIR）。目前，全球共有 5 个 RIR：ARIN（负责北美地区业务）、RIPE NCC（负责欧洲及中东地区业务）、APNIC（负责亚太地区业务）、LACNIC（负责拉丁美洲地区业务）、AFRINIC（负责非洲地区业务）。

RIR 负责各自地区的 IP 地址分配、注册和管理工作。RIR 是非营利性会员组织，向所在区域提供 IP 地址和自治系统号码的分配和注册服务、反向域名解析授权服务等，支撑本地区互联网发展。RIR 的会员包括国家/地区级互联网注册管理机构（National Internet Registry，NIR）、互联网服务提供商、普通企业等。IANA 掌握着地址空间分配上的最终裁判权，但 RIR 在本区域的地址分配上拥有自治权，通过组织该区域的社群会议等形式商议决定地址分配政策和定价等重要事务。通常 RIR 会直接或通过各自地区的国家/地区级互联网 IP 地址注册机构将 IP 地址进一步分配给本地互联网服务提供商或终端用户。全球 IP 地址分配机构示意图如图 1 所示。CNNIC 即为我国的国家级互联网 IP 地址注册机构（NIR）。

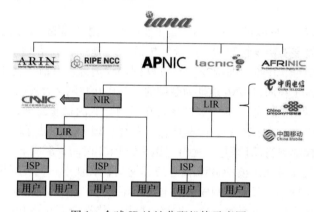

图 1　全球 IP 地址分配机构示意图

由于多语种等原因，在亚太互联网社区和拉丁美洲互联网社区内普遍存在 NIR，主要职责是负责本国或本地区范围内的 IP 地址分配、注册和管理工作。亚太地区（APNIC）内，共有 7 个 NIR。

（二）全球 IPv6 地址资源分配概况

IP 地址和自治系统（Autonomous System，AS）号码是有限资源，需要一个有效和中立的管理机构确保互联网基础资源的公平分配，防止资源囤积。随着 IPv4 地址渐渐枯竭，各 RIR IP 越发收紧地址分配政策，并在推动加快向 IPv6 地址系统转移方面发挥了重要作用，全球互联网协议（IP）地址分配正在向以 IPv6 为基础的下一代互联网过渡。

从全球 IPv6 地址资源分配情况看，根据亚太互联网信息中心（APNIC）发布的全球 IPv6 地址分配数据，截至 2019 年 12 月，全球 IPv6 地址资源拥有量排名前十的国家/地区，依次是美国、中国（不含港澳台地区）、德国、英国、法国、俄罗斯、日本、澳大利亚、荷兰、意大利。中国（不含港澳台地区）的 IPv6 地址资源拥有量位居全球第二位，达到 47885（块/32）。全球 IPv6 地址资源分配总数排名前 15 的国家/地区如图 2 所示。

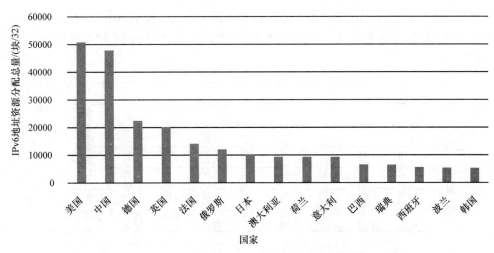

图 2   全球 IPv6 地址资源分配总数排名前 15 的国家/地区

三、我国 IPv6 地址资源分配情况

我国所有的 IP 地址、AS 号码资源均从亚太互联网络信息中心（APNIC）申请获得。CNNIC 是 APNIC 认定的我国大陆地区唯一的国家级互联网 IP 地址注册机构（NIR），于 1997 年成立了以 CNNIC 为召集单位的 CNNIC IP 地址分配联盟，帮助我国大陆地区的相关单位和组织从 APNIC 申请 IP 地址、AS 号码资源。企业或组织也可以直接向 APNIC 申请 IP 地址、AS 号码资源。

AS 号码（包括 2 字节和 4 字节 AS 号码）即自治系统号码，全球的互联网被分成很多个 AS 自治域（域内包含一组 IP 地址），各自治域之间相互通信。每个国家/地区的运营商、公司等都可以申请和使用 AS 号码。当前 2 字节 AS 号码已耗尽，全球很多地区已启用 4 字节 AS 号码。一个国家或地区内 AS 号码数量越多，体现了网络互联互通程度越高。目前我国 AS 号码保有量远低于我国 IP 地址和域名保有量的国际排名。

（一）我国 IPv6 地址资源分配统计

我国 IPv6 地址分配情况如图 3 所示。截至 2019 年 12 月 31 日，我国 IPv6 地址分配总数为 47885（块/32）。

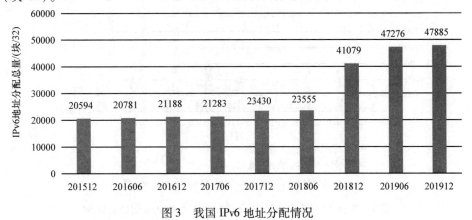

图 3   我国 IPv6 地址分配情况

我国 IPv6 地址总数占全球分配 IPv6 地址比例如图 4 所示。截至 2019 年 12 月 31 日，我国 IPv6 地址总数在全球排名第 2，我国 IPv6 地址总数占全球已分配 IPv6 地址总数的比例为 16.05%。

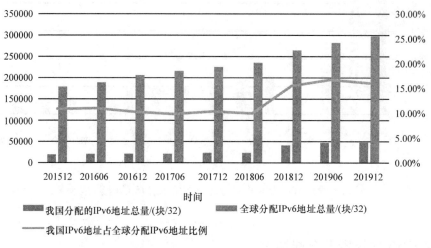

图 4　我国 IPv6 地址总数占全球分配 IPv6 地址比例

通过以上统计可以分析得出，自 2017 年 11 月中共中央办公厅、国务院办公厅印发《推进互联网协议第六版（IPv6）规模部署行动计划》以来，我国 CNNIC 等机构、运营商更加重视并加快了 IPv6 地址资源的申请和储备，而且 CNNIC 依托于 IP 地址分配联盟，在加强 IPv6 地址申请服务方面进行了多次升级和技术培训。此外，我国 IPv6 地址资源分配数量在 2018 年 6 月至 12 月期间，有了明显的提升，并在 2019 年间一度跃居全球第一，当前排名回落至全球第二。IPv6 地址数量充足储备，将有助于我国在更大范围内推广和应用 IPv6 地址，更好地促进物联网等应用的发展。

（二）我国 IPv6 路由宣告统计

我国 IPv6 路由宣告总量占我国 IPv6 地址分配总量比例如图 5 所示。截至 2019 年 12 月 31 日，我国 IPv6 地址分配总量为 3138191360（块/48），我国 IPv6 路由宣告总量为 1242048430（块/48），我国 IPv6 路由宣告总量占我国 IPv6 地址分配总量的比例为 39.58%。

图 5　我国 IPv6 路由宣告总量占我国 IPv6 地址分配总量比例

全球 IPv6 路由宣告总量占全球 IPv6 地址分配总量比例如图 6 所示。截至 2019 年 12 月 31 日，全球 IPv6 地址总量为 19538051072（块/48），全球 IPv6 路由宣告总量为 8787016059（块/48）。全球 IPv6 路由宣告总量占全球 IPv6 地址分配总量的比例为 44.97%。

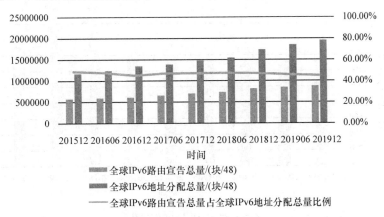

图 6　全球 IPv6 路由宣告总量占全球 IPv6 地址分配总量比例

我国 IPv6 地址路由宣告总量占全球 IPv6 地址路由宣告总量比例如图 7 所示。截至 2019 年 12 月 31 日，我国 IPv6 地址路由宣告总量占全球 IPv6 地址路由宣告总量比例为 14.14%。

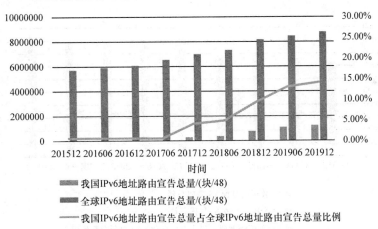

图 7　我国 IPv6 地址路由宣告总量占全球 IPv6 地址路由宣告总量比例

通过以上统计可以分析得出，自 2017 年 11 月中共中央办公厅、国务院办公厅印发《推进互联网协议第六版（IPv6）规模部署行动计划》以来，我国 IPv6 发展有了明确的目标和路径，受此促进，在 2017 年年底，我国 IPv6 地址路由宣告总量有了明显提升。自 2018 年起，国家相关部门、企事业单位从网络基础设施升级、应用基础设施升级、互联网应用服务升级等方面加快推进部署 IPv6，并取得了显著进展。特别是在"推进 IPv6 规模部署专家委"的大力推动下，召开了中国 IPv6 论坛等重要会议，进一步促进了 IPv6 在我国的大规模部署和应用。由图表可见，随着软硬件基础设施环境的进一步完善，自 2018 年 6 月以来，我国在路由宣告数量方面有了明显的提升。

（三）我国 AS 号码分配统计

我国 AS 号码分配数如图 8 所示。截至 2019 年 12 月 31 日，我国 AS 号码分配总数为 1695。

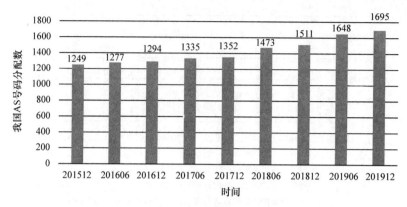

图 8　我国 AS 号码分配数

我国 AS 号码总量占全球已分配 AS 号码总量比例如图 9 所示。截至 2019 年 12 月 31 日，我国 AS 号码总量在全球排名第 11 位。我国 AS 号码总量占全球已分配 AS 号码总量的比例为 1.8%。

图 9　我国 AS 号码总量占全球已分配 AS 号码总量比例

通过以上统计可以分析得出，随着 IPv6 在我国的大规模部署和应用，我国 AS 号码数在 2018 年 6 月份前后，有小幅提升，但增长量并不如 IPv6 地址明显。初步分析其原因，很大程度是受我国大陆地区的网络拓扑特点影响，即网络运营商的网络部署特点体现为大块网络多，层次结构多，互联互通少。后续随着 IPv6 在我国大陆地区的进一步大规模部署，以及 IPv6 网络结构的不断优化和进步，未来以 AS 为标识的网络互联互通规模会继续增长。

（四）我国 IPv6 AS 号码路由宣告统计

我国宣告 IPv6 的 AS 号码总量占我国 AS 号码分配总量比例如图 10 所示。截至 2019 年 12 月 31 日，我国宣告 IPv6 的 AS 号码总量占我国 AS 号码分配总量的比例为 15.34%。

通过以上统计可以分析得出，自 2017 年 11 月中共中央办公厅、国务院办公厅印发《推进互

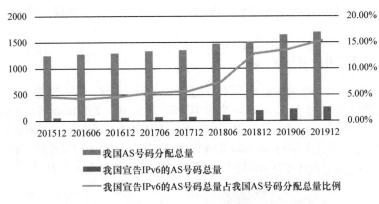

图 10　我国宣告 IPv6 的 AS 号码总量占我国 AS 号码分配总量比例

联网协议第六版（IPv6）规模部署行动计划》以来，我国宣告 IPv6 的 AS 号码总量占我国 AS 号码分配总量的比例，有了明显的提升，特别是在 2018 年到 2019 年期间，比例提升尤其明显。这进一步说明我国 IPv6，在网络基础设施升级部署方面，取得了显著进展。

四、我国 IPv6 应用监测分析

我国进入 IPv6 领域较早，政策保障较好，特别是八部委联合启动的我国下一代互联网（CNGI）两期工程，进一步促进了我国 IPv6 的发展。2003 年以来，我国相关科研机构、高校和企业积极参与 IPv6 技术研究和国际标准制订工作，并在若干方向处于主导地位，并基于教育网、科技网建成了常规使用的 IPv6 示范网络，特别是建成了第二代中国教育和科研计算机网（The China Education and Research Network 2，CERNET2），它是我国最早最大的服务于教育和科研领域的 IPv6 网络实验床，拥有 IPv6 - only 核心网络，并部署了前沿的 IPv6 过渡技术和源地址认证技术。我国网络设备厂商也相继推出了支持 IPv6 协议的主流产品。

2017 年 11 月中共中央办公厅、国务院办公厅印发《推进互联网协议第六版（IPv6）规模部署行动计划》，拉开了我国 IPv6 应用规模化部署的序幕，吹响了冲锋集结号，各省市地区也出台了一系列推动 IPv6 的地方行动计划，我国下一代互联网发展迎来历史性机遇。计划明确提出加快网络和应用基础设施改造，推动 IPv6 域名体系全面升级，形成下一代互联网自主技术体系和产业生态，建成全球最大规模的 IPv6 商用网络，满足我国技术产业创新发展、网络安全能力强化的迫切需要。

自《推进互联网协议第六版（IPv6）规模部署行动计划》发布以来，一些部委、省市已出台实施行动计划。2018 年 5 月 2 日，工业和信息化部发布《关于贯彻落实〈推进互联网协议第六版（IPv6）规模部署行动计划〉的通知》（以下简称《通知》），针对《推进互联网协议第六版（IPv6）规模部署行动计划》中涉及工业和信息化部的相关任务向有关单位进行部署，内容涉及：实施 LTE 网络端到端 IPv6 改造、加快固定网络基础设施 IPv6 改造、推进应用基础设施 IPv6 改造、开展政府网站 IPv6 改造与工业互联网 IPv6 应用、强化 IPv6 网络安全保障。《通知》明确了落实配套保障措施，为加快网络基础设施和应用基础设施升级步伐、促进下一代互联网与经济社会各领域的融合创新奠定了基础。

本章节基于 CNNIC 自主建设的国家域名安全监测平台的相关指标，通过分析权威网站排名公司 Alexa⊖发布的中国 TOP500 排名靠前的网页、邮箱和域名，了解我国 IPv6 应用的整体部署状况。

（一）IPv6 网页应用监测分析

Alexa 发布的中国 TOP500 网站是我国网民最常访问的网站列表（数据来源自 alexa.com 接口）。监测显示，截至 2019 年 12 月 31 日，Alexa 中国 TOP500 网站中，支持 IPv6 网页访问（主域名支持 IPv6 且网站可达）的网站为 53 个，占比 10.6%；部分支持 IPv6 网页访问（子域名支持 IPv6 且网站可达）的网站为 9 个，占比 1.8%；不支持 IPv6 网页访问（无 AAAA 记录或网站不可达）的网站为 438 个，占比 87.6%。Alexa 中国 TOP500 网站网页应用 IPv6 支持情况如图 11 所示。

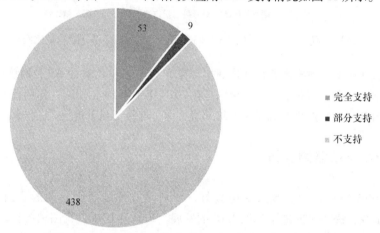

图 11　Alexa 中国 TOP500 网站网页应用 IPv6 支持情况

（二）IPv6 邮箱应用监测分析

监测显示，截至 2019 年 12 月 31 日，Alexa 中国 TOP500 网站中，支持 IPv6 邮箱访问（域名 MX 记录支持 IPv6 且在 IPv6 网络下 SMTP 服务可达）的网站为 19 个，占比 3.8%；部分支持 IPv6 邮箱访问（域名 MX 记录支持 IPv6 但 IPv6 网络下 SMTP 服务不可达）的网站为 0 个，占比 0%；不支持 IPv6 邮箱访问（域名 MX 记录不支持 IPv6）的网站为 481 个，占比 96.2%。Alexa 中国 TOP500 网站邮箱应用 IPv6 支持情况如图 12 所示。

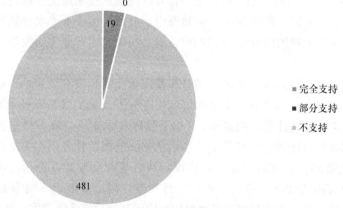

图 12　Alexa 中国 TOP500 网站邮箱应用 IPv6 支持情况

⊖　Alexa（https：//www.alexa.com）是亚马逊公司的一家子公司，提供全球范围内较权威的网站排名服务。

（三） IPv6 域名应用监测分析

监测显示，截至 2019 年 12 月 31 日，Alexa 中国 TOP500 网站中，支持 IPv6 域名访问（域名 NS 记录支持 IPv6 且在 IPv6 网络下 DNS 请求有响应）的网站为 136 个，占比 27.2%；部分支持 IPv6 域名访问（域名 NS 记录支持 IPv6 但 IPv6 网络下 DNS 请求无响应）的网站为 0 个，占比 0%，不支持 IPv6 域名访问（域名 NS 记录不支持 IPv6）的网站为 364 个，占比 72.8%。Alexa 中国 TOP500 网站域名应用 IPv6 支持情况如图 13 所示。

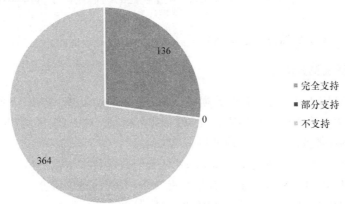

图 13　Alexa 中国 TOP500 网站域名应用 IPv6 支持情况

五、监测平台与方法

本报告监测数据来自于 CNNIC 互联网基础资源监测平台，该平台是全球性、国家级、多维度、分布式的综合数据采集和监测分析平台。目前该平台在全球共部署有 60 多个监测点，覆盖我国多省和主要运营商，并包含 4 个海外监测点，平台共计包括 32 个大类 57 个小类的监测项指标的常规监测。

该监测平台总体架构分层示意如图 14 所示。

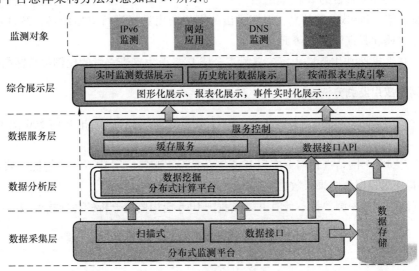

图 14　总体架构分层示意图

√ 数据采集层建立在分布式监测平台上，通过扫描式探测、数据接口等方法从监测对象获取原始数据；

√ 数据分析层建立在分布式计算平台上，利用数据挖掘等技术对数据进行加工处理、统计分析，将大量的非结构化或半结构化的数据转换为精简的结构化数据；

√ 数据服务层提供统一的数据接口，将前端展示和后端数据的依赖耦合控制到最低，为了减少前端等待时间，部分数据可通过分布式缓存来加快获取速度；

√ 综合展示层实现整个平台的灵活展示，通过丰富的图形化展示方式呈现我国互联网基础资源发展状况。

本报告涉及指标数据的监测方法描述如下。

（一）地址分配监测方法

1）通过 APNIC FTP 网站定时获取数据文件，分析文件，处理 APNIC 下的 IPv6 分配数据，获取 CN 区（我国大陆地区）分配数据及 APNIC 的排名概况。对于 CN 区的 IPv6 分配信息，查询 APNIC 在 CNNIC 的镜像数据，获取对应的持有单位信息。

2）处理 APNIC 下的 AS 分配数据，获取 CN 区分配数据及 APNIC 的概况。对于 CN 区的 AS 分配信息，查询 APNIC 在 CNNIC 的镜像数据，获取对应的持有单位信息。

3）对其他区 ARIN/RIPE/LACNIC/AFRINIC 的数据文件进行分析，获取各个地区的 IPv6 分配信息。对文件进行分析处理，获取各个地区的 AS 分配信息。

4）统计全球的 IPv6/AS 分配处理，记录 CN 区在其中的排名及比例。

（二）网络路由监测方法

1）通过 Routeview 网站定时获取数据文件。

2）解析文件中的网络路由数据，分析统计相关的 IPv6 路由宣告数据及宣告 IPv6 地址的 AS 信息。

3）根据前缀（Prefix）等信息，对解析出的网络路由数据进行去重统计，统计出全球 IPv6 路由中的 AS 号码和其宣告的 IPv6 地址数。

4）根据前缀（Prefix）等信息，对解析出的网络路由数据进行去重统计，统计出我国 IPv6 路由中的 AS 号码和其宣告的 IPv6 地址数。

5）计算并生成我国 IPv6 路由宣告总量占全球 IPv6 路由宣告总量的比例等指标数据。

（三）网站应用监测方法

1）通过调用 Alexa 网站排行榜服务接口（API）定时获取中国排名前 500 的网站信息并保存。

2）依次对 500 个网站进行网页应用 IPv6 支持情况、邮箱应用 IPv6 支持情况、域名应用 IPv6 支持情况进行探测，探测结果入数据库。

3）根据网站应用探测数据，计算并生成我国 IPv6 应用监测分析的各项指标数据。

六、总结与展望

（一）IPv6 地址资源分配展望

IP 地址资源管理是国家网络安全管理至关重要的环节，在 IPv6 新体系下，由于地址空间的急剧膨胀，IPv6 地址资源管理变得更加重要。我国在 IPv6 发展之初就已建成了成熟的 IPv6 地址分配注册体系，并且通过多年的发展，当前我国的 IPv6 地址资源数量居世界第二。

总体而言，目前我国 IPv6 地址资源管理呈现如下几个特点：

第一，我国虽有成熟的 IP 地址分配注册体系，但由于历史原因，我国的 IP 地址信息存储分散，不易统一收集，不利于从国家层面全面掌握我国 IP 地址信息，以 IPv6 地址分配为例，国家层面也尚未制定相关的地址分配、管理和使用办法，以及与之配套的 IPv6 安全规范管理等相关的要求与标准。

第二，我国 IPv6 应用发展迅速，及时准确的 IPv6 发展应用指标是制定和评价 IPv6 政策和工作的基础信息。但目前我国相关部门和研究机构对 IPv6 发展应用信息的搜集、整理、分析仍不够系统和全面，也尚未建立成熟有效的 IPv6 发展监测及评价体系，我国对 IPv6 关键信息的自主管理能力也有待进一步加强。

第三，当前我国并没有规模部署的技术手段来避免路由劫持问题，IP 路由管理存在严重的网络安全隐患。边界网关协议（Border Gateway Protocol，BGP）是互联网中唯一的域间路由协议，对整个互联网的互联互通起着至关重要的作用。但 BGP 协议本身存在很多安全问题，其中影响力最大的是路由劫持攻击。路由劫持攻击轻则导致互联网流量重定向，重则导致整个互联网的瘫痪。此问题既存在于当前 IPv4 地址网络中，也存在于未来的 IPv6 地址网络中。

未来，通过关键信息管理、关键设施升级部署等手段，全面推进 IPv6 在我国安全、有序地规模应用，将是 IPv6 时代管理重点。一是集中统一管理 IPv6 地址资源分配信息，重视对 IPv6 应用信息的搜集和分析，提升对 IPv6 关键信息的自主管理能力。二是优化 IPv6 发展监测及评价体系，加强 IPv6 部署应用监测，做到实时掌握我国 IPv6 应用状态及发展态势，为国家 IPv6 整体战略提供决策参考。三是定期发布权威监测数据，帮助整个互联网行业切实了解 IPv6 应用发展状况，为其 IPv6 部署决策提供有力的数据支持，引导全国形成积极发展 IPv6 的产业氛围，加快我国 IPv6 规模应用进程。四是加强 IPv6 环境下的安全防护技术研究，制定 IPv6 网络环境下的安全隐患应对方案，升级相应的安全设备和防护措施，提升 IPv6 环境的安全保障能力，构筑新兴领域环境下的 IPv6 安全保障能力。

（二）IPv6 应用发展展望

IPv6 作为全新的网络层协议，凭借丰富的地址空间以及诸多新特性和更好的性能表现，是下一代互联网的主导协议地址以及核心基础资源，也是未来互联网创新和可持续增长的基础。APNIC 统计数据显示，截至 2020 年 1 月，全球 IPv6 用户占全球互联网用户的比例已超过 24%，并有不断快速上升的趋势，大量的 IPv6 流量投入实际使用。

未来 5 年，将是 IPv6 在全球发展普及的加速期，全球 IPv6 流量有望达到总流量的一半。IPv6 全球化快速发展将表现在以下几个方面：

一是从全球范围看，移动网络正在大举迁移到 IPv6，这一趋势将会延续，并成为 IPv6 全球范围内规模应用的主要驱动力。此外，IPv6 会进一步与物联网等新业务形态互相促进、共同发展。

二是 IPv6 网络将催生新的安全设备和安全防护方案，包括适用于 IPv6 协议的防火墙、入侵检测系统等安全设施和方案等的快速标准化和产品化。

三是 IPv6 发展将导致下一代互联网国际竞争格局的变化。在当前大型运营商以及互联网企业已部署 IPv6 的带动下，许多具有一定规模的运营商和互联网企业会及时跟进，希望在 IPv6 的机遇下可以追赶上甚至改变在 IPv4 时代的落后局面，成为新技术和格局下的领先者。

截至 2019 年 6 月，我国网民数量已超过 8.54 亿，随着云计算、移动互联网、物联网、智慧城市各细分领域蓬勃发展，我国的下一代互联网发展呈现出无限的想象空间。根据《推进互联网协议第六版（IPv6）规模部署行动计划》，"到 2020 年末，市场驱动的良性发展环境日臻完善，IPv6 活跃用户数超过 5 亿，在互联网用户中的占比超过 50%，新增网络地址不再使用私有 IPv4 地址；到 2025 年末，我国 IPv6 网络规模、用户规模、流量规模位居世界第一位。"我国网络服务提供商和企业应抓住这一关键历史机遇，及时跟进、及早部署和应用 IPv6，利用 IPv6 更好地支撑我国下个十年的网络蓬勃发展。

（本文作者：董科军　马中胜　杨卫平　张海阔）

基于加密传输的域名系统——DoH 和 DoT 技术分析

摘要：本文首先对 DNS 系统及其存在的隐私泄露和域名劫持等问题进行介绍。由此引出基于加密传输的域名系统，并从发展历程，技术原理、应用示例等方面对相关技术进行介绍，并与 DNSSEC 进行对比分析。然后，从技术标准、服务端、客户端和 DNS 解析产品等方面对该技术的发展现状进行介绍。对于加密传输对域名系统带来的影响，本文主要从解析时延、解析带宽、安全防护、流量监管、互联网集中化趋势和 DNS 体系架构等方面进行分析。最后，本文从技术标准、产品研发、技术应用、政策法规等方面，对未来发展进行展望。

关键词：加密传输；域名系统；DoH；DoT

一、背景介绍

（一）DNS 简介

DNS 是最重要的标识解析系统之一，主要提供互联网域名和 IP 地址的转换查询服务，对互联网平稳运行和发展至关重要。自 1984 年发明以来，DNS 已稳定运行了 30 多年，在互联网领域应用极其广泛。目前，全球域名总数超过 3 亿，域名服务器数量超过 1000 万台，每天提供近千亿次的查询服务。作为互联网最为关键的基础设施之一，DNS 的主要作用是将易于记忆的域名主机名称映射为枯燥难记的 IP 地址，形成相互映射的分布式数据库，保障用户通过互联网，能够畅通地访问成千上万的应用系统。DNS 本质上是一个全球部署的分布式系统，其解析系统包含权威解析系统和递归解析系统，目前在全球范围内形成了递归解析和根域名、顶级域名、二级及以下域名权威解析等多层次技术服务体系。

（二）隐私泄露问题

随着信息技术的飞速发展，互联网上的个人信息和数据高速增长，网络用户的隐私问题日益严重。2013 年 6 月，斯诺登曝光了美国国家安全局的"棱镜计划"，披露了美国政府对公众用户数据的大范围监控行为，引发举世震惊。实际上，在当前大数据、云计算及人工智能技术高速发展的时代背景下，网络用户的隐私权正面临严峻挑战。DNS 作为互联网应用的入口服务，其解析过程中的隐私保护是互联网隐私保护的重要环节。

DNS 隐私泄露主要有以下两个途径：通信链路窃听和服务器收集。通信链路窃听途径中，窃听者可以像窃听其他流量一样窃听 DNS 流量，同时，由于 DNS 查询并未经过任何的加密，任何第三方的机构或个人很容易通过在用户和递归服务器之间进行搭线窃听，得到用户所有的 DNS 查询信息。2016 年，国际互联网工程任务组（IETF）发布了谷歌公司提出的 RFC 7871，该标准允许递归服务器在外发查询过程中携带用户的 IP 地址，以获取最优的 DNS 应答。目前，谷歌公司的公共递归服务已支持该标准。该标准将 DNS 解析的用户隐私问题进一步拓展到了递归服务器和权威服务器的交互环节。第二个 DNS 隐私泄露途径是服务器被动收集用户隐私。全球现有超过 1000 万台域名服务器，每天产生的域名查询信息已经达到了千亿级别。同时，由于 DNS 日志已被广泛应用于各种 DNS 解析软件中，因此，用户的查询信息会以日志的形式被服务器记录。

（三）域名劫持问题

DNS 在设计之初，并未过多考虑安全因素，导致其在运行过程中存在数据被篡改的安全风险。虽然 RFC 1034 允许通过 TCP 传输 DNS 报文，但考虑到性能、成本等因素，目前绝大多数的 DNS 服务使用 UDP 协议。2008 年，安全研究员丹·卡明斯基发布了著名的卡明斯基漏洞，通过主动向 DNS 递归服务器查询不存在的随机域名，可绕过 TTL 的限制，大大提高缓存投毒成功的概率。卡明斯基漏洞的发布在 DNS 领域引起了巨大的影响，是 DNSSEC（Domain Name System Security Extensions）协议得以大规模推广部署的重要催化剂。目前，DNSSEC 在顶级域部署率超过 90%，但在二级域部署仍然十分有限，域名劫持风险依然存在。

域名劫持是指通过缓存投毒等手段取得某域名的解析记录控制权，进而修改此域名的解析结果，导致对该域名的访问由原 IP 地址转入到修改后的指定 IP，其结果就是对特定的网址不能访问或访问错误的网址。

域名劫持一方面可能影响用户的上网体验，用户被引到恶意网站进而无法正常浏览网页，而用户量较大的网站域名被劫持后恶劣影响会不断扩大；另一方面用户可能被诱骗到恶意网站进行登录等操作导致隐私数据泄露。

当前，域名劫持的一种重要表现形式为网络服务提供商进行的域名劫持。遇到这种形式的域名劫持时，一种最直接的解决办法就是换用其他 DNS，同时尽可能保证 DNS 数据包传输过程中不被篡改。

（四）基于加密传输的域名系统发展历程

基于加密传输的域名系统技术的发展源于全球对互联网隐私泄露和域名劫持问题的持续关注。考虑到整个互联网上的隐私问题日渐显著，IETF 在 2013 年开始就互联网协议的隐私问题开展了一系列的讨论，并提出了一系列的技术协议文档。2013 年，IETF 正式提出了互联网协议存在的隐私问题。2014 年 5 月，IETF 在 RFC 7258 中，明确将大规模监控定义为攻击行为。

2014 年 10 月，IETF 成立了 DNS 隐私交换（DNS PRIVate Exchange，DPRIVE）工作组，专门研究 DNS 用户隐私问题，希望通过发展技术机制提高 DNS 机密性，解决普遍存在的 DNS 监听问题。2016 年 5 月，RFC 7858 正式发布，这项标准提出了基于 TLS 传输的 DNS（DNS over TLS，DoT）协议。

2017 年 9 月，IETF 成立了基于 HTTPS 传输的 DNS（DNS over HTTPS，DoH）工作组，聚焦 DNS 客户端和递归服务器间以 HTTPS 方式通信的机制，提高数据机密性，并且解决本地 DNS 服务器域名劫持等安全问题。2018 年 10 月，该工作组正式发布了 RFC 8484，提出了 DoH 协议。

随着 DoT、DoH 等标准的提出，自 2018 年 5 月开始，DPRIVE 工作组也开始将工作重心转移到递归端和权威端之间的隐私保护上。

二、基于加密传输的域名系统技术简介

(一) DoH 技术原理

DoH 是一种通过 HTTPS 协议进行 DNS 请求和应答的机制。DoH 中，客户端通过 DoH 服务端提供的 URI 构造 DNS 请求并获得应答。RFC 8484 为 DoH 的请求和应答定义了默认的媒体格式类型。由于使用 HTTPS 协议进行数据传输，DoH 具有缓存、重定向、代理、身份认证和压缩等 HTTP 的特性。

与传统的 DNS 相比，DoH 主要有以下几点不同：

1) DNS 配置获取上，传统 DNS 一般从操作系统获取相关配置，DoH 一般通过 SDK 硬编码或应用层配置的方式指定 DoH 服务的 URI；

2) 调用方式上，传统 DNS 一般通过 getaddrinfo () 和 getnameinfo () 等系统函数进行调用，DoH 主要通过 API 或 SDK 等方式调用；

3) 传输方式上，传统 DNS 主要基于 UDP 协议，通常使用 53 端口，DoH 基于 HTTPS 协议，通常使用 443 端口；

4) 报文加密上，传统 DNS 不能对报文进行加密，DoH 可以进行加密传输；

5) 应用场景上，传统的 DNS 应用较为广泛，在多种场景下均有应用，DoH 目前主要应用于移动应用端。

RFC 8484 定义了 DoH 的请求和应答报文格式。DoH 服务方对外发布 URI 参数，客户端基于该参数构造 DoH 请求。DoH 请求支持 GET 和 POST 两种方法。GET 方法中，通过参数 dns 传递请求内容，dns 参数的值为查询内容的 base64url 编码。POST 方法中，请求内容在消息体中进行传递。类似于普通的 HTTP 请求，HTTP 报文头为请求参数，值为查询域名的 DNS 请求的 wireformat 格式的二进制码。DoH 应答通过将 content – type 设置为 appllication/dns – message 表示当前应答为 DNS 数据，应答内容为 DNS 应答的 wireformat 格式的二进制码。

一个具体示例如图 1 所示。

DoH 请求	基于 GET 方法	:method = GET :scheme = https :authority = dnsserver.example.net :path = /dns-query?dns=AAAABAAABAAAAAAAA3d3dwdleGFtcGxlA2NvbQAAAQAB accept = application/dns-message
	基于 POST 方法	:method = POST :scheme = https :authority = dnsserver.example.net :path = /dns-query accept = application/dns-message content-type = application/dns-message content-length = 33 <33 bytes represented by the following hex encoding> 00 00 01 00 00 01 00 00 00 00 00 00 03 77 77 77 07 65 78 61 6d 70 6c 65 03 63 6f 6d 00 00 01 00 01
DoH 应答		:status = 200 content-type = application/dns-message content-length = 61 cache-control = max-age=3709 <61 bytes represented by the following hex encoding> 00 00 81 80 00 01 00 01 00 00 00 00 03 77 77 77 07 65 78 61 6d 70 6c 65 03 63 6f 6d 00 00 1c 00 01 c0 0c 00 1c 00 01 00 00 0e 7d 00 10 20 01 0d b8 ab cd 00 12 00 01 00 02 00 03 00 04

图 1　www. example. com 的 DoH 报文示意图

（二）DoT 技术原理

DoT 是一种基于 TLS 协议对 DNS 请求和应答进行加密的机制。目前，DoT 主要用于在客户端和递归服务器之间进行加密传输，后续也能扩展到递归服务器和权威服务器之间，但目前还没有相关标准发布。

通过 DoT 进行 DNS 解析时，客户端首先基于 TLS 协议与递归服务器建立加密连接，连接建立后通过加密的方式向服务器发送 DNS 请求，递归服务器收到请求后，也采用加密的方式进行回应。由于 TLS 连接建立过程中会占用大量的带宽和系统资源，为了降低建立 TLS 连接对性能的影响，通常会对 TLS 连接进行复用。

RFC 7858 为 DoT 定义了两种主要的使用模式，其中一种模式允许客户端在 DoT 服务无法使用时回退到传统的 DNS 服务模式，该模式保证了 DNS 服务的可用性，但不能完全保证隐私保护；另一种模式在客户端验证服务器失败后不会使用传统的 DNS 服务，而是直接认为操作失败，这种模式能够严格保证 DoT 的私密性，但是可用性相对较低。

DoT 和 DoH 都通过建立加密连接的方式对用户隐私进行保护，但 IETF 标准中为 DoT 定义了专属的 853 端口，而 DoH 则与其他 HTTPS 流量共用 443 端口。使用 443 端口使得 DoH 流量混杂在普通的 HTTPS 流量中间，隐私性较强，但监管难度较大；DoT 虽然也对数据进行了加密，但是由于 DoT 拥有专属的端口，给监管提供了一定的空间，相对的，隐私性相对 DoH 有所下降。

DoT、DoH 的基本原理都是基于数字证书在客户端和递归服务器之间建立加密连接从而对通信内容进行保护，并确保解析结果的完整性。客户端使用数字证书对递归服务器进行身份认证，降低了第三方实施域名劫持的可能性。由于客户端和递归服务器之间采用了加密通信，第三方无法获取通信的具体内容，提高了域名系统的隐私性。但是 DoT、DoH 最终还是需要通过递归服务器获取解析结果，递归服务器仍然能够获取客户端的所有 DNS 请求记录并且能够控制返回的结果，因此 DoT、DoH 无法避免 DNS 递归服务商获取用户隐私数据或进行域名劫持。

（三）应用示例

目前，Firefox 等部分浏览器支持 DoH 解析，Cloudflare 等服务商支持了 DoH 服务。以 Firefox 和 Cloudflare 为例，一个具体应用实例解释 DoH 解析原理。

Firefox 配置 DoH 方法：

1）在 URL 栏中键入 about：config，访问 Firefox 的隐藏配置面板；

2）将配置项 network. trr. mode 的值设置为 3，使浏览器只使用 DoH 方式进行域名解析，当 DoH 不可用时不会回退到传统的 DNS 解析；

3）将配置项 network. trr. uri 的值设置为 https：//mozilla. cloudflare – dns. com/dns – query。该配置项为浏览器指定了提供 DoH 服务的 URI；

4）将配置项 network. trr. bootstrapAddress 的值设置为 1. 1. 1. 1，即步骤 3 中 URL 的 IP 地址；

5）重启浏览器。

完成上述配置后，使用浏览器访问网站，并进行抓包，结果如图 2 所示。

从抓包结果可以看出，在开启了 DoH 后，浏览器不再通过 53 端口基于 UDP 协议与 DNS 服务器进行通信，而是通过 443 端口，基于 HTTPS 协议与 DoH 服务器进行通信，通信过程中的数据均为加密数据。

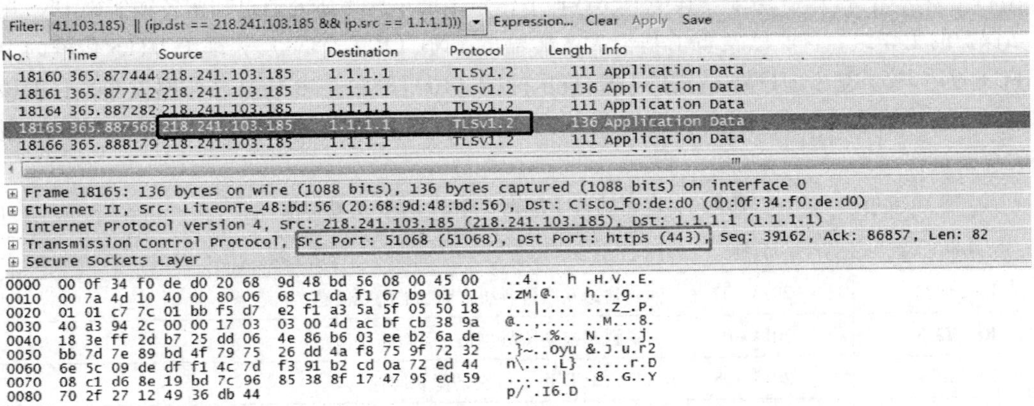

图 2　Firefox 启动 DoH 后 DNS 解析报文

（四）与 DNSSEC 比较和分析

DNSSEC 是由 IETF 提供的一系列对 DNS 进行安全认证的机制，提供了一种来源鉴定和数据完整性的扩展，但不保障服务可用性和数据机密性。DNSSEC 基于数字签名技术实现递归解析器对 DNS 报文进行完整性验证和来源性验证，主要实现数据完整性的验证，解决类似卡明斯基攻击之类的数据篡改问题。截至 2019 年底，超过 90% 的顶级域名已实施部署。实施 DNSSEC 后，DNS 报文仍然通过明文传输，因此 DNSSEC 本身无法解决 DNS 隐私保护问题。

基于加密传输的 DNS 由于确保了传输信道的安全，因此也可以实现数据完整性的保护，易和 DNSSEC 引起混淆。实际上，DNSSEC 和基于加密传输的 DNS 在技术上存在本质区别，DNSSEC 采用的是电子签名技术，而 DoT、DoH 采用的则是加密传输技术，二者各有利弊，具体比较参见表 1。其中，基于 DNSSEC 的 DANE（DNS – Based Authentication of Named Entities）技术和电子签名技术可解决 CA 信任和来源验证问题，而基于加密传输的 DNS 可解决用户隐私问题和"最后一公里"问题。因此，未来 DNSSEC 和基于加密传输的 DNS 或可结合使用，优势互补，实现更安全的 DNS。

表 1　DNSSEC 和 DoH 技术对比

	DNSSEC	DoH
技术原理	电子签名技术	加密传输技术
实现效果	数据来源验证	传输信道安全
保障内容	数据完整性、数据来源	数据完整性、数据隐私
作用范围	主要用于递归和权威之间；存在"最后一公里"问题	主要用于客户端和递归之间；（但递归端和权威端也可以支持）

三、国内外发展现状

（一）技术标准方面

基于加密传输的 DNS 相关技术标准的发布情况见表 2，目前主要集中在 IETF 的三个工作组：

DPRIVE、DoHOP 和 DNS 运维。其中 DPRIVE 工作组是最早开始研究通过加密传输实施 DNS 用户隐私保护的工作组，目前已发布了基于 TLS 传输的 DNS（RFC 7858）和基于 DTLS 传输的 DNS（RFC 8094）等。基于 HTTPS 传输的 DNS 技术标准（RFC 8484）由 DoH 工作组发布，目前该工作组只有这一篇正式标准。此外，和 DoH 相关的议题，如 DoH 服务发布等，目前在 DNSOP 组有相关草案正在讨论。

表 2　已发布的关于加密传输的 DNS 主要标准

RFC	日期	讨论主题
RFC 6973	2013 – 07	讨论互联网各协议面临的隐私问题
RFC 7258	2014 – 05	强调被动监听也是一种攻击手段
RFC 7627	2015 – 08	讨论 DNS 上存在的隐私问题
RFC 7816	2016 – 03	通过查询最小化减少用户隐私泄露的风险
RFC 7858	2016 – 05	讨论 DNS 在 TLS 上运行的可行性
RFC 7830	2016 – 05	扩展 DNS 协议以便引入后续加密
RFC 8094	2017 – 01	讨论将新协议 DTLS 引入 DNS
RFC 8484	2018 – 10	讨论 DNS 在 HTTPS 上运行的可行性

DPRIVE 工作组成立之初，其主要目标是针对客户端和递归服务器之间的链路，设计发展技术机制提高 DNS 机密性，解决普遍存在的 DNS 监听问题。随着 RFC 7858 和 RFC 8094 的正式发布，客户端和递归间链路的隐私保护问题已得到一定程度解决。2018 年 5 月，DPRIVE 工作组开始将工作重心转移到递归服务器和权威服务器间链路的隐私保护上。

（二）服务端方面

目前，基于加密传输的 DNS 主要应用于公共递归服务。国外方面，一些主要的公共 DNS 服务已经开始支持 DoT 或 DoH 服务。谷歌的公共 DNS（8.8.8.8）和 Cloudflare 的公共 DNS（1.1.1.1）同时支持了 DoH 和 DoT，其中谷歌宣称其公共 DNS 完全支持 RFC 8484 和 RFC 7858。OpenDNS 目前支持 DoT 但暂未支持 DoH。

国内方面，一些主流的 DNS 厂商早在几年前就已实现了类似 DoH 的服务支持，主要方式是通过提供 SDK 或 API 等，基于 HTTP 的方式实现 DNS 解析，但 HTTP 协议并不能提供身份认证和加密传输等功能，并不完全支持 RFC 8484，其目的主要是为第三方客户端提供一种易于操作、可绕过本地运营商 DNS 的方法。

（三）客户端方面

目前 Chrome 和 Firefox 等浏览器已经支持 DoH，可通过手工配置，开启 DoH 解析功能。微软发布声明称将未来在 Windows 系统中增加对于 DoH 的支持。Curl 命令行工具也可以模拟 DoH 请求。此外，包括脸书（Facebook）在内的多家公司和独立开发者提供了基于不同语言的多款 DoH 工具，包括服务器端和客户端的 DoH 代理等。KnotDNS 软件携带的 kdig 工具可模拟 DoT 客户端，发送 DoT 请求，测试服务端的 DoT 功能。

（四）DNS 产品方面

DNS 产品方面，据各主流开源软件官方信息，相关软件对 DoH、DoT 等协议支持较为有限。

其中，最常见的 BIND9 目前暂不支持 DoH 和 DoT；PowerDNS 在 DNSdist 负载均衡软件上支持了 DoH 和 DoT，但其权威和递归软件本身并不支持；Unbound 递归软件支持 DoT，不支持 DoH；KnotDNS 在其递归软件上支持了 DoH；KnotDNS 属于权威解析软件，不支持 DoH 和 DoT。具体见表3。

表3　主流 DNS 开源软件 DoH/DoT 支持情况

		DoT	DoH	软件说明
BIND9		✕	✕	权威和递归软件
PowerDNS	PowerDNS Authoritative Server	✕	✕	权威软件
	PowerDNSRecursor	✕	✕	递归软件
	PowerDNSDNSdist	✓	✓	负载均衡软件
KnotDNS	KnotDNS	✕	✕	权威软件
	Knot Resolver	✕	✓	递归软件
Unbound		✓	✕	递归软件
NSD		✕	✕	权威软件

四、基于加密传输的域名系统的影响

（一）对 DNS 解析时延的影响

解析时延是衡量 DNS 服务水平的重要指标。基于加密传输的 DNS，由于增加了建立加密连接、内容加密、连接释放等步骤，将显著增加 DNS 解析时延。

为验证加密传输对解析时延的影响，以 DoH 服务为例，进行了一组对比实验。分别向 1.2.4.8、8.8.8.8 和 114.114.114.114 三个传统公共 DNS 服务和 Cloudflare 的 DoH 服务（1.1.1.1）发送 1000 次 DNS 请求并计算平均解析时延，实验结果见表4。

表4　传统 DNS 和 DoH 解析时延测试结果　　　　　（单位：ms）

	1.2.4.8	8.8.8.8	114DNS	Cloudflare（DoH）
baidu.com	1.04	50.20	16.03	931.02
qq.com	1.01	70.29	16.01	925.46
taobao.com	1.05	81.01	15.78	977.34
sohu.com	1.10	89.08	15.72	899.31

结果显示，传统公共 DNS 的解析时延均在100ms以内，而 Cloudflare 的 DoH 解析时延则达到900ms以上，相比传统 DNS 增长显著，其中比谷歌传统 DNS 增长约10倍以上，比 114DNS 时延增长约50倍。

为进一步分析 DoH 解析时延增长原因，进行抓包测试。以一次 Cloudflare 的 DoH 服务解析 www.example.com 的 A 记录为例，总时延为1089ms，其中 DNS 解析为196ms，只占总时延约18%，而 TCP 连接和 TLS 连接时延占据总时延约65%，具体如图3所示。

由上图可以得出，一次 DoH 解析中连接建立和释放将消耗大量时延，占据一次解析总时延的80%以上。可以推测，复用连接可明显降低查询时延。为测试复用连接时相对不复用连接的

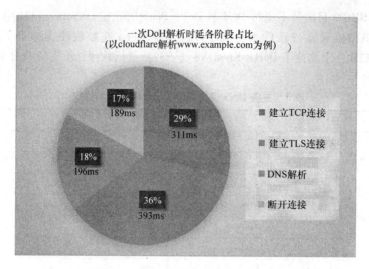

图 3　一次 DoH 解析时延占比情况

耗时情况，进行了一组实验进行对比分析。实验中密钥对由 JDK 中的 keytool 工具生成，客户端和服务端均为 Java 程序，JDK 版本为 JDK1.7.0_80。服务端和客户端均运行在 CentOS release 6.5 操作系统上，处于同一局域网内，因此可忽略网络延迟。实验基于 HTTPS 协议，使用不同加密算法和密钥长度，以复用连接和不复用连接的方式对 100B 报文加密，与服务端进行 1000 次通信，计算平均时延，结果如图 4 所示。

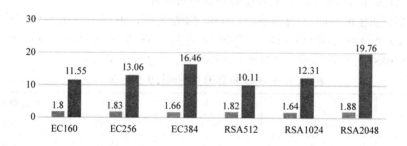

图 4　HTTPS 复用连接和不复用连接时延对比

结果显示，不复用连接时，平均时延在 10.11~19.76ms 之间，复用连接时，平均解析时延在 1.64~1.88ms 之间，相较于不复用连接下降约 8 倍。因此，复用连接可明显降低查询时延，但同时也将带来长连接数增加，并发能力下降等问题，实际应用中需考虑相关因素的平衡。

（二）对 DNS 解析带宽的影响

服务带宽是影响 DNS 服务能力的重要指标之一。基于加密传输的 DNS，由于增加了建立加密连接、证书传送、内容加密、连接释放等步骤，将显著增加 DNS 解析带宽。

为测试基于加密传输的 DNS 对解析宽带的影响，以 DoH 服务为例，进行了一组对比实验。实验分别向 1.2.4.8 公共 DNS 服务和 Cloudflare 的 DoH 服务发送不同域名、不同查询类型的 DNS 请求，并计算回应报文大小，进行比较分析。实验结果见表 5。

表 5　传统 DNS 和 DoH 解析报文测试结果　　　　　（单位：B）

DNS 查询	描述	1.2.4.8	Cloudflare（DoH）	放大倍数
www. example. com A	www. example. com 的 A 记录查询	102	3875	38 倍
. NS	根的 NS 记录查询	853	3700	4 倍
cn DNSKEY（ + DNSSEC）	. cn 的 DNSKEY 记录查询，查询置 DO 位（加 DNSSEC 信息）	949	4200	4 倍
com NS（ + DNSSEC）	. com 的 NS 记录查询，查询置 DO 位（加 DNSSEC 信息）	461	4714	10 倍

结果显示，在各种场景下，DoH 的解析报文和传统 DNS 相比均明显增大，在最常见的非 DNSSEC 状态下的 A 记录请求中，报文放大约 38 倍。在 DNSSEC 场景中，报文也会放大约 4～10 倍。这将导致 DNS 服务能力明显下降，对于递归服务器来说，目前非 DNSSEC 的 A 记录查询是最常见的解析类型，这种情况下，相同带宽下的服务能力可能下降约 40 倍。具体地，10G 带宽的 DNS 服务能力可能由千万量级 QPS 降至十万量级 QPS。

为进一步确定 DoH 解析带宽增长原因，进行抓包测试。以一次 Cloudflare 的 DoH 服务解析 www. example. com 的 A 记录为例，如图 5 所示，总报文大小为 3875B，其中 DNS 应答为 876B，只占报文约 23%，而 TLS 连接消耗 3332B，占总报文约 74%。TLS 连接中，TLS 证书占用 2720B，占总报文约 56%。可见，TLS 连接在一次 DoH 解析中消耗了大量带宽，复用连接或者在客户端缓存服务端的证书可明显改善这个问题，但同样需考虑大量长连接和并发服务能力的平衡。

（三）对 DNS 安全防护的影响

传统的 DNS 节点通常采用串行或旁路的方式部署防护设备和流量监测设备，实施 DNS 流量安全防护、异常监测、流量统计等。DoH 等基于加密传输的 DNS 技术规模应用将对此类传统的防护模式产生较大影响。由于 DNS 流量加密传输，传统的安全设备无法识别流量内容，不能基于内容实施防御和监测。DoH、DoT 等只对应用层内容加密，仍可基于 IP、TCP、HTTP 等协议进行防御和监测。类似 F5 等安全设备的 SSL 卸载功能或可发挥一定作用，但将带来成本上升、部署复杂等问题，其针对 DoH、DoT 等加密流量的实际效果有待进一步验证。

通常，加密传输的 DNS 流量最终传送到 DNS 服务器，因此，基于加密传输的 DNS 等新技术规模应用后，DNS 解析软件本身基于内容的纵深防御能力或将发挥重要作用。

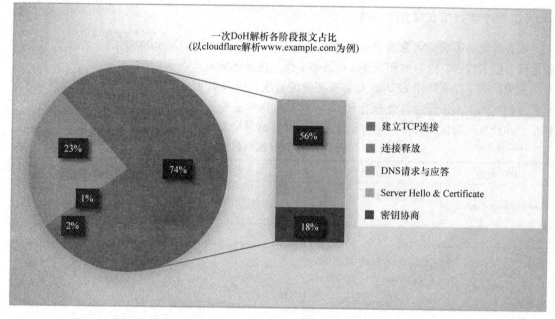

图 5　一次 DoH 解析带宽占比情况

（四）对 DNS 流量监管的影响

基于加密传输的域名系统提供了一种新的 DNS 传输方式，对用户隐私保护有一定作用，但对 DNS 流量监管造成了极大影响。以 DoH 为例，首先，DoH 流量复用 HTTPS 的 443 端口传输，与其他 HTTPS 通信流量混杂在一起，难以进行识别；其次，DoH 流量加密传输，只有 DoH 服务器和客户端能够获得 DNS 请求和应答的内容，管理者无法对内容进行过滤；此外，DoH 流量绕过内部 DNS 或运营商本地 DNS，直接与公共 DoH 服务器通信，导致监管难度增加。

因此，关于 DoH 是否应该大规模推广，业界一直有不同声音。反对派中较有代表性的是 BIND9 软件作者保罗·维克西，他认为 DNS 作为基础服务，是网络控制平台的一部分，网络维护人员必须可以监控、识别和过滤 DNS 流程。相较于 DoH，保罗·维克西推荐使用 DoT 代替 DoH 解决用户隐私问题。网络维护人员可以通过 853 端口识别 DoT 流量，并进行管理。实际上，即使采用 DoT 传输，监管者在 DNS 流量传输过程中仍然无法获取 DNS 请求和应答的具体内容，基于加密传输的域名系统对 DNS 的流量监管带来的挑战不容忽视。

（五）互联网集中化趋势或进一步加强

当前，互联网集中化趋势越发显著。IETF DoH 工作组在 2019 年 3 月的草案 *Centralized DNS over HTTPS（DoH）Implementation Issues and Risks* 中指出，2009 年，全球互联网 30% 的流量指向 30 家大型互联网平台，其中，YouTube 占据了 35% 的移动互联网流量，而网飞（Netflix）公司占据了互联网全部流量的 13.75%。DoH 大规模应用或将在 DNS 层面加剧互联网集中化。支持 DoH 的客户端应用程序通常设置支持 DoH 的公共 DNS 服务器为默认的 DNS 服务器或通过 DoH 服务商提供的 SDK 直接访问其 DoH 服务。如 Chrome 和 Firefox 等支持 DoH 的浏览器分别指向了谷歌和 Cloudflare 两个公共 DoH 服务器，这将导致使用该浏览器的用户 DNS 数据集中到相关 DoH 服务器。

用户大规模使用 DoH 可能会使互联网在 DNS 层面的集中化进一步加剧，从而带来一定潜在的风险，对当前互联网的运行模式带来一定影响，造成包括稳定性下降、CDN 效率降低、安全威胁加剧在内的一系列问题：如集中式的 DoH 相较于全球分布的本地 DNS，易遭受单点故障，稳定性有所下降；CDN 调度可能由于无法获得本地 DNS 地址从而精准性下降；运营商无法在本地通过 DNS 对内容进行控制，也无法通过 DNS 对访问权限进行控制等。

（六）长期 DNS 体系架构或将演变

DNS 自 1984 年发明以来，已稳定运行超过 30 年，是互联网稳定运行的重要基础服务，其递归服务器和权威服务器的架构一直未变，目前全球分布式部署超千万台。

短期看，传统的 DNS 仍将占据主流。长期看，DoH 等技术提供了客户端在应用层与 DNS 服务器直接交互的简便手段，或将促进 DNS 体系架构逐渐演变。同时，DoH 虽然缓解了用户的隐私泄露问题，但由于 DoH 递归服务器仍然掌握用户所有查询数据，并没有完全解决问题。2019年 7 月，IETF 第 105 次会议上，专门举行了 ADD（Application Doing DNS）BOF 会议，讨论由应用程序直接操作 DNS 的问题。这是对传统 DNS 的重大改变，客户端将不再依赖递归服务器进行域名解析，用户的隐私将得到进一步的保护，但由应用程序直接操作 DNS 对包括标准协议、技术研发、运行维护等方面的影响有待进一步研究。

未来，DNS 权威侧或将支持 DoH 等加密传输技术，证书签发和锚点设置将是核心问题之一。目前，传统的 HTTPS 服务主要通过 CA 签发证书，由于 CA 信任问题和成本等因素，业界提出了基于 DNSSEC 的 DANE 技术，该技术实现了网络实体利用 DNSSEC 签发证书的能力，解决了 CA 依赖问题。未来，若最终通过 DANE 技术发布 DNS 权威侧用于加密传输的证书，由于依赖 DNS-SEC 验证，将进一步加剧域名根中心化的问题。

五、发展展望

（一）技术标准方面

DoH、DoT 等基于加密传输的 DNS 技术主要聚焦于客户端和 DNS 递归服务器间的传输链路。随着相关技术标准的正式发布，客户端和递归服务器间链路的 DNS 监听问题得到一定缓解。目前，IETF 相关工作组在该领域的工作重心转移到 DNS 递归服务器和 DNS 权威服务器间链路加密传输支持以及 DoH、DoT 服务的信息发布方式等。未来，若 DNS 权威侧全面支持加密传输，必将产生包括根证书管理在内的众多新的技术焦点，需建立新的技术标准和规范。

目前 RFC 8484 和 RFC 7858 分别对 DoH、DoT 的相关概念和工作流程进行了阐述和说明，在性能和安全性方面虽然有提及，但主要是基于 HTTPS 和 TLS 协议自身进行的讨论，且并不深入。基于上述现状，引导国内大型互联网公司、电信运营商、设备制造企业、高校和研究所等，发挥各自优势，积极参与国际相关组织的相关标准制定工作具有重要意义。标准制定方面，可以着力于提升 DoH、DoT 安全性，降低使用 HTTPS 和 TLS 协议带来的额外成本和提高服务性能等方面。同时，为了应对 DoH、DoT 对监管带来的挑战，适时推进适合我国互联网特点的相关标准制定也尤为重要。随着 DoH、DoT 的进一步发展，对 DNS 体系架构的影响也将逐步显现，因此有必要在技术和标准方面提前布局，同时做好与现有网络运维架构和技术规范的衔接。

（二）产品研发方面

目前，虽然 DoH、DoT 等基于加密传输的 DNS 技术已成为正式国际标准，但在实际应用中，相关产品如 DNS 服务器软件、浏览器、移动应用等对其支持度仍然有限。随着用户对网络隐私关注度的日益提高，预计未来相关产品对相关协议的支持度将不断提高。DoH、DoT 等新技术保障用户隐私的同时，也对传统的 DNS 服务模式提出了挑战，需要适合新技术的新产品支撑新服务的高效、稳定运行。针对由加密传输的域名系统技术引发的服务性能、证书管理、服务监管等问题，国内相关研发机构仍需加强基础研究，补齐技术短板，研究并适时推进我国自主开发的相关 DNS 服务器软件、安全设备等对 DoH、DoT 等最新技术标准和协议的支持，进一步丰富产品功能，提升产品竞争力，保障我国互联网用户网络隐私的同时，确保域名服务稳定运行、安全可控。

（三）应用方面

DoH、DoT 的出现顺应了业界弃用不安全通道的趋势，得到了一些互联网公司的响应。目前谷歌、Cloudflare 等公共 DNS 服务提供商已经支持 DoH、DoT 查询。随着国内用户对网络隐私关注度的日益提高，对于 DoH 和 DoT 服务的需求也将水涨船高，引导国内大型互联网公司和网络服务提供商推出自主可控的 DoH、DoT 服务能有效保障我国用户隐私和网络安全。

客户端方面，当前支持 DoH 且有一定实用价值的客户端软件主要有 Chrome 和 Firefox 浏览器，但上述两者都只能在浏览器层面设置 DoH 服务并且设置步骤较为复杂，对一般用户并不友好。为了进一步推广 DoH、DoT，预计未来将出现易于使用的、能够在操作系统层面设置 DoH 或 DoT 服务的客户端软件。

DoH、DoT 的使用也给一些基于 DNS 的应用带来了一定影响。基于传统 DNS 实现的访问控制和过滤功能在用户使用 DoH 或 DoT 时会失效；对于企业来说，使用 DoH 可能意味着无法让域名仅能在私有网络中被访问。上述问题对浏览器或其他客户端应用提出了更高的要求，如何混合运用多种解析模式为用户提供定制化的解析结果将成为亟待解决的问题。

（四）政策法规方面

建议持续关注 DoH 等技术的大规模应用可能对域名管理、安全监管带来的影响，联合国内相关机构进行深入广泛研讨。在时机成熟时，可推动国家相关部门制定相关政策法规予以引导。同时加强对 DoH、DoT 服务的应用监管，打击不良域名应用，持续保障国家网络安全。

（本文作者：张海阔　左鹏　袁梦　朱宁）

边缘计算对互联网基础资源发展的影响分析

摘要：在云计算时代，"云中心 + 客户端"的模式得到广泛应用。云中心与客户端之间通过网络连接进行数据交换，云中心为客户端提供计算、存储等服务。随着互联网技术的发展与推广应用，各类应用对于网络延迟及安全性等方面的要求越来越高。同时，物联网的应用推广使得网络接入设备数量增长迅猛，导致互联网骨干区域的压力逐渐增大。在此情况下，现行的"云中心 + 客户端"模式将遭受强烈冲击[1]。

近些年来，边缘计算（Edge Computing，EC）因其在传统互联网与物联网应用中的良好表现受到广泛关注。边缘计算在优化网络性能、提高网络安全等方面具有独到的优势，其应用与推广推动了物联网、互联网及通信领域内的技术发展。本文将从边缘计算的发展现状入手，阐述边缘计算的基本概念和技术原理，并分析其面临的优势与挑战及典型应用场景。最终将基于边缘计算的应用现状及发展趋势预测其对网络基础资源发展的影响。

关键词：云计算；边缘计算；网络基础资源；边缘计算发展趋势

一、边缘计算的发展现状

（一）边缘计算产生的背景

网络应用的发展是推动技术发展的源动力。近年来，在网络应用的不断促进下，物联网、大数据和云计算等领域内的新技术不断涌现，推动了网络产业的变革，同时也对计算技术提出新的要求。在互联网、物联网及移动互联网等相关产业的推动下，入网设备数量激增，网络传输数据量呈爆发式增长。根据相关机构统计数据显示[2]，到 2022 年，全球 IP 年流量将达到每年 4.8 ZB，相较于 2017 年的 1.5 ZB，整体增长率达到 320%。未来几年，IP 流量将以 26% 的复合年增长率增长。到 2022 年，IP 流量将从 2017 年的人均 16GB 增长到人均 50GB。繁忙时段的互联网流量比平均网络流量增长更快，在 2017—2022 年，繁忙时间（或一天中最繁忙的 60 分钟）的互联网流量将增加 4.8 倍，平均互联网流量将增加 3.7 倍。互联网用户总数预计将从 2018 年的 39 亿增长到 2023 年的 53 亿，复合年增长率为 6%，占 2018 年全球人口的 51%，到 2023 年占全球人口普及率的 66%，连接到 IP 网络的设备数量将是全球人口的三倍多。2023 年人均网络设备数量将达到 3.6 个，2018 年人均网络设备数量为 2.4 个。到 2023 年，网络设备数量将达到 293 亿个，远远高于 2018 年的 184 亿个[3]。

网络应用的改变与新需求的提出使传统的云计算模型遭受了挑战。在云计算时代，主流的计算模型是"云中心 + 客户端"模式。客户端产生数据，经由网络传输到云中心，在云中心完成处理之后，将结果返回客户端。这种模式在对时效性要求不强的场景下（如云存储应用场景下）较为适用，但缺点也同样明显：网络路径较长导致传输成本过高，同时对于数据传输过程中的链路安全也需要设置严格的防护策略。网络技术与应用的发展使网络边缘的数据规模迅速增大，如摄像头、海量传感器等设备在网络边缘产生大量的数据，利用传统的云中心模式进行数据传输将对网络产生极大的压力。同时，自动驾驶、增强现实和虚拟现实等网络应用对延时的要求较高，传统云计算模式无法完全满足其需要，迫切需要提出对提高网络速率、降低网络延迟和保证数据安全等问题的解决方案。

为了解决上述问题，业界提出了边缘计算的概念。2015 年，美国卡内基梅隆大学正式提出了边缘计算的概念（Edge computing，EC），并于 2015 年 6 月联合 Vodefone 和 Intel 等公司成立了开放边缘计算倡议组织（Open Edge Computing Initiative）[4]，旨在从学术层面推进边缘计算的研究。从概念上讲，边缘计算是在靠近物或者数据源头的网络边缘侧融合网络、计算及存储等资源形成应用平台，通过将云中心的计算任务迁移到网络边缘的应用平台而降低网络数据传输量、降低网络延迟并增强安全性的计算模型。边缘计算产生的目的是解决云计算模型不能满足新兴网络应用对于服务响应能力要求相对较高、数据隐私保护更加安全和网络数据传输速率更快等新的需求。随着物联网技术的发展以及网络应用的持续推动，边缘计算在各个应用领域内逐渐展现出其在提升网络安全性和提高网络性能等方面的显著优势，受到越来越多的关注[5]。

（二）发展状况

边缘计算在产生初期就受到了业界的广泛关注。随着边缘计算在各个领域中的优势逐渐体现，边缘计算在学术研究、标准化研究和产业应用等方面稳步发展。

1. 学术研究领域的发展状况

边缘计算的思想起源于 20 世纪 90 年代后期的内容分发网络（Content Delivery Network，CDN），CDN 服务器作为网络视频以及 Web 内容等静态网络数据的存储服务器，可有效降低网络内容传递的延迟。自 20 世纪初开始，各类网络应用逐渐迁移到 CDN 平台中，促进了 CDN 功能和性能等方面的进一步扩展及完善[6]。

近年来，随着网络应用对于网络性能需求的不断提升，网络延时等关键指标的要求日趋严格。如物联网技术的发展促进了自动驾驶等物联网应用的推广，自动驾驶需要实时对路况信息做出判断，网络延迟是影响结果精准的重要技术指标，"云中心 + 客户端"的工作模式在数据跨网络传输时产生的网络延迟无法满足此类场景的实际需求[7]。

2009 年，M. Satyanarayanan、Victor Bahl 首次在其论文中提出了朵云（CloudLet）的概念[8]。卡内基梅隆大学在 2013 年创建了基于朵云思想的研究项目，用于探索在靠近终端的位置提供云计算服务，降低网络延迟[9]。Karim Arabi 在 IEEE DAC 2014 主题演讲中提出了边缘计算的一种定义方式，即在云之外的所有计算都发生在网络边缘，尤其是在应用程序中需要实时处理数据的地方[10]。相对于传统云计算中心来说，边缘节点更靠近用户，且具有一定的云计算能力。边缘计算在处理对于网络性能要求较高的网络应用时具有明显的性能优势，因此得到了领域内研究人员的重视。2014 年，在移动互联网领域内，欧洲电信标准协会 ETSI 提出了移动边缘计算（Mobile Edge Computing，MEC）的概念[11]，并迅速被业内广泛认同。MEC 通过在基站内为移动设备提供云服务的模式，将云中心计算能力下放到基站附近，在靠近用户的地方提供位于网络边缘的云服务，从而降低网络延时，取得了良好的应用效果[12]。

此后，边缘计算在各行业内的研究得到迅速发展。2015 ~ 2017 年，边缘计算方面的研究不断涌现，在诸如智慧城市、智能家居等物联网应用、5G 通信技术以及互联网等应用场景下，研究人员使用边缘计算模式有效地解决了此类网络应用对于低延时、高网络传输速率的网络性能要求[13]。随着边缘计算的不断发展，其研究范围愈加广泛，涉及应用领域众多。美国韦恩州立大学施巍松教授团队在《边缘计算》一书中系统地阐述了边缘计算的技术演进路线和技术优势，列举了边缘计算在物联网、互联网以及 5G 网络通信技术等多个领域内的应用场景，并指出了边缘计算在技术、安全等方面所面临的挑战[14]。

2. 标准化历程

随着边缘计算技术的不断发展，针对边缘计算技术的标准化工作也在逐步开展，国内外相关机构陆续推进相关标准的研究制定工作[15]。2015 年，欧洲电信标准协会（European Telecommunications Standards Institute，ETSI）发布了边缘计算白皮书[16]，其中主要涉及内容为边缘计算的概念、应用场景和平台架构等，并对边缘计算相关标准化内容进行了阐述。2016 年，由华为、中国科学院沈阳自动化研究所、中国信息通信研究院、英特尔、ARM 和软通动力联合成立边缘计算产业联盟（Edge Computing Consortium，ECC）[17]，该联盟旨在搭建边缘计算产业合作平台，推动 OT 和 ICT 产业开放协作，孵化行业应用最佳实践，促进边缘计算产业健康与可持续发展，推进边缘计算标准化进程。在汽车、通信以及云服务等领域内，相关公司也组织建立了相应的边缘计算联盟或者协会，致力推动边缘计算标准化发展[18]。其后，边缘计算的参考架构 2.0[19]、边缘计算参考架构 3.0[20]、5G 的边缘计算部署架构[21] 等一系列具有影响力的研究成果被陆续提出。

边缘计算在多个领域内都有应用价值，因此不同领域内的研究人员都希望针对本领域场景提出相应标准，用于促进边缘计算在各个领域的应用与发展。总体而言，边缘计算在各个领域内的应用尚未完全成熟，仍在不断探索中。2018 年 12 月，中国电子技术标准化研究院联合阿里云计算有限公司发表了《边缘云计算技术及标准化白皮书（2018）》[22]，书中提出了边缘计算标准化的相关建议，以期满足边缘计算与云计算相结合的需求和特性要求。

3. 产业发展状况

边缘计算的应用与推广离不开产业界的推动。国内外产业界在推动边缘计算的应用中做出了不同程度的努力，其中大多数结合自身业务需求展开相关技术研究，推动边缘计算在不同场景下解决实际问题。我国在边缘计算产业中发挥了重要作用，这其中主要包括：

在物联网领域，华为公司在边缘计算的应用落地方面走在了国内前列。2016 年以来，华为在电梯物联网、照明物联网、电力物联网等应用场景下，实现了边缘计算的落地，在应用场景中成功引入了边缘计算，在降低运维成本、节约能源以及降低资源使用情况等方面取得了良好的应用效果[23]。

在通信领域内，中国移动成立边缘计算开放实验室并开发了边缘 IaaS 平台 BC - Edge[24]、中国联通的 CUBE - Edge 2.0 边缘业务平台[25]、中国电信的工业互联网平台[26] 等，都推动了边缘计算在通信领域内的落地与进一步发展。2019 年 10 月 31 日，工业和信息化部在中国国际信息通信展览会开幕论坛上宣布 5G 商用正式启动。目前全球电信运营商正在加速推进 5G 建设[27]，边缘计算作为 5G 时代的关键技术之一，在 5G 的推广应用中将起到更为关键的作用[28]。

在云服务领域内，国内大型云服务提供商都提出边缘计算的概念并加以应用，如百度云在 2018 年发布国内首个智能边缘产品"智能边缘"[29]，阿里云推出了实现"云-边缘-端"的一体化协同计算等功能的 IOT 边缘计算产品 Link Edge[30]，腾讯云推出的物联网边缘计算平台 IECP 等[31]。边缘计算在云服务领域的落地与实现推动了互联网应用的持续发展。

边缘计算在国外的各个领域内的应用则同样广泛，如亚马逊的 AWS IoT for the Edge。AWS IoT 服务可以在本地网络中对设备进行操作，并对设备产生的数据进行聚合、过滤[32]，支持在云端编程并部署于边缘设备，在边缘计算模式下，使设备在未连接 Internet 的情况下也可以与其他设备保持通信等。

除了以上领域，边缘计算在诸如农业、医疗保健等领域也成功落地，更多的应用尝试将进一步加速边缘计算在各个领域内的普及，边缘计算在各行业内的应用价值将进一步凸显[33]。

二、边缘计算技术原理

边缘计算的兴起在一定程度上改变了网络结构，优化了传统集中式的数据计算处理模式，将计算与存储等功能由网络中心向网络边缘迁移，以更加靠近终端设备的方式来降低网络传输耗时，从而提高网络性能。以下将对边缘计算的技术原理进行分析。

（一）核心思想

1. 边缘计算的基本原理

边缘计算通过将计算任务迁移到网络边缘，在靠近数据源的位置进行运算，达到降低数据传输的延迟的目的。图 1 所示为传统云计算模型和边缘计算模型的差异[14]。

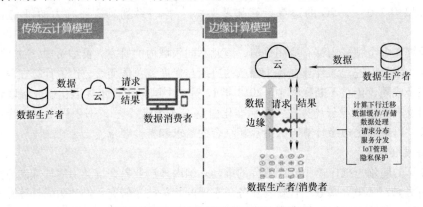

图 1　传统云计算模型和边缘计算模型

如图 1 所示，在传统云计算模型中，数据通过网络在数据生产者和云中心之间直接传输，终端设备将完整的数据传输到云中心，计算任务由云中心完成。而在边缘计算中，云中心与数据生产者之间部署边缘节点，边缘节点在网络上靠近数据生产者，通常与数据生产者位于同一个局域网（如基站）内。图 2 所示为边缘计算模型层次结构。

如图 2 所示，边缘层位于现场终端和云中心之间。边缘层的作用根据应用场景的不同显现出不同的特征。

一是在物联网应用中，边缘层负责处理传感器、监测设备传给边缘层的数据，并下发进一步指令。如自动驾驶场景中，边缘层用于处理汽车实时传输的路况数据，并根据处理结果给出合理的行进路线，保证行车安全。

图 2　边缘计算模型层次结构

二是在互联网应用中，边缘层起到传输网络视频、网页数据以及处理应用请求信息等作用，在更接近用户的网络边缘提供云计算服务。如在增强虚拟现实等应用中，可以有效地降低网络时延和数据包抖动，提高网络性能。

三是在网络通信技术中，对边缘层将处理终端设备等发起的请求并进行数据转发，以提高网络通信效率，如在 5G 技术应用中，可利用边缘云实现原云中心的计算、转发等功能，为优化网络性能起到关键作用。

2. 边缘计算的参考架构

边缘计算的主要目的是降低网络、计算等资源的消耗，同时降低网络延迟、保证数据安全性和系统可靠性。根据边缘计算的技术特征，可以将边缘计算的模型划分为"现场-边缘-云中心"三层结构。其中，现场设备通过网络接口连接到边缘层，边缘层向下和向上分别连通边缘设备和云计算中心。图3所示为ECC提出的边缘计算参考架构3.0，综合性地归纳了边缘计算各个层次之间的关系以及主要组成部分[20]。

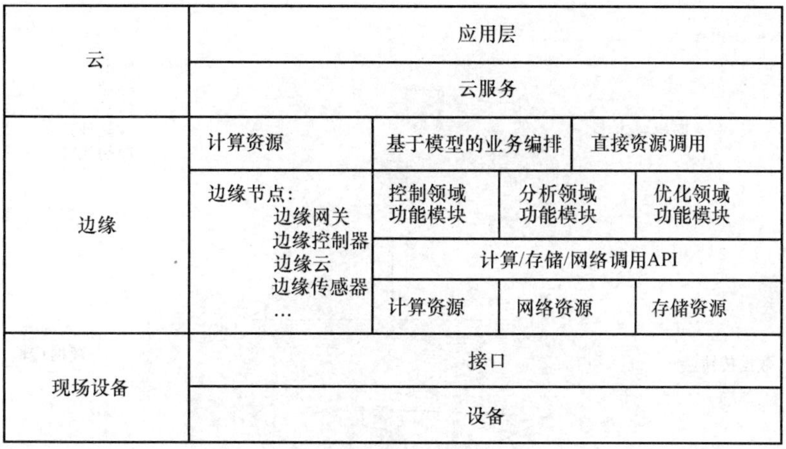

云	应用层		
	云服务		
边缘	计算资源	基于模型的业务编排	直接资源调用
	边缘节点： 边缘网关 边缘控制器 边缘云 边缘传感器 …	控制领域 功能模块	分析领域 功能模块	优化领域 功能模块
		计算/存储/网络调用API		
		计算资源	网络资源	存储资源
现场设备	接口		
	设备		

图3　边缘计算参考架构3.0

如图3所示，边缘层包括边缘节点和边缘管理器两个主要部分。边缘节点是硬件实体，承载边缘计算业务的核心。边缘计算节点根据业务侧重点和硬件特点的不同，包括以网络协议处理和转换为重点的边缘网关、以支持实时闭环控制业务为重点的边缘控制器、以大规模数据处理为重点的边缘云和以低功耗信息采集和处理为重点的边缘传感器等。边缘管理器的核心则是管理软件，主要功能是对边缘节点进行统一管理，边缘管理器通过模型驱动的业务编排的方式组合和调用功能模块，实现边缘计算业务的一体化和敏捷部署。

3. 边缘计算的特征

边缘计算的特征可以归纳总结为以下三个方面[20]：

1）接入兼容。接入兼容是边缘计算的关键技术。边缘设备多种多样，采用的数据及网络接口也有所不同，在设备接入网络时，需要考虑到不同设备与边缘服务器的接入问题，如各种网络接口、网络协议、网络拓扑与配置以及后期维护等问题，保证各种边缘设备可以顺利接入网络，配合边缘计算系统的管理。

2）分布式。边缘计算天然具有分布性。一个完整的边缘计算模型中具有大量的边缘服务器，因此边缘计算具备分布式计算和存储的特点，同时也支持分布式资源的动态调度与统一管理。如在部分边缘服务器的资源不足时，可将任务调度到其他空闲服务器上完成。

3）数据管理。边缘计算服务器需对边缘设备上传的数据进行处理及存储，大量实时且完整的数据会不断地传输到边缘服务器中，而不同设备传输的数据格式也不尽相同，这需要边缘服务器根据不同格式的数据进行分别处理，并完成数据交换等动作。为进一步提升边缘计算应用效果，所获得的热点数据及处理结果会同时保存在本地缓存中，这也需要做好对数据存储的管理工作。

（二）边缘计算网络架构

1. 云计算的网络结构

在云计算模型中，整个网络结构可分为三层，最下层为设备接入层，位于网络边缘；第二层为数据传输层，是由路由器等网络设备构成的基础网络层；最上层为网络应用层，位于云中心，由各种网络应用构成，如视频、音频、数据处理及数据存储等。图 4 所示为云计算网络结构示意图。

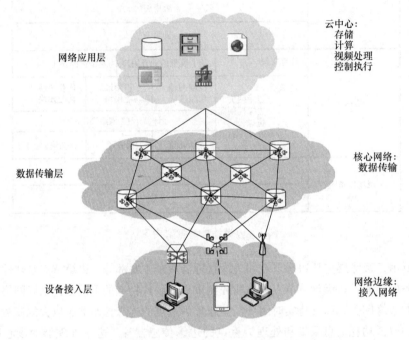

图 4　云计算网络结构示意图

如图 4 所示，云计算网络结构可以分为以下三个层次。分别为：

1）最底层为设备接入层。用户通过网络交换机、WiFi、蜂窝和基站等基础设施接入网络，通过网络发送数据或者请求网络应用服务。设备接入层需支持各类网络设备的接入，如智能手机、PC 等互联网设备以及传感器、监测器等物联网智能设备的接入。

2）中间层为数据传输层。数据传输层的主要设备是路由器。路由器负责记录各个 IP 地址之间的路径信息，起到连通网络的作用。路由器作为不同网络之间互相连接的枢纽，构成了基于 TCP/IP 的互联网的主体脉络，是网络数据传输的基础桥梁。

3）最高层是网络应用层。位于这一层的设备主要运行着各种服务、网络应用的服务器或者服务器集群，包括 web、游戏和视频等各种互联网业务应用。

2. 边缘计算网络结构

随着边缘计算的发展，网络结构逐渐出现了新的层次划分，与"云中心-传输层-客户端"的三层网络结构不同。在边缘计算模型中，多了一层边缘平台层，边缘平台层会对接入平台的边缘设备传入的数据进行预处理，并下达一定的指令，以达到降低因网络传输延迟等目的。在边缘计算模式下，图 5 所示为边缘计算的网络结构。

如图 5 所示，边缘计算网络模式可分为四层。其中：

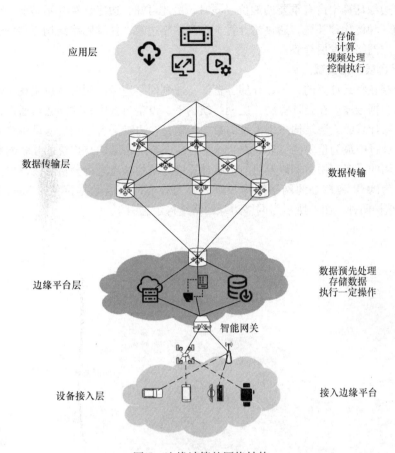

图 5　边缘计算的网络结构

1）最底层是设备接入层。边缘设备通过这一层的智能网关向上连接边缘平台层，与边缘平台层的不同应用建立连接，传输数据并获得反馈，如智能汽车将路况数据发送给边缘平台智能驾驶应用，智能驾驶应用通过处理路况视频，从而给汽车下达行使路线与行使指令。

2）第二层是边缘平台层。这一层作为边缘计算模型核心层，包含诸如边缘云、边缘管理器等与边缘计算控制相关的组件。边缘平台层向上连接传输层，向下连接各种终端，如智能手机、PC 等互联网终端设备以及各种物联网传感器、监测器等。边缘平台层在网络上要支持各个异构设备的连接，并且提供合适的服务发现功能，在服务上要支持处理各个终端设备的请求，如智能汽车的驾驶请求，智能手表的数据处理收集等服务。在边缘平台层，网络结构发生了一定的变化，为适应边缘计算对于数据传输、数据安全等要求，研究人员做出了一系列研究，其中命名数据网络（Named Data Networking，NDN）取得了相对良好的应用效果[7]。

3）第三层是数据传输层。与传统互联网相同，用于传输数据，在边缘计算模型中，传输的数据位于边缘平台到网络应用层之间。

4）第四层为网络应用层。与边缘计算相关的一些网络应用，如物联网、互联网诸多应用都放置于其中。

与传统云计算相比较而言，边缘计算中边缘层实现了原云中心计算、存储等功能的边缘化，使网络边缘的终端在请求计算任务时不需要经过核心网络到达云中心，而是在靠近网络边缘的边缘平台获取服务支撑，从而降低数据传输与网络请求处理的网络延迟，提高了服务性能。因此，边缘平台层在边缘计算中占有重要的地位。同时，由此可知，边缘计算并不是要替代云计算，而是对云计算的一种优化和补充，通过将计算下沉到网络边缘，使其网络结构更加符合当前网络应用的需求，适应网络的发展趋势。

3. 边缘平台层网络实现

边缘平台层在将云计算的计算、存储等资源下放到网络边缘的同时，也实现了网络边缘设备的网络接入和数据传输。在云计算的三层网络结构下，设备与云中心建立数据通道，完成数据传输，但是在边缘计算的四层结构中，大量的数据传输是在边缘平台层和边缘设备之间完成，边缘平台层是边缘计算中最为重要的一环。在边缘平台层，其网络结构与传统的互联网有所不同。根据对本文中引用的诸多应用案例以及目前边缘计算网络结构特点进行分析可以得出，边缘层的网络结构可以分为以 IP 为核心的网络结构和以内容为核心的命名数据网络（Named data Networking，NDN）结构两种。图 6 所示为网络边缘网络结构示意图。

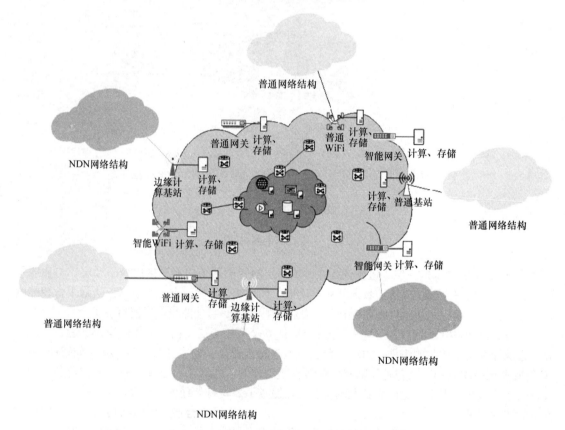

图 6　网络边缘网络结构示意图

如图 6 所示，在当前阶段的各类边缘计算应用中，NDN 网络结构与传统的网络结构均有一定的应用场景。相对于传统网络结构，NDN 在近年来才逐渐被人们了解，以下将对命名数据网络的原理以及优势进行分析。

（1）命名数据网络工作原理

NDN 源自内容中心网络（Content Centric Networking，CCN），旨在构建一种以内容为中心的网络架构。NDN 目前由全球多个权威机构和大学参与研究执行，已在多所大学试点试运行，在边缘计算中发挥着重要的作用[34]。图 7 所示为 NDN 网络结构图。

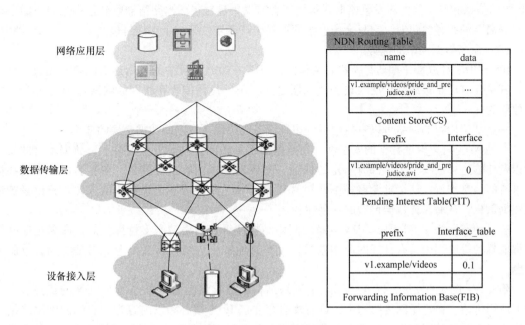

网络应用层

数据传输层

设备接入层

图 7 NDN 网络结构图

如图 7 所示，NDN 网络层级结构与互联网相似，但二者有一定的区别，主要有两点：一是不同于基于 TCP/IP 的互联网，NDN 网络是以内容为中心的网络结构，其命名寻址方式基于内容，而不是 IP 地址。二是传输层使用 NDN 路由器，与传统路由器不同，内部有三张基于内容与名称的路由表，内容存储表（Content Store，CS）用于存储名称和对应数据，由于要存储数据，因此 NDN 路由器需带有存储功能。待解决兴趣表（Pending Interest Table，PIT）用于记录兴趣名字以及接收到匹配兴趣的接口集合。转发信息表（Forwarding Information Base，FIB）记录路由器转发包的进出口，用于转发策略调整。图 8 所示为 NDN 的兴趣包和数据包。

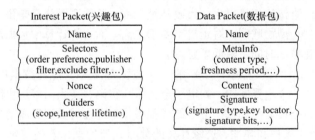

图 8 NDN 的兴趣包和数据包

如图 8 所示，NDN 的兴趣包和数据包承担了数据交换的主要功能。兴趣包由数据请求端发出，数据包返回所请求的数据。在 NDN 网络结构中，寻址基于名字（name），name 标识了资源所在的位置，路由表 PIT 中存储的表项 v1. example/videos/pride _ and _ prejudice. avi 所标识的数据是视频资源 pride _ and _ prejudice. avi 所在的位置。当兴趣封包到达时，NDN 路由器会先查询内容暂存中是否有符合的资料，如果有相符的资料，路由器会直接透过兴趣封包传来的界面回传资料封包，否则路由器会在 PIT 中查询兴趣封包的名字。如果有相同的条目在 PIT 中，路由器会在该 PIT 的条目中简单记录兴趣封包的来源界面；如果在 PIT 中没有相同的条目，路由器将会基于

FIB 中的信息和路由器的转发策略向资料生产者转发兴趣封包。当路由器收到很多来自下游节点中相同名字的兴趣封包时，它只会向上游的资料生产者转发第一个兴趣封包。

（2）命名数据网络的优势

由于 NDN 对边缘计算具有天然的亲和性，NDN 在边缘计算中的应用逐渐成熟。在边缘计算中，其主要应用于边缘平台层与设备接入层之间，用于代替传统互联网的网络边缘接入[35]。主要原因为：

一是基于内容的网络可以有效地提升边缘设备与边缘平台之间数据交换的速率。

二是 NDN 可以保证数据的安全性。在数据加密和访问控制等安全策略下，数据本身的安全性以及传输过程的安全可信都有一定的保证。NDN 对请求内容进行签名，在签名过程中对数据请求者的信息加密，使请求者路径不被轻易获取，NDN 路由器不记录数据请求方，只记录被请求数据信息，从而保证数据传输的安全性。

三是动态网络支持性高。NDN 本身的网络结构使得其网络动态支持性良好。命名数据网络在智能驾驶等应用中具有良好的应用效果，可有效地解决传统域名系统无法满足的动态性服务问题。

随着 5G 技术的发展，以 IP 为核心的网络结构依然有强健的生命力，而 NDN 的优势也有可观的应用价值。在边缘网络结构中，目前普遍存在以 IP 为核心和以内容为核心的两种网络结构的应用场景。两种网络结构各自都有着相应的应用价值，如何选择两种网络结构由具体的应用场景而定。

（三）优势

边缘计算在近些年来得到了快速的发展，其发展与算法、数据和网络传输等领域技术的发展密切相关。目前大多数网络应用的主要运算能力都是由云计算提供，数据只在源数据设备和边缘设备之间交换，不再全部上传至云计算平台，因此，与云计算相比，边缘计算具有以下优势：

1）边缘计算带来了更快的传输和响应速度。一些互联网、物联网应用面对的数据量越来越大，逐渐不适合直接上传到云计算中心进行处理，不仅网络带宽压力大，对海量数据的搜索耗时也无法满足需求。对于直接运用于民生、市政甚至工农业的物联网体系来说，效率和速度的意义重大。尤其是精密的生产型物联网，对延迟率要求更高。而边缘计算中数据源与边缘的近距离交互，降低了数据传输花费的时间，降低了延迟。

2）安全性更高。云计算模型中，用户的一切数据都需要上传到数据中心，而在这个过程中，数据安全性就成了一个重要问题。如电子金融账户密码、搜索引擎历史以及智能摄像头监控等，这些个人的隐私数据在上传到数据中心的过程中，都存在着数据泄露的风险。

3）边缘计算的可扩展性和弹性。边缘计算的分布式架构意味着随着延迟的降低，它能够提高弹性、降低网络负载，并且更加容易实现可扩展。在边缘计算中，允许大量的边缘设备接入，边缘计算的数据处理从数据源开始。一旦完成了数据处理，只需要发送需要进一步分析的数据。这大大减少了组网需求和集中式服务的瓶颈，可以避免服务中断并提高系统的弹性，减少了扩展集中式服务的需求，降低了集中服务需要处理的流量，实现节省成本、降低设备复杂性和管理难度的目的。

4）有效减少带宽成本。一些连接的传感器（例如相机或在引擎中工作的聚合传感器）会产生大量数据，将所有数据发送到云计算中心将花费很长的时间和极高的成本。随着智慧城市和公共安全需要的增加，摄像头的视频分析技术的重要性逐渐凸现。但是，由于摄像头数量多而且产生的数据量极大，直接上传到云计算中心进行集中处理的方式已经逐渐无法满足业务需求。这种集中处理的方式不仅使网络带宽承受巨大的压力，而且对数据中心和用户而言，海量数据的搜索耗时也是不能接受的。边缘计算的计算边缘化有效地降低了其中的带宽成本，从而提升了数据处理性能。

5）边缘计算发掘了传统云计算忽略的边缘计算能力，产能比更划算。在整体上云计算的思路下，终端设备将原始数据传输到云中心，本身不做数据处理，设备本身的计算能力基本被放弃。对于物联网来说，大量的设备整合起来同样具有不容忽视的计算能力，边缘计算则有效地调集了此部分能力，形成了"中心+分散"的运算模式，产能比更高，提升了资源的利用率。

（四）挑战

目前边缘计算已经得到了各行各业的广泛重视，并且在很多应用场景下开花结果，但边缘计算的实际应用还存在很多问题需要研究。边缘计算在学术方面和实际应用中都面临着一些挑战。在学术方面，主要涉及计算卸载、移动性管理等问题[14]。在实际应用中主要面临电源供给选择、边缘节点部署位置的选择等问题[36]，以下将分别阐述在学术和实际应用中需要应对的挑战。

在学术研究方面，边缘计算面临的问题主要有以下几点：

1）计算卸载。计算卸载是指终端设备将部分或全部计算任务卸载到资源丰富的边缘服务器，以解决终端设备在资源存储、计算性能以及能效等方面存在的不足。计算卸载的主要技术是卸载决策。卸载决策主要解决的是移动终端如何卸载计算任务、卸载多少以及卸载什么的问题。在边缘计算领域，计算卸载的问题依然是研究热点，还需要更加深入的研究，人们希望能够找到合理的卸载方案，更好地解决实际问题。

2）移动性管理。边缘计算依靠资源在地理上广泛分布的特点来支持应用的移动性，一个边缘计算节点只服务周围的用户。但这种移动性导致了新的问题，一方面是资源发现问题，即用户在移动的过程中需要快速发现周围可以利用的资源，并选择最合适的资源。同时边缘计算的资源发现需要适应异构的资源环境，还需要保证资源发现的速度，才能使应用不间断地为用户提供服务；另一方面是资源切换问题，即当用户移动时，移动应用使用的计算资源可能会在多个设备间切换。资源切换要将服务程序的运行现场迁移，保证服务连续性是边缘计算研究的一个重点。一些应用程序期望在用户位置改变之后继续为用户提供服务。边缘计算资源的异构性与网络的多样性，需要迁移过程自适应设备计算能力与网络带宽的变化。

3）边缘计算和5G的相互作用、相互发展。5G网络是互联网和数据处理的未来，边缘计算是确保5G无缝工作的关键组成部分。二者如何结合才能发挥最大的作用也需继续研究。因此，边缘计算的计算架构中仍存在很多需要研究人员完善的地方。

在实际应用方面，同样面临着一些问题。边缘计算具有很大的优势，但是如何利用好这些优势为人们提供更好的服务也同样重要，本文主要提出以下两点：

1）在实际应用中，需要考虑边缘节点的电源供给问题。为了实现以最佳状态运行，边缘数据中心必须能够在任何地方进行处理。

2）边缘服务器位置的选择。在实际的边缘计算中心部署方面，存在两个问题，一方面是空间问题，一些地区，比如大学校园，需要部署比服务于家庭住宅区域更多的处理器。所有这些处理都需要服务器，而这些服务器的部署，需要较多的物理空间，从而引发难以协调物业等问题。另一方面是物理环境问题，用于边缘计算的服务器，对于部署环境也有较高的要求，在湿润、温暖、潮湿的地方都无法达到最佳的工作状态。因此，边缘服务器的部署及后期维护管理等问题都需形成一定的指导方案，保证边缘服务器合理安装及稳定运行。

三、边缘计算的典型应用场景

边缘计算在万物互联时代加速数据处理进程、提升数据安全等方面的特性使其具有广泛的应用场景和极大的发展空间。不仅在物联网领域内对边缘计算有着强烈的需求，在传统互联网领域以及 5G 领域内也迫切需要边缘计算的助力，以下将对边缘计算在这三类场景中的典型应用进行介绍。

（一）边缘计算在智能家居中的应用

近年来，智能家居已经逐步走进千家万户，涉及品类也日益丰富，如供暖、通风空调器、多媒体、家用电器以及警报系统等逐步加入到智能家居的行列。据预测，我国智能家居市场规模在 2021 年将达到 4369 亿元[37]。迅速增长的智能家居设备将产生海量数据，进而对网络传输提出了更高的要求。大多数智能家居设备直接与互联网相连实现远程管理，在便捷人们生活的同时，也带来了数据、隐私泄露等安全风险。

边缘计算正是加速数据处理进程、提升数据安全的关键技术手段之一，可以较好地适配于智能家居场景。在智能家居环境下，数据的处理一般经由云计算服务、边缘计算服务、智能网关、智能设备几部分共同完成。图 9 所示为在智能家居场景下典型的边缘计算架构图[14]。

边缘计算服务器为智能设备提供计算服务，应用位于云端。除边缘计算服务外，其他部分与现有的智能家居系统基本类似。边缘计算服务为架构中的核心部分，用于管理接入的智能设备，对其传入的数据进行处理并控制各个设备进行动作。根据边缘计算的特性可知，由于数据并未传输到云中心，将减少对网络带宽造成的压力，并提高居家数据的安全性，合理保护个人隐私。

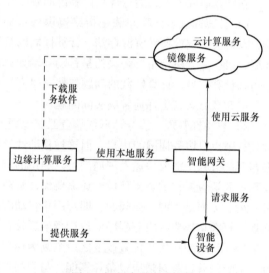

图 9　智能家居系统架构

（二）边缘计算在 5G 中的应用

第五代移动通信技术（5th Generation Mobile Networks，5G）是最新一代蜂窝移动通信技术。在 4G 技术之后，5G 技术以更快的传输速率、更低的网络延迟以及更少的资源占用等优势引起广泛关注并得到迅猛发展，并已逐步投入商用。据报道，韩国通信服务提供商 KT 在 2018 年韩国平昌冬季奥运会上提供了全球首个大规模 5G 网络，为用户提供如同步观赛、互动时间切片、360 度 VR 直播等沉浸式 5G 体验服务[38]。

移动边缘计算（Mobile Edge Computing，MEC）通过在无线接入侧部署通用服务器，为无线接入网提供计算的能力。在优化移动互联网性能等方面的特性使 MEC 得到学术界和产业界的广泛支持，现已成为 5G 技术的关键部分之一[39]。图 10 所示为 MEC 在 5G 技术中的工作模式图。

如图 10 所示，每个用户终端（User End，UE）发起内容调用申请时，传统的内容获取需要

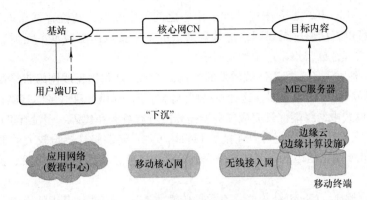

图 10　MEC 在 5G 技术中的工作模式

经过基站接入后，通过核心网（Core Net，CN）连接目标内容，再逐层进行传递完成终端和该目标内容间的交互，同一个基站下的其他终端发起同样的内容调用时，上述调用流程和连接将重复发送，这样不仅占用了路径上的各级网络资源，同时也增加了相应的时延。

在引入 MEC 技术后，通过在基站侧叠加 MEC 服务器，由 MEC 服务器和目标内容直接完成内容提取和缓存，这样当同一个基站内其他终端进行相同内容调用时，可以直接从 MEC 服务器中予以获取，不再通过核心网重复获取，有效地节省了核心网侧的系统资源，同时由于业务内容的下沉将显著缩短相应的业务响应时延。

（三）网络边缘的云计算

在传统的网络架构中，服务器集群＋客户端模式可以很好地适配于各项网络应用，形成较为稳定可靠的服务架构。随着互联网的蓬勃发展，原有模式逐渐在网络延迟、数据传输等方面无法满足日益苛刻的实际需求，如网页技术的改变使网页变得越来越大、传输所花费的时间越来越长、加载网页的速度缓慢等问题使网络用户体验降低，不利于网络应用的进一步推广[40]。早期 CDN 技术的应用在一定程度上改善了网络延时状况，但由于 CDN 机房的分布密度相对较小，对于距离 CDN 机房网络位置较近的区域改善效果尚佳，但在距离 CDN 网络位置相对较远的如咖啡店、图书馆等场景则效果不甚理想。朵云（CloudLet）在解决这类问题上具有良好的应用效果[41]。图 11 所示为 CloudLet 的网络位置示意图。

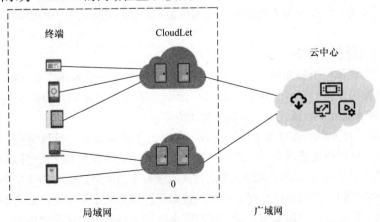

图 11　CloudLet 的网络位置示意图

如图 11 所示，CloudLet 是介于终端和云中心之间的中间层，其位置是靠近被服务的终端，则 CloudLet 用户可以直接通过无线网络连接到就近的朵云获取所需数据，无须访问距离较远的 CDN 机房，从而实现计算密集型应用的实时响应。

CloudLet 是一种常见的云端为终端增效的模式，该模式是利用无线网络将终端上的计算任务卸载到同处一个局域网内的服务器，这种在局域网内为用户提供计算服务的基础设施称为 Cloud-Let。在 CloudLet 模式中，终端保管完成任务所需要的所有数据和代码。当没有可以连接的 Cloud-Let 时，终端自行完成计算；当有可以连接的 CloudLet 时，终端将计算量较大的部分或全部计算任务卸载到 CloudLet 端，租用 CloudLet 端来完成计算，以节省移动终端的电量、提高计算任务的运算速度。

与传统云计算相比，CloudLet 模式具有数据传输速率高、传输延迟小的优点，可有效地减少用户响应时间[40]。此外，CloudLet 利用虚拟化技术实现云端基础设施服务的短暂定制，即在任务的执行过程中，终端可以根据自身的网络状况、终端剩余的电池电量以及任务自身特征等因素的变化对 CloudLet 任务的分配进行实时动态调整。

四、边缘计算对网络基础资源发展的影响

在以边缘计算为关键技术的技术革新潮流中，网络领域内多个方面受到了影响，边缘计算的兴起与发展不仅推动了网络架构的不断完善和革新，同时进一步地补充相对应的网络理念。为具体分析边缘计算带来的诸多影响，本章选取具体应用实例进行分析研究，对比传统解决方案与边缘计算模式下的解决方案，进而分析边缘计算对网络基础资源带来的冲击与影响。

（一）边缘计算应用实例分析

边缘计算作为 5G 的关键技术，有效地推动了 5G 技术的发展[42]。根据中国移动研究院 2019 年 11 月发布的《5G 典型应用案例集锦》报告[43]，基于 5G 技术的大带宽、大连接、低延时等特点，5G 技术在正式商用前已经在国内诸多行业中有了不少的应用案例，政务与公用事业、工业、农业、文化娱乐以及医疗等行业领域的应用对 5G 技术有着不同程度的青睐。在上一节内容中主要对 5G 技术的技术原理进行了详细介绍。在本节内容中，将选取 5G 技术在智慧政务方面的具体应用案例进行研究，分析边缘计算在其中所发挥的作用。并与传统智慧政务解决方案进行对比，分析边缘计算给智慧政务带来的影响，进而对 5G 技术在实际应用中所面临的问题与挑战进行讨论。

1. 智慧政务传统解决方案

智慧政务的实现依托于物联网、云计算、移动互联网等新一代技术[44]。物联网技术作为信息收集端，云计算提供核心服务，移动互联网作为交互手段，三者相互协作，共同支撑智慧政务。图 12 所示为传统云中心模式下智慧政务解决方案。

如图 12 所示，办公终端通过基站接入网络，在发出办公请求后，等待响应，请求通过核心网络传输到云中心，即所搭载政务平台系统的服务器，经由服务器处理之后返回给办公终端。此种模式下可满足一般实时性要求不高的政务业务，但随着智慧政务的业务需求的丰富，越来越多的场景需要大量的视频、图像数据支撑，而这些数据通过核心网络传输的过程需要耗费时间，同时占用网络带宽，无法满足应用需求，在一定程度上限制了政务服务水平的提升，并降低了用户体验。

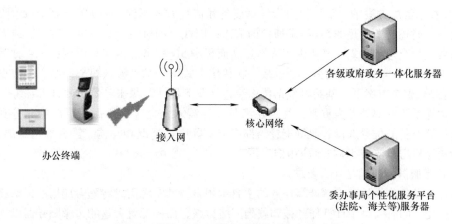

图12　传统云中心模式下智慧政务解决方案

2. 智慧政务 5G 解决方案

传统的智慧政务解决方案随着一些对网络带宽、实时性要求较高的如超高清视频、VR/AR 等技术应用的发展，已经逐渐无法满足业务需求，而在 5G 网络覆盖范围下，提升政务办事效率以及丰富智慧政务平台各类应用成为可能。图 13 所示为 5G 技术下的智慧政务解决方案。

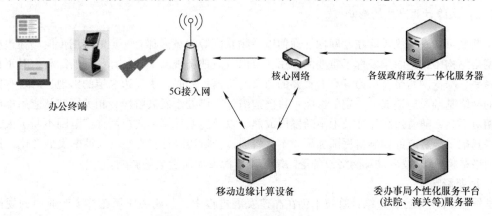

图13　5G 智慧政务解决方案

如图 13 所示，政务网站、终端机等通过 5G 基站接入网络，并向政务服务器请求办公服务，如人脸识别、VR 政务服务、AI 引导和远程办事等[43]，这些服务对实时性与服务质量要求相对较高，与基站相连的边缘计算设备可以就近为图像识别、高清视频处理和 VR/AR 等计算量要求较高的请求提供计算服务，可避免大量数据传入核心网络，占用大量网络带宽，同时避免造成网络延迟，提高办公、办事人的使用体验。在智慧政务解决方案中，边缘计算设备将承担主要的计算任务，因此对计算能力要求相对较高。

3. 5G 解决方案的挑战

边缘计算作为 5G 技术的关键技术，将计算资源迁移至网络边缘，为智慧政务中对于实时性、计算要求高的应用提供了新的解决思路，并取得了良好的应用效果。其不仅丰富、完善了智慧政务的总体功能，还为其他领域内的技术应用提供了范本。其部署应用思路以及相关成果具有一定的代表性，暴露出的问题也同样值得引起重视。主要挑战包括以下两点：

（1）基础设施重建还是在原有基础上改建

在 5G 技术解决方案中，基站和边缘计算设备和传统方式不同。一方面基站需要对 5G 技术进行支持，同时还需要满足非 5G 技术通信的需求，因此，需对原有基站进行改造，或者进行重建，这需要进行合理的规划，避免由于成本过高而影响 5G 技术的推广与应用；另一方面边缘计算设备的部署是 5G 技术面临的另一个挑战，在传统方式下，基站接入核心网络，将数据传输到云中心。在 5G 解决方案下，基站将数据传输给边缘服务器，边缘服务器负责计算任务，基于此种考虑，边缘设备的部署尤为重要，既需要满足计算需求，也应尽量保证资源的充分利用，因此，边缘计算设备的位置选择、数量配置等都应与实际应用情况相挂钩，需合理制定部署方案，合理建设边缘机房以支持 5G 技术应用推广。

（2）边缘服务器应满足什么要求

边缘计算设备作为处理终端计算任务的主要承担者，其资源需求将随着应用的迁移或者启停变得灵活多变。同时，由于计算任务被卸载到网络边缘，需要配置大量的边缘服务器以支撑相关应用，进一步导致了边缘服务器的位置相对分散。因此，边缘服务器在部署时应考虑到：一是足以应对日益剧增的业务需求，对于各种边缘业务，具有较强的可扩展性；二是需保证边缘服务器稳定运行，由于边缘设备所处位置为网络边缘，因此其所在机房的条件可能相对落后，要求边缘设备需具备一定的抗恶劣环境的能力；三是边缘服务器的维护工作需重点关注，由于边缘设备的数量多和部署位置相对分散，合理地制定维护方案才能保证应用的高可用性以及稳定性。

（二）边缘计算产生的影响

由前文可知，边缘计算在互联网、通信以及物联网等领域内都有一定的应用价值。在边缘计算的网络结构中，边缘层发挥了重要的作用，可以有效地实现云中心计算任务的卸载，对于提升网络速率、降低网络带宽压力等有着重要的意义与价值。同时，由于边缘层的出现，对现有网络边缘的网络基础设施造成了一定的影响。目前边缘计算仍处于发展阶段，相关标准及应用推广成熟度相对不高，随着边缘计算技术不断发展成熟，以及边缘计算模式应用推广范围不断扩大，其对网络基础设施造成的影响将逐渐加深。本文将通过分析边缘计算在短、长期的发展变化，预测其对网络结构、IP/域名以及网络设备等网络基础资源发展所造成的影响。

1. 短期影响

虽然在 2019 年底，边缘计算技术仍在高速发展进程中，其相关应用在整个产业中的规模依然较小，但随着 5G 商用时代的到来，可以预测，边缘计算的应用将随之迅速丰富并发挥重要作用。基于此前提，本文预测在短期时间内，边缘计算将对网络基础资源产生的影响包括如下几个方面：

（1）对网络结构的影响

鉴于 NDN 技术在边缘计算领域中良好的应用特性，利用 NDN 技术接入边缘平台的方式得到了部分机构的认可。NDN 网络架构改善了边缘层面的网络数据传输速率、网络安全性等网络性能，但也带来了边缘层网络架构的变化。一方面，使用了 NDN 架构的边缘计算通过边缘平台的连接，向下接受各种边缘设备的接入，向上可以接入原互联网。在网络边缘区域建立的 NDN 网络架构可进一步优化边缘计算的功能表现；另一方面，NDN 网络上层的网络架构仍然保持原状而无须做大量调整，使原有的网络通信方式不受影响，可以采用局部升级改造的方式逐步推进边缘计算的应用范围。因此，在短期内，边缘计算的发展将促进 NDN 网络架构在部分边缘区域的应用发展，NDN 网络架构在边缘层的占比将逐步提升，在支撑边缘计算技术应用发展方面逐渐发挥重要作用。

（2）对 IP、域名的影响

　　边缘计算的发展与物联网的发展以及5G的应用紧密相连。接入设备的增多在提升对边缘计算技术应用需求的同时，对于如IP地址、域名等互联网基础资源的需求也将不断提升。更多的智能设备将导致对IP地址的需求持续增加，对于IPv6地址资源的需求更为强烈。同时，在现有的命名标识体系下，边缘计算对于域名的使用将更加频繁，DNS服务器以及相关的基础设施将会面临更大的冲击与挑战。

　　（3）对网络设备的影响

　　边缘计算的发展将推动边缘基础设施的建设进程。一方面，在NDN网络架构下，传统的路由器、交换机等网络硬件设备无法直接支持，需要部署与NDN技术兼容的基础设施，这将逐步催生以NDN硬件设备为基础的边缘网络的发展建设。另一方面，边缘计算也将推动如智能网关等设备的研发与应用。在边缘计算模式中，终端设备需要通过智能网关接入网络，这将导致智能网关等设备在边缘网络层的占比逐步扩大。以上因素同时也将慢慢影响互联网基础设施制造商的工作任务，其工作重心也将逐步向如NDN兼容的路由器、交换机等设备迁移，将逐步加快互联网基础设施的升级换代和部署进程。

2. 长期影响

　　随着万物互联时代的到来，数据将呈现爆发式增长趋势，这将催生边缘计算的飞速发展。我们预测，在经历足够长的时间后，边缘计算的环境将趋于成熟。但这并不意味着边缘计算将完全主导网络架构的整体变迁，其终将合理地融合到整体网络架构中并与其他兼容的解决方案长期共存。与此同时，边缘计算在长期阶段内对网络基础资源的影响将持续加深，表现出与短期影响截然不同的技术特征。

　　（1）对网络结构的影响

　　如上文推测，在短期时间内，NDN网络将随着边缘计算技术的发展而不断进步。经长期发展和推广应用，NDN网络将成为边缘层主流的网络架构，导致NDN网络在全球领域应用并具备相应规模。同时，NDN网络也将在骨干区域展开部署，形成较大规模的、覆盖面较广的NDN整体网络。NDN网络的发展并不意味着传统网络在接入层乃至骨干层的消亡，其仍在相应场景下具有替代的存在价值和意义，如在非大量数据传输以及安全性要求极高的场景下，直接向数据中心请求的模式将更加高效，通过边缘平台转发反而会增加网络延迟，降低网络效率和安全水平。因此，在未来相当长的一段时间内，边缘计算的发展将导致NDN网络架构在整体网络架构中的占比逐步增大并趋于稳定，与传统网络架构协同工作，但并不具备完全取代传统网络结构的完备条件。

　　（2）对IP、域名的影响

　　IP地址作为TCP/IP协议簇中重要的组成部分，即使在边缘计算长期发展的背景下仍然不会失去其关键地位，基于TCP/IP的网络结构仍将作为核心技术体系为网络互联互通发挥重要作用。这导致针对IP地址的需求将长期存在，相应地如域名解析等服务也将持续作为核心组件支撑着TCP/IP网络的稳步发展。

　　但随着NDN网络架构的发展及应用范围的不断扩大，根据NDN的去IP地址的技术特性，未来针对IP地址的需求不会呈现持续的线性增长的趋势，在一定程度上甚至可能出现相对下降的趋势。但随之而来的，是对于支撑NDN网络的命名及寻址技术的研究应用的强烈需求，这将导致NDN技术的命名及对应的寻址技术所需基础资源的飞速发展。边缘计算将有效地缓解网络应用发展对IP地址及域名等基础资源的迫切需求，但也带来了对于如NDN技术范畴内命名和寻址技术基础资源的需求的提升。

　　（3）对基础设施的影响

随着边缘网络结构的进一步发展，相对应的网络硬件研发与生产也将逐步走向规范化、产业化。边缘网络架构的变更也催生了对于如 NDN 网络核心设备等关键基础设施的强烈需求，更多的厂家将加大针对 NDN 路由器、智能网关等基础网络设施的研发及生产投入。同时，SDN 等技术自身成熟度的提升也导致业界对于 SDN 技术的接纳程度逐步增强，对于白牌设备的需求将呈现明显的增长趋势。总之，随着技术的发展，边缘计算所促进的网络设施的建设将逐步与现有的网络基础设施达到一定程度的平衡。当网络结构发展到适应于网络应用需求的阶段后，网络架构将趋于相对稳定的阶段。

五、总结

边缘计算在万物互联的大背景下受到学术界和产业界的广泛关注，随着边缘计算的研究与推广应用力度逐渐加大，尤其是在 5G 投产应用后，边缘计算将面临新一轮的高速发展。

在技术层面，边缘计算在学术研究及标准化领域内得到有效发展，国内相关机构发挥了主导作用。在产业层面，边缘计算在智能驾驶、智能家居和智能交通等场景下具有良好的应用前景。虽然边缘计算展现出与万物互联时代优秀的兼容性与适用性，但不容忽视的是，当前边缘计算在安全性、应用多样性等方面仍存在不小的改进空间，同时也面临着诸多挑战。

基于以上现状推测，边缘计算仍需经过较长时间方可进入成熟阶段。在边缘计算长期的发展过程中，将会对网络结构、IP/域名等互联网基础资源以及基础设施等造成相应的影响。

参 考 文 献

[1] 周悦芝，张迪. 近端云计算：后云计算时代的机遇与挑战 [J]. 计算机学报，2019，42 (04)：3 - 26.

[2] 思科公司. 2017 - 2022 年预测和趋势白皮书 [EB/OL]. [2019 - 12 - 7]. https：//www. cisco. com/c/zh _ cn/about/press/corporate - news/2018/11 - 29 - 2. html.

[3] 思科公司. 思科年度互联网报告（2018 - 2023）白皮书 [EB/OL]. [2019 - 11 - 15]. https：//www. cisco. com/c/en/us/solutions/collateral/executive - perspectives/annual - internet - report/white - paper - c11 - 741490. html.

[4] 卡内基梅隆大学. 开放边缘计算倡议组织 [EB/OL]. https：//www. openedgecomputing. org/.

[5] 施巍松，孙辉，曹杰，等. 边缘计算：万物互联时代新型计算模型 [J]. 计算机研究与发展，2017 (5).

[6] WIKIPEDIA. 边缘计算 [EB/OL]. https：//en. wikipedia. org/wiki/Edge _ computing，2019 - 11 - 15.

[7] 施巍松，张星洲，王一帆，等. 边缘计算：现状与展望 [J]. 计算机研究与发展，2019，56 (1)：69 - 89.

[8] SATYANARAYANAN M，BAHL P，CACERES R，et al. The case for vm - based cloudlets in mobile computing [J]. IEEE pervasive Computing，2009，8 (4)：14 - 23.

[9] SATYANARAYANAN M，LEWIS G，MORRIS E，et al. The role of cloudlets in hostile environments [J]. IEEE Pervasive Computing，2013，12 (4)：40 - 49.

[10] KARIM ARABI. KEYNOTE：Mobile Computing Opportunities，Challenges and Technology Drivers [EB/OL]. [2019 - 11 - 16]. http：//www2. dac. com/events/videoarchive. aspx? confid = 170&filter = keynote&id = 170 - 103 - - 0&#video.

[11] 俞一帆，任春明，阮磊峰，等. 移动边缘计算技术发展浅析 [J]. 通信世界，2017 (11).

[12] HU Y C，PATEL M，SABELLA D，et al. Mobile edge computing—A key technology towards 5G [J]. ETSI white paper，2015，11 (11)：1 - 16.

[13] SHI W，CAO J，ZHANG Q，et al. Edge computing：Vision and challenges［J］. IEEE internet of things journal，2016，3（5）：637－646.

[14] 施巍松，刘芳，孙辉，等. 边缘计算［M］. 北京：科学出版社，2018.

[15] 吕华章，陈丹，范斌，等. 边缘计算标准化进展与案例分析［J］. 计算机研究与发展，2018，55（3）：487－511.

[16] EUROPEAN TELECOMMUNICATIONS STANDARDS INSTITUTE. Mobile－Edge Computing－Introductory Technical White Paper［EB/OL］.［2019－11－16］. https：//portal. etsi. org/Portals/0/TBpages/MEC/Docs/Mobile－edge_Computing_－_Introductory_Technical_White_Paper_V1%2018－09－14. pdf.

[17] 百度百科. 边缘计算产业联盟［EB/OL］.［2019－12－15］. https：//baike. baidu. com/item/%E8%BE%B9%E7%BC%98%E8%AE%A1%E7%AE%97%E4%BA%A7%E4%B8%9A%E8%81%94%E7%9B%9F.

[18] 宋华振. 边缘计算——走在智能制造的前沿（上）［J］. 自动化博览，2017，（3）.

[19] 边缘计算产业联盟. 边缘计算参考架构2.0（中）［J］. 自动化博览，2018，35（02）.

[20] 边缘计算产业联盟. 边缘计算参考架构3.0［EB/OL］.［2019－11－20］. http：//www. ecconsortium. org/Uploads/file/20190225/1551059767474697. pdf.

[21] 齐彦丽，周一青，刘玲，等. 融合移动边缘计算的未来5G移动通信网络［J］. 计算机研究与发展，2018，55（3）：478－486.

[22] 中国电子技术标准化研究院. 边缘计算技术及标准化白皮书（2018）［EB/OL］.［2019－11－20］. http：//www. cesi. cn/images/editor/20181214/20181214115429307. pdf.

[23] 华为技术有限公司. 华为解决方案［EB/OL］.［2019－12－15］. https：//e. huawei. com/cn/solutions/technical/iot/ec－iot.

[24] 程琳琳. 中国移动成立边缘计算开放实验室 34家合作伙伴已入驻［J］. 通信世界，2018，787（29）：14.

[25] 范卉青. 赋能数字化转型 中国联通积极探索边缘计算［J］. 通信世界，2019，803（11）：26－28.

[26] 袁守正，姚磊，周骏，等. 中国电信工业互联网平台"边缘计算引擎"设计及实现［J］. 电信技术，2019，541（04）：67－73.

[27] 刁兴玲，沈磊. 2019年成5G元年，高通加速5G商用步伐［J］. 通信世界，2019，806（14）：41.

[28] 马洪源，肖子玉，卜忠贵，等. 5G边缘计算技术及应用展望［J］. 电信科学，2019（6）：114－123.

[29] 百度云计算技术（北京）有限公司. 智能边缘BIE［EB/OL］.［2019－12－15］. https：//cloud. baidu. com/product/bie. html.

[30] 阿里云计算有限公司. 物联网边缘计算［EB/OL］.［2019－12－15］. https：//www. aliyun. com/product/iotedge.

[31] 腾讯云计算（北京）有限责任公司. 物联网边缘计算平台IECP［EB/OL］.［2019－12－15］. https：//cloud. tencent. com/product/iecp.

[32] 亚马逊网络服务公司. AWS IoT for the Edge［EB/OL］.［2020－1－1］. https：//aws. amazon. com/cn/iot/solutions/iot－edge/.

[33] Gartner，Inc. 边缘计算的12个前沿应用［EB/OL］.［2020－1－1］. https：zhuanlan. zhihu. com/p/73365057.

[34] WIKIPEDIA. Named data networking［EB/OL］.［2020－1－3］. https：//en. wikipedia. org/wiki/Named_data_networking.

[35] 李继蕊，李小勇，高雅丽，等. 物联网环境下数据转发模型研究［J］. 软件学报，2018，029（001）：196－224.

[36] 景安网络. 边缘计算急需解决的难题［EB/OL］.［2020－1－3］. https：//server. zzidc. com/a/news/2019/0128/2866. html.

[37] 智研咨询集团. 2016~2022 中国智能家居市场研究及发展趋势研究报告［EB/OL］.［2020-1-5］. http：//www. chyxx. com/research/201606/423411. html.

[38] 英特尔公司. 英特尔为 2018 年韩国平昌冬奥会提供 5G 网络支持［EB/OL］.［2020-1-5］. ht- tps：//newsroom. intel. cn/news-releases/press-release-2017-nov-01-02/#gs. xapacs.

[39] 张建敏，谢伟良，杨峰义，等. 移动边缘计算技术及其本地分流方案［J］. 电信科学，2016，32 （7）：132-139.

[40] 郑东旭，陈阳，王勇. 基于朵云的大规模移动云计算系统［J］. 计算机测量与控制，2019，27（06）： 153-156，162.

[41] 温华斌. 基于 Cloudlet 三层结构模型的移动协同计算平台的研究与实现［D］. 哈尔滨：哈尔滨工程大 学，2015.

[42] 项弘禹，肖扬文，张贤，等. 5G 边缘计算和网络切片技术［J］. 电信科学，2017（6）.

[43] 中国移动研究院. 5G 典型应用案例集锦［EB/OL］.［2020-1-7］. http：//pdf. dfcfw. com/pdf/H3_ AP201912171371893365_1. pdf.

[44] 百度百科. 智慧政府［EB/OL］.［2020-1-7］. https：//baike. baidu. com/item/% E6% 99% BA% E6% 85% A7% E6% 94% BF% E5% BA% 9C/2856836？fr=aladdin.

（本文作者：赵琦　张跃冬　李汉明　冷峰）

域名系统服务级别协议（SLA）研究

摘要：服务级别协议（简称 SLA）是域名系统对外提供何种品质服务的重要承诺，本文对域名系统 SLA 中的各项指标进行了详细的介绍，并对中国国家域名系统 SLA 发展的历程进行了回顾，研究与总结了当今世界主流域名系统 SLA 的现状和发展趋势，通过对多个域名系统发布出来的 SLA 数据进行对比和分析，找出它们之间的差距与不足，并对如何提升域名系统 SLA 指标给出了相应的策略。

关键词：SLA；域名系统；性能提升

一、什么是 SLA

（一）SLA 的定义

服务级别协议（Service Level Agreement，SLA），是指提供服务的单位或企业与客户之间就服务的品质、水准和性能等方面所达成的双方共同认可的协议或契约，用来保证可计量的网络性能达到所定义的品质。它记录了服务级别目标（如可用性、性能和连续性等指标），并详细地说明了服务提供方的责任。

服务提供者可能是一个 IT 组织、一个应用程序服务提供者（ASP）、一个网络服务提供者（NSP）、一个因特网服务提供者（ISP）、一个受管服务提供者（MSP）或者任何其他类型的服务提供者。

（二）SLA 的起源

SLA 与服务质量密切相关，服务质量的概念首先出现在 20 世纪 80 年代后期和 20 世纪 90 年代初期。随着计算机网络技术的发展，企业所使用的系统越来越依赖网络，而网络延迟对应用程序产生的影响也越来越明显，用户也越来越需要从服务提供商处获得一定的保障，来确保相关服务的可用性、可靠性和响应时间等指标满足自身要求，从而保证业务运转不被中断。最初人们将服务管理当作网络管理的一项扩展功能来对待，或是对所谓运营商建立客户服务质量形象和提升服务透明度的一项"让步"。然而，随着新兴的业务层出不穷，服务种类日趋复杂，甚至运营服务管理的概念也悄悄地发生了变化，为了争夺利润最为丰厚的大客户群，运营商开始将服务质量定义成商品。例如，当时电信运营商最大的企业客户（如全球 500 强公司），开始要求运营商提供一些服务保证，如及时安装、明确的平均修理时间间隔以及可保证的低故障率等。不久之后，这些要求就演变为如今流行的服务水平协议——运营商与客户之间签订的一种服务契约，运营商在这种契约中必须承诺遵守某些指标，并且运营商一旦没有满足这些条件时必须退回用户的部分付款。

如今，SLA 已经成为服务提供者对外承诺的重要指标之一，也是衡量服务质量好坏的重要标准，成为服务提供者在当今多变而又竞争激烈的市场中胜过对手的方法。

（三） SLA 的作用

SLA 可以对服务提供者本身以及在他们与客户的关系中起到非常大的作用，具体可体现在如下几点：

1）可以提高开发过程的质量：严格和苛刻的指标可以保证项目在设计和开发过程中选择更优、更合理、更先进和更稳定的架构和技术，从始至终都用高标准来要求代码质量，以保证达到承诺的指标，从而减少项目失败的风险。

2）可以体现专业性：SLA 中的相关指标是服务提供者从专业角度对服务的性能测试后得出的、可达到的最优数据，这表明服务提供者对相关业务是非常了解的，相关数据是经过了严格测试的，这能让客户更加相信服务提供者的能力和专业性。

3）可以加强服务提供者与客户之间的关系：SLA 是服务提供者与客户双方对责任等问题协商一致后所达成的协议，是两者之间沟通的依据。制定合理的 SLA 指标可以减少双方的摩擦，加强双方的理解，也有利于后期的评审与修改。

4）可以让服务提供者在竞争中胜出：在有多个同类型的服务提供者竞争的情况下，一份更优的 SLA 指标意味着某一个服务提供者可以为客户提供更优质的服务，从而让它在竞争中获得更大的优势。

二、域名系统 SLA

域名系统 SLA 主要是针对域名解析服务（Domain Name Service，DNS）、注册数据目录服务（Registration Data Directory Services，RDDS）和域名注册服务（Shared Registration System，SRS）这三项服务的服务可用性、响应时间和服务停运等相关内容与客户达成的协议。其中客户为域名注册服务机构，服务提供方为域名注册服务机构所属的域名注册管理机构。

由于域名注册服务是通过可扩展配置协议（Extensible Provisioning Protocol，EPP）来进行通信的，因此域名注册服务在 SLA 中通常也称作 EPP 服务。

在域名系统的服务性能指标中，有一类指标为响应时间，它们一般采用往返时间（Round - Trip Time，RTT）来衡量，它是指从发送数据包序列中第一个数据包的第一个位数（用于提出请求）开始，到收到数据包序列中最后一个数据包的最后一个位数（用于接收响应）为止的这段时间。如果客户端没有收到响应数据包序列，则该请求将被视为未响应。

（一） 域名系统 SLA 指标

域名系统 SLA 指标按功能可以分成三类，分别针对 DNS、RDDS 和 EPP 这三项服务，每一类服务对应若干指标，每一项指标都是 SMART 的：即具体的（Specific）、可测定的（Measurable）、可实现的（Achievable）、现实的（Realistic）和受时间限制的（Time - bound）。

在 ICANN 的官方文档中[⊖]有对这些指标的详细解释，下面进行简单介绍。

1. DNS

DNS 即域名解析服务，它可以将互联网上的各种域名和 IP 地址进行相互映射，让人们能够更方便地访问互联网。它是互联网的重要基础服务，是连接互联网各类应用与资源的纽带，为各

⊖　《gTLD 申请人指导手册》2012 年 1 月 11 日版：https：//newgtlds. icann. org/zh/applicants/agb/intro - 11 jan12 - zh. pdf。

种基于域名的 Web 应用、电子邮件和其他网络应用的正常运行提供关键性支撑服务。因此 DNS 服务在整个域名系统中占有非常重要的地位。DNS 服务性能的好坏直接影响用户体验，性能好的 DNS 服务可以加快 IP 地址的解析速度，减少用户的等待时间。

在域名系统 SLA 中，DNS 服务相关的指标有如下 11 项：

1）DNS 服务可用性。指一组列为特定域名的权威名称服务器在答复来自 DNS 探测器的 DNS 查询方面的能力。要使服务在某个时间点被视为可用，就要求必须有至少两台在 DNS 中指定的名称服务器，能够对来自"DNS 测试"的域名解析请求返回成功的结果。如果在给定时间内有 51% 或更多的 DNS 测试探测器认为服务不可用，则 DNS 服务将被视为不可用。

2）DNS 名称服务器可用性。指被列为某个域名的权威服务器对应的"IP 地址"可以答复互联网用户的 DNS 解析请求的能力。被监控的域名的所有名称服务器对应的"IP 地址"都会单独进行测试。如果在给定时间内，有 51% 或更多的 DNS 测试探测器在对名称服务器的"IP 地址"进行的"DNS 测试"中都得到"未定义"或"未答复"的结果，则该名称服务器"IP 地址"将被视为不可用。

3）UDP DNS 解析 RTT。指从 UDP DNS 查询数据包发出，到接收到相应的 UDP DNS 响应，顺序的两个数据包的往返时间。如果 RTT 比相关 SLR 中指定的时间长 5 倍，则该 RTT 将被视为"未定义"。

4）TCP DNS 解析 RTT。指从 TCP 连接开始到接收到一个 DNS 查询响应，一系列数据包的往返时间。如果 RTT 比相关 SLR 中指定的时间长 5 倍，则该 RTT 将被视为"未定义"。

5）DNS 解析 RTT。指"UDP DNS 解析 RTT"或"TCP DNS 解析 RTT"。

6）DNS 更新时间。指从收到某个域名变更命令的 EPP 确认开始，到父域名的名称服务器做出与变更一致的"DNS 查询"响应为止的这段时间。它只适用于对 DNS 信息的更改。

7）DNS 测试。指发送到特定"IP 地址"的一个非递归 DNS 查询（通过 UDP 或 TCP）。如果所查询的 DNS 区域中提供 DNSSEC，则只有当签名根据父域中相应的 DS 记录得到验证，或者父域未签名，但配置了静态的信任锚时，一个 DNS 查询才会被认为得到答复。查询的答复中必须包含注册系统中的相应信息，否则将被视为"未答复"。"DNS 解析 RTT"高于相应 SLR 5 倍的查询将被视为"未答复"。DNS 测试的结果可能为："DNS 解析 RTT"对应的数字（以毫秒为单位）、"未定义"或"未答复"。

8）测量 DNS 参数。每分钟，每个 DNS 探测器都会对被监控域名的名称服务器所对应的"IP 地址"进行一次 UDP 或 TCP 的"DNS 测试"。如果"DNS 测试"结果为"未定义"或"未答复"，该探测器将认为被测试 IP 不可用，直至执行新的测试。

9）核对来自 DNS 探测器的结果。在任意给定的测量期间内，判定测量有效的最小可用测试探测器数量为 20，否则测试结果将被丢弃并视为无结果。在这种情况下不会根据 SLR 标记为故障。

10）UDP 和 TCP 查询的分发。DNS 探测器将按照类似于 UDP 或 TCP 查询分发的方式来发送 UDP 或 TCP 的"DNS 测试"。

11）DNS 探测器放置。用于测量 DNS 参数的探测器会尽可能地放在跨不同地理区域，且拥有大多数用户的 DNS 解析服务器附近。

2. RDDS

RDDS 即注册数据目录服务，也就是人们熟知的 Whois 服务。简单来说，它是一个用来查询域名是否已经被注册，以及查询已注册域名详细信息（如域名所有人、域名注册服务机构、域名注册日期和过期日期等）的服务。

RDDS 是当前域名系统中不可或缺的一项信息服务。当使用域名在互联网上冲浪时，很多用户希望进一步了解域名和名称服务器的详细信息，这时就会用到 Whois。对于域名注册服务机构而言，要确认域名数据是否已经正确注册到注册管理机构，也经常会用到 Whois。

在域名系统 SLA 中，RDDS 服务相关的指标有如下 9 项：

1）RDDS 可用性。指通过 TLD 的所有 RDDS 服务向互联网用户提供对注册系统相关数据的查询响应能力。如果有 51% 或更多的 RDDS 测试探测器认为在特定时间内有 RDDS 服务不可用，则 RDDS 将被视为不可用。

2）WHOIS 查询 RTT。指从 TCP 连接开始到结束，包括接收到 WHOIS 响应这段时间一系列数据包的往返时间。如果 RTT 是相应 SLR 的 5 倍或更多，则 RTT 将被视为"未定义"。

3）基于 Web 的 WHOIS 查询 RTT。指从 TCP 连接开始到结束，包括接收到一个 HTTP 请求的响应，这段时间内一系列数据包的往返时间。如果注册管理机构执行多步骤流程来获取信息，则以最后一步的时间为准。如果 RTT 是相应 SLR 的 5 倍或更多，则 RTT 将被视为"未定义"。

4）RDDS 查询 RTT。指"WHOIS 查询 RTT"和"基于 Web 的 WHOIS 查询 RTT"的集合。

5）RDDS 更新时间。指从接收到某个域名、主机或联系人变更命令的 EPP 确认开始，到 RDDS 服务器正确反映所作变更为止的这段时间。

6）RDDS 测试。指发起到某个 RDDS 服务的某台服务器对应的"IP 地址"的一次查询。查询是针对注册系统中的已有数据，且响应中必须包含相应的信息，否则查询将被视为"未答复"。高于相应 SLR 5 倍查询响应时间的查询被视为"未答复"。RDDS 测试的结果可能为：RTT 对应的数字（以 ms 为单位）、"未定义"或"未答复"。

7）测量 RDDS 参数。每 5 分钟，RDDS 探测器都会从被监控域名的每个 RDDS 服务所对应的服务器"IP 地址"中选择一个，对其进行"RDDS 测试"。如果"RDDS 测试"结果为"未定义"或"未答复"，该探测器将认为相应的 RDDS 服务不可用，直至执行新的测试。

8）核对来自 RDDS 探测器的结果。在任意给定的测量期间内，判定测量有效的最小可用测试探测器数量为 10，否则测试结果将被丢弃并视为无结果。在这种情况下不会根据 SLR 标记为故障。

9）RDDS 探测器放置。用于测量 RDDS 参数的探测器会放在跨不同地理区域，且拥有大多数用户的网络中。

3. EPP

EPP 即可扩展配置协议，是域名注册服务使用的标准协议。它定义在 RFC 文档中○。该协议采用 XML 格式，定义了域名系统中的通用对象（如域名、联系人、主机等）和操作（如创建、删除、更新等），它还定义了一个可扩展的框架用来支持对象和操作之间的映射关系。

EPP 协议是域名注册服务的核心，因此域名注册服务在 SLA 中也被称作 EPP 服务。EPP 服务负责域名整个生命周期的管理，包括域名的创建、更新、转移、到期管理、删除等，由此衍生出域名抢注等现象。

在域名系统 SLA 中，EPP 服务相关的指标有如下 9 项：

○ RFC 5730 – Extensible Provisioning Protocol（EPP）：https：//tools. ietf. org/html/rfc5730。

1）EPP 服务可用性。指 TLD 的一组 EPP 服务器对拥有访问权限的、已认证的域名注册服务机构所发送的命令进行响应的能力。响应中要包括注册系统中的相应数据。如果 EPP 命令响应时间高于相应 SLR 的 5 倍，将被视为"未答复"。如果在给定时间内有 51% 或更多的 EPP 测试探测器认为 EPP 服务不可用，则 EPP 服务将被视为不可用。

2）EPP 会话命令 RTT。指发送一个会话命令并接收到响应这段时间，一系列数据包的往返时间。对于登录命令，要包括用于建立 TCP 会话的数据包。对于注销命令，要包括用于关闭 TCP 会话的数据包。EPP 会话命令是指 EPP RFC 5730 中第 2.9.1 部分所述的命令。如果 RTT 是相应 SLR 的 5 倍或更多，则 RTT 将被视为"未定义"。

3）EPP 查询命令 RTT。指发送一个查询命令并接收到响应这段时间，一系列数据包的往返时间。不包括启动和关闭 EPP 或 TCP 会话所需的数据包。EPP 查询命令是指 EPP RFC 5730 中第 2.9.2 部分所述的命令。如果 RTT 是相应 SLR 的 5 倍或更多，则 RTT 将被视为"未定义"。

4）EPP 变更命令 RTT。指发送一个变更命令并接收到响应这段时间，一系列数据包的往返时间。不包括启动和关闭 EPP 或 TCP 会话所需的数据包。EPP 传输命令是指 EPP RFC 5730 中第 2.9.3 部分所述的命令。如果 RTT 是相应 SLR 的 5 倍或更多，则 RTT 将被视为"未定义"。

5）EPP 命令 RTT。指"EPP 会话命令 RTT"、"EPP 查询命令 RTT"或"EPP 变更命令 RTT"。

6）EPP 测试。指向某个 EPP 服务器对应的"IP 地址"发送的一条 EPP 命令。查询和变更命令（"创建"除外）应针对注册系统中的已有对象。响应中要包括注册系统中的相应数据。EPP 测试的结果可能为："EPP 命令 RTT"对应的数字（以毫秒为单位）、"未定义"或"未答复"。

7）测量 EPP 参数。每 5 分钟，EPP 探测器会从被监控域名的 EPP 服务器"IP 地址"中选择一个，对其进行"EPP 测试"。探测器每次会在 3 种不同类型的命令之间以及每种类型内的命令之间进行变换。如果"EPP 测试"结果为"未定义"或"未答复"，该探测器将认为 EPP 服务不可用，直至执行新的测试。

8）核对来自 EPP 探测器的结果。在任意给定的测量期间内，判定测量有效的最小可用测试探测器数量为 5，否则测试结果将被丢弃并视为无结果。在这种情况下不会根据 SLR 标记为故障。

9）EPP 探测器放置。用于测量 EPP 参数的探测器会放在注册服务机构跨不同地理区域访问互联网的接入点附近。

（二）新通用顶级域 SLA 要求

新通用顶级域（New gTLD）是区别于通用顶级域（Generic Top Level Domain，gTLD）和国家顶级域（Country Code Top Level Domain，ccTLD）的一类新的顶级域。

2008 年 11 月，ICANN 在巴黎会议发布新通用顶级域《申请人指导手册》第一版草案并接受公众意见，这表明 ICANN 已经开始制定并创建通用顶级域名的新方法规则。2011 年 6 月，ICANN 于新加坡会议上正式通过新通用顶级域名批案，任何公司和机构都有权向 ICANN 申请新通用顶级域名。但 ICANN 在《申请人指导手册》中对于每一个申请新通用顶级域的公司或机构提出了申请资质的要求，其中对于 SLA 有着明确且严格的标准要求。

下面摘录 ICANN 对于新通用顶级域 SLA 要求的矩阵内容⊖。见表 1。

⊖　ICANN Base Registry Agreement：https：//newgtlds. icann. org/sites/default/files/agreements/agreement – approved – 31jul17 – en. html。

表 1　ICANN 对于新通用顶级域 SLA 要求的矩阵

	参数	SLR（按月衡量）
DNS	DNS 服务可用性	0min 中断 = 100% 可用性
	DNS 名称服务器可用性	≤432min 中断（≈99%）
	TCP DNS 解析 RTT	≤1500ms（对于至少 95% 的查询）
	UDP DNS 解析 RTT	≤500ms（对于至少 95% 的查询）
	DNS 更新时间	≤60min（对于至少 95% 的探测器）
RDDS	RDDS 可用性	≤864min 中断（≈98%）
	RDDS 查询 RTT	≤2000ms（对于至少 95% 的查询）
	RDDS 更新时间	≤60min（对于至少 95% 的探测器）
EPP	EPP 服务可用性	≤864min 中断（≈98%）
	EPP 会话命令 RTT	≤4000ms（对于至少 90% 的命令）
	EPP 查询命令 RTT	≤2000ms（对于至少 90% 的命令）
	EPP 传输命令 RTT	≤4000ms（对于至少 90% 的命令）

三、中国国家域名系统 SLA 发展历程

中国互联网络信息中心（简称 CNNIC）是中国国家顶级域名".CN"和".中国"域名系统的运行管理机构，它构建了全球领先、服务高效和安全稳定的互联网基础资源服务平台。自 2006 年起，正式对外发布".CN"和".中国"国家顶级域名关于 DNS、RDDS 和 EPP 这三大核心服务的《CNNIC 月度 SLA 报告》[注]。".CN"和".中国"域名也是目前全球屈指可数的制定和发布 SLA 报告的国家顶级域名。截至 2018 年底，共计发布 164 次 SLA 报告。

（一）中国国家域名系统 SLA 起步

为了保障国家域名的服务水平，2006 年 4 月，CNNIC 制定了国家域名系统 SLA 标准，并公布了中国国家域名系统的第一期 SLA 报告，见表 2。虽然因技术水平与硬件设施的局限，各项指标偏低，但是这迈出了国家域名系统服务不断提升的第一步。

表 2　中国国家域名系统 2006 年 4 月 SLA 报告（第一期）

		".CN"		".中国"	
		公开标准	实际运行情况	公开标准	实际运行情况
注册	服务可用性	99.80%	100%	99.80%	100%
	查询域名 RTT	95% 小于 3000ms	582.32	95% 小于 3000ms	307.93
	修改域名 RTT	95% 小于 4000ms	774.96	95% 小于 4000ms	305.82
	删除域名 RTT	95% 小于 5000ms	1750.77	95% 小于 5000ms	281.32
	增加域名 RTT	95% 小于 5000ms	2127.95	95% 小于 5000ms	1745.76
	DNS 注册生效时间	95%6h 生效	95%3h 生效	95%6h 生效	95%3h 生效
	Whois 注册生效时间	95%30min 生效	95%5min 生效	95%30min 生效	95%5min 生效

○　CNNIC 服务运行月报：http://cnnic.cn/jczyyw/gjymjczzfwyxyb/yxybybxz/。

（续）

		".CN"		".中国"	
		公开标准	实际运行情况	公开标准	实际运行情况
解析	服务可用性	100.00%	100%	100.00%	100%
	响应时间	95%在500ms内完成	5.27	95%在500ms内完成	23.70
Whois	服务可用性	99.80%	100%	99.80%	100%
	响应时间	95%在1000ms内完成	427.01	95%在1000ms内完成	147.00

（二）中国国家域名系统 SLA 发展节点

随着技术的不断进步和硬件的逐步升级，中国国家域名系统的服务水平得到提高。2009 年 4 月，CNNIC 对国家域名 SLA 进行了一次修订，各项服务指标标准大幅提升：".CN"注册可用性由 99.8% 提升为 99.9%；查询域名标准提升 3 倍（原 3s），实际性能也提升 3 倍左右；修改域名标准提高 2.7 倍（原 4s），实际性能提升 3 倍；删除域名、增加域名标准提升 3.3 倍（原 5s），实际性能提升 8 倍左右；解析性能标准提升 5 倍（原 0.5s），实际性能提升 2 倍左右；Whois 查询标准提升为原来的 2 倍（原 1s），实际性能提升 8.7 倍；DNS 生效时间标准提升 1.5 倍（原 6h）；Whois 生效时间标准提升 2 倍（原 30min）。具体数据见表 3。

表 3　中国国家域名系统 2009 年 4 月 SLA 报告

		".CN"		".中国"	
		公开标准	实际运行情况	公开标准	实际运行情况
注册	服务可用性	99.90%	100%	99.80%	100%
	查询域名 RTT	95%小于1000ms	204.44	95%小于1000ms	218.32
	修改域名 RTT	95%小于1500ms	262.28	95%小于1500ms	214.70
	删除域名 RTT	95%小于1500ms	205.68	95%小于1500ms	191.23
	增加域名 RTT	95%小于1500ms	285.14	95%小于1500ms	405.85
	DNS 注册生效时间	95%4h生效	95%3h生效	95%4h生效	95%3h生效
	Whois 注册生效时间	95%15min生效	100%5min生效	95%15min生效	100%5min生效
解析	服务可用性	99.999%	100%	100.00%	100%
	响应时间	95%在100ms内完成	2.85	95%在100ms内完成	5.60
Whois	服务可用性	99.90%	100%	99.80%	100%
	响应时间	95%在500ms内完成	49.07	95%在500ms内完成	114.49

2009 年 10 月，中国国家域名的 DNS 更新系统进行了重大升级，由原来的全量更新升级为增量更新，这使得域名的变化可以更快地更新到解析系统，从而更快地为用户提供解析服务。升级后，DNS 实际生效时间提升 30 多倍，由原来的 3h 提升为 5min。具体数据见表 4。

2012 年 11 月，中国国家域名的 Whois 系统进行了重大升级，系统性能得到大幅提升，与 2009 年 10 月对比，性能提升 20 倍。同时通过硬件升级，与注册相关的各项实际运行数据也大幅提升，平均提升 2 倍左右。".中国"的注册服务可用性以及 Whois 的服务可用性由 99.8% 提升为 99.9%。具体数据见表 5。

表4 中国国家域名系统 2009 年 10 月 SLA 报告

		". CN"		". 中国"	
		公开标准	实际运行情况	公开标准	实际运行情况
注册	服务可用性	99.90%	100%	99.80%	100%
	查询域名 RTT	95% 小于 1000ms	244.69	95% 小于 1000ms	159.24
	修改域名 RTT	95% 小于 1500ms	330.67	95% 小于 1500ms	124.89
	删除域名 RTT	95% 小于 1500ms	281.64	95% 小于 1500ms	112.23
	增加域名 RTT	95% 小于 1500ms	332.91	95% 小于 1500ms	294.25
	DNS 注册生效时间	95% 4h 生效	95% 5min 生效	95% 4h 生效	95% 5min 生效
	Whois 注册生效时间	95% 15min 生效	100% 5min 生效	95% 15min 生效	100% 5min 生效
解析	服务可用性	99.999%	100%	100.00%	100%
	响应时间	95% 在 100ms 内完成	7.07	95% 在 100ms 内完成	1.48
Whois	服务可用性	99.90%	100%	99.80%	100%
	响应时间	95% 在 500ms 内完成	58.84	95% 在 500ms 内完成	218.80

表5 中国国家域名系统 2012 年 11 月 SLA 报告

		". CN"		". 中国"	
		公开标准	实际运行情况	公开标准	实际运行情况
注册	服务可用性	99.90%	100%	99.90%	100%
	查询域名 RTT	95% 小于 1000ms	98.68	95% 小于 1000ms	79.40
	修改域名 RTT	95% 小于 1500ms	119.33	95% 小于 1500ms	51.18
	删除域名 RTT	95% 小于 1500ms	118.97	95% 小于 1500ms	106.76
	增加域名 RTT	95% 小于 1500ms	181.24	95% 小于 1500ms	142.54
	DNS 注册生效时间	95% 4h 生效	95% 5min 生效	95% 4h 生效	95% 5min 生效
	Whois 注册生效时间	95% 15min 生效	100% 5min 生效	95% 15min 生效	100% 5min 生效
解析	服务可用性	100.00%	100%	100.00%	100%
	响应时间	95% 在 100ms 内完成	0.97	95% 在 100ms 内完成	0.83
Whois	服务可用性	99.90%	100%	99.90%	100%
	响应时间	95% 在 500ms 内完成	2.61	95% 在 500ms 内完成	12.64

2018 年 8 月，中国国家域名的注册系统进行了重大升级，". CN"与". 中国"进行了合并，合并后系统性能大幅提升：其中查询域名的性能提升 17 倍；修改性能提升 5 倍；删除性能提升 3 倍；增加域名性能提升 4 倍。具体数据见表 6。

从 2009 年 4 月以来，随着软件技术的进步和硬件设施的不断升级，中国国家域名系统的实际运行性能得到大幅提升，但是 SLA 标准未进行更新升级。2019 年 2 月，为了能够为用户提供更好的服务，CNNIC 对 SLA 标准进行了大幅升级。注册与 Whois 的服务可用性由 99.9% 提升为 99.95%；查询域名的性能标准提升 20 倍；修改域名、删除域名、增加域名性能标准提升 15 倍；Whois 性能标准提升 10 倍；DNS 注册生效时间提升 8 倍。具体数据见表 7。

表6 中国国家域名系统 2018 年 8 月 SLA 报告

		". CN"		". 中国"	
		公开标准	实际运行情况	公开标准	实际运行情况
注册	服务可用性	99.90%	100%	99.90%	100%
	查询域名 RTT	95% 小于 1000ms	5.81	95% 小于 1000ms	5.81
	修改域名 RTT	95% 小于 1500ms	23.18	95% 小于 1500ms	23.18
	删除域名 RTT	95% 小于 1500ms	37.42	95% 小于 1500ms	37.42
	增加域名 RTT	95% 小于 1500ms	45.61	95% 小于 1500ms	45.61
	DNS 注册生效时间	95%4h 生效	95%5min 生效	95%4h 生效	95%5min 生效
	Whois 注册生效时间	95%15min 生效	100%5min 生效	95%15min 生效	100%5min 生效
解析	服务可用性	100.00%	100%	100.00%	100%
	响应时间	95% 在 100ms 内完成	1.07	95% 在 100ms 内完成	0.51
Whois	服务可用性	99.90%	100%	99.90%	100%
	响应时间	95% 在 500ms 内完成	8.93	95% 在 500ms 内完成	8.93

表7 中国国家域名系统 2019 年 2 月 SLA 报告

		". CN"		". 中国"	
		实际运行情况	公开标准	实际运行情况	公开标准
注册	服务可用性	99.95%	100%	99.95%	100%
	查询域名 RTT	95% 小于 50ms	3.59	95% 小于 50ms	3.59
	修改域名 RTT	95% 小于 100ms	13.56	95% 小于 100ms	13.56
	删除域名 RTT	95% 小于 100ms	15.71	95% 小于 100ms	15.71
	增加域名 RTT	95% 小于 100ms	19.14	95% 小于 100ms	19.14
	DNS 注册生效时间	95%30min 生效	95%5min 生效	95%30min 生效	95%5min 生效
	Whois 注册生效时间	95%15min 生效	95%5min 生效	95%15min 生效	95%5min 生效
解析	服务可用性	100.00%	100%	100.00%	100%
	响应时间	95% 在 100ms 内完成	1.44	95% 在 100ms 内完成	1.32
Whois	服务可用性	99.95%	100%	99.95%	100%
	响应时间	95% 在 50ms 内完成	7.91	95% 在 50ms 内完成	7.91

（三）中国国家域名系统 SLA 发展趋势

通过对". CN"和". 中国"国家域名的几个 SLA 重要指标按年份进行统计，可以直观地反映出". CN"和". 中国"的 SLA 实际运行指标随时间变化的趋势。

图1所示为". CN"国家顶级域名系统 SLA 性能指标（包括注册的四个指标：查询域名 RTT、修改域名 RTT、删除域名 RTT 和增加域名 RTT；解析的一个指标：响应时间；Whois 的一个指标：响应时间）随时间的变化趋势。

图2所示为". 中国"国家顶级域名系统 SLA 性能指标随时间的变化趋势。

由此可见，从 2006～2019 年，通过对软件技术、硬件设备和运维体系的不断升级，中国国家域名系统的 SLA 性能指标得到了有效且显著的提升。

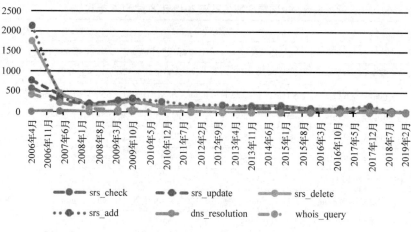

图1　".CN"国家顶级域名系统 SLA 性能指标随时间变化图

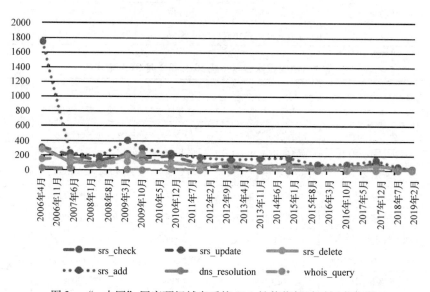

图2　".中国"国家顶级域名系统 SLA 性能指标随时间变化图

图3所示为".CN"和".中国"国家顶级域名系统注册生效时间随时间变化趋势。

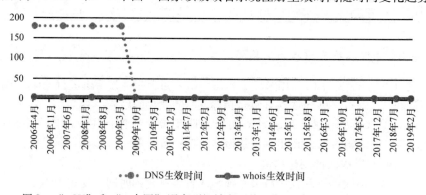

图3　".CN"和".中国"国家顶级域名系统注册生效时间随时间变化图

　　从图 3 中可以看出，由于在 2009 年 10 月 CNNIC 对 DNS 更新系统进行了重大升级，国家域名系统的注册生效时间得到一次巨大的提升。

四、世界主流域名系统 SLA 发展与对比

（一）主流域名系统 SLA 发展情况

　　".COM"目前是最大的 gTLD，它与".NET"都是由 Verisign 公司运营管理。".COM"与".NET"每个月都在 ICANN 发布 SLA 报告[⊖]。表 8 所示为".COM"和".NET"域名系统 2019 年 2 月发布的 SLA 报告。

表 8　".COM"和".NET"域名系统 2019 年 2 月 SLA 报告

		".COM"		".NET"	
		公开标准	实际运行情况	公开标准	实际运行情况
注册	服务可用性	99.99%	100%	99.99%	100%
	查询域名 RTT	95%小于 25ms	0.40ms	95%小于 25ms	0.72ms
	修改域名 RTT	95%小于 100ms	16.52ms	95%小于 100ms	16.22ms
	删除域名 RTT	95%小于 100ms	17.61ms	95%小于 100ms	16.92ms
	增加域名 RTT	95%小于 50ms	0.85ms	95%小于 50ms	0.82ms
	DNS 注册生效时间	95%30min 内生效	15.86s	95%3min 内生效	15.86s
	Whois 注册生效时间	95%3min 生效	15.82s	95%3min 内生效	15.82s
解析	服务可用性	100.00%	100%	100.00%	100%
	响应时间	95%在 100ms 内完成	1.08ms	95%在 100ms 内完成	1.08ms
Whois	服务可用性	100.00%	100%	100.00%	100%
	响应时间	95%在 5ms 内完成	2.39ms	95%在 5ms 内完成	2.41ms

　　从表 8 中可以看出：".COM"与".NET"的 SLA 标准和实际运行指标都较优异，DNS 解析和 Whois 查询均为毫秒级，注册系统的域名查询与域名增加操作的响应时间都低于 1ms，域名修改响应时间小于 20ms。DNS 和 Whois 的生效时间都是 15s 左右。

　　".ORG"从 2016 年 2 月以后不再通过 ICANN 发布 SLA 报告，表 9 所示为".ORG"域名系统最后一次在 ICANN 发布的 SLA 报告。从表 9 中可以看出：它的 SLA 标准和实际运行指标与".COM"相比有比较大的差距。

表 9　".ORG"域名系统 2016 年 2 月 SLA 报告

		公开标准	实际运行情况
注册	服务可用性	99.45%	100%
	查询域名 RTT	400ms	4ms
	修改域名 RTT	800ms	33ms
	删除域名 RTT	800ms	33ms
	增加域名 RTT	800ms	33ms
	DNS 注册生效时间	15min 内生效	5min
	Whois 注册生效时间	15min 内生效	15min

　　⊖　ICANN 注册管理机构月报：https：//www.icann.org/resources/pages/registry‐reports。

（续）

		公开标准	实际运行情况
解析	服务可用性	99.999%	100%
	响应时间	300ms	20ms
Whois	服务可用性	99.45%	100%
	响应时间	800ms	25ms

　　".INFO"从 2015 年 12 月以后不再通过 ICANN 发布 SLA 报告，表 10 所示为".INFO"域名系统最后一次在 ICANN 发布的 SLA 报告。从表 10 中可以看出：它的 SLA 标准和实际运行指标与".ORG"相似，但与".COM"相比，同样存在比较大的差距。

表 10　".INFO"域名系统 2015 年 12 月 SLA 报告

		公开标准	实际运行情况
注册	服务可用性	99.45%	100%
	查询域名 RTT	400ms	7ms
	修改域名 RTT	800ms	37ms
	删除域名 RTT	800ms	37ms
	增加域名 RTT	800ms	37ms
	DNS 注册生效时间	15min 内生效	5min
	Whois 注册生效时间	15min 内生效	15min
解析	服务可用性	99.999%	100%
	响应时间	300ms	14ms
Whois	服务可用性	99.45%	100%
	响应时间	800ms	4ms

　　".BIZ"从 2015 年 11 月以后不再通过 ICANN 发布 SLA 报告，表 11 所示为".BIZ"域名系统最后一次在 ICANN 发布的 SLA 报告。从表 11 中可以看出：它的 SLA 标准和实际运行指标比".ORG"和".INFO"要低。

表 11　".BIZ"域名系统 2015 年 11 月 SLA 报告

		公开标准	实际运行情况
注册	服务可用性	99.900%	100%
	查询域名 RTT	95% 小于 1500ms	99.974% 小于 1500ms
	修改域名 RTT	95% 小于 3000ms	99.992% 小于 3000ms
	删除域名 RTT	95% 小于 3000ms	99.992% 小于 3000ms
	增加域名 RTT	95% 小于 3000ms	99.992% 小于 3000ms
	DNS 注册生效时间	15min 内生效	100% 小于 15min
	Whois 注册生效时间	15min 内生效	100% 小于 15min
解析	服务可用性	99.999%	100%
	响应时间	95% 小于 1500ms	100% 小于 1500ms
Whois	服务可用性	99.950%	100%
	响应时间	95% 小于 1500ms	100% 小于 1500ms

图 4 和图 5 分别表示"．COM"和"．NET"顶级域名系统 SLA 性能指标随时间变化趋势。

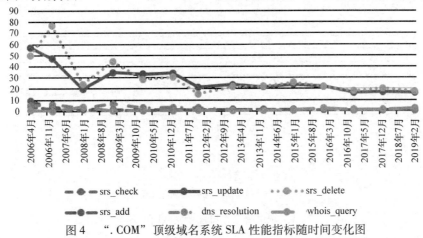

图 4 "．COM"顶级域名系统 SLA 性能指标随时间变化图

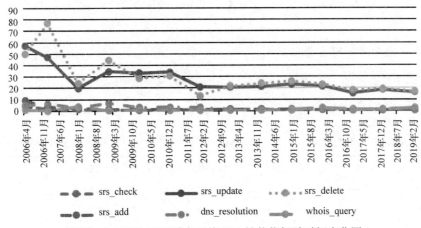

图 5 "．NET"顶级域名系统 SLA 性能指标随时间变化图

可以看出："．COM"和"．NET"有着相似的变化趋势，SLA 性能指标都是随着时间的发展有较大的提升。

图 6 和图 7 分别表示"．COM"和"．NET"顶级域名系统注册生效时间随时间变化趋势。

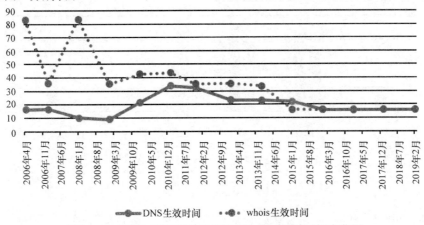

图 6 "．COM"顶级域名系统注册生效时间随时间变化图

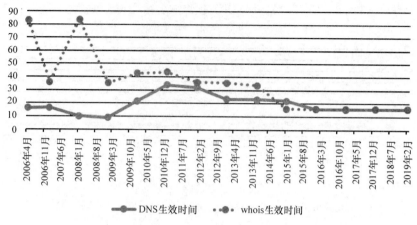

图 7　".NET"顶级域名系统注册生效时间随时间变化图

可以看出：".COM"和".NET"变化趋势相似，注册生效时间随着时间的发展变得越来越短。

（二）多个域名系统 SLA 指标对比

通过对多个域名系统 SLA 指标进行对比，可以直观地反映出它们之间的差距。取 2019 年 2 月中国国家域名".CN"，以及通用顶级域名".COM"与".NET"发布出来的 SLA 指标进行对比，对比数据见表 12。

表 12　2019 年 2 月".CN"，以及".COM"与".NET"发布出来的 SLA 性能指标对比表

	查询域名 RTT	增加域名 RTT	删除域名 RTT	修改域名 RTT	Whois 查询响应时间
.COM	0.40ms	0.85ms	17.61ms	16.52ms	2.39ms
.NET	0.72ms	0.82ms	16.92ms	16.22ms	2.41ms
.CN/.中国	3.67ms	19.41ms	16.06ms	13.52ms	7.89ms

图 8 所示为采用图形方式对 2019 年 2 月三个域名系统的 SLA 指标进行对比，这样可以更加直观地反映对比结果。

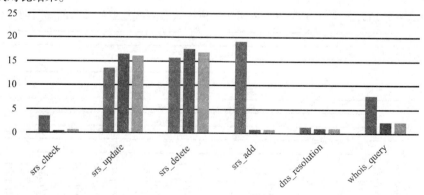

■".CN" ■".COM" ■".NET"

图 8　2019 年 2 月".CN"，以及".COM"与".NET"发布出来的 SLA 性能指标对比图

从上面的图表中可以看出：在域名删除和域名更新方面，中国国家域名".CN"的性能稍微优于".COM"与".NET"；但在域名查询与域名创建方面，".CN"的性能与".COM"和".NET"还有一定的差距。

图9所示为2019年2月中国国家域名".CN"与".COM"".NET"的生效时间对比情况。

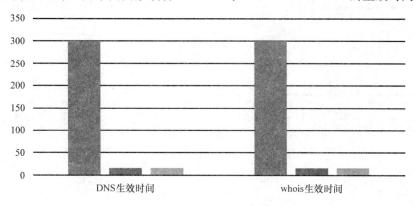

图9　2019年2月".CN"与".COM"、".NET"注册生效时间对比图

从图中可以看出：中国国家域名".CN"在DNS注册生效时间和Whois注册生效时间方面与".COM"和".NET"有着比较大的差距。

通过上面的多项SLA指标对比可以看出：中国国家域名系统与世界主流域名系统之间，在几项关键的SLA指标上还是有较大的差距。这就需要国家域名系统继续通过技术升级来提高服务水平和性能，赶超其他主流域名系统，以期达到世界一流水平。

（三）多个域名系统 SLA 历史趋势对比

通过对多个域名系统SLA指标的历史数据进行对比，可以直观地反映出它们随时间变化的发展趋势。由于".COM"和".NET"的SLA指标类似，而".CN"和".中国"的SLA指标类似，因此这里取".CN"和".COM"的数据进行比较，如图10所示。

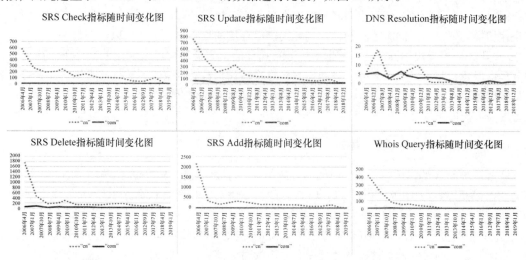

图10　".CN"和".COM"的SLA历史趋势对比图

从图中可以看出：无论是".CN"还是".COM"，它们的 SLA 性能指标随时间变化都得到了越来越大的提升，它们之间的差距正在逐渐缩小。

图 11 所示为".CN"和"COM"在注册生效时间随时间变化的发展趋势。

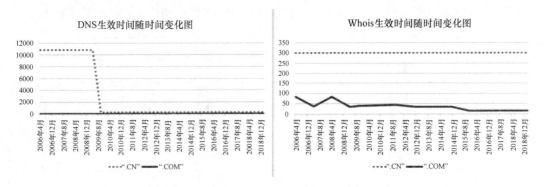

图 11　".CN"和".COM"注册生效时间随时间变化图

从图中可以看出：虽然".CN"的注册生效时间在 2009 年 10 月得到一次较大改进，但与".COM"相比还是有较大的差距。

五、域名系统 SLA 提升策略

域名系统 SLA 的指标可以分成三种类型：可用性、响应时间和生效时间。影响这些指标的因素较多，会涉及软件、硬件和网络等多个方面，下面分别介绍每一种类型指标的提升策略。

（一）可用性相关指标的提升

域名系统 SLA 的指标中，可用性相关的指标包括：DNS 服务可用性、DNS 名称服务器可用性、RDDS 可用性和 EPP 服务可用性。提高服务可用性可以采用如下几种策略：

1）采用"两地三中心"的灾备方案：即主、副机房位于同一城市，灾备机房位于远程城市。业务运行在主机房的设备之上，主存储单向实时同步到辅存储上，保证两个存储数据完全一致。同时，主存储的数据变更也会异步复制到远程灾备机房的存储。当主机房中断服务时，可以快速切换到辅机房。同时建立辅机房到容灾机房存储的异步复制关系，以保护数据。

2）业务应用采用集群架构，数据采用分布式存储：集群架构可以为业务程序不间断的对外服务提供保障，它可以做到故障的自动侦测、故障转移和自动恢复等。数据层采用分布式存储就是把数据分块存储在多台机器上，而且每一块数据都可以冗余存储在多台机器上，这样就可以有效地提高数据的可用性。

（二）响应时间相关指标的提升

域名系统 SLA 的指标中，响应时间相关的指标占了大多数，其中包括：TCP DNS 解析 RTT、UDP DNS 解析 RTT、RDDS 查询 RTT、EPP 会话命令 RTT、EPP 查询命令 RTT 和 EPP 传输命令 RTT。提高这些响应时间可以采用如下几种策略：

1）采用读写分离：一个数据库同时承担读和写操作，会让数据库服务器的处理能力受到影响，当访问量大的时候读写性能就会变慢。采用读写分离后，读数据的操作分流到读数据库，这样可以大大缓解写数据库的压力。

2）读数据库可以使用分布式缓存技术：分布式缓存技术不仅可以大幅提升数据读取速度，还可以提升系统可用性。

3）优化系统业务逻辑：减少内存的分配与回收，提高资源利用率，从而提升系统性能。

4）升级硬件：使用更新、更快速的硬件设备替换陈旧设备，如内存、硬盘等。

5）升级网络设备：提高机房的带宽，从而提升读写吞吐量。

（三）生效时间相关指标的提升

域名系统 SLA 的指标中，生效时间相关的指标包括：DNS 更新生效时间和 RDDS 更新生效时间。生效的意思就是指域名从注册或更新成功到可以正常解析的过程。提高生效时间就要提高这一过程的整体用时，通常可以采用如下几种策略：

1）采用增量更新方式：数据从注册系统下发到解析系统通常采用更新系统来完成，如果每次采取全量更新的话，就会把那些没有修改的数据也更新一遍，这会影响效率。解决的办法就是采用增量更新，每次只把注册系统中修改的数据下发到解析系统。

2）采用合理方法解决数据积压问题：当发生数据积压时，解析生效时间是第一条数据成功地从注册系统下发到解析系统，直到最后一条数据成功地下发到解析系统所用的时间。当产生大量积压的增量数据的时候，解析生效时间就会变长，这种情况下可以采取多线程的方法提高执行效率，但要注意时序问题。

3）采用合理架构解决数据下发问题：如果解析系统采用的是多级分层架构，解析生效时间是数据成功地从第一级根节点下发到最后一级子节点的时间。设计合理的解析系统架构、配置合理的参数，可以缩短解析下发时间。

（本文作者：杨卫平　殷智勇）

DNS 解析软件发展调研与评测

摘要：DNS 解析软件已成为互联网十分重要的基础性软件之一。本文通过回顾 DNS 解析软件的发展历史，对 DNS 解析软件的种类以及现状进行简要分析，并在不同场景下针对业界主流解析软件开展综合性评测，最后对 DNS 解析软件的发展进行了分析和展望。

关键词：DNS；解析软件；评测

一、引言

DNS 协议是互联网基础资源的核心协议之一，它定义了域名与 IP 地址的映射关系，目的是使用户可以更加便捷地访问互联网。DNS 系统作为 DNS 协议的一种具体实现，向所有互联网用户提供全球性的分布式查询服务，从产生至今已发展近 40 年。我们调查发现，目前全球范围内解析软件种类多达 26 种，其中具有权威功能的软件有 21 种，开源的有 17 种；具有递归功能的软件有 17 种，其中开源有 11 种[⊖]。本文在研究 DNS 解析软件历史发展状况的基础上，选取有代表性的解析软件开展综合性测评，为推动我国域名行业解析关键技术研发、推广和使用解析软件提供有益的参考。

二、DNS 解析软件发展状况

（一）解析软件发展历史

DNS 从 20 世纪 80 年代出现至今，已经有近 40 年的发展历史，根据 DNS 解析软件和解析技术的发展路线，可大致分为 3 个阶段：

1. DNS 解析软件的产生阶段

DNS 解析软件的产生是伴随着 DNS 协议和互联网而产生的。1971 年佩吉·卡普首次在 RFC 226 中提出了"互联网名字"的概念，并将名字与 IP 地址的对应关系写入"Host. txt"文件，形成了 DNS 的雏形。但随着网络规模的不断扩大，解析记录的维护难度不断增加且经常发生命名冲突的问题亟待解决。科学家保罗·莫卡派乔斯（Paul V. Mockapetris）在 RFC 819 的基础上提出了 RFC 882 和 RFC 883（著名的 RFC 1034 和 RFC 1035 的前身），从而形成了两个 DNS 非常重要的基础概念：Delegation 与 Authority，并由此产生了 DNS 解析系统和现代域名体系。20 世纪 80 年代，加州伯克利分校计算机系统研究组（CSRG）的 4 名研究生：Douglas Terry、Mark Painter、David Riggle、Songnian Zhou 开发了著名的 DNS 解析软件——BIND。BIND 是 Berkeley Internet Name Domain 的简称，首次发布于 BSD4.3，从此 BIND 作为操作系统基础软件随着 Unix 及 Linux 的传播而被广泛使用。因此在类 Unix 操作系统中，这个阶段里 BIND 已经成为事实上的 DNS 解析软件标准。

2. DNS 日益重要且解析软件功能特性不断丰富

进入 20 世纪 90 年代后，伴随着互联网的不断发展和商业化，域名开始收费，但此时 DNS 并

⊖ https：//en. wikipedia. org/wiki/Comparison_of_DNS_server_software。

不太受重视。1997 年，为了抗议 DNS 的垄断，AlterNIC 老板尤金·卡斯帕罗夫利用 DNS 缓存投毒，将访问 InterNIC 的流量 2 次引导至 AlterNIC。就在这件事的同一周，一次人为的失误引发 NSI 解析主服务器数据错误，导致互联网陷入瘫痪。虽然仅 4 小时左右就恢复了故障，但人们已经开始意识到互联网的安全性存在严重问题，DNS 服务开始受到极大的重视。尽管在此期间发生了 NSI 与美国商务部的关于 DNS 的管理权纷争，并最终导致 ICANN 的建立，但并未影响解析技术的持续进步。在此期间，DNS 协议继续发展，出现了更多的记录类型与功能特性。随着 DNS 部署结构不断横向和纵向扩展产生了数据更新的问题，通过 DNS NOTIFY、增量区传送（IXFR）[一]、动态更新（DNS UPDATE）[二]等特性简化数据更新操作，大幅提升了解析数据更新的效率。1999 年 EDNS0 的出现解决了 DNS 数据包不能超过 512 字节的限制问题，更为 DNSSEC 的技术发展打下了基础。

3. DNS 解析软件逐步向专业化和精细化方向发展

从 1999 年至今，国际互联网工程任务组（The Internet Engineering Task Force，IETF）成立了多个 DNS 领域的工作组来研究和制定 DNS 相关技术标准与运行规范，如域名系统实施部署工作组（Domain Name System Operations，DNSOP），主要负责制定 DNS 软件和服务的运行规范及 DNS 区域的管理规则；基于域名系统的域名认证工作组（DNS Based Authentication of Named Entities，DANE）与 DNS 安全扩展工作组（Domain Name System Security Extensions，DNSSEC）相结合，力图解决 DNS 软件应用的密钥发现与交换问题；可扩展的 DNS 发现服务工作组（Extensions for Scalable DNS Service Discovery，DNSSD），试图设计一种可扩展的有弹性的 DNS 服务发现方案；域名传输隐私交换工作组（DNS Private Exchange，Dprive），致力于提升 DNS 通信过程中的机密性与安全性，进行域名隐私保护技术和标准的讨论与制定工作。

这些工作组的工作成果极大地推动了 DNS 技术与软件的进步，使得 DNS 解析软件向更加精细化的方向发展。DNS 软件不但开始兼容 IPv6 技术的发展，也随着国际化的潮流开始支持国际化域名（IDNA）的应用，同时 DNS 的安全性更加受到重视，TSIG 技术重点用于保障 DNS 主辅更新间数据传输的安全，而 2008 年卡明斯基（Daniel Kaminsky）披露出可利用递归解析软件端口随机性较差的问题造成 DNS 缓存投毒攻击的安全漏洞[三]，使得 DNS 解析的安全性更加受到重视，全球开始加快实施 DNSSEC，同时出现了更多关于 DNS 安全的特性与协议规范，到目前为止已经有近 300 个与 DNS 相关的 RFC 技术协议标准。

随着 DNS 技术的不断进步，涌现出越来越多的解析软件。2000 年 9 月，ISC 以项目外包的形式借助 Nominum 开发团队共同完成了 BIND9 的开发并发布，实际上除 Nominum 外还有 11 家组织或企业也参与了 BIND9 的部分开发工作。BIND9 是 BIND8 之后非常重要的一个版本，它全面支持 IPv6 并包含了很多安全改进特性。随后，越来越多的组织和机构开始研发新的 DNS 解析软件。荷兰的 NLNETLabs 与欧洲网络资讯中心（Reseaux IP Europeens Network Coordination Center，RIPE NCC）合作开发了 NSD（2002 年），采用 BSD 开源协议的 NSD 从设计之初就是用于权威解析使用，不包含任何递归缓存功能；捷克共和国的 CZNIC 于 2011 年 11 月发布了采用 GPL 开源协议的高性能权威解析软件 Knot 等。这些解析软件的出现不仅丰富了解析软件的多样性，也有利于降低依赖单一解析软件所产生的功能或安全缺陷几率。

⊖　https：//www.rfc-editor.org/rfc/rfc 1995.html。

⊜　https：//www.rfc-editor.org/frc/rfc 2136.html。

⊜　https：//searchsecurity.techtarget.com.cn/11-17799/。

（二）解析软件种类

解析软件从不同的角度可以划分成不同的类别。最常见的分类是按照解析软件在 DNS 查询过程中功能角色的不同，划分为权威解析软件与递归解析软件两大类。比较常见的权威解析软件包括 PowerDNS、Knot、NSD 等；常见的递归解析软件包括 Unbound、PowerDNS Recursor、Knot - resolver 等。不过部分解析软件同时兼具两项功能并应用于不同场景，例如 BIND、Microsoft DNS。

如果按照解析软件开发性质进行划分，可划分为开源软件和闭源软件。常见的开源解析软件有 BIND（ISC），PowerDNS，Knot，NSD。而闭源软件则大多是商业软件，如 Microsoft DNS、Nominum ANS 等。

（三）解析软件现状

随着互联网的不断发展与解析技术的广泛应用，依托解析软件所提供的各类解析服务已成为重要的互联网基础资源服务。在这个过程中解析软件无论在功能、性能和安全性方面，都得到较大的发展，其应用场景也随之多样化。

首先，从目前市场上解析软件功能的发展趋势方面来看，软件更加聚焦于细分的功能领域，逐步由全功能化向单一功能转变并越来越注重解析软件的可管理性与可维护性。譬如针对权威与递归的不同应用场景，将权威解析功能与递归解析功能分离；在递归解析软件方面，将递归缓存功能与递归查询功能分离。此外对于解析软件的管理性与可维护性功能方面的提升，不断促进着解析软件从最初的配置性管理到易用性管理方面的转变，这也是解析软件发展的一个必然趋势。

其次，在互联网域名管理领域，根区具有区少、记录少的特点；而顶级域则具有区少、区规模超大的特点。根解析与顶级权威解析作为解析过程中的两个基础关键环节，其解析软件的安全性、稳定性及数据加载性能是根区管理机构和各顶级域注册管理机构的主要考量因素。此外，为加强解析数据的可信性和完整性保护，目前全球已经有 1388 个 TLD 实施 DNSSEC[⊖]，因此对 DNSSEC 特性的支持也是这一层级解析软件必备的功能特性之一。

在次级权威服务层面，权威解析软件广泛应用于注册服务机构、专业权威解析服务提供商以及 CDN 服务厂商这些面向最终用户场景的机构或企业。由于这类应用场景普遍具有区记录少但区数量多的特点，因此权威解析软件在功能方面除具有解析快速下发生效、快速增删区以及抵御 DDoS 攻击的能力以外，还要求具备智能解析的功能，即基于用户侧地址信息返回给最适合用户访问的解析结果。所以自研解析软件或针对现有解析软件进行定制化开发往往成为机构或企业的首要选择，不过这类自研解析软件往往在应用场景及 DNS 协议完整性支持方面存在一定的局限性。

再次，在递归解析服务层面，这是最贴近互联网用户的一个环节，普遍要求递归解析软件具备并发高性能，配置与管理灵活的功能特性，此外支持 DNSSEC 和根解析本地化特性也已成为目前递归解析软件必备的功能特性。

三、DNS 解析软件综合评测

我们下面从解析软件的功能、性能及安全性三个方面开展综合测评。其中，对权威解析软件性能测试的目的，是在单台高性能服务器与万兆网络的条件下，探究根解析、顶级域解析以及次

　　⊖　http：//stats. research. icann. org/dns/tld_report/。

级权威解析三种业务场景中不同权威解析软件的性能变化情况。对递归解析软件的性能评测主要关注解析软件查询性能随 CPU 核数递增变化情况。此外，由于性能测试中软件自身的默认参数不尽相同，这将会导致解析性能差异很大，因此在数据目录、监听端口等参数采用默认配置以外，其他针对各测评软件的参数做了相应调整，具体参见附录二。

（一）测试软件

我们依据根区或较大 TLD 注册局所使用的软件，考虑市场占有率、影响力等因素，权威和递归各选取 4 款开源软件与 CNNIC 自研的网域解析软件一起进行测评分析。所有被评测的开源解析软件均可通过网络获取且软件版本均为当前稳定版本。

在权威解析软件方面，我们选择 BIND、PowerDNS、NSD、Knot 与 CNNIC 自研的网域解析软件。在递归解析软件方面，我们选择 BIND、PowerDNS - Recursor、Knot - resolver、Unbound 与 CNNIC 自研的网域解析软件。见表 1 和表 2：

表 1　评测选取的 DNS 权威解析软件

软件名称	版本	选择因素
BIND	BIND - 9.14.5	开源、功能全面，应用较为广泛
PowerDNS	version 4.1.13	应用于注册服务机构及个别国家顶级域（.MP/.GE/.NP 等）
Knot	Knot - 2.8.3	应用于部分根区及顶级域（.CZ）管理机构
NSD	NSD 4.1.22	应用于部分根区及顶级域管理机构
网域解析软件（SDNS - ZA）	2.0	CNNIC 自研高性能解析软件，应用于中国国家顶级域

表 2　评测选取的 DNS 递归解析软件

软件名称	版本	选择因素
BIND	BIND - 9.14.5	开源、功能全面，应用较为广泛
PowerDNS - Recursor	pdns - recursor - 4.2.0	开源、应用广泛
Knot - resolver	knot - resolver - 4.2.0	应用于 CZ.NIC、开源
Unbound	unbound - 1.9.2	开源、Net labs 维护
网域解析软件（SDNS - Z）	1.0	CNNIC 自研递归解析软件

（二）测试环境

我们在万兆网络环境下搭建测试平台，整体架构如图 1 所示。

硬件配置方面，采用 HP 硬件服务器部署各解析软件系统，配置见表 3。操作系统采用 CentOS Linux release 7.4.1708，内核版本为 3.10.0 - 693.el7.x86_64，采用 XFS 文件系统（EXT4 分区）。

测试工具方面，我们采用开源工具 DNSPerf 作为压力测试软件，采用开源工具 drool 作为数据回放工具。

测试数据方面，我们根据不同的场景类型设计加载数据与压测数据，见表 4 和表 5。

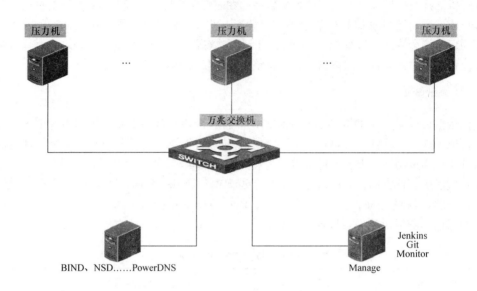

图 1　测试平台的整体架构

表 3　测试环境硬件配置表

配置项	型　号	配　置
测试服务器 3 台	HP DL360 Gen9	CPU：Intel Xeon Processor E5 – 2660 v4 ＊ 2 内存：DDR4 2133MHz 8G＊4　32G 硬盘：600GB 10K SAS 2.5 英寸＊2（raid1） 网卡：Intel Corporation 5520/5500/X58 I/O
	Huawei CE5810 – 24T4S – EI	

表 4　权威解析软件加载与压测数据

权威软件	根服务器场景	顶级权威场景	次级权威场景
Zones（个）	1	1	1000K
DNSSEC	NSEC3	NSEC3	NSEC3
RR count	5 + DNSSEC	21000K + DNSSEC	5 + DNSSEC
Content	SOA、2NS、3A	SOA、20000K NS、1000K A	SOA、2NS、3A
Queries	随机	随机	随机
Replies	100% NOERROR	100% NOERROR	100% NOERROR

表 5　递归解析软件加载与压测数据

递归软件	性能测试场景	缓存试场景
DNSSEC	是	是
Queries	真实线上数据 100 万次查询	真实线上数据 100 万次查询
Replies	100% NOERROR	100% NOERROR

四、评测结果与分析

由于测试结果可能受测试过程中的诸多因素的影响（如硬件、操作系统、配置、人为操作等），因此以下评测结果仅供参考。

（一）权威解析软件评测结果

在权威解析软件的功能性方面，主要以 DNS 相关 RFC 作为权威解析软件的功能实现参考，着重考察权威解析软件功能的完备性。经过功能通过性测试，所评测软件在解析、数据更新、安全、日志以及管理方面的特性汇总见表 6 和表 7。

在以上软件功能中，DNSSEC 作为 DNS 安全方面的一项重要举措，旨在增强 DNS 的安全，实现对请求响应的准确性以及完整性。我们对该项功能特性进行了更为细致的功能分解。其中 DNSSEC 工具集包括生成密钥和对区文件签名工具，五款解析软件中仅 NSD 未提供 DNSSEC 相关工具⊖。在 DNSSEC 密钥生成的算法支持方面来看，每种软件随着版本的更新，也会及时废除一些陈旧的算法，避免引起不必要的安全漏洞，同时对于新的算法支持也进行更新，比如在达到相同安全效果的同时，采用 ECDSA 比使用 RSA 得出的签名长度要短，这样在响应 DNSSEC 请求的同时可有效减少网络带宽的损耗。

表 6　权威解析软件功能列表

	软件	BIND	PowerDNS	NSD	Knot	SDNS – ZA
	多处理器支持	支持	支持	支持	支持	支持
解析	Wildcard[1]	支持	支持	支持	支持	支持
	智能解析[2]	支持	支持	不支持	不支持	支持
	UDP/TCP[3]	支持	支持	支持	支持	支持
	EDNS[4]	支持	支持	支持	支持	支持
	IPV4/IPV6[5]	支持	支持	支持	支持	支持
更新	AXFR[6]	支持	支持	支持	支持	支持
	IXFR[7] Client	支持	支持	支持	支持	支持
	IXFR Server	支持	不支持[8]	支持	支持	支持
	Notify[9]	支持	支持	支持	支持	支持
	DDNS[10]	支持	支持	支持	支持	支持
	CatZ 动态加区[11]	支持	独立工程[12]	第三方插件支持[13]	第三方插件支持	支持
安全	TSIG[14]	支持	支持	支持	支持	支持
	DNSSEC[15]	支持	支持	不支持	支持	不支持
	ACL[16]	支持	支持	支持	支持	支持
	RRL[17]	支持	支持	支持	支持	不支持
	Cookie[18]	支持	不支持	不支持	支持[19]	不支持

⊖　NLNetlabs 的 ldns 项目单独提供 DNSSEC 工具集。

（续）

	软件	BIND	PowerDNS	NSD	Knot	SDNS – ZA
日志	文本日志[20]	支持	支持	不支持	支持	支持
	syslog 支持	支持	支持	支持	支持	支持
	二进制[21]	支持	不支持	不支持	支持	支持
管理	配套组件[22]	不支持	支持	不支持	不支持	不支持
	远程管理[23]	支持	支持	支持	支持	支持

① Wildcard 记录即通配符（用 '*' 标示）记录，是 DNS 区域中匹配不存在域名请求的一种记录类型，在 RFC1034 中定义，RFC 4592 又做了进一步说明。

② 智能解析指对请求 DNS 解析的真实源 IP 地址进行判断，将域名解析到预先配置的不同地址。智能解析常应用于 CDN 场景。

③ 指支持处理 UDP 和 TCP 协议栈的 DNS 查询请求。

④ EDNS：Extension Mechanisms for DNS（EDNS）是 RFC 2671 引入的一种 DNS 扩展机制，在遵循已有的 DNS 消息格式的基础上增加一些字段，来支持更多的 DNS 请求业务。

⑤ 支持 IPv4 和 IPv6 网络下的 A 或 AAAA 类型解析请求。其中支持 IPV6 有专门的 RFC 3596 来定义。

⑥ AXFR（Full Zone Transfer，全量区传送）是主从服务器之间同步数据的一种方式，在 RFC 5936 中引入 DNSSEC 后对 AXFR 做了进一步定义更新。

⑦ IXFR（Incremental Zone Transfer，增量区传送）是主从服务器之间同步数据的一种方式，在 RFC 1995 中定义。

⑧ https：//github. com/PowerDNS/pdns/issues/6679 提到 Powerdns 使用 axfr 响应 ixfr 的请求。

⑨ 当运行在主从架构中的解析服务时，主服务器的区文件发生变化被重加载后就会给所有从服务器发送通知，在 RFC 1996 中有定义。

⑩ DDNS（动态更新）：可以通过命令行对域名进行增删改，而不是手动编辑区文件和修改 SOA 号实现，同时需要 allow – update 策略支持。Nsupdate 作为 BIND 中的 ddns 工具，在 RFC 3007 中有相应解释。

⑪ 在主从服务架构体系下可以自动加区。

⑫ 以独立工程的形式存在，具体工程详见：https：//github. com/PowerDNS/powercatz。

⑬ 官方并没有提供相关工程来支持此功能，只是第三方应用针对两个软件提供了动态加区的功能，具体工程详见：https：//github. com/mimuret/dns – catalog_zone，该工程支持 NSD4 Knot YADIFA。

⑭ TSIG：Transaction signatures（TSIG）是一种确保 DNS 软件服务器（通常是主从服务器）间 DNS 通信安全的机制。在 RFC 2845 中定义。

⑮ DNSSEC：DNSSEC 全称 Domain Name System Security Extensions，即 DNS 安全扩展，是由 IETF 提供的一系列 DNS 安全认证的机制。它提供一种可以验证应答信息的真实性和完整性的机制，利用密码技术，使得域名解析服务器可以验证它所收到的应答（包括域名不存在的应答）是否来自于真实的服务器，或者是否在传输过程中被篡改过。

⑯ ACL：这里重点介绍在 DNS 服务里用到的 ACL，有请求查询的 ACL，比如：allow – query、allow – query – on、allow – recursion；有数据传输相关的 ACL，比如：allow – notify、allow – update、allow – transfer。

⑰ RRL：RRL（Response Rate Limit）是对 DNS 响应速率进行限制，通过对速率进行设置，可以有效地缓解异常流量对 DNS 服务器的干扰。

⑱ Cookie：RFC 7873 规定的一种轻量级的 DNS 事务安全机制——DNS Cookie，它可为 DNS 服务器和客户端提供一定的保护，防止路径外攻击者发生各种日益普遍的拒绝服务和放大/伪造或缓存中毒攻击，但需要权威与递归同时支持并启用才能生效。此外由于 DNS Cookie 仅返回到最初接收它们的 IP 地址，因此它们不能用于跟踪 Internet 用户。

⑲ Knot 从 2.7 版本开始支持此功能。

⑳ 文本日志将将 DNS 请求输出到硬盘的某个具体文本日志文件中。

㉑ 二进制格式日志是将 DNS 请求输出成二进制数据流，如果想要去识别读取，需要用特定的工具。

㉒ 配套组件：比如对外 API、后台管理系统等。

㉓ 远程管理：是一组命令集可以通过管理端口来对解析服务做基本的管理。通过该工具可以在本地或远程了解当前服务器的运行状况，也可对服务器进行关闭、重载、刷新缓存、增加删除 zone 等管理操作。

表7 权威解析软件 DNSSEC 功能项列表

软件 / 功能项	BIND	PowerDNS	Knot	NSD	SDNS – ZA
DNSSEC 工具集[①]	支持	支持	支持	不支持	不支持
加载签名区[②]	支持	支持	支持	支持	支持
DS[③]算法	SHA – 1、SHA – 256 or SHA – 384	SHA – 1（algorithm 1）、SHA – 256（algorithm 2）、GOST R 34.11 – 94（algorithm 3）、SHA – 384（algorithm 4）	SHA1、MD5、SHA256、SHA384、SHA512、SHA224	不适用	不支持
DNSKEY[④]算法	rsasha1 nsec3rsasha1 rsasha256 rsasha512 ecdsap256sha256 ecdsap384sha384 ed25519 ed448	rsasha1 rsasha1 – nsec3 – sha1 rsasha256 rsasha512 ecdsa256 ecdsa384 ed25519 ed448	rsasha1 rsasha1 – nsec3 – sha1 rsasha256 rsasha512 ecdsap256sha256 ecdsap384sha384 ed25519	不适用	不支持
NSEC[⑤]与 NSEC3[⑥] — HASH 算法[⑦]	RSA – 1	RSA – 1	RSA – 1	不适用	不支持
NSEC[⑤]与 NSEC3[⑥] — OPT – OUT[⑧]	支持	支持	支持	不适用	不支持
NSEC[⑤]与 NSEC3[⑥] — Salt[⑨]	支持	支持	支持	不适用	不支持[⑩]
支持 PKCS#11[⑪]	支持	支持	支持	不适用	不支持

① 指 DNS 软件是否提供生成 key、签区、DNSSEC 校验等 DNSSEC 相关命令工具。

② 指 DNS 软件可以加载已完成签名的区文件。

③ DS（Delegation Signer）是 DNSSEC 引入的一种资源记录类型，用于存放 DNSSEC 公钥散列值的资源记录（RR），可验证 DNSKEY 的真实性，从而建立验证信任链。

④ DNSKEY 是 DNSEEC 引入的一种资源记录类型，它除用于存储公钥信息外，还具有密钥算法，密钥过期时间等信息。

⑤ NSEC（Next Secure）是 DNSSEC 引入的一种资源记录类型，用于应答不存在的资源记录。

⑥ NSEC3 即 Next Secure v.3，是 NSEC 记录的 V3 版本，它对资源记录进行了 HASH 处理，从而防止利用 NSEC 的特性对区文件进行遍历。

⑦ HASH 算法：NSEC3 比 NSEC 多了一步 HASH 处理（目前只支持 SHA – 1），参见 https：//www.iana.org/assignments/dnssec – nsec3 – parameters/dnssec – nsec3 – parameters.xhtml。

⑧ OPT – OUT 选项是仅允许对权威数据进行签名，可大幅减少签名区文件大小。

⑨ Salt 是指在进行 hash 之前对原始域名附加的字符串，用于 NSEC3 算法中。

⑩ SDNS – ZA 支持 NSEC3 和 NSEC 的解析，而不支持签区。

⑪ PKCS#11 是针对密码设备的接口指令标准，它定义了独立于平台的 API，用于控制硬件安全模块（HSM）和其他加密支持设备。

综合以上两表可以看出，无论在基本功能还是 DNSSEC 方面，BIND 仍是目前功能性最为全面的解析软件，而 PowerDNS 和 Knot 都在逐步缩小与 BIND 的差距，其他软件在解析全功能性支持方面仍与 BIND 存在一定的差距。

为评估在测试平台的硬件条件下各解析软件所能达到的最高性能，我们考察了在三类场景中解析软件性能随着 CPU 核数增加所表现的性能趋势[⊖]。在不同场景下每种权威解析软件在同等硬

⊖ 由于针对网域解析软件的性能是在通用机型条件下测得的结果，实际上目前 CNNIC 网域系列软件已经形成平台级产品，并包装成软硬件一体机，当配合专用的万兆网卡时其解析性能可达到千万级 QPS。

件条件下发挥出其硬件最大性能的 CPU 核数都不尽相同。

　　根服务器的场景特点使加载的区文件比较单一，区文件资源记录数量较少。图 2 所示为根解析场景 UDP 类型 DNS 与 DNSSEC 查询性能情况比较。从图 2 中可以看到在根解析场景下，随着 CPU 核数的不断增加，各权威解析软件的性能呈现出不同的上升趋势。BIND 与 PowerDNS 的吞吐量在 CPU 从单核增加到 7 核时，几乎成线性增长，超过 7 核后，波动明显加大且 BIND 性能呈下降趋势；NSD、Knot 与 SDNS - ZA 的性能曲线比较相似，在 CPU 核数小于 7 核时同样呈线性增长趋势，超过 7 核后上升趋势放缓并开始呈波动状态。Knot 在多核条件下表现出了较高的性能，特别是在 19 核条件下，DNS 查询吞吐量可达到 210 万 QPS。由于根区实施 DNSSEC 的 NSEC 记录未采用 NSEC3，权威解析软件处理 DNSSES 查询响应性能虽然较 DNS 查询响应性能略低，但相差不大，一般平均不超过 10%。

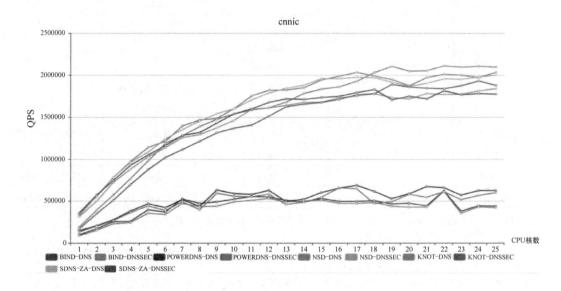

图 2　根解析场景 UDP 类型 DNS 与 DNSSEC 查询性能情况比较

　　在顶级权威场景下，解析软件虽然仅加载为数不多的区，但每个区的资源记录数量通常达到百万（有些区甚至是千万数量级）级别。此外，目前有超过 91% 的顶级域已经实施 DNSSEC，且采用 NSEC3 算法，以避免被遍历。此场景性能测试中权威解析软件均加载 2 千万量级的 CN 区数据，并回放生产环境真实请求日志数据来模拟解析请求。图 3 所示为顶级解析场景 UDP 类型 DNS 与 DNSSEC 查询性能情况比较。从图 3 中可以看出，在顶级权威解析场景下，各权威解析软件所表现出的性能曲线与根场景下相比发生了一些变化。SDNS - ZA 和 Knot 随着 CPU 核数的增加表现出较高的性能，NSD 次之，PowerDNS 的性能要略高于 BIND。为避免区数据被遍历，顶级域普遍采用 NSEC3 类型的记录类型，由于权威解析软件需要对请求域名进行 Hash 处理，因此在顶级解析场景下各权威解析软件处理 DNSSES 查询时的性能与处理 DNS 查询性能相比，普遍要比根场景下的差距要大，例如 BIND、PowerDNS 与 SDNS - ZA 处理 DNSSEC 时的性能要较处理 DNS 查询性能下降 60% 左右，Knot 下降了 47%，NSD 最优，仅下降了 24%。

　　一般来说，除用户自建权威服务器外，次级权威解析服务一般主要由注册服务机构（如阿里云、新网等）与专业权威解析服务提供商（如 DNSPod、DNS. COM 等）两类机构来提供。与顶级权威解析场景不同的是，虽然注册服务机构和专业权威解析服务提供商提供的解析服务会加

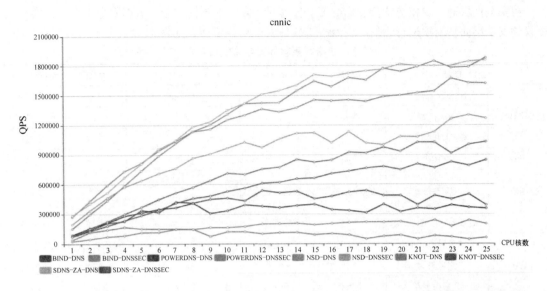

图 3　顶级解析场景 UDP 类型 DNS 与 DNSSEC 查询性能情况比较

载大量区文件，但是单个区的资源记录数量往往较少，且注册服务机构或注册服务商会针对用户类型（VIP 或普通用户）及规模的不同，在业务服务上采用不同类型的解析服务器群提供服务；而自建权威解析服务的次级权威解析场景通常仅加载少量区及少量资源记录，其解析服务器性能要求通常不高。因此我们在评测中选择模拟前两者业务场景，即在百万级区文件、单个区资源记录相对较少的场景，评测每种权威解析软件加载 100 万个独立二级区文件后的性能表现。在次级权威解析场景下，5 种权威解析软件的性能排名与顶级权威场景下一致，但是在具体性能变化趋势上存在不少差异。如 BIND、NSD、Knot 在次级权威场景下的性能要略低于顶级权威场景，而 PowerDNS、SDNS – ZA 则表现相反。如图 4 所示。

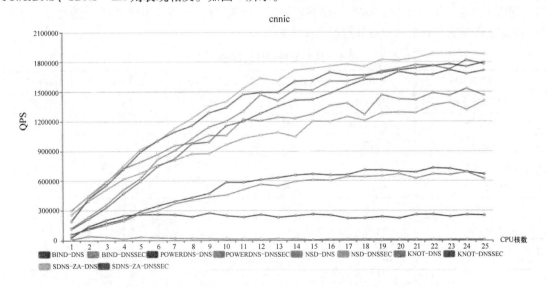

图 4　次级解析场景 UDP 类型 DNS 与 DNSSEC 查询性能情况比较

在安全性层面，对权威解析软件的安全性考量主要针对访问控制、数据安全以及攻击防护三类软件安全层面功能项进行评估。权威解析软件安全功能项列表见表8。

表8　权威解析软件安全功能项列表

安全功能项		BIND	PowerDNS	NSD	Knot	SDNS – ZA
访问控制安全	NSEC3 算法①	支持	支持	不支持	支持	不支持
	chroot 机制②	支持	支持	支持	不支持	支持
	ACL 机制③	支持	支持	支持	支持	支持
数据安全	TSIG④	支持	支持	支持	支持	支持
	区文件格式	文本/二进制	数据库记录	兼容 BIND 且可转成加密文本数据库文件	文本	文本
	DNSKey 存储方式	本地	数据库	不支持	本地	不支持
攻击防护安全	域名黑白名单	不支持	不支持	不支持	不支持	不支持
	流量限制	支持	不支持	支持	支持	不支持
	IP 黑白名单	不支持	不支持	不支持	不支持	支持

① 实施 DNSSEC 时为防区文件被遍历，区数据签名一般采用 NSEC3，以最大限度来保障区文件数据安全。

② 通过 chroot 机制来更改进程所能看到的根目录，从而将进程限制在指定目录中，保证进程只能对该目录及其子目录的文件进行操作。

③ 通过 ACL 机制可以更好地控制域名服务器的访问策略。

④ Transaction signatures（TSIG）是一种确保 DNS 消息安全的机制，常用于保护区文件传输、notify 和动态更新。

（二）递归解析软件评测结果

与权威软件评测类似，我们也从功能、性能和安全性三个维度对所选的递归解析软件进行了综合评测。

在功能性方面，尽管递归解析软件的核心功能相对比较单一，但是作为基本的递归服务来提供，则衍生出隐私保护（RFC 7626）、缓存可修改、增强递归（RFC 7706）等大量新特性，在这方面5款递归解析软件的功能各具特色，具体见表9。

表9　递归解析软件功能项列表

软件	BIND	PowerDNS Recursor	Knot – resolver	Unbound	SDNS – Z
多处理器支持	支持	支持	支持	支持	支持
转发器	全局、区域	区域	区域	区域	支持
DNS64①	支持	支持	支持	支持	支持
回应策略（RPZ②、RRL③）	支持	支持	支持	支持	不支持
HTTP API④	不支持	支持	支持	不支持	不支持
ECS⑤	支持	支持	支持	支持	支持
Prefetch⑥	支持	支持	支持	支持	不支持
DNSSEC 信任锚自动更新⑦	支持	不支持	支持	支持	不支持
Local ROOT⑧	支持	支持	支持	支持	不支持
缓存服务⑨	支持	支持	支持	支持	支持

（续）

软件	BIND	PowerDNS Recursor	Knot – resolver	Unbound	SDNS – Z
DoT[⑩]	支持	支持	支持	支持	不支持
DoH[⑪]	不支持	支持	支持	支持	不支持
缓存查看[⑫]	支持	支持	不支持	支持	支持
0X20[⑬]	支持	支持	支持	支持	不支持
NXDOMAIN 重定向[⑭]	支持	支持	支持	支持	不支持
DNSTAP[⑮]	支持	支持	支持	支持	不支持

① 是一种 RFC 6147 中定义的 IPv6 过渡技术，主要用于配合 NAT64（一种有状态的网络地址与协议转换技术）工作，将 DNS 查询信息中的 A 记录（IPv4 地址）合成到 AAAA 记录（IPv6 地址）中，返回合成的 AAAA 记录用户给 IPv6 侧用户。

② RPZ（Response Policy Zones，域名服务响应策略区域），是一种允许对查询返回另一种响应的方法，也可作为 DNS 防火墙进行策略防护。

③ RRL（Response Rate Limiting，响应速率限制），是对 DNS 协议实现的一种增强，可以帮助减轻 DNS 扩大攻击，允许服务器管理员限制服务器向伪造查询发送回复的速度，可以帮助缓解 DNS 放大攻击。)

④ HTTP API：通过 http 接口获取运行状态。

⑤ ECS（EDNS Client Subnet）是 RFC 7871 中定义的一种机制，用于允许将部分客户端 IP 地址信息发送到权威的 DNS 名称服务器，来与地理位置匹配的获取更精确的查找响应。

⑥ 指解析器会在当前副本即将过期之前请求另一个缓存记录副本的特性。

⑦ DNSSEC 信任锚自动更新是 RFC 5011 中描述的方法，当递归服务器开启了 DNSSEC 验证后，如果根区的 KSK 轮转后，希望递归服务器配置的信任锚自动完成轮转，而不是手动去配置，而 RFC 5011 则指定了信任锚自动轮转（Automate Updates of DNS Security Trust Anchors）策略。

⑧ Local ROOT 在 RFC 7706 中描述的一种提升递归服务查询性能的操作方法，利用本地环回地址提供根区解析服务，降低根区解析的访问时间。

⑨ 指作为缓存服务器提供解析服务。

⑩ DoT（DNS Over TLS）是 RFC 8310 中定义的一种利用 TLS（传输层安全协议）为 DNS 提供隐私保护方式。

⑪ DoH（DNS Over Https），即基于 HTTPS 的 DNS 查询，是 RFC 8484 定义的一种通过 HTTPS 发送 DNS 查询和获取 DNS 响应的协议。

⑫ 指作为缓存服务器运行时，可查看具体的缓存条目。

⑬ 指递归将请求的域名转换成随机大小写的形式后进行外发查询，在一定程度上可以防止缓存投毒，具体参考 https：//tools. ietf. org/html/draft – vixie – dnsext – dns0x20 – 00。

⑭ NXDOMAIN 重定向使递归服务器能够使用配置中的应答来代替对查询 NXDOMAIN 域名的响应。

⑮ DNSTAP 是一款结构化的且具有弹性的用于捕获和记录 DNS 日志的工具软件，它以二进制编码格式记录 DNS 日志，详见 http：//dnstap. info/。

在解析性能方面，我们对 5 款递归解析软件在多核情况下的查询性能开展评测。

图 5 所示为递归解析场景 UDP 类型 DNS 与 DNSSEC 查询性能情况比较。从图 5 中可以看出，5 种递归解析软件在处理 UDP 类型的查询时，是否开启 DNSSEC 验证以及处理的查询请求是否带 DO 标志位，对于查询性能影响不大；其次，随着 CPU 核数的增加，5 种权威解析软件的性能表现出不同的性能变化趋势，PowerDNS Recursor 和 Knot – resolver 随着 CPU 核数的增加解析性能逐渐增大，不过 Knot – resolver 的解析性能随 CPU 核数增加比较缓慢，而 PowerDNS Recursor 随 CPU 核数增加解析性能增长明显；Unbound 和 SDNS – Z 体现出相似的趋势，随着 CPU 核数的增加会在一个区间不规则波动。而 BIND 仅在 CPU 核数为 10 时性能达到峰值，之后随着 CPU 核数增加解析性能呈下降趋势。由于不同解析软件对于多核的支持程度并不相同，在达到最大吞吐量时的

核数可以用来作为生产情况下的一个参考项。

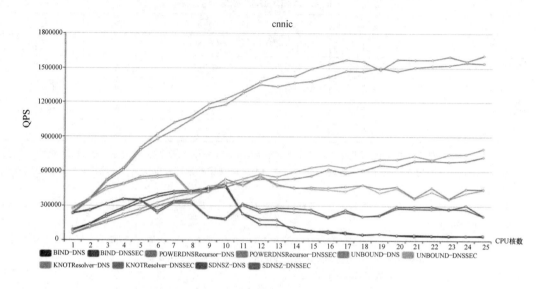

图 5　递归解析场景 UDP 类型 DNS 与 DNSSEC 查询性能情况比较

在安全性方面，虽然递归解析软件涉及安全方面的功能项不多，但我们也参照权威的测评方式进行了评测，见表 10。

表 10　递归解析软件安全功能项列表

	BIND	PowerDNS Recursor	Knot – resolver	Unbound	SDNS – Z
Query ACL	支持	支持	支持	支持	支持
Enable DNSSEC	支持	支持	支持	支持	支持
DNS Application Firewall	RPZ	RPZ	RPZ	LOCAL ZONE	劫持、黑洞

（三）综合分析

将以上针对权威和递归解析软件的评测结果指数化后，可以得到以下两幅三相雷达图，分别如图 6 和图 7 所示。

本次评测的 5 款权威解析中，BIND 在功能方面表现较为突出，但在性能方面，BIND 解析性能虽略高于 PowerDNS 但却大幅低于其他三种软件。NSD 与 Knot 在功能、性能、安全性方面表现则相对均衡，两者在根服务器领域应用较为广泛，可作为与 BIND 软件异构的首要选择。SDNS-ZA 在查询性能方面略高于其他几款权威解析软件[⊖]，但在功能性等其他方面还需要继续加强。

在 5 款递归解析软件的综合比较中，PowerDNS 的性能表现较为突出，Netlabs 开发的 Unbound 仅在 CPU 核数少于 8 个时性能高于 BIND、Knot – resolver 和 SDNS – Z。在功能和安全性方面，5 款递归解析软件差别不明显。

⊖　以上性能测试结果仅是网域解析软件在通用机型条件下测得，目前 CNNIC 网域系列软件已经形成平台级产品，并包装成软硬件一体机，当配合专用的万兆网卡时其解析性能可达到千万级 QPS。

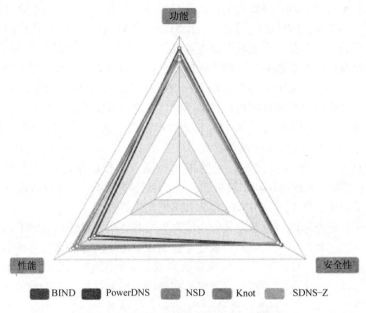

图6　5 款权威解析软件综合比较雷达图

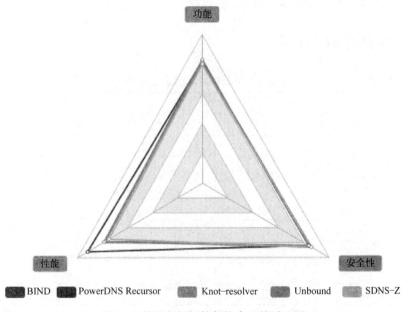

图7　5 款递归解析软件综合比较雷达图

五、结论与展望

　　通过对 DNS 解析软件的技术发展历史回顾，以及对 5 款典型的 DNS 解析软件进行实际评测与综合分析，我们对域名解析软件的发展历程、域名解析软件在互联网领域的关键作用和影响、当前主要域名解析软件的功能与性能有了全面了解。

首先，从域名解析软件的发展历程中我们不难发现，经过近 40 年的不断发展，域名解析软件已成为互联网基础资源层的核心应用之一。BIND 虽然仍是目前应用最广泛的、功能最为全面的解析软件，但根据调查其在商用领域应用率在逐年减少，主要原因是由于 BIND 的使用与维护成本较高，因此免费也不再是优势，而商业化的专业解析软件或服务越来越受到青睐。此外，随着近年来针对 DNS 的 DDoS 攻击流量逐步增大，攻击规模已达到 Tbps 级别，因此对解析软件的性能和安全性提出了更高的要求，解析软件除不断优化自身数据算法与结构外，更多地开始利用外部技术解决性能瓶颈，例如使用 DNSTap 来解决日志记录的瓶颈，利用高性能网络处理框架 DPDK 借助万兆网卡的性能优势来处理每秒百万级甚至千万级的查询；在安全性层面上，解析软件从最初专注数据安全角度逐步过渡到更精细化的服务管控阶段，在 DNSSEC 方面，IETF 对 DNSSEC 技术标准化的持续推动使众多解析软件更加重视对 DNSSEC 安全特性的支持，进而有利于在域名解析体系的多个环节促进 DNSSEC 的大规模实施进程。

其次，从国家互联网基础资源管理领域角度看，域名解析软件已成为国家互联网基础资源十分重要的基础性软件，目前网域系列解析软件已成功地应用于国家域名服务平台顶级解析、次级权威解析与递归解析环节。CNNIC 作为国家顶级域名的运行管理机构，同时也提供权威云与公共递归解析服务。通过此次分析评测，将更好地指导国家域名解析服务平台的运行工作，提高顶级解析软件多元化异构程度，并能在不同维度上有针对性地解决各个层面的关键技术问题，对于有效提升我国 DNS 软件自主研发实力，提升 CNNIC 在域名服务行业领域技术领导力与解析软件市场占有率，在我国域名管理领域实现自主可控具有十分重要的战略意义。

附录一　DNS 相关 RFC 标准

附表 1　解析软件功能涉及的 RFC

RFC 号码	对应功能
1034、1035	基本元素及协议
1995	IXFR
1034、5936	AXFR
1996	Notify
2182	主从
768	UDP
793	TCP
2845	Tsig
2136、3007	DDNS
6891	edns0
1034、4592	Wildcard
4033、4034、4035（NSEC）、5155（NSEC3）	Dnssec
4956	Opt – In（NSEC）
5933	GOST 算法
5011	DNSSEC
6781	DNSSEC

（续）

RFC 号码	对应功能
7871	ECS（EDNS Client Subnet）
3596	IPV6
5074	DLV
6147	DNS64
6672	DNAME
7816	DNS 查询名称最小化以提高隐私
8109	递归服务器的初始化
7766	Transfer over TCP
7858	DNS Over TLS
7873	Cookie
8484	DNS – over – HTTPS

附录二　软件配置

软件配置方面除基本采用安装后的默认配置项外，各软件的参数调整见附表 2。

附表 2　解析软件参数调整项

测试软件	参数调整项
BIND	minimal – responses yes； recursion no；
PowerDNS	reuseport = yes
NSD	minimal – responses：yes reuseport：yes
Knot	默认
SDNS – ZA	默认

（本文作者：刘昱琨　张跃冬　谢杰灵　唐洪峰）

面向网络标识的云原生边缘解析技术研究

摘要：随着互联网的发展进入云计算时代，软件开发方法从传统的面向过程、面向对象等逐渐演进为涵盖开发、部署、运维等全过程的一套崭新理念——云原生。云原生的内涵是面向云的软件开发方法，而其外延则涵盖了容器化技术、微服务架构、容器集群管理系统、云原生生态等方方面面，能够极大地提高软件的开发和部署效率。另一方面，边缘计算作为云计算的延伸与补充，在万物互联时代正发挥着越来越重要的作用。内核空间云原生技术的日臻完善，进一步丰富了云原生的技术体系，加速了云原生理念落地边缘计算的进程。本报告立足于网络标识解析系统的发展趋势，提出云原生边缘解析的概念和全新架构，并对其可行性与应用前景进行了分析，作为云原生、边缘计算等前沿技术在互联网基础资源领域的尝试和探索。

关键词：标识解析；云原生；容器；微服务；边缘计算；边缘解析

前言

近年来，以容器、微服务技术为代表的云原生技术在 IT 工业界蓬勃发展，吸引了学术界和产业界的注意力，各行各业的研究者正在创造性地使用相关技术推动资源调度、边缘计算、物联网、大数据、人工智能等各领域的发展。与此同时，互联网基础资源领域也面临着新一轮技术革命的历史机遇。国家信息化专家咨询委员会常务副主任周宏仁指出，互联网的发展已进入到全球物联网（简称全联网）时期，人、机、物逐渐走向一体化，共同构成全球经济社会活动日常运行的基础设施和系统[1]。此外，区块链技术的迅速发展和不断成熟，有可能推动互联网自发明以来最大的一次变革，进而深刻影响互联网基础资源领域的系统结构与管理模式。面对全球信息技术的发展大潮，传统的网络标识解析系统如何抓住机遇实现自我发展，是极具挑战性而又亟待解决的问题。探索云原生、边缘计算等前沿技术在标识解析方面的应用，对互联网基础资源行业的进一步发展具有积极的意义。

本报告着眼于软件开发方法的最新发展趋势，介绍了微服务、容器等云原生关键技术以及云原生生态的发展状况，提出了边缘解析的概念和新型架构，最后分析了构建云原生边缘解析的可行性，展望了云原生边缘解析在"新基建"时代的应用前景。

一、软件开发方法新态势：云原生

（一）软件开发方法演进路线

自从 1946 年计算机诞生以来，相关技术迅猛发展，对人类的生产和社会活动产生了深远影响，并引发了深刻的社会变革。计算机是信息时代的主导力量，它的普及推动了信息技术的快速进步，是人类进入信息时代的重要标志之一。软件是计算机的灵魂，它赋予计算机生命，是人与计算机交流的桥梁。软件开发指根据实际需求编写软件的行为，是一项技术密集型生产活动，软件开发方法对软件生产效率有至关重要的影响。纵观历史，每一次软件开发方法的重大改进，都伴随着科技或社会的重大发展，图 1 所示为软件开发方法演进历程中的几个重要里程碑。

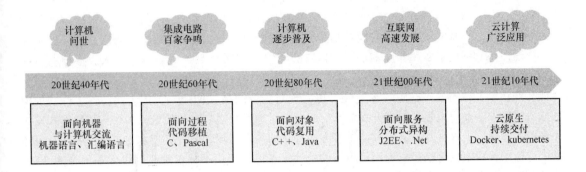

图 1　软件开发方法演进路线

1）面向机器语言（Monolithic）：面向机器语言指根据不同平台的机器语言来定制化开发代码。软件的开发与运行经常受到硬件的限制和制约。早期的计算机主要用于数值计算，只有科研、军事等领域的少部分人使用。机器语言是计算机唯一能够识别的语言，但这种由数字组成的机器代码晦涩难记，开发效率低下，使用极不方便。为了解决可读性问题和偶尔的编辑需求，就诞生了汇编语言。汇编语言仍然是面向机器的，但采用了更接近自然语言的表达形式，方便人们记忆。汇编语言可移植性差，但因其直接对硬件内部进行控制，执行效率快，目前中断与异常处理等操作系统底层程序的开发仍需采用汇编语言。

2）面向过程（Procedure）：面向过程是一种以过程为中心的编程思想。随着集成电路技术的飞速发展，人对计算机程序的移植性的需求不断提高，亟需一种不依赖于特定型号的计算机语言，20 世纪 50 年代产生的 FORTRAN 语言，标志着面向过程开发方法的问世。这种方法不再关注机器本身的操作指令、存储等方面的细节，而关注解决问题的过程，解决了面向机器语言存在的问题，具备了移植性和通用性。C 语言是这类开发方法的代表性语言之一，至今依然长期位于编程语言排行榜前三。Linux、Windows 等操作系统的开发都使用 C 语言，高性能应用软件甚至人工智能的算法也离不开 C 语言。

3）面向对象（Object）：面向对象是以对象为中心，用更接近现实的对象来描述和绘制一个相对完整的事物。20 世纪 70 年代末，随着计算机硬件技术的发展和计算能力、存储能力的提高，计算机技术几乎渗透到各大领域，对软件技术的需求也越来越高，面向过程的语言已成为软件发展的桎梏，难以开发出可复用、易扩展且易于维护的软件，直到 20 世纪 80 年代初面向对象的概念被提出。面向对象开发方法是软件设计思想上的飞跃，更加脱离机器思维而贴近人类思维，核心思想是封装、多态和继承，支持代码复用。面向过程是以功能为中心，而面向对象开发则以数据为中心，具有描述直接、数据处理功能强大、稳定性高、一致性好等优点，其代表性语言 C++、Java、Python 等广泛应用于系统软件、嵌入式、Web 开发、APP 开发、大数据、机器学习等多个领域。

4）面向服务（SOA）：面向服务以服务为核心，将软件设计成一组可互操作的服务或可重复的业务任务。随着 21 世纪初互联网的高速发展，互联网应用服务系统所需处理的访问量和数据量均急速增长，面临着巨大的挑战，于是面向服务的概念开始出现。面向服务可以通过服务重组来完成业务任务，从而适应更加复杂的 IT 环境和灵活多变的需求，使软件系统向"柔性化"迈进了一大步。面向服务的开发是为了支持更加灵活的异构型分布式系统，使之具有高内聚、低耦合及与平台无关等特性，在企业应用系统开发和集成中得到了广泛的运用。这类方法的典型开发平台是 J2EE 和 . NET，主要用于构建 Web 应用系统。

5）云原生（Cloud Native）：云原生是一种面向云的软件开发方法，利用云交付效率优势构建和运行应用。互联网不断扩张的规模衍生了一系列问题，包括海量数据、响应迟缓、稳定性差、伸缩性差、系统繁多和开发困难等，相应的底层支撑的技术挑战也越来越大，再加上 Web 2.0 应用的急剧增长，催生了云计算的诞生。提供资源的网络被称为"云"，网络和存储的融合使得软件获取资源的方式趋向"云"化，以实现对资源的最佳使用。利用云的特性，可实现跨区域协同软件开发，大幅度提高开发效率、缩短交付周期并提高交付质量，解决传统软件开发方法在版本管理、工程交互、部署和测试等方面存在的痛点。随着云计算技术的快速发展和云服务的广泛应用，应用云化已经成为不可阻挡的趋势。真正的云化不仅仅是基础设施和平台的变化，软件开发方法也需要考虑云的特性，以充分发挥云的效率，云原生正是这样一种方法。与传统软件开发方法最大的区别在于，云原生致力于提高开发效率和运维效率，强调持续交付和开发运维一体化（DevOps），将软件开发、部署、运维等环节视为一个整体，着眼于提升整体效率，而不仅仅是开发效率。

过去的几十年里，软件开发经历了一系列重要的发展和变化。构成软件的实体粒度不断增大，软件基本模型越来越符合人类的思维模式；软件运行平台的能力不断增强，越来越多地屏蔽掉计算机底层的复杂性；软件支撑平台的能力不断增强，越来越多地屏蔽了软件开发过程的复杂性；软件技术的应用范围不断扩大，越来越广地渗透到人类生活的各个方面。在这个过程中，多少开发理念在历史的车轮下昙花一现，只有顺应时代趋势的软件开发方法才能乘势而起，引领风骚。

（二）云原生是云计算时代的趋势

云计算的出现在一定程度上是 IT 业经过数十年发展，持续累积之后的必然结果。随着互联网的迅猛发展，传统的分布式系统已经难以驾驭急剧增长的需求，云计算正是在这种背景下诞生的。关于云计算的定义五花八门，目前国内外普遍认可的是美国国家标准与技术研究院（National Institute of Standards and Technology，NIST）的定义：云计算是一种按使用量付费的模式，这种模式提供可用的、便捷的、按需分配的网络访问，进入可配置的计算资源共享池，这些资源（包括互联网、服务器、存储、应用软件、服务等）只需投入很少的管理工作或与服务供应商进行很少的沟通，就能够被快速提供。在过去十多年间，云计算已经逐渐从一个陌生的技术概念成长为整个 IT 业的发展大势。据中国信息通信研究院发布的《云计算发展白皮书（2019）》统计[⊖]，全球云计算市场规模总体仍呈稳定增长态势。2018 年全球公有云市场规模达到 1363 亿美元，增速为 23.01%。未来几年市场平均增长率在 20% 左右，预计到 2022 年市场规模将超过 2700 亿美元。在我国，2018 年云计算整体市场规模为 962.8 亿元，增速为 39.2%，预计未来几年将保持快速增长，到 2022 年市场规模将达到 2903 亿元。

人类文明在经历渔猎时代、农耕时代、工业时代之后，正不可阻挡地步入信息时代。生产力是推动社会发展的决定性因素，如今信息世界与物质世界已密不可分，信息世界生产力与物质世界生产力不断融合、相互促进，共同推动着时代的车轮滚滚向前。在信息世界中，生产力三要素同样由劳动者（工程师、学者、医生、教师等）、劳动工具（5G、区块链、云原生等）和劳动对象（互联网、工业互联网、全联网等）所构成，如图 2 所示。历史经验证明，顺应时代潮流是软件开发方法生存和发展的根本。云计算的浪潮已经势不可挡，云原生作为为云而生的软件开发

⊖ 中国信息通信研究院：云计算发展白皮书，2019。

方法，是当前最前沿的软件开发方法，其涵盖的容器、微服务等代表着当今信息世界应用领域最先进的劳动工具，能够有效地提升信息世界的生产力，必将成为未来的主流趋势。

图 2　信息世界生产力要素

二、云原生及其生态

（一）云原生发展历程

近年来，互联网用户量与业务规模急剧增长，业务形态与组织结构日趋复杂，技术团队规模不断扩大，各个方面都在推动着技术的发展。开发模式从瀑布模式、敏捷模式发展到如今的开发运维一体化模式；应用架构也从单体架构、分层架构发展到微服务架构；基础设施从物理机、虚拟机发展到如今的容器。伴随着各方面技术的演进融合，云原生瓜熟蒂落。回顾云原生的前世今生，按照基础设施的演进可分为 3 个时代：虚拟机时代、容器时代和云原生时代，如图 3 所示。

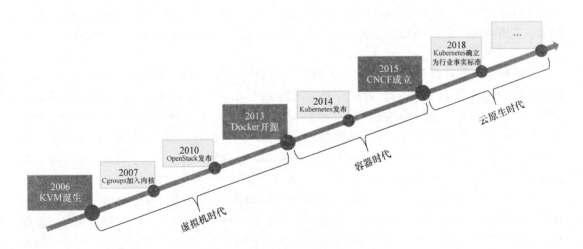

图 3　云原生的前世今生

1. 虚拟机时代

众所周知，云原生的发展与云计算的兴起密不可分。而提到云计算，就不得不提云计算的基础——虚拟化技术。虚拟化是一种资源管理技术，简单来说，虚拟化技术可以将一台计算机虚拟为多台虚拟计算机（虚拟机），通过共享提高资源利用率。最初，云的概念就是虚拟机及其管理平台，虚拟机加上适当的调度就可以为用户提供基础的云服务。随后，当越来越多的计算机资源和服务被集中起来的时候，虚拟存储出现了，云计算的概念也随之面世。可以看出，虚拟化是云计算的重要支撑技术，用于将多台服务器实体虚拟成一个资源池，从而实现计算、存储、网络等资源的共享。

2006 年，Avi Kivity 发布了基于内核的虚拟机 KVM（Kernel – based Virtual Machine），采用基于硬件虚拟化技术的全虚拟化解决方案，受到 Linux 社区多数开发人员的支持并快速合入主干。同年，谷歌工程师发起的进程容器项目 Cgroups（Control Groups），被誉为容器时代的基石之一。2008 年，基于 Cgroups、Namespace 等技术的完整容器技术 LXC（Linux Container）出现在 Linux 内核之中，具备资源控制和访问隔离等容器化的核心特性。随着 Linux 内核加入一系列虚拟化技术，开源社区迎来大量的虚拟化解决方案。2010 年，NASA 和 Rackspace 共同发布了著名的虚拟机管理平台 Openstack，标志着开源领域真正具有了成熟的云计算解决方案，从此云计算的发展步伐不断加快。

2. 容器时代

在实践过程中，虚拟机操作费时、占用资源、迁移困难等缺点逐渐显露，于是容器的概念被提出。容器技术是一种以应用程序为中心的虚拟化技术，直接将一个应用程序所需的相关程序代码、函式库、环境配置文件等进行整体封装并建立沙盒执行环境。容器本身也是一种虚拟化，不过是更为"轻量级"的虚拟化，有着更快的启动速度（秒级甚至更快）、更高密度的存储（镜像小）、更方便的集群管理等优点。在容器中运行应用和直接在宿主机上相比几乎没有性能损失，较传统虚拟机具有明显的性能优势。

2013 年，dotCloud 开源的基于 LXC 的高级容器引擎 Docker 迅速席卷全球，标志着容器时代的到来。随着 Docker 的发布，市面上涌现出大量的容器化解决方案。传统虚拟机需要管理平台，容器也同样需要，于是容器编排的概念也随后被提出。2014 年，谷歌开源了 Kubernetes（简称 K8s）。随着时间的推移，K8s 逐渐成为容器编排领域的事实标准和云原生技术发展的基石。

3. 云原生时代

2015 年，谷歌带着 Kubernetes，联合 AT&T、思科、华为、IBM、英特尔、Docker、CoreOS、Red Hat、Twitter 等 21 家机构，成立云原生计算基金会（Cloud Native Computing Foundation，CNCF），致力于推广云原生并维护一个中立的开源生态系统，标志着云原生时代的到来。2017 年，Docker 宣布支持 K8s，吸引了整个行业的目光，据 CNCF 统计，K8s 当年就占领了 77% 的市场份额。2018 年，K8s 确立为行业事实标准。随着 AWS、微软、阿里巴巴、腾讯云等企业的纷纷加盟，CNCF 已成为云原生最权威的组织，云原生的步伐已经不可阻挡。

云原生的概念起源于 2010 年，Paul Fremantle 在一篇博客[⊖]中，列出了云环境下应用与中间件应当考虑的若干技术属性，即最初的云原生核心要素，包括分布式（动态连接）、弹性、自服务、增量部署与测试等。2013 年 Pivotal 提出云原生是利用云交付效率优势构建和运行应用的方式，包含微服务、容器、持续交付和开发运维一体化，受到了国内外的广泛认可。云原生计算基金会于 2015 年定义云原生应用的 3 大特征为微服务、容器和动态管理（容器编排），2018 年将其

　⊖　https：//wso2. com/library/articles/2010/05/blog – post – cloud – native。

修改为微服务、容器、服务网格、不可变基础设施和声明式 API。目前，云原生还处于高速发展的过程中，不同的人对云原生有着不同的理解，不过有两点是业界广泛认可的，一是云原生的目标是提高开发效率和运维效率，二是云原生包含微服务和容器两个关键技术特征。

（二）云原生关键技术

云原生的技术栈极其庞大，共有 7 大技术板块，30 个技术方向，其中包含的技术五花八门，各种新概念更是层出不穷。追本溯源，云原生方法的核心理念是微服务和容器，这一点一直以来都为业界所公认。从这个角度而言，与之相关的微服务架构和容器化技术可以认为是云原生的两大关键支撑技术。

微服务架构是一种架构模式，它提倡将单一应用程序划分成一组小的服务，服务之间通过互相协调和配合，为用户提供最终价值。每个服务运行在各自独立的进程中，服务与服务间采用轻量级的通信机制互相协作。每个服务都围绕着具体业务进行构建，并且能够被独立地部署到生产环境、类生产环境等。从早期的单体架构、分层架构，再到微服务架构，用户空间服务架构的发展其实是朝着去中心化逐步演进的过程。去中心化的架构具备更强的灵活性以及鲁棒性，更加适合云计算的特点。

容器化技术指为实现容器化所采用的技术。容器化又称为操作系统级虚拟化，可以让用户在资源受到隔离的进程中运行应用程序及其依赖关系。容器化基于原生操作系统内核的虚拟隔离技术，性能远高于传统的硬件仿真虚拟化、完全虚拟化和半虚拟化。容器化进程消耗的资源与原生进程基本一致，这是容器化相比传统虚拟化最大的优势。

传统的微服务架构和容器化技术主要面向用户程序（运行于用户空间的程序）。随着社会的不断发展和技术的持续进步，近年来出现了面向内核程序（运行于内核空间的程序）的微服务架构和容器化技术，完成了云原生方法对软件开发领域的全覆盖，大幅提升了云原生方法的应用范围。虽然面向内核空间的微服务架构和容器化技术起步较晚，但纯粹从技术的角度而言与用户空间的相关技术是一个层面的。有鉴于此，可将云原生关键技术分为以下 4 类。

（1）用户空间容器化技术：面向用户程序的容器化技术。
（2）内核空间容器化技术：面向内核程序的容器化技术。
（3）用户空间微服务架构：面向用户程序的微服务架构。
（4）内核空间微服务架构：面向内核程序的微服务架构。

1. 容器化技术

传统意义上的"容器"指的是面向用户程序的容器。从这个意义上讲，容器的本质是一组受到资源限制，彼此间相互隔离的进程。近年来，随着内核空间相关技术的出现，容器的涵义也在不断外延，不再仅限于用户空间的"进程"。目前业界对此尚无明确的定义，但不论是用户空间还是内核空间，容器都需要具备"虚拟化、沙盒化、轻量化"3 个基本特性。从这个角度而言，可以认为与之相关的"标准封装、访问隔离、资源控制"是实现容器的 3 项关键技术。标准封装是实现虚拟化的基础，只有实现了标准封装才能完成与不同操作系统的对接，否则虚拟化将无从谈起；访问隔离和资源控制是沙盒化的基本原则；而轻量化则是容器区别于传统虚拟机的本质特性，是对标准封装、访问隔离和资源控制的性能要求。

---

 https://github.com/cncf/toc/blob/master/DEFINITION.md。

 https://landscape.cncf.io。

（1）用户空间容器化技术

1）标准封装：目前，用户空间容器主要基于 OCI（Open Containers Initiative）规范实现标准封装。OCI 规范包含运行时（Runtime Spec）、镜像（Image Spec）等一系列关于容器与操作系统之间的标准接口规范。OCI 相关的基础技术是用户空间容器的标准封装技术，广泛适用于包括 Linux、Windows 和 Solaris 在内的多种操作系统，涵盖了 x86、ARM 和 IBM zSeries 等多种 CPU 体系结构。OCI 相关基础技术是容器的底层技术，负责镜像的传输和存储、容器的运行和监控，以及与操作系统相关的存储、网络等底层功能的抽象。

2）访问隔离：用户空间访问隔离指针对一类资源进行抽象，并将其封装在一起提供给容器使用的行为。抽象后的资源为每个容器所私有，对其他容器不可见。典型的访问隔离技术 Namespace 可以对进程号、文件挂载点、网络资源、用户和用户组、主机名和域名分别进行隔离，并且两个 Namespace 中的进程不能通过 IPC 通信。

3）资源控制：用户空间资源控制指将一组进程放在一个控制组里，通过给这个控制组分配指定的可用资源，整体上控制一组进程可用资源的行为。Cgroups 是典型的资源控制技术，可以根据特定的需求，把一系列系统任务及其子任务整合（或分隔）到按资源划分等级的不同组内，从而为系统资源管理提供一个统一的框架，限制、记录、隔离进程组所使用的物理资源。

（2）内核空间容器化技术

1）标准封装：内核空间通过字节码的方式实现容器的标准封装。与之相关的典型关键技术有 3 项，一是伪指令集 cBPF（classical Berkeley Packet Filter）和 eBPF（extended Berkeley Packet Filter），用于定义字节码的功能和编码规范等，其中 eBPF 是 cBPF 的升级版本；二是伪指令编译器，用于编译生成可以在不同操作系统和硬件平台间移植的字节码镜像文件，从容器化的角度来看，编译过程就对应着标准封装；三是内核虚拟机，用于为字节码提供内核空间的运行环境。

2）访问隔离：对于内核空间微服务的访问隔离，目前主要有两个方面。一是微服务的代码段与内核是基本隔离的，微服务只能调用内核预定义的内核辅助函数，并且无法通过传统内核模块来扩展或添加；二是微服务的数据段与内核是基本隔离的，微服务只能有限制地访问完成业务所必须的内核数据（如网络数据报文等），而无法访问内核的其他数据段。

3）资源控制：对于内核空间微服务的资源控制主要基于校验器（verifier）$^\ominus$技术。校验器在加载微服务镜像的过程中对其进行全面扫描，包含程序流程检测、函数执行类型检测、缓冲区初始化、栈边界校验等，并通过建立内核微服务镜像的 CFG（Control Flow Graph），对所有程序路径执行深度优先搜索，确保其中不存在循环，同时限制堆空间大小以及最大指令条数，以控制内核微服务程序对内存、CPU、I/O 等资源的消耗。

2. 微服务架构

（1）用户空间微服务架构

用户空间微服务架构需具备以下特性：支持多种技术栈的应用；通过将多种框架部署到统一集群中统一管理调度，以提高资源复用率；支持细粒度的资源隔离，以提高资源利用率；满足应用多变的性能需求，支持自动化的弹性伸缩扩展、容错和修复，以支撑频繁更新场景的高可用性；适配不同的基础架构，以支持快速部署和按需迁移等需求。总体而言，用户空间微服务架构可分为管理层和业务层。管理层的典型技术是容器编排，负责管理容器及容器中的微服务。业务层的典型技术是微服务网关和服务网格，负责从业务层面对微服务进行协同调度。在具体实现的过程中，管理层和业务层的功能往往相互穿插，只是不同框架各有侧重，如早期的 Kubernetes 和

$\ominus$　https：//www.spinics.net/lists/xdp-newbies/msg00185.html。

Spring Cloud 分别侧重于管理层和业务层。

1）容器编排：容器编排狭义上指调度和管理容器集群的技术，广义上也包含对容器中微服务的管理，如探活指针等。当容器数量达到一定规模，就需要编排系统去管理。容器编排通过一系列技术管理容器生命周期，决定容器之间如何进行交互，保障整个系统的弹性、鲁棒性、扩展性等。容器编排包含集群管理、自动部署、服务注册、服务发现、自动伸缩、健康监测、自动修复、故障回滚、资源优化、远程调用等功能。

2）微服务网关：微服务网关又称为 API 网关，用于保护和控制对微服务的访问，调度多个微服务协同完成工作。一般而言，不同的微服务会有不同的网络地址，而外部客户端可能需要调用多个微服务才能完成一个业务需求。微服务网关处于微服务与客户端之间，整合分发客户端请求，并完成身份认证与安全、动态路由、负载分配、压力测试、多区域弹性、审查与监控等功能。

3）服务网格：服务网格可以理解为去中心化的微服务网关，由于其分布式的特性，除了需要处理来自客户端的南北流量（NORTH – SOUTH Traffic）外，还需要处理来自其他服务器的东西流量（EAST – WEST Traffic）。服务网格除了提供与微服务网关类似的功能之外，还可以更细粒度地为每个微服务提供限流、管控、熔断、安全等功能。Istio 是当前最流行的服务网格之一，以其易用、无侵入、功能强大等优点赢得众多用户青睐，在不久的将来有可能成为服务网格事实标准。

（2）内核空间微服务架构

相比于用户空间微服务架构，内核空间微服务架构起步较晚，对性能的要求更高，目前还在不断发展和完善之中。内核微服务架构主要聚焦于内核微服务与内核、用户程序、硬件以及其他内核微服务之间的高效协同机制上。

1）内核协同机制：内核微服务必须附着于内核，才能实现自身功能。内核微服务程序在内核中的执行总是由事件驱动的，内核基于 Hook 技术将微服务程序挂载在处理有关事件的内核代码段中，当内核代码执行到相应地址时，将触发相应微服务程序的执行。

2）用户程序协同机制：用户程序协同机制支持内核微服务与用户程序相互协作，共同完成一项任务。目前主要通过高效键值仓库（BMP Map）$^{\ominus}$技术实现，支持内核微服务与用户程序之间共享数据，相比于 Netlink 等机制具有更高的性能。

3）微服务间协同机制：微服务间协同机制支持内核空间中多个微服务相互协作，共同完成一项任务，目前主要通过尾调用（Tail Call）技术实现。尾调用技术指一个微服务程序可以调用另一个微服务程序，并且调用完成后不用返回到原来的程序。尾调用技术是通过长跳转实现的，复用了原栈数据，相较于普通调用而言性能开销更小。

4）硬件协同机制：目前硬件协同包含 CPU 协同和网卡协同等。CPU 协同是通过 JIT（Just In Time）技术实现的。JIT 在加载字节码的过程中实时地将字节码编译成机器码，可以极大地降低每条指令的开销，并减少最终可执行镜像的大小，更大限度地利用 CPU 指令缓存，提升微服务程序的性能。目前 x86、ARM 等主流芯片都支持 JIT。除此之外，内核空间微服务架构通过 XDP（EXpress Data Path）技术支持网卡协同，使得微服务可以在网络数据包进入内核之前进行处理，进一步提升网络流量处理性能。

3. 有关云原生基础设施

基于微服务架构和容器化技术开发的微服务框架和容器引擎，组成了云原生基础设施，如图 4 所示。目前，云原生基础设施已经日趋完善。一方面，随着 2018 年 bpfilter 等内核空间微服务

$\ominus$ https：//docs. cilium. io/en/v1. 6/bpf。

框架的发布，配合内核空间容器引擎 BPF Engine，云原生实现了对用户空间和内核空间的全面覆盖；另一方面，用户空间微服务框架和容器引擎随着技术的发展已经逐步成熟。据 CNCF 2019 年度调查报告[⊖]数据显示，云原生基础设施用于生产环境的现象急剧增加。78% 的受访者在生产环境中使用 K8s，相比 2018 年的 58% 有显著增长；84% 的受访者在生产环境中使用容器，相比 2018 年的 73% 和 2016 年进行首次调查时的 23% 也有大幅增长。鉴于云原生高速的发展态势，与之相关的下一轮风口所在成为业界普遍关心的问题。据 Gartner 预测，云原生基础设施未来的发展趋势包括混合多云、边缘计算等新用例以及服务网格、微虚拟机等技术演进方向[⊜]。

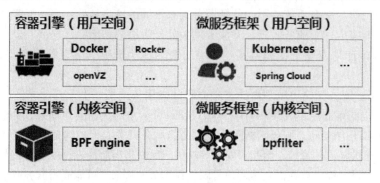

图 4　云原生基础设施

（三）　云原生应用现状

得益于良好的社区生态和云原生技术的 3 大红利：更快的部署、更高的扩展性和更好的可移植性，云原生行业应用蓬勃发展。截至 2020 年 3 月 22 日，CNCF 会员从最初的 21 家迅速扩张到 440 家，其中我国以 48 家名列第二，华为、阿里、腾讯、京东等都在其列，美国 239 家排名第一。CNCF 社区的项目及产品共有 1106 项，其中我国以 136 项排名第二，美国 606 项排名第一[⊜]。CNCF 社区的部分项目及产品见表 1。CNCF 2019 年度调查报告数据显示，CNCF 所发布的云原生项目超过 50% 在生产中应用，云原生社区项目在生产环境中应用成为新常态[⊗]。据 Gartner 预测，到 2022 年将有 75% 的全球化企业将在生产中使用云原生的容器化应用[⊕]。来自 451 Research 的预测则指出，到 2023 年应用容器软件的市场规模将超过 55 亿美元，复合年增长率为 28%[⊗]。

从 CNCF 社区会员及项目分布来看，云原生应用在全球的发展并不均衡，主要集中在美国、中国及部分欧洲国家。目前，云原生技术仍然以美国为主导，但云原生理念在我国经过几年的推广普及，已经逐步为市场所接受，云原生产业已步入快速发展期。华为云、阿里云、腾讯云等巨头云服务商以强大的综合云服务能力推动着云原生技术的发展变革，细分生态领域的企业级产品服务也不断涌现，提供更加聚焦的精细化服务。在过去几年，我国企业的开源社区贡献率持续增长，不断有新的开源项目反哺社区，已成为国际开源社区的重要力量[⊕]。

华为云在以 Kubernetes 为代表的云原生领域大刀阔斧地前进，以 "云 + 边 + 端 + 芯" 的全栈

⊖　CNCF 2019 年度调查报告，2019。

⊜　https：//www. gartner. com/en/documents/3927407/top – emerging – trends – in – cloud – native – infrastructure。

⊜　https：//landscape. cncf. io/format = members。

⊗　CNCF 2019 年度调查报告，2019。

⊕　https：//www. gartner. com/smarterwithgartner/6 – best – practices – for – creating – a – container – platform – strategy。

⊗　https：//finance. yahoo. com/news/more – 1 – 000 – enterprises – across – 013000781. html。

⊕　云计算开源产业联盟：云原生技术实践白皮书，2019。

技术积累构建"云原生 + AI"、"云原生 + 边缘"等领先能力。其中，KubeEdge 和 Volcano 两大开源项目在近期颇受业界关注。智能边缘平台 KubeEdge 是华为云在 CNCF 社区主导的边缘计算领域的首个容器项目，于 2018 年开源，现已成为智能边缘计算领域的架构标准。面向高性能计算的云原生批量计算平台 Volcano，将云原生的技术和上层应用领域进行了有机结合与创新，进一步扩充 Kubernetes 生态，将大数据、AI、基因测序等在内的高性能计算领域也囊括进来，补齐了 Kubernetes 在支持高性能批量计算的短板。

阿里云积极拥抱云原生，并回馈云原生生态，持续贡献开源项目：如大规模分布式 P2P 镜像分发系统 Dragonfly 进入 CNCF 沙箱项目，国内流行的微服务应用框架 Dubbo 进入 Apache 基金会进行孵化，阿里云容器服务也开源了所有阿里云的 K8s 相关组件能力，以期待让广大开发者、企业用户与生态伙伴更加简单地用好云能力。蚂蚁金服在云原生技术领域有深厚的积累。SO-FAStack 是蚂蚁金服自主研发的金融级分布式架构，是云原生开源技术的代表，也是在金融场景里锤炼出来的最佳实践，已经在多家金融机构落地应用。

广汽丰田采用云原生技术在多云环境部署混合云平台，推进丰云行体系应用的架构革新，建立以容器为核心的应用交付和运维管理标准，并制定微服务架构应用管理规范，提升不同场景下的互联网业务资源使用效率，满足多样化的业务上云需求，同时满足业务高可用、高性能、高扩展性、高伸缩性和高安全性的要求，为云上业务的开展提供有效的支撑。

2016 年，中石油提出了"共享中国石油"战略，在这一背景下，对于利用信息化手段实现上中下游产业的一体化协同发展有了更大的需求。中石油梦想云平台是以云原生技术栈为核心，以容器云平台为基础，为应用运行提供丰富的基础技术服务，支撑业务应用环境的快速构建及自适应的弹性调整，实现从资源交付到应用交付的模式转变。表 1 所示为 CNCF 社区的部分项目及产品。

表 1　CNCF 社区的部分项目及产品[①]

技术板块	项目/产品名称	所属企业	企业所属地
应用定义及部署	Google Cloud Build	谷歌	美国
	Google Cloud Dataflow	谷歌	美国
	Docker Compose	Docker	美国
	GitHub Actions	GitHub	美国
	FoundationDB	苹果	美国
	Redis	Redis Labs	美国
	Vitess	CNCF	美国
	Apache Spark	Apache Spark	美国
	IBM Db2	IBM	美国
	Microsoft SQL Server	微软	美国
	iguazio	iguazio	以色列
	mySQL	oracle	美国
	Kafka	Apache Software Foundation	美国
	RabbitMQ	Rabbit Technologies	英国
	Helm	CNCF	美国
	OpenAPI	Open API Initiative	美国
	Seata	蚂蚁金服	中国

（续）

技术板块	项目/产品名称	所属企业	企业所属地
编排与管理	Istio	谷歌	美国
	Service Mesh Interface（SMI）	微软	美国
	Azure Service Fabric	微软	美国
	Amazon ECS	Amazo web Services	美国
	Nacos	阿里云	中国
	Tengine	阿里云	中国
	SOFAMosn	蚂蚁金服	中国
	Contour	VMware	美国
	MuleSoft	Salesforce	美国
	NGINX	NGINX	美国
	Kong	Kong	美国
	Netflix Eureka	Netflix	美国
	Apache Mesos	Apache Software Foundation	美国
	BFE	百度	中国
	Volcano	华为	中国
运行环境	Amazon Elastic Block Store（EBS）	Amazon web Services	美国
	gVisor	谷歌	美国
	Container Storage Interface（CSI）	谷歌	美国
	Antrea	VMware	美国
	Azure Disk Storage	微软	美国
	DANM	诺基亚	芬兰
	Contiv	思科	美国
	Gluster	Red Hat	美国
	Multus	英特尔	美国
	Kata Containers	OpenStack	美国
	Kube – router	Cloud Native Labs	印度
	Pouch	阿里云	中国
	YRCloudFile	焱融	中国
配置	AWS CloudFormation	亚马逊	美国
	Ansible	Red Hat	美国
	Keycloak	Red Hat	美国
	KubeEdge	CNCF	美国
	Docker Registry	Docker	美国
	Apollo	携程	中国

（续）

技术板块	项目/产品名称	所属企业	企业所属地
平台	Amazon EKS	亚马逊	美国
	Google Kube – Up	谷歌	美国
	Alibaba Cloud Container Service for Kubernetes	阿里云	中国
	AKS Engine for Azure Stack	微软	美国
	Azure（AKS）Engine	微软	美国
	Cisco Container Platform	思科	美国
	Baidu Cloud Container Engine	百度	中国
	H3C CloudOS	华三	中国
	Kingsoft Container Engine	金山	中国
	JD Cloud JCS for Kubernetes	京东	中国
	Alauda Cloud Enterprise（ACE）	灵雀云	中国
	SOFAStack Cloud Application Fabric Engine	蚂蚁金服	中国
	Tencent Kubernetes Engine（TKE）	腾讯云	中国
	Huawei Cloud Container Engine（CCE）	华为	中国
	Huawei FusionStage	华为	中国
	ZTE TECS OpenPalette	中兴	中国
可观测性和分析	Application High Availability Service	阿里云	中国
	Alibaba Cloud Log Service	阿里云	中国
	Grafana	Grafana Labs	美国
	Amazon CloudWatch	Amazone web Services	美国
	SOFATracer	蚂蚁金服	中国
	Falcon	小米	中国
	Splunk	Splunk	美国
无服务	Knative	谷歌	美国
	Serverless	Serverless	美国
	Fn	Oracle	美国
	Azure Functions	微软	美国
	AWS Lambda	Amazon web Services	美国
	Alibaba Cloud Function Compute	阿里云	中国
	Huawei FunctionStage	华为	中国
	Tencent Cloud Serverless Cloud Function	腾讯云	中国

① https：//landscape. cncf. io/format = card – mode。

三、行业趋势下的云原生边缘解析

　　云计算经过十余年的发展，已成长为一个巨大的行业和生态，堪称是新世纪以来最伟大的技术进步之一。云计算赋予用户前所未有的计算与数据处理能力，其自动化管理以及高效的资源利用能够为用户节约巨大的成本，已经渗透到互联网行业的方方面面，成为互联网不可或缺的关键基础设施。随着物联网的发展，越来越多的设备将会连接到互联网，如何对这些设备产生的海量数据进行快速、可靠的处理变得至关重要。云中心具有强大的数据处理性能，但是，将数据从边缘设备传输到云中心需要耗费一定的时间，会导致网络服务对用户请求的响应产生额外延迟，降低用户体验。为了应对物联网场景中海量数据传输、存储和云计算能力的挑战，边缘计算应运而生，它将部分数据分析功能放到了应用场景的附近（终端或网关）来实现，以满足行业数字化在敏捷连接、实时业务、数据优化、应用智能、安全与隐私保护等方面的关键需求。据 IDC 数据统计，到 2022 年将有超过 500 亿终端与设备联网，未来超过 75% 的数据需要在网络边缘侧分析、处理与储存⊖。边缘计算的发展将从物联网、工业互联网延伸到更多的行业领域。

（一）标识解析系统的发展趋势

在边缘计算中，"边缘"一词的本质是指计算或存储发生的地点，或者在整个系统中的相对位置，而不是以平台或设备进行区分。从这个意义上理解，边缘计算的兴起不仅仅只是在物联网领域。在互联网基础资源标识解析领域，"边缘"的概念随着行业的发展也在不断地演化、延伸和扩展。

1. 传统 DNS 解析：服务能力扩展形成边缘雏形

域名系统（Domain Name System，DNS）是互联网的关键基础设施之一，其主要作用是将便于人们记忆的主机名称（域名）映射为枯燥难记的 IP 地址，这些映射关系就形成了一个分布式数据库，保存于不同的域名服务器（权威服务器）。域名解析是指通过查询该数据库，将域名转换成 IP 地址的过程。权威解析服务对外提供本机所管理的数据库的解析服务。随着互联网的快速发展，权威解析服务从传统的单机服务形式（主辅备份），逐渐演变为多级树形结构，以扩展其服务能力，满足日益增加的解析需求。图 5 所示为一个典型的根或 TLD 权威服务的网络结构。位于顶部的主权威服务器形成了"云端"，域名数据库的管理操作在云端完成后以同步的形式层层传递，直到叶子节点。在权威解析网络中，这些对外提供解析服务的叶子节点就形成了网络的"边缘"。除了权威解析系统之外，DNS 解析系统还包含递归解析系统。递归解析通常采用递归缓存与递归服务器分离的架构以提升服务能力，因此递归缓存就构成了递归解析网络的"边缘"，如图 5 所示。由此可见，传统域名解析对于服务能力的扩展需求，促使了解析网络边缘的形成。

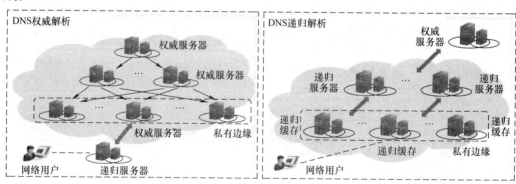

图 5　传统 DNS 解析场景

⊖　中国信息通信研究院：物联网白皮书，2018。

2. 新型网络标识解析：业务需求驱动强化边缘概念

随着科技的发展，以及互联网、物联网向全联网的全面演进，标识解析系统与技术正在发生历史性的变革。一是互联网基础资源的核心之一——标识体系将会发生融合性发展。标识功能逐步从简单的名字、身份和位置等标记逐步发展成为网络对象间信息交互和业务交易的入口，在此趋势下，网络标识解析体系会逐渐演进为多种异构标识体系共存的统一解析服务平台，即全联网标识解析系统。这种多标识服务网络包括 DNS、Handle 等主流标识解析系统，以及支持异构标识解析请求的多标识解析服务器。而多标识解析服务器则构成了全联网标识解析系统的"边缘"，负责应答递归服务器及各种物联网应用的异构标识解析请求。二是新技术的出现加速了传统域名解析与管理体系的重构。域名解析系统长期以来一直存在根区数据和根服务器的单边管理问题，阻碍了互联网向平等、开放、共享的理念发展。区块链的出现，使得从技术上解决域名系统的单边控制问题，构建无中心化的新型域名管理系统成为可能。相关的探索和研究也已经表明了这种方案的可行性[2]。在典型的基于区块链的域名解析系统中，递归服务器构成了整个系统的边缘，不仅提供传统的标识解析服务，还增加了由区块链带来的新特性。在这种场景下，整个系统包含的权威服务器、递归服务器和共治根服务器不属于某个组织或机构独有，因此，共治根边缘的概念进一步强化，出现了联盟边缘的概念，这是一种更加开放和包容的边缘类型。图 6 所示为两种典型的新型网络标识解析场景。

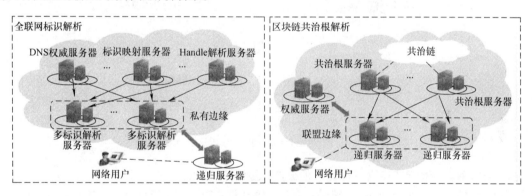

图6　两种新型网络标识解析场景

3. 边缘解析：未来标识解析与边缘计算的协同与融合

随着工业互联网、全联网的发展，DNS 以及源自于物联网的 OID、EPC、Handle 等标识系统需要不断自我完善，以满足发展变化中的新需求。车联网、工业互联网中大量移动设备的接入，要求标识系统为标识生成、接入点选择和路由配置的自动化等提供支撑；工业互联网中在网络边缘进行数据分析的需求，对标识解析、数据采集和决策应对的实时性要求越来越高，意味着节点组网、标识解析和内容发现的本地化，以及无网络基础设施的情况下，标识系统需要对连接和路由等相应技术提供有力支撑。可以预见的是，标识"解析"涵义的不断外延，必将促使标识解析与边缘计算走向融合，催生"边缘解析"的概念。

边缘解析是一种在网络边缘进行解析的新型解析模式。边缘解析中的"边缘"是一个相对的概念，狭义上指解析系统中离客户端相对最近的服务器，广义上指从数据源到云计算中心路径之间任一具有计算、网络、存储等资源的节点。"解析"的内涵是不同标识体系之间的映射转换，外延则包含标识为适应全联网、共治根、边缘计算等场景应用所附加的支撑性功能。

（二）边缘解析新型架构

1. "解析"概念泛化凸显需求矛盾

在网络标识解析的应用场景中，不同的边缘具有不同的需求。传统 DNS 权威和递归解析场景更加关注提高服务能力，即满足性能方面的需求；全联网标识解析场景则是关注功能方面的扩展，比如支持更多的标识映射关系；而基于区块链的共治根场景则可能更关注安全方面的问题，比如黑白名单等。这些核心需求通常简单明确，传统解析软件通过配置更改或者少量的定制开发即可满足。然而实际情况是这些核心需求附加的一些额外需求，往往成为了制约解析软件功能开发和应用的主要因素。例如共治根解析场景的黑白名单功能，不同的运营商递归缓存往往存在不同的定制功能和接口，此外，出于安全方面的考虑，运营商往往还有系统异构的需求，满足这些额外需求所需要的工作量可能远大于实现黑白名单功能本身。可见，在边缘解析概念不断泛化的过程中，"小"核心需求与"大"附加需求之间的矛盾在工程实践中将日益凸显，如图 7 所示。面对这种矛盾，传统单体结构解析软件无论在开发还是部署上都显得捉襟见肘。因此，重构边缘解析以更好地适应互联网、物联网标识解析的快速发展是大势所趋。

图 7　边缘解析的需求矛盾

2. 革故鼎新：基于"中台－前台"的分体式边缘解析新型架构

从形态而言，新型边缘解析系统是一套独立的软件系统，能够以插件的形式与现有的传统解析软件组合使用，从而灵活地应对核心需求较为固定而外围附加需求多变的场景。基于"中台－前台"的边缘解析新型架构如图 8 所示。虚线相关元素组成了边缘解析系统，其他元素则代表传统解析系统。新型边缘解析系统由边缘解析前台和边缘解析管理中台构成。边缘解析前台部署在边缘服务器上，串接于客户端和传统解析软件之间，实现定制化功能、性能和安全方面的核心业务需求。边缘解析前台对原解析系统保持透明，原系统不感知边缘解析前台的存在，原有的定制功能和接口等保持可用，在实现核心业务需求的同时，最大程度地避免产生附加需求。边缘解析中台部署在云端，能够对边缘服务器的边缘解析前台进行统一管理和配置。

边缘解析前台贴近复杂的应用场景，负责运行边缘应用和管理接入设备；边缘解析中台位于云端，强调资源分配与整合，负责应用和配置的下发，为前台运行提供资源和能力的支撑。实现边缘解析新型架构的关键在于边缘解析前台与中台需要满足以下需求：

1）跨平台。边缘服务器软件的运行平台、系统硬件环境各异，边缘解析前台需要支持多种异构的软硬件平台（操作系统、处理器架构等），才能与传统解析系统实现良好兼容，有效地降低开发和部署成本。

2）低侵入。边缘解析前台能够透明集成到传统解析软件前端，传统解析软件无须修改或仅通过配置修改即可与之实现兼容，达到协同效果。

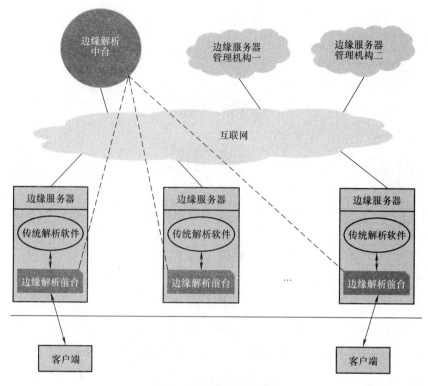

图 8　边缘解析新型架构

3）高性能。与边缘计算不同，边缘解析服务器负责快速响应大量的用户解析请求，是整个解析网络的重要组成部分，在性能上有较高的要求，如域名解析中就有与响应时间相关的 SLA（Service Level Agreement）指标。这就要求边缘解析前台在软件设计、运行等环节，充分考虑性能优化，在承载更多的用户访问的同时也要实现更快速的响应。

4）小体积。边缘设备通常存在资源有限的约束，因而需要大幅优化边缘解析前台的资源占用，做到轻量化、"小"前台。

5）易管理。边缘解析中台应提供完善的前台管理功能，包括前台节点维护、应用下发、配置更新、安全策略、监控分析、数据收集等。

6）易扩展。边缘解析中台能够根据一定的指标监测及控制前台的运行，动态调整资源的分配，提高服务的承载能力，保障系统服务的稳定性。

3. 边缘解析新型架构的本质：效率

边缘解析新型架构理念的本质是为了提高解析场景下应用软件全生命周期各环节的效率，包括开发、部署、运维、运行等。其中，软件的运行效率（服务效率）属于机器效率的范畴，在解析场景一般由性能（例如并发、延迟等）衡量；除此之外，小体积更有利于不同机构或个人共享边缘服务器的资源，可以有效地提高边缘服务器的使用效率，同样属于机器效率的范畴。而其他环节的效率则更多地与人（开发、运维、管理人员等）相关，如图 9 所示。

边缘解析新型架构中，"大中台"的设置就是为了提炼各应用场景的共性（公共基础性）需求，并将这些需求打造成插件化的应用资源包，然后下发给前台使用，这样可以使产品在更新迭代、功能拓展的过程中研发更灵活、部署更敏捷、管理更高效，并且最大限度地减少重复造轮子，提高软件研发的效率。而"小前台"轻量级、跨平台的特性，大大降低了软件开发的复杂

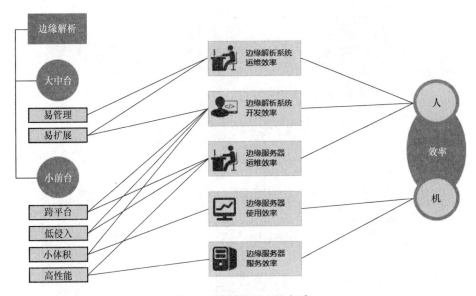

图 9　边缘解析理念的本质

度；低侵入的设计理念，尽可能地减少了应用部署带来的额外工作量；而高性能的特点，则能够使得应用在资源受限的边缘设备（服务器）上充分发挥性能，保证服务的稳定性和可靠性。

（三）边缘解析新型架构的构建方法：云原生

1. 云原生方法与边缘解析新型架构的理念高度契合

边缘解析新型架构实现的关键在于选择合适的软件开发方法、系统架构。常见的系统架构需遵循 3 个标准：提高敏捷性，及时响应业务需求；提升用户体验；降低成本，包括开发和运维成本。新型架构的最初设想就是用于各种复杂的边缘场景，要实现不同接口的对接，因而支持跨平台、良好的兼容性是最基本的需求。同时边缘解析的目标是做到所有服务对于使用方透明，实现代码的低侵入。再综合其轻量化小体积的需求，近年来兴起的微服务架构是较为合适的解决方案。另一方面，边缘解析的核心需求在于效率，这其中涵盖了软件整个生命周期的研发效率、运维效率和服务效率，在选择软件开发方法时，这三者也是必不可少的考虑因素。不仅研发阶段要适应多变的需求，持续交付，交付后还要支持持续部署。同时，边缘解析的根本是解析，解析系统的评价标准离不开性能，高并发、低延时也是边缘解析必须满足的需求。云原生是一种程序构建和运行的方法，旨在提高软件的生产效率和使用效率，在理念上与边缘解析高度契合，它不仅将微服务、容器囊括其中，与微服务相辅相成的持续交付和研发运维一体化也会让边缘解析的构建更加高效可靠。

2. 云原生技术能够解决边缘解析前台的编程可行性[3]问题

针对边缘计算的计算系统结构设计是一个新兴的领域，仍然有很多挑战亟待解决，例如如何高效地管理边缘计算异构硬件等。云计算的一个优势是基础设施对用户透明，用户无须关心应用如何在云端运行，因此在云计算平台编程非常便捷，使用某种语言编写程序，编译为云上特定的目标平台，就能够在云上运行。但在边缘计算中，部分计算（功能）从云端下沉到边缘，而边缘端的节点很可能是异构平台，每个节点的运行环境各不相同，用户在编程上需要花费大量的精力保证应用能够部署运行在边缘节点。另一方面，随着边缘计算应用的不断深化，边缘设备需要执行越来越多的计算和数据处理任务，如何编程使硬件设备更有效地执行计算任务也是研究的焦点。云原生技术体系中包含了高性能的内核虚拟机技术（eBPF），eBPF 编程类似 C 语言，编译后生成字节码在内核空间高效执行，使得边缘解析前台能够运行于多种计算平台，较好地解决了边缘设备硬件异构的问题，同时也能够满足边缘解析前台高速网络数据处理的性能需求。

3. 云原生生态是构建边缘解析新型架构的实践基础

云原生日益完善的基础设施与蓬勃发展的行业应用，为构建边缘解析新型架构奠定了坚实的实践基础。

基础设施层面，云原生的两大核心微服务和容器，都具有成熟且使用广泛的开源框架支撑。特别是随着内核空间容器引擎的问世，云原生在技术上完成了对用户空间和内核空间的全覆盖，极大地扩展了云原生的应用范围，使得构建边缘解析新型架构具备了可行的技术路线。基于内核空间微服务架构和容器引擎，可以构建小体积、跨平台、低侵入、高性能的前台内核微服务，满足不同场景的核心业务需求；基于用户空间容器引擎，可构建小体积、跨平台的前台用户空间微服务，为中台提供便捷的管理接口，对前台微服务进行管理；基于用户空间微服务架构，可构建易管理、易扩展的中台，管理海量的边缘解析前台。图 10 所示为云原生边缘解析的技术路线。

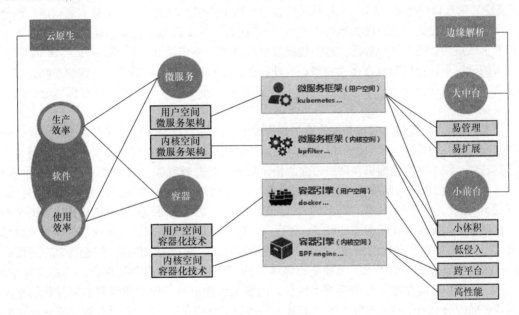

图 10　云原生边缘解析技术路线

行业应用层面，云原生在各行业的蓬勃发展，相关应用层出不穷。各行业在采用云原生方法解决实际问题的过程中，与微服务、容器等相关的云原生基础设施的部署率必将稳步提升，这在客观上将为云原生边缘解析提供更普遍的运行环境。与此同时，随着云原生应用的不断普及和云原生优势的不断展现，相关行业对云原生的认可度也将逐步提高，这在客观上也有利于云原生边缘解析获得更广泛的市场认同。

四、"新基建"时代云原生边缘解析的前景展望

2018 年底，中央经济工作会议明确提出，要加快 5G 商用步伐，加强人工智能、工业互联

网、物联网等新型基础设施建设（简称"新基建"）⊖。2020 年新年伊始，新型冠状病毒肺炎肆虐全球。疫情暴发以来，中央对"新基建"的重视程度显著提升，密集部署与新型基础设施建设相关的任务，吹响了大举进攻"新基建"的号角。后疫情时代，"新基建"必将成为我国经济发展新动能。"新基建"时代，面向互联网基础资源的云原生边缘解析，必将迎来新的发展机遇。

宏观层面，中央全面深化改革委员会第十二次会议指出，基础设施是经济社会发展的重要支撑，要打造集约高效、经济适用、智能绿色、安全可靠的现代化基础设施体系。云原生边缘解析核心理念的本质，是采用面向云的程序构建和运行方法，提升互联网基础资源行业相关从业人员和服务系统的效率，符合"新基建"追求"集约高效"⊖的内涵。与此同时，"新基建"主要发力于科技端，聚焦信息通信技术，工业互联网、物联网是"新基建"的重点方向。云原生边缘解析是新型网络信息处理技术，所面向的域名等网络标识服务系统是支撑工业互联网、物联网不可或缺的基础设施，切合"新基建"的外延。由此可见，云原生边缘解析符合"新基建"的内涵和外延，契合"新基建"的时代主旋律。

微观层面，云原生浪潮目前已冲出云计算中心，向着 5G、人工智能、边缘计算、物联网等"新基建"重点领域蔓延。5G R15 标准采用云原生技术搭建系统架构，解决原有通信网软硬件平台封闭、弹性不足的问题，极大地强化了 5G 网络能力；基于云原生技术构建的人工智能平台将云上智能改造为边缘轻量级智能，适配边缘软硬件环境和使用场景；以 KuberFlow、KubeEdge 等为代表的云原生计算框架也在蓬勃发展；凡此种种，不一而足。"新基建"时代的来临，必将加速相关产业的发展，促进边缘基础设施的"云原生化"进程，为云原生边缘解析奠定更广泛的工程基础。

与此同时，"新基建"时代相关产业的加速发展，必将为云原生边缘解析带来更丰富的应用场景。一方面，随着智能家居、智能交通等产业的快速发展，不同厂商产品实现互联互通是未来的必然趋势，而不同类型标识在网络边缘的快速映射，是高效互联互通的技术基础；另一方面，加速落地的 5G 将搭建起网络世界的"高速公路"，标识解析等基础网络服务需进一步贴近用户，以匹配 5G 速度，凸显 5G 优势；与此同时，"安全可靠"⊖是中央对现代化基础设施体系的明确要求，标识解析系统作为互联网基础设施，需进一步向边缘延伸，扩展防御纵深，保障相关领域的网络安全。"新基建"时代的到来，相关产业的加速发展，从功能、性能、安全等多个方面对标识解析系统提出了更高的要求。云原生边缘解析的"大中台 – 小前台"理念，具备"跨平台、低侵入、小体积、高性能"等关键技术特性，能够灵活地应对不同应用场景的差异化需求，通过形式多样的前台微服务全方位支撑"新基建"相关产业的发展。图 11 所示为"新基建"时代下云原生边缘解析在公有边缘的典型应用模式。

在"新基建"时代，云原生边缘解析具有广阔的应用前景，对促进相关产业发展和提升网络空间安全具有积极的作用。建议紧密跟随"新基建"主线，深入挖掘相关行业需求，积极关注国内外技术动向，大力加强交流合作与自主创新，牢牢把握"新基建"带来的机遇，全面推动相关行业的发展。

⊖ https：//tech. sina. com. cn/roll/2020 – 03 – 10/doc – iimxyqvz9194955. shtml。

⊖ https：//www. zjftu. org/page/zj_zgh/zj_xwzx/zj_xwzx_szyw/2020 – 02 – 16/16695894052253931. html。

⊖ https：//baijiahao. baidu. com/s？ id = 1658519224431158552&wfr = spider&for = pc。

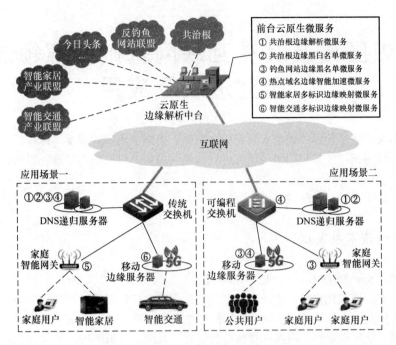

图 11　云原生边缘解析应用模式展望

参 考 文 献

[1] 周宏仁. 做大做强数字经济 拓展经济发展新空间 [J]. 时事报告, 2017 (05)：99 - 114.

[2] 张宇，夏重达，方滨兴，等. 一个自主开放的互联网根域名解析体系 [J]. 信息安全学报, 2017, 2 (04)：57 - 69。

[3] Shi W, et al. Edge Computing: Vision and Challenges [J]. IEEE Internet of Things Journal, 2016, 3 (5)：637 - 646.

（本文作者：叶崛宇　胡卫宏　闫夏莉　岳巧丽　张海阔）

知识图谱及其在互联网基础资源领域的研究进展及应用

摘要：本文概述了知识图谱技术及其历史发展、典型应用和关键技术体系等，并重点面向互联网基础资源领域阐述了知识图谱的研究进展和相关应用，对互联网基础资源知识图谱发展进行了总结和展望。

关键词：知识图谱；互联网基础资源

一、知识图谱技术及发展

知识图谱（Knowledge Graph）是一种揭示实体之间关系的语义网络，可以对现实世界事物及其相互关系进行形式化描述，并以图的形式进行存储。知识图谱通过结构化的形式描述客观世界中概念、实体及其之间的关系，将互联网的信息表达成更接近人类认知世界的形式，提供了一种更好地组织、管理和理解互联网海量信息的能力。当前，知识图谱已经成为互联网知识驱动的智能应用基础设施，在电商、金融和搜索等领域开始应用，广泛地应用在知识表达、自动推理、对话生成和自动问答等人工智能系统中。

作为人工智能领域的前沿技术之一，知识图谱技术伴随着人工智能技术的发展而发展。从2006 年开始，大规模维基百科类知识资源的出现和网络规模信息提取方法的进步，使得大规模知识获取方法取得了巨大进展。2012 年 5 月 16 日，谷歌正式发布了知识图谱，并指出知识图谱技术极大增强了其搜索引擎返回结果的价值，从而掀起了一场知识图谱技术的热潮。

目前，人工智能的发展逐渐形成三大主流方向：计算智能、感知智能和认知智能。计算智能是指进行数值运算的智力能力；感知智能是指进行视觉和听觉等感知的智力能力；认知智能是指理解语言、逻辑和知识的智力能力。知识图谱是试图在认知智能层面进行创新的新型人工智能技术。知识图谱对于人工智能的重要价值在于知识是人工智能的基石，知识使机器具备认知能力。近年来，人工智能在深度学习和知识图谱技术领域都取得了新的进展，基于两者的深度融合是未来人工智能的发展方向。

二、知识图谱典型应用

知识图谱的核心作用是利用图结构方式建模、识别和推断事物之间的复杂关联关系并沉淀领域知识，近年来已经被广泛应用于语义搜索、智能问答、决策分析、通用知识图谱和垂直领域知识图谱。

语义搜索是指基于关键词的搜索技术在知识图谱的知识支持下实现基于实体和关系的检索。语义搜索可以利用知识图谱准确地捕捉用户搜索意图，进而基于知识解决传统搜索中遇到的关键字语义多样性及语义消歧等难题，提高搜索精度，并通过实体链接实现知识与文档的混合检索，如图 1 所示。

智能问答是信息服务的一种高级形式，能够让计算机自动回答用户所提出的问题。不同于现有的搜索引擎，问答系统返回用户的不再是基于关键词匹配的相关文档排序，而是精准的自然语言形式的答案。其关键技术及难点包括准确地解析语义、正确理解用户的真实意图、以及对返回

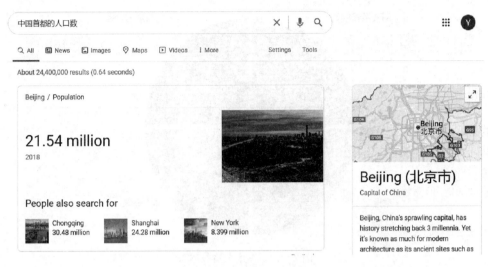

图 1　搜索引擎中语义搜索

答案的评分评定以确定优先级顺序。

可视化决策支持是指通过提供统一的图形接口，结合可视化、推理和检索等，为用户提供信息获取的入口。可视化决策支持需要考虑的关键问题包括通过可视化方式辅助用户快速发现业务模式、提升可视化组件的交互友好程度以及大规模图环境下底层算法的效率等。

通用知识图谱可以形象地看成一个面向通用领域的"结构化的百科知识库"，但由于现实世界的知识丰富多样且极其庞杂，通用知识图谱主要强调知识的广度和覆盖面，通常运用百科数据自底向上的方法进行构建。

垂直领域知识图谱常常用来辅助各种复杂的分析应用或决策支持，在多个领域均有应用，不同领域的构建方案与应用形式则有所不同。以电商为例，电商知识图谱以商品为核心，以人、货和场为主要框架。人、货和场构成了商品信息流通的闭环，其他本体主要给予商品更丰富的信息描述。

三、知识图谱关键技术体系

知识图谱是一个交叉领域，在关键技术方面综合运用人工智能及机器学习、自然语言处理、Web 和信息检索（Information Retrieval，IR），以及数据库等方面的技术，进行知识表示、知识抽取、知识推理和知识存储，如图 2 所示。

（一）知识表示

知识表示（Knowledge Representation，KR）就是将现实世界中的各类知识表达成计算机可存储和计算的结构，用易于计算机处理的方式来描述人脑的知识。

历史上，知识表示技术随着人工智能技术的发展而不断演化，历经一阶谓词逻辑（First - Order Logic）、语言网络（Semantic Network）、产生式规则（Production Rule）、框架系统（Framework）、描述逻辑（Description Logic）和逻辑程序（Logic Programming）等阶段。

资源描述框架（Resource Description Framework，RDF）和 SPARQL 是知识表示的核心技术。RDF 将知识以三元组的形式呈现，SPARQL 是 RDF 的查询语言，语法与 SQL 相近，几乎所有主

图 2　知识图谱关键技术
（陈华钧，浙江大学知识图谱导论课程课件，2019 版）

流的图数据库均支持。

此外，随着以深度学习为代表的表示学习的发展，知识图谱实体和关系的表示取得了重要的进展，知识图谱嵌入式表示技术也通常作为一种类型的先验知识辅助输入到很多深度神经网络模型中，用来约束和监督神经网络的训练过程。

（二）知识抽取

知识抽取，即从不同来源、不同结构的数据中进行知识提取，形成知识（结构化数据）存入到知识图谱。知识抽取可大致分为实体抽取、关系抽取和事件抽取等⊖。

1. 实体抽取

实体抽取的主要任务是抽取文本中的原子信息元素，通常包含人名、组织/机构名、地理位置、时间/日期和字符值等标签，具体的标签定义可根据任务不同而调整。

实体抽取的关键技术主要包括以下几种：基于规则和词典的方法；基于统计机器学习的方法；基于深度学习的方法；基于半监督学习的方法；基于迁移学习的方法；基于预训练的方法。基于规则和词典的方法在流程上一般分为预处理、实体边界识别和实体分类三个阶段。基于统计机器学习的方法主要采用隐马尔科夫模型（Hidden Markov Model，HMM）、最大熵马尔科夫模型（Maximum Entropy Markov Model，MEMM）、条件随机场（Conditional Random Fields，CRF）以及支持向量机（Support Vector Machine，SVM）等。

2. 关系抽取

关系抽取是从文本中抽取两个或多个实体之间的语义关系，即通常所指的三元组抽取，一般分为封闭域关系抽取和开放域关系抽取。目前，基于图神经网络的关系抽取技术也得到了广泛应用。图卷积网络（Graph Convolutional Network，GCN）在图像领域的成功应用证明了以节点为中心的局部信息聚合同样可有效地提取图像信息。参照在图像领域的应用方式，可将类似方法迁移到关系抽取过程中，即利用句子的依赖解析树构成图卷积中的邻接矩阵，以句子中的每个单词为节点做图卷积操作进行句子信息抽取，再经过池化层和全连接层完成关系抽取。

⊖　汪鹏等，知识图谱课程课件（2019 版），东南大学计算机科学与工程学院。

3. 事件抽取

事件抽取是指从语言文本中抽取用户感兴趣的事件并以结构化的形式呈现出来，如什么人/组织在什么时间和什么地点做了什么事情。事件抽取实现将非结构化文本中自然语言所表达的事件以结构化的形式呈现，对于知识表示、理解、计算和应用方面具有重要意义，其最终目的就是构建事件知识库弥补现有知识图谱的动态事件信息缺失问题。

事件抽取一般包含事件发现和事件元素抽取等子任务，事件发现包括触发词检测和触发词分类，事件元素抽取包括元素识别和元素角色识别。事件抽取早期使用基于规则和模板的方法，即通过定义语义框架和短语模式来表示特定领域事件的抽取模式。目前采用的主流技术包括基于机器学习的方法和基于知识库的方法。

（三）知识推理

知识推理是指从给定的知识图谱中推导出新的实体跟实体之间的关系，其主要技术主要包括基于逻辑的推理，基于统计学习的推理，基于图的推理，基于神经网络的推理以及多种方法混合的推理[一]。

基于逻辑的推理主要采用一阶谓词逻辑和描述逻辑等利用规则进行推理，技术上比较容易实现，适用于精确知识的表示，不适宜表示不精确的知识；基于统计学习的推理主要采用马尔科夫逻辑网、概率软逻辑和贝叶斯推断等方法；基于图的推理使用路径排序算法、不完备知识库的关联规则挖掘等方法；基于神经网络的知识推理主要包括基于语义的推理和基于结构的推理两大类：基于语义的推理建立在挖掘和利用语义信息的基础上；基于结构的推理利用知识库中的三元组内部或相互之间的结构联系进行推理，一般用于多步推理问题当中，可按相邻实体、多跳关系、组合路径和辅助存储等进一步细分；多种方法混合的推理包括规则与神经网络的混合推理、规则与分布式表示的混合推理以及路径排序算法与分布式表示的混合推理等。

知识推理技术仍处于快速的演进过程中，未来研究方向包括面向多元关系、融合多源信息与多种方法、小样本学习和动态知识等方面的推理技术。

（四）知识存储

知识图谱的存储需要综合考虑图的特点，处理好复杂的知识结构存储、索引和查询的优化等问题，典型的知识存储引擎分为基于关系数据库的存储和基于原生图的存储[二]。

与关系模型相比较，图模型是更加接近于人脑认知和自然语言的数据模型，图数据库是处理复杂的、半结构化的、多维度的、紧密关联数据的关键技术。在需要快速遍历许多复杂关系的高性能查询的场景，需要添加新数据而不会中断现有查询的场景，以及需要执行推荐、相似度计算等快速和复杂的分析规则的场景中，使用图数据库存储知识可获得更好的系统性能。当然，图数据库也不可避免的存在性能弱点，例如当应用场景不包含大量的关联查询时，对于简单查询而言，传统关系模型和 NoSQL 数据库目前在性能方面更加有优势。

在知识存储的实践中，多采用关系模型和图模型的混合存储结构。

四、互联网基础资源知识图谱相关研究进展

互联网基础资源（Internet Infrastructure Resources）主要是指提供关键互联网服务的重要基础

○ 汪鹏等，知识图谱课程课件（2019 版），东南大学计算机科学与工程学院。
○ 陈华钧，浙江大学知识图谱导论课程课件（2019 版）。

资源，包括标识解析、IP、路由等服务系统和支撑服务系统的底层基础设施等。随着知识图谱技术的发展，互联网基础资源领域的知识图谱研究工作已初步展开。

（一）Virus Total Graph 知识图谱

谷歌公司于 2012 年收购的网络安全创业公司 VirusTotal 致力于提供病毒、蠕虫、木马和各种恶意软件的分析服务，可以针对可疑文件、网址（或域名）和 IP 等进行快速检测。2018 年，VirusTotal 在知识图谱构建中尝试引入/关联互联网基础资源领域数据。以探索和发现不同形式的恶意软件之间的关系。VirusTotal 通过尝试建立一个巨大的知识网络——VirusTotal Graph，将恶意软件之间的文件、IP 地址以及它们之间的所有行为相互关联起来，利用这些知识来发现新的恶意软件以及与之相关的新功能。

VirusTotal Graph 知识图谱的构建主要基于病毒、蠕虫和木马等各类恶意软件的相关数据，此外还依赖于以下辅助信息：

1）域名的历史解析 IP（DNS 和 Passive DNS 数据）；

2）子域名信息（DNS 分析可得出）；

3）域名下的 URL 信息（从样本的网络行为中提取）；

4）和域名通信的样本信息（从样本的网络行为中提取）；

5）从域名下载的样本信息（也是从网络行为中提取）；

6）文件中包含域名信息的样本（静态样本鉴定时得到）；

7）域名的历史 Whois 信息（域名是有时限的，到期可能不会续费或被他人购买）；

8）域名的历史证书信息（证书同理）。

除了上面的关系外，还关联了域名的 Alexa 排名，多引擎判断结果（是否为钓鱼网站等恶意网站）等相关关系属性信息。

Virus Total Graph 多级关系遍历，这种遍历既可以单向也可以双向。一个域名可以有很多关联的访问该域名的程序，并且从域名出发可以列举出所有访问的程序，点击每个程序还可以获取其属性值（是否恶意等），图 3 所示为恶意软件情报知识图谱示例。

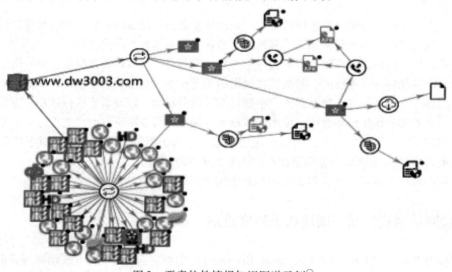

图 3　恶意软件情报知识图谱示例[⊖]

⊖　https：//www.virustotal.com/gui/graph – overview。

（二）Akamai 域名信誉系统

Akamai 公司诞生于美国麻省理工学院，是 CDN 服务提供商，总部位于美国波士顿。Akamai 作为业界领先的内容分发网络 CDN 和云服务提供商，承担了全球 15% ~30% 的网络流量。

为全面检测互联网空间恶意活动，Akamai 于 2018 年创建了域名信誉系统（Domain Reputation System，DRS），这是一个巨大的基于 DNS 拓扑结构的知识图谱。DRS 每秒监测数十万个安全事件，并生成具有数十亿个节点和关系的实时图谱[○]（节点类型覆盖域名、IP 和 NS 等，如图 4 所示），利用该知识图谱能够实时检测多种威胁，包括网络钓鱼、僵尸网络和与恶意软件相关的攻击。该 DRS 的构建主要依赖于 DNS 数据，Whois 域名注册信息，以及 100 多个第三方供应商提供的种子数据。

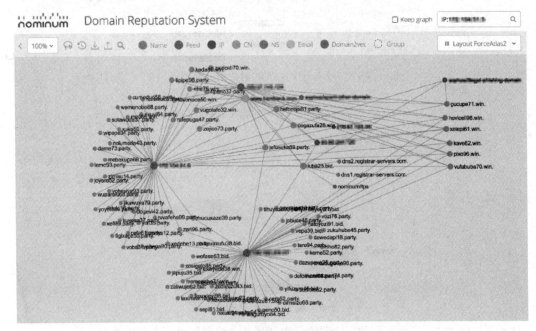

图 4　域名信誉系统知识图谱示例

五、CNNIC 互联网基础资源知识图谱研究

目前，基于国家互联网基础资源大数据（服务）平台建设，CNNIC 在基于 .cn 的 DNS 数据（域名及其解析 IP 数据、Whois 数据等）、IP 地理位置数据、AS 及 BGP 路由表数据等数据资产方面有了一定的积累，基于数据抓取和初步的知识抽取，初步形成 IPv4/v6 的 AS 网络结构以及基于"域名 – IP – AS"三部图结构的知识提取。

（一）图结构数据分析与提取

类似其他领域的大数据，以域名、IP 和 AS 号码为主要组成部分的互联网基础资源大数据在结构上同样呈现出图的结构特征，域名、IP 和 AS 三者之间存在密切的关联关系，一般可以根据

[○]　https：//blogs. akamai. com/sitr/2018/05/domain – reputation – system – building – a – large – graph – to – generate – real – time – threat – intelligence. html.

其映射关系构建出反映其内部联系的三部图，如图 5 所示。

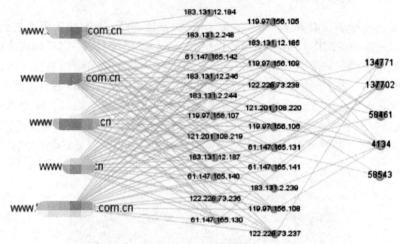

图 5　域名 – IP – AS 映射关系三部图

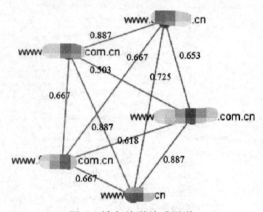

图 6　域名关联关系图谱

从域名、IP 和 AS 三种类型数据的角度分析，其各自数据间也存在着密切的联系。

域名方面，可以基于"域名 – IP – AS 映射关系三部图"计算出域名之间的关联关系强度[详见"（二）"]，并进一步基于关系强度抽取出反映域名与域名之间关联关系的域名关系图谱[1]，如图 6 所示。

IP 地址方面，可以直接根据其物理连接拓扑构建出 IP 地址之间的关联关系图，也可以根据 IP 之间端到端的带宽或其他关系构建 IP 地址之间的关系图谱。图 7 所示为全球互联网 IPv4 地址拓扑关系图谱。

AS 方面，可以从 BGP 路由表数据中提取 AS PATH 数据分析 AS 之间的互联关系构建 AS 互联拓扑图谱，以分析全球骨干网络的流量特征。图 8 所示为全球 IPv6 AS 互联拓扑图谱局部示意图。

（二）基于域名关系的知识提取

目前，CNNIC 基于现有数据积累，通过图计算框架 Spark GraphFrames 评估和分析域名、IP 和 AS 之间的全局关系，利用基于图数据路径分析的算法，已经建立了反映域名关联强度的域名之间的关系图谱，并实现了相关不良发现的算法优化，在 200 个左右的种子不良域名的条件下，从之前只能快速发现小于 1000 个域名提升到超过 1.5 万个域名。

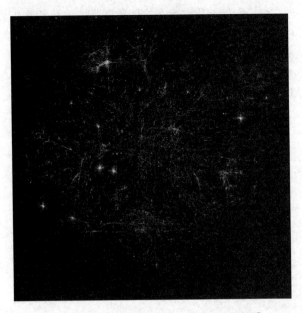

图 7　全球互联网 IPv4 地址拓扑关系图谱[⊖]

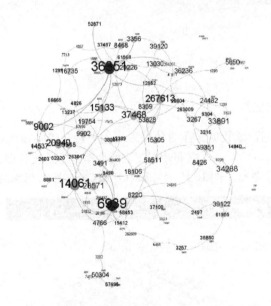

图 8　全球 IPv6 AS 互联拓扑图谱局部示意图

数据来源：
- 域名 A 记录解析数据（DNSMON 探测）；
- IP 地理位置数据（MaxMind 开源数据库 GeoLite2）；
- 自治系统 AS 数据（MaxMind 开源数据库 GeoLite2）；
- AS PATH 数据（RouteViews RIB 路由表数据）。

基于上述域名 A 记录解析数据，以域名和 IP 为节点，以解析关系为边，可以抽取域名解析

⊖　https：//en. wikipedia. org/wiki/Opet_Project。

关系图谱，在此基础上进一步提取能够反映域名之间关联强度的域名关系图谱。在构建域名关系图谱时，如果两个域名共享的 IP 越多，或者两个 IP 关联的相同域名越多，那么它们之间存在的关联关系就可能越强，其边的权重也就越大。

考虑到共享 IP 的多样性，引入了 ASN 信息的关联，利用 IP 所属的 ASN 信息来近似地识别来自不同服务提供商的 IP，而不仅仅是计算两个域名共享 IP 的数量。定义对域名关系图中任意两个不同域名 d_1 和 d_2 之间权值 $\omega(d_1, d_2)$ 的计算公式：

$$\omega(d_1, d_2) = 1 - \frac{1}{1 + \left| \mathrm{asn}(\mathrm{ip}(d_1) \cap \mathrm{ip}(d_2)) \right|}, d_1 \neq d_2$$

式中，ip（d）表示域名 d 解析到的所有 IP 的集合，域名关系图谱提取过程如图 9 所示。

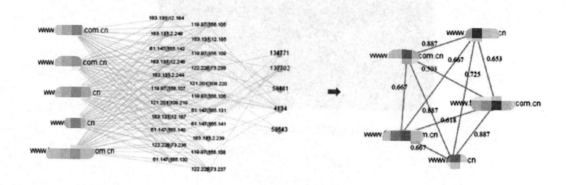

图 9　域名关系图谱提取过程

（三）图数据库可视化应用

CNNIC 基于互联网基础资源数据，在图数据库应用上进行了初步的探索和研究，通过图数据库实现基于域名、IP 和 AS 的知识提取和知识图谱的存储，为后续利用深度学习方法进行相关特征工程的分析工作奠定了基础。图 10 所示为基于 HugeGraph 图数据库的图谱可视化。

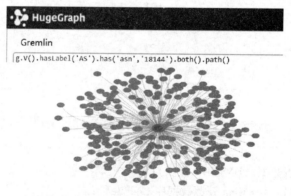

图 10　基于 HugeGraph 图数据库的图谱可视化

六、总结与展望

知识图谱在互联网基础资源领域的应用目前还处于起步阶段，随着知识图谱技术的进一步成熟和互联网基础资源数据的进一步丰富，应用形态将不断增加，应用范围将不断扩大。

作为互联网重要的基础资源，域名、IP、Web 和 AS 等互联网基础资源数据实体之间存在密不可分的天然图结构，与相关的互联网物理设施和互联网应用数据也有密切关联，同时，各自实体又存在各种不同类别的属性，恰恰符合构建知识图谱的条件。可基于关联关系，通过大数据结构化处理、语义分析和 AI 算法等技术手段，进行预处理、关系/特征/属性提取和融合等操作后，构建相应的知识库，提升在网站黑产发现、威胁情报图谱和数据安全治理等安全态势感知业务方面的关联分析能力。

参 考 文 献

[1] 刘冰，杨学，杨琪，等. 基于 IPv6 AS 级复杂网络的特征分析与建模 [J]. 计算机应用与软件，2020 (6).

（本文作者：刘冰　马永征　肖建芳　杨学　李洪涛）

动态趋势与产业应用篇

互联网域名和 IP 基础资源标准化情况

摘要：国际互联网工程任务组（IETF）是国际上重要的互联网技术协议标准组织，涵盖了众多技术领域，吸引了全球各界的技术人员的广泛参与。其中与域名和 IP 相关的互联网基础资源标准在 IETF 中也占有举足轻重的地位。我国各大科研院所与产业界对 IETF 越来越关注，通过多种方式逐步加大投入其中的力量，并已经在某些领域取得了领先的成就。本文首先介绍了IETF 的组织背景及组织架构等内容，列举了与互联网基础资源相关的标准与工作组，并对未来IETF 中域名和 IP 基础资源相关技术发展趋势进行了总结。

关键词：IETF；RFC；DNS；域名；IP

互联网的主要核心标准由国际互联网工程任务组（Internet Engineering Task Force，IETF[⊖]）制定，互联网基础资源相关的核心标准同样也是来自 IETF。国际上一些其他技术组织以及包括我国在内的技术标准组织也制定了一些互联网基础资源相关的标准。这些标准是对国际互联网技术标准的有益补充，保证了全球互联网的互联互通。下面主要从 IETF 标准组织关于域名和 IP 基础资源技术标准制定的总体情况、标准化趋势，以及互联网架构委员会（Internet Architecture Board，IAB）对基于 DNS 进行扩展的标准化技术方向的建议三方面展开介绍。

一、国际互联网工程任务组（IETF）总体情况

（一）组织介绍

IETF 成立于 1985 年底，是全球互联网界最具权威的大型技术研究和标准制定的民间组织，涵盖了互联网应用、互联网运行和管理、路由、数据传输、网络安全以及互联网技术研究等方向，设有 100 多个工作组/研究组。IETF 每年举行三次大会，规模均在千人以上，汇集了与互联网架构演化和互联网稳定运行等业务相关的网络设计者、运营者和研究人员。IETF 制定的技术标准是互联网运行的核心技术协议，保障了互联网的持续发展。据统计，超过 90% 的互联网技术标准由 IETF 制定，IETF 已经成为互联网技术发展和标准化的重要平台。自 IETF 建立以来，互联网得到了蓬勃的发展，诞生了雅虎、谷歌、脸谱、阿里、腾讯、百度等著名的互联网公司。

（二）与域名和 IP 基础资源相关的已有 IETF 技术标准

为了保障互联网的稳定运行，IETF 成立至今 30 多年，已经制定发布了 8000 多个 RFC 技术标准。RFC 即 Request for Comments，包含了关于互联网的几乎所有重要的文字资料。作为标准的RFC 又分为几种：第一种是信息性的，建议采用该文档作为一个方案；第二种是完全被认可的标准，大家普遍都在用，而且是不应该改变的；第三种就是现在的最佳实践法，相当于对目前采用方法的一种介绍。

这些文件的产生是一种自下而上的过程，而不是自上而下，也就是由工作组成员自发地提出

⊖ https：//www.ietf.org/。

议题，然后在工作组里讨论，组内讨论成熟以后再交给互联网工程指导委员会（IESG）进行审查。IESG 提出修改建议，作者进行回应并修改。在 IETF，任何人都可以来参加会议，任何人都可以提议，与别人进行讨论，大家形成共识后就可以产出 IETF 的草案文件，然后进一步在工作组内推动，逐步形成 RFC 标准。

人们上网必用的 IP 地址和域名实际上是 IETF 制定的技术标准的协议参数。国际互联网技术先驱 Jon Postel 在 1994 年 3 月提交发布了 RFC 1591 标准。RFC 1591 里提出了设立 EDU、COM、NET、ORG 等通用顶级域，以及设立两字母的国家和地区顶级域的建议。由于 RFC 1591 的发布和实行，陆续产生了各自国家和地区的互联网络信息中心（Network Information Center, NIC）和国际互联网名称和号码管理组织（Internet Corporation for Assigned Names and Numbers，ICANN）。从这个意义上来讲，管理我国国家顶级域（CN）的中国互联网络信息中心（CNNIC）的诞生和这篇 RFC 技术标准有重要渊源。

目前 RFC 中包括 200 多个域名相关技术标准，200 多个 IPv4 相关技术标准，400 多个电子邮件相关技术标准，500 多个 IPv6 相关技术标准，以及其他互联网基础资源技术相关标准。互联网基础资源相关技术标准约占总标准数目的 20%，其中我国主导完成或署名的域名或 IP 相关的 RFC 数量在快速增长，并且逐步涉及标准类 RFC 及核心技术领域。

我国产业界也越来越重视互联网的发展以及 IETF 标准化工作，包括中国移动、中国联通在内的电信运营商，华为公司、中兴公司等通信设备制造商等均在进行自主创新、提高核心竞争力，在 IP、路由等领域推动多篇 RFC 发布。华为公司主要从 2006 年开始逐步参与 IETF 工作，通过邀请知名国际专家加盟，培养自己的专家等多种方式，在 IETF 中展现出越来越强的实力。每次 IETF 会议，有来自华为的国际和国内技术专家团队约 100 人参与会议。

清华大学研究团队关注 IPv4/IPv6 的过渡技术，提出了促使不兼容的 IPv4 和 IPv6 互联互通的 IVI 技术，并推动发布了 9 个 IETF 的标准（RFC）文档，并应用于思科（Cisco）、华为、瞻博（Jnniper）等国际知名的互联网核心路由设备中，已经成为下一代互联网最主要的过渡技术之一，为下一代互联网在我国及全球的发展与普及，起到了促进作用。

（三）当前与域名和 IP 基础资源相关的工作组情况

与域名和 IP 基础资源相关的内容一直是 IETF 重要的工作。为此，IETF 组建了多个工作组，推进相关工作。主要有域名系统运维（DNSOP）工作组，DNSOP 工作组主要推进与 DNS 运维相关的技术标准的制定；DNS Over HTTPS（DOH）工作组，DOH 工作组主要推动基于超文本传输加密协议（HTTPS）实现 DNS 查询和应答的技术标准；注册协议扩展（REGEXT）工作组，RE-GEXT 工作组主要讨论域名注册技术协议扩展问题；安全域间路由维护（SIDROPS）工作组，SI-DROPS 工作组主要讨论各国部署资源公钥基础设施（RPKI）在运维过程中所遇到的各种问题以及解决方案；软线（SOFTWIRE）工作组，SOFTWIRE 工作组主要讨论 IPv4 向 IPv6 过渡的技术问题；IPv6 运维（V6OPS）工作组，V6OPS 工作组主要讨论 IPv6 运行维护遇到的相关问题，并制定相关技术标准；邮件存储和扩展优化（EXTRA）工作组，EXTRA 工作组将更新完善互联网重要的基础性协议——电子邮件协议，以进一步加强反垃圾邮件和国际化多语种邮件等功能；DNS 隐私保护（DPRIVE）工作组，DPRIVE 工作组主要推动关于 DNS 会话保密相关的技术协议，以解决日益突出的 DNS 用户隐私泄露问题。

（四）CNNIC 参与域名与 IP 工作相关的标准情况

在 IETF 众多的工作组中，与 CNNIC 域名业务相关的有 DNS 协议、电子邮件和 IP 协议等多个工作组。这些工作组负责制定域名系统、域名应用、域名注册和域名查询等业务和技术方面相关的各种标准。在域名系统标准制定方面，为推动全球互联网域名系统支持中文域名，CNNIC 参与多语种域名标准的制定。在域名应用标准制定方面，为推动中文域名在全球互联网中的应用率，促进中文域名业务的开展，CNNIC 主导多语种邮件技术标准的制定。在域名注册标准制定方面，为推动全球互联网域名注册系统支持我国域名简繁体等效及变体注册需求，CNNIC 参与多语种注册相关标准的推动和制定。在域名查询标准制定方面，CNNIC 参与多语种下一代 WHOIS 协议的制定，有利于域名信息查询业务的规范化，增强安全性以及增加对多语种的广泛支持，促进域名业务的开展。CNNIC 保持在域名传统领域的领先地位，并积极在 RPKI CA 功能加强与防护、RPKI 部署考虑、IPv6 部署和参数配置等方面继续加强对外交流与合作，推动更多的标准发布，从而提高 CNNIC 在国际上的技术影响力，展现我国互联网技术研发实力，为我国在互联网技术标准组织中争得一席之地。

截至目前，CNNIC 共制定了与国际化域名、国际化邮件地址、下一代 WHOIS 协议、域名注册、IPv6 以及安全领域相关的 13 篇 RFC 标准。

二、当前域名和 IP 基础资源技术的标准化趋势

随着域名和 IP 技术的进步和发展，以下几个标准化方向特别值得关注。在斯诺登事件以后，IETF 一是更加关注 DNS 数据的隐私问题，DNS 的查询技术朝着隐私化方向发展；二是 UDP 向 QUIC（Quick UDP Internet Connections）演进，QUIC 是谷歌提出的一种基于 UDP 改进的通信协议，其目的是提供更好的连接，提供更好的用户互动体验；三是为了解决路由劫持这一互联网域间路由系统安全威胁，IETF 提出了资源公钥基础设施（RPKI）技术，目前 RPKI 技术开始进入部署阶段；四是随着新通用顶级域进入市场，下一代 WHOIS 和域名注册技术开始发展。

（一）DNS 的隐私化发展方向

DNS 是互联网基础服务之一，在设计之初并未考虑过多的安全问题，报文以明文形式传输。这就导致数据包在传输中易受到干扰，恶意节点可以分发虚假数据，干扰部分网络的正常访问。近几年，IETF 在不同的研究方向上对 DNS 隐私保护进行了尝试并取得一定成果。

1. QNAME 最小化

IETF DNS 运维工作组一直在推动所谓的 DNS 查询名称最小化的工作，称为 QNAME 最小化标准。该标准中规定：QNAME 最小化遵循以下原则：发送的数据越少，隐私问题就越少。

例如，查询 www. example. com 的 A 记录包含两个必要元素：完整的域名和查询类型，查询过程中不会泄漏无关的信息。向根服务器只查询 . com 的资源记录；同样，向 . com 服务器将仅查询 example. com 的资源记录，依此类推，如图 1 所示。

通常，此方法的效率不低于在每个节点使用完整查询的效率，并且同样能够使用缓存的信息。该技术正在进一步修正并可以可靠地堵塞无用信息的泄漏。来自捷克域名注册管理机构 CZ. NIC 的 Knot DNS 是最早实现 QNAME 最小化的 DNS 解析器之一[注]。

2. DNS over TLS 与 DNS over HTTPS

QNAME 只是保护 DNS 隐私工作的一部分。而 DPRIVE 工作组主要推动关于 DNS 会话保密相关的技术协议，以解决日益突出的 DNS 用户隐私泄露问题。传统的 DNS 数据报文都是明文传送，

　　⊖　https：//www. knot - resolver. cz。

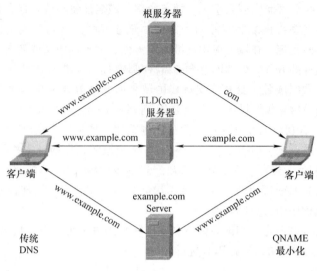

图 1　QNAME 最小化

DPRIVE 工作组发布了基于安全传输层协议（TLS）的两篇 DNS 正式标准，可以实现 DNS 报文加密传输。Cloudflare、Google、IBM 等均已经部署，通信端口为 853。

此外，基于 HTTPS 的 DNS 也可以实现用户隐私保护的功能。DoH 工作组主要推动基于 HT-TPS 实现 DNS 查询和应答的技术标准，该工作组目前只有一篇正式标准 RFC 8484 *DNS Queries over HTTPS*，定义了基于 HTTPS 发送 DNS 请求和接收 DNS 应答的协议。

基于新的传输方式（如 HTTPS、TLS 等）的 DNS 或其他应用提供的 DNS 服务，目前逐渐成为业界各方关注的焦点。一方面，这些机制将 DNS 数据加密传输，符合当前隐私保护的趋势。另一方面，相关机制引入了新的技术和运维等议题，带来了新的影响。从 DNS 技术层面，隐私服务参数发布、HTTP 协议兼容度、DNS 权威服务器 HTTPS 证书信任链构建、DNS 软件支持加密连接带来的性能问题等均需要进一步研究；从 DNS 运营层面，隐私服务部署、证书发布、证书管理、恶意流量监测、隐私服务策略等问题需要进一步细化；从网络监管层面，由于 DNS 数据全程加密传输而带来的监管困难等问题也需要进一步研究。此外，这些机制部分涉及浏览器、应用程序等第三方的支持，全面推广和应用仍需时日，但长远来看，互联网数据包括域名及其他标识解析数据基于加密传输符合未来发展趋势，其对当前域名体系架构、DNS 软件技术、DNS 服务运维和监管等带来的新冲击不可忽视，须密切跟进参与，掌握未来域名体系的变革新趋势。

（二）UDP 向快速 UDP 互联网连接（QUIC）演进

QUIC（Quick UDP Internet Connection）是快速 UDP 互联网连接的缩写，是一种最初由谷歌开发和部署的网络协议，现在正式成为 IETF 标准。QUIC 并非完全新的协议，因为该概念由谷歌在 2012 年提出，在 2013 年 8 月发布的 Chromium 版本 29 中首次公开。QUIC 是众多对 TCP 进行完善的传输层网络协议之一。

1. 我们为什么还要考虑完善 TCP

TCP 现在已在数十亿个设备中使用，其也许是迄今为止我们采用的最广泛的网络传输协议。TCP 被广泛采用的部分原因是其难以置信的灵活性。该协议可以支持微量数据到千兆字节数据的传输，传输速度从每秒几百比特到每秒几十甚至几百千兆字节。TCP 是互联网的主力军，但是即使如此其仍存在完善的空间。TCP 是各方面需求权衡之后的产物，它试图做到合理地适合多种用途，但不一定是某种用途的最佳选择。

TCP 的原始设计优雅而简洁，在许多重要方面具有延展性。严格来说，TCP 标准没有严格定义发送方如何控制通过网络传输的数据量。如果数据传输中没有可见的错误，可以缓慢增加传输的数据量［根据接收到的确认（ACK）数据包进行判断］，而在网络拥塞时迅速降低发送速率以进行快速响应（丢包，根据重复的确认数量进行判断）。

一些改进的 TCP 使用不同的控制手段来管理这种"缓慢增长"和"快速丢弃"[1]行为，也可能使用不同的信号来控制此数据流。这些信号包括端到端的延迟测量或数据包间抖动（例如最近发布的瓶颈带宽和往返传播时间（BBR）[2]协议）。所有这些改进版 TCP 仍设法与普通 TCP 的参数保持一致。改进的 TCP 仅需要在数据发送方部署。所有 TCP 客户端将在成功接收数据和收到其他数据后发送 TCP ACK 数据包。由 TCP 服务器来确定接收到 ACK 后调整其内部网络能力模型以及如何相应地修改其后续的发送速率。各种改进的 TCP 流量控制本质上是基于服务交付平台内的部署，并不意味着要改变数十亿的 TCP 客户端。此特性有助于提高 TCP 的灵活性。

尽管 TCP 具有很大的灵活性，但仍存在一些问题，尤其是基于 Web 的服务。当今大多数网页都不是简单的对象，它们通常包含许多组件，包括图像，脚本，自定义框架等。其中每个都是单独的网络"对象"，如果我们使用的是原始配置的超文本传输协议（HTTP）浏览器，即使每个对象是从相同的 IP 提供服务，它也将被加载到一个新的 TCP 会话。如果为复合 Web 资源中的每个 Web 对象同时建立新的 TCP 会话和新的传输层安全（TLS）[3]会话，网络开销是非常巨大的，重用已经建立的 TLS 会话将是必要的选择。但是这种在一个 TCP 会话中多路复用许多数据流的方法也有问题。单个会话中复用多个逻辑数据流会在流处理器之间产生不必要的相互依赖的情况。因此如果我们想通过引入并行行为提高复合传输的效率，我们需要一种超越 TCP 的协议。

2. UDP 上的 QUIC

TCP 协议进一步优化已越来越难，基于 UDP 协议实现的 QUIC 网络协议应运而生，UDP 是应用程序访问 IP 提供的基本数据报服务的最小框架协议。

在标准 Internet 模型中，严格地说，QUIC 是数据报传输应用程序。使用 QUIC 的应用程序协议使用 UDP 端口 443 发送和接收数据包。

从技术上讲，此更改对于 IP 数据包来说很小，仅通过在 IP 与 TCP 数据包头增加了 8 字节。这种变化的影响远远比这"8 个字节"表示的字面意义更重要。

QUIC 很好地解决了当今传输层和应用层面临的各种需求，包括处理更多的连接，安全性和低延迟。QUIC 融合了包括 TCP、TLS、HTTP/2 等协议的特性，但基于 UDP 传输。QUIC 的一个主要目标就是减少连接延迟，当客户端第一次连接服务器时，QUIC 只需要 1RTT（Round - Trip Time）的延迟就可以建立可靠安全的连接，相对于 TCP + TLS 的 1～3 次 RTT 要更加快捷。之后客户端可以在本地缓存加密的认证信息，再次与服务器建立连接时可以实现 0RTT 的连接建立延迟。QUIC 同时复用了 HTTP/2 协议的多路复用功能，但由于 QUIC 基于 UDP，所以避免了 HTTP/2 的队头阻塞问题。因为 QUIC 基于 UDP，运行在用户域而不是系统内核，使得 QUIC 协议可以快速地更新和部署，从而很好地解决了 TCP 协议部署及更新的困难。

2018 年，IETF 正式提出将 HTTP - over - QUIC 重命名为 HTTP/3。随后的几天讨论中，此项提议被 IETF 成员接受，并给出了官方认可。HTTP/3 是一个仍在开发中的协议，目前仍在修改制定中。

（三）RPKI 技术开始进入部署

互联网由许多独立的自治系统（Autonomous System，AS）互联组成，自治系统内交互域内路由信息，但自治系统之间则采用全球统一的边界网关协议（Border Gateway Protocol，BGP）交互域间路由信息。BGP 由于默认接受所连接 BGP 路由器发起的任何路由通告消息，如果该消息信息有误则容易导致路由被劫持，轻则致使网络流量重定向及大规模拒绝服务攻击的发生，重则会造成大面积网络瘫痪。2017 年 8 月 25 日，谷歌公司错误地广播 BGP 路由消息，劫持了日本网络运营商（NTT）的 IP 地址段。这导致日本许多网络服务瘫痪，用户在近一小时内无法访问网上银行门户网站、订票系统、政府门户网站等互联网信息系统，在日本国内造成较严重影响。

事实上，路由劫持事件频发，近几年典型的路由劫持事件包括：2004 年 12 月的土耳其电信集团劫持互联网事件、2008 年 2 月的巴基斯坦劫持 YouTube 事件、2014 年 2 月的加拿大流量劫持事件、2015 年 1 月的美国 ISP 劫持日本地址前缀事件、2015 年 11 月的印度运营商 Bharti Airtel 劫持大量地址前缀事件、2017 年 10 月巴西路由劫持事件等。路由劫持对互联网的正常运行影响非常大，可能会导致路由黑洞、流量窃听，以及大规模的拒绝服务攻击等。

为保障全球互联网的互联互通及 BGP 路由安全，IETF 于 2006 年启动了互联网码号资源公钥基础设施（Resource Public Key Infrastructure，RPKI）的标准化工作。基于 RPKI 认证体系，IP 地址的持有者可以发布一种称为路由源授权（Route Origin Attestation，ROA）的签名对象，将 IP 地址前缀授权给特定的 AS 进行路由通告。即，ROA 反映了 IP 地址前缀和 AS 号之间的合法绑定关系，以此来避免由于某 AS 错误通告 IP 前缀信息而造成路由劫持的发生。

1. 互联网域间路由劫持对策

RPKI 通过构建一个公钥证书体系（Public Key Infrastructure，PKI）来完成对互联网码号资源（Internet Number Resource，INR，包括 IP 地址前缀和 AS 号）的所有权（码号资源的分配关系）和使用权（是否允许某 AS 发起该 IP 前缀的路由起源通告）的验证，并通过这种"验证信息"来指导边界路由器的路由决策，帮助其检验 BGP 报文的真实性，从而防止域间路由劫持的发生。

RPKI 依附于互联网码号资源的分配过程：在码号资源的分配层次中，最上层的是互联网号码分配机构（Internet Assigned Numbers Authority，IANA），IANA 将码号资源分配给 5 个区域性互联网注册机构（Regional Internet Registry，RIR），RIR 又可以将自己的资源继续逐级往下层分配。为了实现路由起源的可验证，RPKI 要求每一层分配机构在向其下级机构进行码号资源分配时，必须签发相应的证书。RPKI 中的证书包括两种：认证权威（Certification Authority，CA）证书和端实体（End Entity，EE）证书，CA 证书用于实现码号资源所有权的验证，EE 证书主要用于对 ROA 的验证。

2. RPKI 技术发展与部署进度

2011 年 6 月 24 日，ICANN 董事会决议启动 RPKI 项目，在互联网码号资源分配体系中嵌入安全保障体系。与此同时，RPKI 框架性技术标准在 IETF 安全域间路由（Secure Inter - Domain Routing，SIDR）中完成。到目前为止，SIDR 工作组已经发布了定义 RPKI 协议体系相关的 40 余个核心技术标准。同时，五大 RIR 已经完成了 RPKI 的实际部署，全球也有很多国家（如中国、日本、厄瓜多尔、孟加拉国、德国等）和地区开始启动 RPKI 的试运行和部署。此外，针对 RPKI 全球部署过程中运维和安全风险等问题，IETF 于 2016 年成立了安全域间路由运维（Secure Inter - Domain Routing Operation，SIDROPS）工作组以推动 RPKI 未来的安全运行。国际主流企业，如 BBN、思科、瞻博、阿尔夫特 - 朗讯等也启动了 RPKI 相关软硬件产品的研发。

3. 未来标准化工作

目前 RPKI 基础协议标准化和关键技术研究已趋于成熟, 五大区域性互联网注册机构已完成 RPKI 的实际部署, 很多国家和地区也着手启动 RPKI 的试运行和部署工作。IETF 专门组建了 SIDROPS 工作组, 推进相关工作。目前已经发布 6 篇 RFC, 另外还有 8 篇技术草案正在推进标准制定过程中。RPKI 技术的产生使得现在 BGP 的信任模型从原来的端到端 (Peer - Peer) 信任, 演变成一个依赖于中央权威的树形的、层次授权的结构, 从而使得上层机构、特别是 RPKI 的信任锚点具有了更超然的地位。信任锚的运行和管理问题将会成为影响互联网安全可信的关键。因此, 随着网络安全的重要性日益凸显, 我们需要加大推动路由安全技术演进及实际部署应用, 并推动相关标准的制定, 促进互联网的安全可信。

(四) 下一代 WHOIS 和域名注册技术开始发展

1. 发展现状

注册数据目录服务 (Registration Data Directory Services, WHOIS) 作为互联网注册管理机构的五大关键职能之一, 用于对外提供有关域名、注册服务商和主机信息的查询服务, 包括基于 43 端口和基于 Web 的目录服务。当前, WHOIS 系统遵照 RFC 3912 制定的 WHOIS 协议, 在 43 端口上利用 TCP 连接通信, 完成客户端与 WHOIS 服务器端之间的通信功能, 并遵照协议模型的规定, 利用 ASCII CR 和 ASCII LF 进行报文间的分隔。

WHOIS 协议的实现可以追溯到 1982 年, 最早在 RFC 812 中规定了查询在 ARPANET 网络中运行和维护其他网络资源的联系人的一种服务, 后经历 RFC 954 的演进, 最终形成 RFC 3912。在后来的发展过程中, 此协议在许多领域得到了应用。例如, 在域名和 IP 注册信息查询方面得到了广泛应用, 用于查询域名是否已被注册, 查询 IP 地址段所分配的用户信息, 确认某个恶意域名的注册人信息, 与域名注册人联系商议商标保护问题、核实在线交易人身份等。

从 20 世纪 80 年代以来, WHOIS 协议经历了若干次演进。1993 年, 美国国家科学基金 (NSF) 创建了互联网信息中心 (InterNIC), 委托 AT&T 签订合同来提供目录服务。1994 年, Network Solutions 公司, 即现在的 VeriSign 公司, 制定了 RWhois (Referral Whois) 协议 (RFC 1714 和 RFC 2617), 欲解决 WHOIS 协议缺少等级结构的问题, RWhois 虽未能取代 WHOIS 协议, 但至今美国的某些网络服务提供商 (ISP) 仍在使用 RWhois 协议。1995 年, IETF 的 Whois 与网络信息查询服务工作组 (WNILS) 和加拿大的 Bunyip 公司共同研究制定了 Whois + + 标准 (RFC 1834)。Whois + + 协议扩展和定义了 WHOIS 协议不同的服务类型, 但 Whois + + 仍未能得到广泛部署。1998 年, MCI 公司互联网架构部的 John Klensin 提出了 RFC 2345, 建议使用 URL, 如利用 WHO::// microsoft.com/, 来在浏览器中查找微软公司的信息, 该协议也未得到广泛支持。2005 年, 为改进 WHOIS 协议, IETF 成立了相应的工作组, 其中的 CRISP 工作组提出了 IRIS (互联网注册信息服务协议, RFC 3891), 以对 WHOIS 协议进行改进, 但由于 RFC 3891 在部署时非常复杂, 要求用户了解协议中的传输细节, 因此也未得到广泛应用。

WHOIS 协议作为一种简单的无数据模型协议, 随着计算机和网络通信技术的发展, 在许多方面已无法满足用户需求。例如, 不能支持国际化域名 (IDN)、无结构化数据模型对显示信息的内容和格式无法进行统一以及无法为用户提供分级服务等。基于 WHOIS 协议的这些缺陷, 2012 年 5 月 1 日成立的 IETF WEIRDS (基于 WHOIS 的扩展互联网注册数据服务) 工作组, 针对下一代 WHOIS 协议的基础架构、查询与响应格式、安全以及重定向等问题, 进行了注册数据访问协议 (Registratisn Data Access Protocol, RDAP) 标准制定工作。

为推动 RDAP 协议的应用部署, 2012 年 ICANN 发布了 RDAP 开源项目, CNNIC 参与投标。

2012 年 10 月，CNNIC 成功申请了此开源项目。经过开发与参加 IETF 互操作测试，该项目于 2015 年验收结束。2017 年 9 月 5 日至 2018 年 7 月 31 日，ICANN 宣布启动自愿参与 RDAP 试点项目。2018 年 5 月欧盟出台的《通用数据保护条例（GDPR）》对域名查询服务（RDS/WHOIS）造成巨大影响，ICANN 在多次会议上讨论关于 GDPR、后 GDPR 时代 WHOIS/RDS 政策制定和下一步规划、非公开 WHOIS 数据分级授权和访问系统建构等内容，大力推动 RDAP 的部署。2019 年 7 月，ICANN 宣布已使用最新 RDAP 协议替换原有 WHOIS 协议。

2. 关键技术

IETF WEIRDS 工作组提出的基本思想是：基于表示状态转移（Representation State Transfer，REST）的软件架构，重新对 WHOIS 协议进行设计。

REST 是 Roy Fielding 博士于 2000 年提出的一种软件架构。REST 从资源的角度来观察整个网络，分布在各处的资源由 URI 来确定，而客户端的应用通过 URI 来获取资源的表征。获得这些表征将使这些应用程序转变其状态，随着不断获取资源的表征，客户端应用也将不断地转变其状态。Restful Web Service（Restful 网络服务）是基于 REST 架构提出的一种 HTTP 服务，将这种技术用于 WHOIS 的实现，其主要思想是将查询域名、注册服务商和主机信息当作资源看待，使用基于 HTTP 协议的架构，通过 URI 进行查询，并可对这些资源进行 CRUD（Create、Read、Update、Delete，创建、读取、更新、删除）操作，可使用 XML、JSON 或 HTML 语言返回结构化的 WHOIS 信息，从而改进 WHOIS 协议的缺陷。

其主要体现在以下方面。

（1）技术改进点

基于 Restful 的 WHOIS 系统提出了一种结构化的数据模型，它以 JSON 语言进行定义，并建议采用 UTF - 8 编码格式，因此可满足国际化语言的需求；另一方面，它规范了 URI 的表示方式，例如，将查询域名的 URI 定义为：http：//whois. test/domain/example. test/。

（2）系统分层架构

基于 Restful 的 WHOIS 系统主要包括客户端、代理服务器和 Restful Whois 服务器。客户端包括浏览器和命令行客户端等，负责发出查询请求；浏览器的请求由 Restful Whois 服务器进行处理，命令行客户端的请求由代理服务器进行处理；然后转发给 Restful Whois 服务器。

在设计规划系统的分层架构方面，逻辑上主要分为客户端层（Client Layer）、表示层（Repesentation Layer）、业务逻辑层（Business Logic Layer）和数据访问层（Data Access Layer），这种分层模式可快速应用于开发中。Restful Whois 系统架构图如图 2 所示。

其中，HTTP Client 和命令行客户端（如 Curl、wget、xmllint 等）属于客户端层；Request Handler 为表现层，负责处理来自各种客户端的请求分配；业务层包括用户认证、信息查询、数据模型定义及其它一些辅助支持功能，如速率限制、连接时间限制、在线用户数量限制和错误码定义；数据访问层由数据访问对象（Data Access Object，DAO）负责处理与数据库的交互，并返回数据对象。

（3）认证机制

在安全方面，基于 Restful 的 WHOIS 系统考虑到了身份认证机制。目前，RFC 2617 中定义的 HTTP Basic Authentication（基本认证）、HTTP Digest Authentication（摘要认证）机制以及 RFC 5280 中定义的数字证书方式，都是可行的备选方案，这些机制有待更多讨论和实际验证；针对数据的完整性、可用性、保密性、不可否认性等，有关规范与要求也正在完善中。

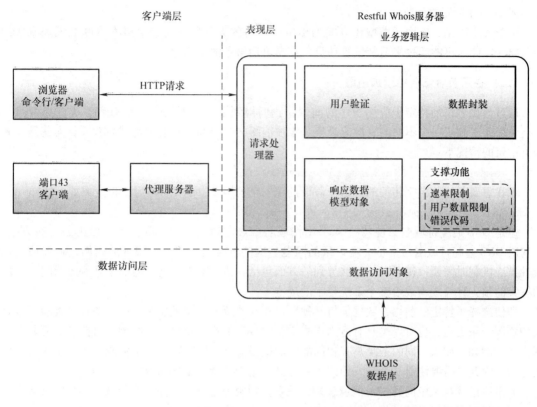

图 2　Restful Whois 系统架构

三、互联网架构委员会（IAB）对基于 DNS 进行扩展的标准化技术方向的建议

互联网基础资源的核心技术之一就是 DNS 技术，目前很多新技术都基于 DNS 进行扩展，为了更好地规范对 DNS 进行扩展的工作，IAB 推出了对 DNS 进行扩展的建议[4]。

（一）在 RDATA 上进行选择

对于给定的查询名称，可以选择由多个应用程序共享一个资源记录集（所有资源记录共享相同的｛所有者，类，类型｝三元组），并让不同的应用程序使用资源记录数据（RDATA）中的选择器来确定哪些记录用于哪些应用程序。这种选择器机制通常称为"子类型化"，因为它实际上是在单个 DNS 资源记录类型内创建一个附加类型子系统。

所有 DNS 子类型化方案都有一个共同的弱点：使用子类型方案，客户端无法只查询所需的数据。客户端必须获取整个资源记录集，然后选择其感兴趣的资源记录。此外，由于 DNSSEC 签名在完整的资源记录集上进行，因此如果其中的任何资源记录发生更改，则必须重新签名整个资源记录集。结果，使用子类型资源记录的每个应用程序所产生的开销比没有使用子类型化方案的应用程序要高。资源记录集总是作为不可分割的单元传递的事实增加了其无法容纳在 UDP 数据包中的风险，这反过来又增加了客户端必须使用 TCP 重试查询的风险，极大地增加了域名服务器的负担。将一个查询故障转移到 TCP 并不是什么大问题，但是由于在当今已部署的 DNS 中典型的客户端与服务器的比例非常高，大量 DNS 消息故障转移到 TCP 可能会导致所查询的域名服务器因 TCP 开销而超负荷。

由于大小限制，使用子类型化方案列出单个域名的大量服务可能会触发截断和回退到 TCP 的风险，因此这可能反过来迫使域管理员仅宣布可用服务的子集。

（二）在所有者域名中添加前缀

通过为域名添加特定于应用程序的前缀，我们得到了一个不同的 ｛所有者，类，类型｝ 三元组，因此得到了一个不同的资源记录集。添加前缀的一个问题与通配符域名有关，尤其是在有如下记录的情况下：

`* . example. com.  IN MX 1 mail. example. com.`

现在想要与这些名字相关的记录。假设创建一个前缀 "_mail"。然后，将变成如下这样：

`_ mail. * . example. com.  IN X - FOO A B C D`

但是 DNS 通配符域名只能将 "＊" 用作域名中最左边的标记。现在已经提出了一些方案，来解决 DNS 通配符域名通常是终端记录的问题。这些方案引入了一组额外的权衡，在评估选择哪种扩展机制时需要权衡考虑。能够想到的方面包括：执行额外查询所需的额外响应时间，可能的答案的预先计算成本或给整个系统带来的成本。

即使选择了特定的前缀，数据仍将必须存储在某些资源记录类型中。此资源记录类型可以是新的资源记录类型，也可以是具有适当格式来存储数据的现有资源记录类型。可能还需要其他选择机制，例如，如果不同的记录具有相同的资源记录类型，则需要在一个资源记录集中区分它们的能力。因此，需要注册一个唯一的前缀并定义要用于此特定服务的资源记录类型。

如果该记录与域中的另一个记录有某种关系，则两个记录可以位于不同域中的事实可能会影响应用程序对资源记录的信任。例如：

- `example. com.  IN MX 10 mail. example. com.`
- `_foo. example. com.  IN X - BAR " metadata for the mail service"`

在此示例中，两条记录可能位于两个不同的域中，结果可能由两个不同的组织进行管理，并在使用 DNSSEC 时由两个不同的实体签名。由于这两个原因，使用前缀最近已成为许多协议设计人员非常感兴趣的解决方案。在某些情况下，例如，域名密钥识别邮件签名 ［RFC4871］，TXT 记录已经被使用。在其他一些情况中，例如 SRV 中，全新的资源记录类型已被添加。

（三）在所有者域名后添加一个后缀

在域名中添加后缀会更改 ｛所有者，类，类型｝ 三元组，从而会更改资源记录集。在这种情况下，由于查询名称可以准确设置为所需的数据，因此资源记录集的大小可以最小化。添加后缀的问题在于它在 IN 类内创建了并行树。此外，没有技术机制可确保将 "example. com" 和 "example. com. _bar" 授权给同一个组织。此外，与单个实体关联的数据现在将存储在两个不同的域中，例如 "example. com" 和 "example. com. _bar"，根据谁控制 "_bar"，可以创建新的同步并更新授权问题。

解决管理问题的一种方法是使用 RFC 2672 中指定的 DNAME 资源记录类型。

不管使用什么名称，数据必须存储在某些具有适当的格式用来存储数据的资源记录类型中。这意味着可能必须将基于前缀的选择机制与其他某种机制混合使用，以便可以从潜在的资源记录集中的多种资源记录中找到正确的资源记录。

在 RFC 2163 中，将一个中缀字段直接插入到顶级域（TLD）的下面，但是结果等同于在所有者名称中添加一个后缀（不是创建 TLD，而是创建第二级域）。

（四）增加新类

DNS 域是特定于 IN 类的，即该域中的所有记录与该域的 SOA 记录共享同一类，并且一个类中某个域的存在并不保证该域在其他任何类中也存在。实际上，只有 IN 类得到了广泛的部署，并且部署额外类的管理开销几乎可以肯定是非常高的。

从理论上讲，可以使用 DNS 类机制来区分不同类型的数据。但是，DNS 授权树（由 NS 资源记录代表）本身是与特定类相关联的，因此尝试通过跨越类边界来解析查询可能会产生意外结果，因为不能保证新类中的域名服务器将与 IN 类中的域名服务器相同。MIT Hesiod 系统使用这样的方案将数据存储在 HS 类中，但仅在很小的范围内（在单个机构内），并且具有管理命令，要求 IN 和 HS 树的授权树必须相同。随着时间的流逝，HS 类用于此类非敏感数据的存储已被轻型目录访问协议（LDAP）[5] 取代。即使使用不同的类，数据仍必须以某种具有适当格式的资源记录类型存储。

（五）添加新的资源记录类型

在向系统添加新的资源记录类型时，四个不同角色的实体必须能够处理新的类型：

1）必须有一种方法可以将新的资源记录插入主域名服务器上的域中。对于某些服务器实现，用户界面仅接受它可以理解的资源记录类型。其他实现方式使域管理员可以使用 Base64 或十六进制编码（或甚至作为原始数据）为资源记录类型代码和 RDATA 输入一个整数。RFC 3597 为此指定了一种标准的通用编码。

2）辅权威域名服务器必须能够进行域传输，从其他权威域名服务器接收数据，并从该域提供数据，即使该域包含未知资源记录类型的记录。从历史上看，某些实现在重新启动后解析域文件的存储副本时遇到了问题，但是这些问题已经很久没见到过了。一些实现使用替代机制来传输域中的资源记录，主要用于企业环境中；在这种情况下，域名服务器必须能够用其使用的任何机制传输新的资源记录类型。但是，有些替代机制可能不支持未知的资源记录类型。在互联网环境中，通常可以支持未知的资源记录类型，但是在企业环境中，它们可能会产生问题。

3）缓存解析器（最常见的是递归域名服务器）会缓存作为查询响应的记录。如 RFC 3597 所述，存在各种陷阱，递归域名服务器可能会因此最终遇到问题。

4）应用程序必须能够获取具有新的资源记录类型的资源记录集。应用程序本身可能理解 RDATA，但解析库可能不理解。自 1989 年以来，就一直要求支持用于检索任意 DNS 资源记录类型的通用接口。一些存根解析器库实现忽略了提供此功能并且不能处理未知的资源记录类型，但是新存根解析器库的实现并不是特别困难，并且已经提供了此功能的可用开源库。

四、总结

在互联网技术高速发展的时代，互联网领域的技术标准组织具有越来越重要的地位，标准是具有战略意义的长期工作。网络需要互联互通，不同运营商，不同设备之间都需要互联互通，因此制定全球统一遵循的标准尤为关键。互联网基础技术资源标准的制定工作，在国际上以 IETF 为主导，积极参与到 IETF 等技术组织的国际互联网技术标准制定的过程中，有利于推动全球互联网的稳定发展，推动网络空间命运共同体的建立。

参 考 文 献

[1] HUSTON G. Faster: The ISP Column [EB/OL]. (2005 - 6). https://www.potaroo.net/ispcol/2005 -

06/faster. html.

［2］ CARDWELL N, CHENG Y, GUNN C S. et al. BBR：congestion－based congestion control ［J］. Communications of the ACM，2017，（60）2：58－66.

［3］ RESCORLA E. The Transport Layer Security（TLS）Protocol Version 1. 34：RFC 8446 ［S］. IETF，2018.

［4］ FALTSTROM P, AUSTEIN R, KOCH P. Design Choices When Expanding the DNS：RFC 5507 ［S］. IETF，2009.

［5］ SERMERSHEIM J. Lightweight Directory Access Protocol（LDAP）：The Protocol：RFC 4511 ［S］. IETF，2006.

（本文作者：姚健康　周琳琳　李洪涛）

域名技术领域专利信息动态分析

摘要：域名是重要的互联网基础资源，域名技术的分析研究对互联网基础资源技术发展有重要的作用；知识产权，尤其是专利信息通常能直接反映一项技术创新发展趋势。本文对域名技术领域的专利检索数据，通过多维度的专利信息动态数据研究，从域名专利申请量趋势、专利的分布地域、研究机构（专利申请人）、重点专利、重点技术方向、技术生命周期等方面进行分析，最后对域名技术专利发展进行了总结。

关键词：专利；域名技术；IP 地址；动态分析

一、引言

互联网基础资源主要指提供关键互联网服务的重要基础资源，包括标识解析、IP、路由及其服务系统和支撑服务系统的底层基础设施等。域名是互联网基础资源中最主要的组成部分，域名技术领域的专利分析研究对了解互联网基础资源乃至互联网技术发展历程有着重要的意义。

随着经济全球化进程加快以及科学技术的迅速发展，知识产权制度在国际经济和社会活动中的重要作用日益彰显[1]。十九大以来，我国更加重视知识产权的创造、保护、运用。知识产权，尤其是专利蕴含着大量的技术信息、法律信息、经济信息等，通常能反映技术的发展方向和研究热点。随着知识产权保护意识的加强，知识产权已经成为科学技术发展的重要指示器，与技术创新的关联紧密。专利的申请一方面可以反映不同技术领域的技术创新性，另一方面也反映了技术需要保护的程度[2]。通过对不同技术领域的专利数据分析，可以推测出技术的生命周期，发展过程，技术热点演变等方面的特征，而这些特征为技术研发者提供了研发重点布局与专利技术全球范围内布局的重要数据支撑。

域名技术至今已有近 40 年的发展历史，2000 年以后，互联网产业蓬勃发展，作为互联网基础资源的域名技术也有了飞跃式的发展与创新，域名技术的发展趋势是怎样的，技术研究热点又是如何演进的，本文将从专利信息的角度进行分析。

二、域名领域专利数据准备

（一）数据来源

本文研究的互联网基础资源领域专利数据主要来自于 patsnap（智慧芽）专利数据库。该数据库涵盖了全球 116 个国家/地区/世界组织的 1.4 亿专利数据，具有可信的查全率和查准率。

（二）检索方法与数据处理方法

根据域名领域的相关技术，分析该领域关键词，确定域名领域的专利检索表达式为"TA：（"域名" OR "DNS" OR "domain name" OR "名址" OR "网域"）"；根据域名技术的发展，确定检索范围为 1980 年至 2019 年全球 116 个国家/地区/世界组织专利数据，检索出专利共计 29630件。由于一件专利在生命周期中可能被公开多次，产生不同的公开文本，选择最新的公开文本，去掉重复的公开文本后，共有 20835 件专利文件。

国际专利分类法是国际上通用的专利分类法，其采用了功能和应用相结合，将技术内容逐级进行分类，每件专利分类后都有对应的 IPC 分类号，IPC 广泛地用于专利检索。根据域名技术所属的技术领域，在检索结果中筛选出 IPC 分类号为 H04（电通信技术）、G06（计算；推算；计数）的专利，共有专利文件 16713 件。

综上，根据检索结果，通过去重及去噪处理，确定专利文件共计 16713 件。

三、域名领域专利分析

专利分析可以从多个维度来反映不同的发展趋势，本文从专利申请量趋势、专利地域、专利申请人、专利发明人、重点专利、重点技术方向、技术生命周期等维度展开分析。

（一）专利申请量趋势分析

1. 全球域名技术领域专利申请量趋势分析

专利年度的申请量变化趋势可以反映出该领域技术热点趋势，专利申请数量的多少反映出这项技术受重视的程度。根据图 1 所示的检索结果，全球域名领域专利申请发展趋势分为四个阶段：①1995 年以前，专利申请数量非常少，年申请量均为十余件；②1996 年至 2000 年，专利申请数量指数型增长，年申请百余件，2000 年的年申请量已达到了 600 余件；③2001 年至 2016 年，专利申请数量大幅度增长，2016 年的年度申请已达到顶峰 1267 件；④2017 年专利申请数量出现下降趋势。可见，从 1985 年第一个域名被注册开始，域名技术开始出现，但其发展较为缓慢；直至 1998 年前后，由 ICANN 接管域名的管理，美国政府形式上采取不干预政策，逐渐促进了域名技术的研究与发展；2010 年前后，ICANN 先后实施了多批次的新增通用顶级域名项目，域名技术呈现百家争鸣的发展趋势[3]。自此，域名领域技术也进入迅速发展期；2017 年起，域名技术已经发展到稳定期，专利申请数量有小幅度下降。

需要说明的是，全球大部分国家的专利法规定，专利内容通常都是自申请之日起 18 个月后才会被公开。2019 年度的专利申请还有部分未公开，本文中 2019 年度申请数量还不全面、准确。

2. 我国域名技术领域专利申请量趋势分析

我国的域名领域专利申请量趋势如图 2 所示，主要分为三个阶段：①2002 年以前，我国的域名专利申请量非常少，年申请量不超过 50 件；②2002 年至 2012 年，我国域名专利申请数量大幅增长，年申请量均为几百件；③2012 年至今，我国域名专利申请数量爆发式增长，至 2018 年达到顶峰，申请量达 694 件。

我国从 1996 起出现了域名领域的专利，早期的专利基本都是惠普等国际知名公司在我国进行专利布局所申请。

2000 年我国推出中文域名，至 2003 年，中国国家顶级域名 .CN 下正式开放二级域名注册[4]，随着我国域名资源管理的重要变化，中国域名注册量和产业得到了很大发展。2012 年开始，随着新 gTLD 的开放，我国域名发展迎来了爆发式的增长，同时也涌现出了多种衍生的服务模式，对域名的技术研究和专利申请也空前繁荣，至 2018 年，我国的域名专利申请数量都呈现出大幅增长的趋势。

（二）专利地域分析

通过域名领域专利地域分析，可以看出全球不同国家/地区/世界组织在域名领域的技术分布

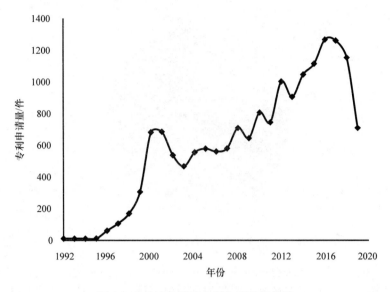

图 1　全球域名领域专利申请数量趋势

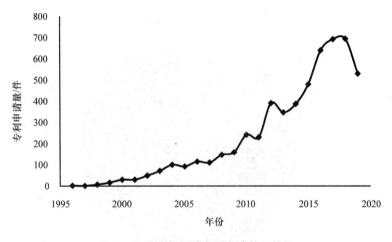

图 2　我国域名领域专利申请数量趋势

情况。全球不同国家/地区/世界组织对域名领域的专利申请数分布如图 3 所示，可见，当前在域名领域，我国大陆地区的专利申请数已经达到 34%，其次是美国、世界知识产权组织、日本、韩国。自 2000 年我国第二次修订《专利法》以来，提高了对专利的保护力度，极大地推动了我国的专利申请。

根据国家知识产权局数据统计，2018 年我国专利申请数量达到 432.3 万件[⊖]，已连续 8 年位居世界第一[5]。我国总体专利申请量的增长，我国域名领域的专利申请量也反映了同样的趋势。

我国[⊜]域名领域申请量一共是 5564 件，其中境外/地区申请人所申请的专利共有 807 件，占

⊖　数据来源于国家知识产权局 2019 年知识产权统计简报。2018 年，我国发明专利申请 154.2 万件，实用新型专利申请 207.2 万件，外观设计专利申请 70.9 万件，专利申请共计 432.3 万件。

⊜　由于中国大陆、中国台湾、中国香港、中国澳门的专利受理局不同，此处在统计我国专利申请数量时，仅指我国大陆的专利申请数量，下同。

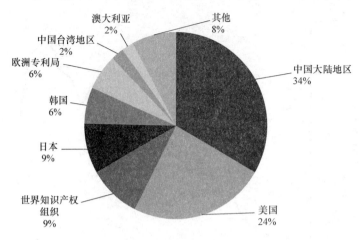

图 3　全球域名领域专利分布

总申请量的 14.5%。对在我国进行域名领域专利布局的国家和地区进行分析，由图 4 可知，美国在我国的布局最多，达到了 36%，而开曼群岛的申请量基本是阿里巴巴公司的专利申请，其次，我国台湾地区在大陆有专利布局，日本也在这个领域有一定的专利布局。

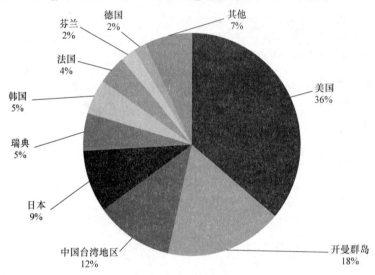

图 4　域名领域专利境外申请人在我国境内的布局

（三）由专利申请人分析专利布局

专利申请人一般都是技术的创新主体，对专利申请人的分析可以看出创新主体对于技术的专利布局情况。公司申请人一般都有多个申请人名称，包括公司的中文名称、英文名称、关联公司等，对数据进行处理，合并同一申请人专利申请数据后，域名领域申请的专利数量最多的前十二位专利申请人如图 5 所示，华为公司与中兴公司的申请量最多；VeriSign 和中国互联网络信息中心（CNNIC）作为域名管理机构，在该领域的专利申请量也十分可观；Go Daddy 作为域名注册商，在域名领域的技术研究投入不少，专利数量甚至超越了一些传统的技术企业。值得注意的是，华为、中兴等中国企业在美国、日本、欧洲等国家和地区都进行了专利布局，VeriSign 也在中国、日本、欧洲等国家或区域进行了专利布局，而 Go Daddy 仅在美国进行了专利申请，并未在其他国家和地区进行任何专利布局。可见，作为专利储备量最多的域名注册商，其域名技术领域的专利布局并不完备。CNNIC 是域名专利数量排名前 12 申请人中，唯一一家非商业运营的科研单位。

VeriSign 是美国一家专注于多种网络基础服务的上市公司，主要业务有管理世界 13 台根服务器中的 2 台（A 与 J）、顶级域名中的 . com 和 . net、北美最大的 SS7 信号网络中的一个、EPCglobal 委托的射频识别目录，还提供一系列的安全服务，包括管理型 DNS 服务（MDNS）、分布式拒绝服务（Distributed Denial of Service，DDoS）的防御以及网络威胁报告。VeriSign 是全球最大的数字证书颁发机构，其数字信任服务通过 VeriSign 的域名登记、数字认证和网上支付三大核心业务，在全球范围内建立起了一个可信的虚拟环境。

对各申请人申请专利的关键内容进行分析可知，华为公司在域名领域专利涉及最多的三个关键技术依次为：DNS 服务器、IP 地址、域名解析；中兴公司在域名领域专利涉及最多的三个关键技术依次为：DNS 服务器、域名解析、IP 地址；VeriSign 在域名领域专利涉及最多的三个关键技术依次为：DNS 服务器、域名解析、客户端。

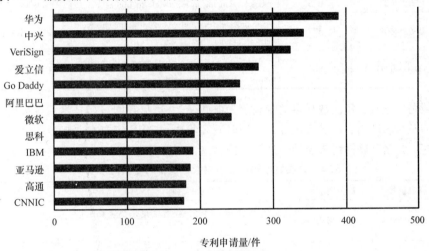

图 5　域名领域专利申请量前十二位申请人

（四）重点专利分析

重点专利是指对该领域内的技术有很大影响力的专利，本文将从两个方面进行分析：专利被引次数、同族专利数量。

专利被引次数是指专利被后续专利引用的次数[6]，被引用的次数越多，越能说明这项专利是该技术领域的基础专利，其内容对该技术有深远的影响力，是这个技术领域的核心技术。全球域名领域被引用次数最多的专利前十项见表 1，可见这些专利主要涉及域名解析、IP 地址、域名注册等早期域名发展的重要技术，申请时间多集中在 2000 年左右，是域名技术的起源与基础。

表 1　全球域名领域被引用次数最多的专利前十项

序号	专利申请号	被引用次数	专利名称	申请人
1	US6154738	1348	Methods and apparatus for disseminating product information via the internet using universal product codes	Prod Assoc Tech. LLC
2	US6131095	966	Method of accessing a target entity over a communications network	Comcast IP Hldg I

（续）

序号	专利申请号	被引用次数	专利名称	申请人
3	US5790548	932	Universal access multimedia data network	Intellectual Ventures II
4	US6785704	773	Content distribution system for operation over an internetwork including content peering arrangements	Google
5	US5793763	723	Security system for network address translation systems	Cisco Systems
6	US5898830	693	Firewall providing enhanced network security and user transparency	Graphon Corp.
7	US6351775	645	Loading balancing across servers in a computer network	Sap Se.
8	US6327622	625	Load balancing in a network environment	Oracle Int.
9	US6754699	577	Content delivery and global traffic management network system	Akamai Technologies
10	US20010049741A1	565	Method and system for balancing load distribution on a wide area network	F5 Networks

　　我国域名领域被引用次数最多的专利前十项见表 2，可见我国域名技术领域被引用次数多的专利主要涉及域名解析、域名安全等，申请时间多集中在 2010 年左右，起步较晚。申请人多是硬件供应商、知名互联网巨头公司、高等院校等。

表 2　我国域名领域被引用次数最多的专利前十项

序号	专利申请号	被引用次数	专利名称	申请人
1	CN103731481A	78	请求路由和利用客户位置信息来更新路由信息	亚马逊
2	CN102340554A	68	一种域名系统 DNS 的最优应用服务器选取方法和装置	北京奇虎科技有限公司；奇智软件（北京）有限公司
3	CN1575582A	59	可配置的自适应全球通信控制和管理	第三雷沃 CDN 国际公司
4	CN101431539A	56	一种域名解析方法、系统及装置	华为
5	CN101764855A	56	一种提供域名解析服务的方法、装置及系统	福建星网锐捷通讯股份有限公司
6	CN101355527A	54	一种跨域名单点登录的实现方法	中兴
7	CN101656765A	49	身份位置分离网络的名址映射系统及数据传输方法	中兴
8	CN102082792A	49	钓鱼网页检测方法及设备	华为
9	CN102025577A	49	物联网网络系统及数据处理方法	西安电子科技大学
10	CN101841442A	51	一种在名址分离网络中对网络异常进行检测的方法	电子科技大学

　　同族专利是指同一发明专利用相同或不同的文字向不同国家或国际组织分别申请，在多个国家或地区取得专利保护的专利，是技术取得全球范围专利保护的主要手段[7]。同族专利的数量越多，则表示这项专利技术在全球范围内被保护的地域越多，这项专利技术价值和国际化价值越大。全球域名领域同族专利数最多的专利前十项见表 3，可见这些专利主要涉及域名解析、域名

查询、IP 地址、电子邮件等重点技术，这些研究方向是技术国际化价值最大的研究方向。

表3 全球域名领域同族专利数最多的专利前十项

序号	专利申请号	被引用次数	专利名称	申请人
1	US20190280998A1	380	Real – time messaging method and apparatus	Voxer IP
2	US20080046528A1	339	System and Method for Pushing Encrypted Information Between a Host System and a Mobile Data Communication Device	Blackberry
3	EP1075131A3	327	Method and apparatus for call distribution and override with priority recognition and fairness timing routines	Genesys Telecomunications Laboratories
4	EP2661697B1	325	System and method for reduction of mobile network traffic used for domain name system (DNS) queries	Seven Networks
5	EP2787710B1	228	Agile network protocol for secure communications with assured system availability	Virnetx
6	EP2452515A4	200	Initializing femtocells	Apple
7	US20150264007A1	154	Integrated information communication system	The Distribution Syst Res Inst, Miyaguchi Res
8	US20140108452A1	145	System and method for processing DNS queries	VeriSign
9	US20050138145A1	120	Method for managing printed medium activated revenue sharing domain name system schemas	Schena Robert J., Anderer Mike, Ritz Peter B., Bernstein Mike
10	US8281035	118	Optimized network resource location	Digital Island

（五）重点技术方向分析

结合域名技术的发展，对域名领域重点专利分析，主要技术方向可分为域名注册、域名解析、IP 地址、域名安全以及新技术如区块链、工业互联网等在域名领域中的应用，以下就域名领域的不同技术方向进行专利分析。

1. 域名注册方向专利分析

在域名注册方面，在检索出的域名领域 16713 件专利中进行二次检索，检索式为"（TA："注册" OR "registration"）"，共检索出 3288 件专利申请。

对专利申请量逐年进行趋势分析，根据图 6 结果可知，域名注册方向的专利出现于 1995 年日本的专利申请，随后迎来了快速增长，在 2001 年达到高峰值，之后专利申请量保持稳定，从 2015 年起，专利申请量逐渐减少。可见，域名注册技术在 2001 年前后引来了技术的蓬勃发展，几十年来，域名注册技术已经发展成熟，已不再是技术发展的重点方向。

对申请人进行分析，域名注册方向申请专利数量最多的前十位申请人见图 7，可见，域名注册商 Go Daddy 非常注意在域名注册方向的专利布局，积累了一定量的专利申请，很好的覆盖了其主营业务；VeriSign 作为域名管理者也很注意保护域名注册技术。我国由于专利制度建立较晚，2000 年以后专利申请量才开始大幅度增加，因此域名注册技术在 2000 年左右达到的技术高峰并未进行大量专利布局。

2. 域名解析方向专利分析

在域名解析方面，在检索出的域名领域 16713 件专利中进行二次检索，在专利分析中出现一

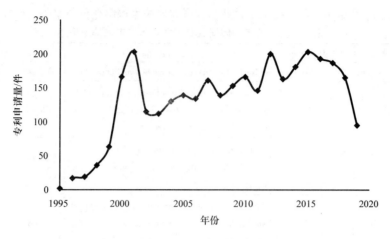

图 6　域名注册方向专利申请量趋势

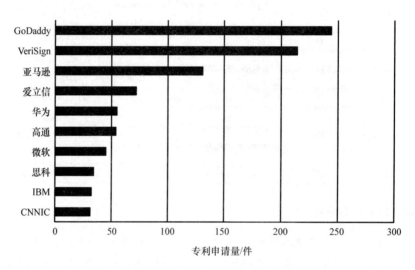

图 7　域名注册方向专利申请量前十位申请人

些主题为域名查询方向的专利申请。域名查询需要通过域名解析来实现，因此，将域名查询合并入域名解析方向进行专利分析。综上，检索式设为"（TA："解析" OR "resolution" OR "查询" OR "query"）"，共检索出 10197 件专利申请。

　　对专利申请量逐年进行趋势分析，根据图 8 结果可知，域名注册方向的专利出现于 1995 年美国的专利申请 TCP/IP host name resolution for machines on several domains，之后随着域名解析技术的发展，相关专利申请的数量逐渐增加，在 2017 年达到了专利申请量的顶峰，随后专利申请量下降，可见，域名解析技术在 2017 之后也逐渐成熟，慢慢退出了域名领域技术研究的重点方向。

　　对申请人进行分析，域名解析方向申请专利数量最多的前十位申请人见图 9，可见，传统的互联网企业、硬件设备企业、域名注册商、域名管理者在域名解析方向都有数量不少的专利申请，该技术方向应该说是域名技术专利申请的热点。

3. IP 地址方向专利分析

　　在 IP 地址方面，在检索出的域名领域 16713 件专利中进行二次检索，检索式为"（TA：

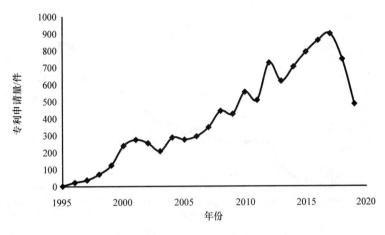

图8 域名解析方向专利申请量趋势

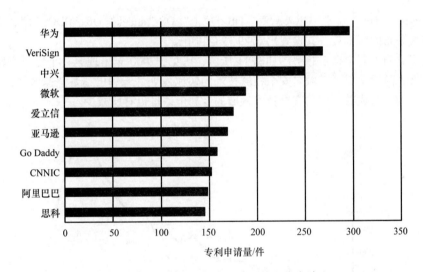

图9 域名解析方向专利申请量前十位申请人

"IP" OR "地址")", 共检索出 8557 件专利申请。

1995 年出现了第一件 IP 地址方向的美国专利 Security system for network address translation systems, 该研究方向的专利申请量趋势与域名解析研究方向的趋势类似, 如图 10 所示, 在 2000 年出现了一波研究热潮, 专利申请量出现了小波峰, 在 2016—2017 年专利申请量达到顶峰, 2018 年起申请量有回落。

在 IP 地址技术方向的研发团队方面, 专利申请量较高的研究团队有 CNNIC 研发团队、清华大学与赛尔网络有限公司研发团队等, 近年来该技术方向的专利申请量持续增加, 研究开展非常活跃。

IP 地址的研究中, IPv6 一直是研究的热点问题, 与 IPv6 相关专利查询检索出 494 件, 国内清华大学与赛尔网络有限公司研发团队、中国电信研发团队、中国科学院计算技术研究所研发团队申请的与 IPv6 相关专利较多。

4. 域名安全方向专利分析

域名安全方面, 在检索出的域名领域 16713 件专利中进行二次检索, 检索式为 "(TA: "安

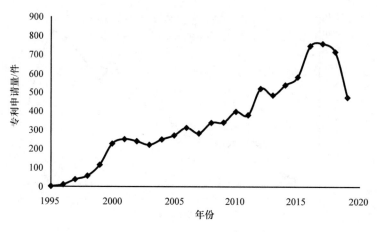

图 10　IP 地址方向专利申请量趋势

全" OR "security" OR "流量" OR "恶意" OR "攻击" OR "attack" OR "DDOS"）"，进行去重处
理，去掉多次公布的版本后，共检索出 6729 件专利申请。

　　域名安全方向专利申请量趋势图如图 11 所示，可见，2000 年出现第一个发展高峰，专利申
请量首次破百，随后，引来了域名安全领域技术的快速发展，专利申请量急速增加，2018 年起，
随着域名技术的日趋成熟，域名安全技术领域的专利申请量也有所减少。

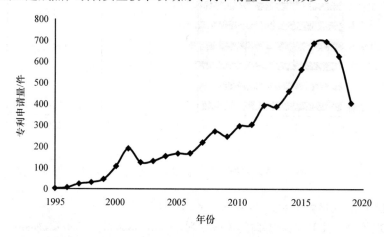

图 11　域名安全方向专利申请量趋势

　　在域名安全方面，申请专利数量最多的前十位申请人如图 12 所示，可见，VeriSign、CNNIC
在域名安全方面的专利储备量都排在前列，作为域名管理者都非常重视域名安全问题，域名注册
商 Go Daddy 同样重视域名安全，域名安全是关系到域名体系运营的关键因素。国内外传统互联
网企业和硬件制造商都在该领域有较多的专利布局。

　　在域名安全技术方向的研发团队方面，国内 CNNIC 研发团队、清华大学与赛尔网络有限公
司研发团队、上海交通大学研发团队、北京奇虎科技有限公司研发团队等都有较多的专利申请。

　　在域名安全方面，对反钓鱼网站的域名安全研究一直是研究热点问题，经检索查询，与反钓
鱼相关的域名安全专利共计 161 件，2005 年起出现了第一件反钓鱼研究的专利申请，2012 年专
利申请量达到顶峰，近几年该研究方向的专利申请量趋于平稳。在这个研究方向，我国的互联网
企业及科研机构对技术的发展做出了重要贡献，北京奇虎科技有限公司、CNNIC 等占据了专利

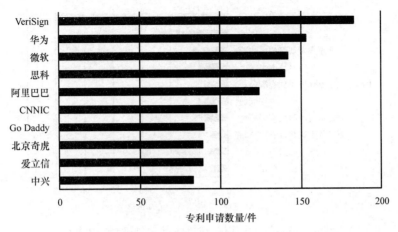

图12 域名安全方向专利申请量前十位申请人

申请量的前两位。

5. 域名新技术应用方向专利分析

在域名新技术应用方面，在检索出的域名领域16713件专利中进行二次检索，重点检索区块链、全联网与工业互联网等关键技术在域名领域的应用情况，检索式为"（TA："区块链" OR "全联网"OR "工业互联网" OR "block chain" OR "Industrial Internet"）"，进行去重处理，去掉多次公布的版本后，共检索出130件专利申请。

域名新技术应用方向专利申请量趋势图如图13所示，2008年起出现了第一件工业互联网与域名技术结合的专利申请，2015年美国出现第一件区块链与域名技术结合的专利申请，2016年我国也出现区块链与域名技术结合的专利申请，此后，新技术与域名技术结合的专利申请量大量增加。与域名领域其他研究方向明显不同的是，域名新技术应用方向的专利申请量呈持续增长的趋势，是域名技术领域新的技术发展方向。

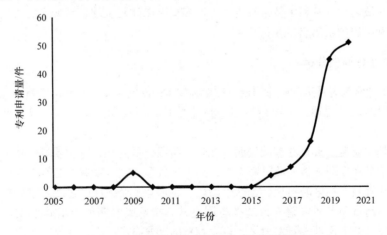

图13 域名新技术应用方向专利申请量趋势

在域名新技术应用方向，专利申请量排在前两位的为全链通有限公司、CNNIC，随后的北京大学深圳研究生院、中国联通、广州大学、VeriSign等都在该领域进行了专利布局，如图14所示。

值得注意的是，域名新技术应用方向的专利大多数来自我国的申请，美国等国家基本尚未在

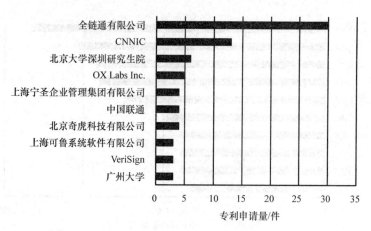

图 14　域名新技术应用方向专利申请量前十位申请人

我国进行专利布局，包含 CNNIC 在内的我国的科研力量在这个研究新方向上做出了突出的贡献。但是，我国还基本没有在其他国家进行专利布局，加大在该方向的研究，增加在世界范围内的专利布局，能为我们在域名新技术应用方向赢得先机。

域名注册与查询、域名解析、IP 地址、域名安全、新技术应用等研究方向的专利分布见表 4。

表 4　域名领域各技术方向专利申请数量表

技术方向	域名注册与查询	域名解析	IP 地址	域名安全	新技术应用
专利申请数量/件	3419	10197	8557	6729	130

可见，从数量上来说，域名注册方向专利有一定的积累，但基本申请时间较早，目前该技术已经发展非常成熟，不再是域名领域技术创新的研究热点；域名解析方向、IP 地址方向、域名安全方向积累了大量的专利申请，技术发展成熟，目前都出现了专利申请数量下降的趋势；区块链等新技术的在域名领域专利申请量较少，专利布局并未涉及全球，新加入的研究团队较多，将是域名技术专利申请的新热点。

（六）技术生命周期分析

技术的发展通常都有特定的生命周期，在专利技术的不同阶段，专利申请量与专利申请人的数量一般会呈现周期性的规律，主要包括以下五个阶段：萌芽期、发展期、成熟期、衰退期、复苏期[8]。

技术萌芽期主要诞生重要的基础发明，在这个阶段，研究和开发主要集中在少数的几个技术公司，专利申请量和专利申请人数量都不多，集中度较高。技术发展期是基本发明的横向与纵向发展时期，应用发明专利逐渐出现，在这个阶段，技术有了突破性的进展，市场扩大，介入的企业增多，专利申请量和专利申请人数量都急剧上升。技术成熟期是技术趋于成熟，除少量企业外，大多数企业已经不再投入研发力量，也没有新的企业愿意进入，在这个阶段，专利数量总量继续增加，但专利增长的速度变慢，申请人数基本维持不变。技术衰退期是技术的发展进入下降期，进展不大，当技术老化后，经过市场淘汰，不少企业退出，申请人数量大为减少，专利数量维持稳定，每年的专利申请数量和申请人数量呈负增长。技术复苏期是技术取得了突破性创新，为技术市场注入了新的活力，在这个阶段，专利申请数量和申请人数量都有了大幅增长。

通过对特定领域专利技术生命周期的分析，可以推测未来该领域技术的发展方向。技术生命周期的分析方法有很多种，本文采用图示法，即通过对专利申请数量与专利申请人数的时序性变化的分析，来表示技术所处的阶段。

就 1994—2019 年专利申请量与申请人数做时序性分析，结果如图 15 所示，可见，1998 年之前，专利申请人和专利申请量都不大，是域名技术专利的萌芽期；1998—2010 年，专利申请人和专利申请量大幅度增加，是域名技术专利的发展期；2010—2016 年，域名领域专利的申请人基本维持不变，专利申请数量继续增加，但是增速减缓，有进入成熟期的趋势；2017 年起，专利申请人数量出现了负增长，专利申请年申请量出现下降，导致专利申请总数缓慢增长，这是域名技术进入成熟期的明显标志，要警惕域名技术发展快速进入衰退期。

四、结论

本文对域名领域的专利进行了多维度的动态分析，可以得出如下结论：

第一，随着我国科技的发展，我国专利申请数量迅猛增长，已连续 8 年位居世界第一。我国在域名领域的专利申请量也反映了同样的趋势，其中，以 CNNIC 为代表的研究机构、以华为、中兴为代表的企业等国内科研团队为全球域名技术的发展做出了卓越的贡献，取得了令人瞩目的成绩。

第二，CNNIC 作为域名管理机构，在域名技术领域专利产出较多，是全球域名专利数量排名前 12 申请人中，唯一一家非商业运营的科研单位。在域名技术发展的不同时期，对域名注册、域名解析、IP 地址、域名安全以及新技术应用等重点技术方向的研究中，CNNIC 的专利申请量都稳居世界前十。

第三，区块链、工业互联网等新技术与域名技术的融合研究已成为新的研究热点，将接过域名领域技术创新的接力棒。域名领域的传统技术专利申请数量从 2017 年起开始有了下降的趋势。在域名领域的区块链新技术应用的研究中，全球各国的起点基本一致，目前也都没有大量的专利布局，尤其是基本没有国家在我国进行专利布局，CNNIC 为代表的我国科研力量在这个研究新方向上做出了突出的贡献。我国应加大研究投入，着手掌握该领域的关键技术与重点技术，尽快完成在该领域的技术布局。

第四，在创新主体方面，域名管理机构、域名注册商、硬件供应商都在域名技术领域有很多技术创新，技术覆盖面较广。就我国而言，硬件供应商的技术创新尤为突出，居于世界前列，域

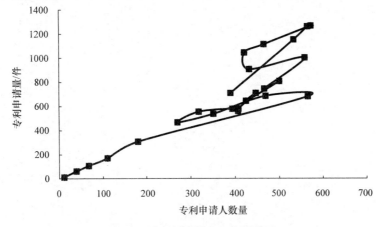

图 15　域名领域技术生命周期图

名管理机构的技术创新也有一定的积累与布局，但域名注册商技术创新明显较少，进一步加强技术全球布局将提高我国域名注册商技术影响力。

最后，在研发团队方面，CNNIC 研发团队、北京大学深圳研究生院研发团队、清华大学与赛尔网络有限公司研发团队、华为公司研发团队、中兴公司研发团队等在域名领域专利申请较多，目前研究活跃度较高，如能加强横向合作，将会进一步促进我国在未来全球域名领域的技术创新和发展。

参 考 文 献

［1］方曙．基于专利信息分析的技术创新能力研究［D］. 四川：西南交通大学，2007.

［2］王燕玲．基于专利分析的行业技术创新研究：分析框架［J］. 科学学研究，2009，4：622 – 658.

［3］薛虹．全球域名系统知识产权保护措施最新发展研究［J］. 知识产权，2012，1：82 – 91.

［4］许泽伟，苏毅．中国域名产业发展史话［J］. 互联网经济，2017（1）：90 – 97.

［5］赵竹青，乔雪峰．我国发明专利申请量连续八年世界第一［EB/OL］.［2019 – 9 – 26］. http：// scitech. people. com. cn/GB/n1/2019/0926/c1007 – 31374561. html.

［6］万小丽．专利质量指标中"被引次数"的深度剖析［J］. 情报科学，2014，32（1）：68 – 73.

［7］唐春．基于国际专利制度的同族专利研究［J］. 情报杂志，2012，31（6）：19 – 23.

［8］张娴、高利丹、唐川、肖国华．专利地图分析方法及应用研究［J］. 情报杂志，2007（11）：22 – 25.

（本文作者：王艳峰　马琦　祁宁　姚睿倩　刘欣）

资源公钥基础设施（RPKI）发展状况及技术趋势

摘要：资源公钥基础设施（Resource Public Key Infrastructure，RPKI）是一种加强互联网网间路由寻址安全的技术。RPKI 将公钥基础设施（Public Key Infrastructure，PKI）引入网间路由寻址范畴，由证书签发体系、资料库系统以及依赖方三部分构成，在互联网码号资源分配架构的基础上引入数字证书和签名机制，增加了路由起源认证，是目前最有可能大规模推广应用的增强路由安全的技术解决方案。自 RPKI 诞生以来，五大地区级互联网注册管理机构持续推进相关工作。以 CNNIC 为代表的国内机构早于 2014 年即开展了 RPKI 相关研究工作。2018 年 10 月，CNNIC 与 APNIC 的 RPKI 系统完成数据对接，正式加入全球 RPKI 服务体系，标志着我国在 RPKI 领域的阶段性进展。本文将介绍 RPKI 产生的背景、RPKI 技术原理及发展状况、面临的优势与挑战以及未来发展趋势，是广大读者了解 RPKI 技术的参考资料。

关键词：资源公钥基础设施（RPKI）；路由系统；安全威胁；技术趋势

一、背景介绍

互联网是由众多计算机网络相互连接组成的开放性网络。如何进行网间寻址是解决互联网互联互通的关键问题，而边界网关协议（Border Gateway Protocol，BGP）是被业界广泛应用的主流解决方案。随着互联网的高速发展，互联网安全变得尤其重要，针对 BGP 攻击的种类不断增多，严重威胁着互联网安全。在此背景下产生了 RPKI 技术。以下将回顾网络互连的关键技术原理，介绍路由系统面临的典型安全威胁，并描述 RPKI 的产生历程。

（一）网络互连技术简介

1. 自治系统简介

互联网是由众多计算机网络相互连接组成的开放性网络。为了简化管理，便于进行路由寻址，全球互联网被划分成若干个自治系统（Autonomous System，AS）。AS 是一组路由器的集合，它们拥有同样的选路策略，通常被同一部门管理。利用 AS 可将互联网划分成若干个小的、更易管理的网络。

根据连接类型以及运营策略不同，自治系统常可被分为三类[1]。一是多出口的自治系统（Multihomed AS），该类型自治系统的特征是与多个 AS 相互连接，优势是可以优化选路策略，并可实现多个 AS 连接间的冗余备份；二是末端自治系统（Stub AS），特征是仅与一个其他的自治系统相连，可用于与安全性要求相对较高的、未在互联网中开放广播的自治系统相连接，缺点是容易造成 AS 号码的浪费；三是中转自治系统（Transit AS），特征是与多个自治系统连接，为各个自治系统之间提供连通性服务。根据国外统计机构 www. cidr – report. org 统计数据显示，截至 2019 年 12 月 31 日，收录在路由表中的自治系统约 6.7 万个[2]。

2. 边界网关协议简介

BGP 是一种 AS 间的路由协议，用于处理不相关 AS 间的多路径连接。BGP 系统的主要功能是交换网络可达性信息，同时依此检测路由回路，同时根据性能优先和策略约束对路由进行决策。BGP 协议被普遍认为是事实上的互联网外部路由协议标准，广泛应用于互联网服务提供商（Internet Service Provider，ISP）之间。

BGP 最新的版本是 BGP 第 4 版本（BGP4）[3]，使用传输控制协议（Transmission Control Protocol，简称 TCP）作为其传输层协议（端口号 179），此种方式提高了 BGP 的可靠性。

根据国外统计机构 www.cidr-report.org 统计数据显示，截至 2019 年 12 月 31 日，互联网中共存在约 81 万条 BGP 路由[4]。

3. 网间路由寻址技术简介

BGP 协议是连接自治域的寻址协议。BGP 可被划分为外部边界网关协议（EBGP）以及内部边界网关协议（IBGP）。EBGP 用于在不同的自治系统间交换路由信息。BGP 是一种路径矢量协议。与 BGP 路由器建立对等连接的对端叫做 BGP peer。每个 BGP 路由器在收到 peer 传来的路由信息后，会将该信息存储在路由器的数据库中，并根据本地的策略（policy），结合路由信息中的内容进行判断，根据需要修改路由器的主路由表。在修改完主路由表后，BGP 路由器还将修改此条路由，将本身的 AS 号添加在 BGP 数据中，并将下一跳（next hop）修改为自己，继续向 BGP peer 传播。其他的 BGP peer 知道了针对以上 IP 地址段的路由信息后，即可根据以上信息依照指定的下一跳路由至当前 BGP 路由器。

（二）路由系统面临的安全威胁及典型案例

BGP 产生于 1989 年，在 BGP 产生时期，并未考虑安全问题。已有研究表明，BGP 协议在安全上存在着明显的设计缺陷和安全漏洞[5]。BGP 默认信任从 peer 接收到的路由信息，并且不发起路由来源验证，这导致 BGP 长期面临安全风险，包括路由泄露、路由劫持和无法验证路由真实性等安全威胁，且在历史上不乏案例[6]。

1. 路由系统面临的典型安全威胁

（1）闲置 AS 抢夺

闲置 AS 抢夺指某机构路由器对外宣告不属于自己的网络，该网络是属于其他机构的合法网络，但尚未对外宣告。

举例说明，假设某组织拥有 AS 号码 10000，同时拥有 1.0.0.0/24 以及 2.0.0.0/24 的 IP 地址段。

攻击者发现在 AS 10000 下仅仅对外宣告了 1.0.0.0/24 的地址段，并未宣告 2.0.0.0/24 的地址段。则攻击者利用自己的 AS 号码 9999 对外广播 2.0.0.0/24 的地址段。用户针对此地址段的访问流量将根据路由选择定向至攻击者指定的网络位置，实现抢夺。

（2）近邻 AS 通告抢夺

近邻 AS 通告抢夺指攻击者利用网络物理位置邻近的特性，就近宣告不属于自己的网络，实现抢夺。

举例说明，假设网络连接顺序为

被攻击组织 —— 联通 —— 电信 —— 攻击者 —— 移动

各路由器依次建立 BGP 连接。若某组织对外宣告 1.0.0.0/24 段地址，则电信网络用户可经如下路径访问 1.0.0.0/24 段地址：

被攻击组织←——联通←——电信

移动网络用户可经如下路径访问 1.0.0.0/24 段地址：

被攻击组织←——联通←——电信←——攻击者←——移动

假设此时攻击者对外宣告了 1.0.0.0/24 段地址，则路由表将根据最新的互联状态重新计算路径至收敛状态。此时由于联通与被攻击者直连，其路径未受到影响。但对于电信和移动网络，其对 1.0.0.0/24 段地址的访问则已经被重新牵引至攻击者网内，此时针对 1.0.0.0/24 段地址的路由状态如下：

被攻击组织←——联通 —— 电信——→攻击者←——移动

（3）长掩码抢夺

长掩码抢夺指攻击者利用 BGP 选路长掩码优先的特性劫持网络流量。

举例说明，若被攻击组织对外宣告地址段 1.0.0.0/21，则此段地址的掩码为 21 位。若此时攻击者在网内对外宣告地址段 1.0.0.0/25，则其地址掩码为 25 位，相对于被攻击组织对外宣告的 IP 地址段的掩码更长。BGP 将根据长掩码优先的选路规则，将引导针对 1.0.0.0/25 地址段的访问流量至攻击者网内，实现长掩码抢夺。

（4）路由泄露

路由泄露指攻击者将 BGP 路由通告传播到预期范围以外，可导致多种安全问题。

举例说明，假设公司 A 与公司 B 存在业务往来，公司 A 与 B 之间建立了 BGP 直连线路，此时公司 A 访问公司 B 的网络路径如下：

公司 A ——→公司 B

但由于公司 A 的操作失误，错误的将此段路由宣告至公司 C。公司 C 又将此段路由经过其网络继续广播。此时，连接至公司 C 网络的部分用户就会发现一条较公网链路明显更优的路线，即通过公司 C 访问公司 B 的线路。

受影响的用户——→公司 C ——→公司 A ——→公司 B

由于公司 A 并不应接收到其他用户访问公司 B 的流量，公司 A 网络所承载的网络流量将在短期内激增。同时，公司 A 可能设置过滤策略，不转发此部分流量，导致受影响用户对公司 B 的访问失效。

（5）路径缩短

路径缩短即由于攻击者在 BGP 传输路径中制造了一条较合法路由更短的路径而发动的攻击。

举例说明，假设网络连接顺序为

被攻击组织 —— ISP A —— ISP B —— ISP C

各路由器依次互联，被攻击组织对外宣告 1.0.0.0/24 段地址，则 ISP C 可经 ISP B、ISP A 访问被攻击组织网内资源。

被攻击组织←——ISP A ←——ISP B ←——ISP C

若攻击者与 ISP C 建立 BGP 连接，并对 ISP C 宣告，称其与被攻击组织的网络直连，则之后 ISP C 访问被攻击组织的路径可能为：

被攻击组织←——攻击者←——ISP C

此时 ISP C 对被攻击组织访问的流量已被重新定向至攻击者，后续攻击者可继续处置此部分流量，达到攻击目的。

2. 路由系统安全事件典型案例

（1）2008 年 YouTube 事件

2008 年 2 月 23 日，巴基斯坦对 YouTube 进行封杀，原因是该平台上存在"冒犯性的内容"[7]。封杀采用的技术手段是巴基斯坦电信管理局将 YouTube 列入路由黑洞，但封杀范围不经意间扩大到了其他国家，最终导致 YouTube 在包括土耳其、泰国和中东部分地区在内的几个市场陷入瘫痪。YouTube 随后遭遇了大约两个小时的停运。

（2）2014 年印度尼西亚运营商 Indosat 事件

2014 年 4 月 3 日，印尼运营商 Indosat 发生大规模路由劫持，印尼、泰国和美国的网络连接受阻约 3 小时[8]。

（3）2015 年印度运营商事件

2015 年 11 月 6 日，印度运营商 BHARTI Airtel 发生路由泄漏事件，导致 2000 多个自治域网络故障，对印度、中国、美国、日本、沙特等国家造成长达 9 小时的影响[9]。

（4）2017 年谷歌事件

2017 年 8 月 25 日，由于谷歌路由器的错误配置，谷歌劫持了日本知名 ISP NTT 的网络流量，导致日本其他 ISP 如 Verizon 等向谷歌服务器发送错误的网络流量，致使日本互联网用户无法访问在线银行网站、预定系统和政府门户网站等网络服务。该劫持事件持续约 1 小时[10]。

（5）2018 年亚马逊事件

2018 年 4 月 24 日，亚马逊权威域名服务器遭到 BGP 路由劫持攻击[11]。攻击者的目的是利用 DNS 和 BGP 固有的安全弱点来盗取加密货币。该劫持波及了大洋洲、美国等地区，其中部分流量被重定向到位于俄罗斯的一个加密货币网站 MyEtherWallet.com，该网站使用假证书提供服务，据称攻击者借助此次攻击窃取了价值可观的加密货币。

（6）2019 年中国台湾网络信息中心事件

2019 年 5 月 8 日，中国台湾网络信息中心运营的公共域名服务 Quad101 出现异常[12]。异常事件产生的原因是由于巴西的一家 ISP 对外宣告了 101.101.101.0/24 位的 IP 地址段，而 Quad101 的服务地址恰好为 101.101.101.101，导致部分区域用户针对 Quad101 的访问被路由至巴西。由于巴西 ISP 在收到通知后立即调整了配置，整个事件仅仅持续了三分钟，并未造成大的影响。

（三）RPKI 的产生历程

为解决路由劫持给互联网带来的安全威胁，业界针对 BGP 协议的缺陷设计出多种应对方案，其中以 BBN 公司 Stephen Kent 提出的 S－BGP（Secure BGP）[13]以及思科公司 Russ White 提出的 soBGP（Secure Origin BGP）[14]最具影响力。RPKI 的概念最早诞生于描述 S－BGP 方案的论文中。S－BGP 提出了一种附加签名的 BGP 扩展消息格式，用以验证路由通告中 IP 地址前缀与传播路径上 AS 号之间的绑定关系，从而避免路由劫持。基于以上设计方案，数字证书和签名机制被引入 BGP 范畴，因此需要公钥基础设施（Public Key Infrastructure，PKI）的支持。为验证路由通告签名者所持有的公钥，该签名者的 IP 地址分配上游为其签发证书，同时可验证该实体对某个 IP 地址前缀的所有权。以上构成了基于 IP 地址资源分配关系而形成的公钥证书体系，推动了 RPKI 基本框架的形成。

RPKI 是一种用于保障互联网基础码号资源（包含 IP 地址、AS 号等）安全使用的公钥证书体系。通过对 X.509 公钥证书进行扩展，RPKI 依托资源证书实现了对互联网基础码号资源使用授权的认证，并以 ROA（Route Origin Authorization，路由源声明）的形式帮助域间路由系统验证某个 AS 针对特定 IP 地址前缀的路由通告的合法性，同时也为将来提出的域间路由安全技术（如 BGPsec）的实施提供了可信的数据源。

需要强调的是，RPKI 并不能解决 BGP 协议面临的全部的安全威胁，其提供的路由起源认证对近邻 AS 通告抢夺、闲置 AS 抢夺和长掩码抢夺等安全问题具有较好的应对效果，但无法对抗路由泄露和路径缩短攻击等其他 BGP 安全威胁。

二、RPKI 技术原理及发展状况

（一）RPKI 技术原理

RPKI 技术架构与互联网码号资源分配架构紧密关联，以下将简要介绍互联网码号资源分配架构，并进一步说明 RPKI 工作架构体系及工作原理。

1. 互联网码号资源分配架构

互联网码号资源分配架构以互联网数字分配机构（The Internet Assigned Numbers Authority，IANA）为起点，经地区级互联网注册管理机构（Regional Internet Registry，RIR）逐级延续到资源实体管理机构，形成层次化的分配架构。互联网码号资源分配架构如图 1 所示。

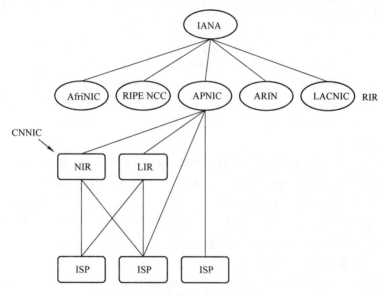

图1　互联网码号资源分配架构图

由图 1 可见，互联网码号资源分配主要参与机构由 IANA、五大 RIR、国家级互联网注册管理机构（National Internet Registry，NIR）、本地级互联网注册管理机构（Local Internet Registry，LIR）以及 ISP 构成[15]。其中，IANA 负责对全球互联网上的 IP 地址及 AS 号码进行统一编号分配。IANA 将部分 IP 地址分配给五大 RIR，然后由各个 RIR 负责本地区的 IP 地址和 AS 号码的登记注册服务。在 RIR 之下存在一些国家（NIR）或地区级（LIR）的注册管理机构，此类注册管理机构可以从 RIR 处申请 IP 地址和 AS 号码，并可向其各自的下级（ISP）进行分配。同时，部分地区的 ISP 可直接向该地区的 RIR 申请 IP 地址及 AS 号码资源，形成更为扁平化的管理架构。

2. RPKI 工作架构体系

RPKI 证书采用了层次化的架构，与互联网码号资源分配架构相符。RPKI 系统常被分为证书签发体系（Certificate Authority，CA）、RPKI 资料库系统（Repository）以及依赖方（Relying Party，RP），其体系的层次化表示如图 2 所示。

图 2 中左侧部分是与互联网号码资源（IP 地址和 AS 号码）分配架构相对应的证书签发体系，中间部分是 RPKI 资料库系统，右侧是依赖方。

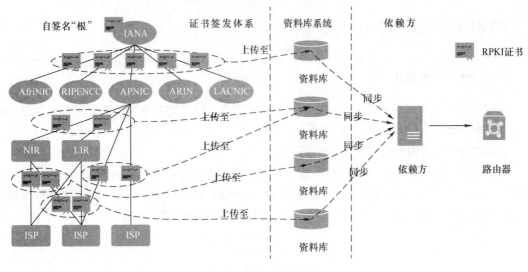

图 2　RPKI 工作架构图

以亚洲地区的互联网码号资源分配为例，在分配资源的同时，APNIC 也签发了相应的数字证书，表明码号资源得到了 APNIC 的合法授权[16]。以上证书被存放在 APNIC RPKI 系统的资料库中，供依赖方获取并用于验证过程。

3. RPKI 工作原理

由图 2 可见，RPKI 系统由证书签发体系、资料库系统以及依赖方构成。其中，CA 负责签发资源证书（Resource Certificate，RC）和路由起源声明（Route Origin Authorization，ROA），来表达互联网码号资源的分配关系，或者授权某个 ISP 针对自己的一部分 IP 地址前缀发出的起源路由通告。资料库系统 Repository 负责存储 RC 及 ROA 等数字对象，对外发布供依赖方 RP 查询；依赖方 RP 负责从资料库系统 Repository 抓取此类数字对象，并将其处理成 IP 地址块与 AS 号的真实授权关系，用来指导 BGP 路由的选择。

以下通过假设的应用场景说明 RPKI 的主要工作流程。假设机构 A 向 CNNIC 申请 C 类地址段：2.0.0.0/24，以及 AS 号码 9800，并将此段地址信息广播至 ISP A。在未实施 RPKI 前，主要流程如图 3 所示。

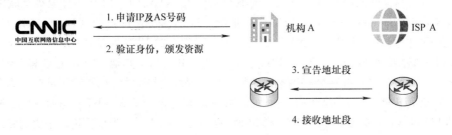

图 3　IP 地址申请与 BGP 流程示意图

引入 RPKI 后，在原有基础上增加了生成证书、生成 ROA 记录和验证 ROA 记录等流程，具体如图 4 所示。

由 4 图可见，RPKI 在多个环节增加了相应流程。图中深色框体以及相应文字表现了增加的环节及流程。以下具体描述各个环节的操作内容。

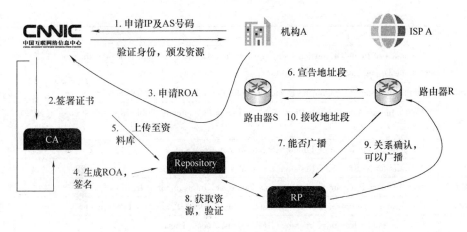

图4　RPKI 工作流程示意图

1）机构 A 向 CNNIC 申请 C 类地址段：2.0.0.0/24，以及 AS 号码 9800。

2）CNNIC 验证机构 A 身份信息，在 CA 中签发资源证书 RC，写明分配信息及有效期，颁发资源。

3）机构 A 计划对外广播 2.0.0.0/24 地址段，向 CNNIC 提交 ROA 记录申请。

4）CNNIC 生成 ROA 记录并利用 RC 生成 EE 证书，利用 EE 证书中的私钥对 ROA 进行签名。

5）CNNIC 将相应记录上传至资料库 Repository，对外供依赖方 RP 查询。

6）机构 A 得到地址并建立 ROA 后，计划对外广播。机构 A 路由器 S 与 ISP A 路由器 R 建立 BGP 邻居后，S 向 A 宣告 2.0.0.0/24 的地址段。

7）ISP A 应用了 RPKI 服务，其选择使用 CNNIC 提供的依赖方 RP 服务验证 IP 地址块的广播信息（也可 ISP A 自己建立 RP）。

8）CNNIC 的依赖方 RP 从资料库 Repository 得到对应的资源证书 RC、EE、ROA 以及签名，验证路由宣告是否合法。

9）验证通过后，RP 将结果通知给 ISP A 的路由器 R。

10）路由器 R 根据本地策略，正常接收地址宣告。

（二）RPKI 标准及研究情况

1. 标准制定情况

（1）国际标准制定情况

在国际标准领域，RPKI 主要由 IETF 中 SIDR（Secure Inter – Domain Routing，域间路由安全）工作组推动制定[17]。其概念普遍认为发源于 RFC 6480[18]（Request For Comments，请求评议）——An Infrastructure to Support Secure Internet Routing（一种可支撑安全 Internet 路由的基础架构）。至 2018 年 9 月，SIDR 工作组已经完成历史使命，在产出最后一篇 RFC 8416 后，已经转为 Concluded 状态。SIDR 工作组主要产出的 RPKI 相关标准共计 41 篇，见表 1。

表 1　SIDR 工作组 RPKI 相关 RFC 列表

RFC 编号	标　题	状态
RFC 6480	An Infrastructure to Support Secure Internet Routing	信息类
RFC 6481	A Profile for Resource Certificate Repository Structure	建议标准
RFC 6482	A Profile for Route Origin Authorizations（ROAs）	建议标准

（续）

RFC 编号	标　题	状态
RFC 6483	Validation of Route Origination Using the Resource Certificate Public Key Infrastructure（PKI）and Route Origin Authorizations（ROAs）	信息类
RFC 6484	Certificate Policy（CP）for the Resource Public Key Infrastructure（RPKI）	最佳实践
RFC 6485	The Profile for Algorithms and Key Sizes for Use in the Resource Public Key Infrastructure（RPKI）	建议标准
RFC 6486	Manifests for the Resource Public Key Infrastructure（RPKI）	建议标准
RFC 6487	A Profile for X. 509 PKIX Resource Certificates	建议标准
RFC 6488	Signed Object Template for the Resource Public Key Infrastructure（RPKI）	建议标准
RFC 6489	Certification Authority（CA）Key Rollover in the Resource Public Key Infrastructure（RPKI）	最佳实践
RFC 6490	Resource Public Key Infrastructure（RPKI）Trust Anchor Locator	建议标准
RFC 6491	Resource Public Key Infrastructure（RPKI）Objects Issued by IANA	建议标准
RFC 6492	A Protocol for Provisioning Resource Certificates	建议标准
RFC 6493	The Resource Public Key Infrastructure（RPKI）Ghostbusters Record	建议标准
RFC 6810	The Resource Public Key Infrastructure（RPKI）to Router Protocol	建议标准
RFC 6811	BGP Prefix Origin Validation	建议标准
RFC 6907	Use Cases and Interpretations of Resource Public Key Infrastructure（RPKI）Objects for Issuers and Relying Parties	信息类
RFC 6916	Algorithm Agility Procedure for the Resource Public Key Infrastructure（RPKI）	最佳实践
RFC 6945	Definitions of Managed Objects for the Resource Public Key Infrastructure（RPKI）to Router Protocol	建议标准
RFC 7115	Origin Validation Operation Based on the Resource Public Key Infrastructure（RPKI）	最佳实践
RFC 7128	Resource Public Key Infrastructure（RPKI）Router Implementation Report	信息类
RFC 7132	Threat Model for BGP Path Security	信息类
RFC 7318	Policy Qualifiers in Resource Public Key Infrastructure（RPKI）Certificates	建议标准
RFC 7353	Security Requirements for BGP Path Validation	信息类
RFC 7382	Template for a Certification Practice Statement（CPS）for the Resource PKI（RPKI）	最佳实践
RFC 7730	Resource Public Key Infrastructure（RPKI）Trust Anchor Locator	建议标准
RFC 7909	Securing Routing Policy Specification Language（RPSL）Objects with Resource Public Key Infrastructure（RPKI）Signatures	建议标准
RFC 7935	The Profile for Algorithms and Key Sizes for Use in the Resource Public Key Infrastructure	建议标准
RFC 8097	BGP Prefix Origin Validation State Extended Community	建议标准
RFC 8181	A Publication Protocol for the Resource Public Key Infrastructure（RPKI）	建议标准
RFC 8182	The RPKI Repository Delta Protocol（RRDP）	建议标准
RFC 8183	An Out – of – Band Setup Protocol for Resource Public Key Infrastructure（RPKI）Production Services	建议标准
RFC 8205	BGPsec Protocol Specification	建议标准
RFC 8206	BGPsec Considerations for Autonomous System（AS）Migration	建议标准
RFC 8207	BGPsec Operational Considerations	最佳实践
RFC 8208	BGPsec Algorithms, Key Formats, and Signature Formats	建议标准
RFC 8209	A Profile for BGPsec Router Certificates, Certificate Revocation Lists, and Certification Requests	建议标准

（续）

RFC 编号	标　　题	状态
RFC 8210	The Resource Public Key Infrastructure（RPKI）to Router Protocol，Version 1	建议标准
RFC 8211	Adverse Actions by a Certification Authority（CA）or Repository Manager in the Resource Public Key Infrastructure（RPKI）	信息类
RFC 8360	Resource Public Key Infrastructure（RPKI）Validation Reconsidered	建议标准
RFC 8416	Simplified Local Internet Number Resource Management with the RPKI（SLURM）	建议标准

在 SIDR 工作组推进相关工作的同时，SIDROPS 工作组于 2016 年 8 月成立，负责讨论 RPKI 在生产环境运行方面的问题[19]。截至 2019 年底，产出相关 RFC 6 篇，见表 2。

表 2　SIDROPS 工作组 RPKI 相关 RFC 列表

RFC 编号	标　　题	状态
RFC 8481	Clarifications to BGP Origin Validation Based on Resource Public Key Infrastructure（RPKI）	建议标准
RFC 8488	RIPE NCC's Implementation of Resource Public Key Infrastructure（RPKI）Certificate Tree Validation	信息类
RFC 8608	BGPsec Algorithms，Key Formats，and Signature Formats	建议标准
RFC 8630	Resource Public Key Infrastructure（RPKI）Trust Anchor Locator	建议标准
RFC 8634	BGPsec Router Certificate Rollover	最佳实践
RFC 8635	Router Keying for BGPsec	建议标准

（2）国内标准制定情况

在国内标准领域，与 RPKI 相关的技术标准主要在 CCSA TC1 WG1（互联网与应用，总体任务）以及 TC8 WG1/WG4（网络与信息安全，有线网络安全/安全基础）工作组中研究讨论。目前的主要参与机构包括 CNNIC、国家计算机网络应急技术处理协调中心（CNCERT）、以及互联网域名系统北京市工程研究中心（ZDNS）等，涉及标准共计 14 项[20]。具体情况见表 3。

表 3　国内 RPKI 相关主要标准列表

编号	标　　题	标准状态	立项时间	牵头单位	参与单位
1	互联网码号资源公钥基础设施（RPKI）总体框架	完成报批稿	2016/8/9	CNNIC	无
2	互联网码号资源公钥基础设施（RPKI）资料库架构	完成报批稿	2016/8/9	CNNIC	信通院 ZDNS
3	互联网码号资源公钥基础设施（RPKI）RPKI 与 BGP 路由器交互协议	完成报批稿	2016/8/9	CNNIC	信通院 ZDNS
4	互联网码号资源公钥基础设施（RPKI）资源证书发布协议	秘书处转发标准计划项目	2016/10/31	CNNIC	无
5	互联网码号资源公钥基础设施（RPKI）资源证书格式	完成报批稿	2016/10/31	CNNIC	无
6	互联网码号资源公钥基础设施（RPKI）安全运行技术要求之密钥更替	标准正式出版	2017/2/10	ZDNS	无
7	互联网码号资源公钥基础设施（RPKI）安全运行技术要求之证书策略与认证业务框架	已发布，待印刷	2017/2/10	ZDNS	无
8	互联网码号资源公钥基础设施（RPKI）安全运行技术要求之资源包含关系验证	已发布，待印刷	2017/2/10	ZDNS	无

（续）

编号	标　题	标准状态	立项时间	牵头单位	参与单位
9	互联网码号资源公钥基础设施（RPKI）信任锚点定位器	发送征求意见稿	2017/2/10	CNNIC	清华大学 信通院 新华三 诺基亚贝尔
10	互联网码号资源公钥基础设施（RPKI）联系人信息记录	标准正式出版	2017/2/10	CNNIC	无
11	互联网码号资源公钥基础设施（RPKI）资源列表	完成报批稿	2017/2/10	CNNIC	无
12	互联网码号资源公钥基础设施（RPKI）安全运行技术要求 数据安全威胁模型	标准正式出版	2017/2/10	ZDNS	无
13	互联网码号资源公钥基础设施（RPKI）安全运行技术要求 互联网码号资源本地化管理	标准正式出版	2017/2/10	ZDNS	联通 中兴
14	互联网码号资源公钥基础设施（RPKI）依赖方技术要求	秘书处转发标准计划项目	2019/08/30	国家计算机网络应急技术处理协调中心	ZDNS 中兴 信工所

2. RPKI 软件发展状况

目前，RPKI 软件以美国国土安全局（Department of Homeland Security，DHS）赞助的 RPKI. net 工具包[21]、RIPE NCC 发起的 RIPE NCC RPKI 验证器[22]、美国雷神 BBN 科技公司（Raytheon BBN Technologies）出品的 RPKI 验证器 RPSTIR[23] 以及荷兰 NLNET LABS 研发的 Routinator 验证器[24] 较为主流。各软件情况依次介绍如下。

（1）RPKI. net 工具包

早在 2006 年业界即已开展了针对 RPKI. net 工具包的相关研究，初期由 ARIN 赞助，其他 RIR 参与开发，自 2008 年后转为由 DHS 赞助。RPKI. net 工具包可实现 CA 端和 RP 端的功能，支持简单的 web 管理界面，是目前可用的支持功能最为完整的开源 RPKI 软件。

（2）RPSTIR

RPSTIR 产生于 2011 年，由美国雷神 BBN 科技公司出品，并联合波士顿大学、ZDNS 共同开发。其仅仅实现了 RP 端的功能。但与 RPKI. net 工具包相比，RP 端的功能更为丰富。与 RPKI. net 工具包相同，本项目也由 DHS 出资赞助。

目前 RPSTIR 由 ZDNS 团队负责管理维护。

（3）RIPE NCC RPKI 验证器

RIPE NCC 的 RPKI 验证器与 RPSTIR 相仿，仅实现了 RP 端的功能。其产生于 2011 年，当前在 GitHub 上开源并由 RIPE NCC 负责维护。

（4）Routinator

由荷兰研究机构 NLNET LABS 出品，专注于 RP 端功能，隶属于其 2018 年开展的 RPKI TOOLS 项目。NLNET LABS 在 DNS 领域的权威解析软件 NSD 以及递归解析软件 Unbound 被业界熟知，希望借助 RPKI TOOLS 项目提升其在 RPKI 领域的参与度。

目前 Routinator 在 GitHub 上开源，由 NLNET LABS 负责维护。

（三）RPKI 应用及部署现状

1. 在 RIR 中的部署情况

自 RPKI 诞生以来，其实践应用主要集中在五大区域互联网注册管理机构（Regional Internet Registry，RIR）以及个别国家或地区级互联网络信息中心。在 RIR 层面，包括美国网络地址注册管理机构（American Registry for Internet Numbers，ARIN）、欧洲网络协调中心（RIPE Network Coordination Centre，RIPE NCC）、非洲网络信息中心（Africa Network Information Centre，AFRINIC）、拉丁美洲和加勒比海网络地址注册管理机构（Lation American and Caribbean Internet Address Registry，LACNIC）以及亚太互联网络信息中心（Asia - Pacific Network Information Cente，APNIC）皆开展了 RPKI 的部署工作。以下进行分别描述。

（1）APNIC 中的部署情况

APNIC 的 RPKI 系统在五个 RIR 中部署情况较好，是最早开展 RPKI 系统部署的 RIR 之一[25]。其系统采用 Perl 语言编写，并使用 HSM 签发证书，数据为用户保存于 MySQL 数据库中。APNIC 同时提供托管 RPKI 及授权 RPKI 两种模式。其中授权 RPKI 模式为用户提供了一个测试床（testbed），可以用于对接测试[26]。目前 CNNIC、JPNIC 等都以授权 RPKI 的模式作为 APNIC 的下级。

（2）RIPE NCC 的部署情况

RIPE NCC 的 RPKI 系统在五个 RIR 中部署情况最佳，其研发的开源软件 RPKI Validator 是目前主流的 RP 软件之一。统计数据显示，其签署的 ROA 记录远远超过其他 RIR[27]。在实际应用层面，目前欧洲地区 RPKI 的应用率要明显高于其他地区[28]。国内多家 ISP 在与欧洲地区的互联网交换中心（Internet eXchange，IX）合作时已被告知，RPKI 的部署应用已经成为接入的必备条件。RIPE NCC 可以同时支持托管 RPKI 和授权 RPKI 两种模式。

（3）ARIN 的部署情况

ARIN 的 RPKI 系统在五个 RIR 中部署情况较好，其使用 HSM 签发证书，并同时提供托管 RPKI 及授权 RPKI 两种模式[29]。对于托管 RPKI 模式，特别之处在于，其使用会员自行生成的 RSA 密钥签发 ROA，而且无需上传私钥。对于授权 RPKI 模式，ARIN 为会员可提供 OT&E 环境，用于开展对接测试。

（4）AFRINIC 的部署情况

AFRINIC 从 2006 年开始与其他 RIR 共同开展资源证书研究工作[30]。客观而言，其 RPKI 系统的部署与其他四个 RIR 相比较为滞后，其系统主要基于 APNIC 的 RPKI 系统进行二次开发。当前仅支持托管 RPKI 模式。

（5）LACNIC 的部署情况

LACNIC 于 2007 年开始参与制定 RPKI 的标准，在五个 RIR 中部署情况较佳[31]。2010 年，其 RPKI CA Beta 版本投入使用，用于管理 LACNIC 的资源；2011 年 1 月，LACNIC 启用生产环境的资源证书服务。LACNIC 同时提供托管 RPKI 及授权 RPKI 两种模式。

图 5[32] 展示了五大 RIP 在 RPKI 部署方面的变化趋势。

2. 在其他环节中的部署情况

在 RPKI 资料库（Repository）环节的实际应用中，可发现除五大 RIR 之外，亚太地区的日本网络信息中心（Japan Network Information Center，JPNIC）和我国台湾地区网络信息中心（Taiwan Network Information Center，TWNIC）同样部署了 RPKI 的 CA 基础设施，布局 RPKI 研究及部署工作。CNNIC 于 2014 年即开始了 RPKI 相关工作，ZDNS 在 RPKI 领域内同样开展了相关研究工作。

（1）JPNIC 的部署情况

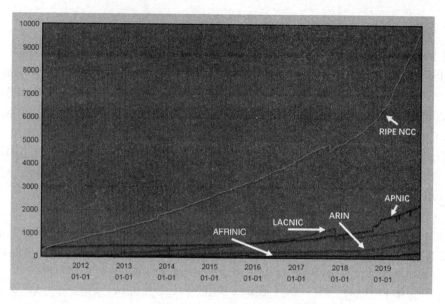

图 5　五大 RIR RPKI 部署情况趋势图

2017 年 7 月，JPNIC 的 RPKI 服务与 APNIC 服务正式对接[33]。根据其官网的模拟环境架构图推测，其系统基于 RPKI. net 工具包开发而成。

除推出 RPKI 服务外，JPNIC 定期组织召开 RPKI 技术研讨会，旨在宣传 RPKI 技术，推广 RPKI 应用。

（2）TWNIC 的部署情况

TWNIC 于 2018 年 11 月宣布 RPKI 服务系统正式上线[34]。根据其官网公布的信息推断，该系统使用 Perl 语言实现，并使用 HSM 签发证书。

（3）ZDNS 的部署情况

国内 ZDNS 同样在 RPKI 领域推进相关工作，主要工作进展包括标准的制定、开源软件的研发维护以及在 RP 层面的布局等工作。在标准领域，ZDNS 在 IETF 参与标准的制定，参与制定 RFC 8211[35]，牵头制定 RFC 8416[36]，内容涵盖 RPKI 数据安全威胁模型和 RPKI 本地化控制机制等内容。

在软件研发及维护领域，ZDNS 目前接管了雷神 BBN 科技公司出品的 RP 软件 RPSTIR，将其开源存放于 GitHub[37]。该软件用户主要分布在欧洲和南美，APNIC 和清华大学将该软件应用于 RPKI 测试系统中。

（4）CNNIC 的部署情况

CNNIC 早在 2014 年即布局了 RPKI 研究工作，先后起草了多篇 RPKI 技术标准，于 2015 年正式对外发布《RPKI 测试环境搭建技术白皮书》，为国内相关机构开展 RPKI 研究及部署应用提供了权威的参考材料[38]。

2017 年，CNNIC 推进 RPKI 系统部署工作，开展试运营业务[39]。2018 年 10 月，CNNIC 与 APNIC 完成 RPKI 系统上下游服务对接，正式启动 RPKI 业务运营。目前，CNNIC RPKI 系统实现了 CA、Repository 和 RP 三部分完整功能，为中国 IP 地址分配联盟会员免费提供 RPKI 相关服务。

（5）在运营商中的部署情况

美国的 Cloudflare、荷兰的 KPN 以及日本的 NTT 都已经在各自网络中开始部署 RPKI[40]。其中，Cloudflare 在其公共递归服务 1.1.1.1 中应用 RPKI，增强其域名解析的路由安全。荷兰的 KPN 和日本的 NTT 是大型电信公司，同样也开展了 RPKI 的技术研究和部署应用等相关工作。

三、RPKI 解决的问题与面临的挑战

（一）RPKI 解决的安全问题

RPKI 的产生是为了应对路由系统面临的安全威胁。具体而言，RPKI 提供了路由起源认证，可有效抵御近邻 AS 通告抢夺和闲置 AS 抢夺等安全问题，同时也为 BGPsec 等技术提供了基础。

1. 解决 BGP 缺少路由起源认证的问题

RPKI 提供了路由起源认证。在 RPKI 广泛部署实施后，需要针对地址广播的资源记录进行验证。ROA 用来验证一个 AS 是否得到资源持有者的合法授权，使用 IP 地址前缀和初始 AS 判断其授权关系。一旦发生近邻 AS 通告抢夺、闲置 AS 抢夺等类型的攻击，利用 RPKI 的验证过程可及时发现攻击现象，有效减少此类安全事件发生的概率。

2. 解决路由系统缺少 PKI 体系的问题

PKI 体系是解决各类安全问题的重要基础之一。RPKI 提供了路由起源认证，以互联网码号资源分配架构为基础建立起 PKI 体系，有效提升了路由系统安全水平。在 RPKI 提供路由起源认证之外，针对路由传播过程中的安全加固需要额外的技术应对，BGPsec 是其中最具知名度的一员。BGPsec 通过对 BGP 路由的每个环节加以签名来保障整条 BGP 路由的安全。为实现以上目标，BGPsec 引入 BGP 消息转发路径签名机制，即 BGP 路由器在收到 BGP 消息后，如果需要向下一条传递路由信息，需附上自己的签名。以上过程需要借助 PKI，而 RPKI 恰好建立了 PKI 体系，为 BGPsec 技术的研究和部署应用提供了可靠的基础。

（二）RPKI 面临的挑战

1. RPKI 部署过程中的安全风险

CNNIC 曾发表过关于 RPKI 中 CA 资源分配风险及防护技术的文章，详细分析了在 RPKI 部署过程中容易出现的问题以及建议应对策略，比如资源重复分配问题，未授权资源分配问题等等[41]。同时，RPKI 引入了 PKI 体系，必然也引入了 PKI 体系本身所面临的安全问题，如密钥轮转方面的问题和证书生命周期管理方面的问题等。以上可见，RPKI 在部署过程中将面临多种安全风险，需要引起足够警惕，并制定适当的安全策略抵御风险。

2. RPKI 增加了互联网路由系统的复杂度

RPKI 在原有 BGP 路由架构的基础上引入了 PKI 体系，增加了资料库系统和依赖方，这使 BGP 协议变得更加复杂，加重了 BGP 协议应用的负担。此外，PKI 系统中的密钥、证书管理是容易出现问题的关键环节，容易出现操作问题。以上因素都客观导致网间路由系统运作过程中的故障点增多，为互联网路由系统的稳定运行带来新的安全隐患。

3. RPKI 为互联网路由系统效率带来一定影响

RPKI 系统增加了证书生成以及签署过程，增加了流程处置时间。另外，如证书、CRL 以及 ROA 等签名对象在各环节之间的传递增加了相应的传输时间。同时，RPKI 在 BGP 广播过程中增加了验证流程，导致 BGP 收敛时间增加。随着路由条目的逐渐增多，互联网路由系统的效率问题将被进一步放大，这将导致互联网路由系统的效率进一步降低。

4. 与其他相关协议的结合问题

如上文所述，RPKI 只能解决 BGP 协议的近邻 AS 通告抢夺、闲置 AS 抢夺以及长掩码抢夺等问题，其他如路由泄露以及路径缩短等问题的应对需要配合 BGPsec 等其他协议实现，这意味着 RPKI 的推进进程以及最终达到的效果间接与其他协议相关联。以上各点已经引起业界对 RPKI 的发展前景产生一定程度的担忧，未来是否会出现更为可行的路由安全问题应对替代方案应引起足够关注。

四、RPKI 技术趋势预测

RPKI 是当前解决互联网路由系统安全问题的热门技术手段。根据以上分析，RPKI 技术在可预见的未来可能在以下几个方面继续发展。

（一）针对特定场景的技术研究将进一步丰富

虽然 RPKI 技术已经在多个领域加以应用，但技术的成熟需要经历一个缓慢的过程。RPKI 技术在某些特定场景下的应用尚未被充分研究。我们推测，后续，业界将针对 RPKI 技术的多个方面开展持续研究，推动 RPKI 技术的进一步完善。如在 SIDROPS 工作组中，来自日本的 Randy Bush 提出在多种场景下使 RPKI 本地的视图与全局视图不一致的情形[42]，以及来自 LACNIC 的 Carlos Martinez 等人提出的如何更好地使用通知的方式维护 RP 端的 Trust Anchor Locator（TAL）等问题[43]，进一步丰富了 RPKI 特定场景下的技术研究。

（二）技术标准将持续健康发展

标准是指导新技术部署和应用的重要手段。随着 RPKI 逐渐被更多的机构认知，以及互联网安全事件影响范围的不断扩大，业界将逐步投入更多的力量开展 RPKI 技术研究。可以预期，IETF 和 CCSA 将继续鼓励并支持 RPKI 相关标准的研究和制定工作，参与的机构将不断增多，研究的间隔也将不断缩短。同时，对于 RPKI 运行机制方面的标准研究将成为主要方向，逐步规范 RPKI 在行业的部署应用，更加有效地指导 RPKI 相关产业的健康发展。

（三）服务体系将进一步完善

RPKI 自诞生以来即立足于改善网络安全状况。随着网络安全威胁的逐步加剧，参与 RPKI 部署的机构将逐步增多。更多的关注及参与意味着行业对 RPKI 服务体系的要求将更加严格。国内外机构在加入 RPKI 运作体系的同时，也客观推动了 RPKI 各环节服务能力和运行保障水平的完善，整体增强了 RPKI 服务体系的成熟度。

（四）RPKI 技术应用将加速发展

在欧洲网络协调中心的带动下，欧洲地区整体的 RPKI 部署环境相对成熟。据国内知名电信运营商称，部分欧洲互联网交换中心已强制要求接入运营商必须支持 RPKI，否则无法正常使用互联网交换中心提供的系列网络服务。可以推测，随着 RPKI 环境的不断成熟，RPKI 将逐步成为业界加强路由安全的推荐技术手段，越来越多的先行机构将强制要求 RPKI 在关键领域的部署实施，RPKI 技术应用将加速发展，对 RPKI 支持的缺失将逐步成为机构发展的绊脚石。

（五）与其他技术的结合将进一步发展

RPKI 无法抵御如路径缩短等形式的路由系统安全威胁。在发展 RPKI 技术的同时，业界同样在寻找诸如 BGPsec 等技术的发展方向。目前看来，在使用 RPKI 技术的同时结合如 BGPsec 等技术，共同增强互联网路由系统安全性是一个较为可行的方向。我们推测，在未来一段时间内，RPKI 与其他相关技术的结合将引起持续关注，业界将在 RPKI 以及相关技术的研究及应用等方面持续投入力量，不断增强互联网路由系统安全水平。

五、总结

由于 BGP 协议在安全防护方面的不足，导致互联网路由系统长期面临着安全风险，安全事件频频见诸报端。RPKI 是当前增强域间路由安全的有效手段。自诞生以来，RPKI 在标准研究和应用部署等多个方面稳步发展，五大 RIR 纷纷推进系列部署工作，在各自区域增强域间路由安全。在国内产业界，RPKI 发展方兴未艾，CNNIC 等相关机构已经逐步进入 RPKI 技术研究及应用部署等工作领域，努力提升国内互联网路由系统安全水平。RPKI 提供了路由起源认证，为路由系统引入了一套 PKI 体系，可以为 BGPsec 等相关技术的发展提供基础。但相对而言，RPKI 也面临着多种风险和挑战，在应用过程中，应注意部署过程中存在的安全风险，以及运营方面的其他问题。未来，RPKI 技术必将进一步发展，RPKI 应用也将逐渐成熟，使 RPKI 服务体系进一步完善，应用场景逐步增多，促进互联网安全稳定迈向新台阶。

参 考 文 献

［1］ Network Encyclopedia. Autonomous System (AS)［EB/OL］.［2019 – 12 – 02］. https：//networkencyclopedia. com/autonomous – system – as/.

［2］ TONY B, PHILIP S, GEOFF H. Unique ASes［EB/OL］.［2019 – 12 – 31］. http：//www. cidr – report. org/cgi – bin/plota? file = % 2Fvar% 2Fdata% 2Fbgp% 2Fas2.0% 2Fbgp – as – count. txt&descr = Unique + ASes&ylabel = Unique + ASes&range = – – OR – – &StartDate = 2019 – 12 – 31&EndDate = 2020 – 1 – 1&yrange = Auto&ymin = &ymax = &Width = 1&Height = 1&with = Step&color = auto&logscale = linear.

［3］ YAKOV R, TONY L, Susan H. A Border Gateway Protocol 4 (BGP – 4)［EB/OL］.［2019 – 12 – 01］. https：//tools. ietf. org/html/rfc4271.

［4］ TONY B, PHILIP S, GEOFF H. Active BGP entries (FIB)［EB/OL］.［2019 – 12 – 31］. http：//www. cidr – report. org/cgi – bin/plota? file = % 2Fvar% 2Fdata% 2Fbgp% 2Fas2.0% 2Fbgp – active. txt&descr = Active + BGP + entries + % 28FIB% 29&ylabel = Active + BGP + entries + % 28FIB% 29&range = – – OR – – &StartDate = 2019 – 12 – 1&EndDate = 2020 – 1 – 1&yrange = Auto&ymin = &ymax = &Width = 1&Height = 1&with = Step&color = auto&logscale = linear.

［5］ KEVIN B, TONI R, PATRICK M, et al. A Survey of BGP Security Issues and Solutions［C］. Proceedings of the IEEE, 2010, 98 (1)：100 – 122. https：//www. researchgate. net/publication/224092573_A_Survey_of_BGP_Security_Issues_and_Solutions.

［6］ WIKIPEDIA. BGP hijacking［EB/OL］.［2019 – 11 – 27］. https：//en. wikipedia. org/wiki/BGP_hijacking.

［7］ DECLAN M. How Pakistan knocked YouTube offline (and how to make sure it never happens again)［EB/OL］.［2019 – 12 – 21］. https：//www. cnet. com/news/how – pakistan – knocked – youtube – offline – and – how – to – make – sure – it – never – happens – again/.

［8］ ANDREE T. Hijack event today by Indosat［EB/OL］.［2019 – 12 – 11］. https：//www. bgpmon. net/hijack – event – today – by – indosat/.

［9］ CHIKA Y. BGP Hijack Issue［C］. APRICOT, 2016.

［10］ ANDREI R. 14, 000 Incidents：a 2017 Routing Security Year in Review［EB/OL］.［2019 – 10 – 10］. https：//

www. manrs. org/2018/01/14000 – incidents – a – 2017 – routing – security – year – in – review/.

［11］ AMEET N. Internet Vulnerability Takes Down Google ［EB/OL］. ［2019 – 10 – 13］. https：//blog. thousand-eyes. com/internet – vulnerability – takes – down – google/.

［12］ AFTAB S. Public DNS in Taiwan the latest victim to BGP hijack ［EB/OL］. ［2019 – 10 – 14］. https：//www. manrs. org/2019/05/public – dns – in – taiwan – the – latest – victim – to – bgp – hijack/.

［13］ CHARLES L, JOANNE M, KAREN S. Secure BGP (S – BGP) ［EB/OL］. ［2019 – 10 – 15］. https：//tools. ietf. org/html/draft – clynn – s – bgp – protocol – 01.

［14］ JAMES N. Extensions to BGP to Support Secure Origin BGP (soBGP) ［EB/OL］. ［2019 – 10 – 15］. https：//tools. ietf. org/html/draft – ng – sobgp – bgp – extensions – 02.

［15］ INTERNET SOCIETY. A Fine Balance：Internet number resource distribution and de – centralisation ［EB/OL］. ［2019 – 10 – 16］. https：//www. internetsociety. org/wp – content/uploads/2018/10/bp – addrbalance – 20130425 – en. pdf.

［16］ APNIC. Resource Public Key Infrastructure (RPKI) ［EB/OL］. ［2019 – 10 – 15］. https：//www. apnic. net/get – ip/faqs/rpki/.

［17］ IETF. Secure Inter – Domain Routing (sidr) ［EB/OL］. ［2019 – 10 – 19］. https：//datatracker. ietf. org/wg/sidr/about/.

［18］ MATT L, STEPHEN K. An Infrastructure to Support Secure Internet ［EB/OL］. ［2019 – 10 – 21］. Routing https：//datatracker. ietf. org/doc/rfc6480/.

［19］ IETF. SIDR Operations (sidrops) ［EB/OL］. ［2019 – 10 – 22］. https：//datatracker. ietf. org/group/sidrops/about/.

［20］ 中国通信标准化协会. 中国通信标准化协会官网 ［EB/OL］. ［2019 – 10 – 23］. http：//www. ccsa. org. cn/.

［21］ GITHUB. rpki. net ［EB/OL］. ［2019 – 10 – 24］. https：//github. com/dragonresearch/rpki. net.

［22］ GITHUB. Rpki – validator ［EB/OL］. ［2019 – 10 – 24］. https：//github. com/RIPE – NCC/rpki – validator.

［23］ RPSTIR. RPSITIR ［EB/OL］. ［2019 – 10 – 25］. http：//www. rpstir. net/.

［24］ NLnet Labs. Routinator ［EB/OL］. ［2019 – 10 – 25］. https：//www. nlnetlabs. nl/projects/rpki/routinator/.

［25］ APNIC. RPKI technical implementation details ［EB/OL］. ［2019 – 10 – 27］. https：//www. apnic. net/community/security/resource – certification/technical – implementation/.

［26］ APNIC. RPKI Testbed ［EB/OL］. ［2019 – 10 – 27］. https：//rpki – testbed. apnic. net/.

［27］ RIPE NCC. Number of Certificates ［EB/OL］. ［2019 – 12 – 27］. http：//certification – stats. ripe. net/.

［28］ NIST. Global Prefix/Origin Validation using RPKI ［EB/OL］. ［2019 – 11 – 23］. https：//rpki – monitor. antd. nist. gov/? p = 2&s = 0.

［29］ ARIN. Resource Certification (RPKI) ［EB/OL］. ［2019 – 11 – 22］. https：//www. arin. net/resources/manage/rpki/.

［30］ AFRINIC. AFRINIC's RPKI ［EB/OL］. ［2019 – 11 – 24］. https：//afrinic. net/resource – certification.

［31］ LACNIC. General Information Resource Certification System (RPKI) ［EB/OL］. ［2019 – 11 – 24］. https：//www. lacnic. net/640/2/lacnic/general – information – resource – certification – system – rpki.

［32］ RIPE NCC. Number of Certificates ［EB/OL］. ［2019 – 11 – 24］. http：//certification – stats. ripe. net/.

［33］ JPNIC. RPKI ［EB/OL］. ［2019 – 12 – 18］. https：//www. nic. ad. jp/ja/rpki/.

［34］ TWNIC. TWNIC RPKI 服務系統上線 ［EB/OL］. ［2019 – 12 – 18］. https：//blog. twnic. net. tw/2018/10/30/1560/.

［35］ STEPHEN K, DI M. Adverse Actions by a Certification Authority (CA) or Repository Manager in the Resource Public Key Infrastructure (RPKI) ［EB/OL］. ［2019 – 12 – 18］. https：//tools. ietf. org/html/rfc8211.

［36］DI M, DAVID M, TIM B. Simplified Local Internet Number Resource Management with the RPKI（SLURM）［EB/OL］.［2019－12－18］. https：//tools. ietf. org/html/rfc8416.

［37］GITHUB. RPSTIR［EB/OL］.［2019－12－18］. https：//github. com/bgpsecurity/rpstir.

［38］CNNIC.《RPKI 测试环境搭建技术白皮书》发布 助力构建安全的域间路由系统［EB/OL］.［2019－12－14］. http：//www. cnnic. net. cn/gywm/xwzx/rdxw/2015/201501/t20150129_51624. htm.

［39］CNNIC. CNNIC 启动国内 RPKI 试运营服务 保障网络路由安全［EB/OL］.［2019－12－22］. http：//www. cnnic. net. cn/gywm/xwzx/rdxw/20172017/201706/t20170616_69372. htm.

［40］LARRY S. RPKI brings security, reliability to BGP routing［EB/OL］.［2019－11－11］. https：//www. hpe. com/us/en/insights/articles/rpki－brings－security－reliability－to－bgp－routing－1810. html.

［41］XIAOWEI L, ZHIWEI Y, GUANGGANG G, et al. RPKI Deployment：Risks and Alternative Solutions. Genetic and Evolutionary Computing, 2010［C］. https：//www. researchgate. net/publication/284898244_RPKI_Deployment_Risks_and_Alternative_Solutions.

［42］RANDY B. Use Cases for Localized Versions of the RPKI［EB/OL］.［2019－12－27］. https：//datatracker. ietf. org/doc/draft－ietf－sidrops－lta－use－cases/? include_text＝1.

［43］CARLOS M, GEORGE G, TOM H, et al. RPKI Signed Object for Trust Anchor Keys［EB/OL］.［2019－12－27］. https：//datatracker. ietf. org/doc/draft－ietf－sidrops－signed－tal/? include_text＝1.

（本文作者：赵琦　张跃冬　冷峰　何峥）

我国互联网域名行业发展状况

摘要：域名行业体系由提供多类域名服务和开展多类域名相关事务的机构组成。20 世纪 90 年代以来，我国域名行业逐渐发展，已在全球域名行业中占据重要地位，具有业态丰富多元、注册管理机构主导和产业集中度高等特点。北京等东部地区率先发展，行业创新持续不断，体系协同能力不断加强，中文域名准备条件基本就绪，全球和国内政策总体向好。在上述发展的同时，我国域名行业体系在核心竞争力、行业秩序、中文域名应用方面还须不断提升、完善。未来，传统主流域名将继续保持主导地位；域名交易市场将逐步趋于理性成熟；域名行业将继续推广中文域名，并参与工业互联网标识解析体系建设；对行业监管的力度将加强并注重监管的全面性和规范性。

关键词：域名行业；CN 域名；域名注册；中文域名；域名衍生服务

1985 年全球第一个域名（symbolics.com）诞生，此后陆续出现了从事域名活动的机构。20 世纪 90 年代以来，万维网的发明带来了国际互联网的飞速发展，促进了全球域名行业的形成与壮大。在这一过程中，我国域名行业⊖从无到有，从小到大，在全球域名行业中具有举足轻重的地位。

一、我国域名行业体系

我国域名行业体系包括域名行业和外部相关行业。

（一）域名行业

域名行业由在域名的获得和使用过程中提供支持保障服务的机构组成。按照业态的出现次序、重要性和普遍性，域名从业机构开展域名注册业务、域名解析服务、域名根解析服务⊖、域名交易服务和域名衍生服务等。

域名注册业务：开展该业务的机构被称为域名注册机构，由域名注册管理机构（也可称为注册局）、域名注册服务机构（也可称为注册商）和域名注册代理机构（也可称为代理商）组成。组织和个人向域名注册机构申请产生新的二级或三级域名并获得对该域名的使用权。这一活动即为域名注册，这些组织和个人被称为域名持有者。

域名解析服务：域名持有者可将域名应用于网站、电子邮件系统等。在技术上，这需将域名解析为网站、邮件服务器的 IP 地址等。域名解析服务机构为此提供域名解析服务。

域名根解析服务：指部分机构提供根层面的域名解析服务，这些机构被称为域名根服务器运行机构。

域名交易服务：域名持有者可通过交易服务将持有的域名转让给其他组织和个人。域名交易服务机构为交易双方提供信息、撮合、拍卖、评估和担保等服务。

⊖ 如无特殊说明，本文涉及我国的数据、观点等表述，均不含港澳台地区。

⊖ 严格来说，域名根解析是域名解析的一个环节，域名根解析服务是域名解析服务中的一个子项。不过，通常所述的域名解析仅指二级或三级域名解析。本文如无特殊说明，域名解析也都仅指二级或三级域名解析。

域名衍生服务：指近年来因 New gTLD（新通用顶级域名）计划和国内监管要求而新产生的域名服务，包括顶级域名申请代理服务、顶级域技术托管服务、顶级域应急托管服务[○]、域名注册数据托管服务、商标注册代理服务和域名核验服务等。可将提供此类服务的机构统称为域名衍生服务提供商，或按其具体提供的服务分别称呼，不过在产业实践中，通常由现有的域名从业机构提供这些服务。

（二）相关行业

我国域名行业发展中，还受到外部多个行业影响。

国际互联网组织：网络全球互通，域名的技术、政策等国际协调必不可少。互联网名称与数字地址分配机构（ICANN）、互联网工程任务组（IETF）等国际互联网组织发布的域名政策、标准等对各国域名行业发展具有重要影响。

政府部门：域名事务涉及面广，域名行业除接受工业和信息化部、国家互联网信息办公室等管理之外，还可能受到其他有关政府部门的政策影响。

上游行业：电子信息产业为域名行业提供软硬件产品。

下游行业：域名作为互联网基础资源，为建立网站、开展互联网经营提供了技术可能。因此IDC、互联网公司等都是域名行业的下游机构。下游行业还可包括专业的域名投资人群体。

仲裁行业：域名注册争议事件较多。为适应域名领域的特点，在司法、仲裁渠道之外，域名行业制定了域名争议解决机制，其中之一为设立域名争议解决机构。通常此类角色由仲裁机构按照域名争议解决办法承担。

此外，教育科研机构、国内行业联盟等也从有关方面影响我国域名行业发展。

二、我国域名行业发展现状

20 世纪 90 年代，国内一批域名注册服务机构先后成立，国家顶级域名注册管理机构组建完成，我国域名行业开始形成，并由此逐渐壮大，支撑着体量庞大的我国互联网，是我国进入数字经济和数字社会时代不可或缺的基础行业。

（一）行业规模不断扩大，已成为全球域名行业的一极

近年来，国内外形势为我国域名行业创造了良好的发展条件。国际上，全球域名行业总体发展良好，New gTLD 计划的实施开辟了新市场。我国国民经济保持稳中向好态势，数字经济蓬勃发展，域名行业管理简政放权，商事制度改革不断推进，企业品牌保护意识增强。上述因素推动本土域名从业机构成长壮大，吸引境外机构不断涌入，促使我国域名行业规模不断扩大。表现在以下三个方面。

一是行业收入持续快速增长。仅以注册领域粗略计算，我国域名行业注册及续费收入保持10% 以上的年增长率，远超过我国 GDP 年增速（大约 7%）。2018 年"CN/COM/NET"域名注册及续费收入已超过 15 亿元。

二是行业业务量总体上高速增长。2013 年 6 月（全球第一个新通用顶级域名"游戏"于2013 年 10 月诞生），我国域名保有量为 1469 万个。2019 年 6 月我国域名保有量达到 4800 万个，六年间增加了 3331 万个，年复合增长率为 21.8%。

○ 为避免混淆，顶级域技术托管服务指正常情况下的托管服务，顶级域应急托管服务指无法正常运营情况下的托管服务。

三是域名注册机构数量不断增长。截至 2019 年 9 月，国内已获得电信管理部门许可的域名注册管理机构和域名注册服务机构数量分别增加到 30 家和 135 家。另有域名注册代理机构大约数千家。

我国已成为全球域名行业的一极。从业务量、机构数量来看，我国域名行业是全球域名行业的重要组成部分。多年来，我国域名保有量仅次于美国，占全球的比例保持在 10% 以上，2019 年 6 月达到 13.5%（见表 1）；CN 域名保有量在全球所有 ccTLD 中最多[⊖]；我国 gTLD 和 New gTLD 域名保有量都排在前列。截至 2019 年 3 月，我国获得 ICANN 认证的域名注册服务机构数量仅次于美国[1]。

表 1　我国域名保有量占全球的比例

时间	我国域名保有量/万个	全球域名保有量/万个	我国占全球的比例
2016 年底	4228	32930	12.8%
2017 年底	3848	33240	11.6%
2018 年底	3793	34870	10.9%
2019 年 6 月底	4800	35470	13.5%

数据来源：全球域名保有量数据来源于 Verisign 历次《域名行业简报》。

（二）行业结构丰富多元，注册管理机构保持主导地位

近年来，域名传统业务平稳发展，新兴业态随着 New gTLD 计划实施和国内管理方式变革不断涌现，吸引国内外各方竞相进入域名行业，行业结构趋向丰富多元，但域名注册管理机构仍占主导地位，带动全行业发展。原因在于：一是注册是域名业务的第一个环节，以注册带动域名交易、解析、衍生服务更为方便可行，而注册管理机构是注册业务的主导者。二是部分域名注册管理机构实力较强，它们除做好域名注册管理业务外，还积极进入各类新兴业态领域，巩固在全行业中的主导地位。

1. 域名注册管理领域吸引各方进入

我国域名市场既有容纳传统发展的巨大空间，又能积极吸收新兴事物，受到国内外各界的广泛参与，多方竞相进入域名注册管理领域。截至 2019 年 6 月，我国已获得电信管理部门许可的域名注册管理机构为 30 家，共许可持有 112 个顶级域名。这些机构和顶级域名类型多样，既有国内长期耕耘的域名注册管理机构，也有国内新成立的机构，还有境外域名注册管理机构在我国境内设立的下属或分支机构。机构中既有域名从业机构，也有互联网企业，还有传统企业。顶级域名中包括 3 个 ccTLD、7 个 Legacy gTLD（传统通用顶级域名）和 102 个 New gTLD。

2. 域名注册服务领域发展较为成熟

经过多年发展，我国域名注册服务机构总体上已较为成熟。截至 2019 年 9 月，我国已获得电信管理部门许可的域名注册服务机构为 135 家，服务机构数量较为充足。这些服务机构在顶级域名注册管理机构的授权下，开展对应的顶级域名注册服务和配套的域名权威解析服务，并提供域名交易、建站、空间租用和电子邮箱等服务。不同服务机构受许可提供注册服务的顶级域名数量不一，既有少至 1 个（如北京华瑞无线科技有限公司仅提供". 手机"注册服务），也有多达几十个（如厦门商中在线科技股份有限公司提供 79 个顶级域名的注册服务），总体上覆盖了绝

　⊖　由于商业模式的特殊性，按行业惯例，比较对象中不含". TK"。

大多数已经许可的顶级域名。为主要的顶级域名（"CN/COM/NET/中国"）提供注册服务的机构数量较多，这既有历史原因，也有这些顶级域名市场吸引力较大的因素。其中，截至 2019 年 9 月，国家域名（"CN/中国"）境内注册服务机构为 57 家，CNNIC 运营的 New gTLD（"公司/网络"）境内注册服务机构为 39 家。

3. 域名注册代理机构遍布全国各地

域名需求者可直接向域名注册服务机构申请注册域名，也可向域名注册代理机构申请。这些代理机构作为域名注册服务机构的渠道体系，遍布全国各地，总量为大约数千家。代理机构形态多样，很多为个体工商户。大量、广泛的域名注册代理机构为潜在的域名需求者提供了方便、快捷的接触通道。

4. 域名解析服务领域内外融合发展

目前，域名解析服务领域融合发展态势较为明显，在对外和对内两个层面都有所体现。

对外，域名解析服务融入互联网基础服务体系中。总体来看，域名解析服务较少单独提供给用户，往往与域名注册、网络接入、云服务、CDN 等互联网基础服务整合为服务提供商和用户使用。一是长期以来，域名注册服务机构提供域名权威解析服务，电信运营商等互联网接入服务商提供域名递归解析服务，对于这些机构来说，域名解析服务作为主业的配套服务免费提供给用户；二是 CDN 厂商开展域名解析服务，主要用于 CDN 业务所需的就近访问；三是云公司开展域名解析服务，既用于自身云服务，也与其他互联网基础服务一并向用户推广；四是为数不多的专业第三方域名解析机构；五是一些大型用户机构自建域名解析系统，为本机构提供域名解析服务。

对内，权威和递归解析服务机构同一化。按照技术环节区分，域名解析服务类型可分为权威解析服务和递归解析服务，最初也主要由域名注册服务机构和电信运营商分别提供。但是，作为域名解析体系紧密相关的两个环节，在同一机构内将其结合运营，更能发挥整体解析性能，更加深入了解网络性能、流量和用户行为，有利于保障网络安全。因此，当前同时提供这两类域名解析服务的机构越来越多。合并北京万网志成科技有限公司（以下简称万网）后的阿里云计算有限公司（以下简称阿里云）既提供权威解析服务，又推出递归解析服务（223.5.5.5）。腾讯（DNSPod）、百度也都同时开展权威和递归解析服务。这一趋势在国外企业也有表现。如美国 Cloudflare 公司在原有的权威解析服务基础上，于 2018 年推出递归解析服务。

5. 域名根服务器运行机构正式产生

我国庞大的互联网用户规模、蓬勃发展的互联网产业和日益紧密的国际交流，对在境内设立域名根服务器及其运行机构提出了迫切的需求。截至 2019 年 9 月，按照新的《互联网域名管理办法》正式成立的境内域名根服务器运行机构为 2 家，分别为 CNNIC 和互联网域名系统北京市工程研究中心有限公司（ZDNS），其中前者设立 F（2 个）、I、K、L（2 个）根镜像服务器，后者设立 L 根镜像服务器。这 2 家机构皆来源于域名注册管理机构[⊖]，积极参与全球互联网技术研究、政策协调和标准制订等事务。

6. 域名交易服务领域在波动中前行

优质的主流域名（"CN/COM"）已很难通过注册获取，域名价值日渐得到重视，新的交易模式和交易品种不断涌现，促使域名交易服务领域发展火热，而又不乏波动。一方面，域名交易服务领域吸引了众多参与者，除了传统的交易平台，一些域名注册服务机构延伸开展交易业务，新兴的数字资产交易平台也进入域名交易领域。另一方面，域名交易投资属性强，批量化投资增多，投资人多样，监管尚不充分，导致域名交易市场波动剧烈。总体而言，前者是主要的，域名

⊖　ZDNS 与域名注册管理机构北龙中网（北京）科技有限公司（以下简称北龙中网）有重大关系。

交易服务领域呈现出在波动中前行的态势。

7. 域名衍生服务领域多样化集中化

随着 ICANN New gTLD 计划的实施，以及适应我国互联网管理需要，近年来产生了多种域名衍生服务，包括顶级域应急托管、顶级域技术托管、域名注册数据托管、域名核验、商标注册代理和顶级域名申请咨询等。提供这些多样化服务的机构主要集中在少数机构。

CNNIC 为亚太唯一新通用顶级域应急托管机构。伴随 New gTLD 计划，ICANN 推出了新通用顶级域应急托管机制，包括设立顶级域应急托管机构（Emergency Back-end Registry Operator, EBERO）。当全球任意 New gTLD 无法正常运作时，EBERO 能够在 24 小时内接管该注册管理机构业务，继续保障该顶级域正常解析，确保终端用户的正常访问。2013 年 CNNIC 成为首轮三家之一、亚太唯一的 EBERO。2019 年 9 月，在大幅提高技术要求的第二轮 EBERO 遴选中，CNNIC 再次成为三家之一、亚太唯一的 EBERO，可凭借自主研发的共享注册系统（SRS）、数据恢复系统、注册数据目录服务（RDDS）、数据托管服务（Escrow）和域名解析系统，同时有效支撑 8 个顶级域、4000 万个域名量注册数据的完整恢复、稳定解析和实时查询。

顶级域技术托管服务成为国内 New gTLD 主要运行模式。New gTLD 注册管理机构来源多样，很多机构并不具备相应的顶级域运行技术实力。国内 New gTLD 顶级域中，仅有少数顶级域的系统由注册管理机构自己运营，绝大多数都托管在第三方公司，这一模式也是我国 New gTLD 得以大发展的重要因素。目前，提供此类托管服务的国内机构有 CNNIC、ZDNS、北京泰尔英福网络科技有限责任公司（以下简称泰尔英福），以及进入我国市场的 Afilias 公司。

我国是全球重要的域名注册数据托管服务方。按照 ICANN、工业和信息化部的要求，为提高域名注册数据的安全可靠性，域名注册机构必须将域名关键数据托管在具备实力和资质的第三方机构。目前，全球共有 9 家域名注册管理机构数据托管机构（DEA），其中我国为 3 家，分别是 CNNIC、政务和公益机构域名注册管理中心（CONAC）和北龙泽达（北京）数据科技有限公司（以下简称北龙泽达）。全球共有 6 家域名注册服务机构数据托管机构（RDE TPP），其中 3 家为我国机构，同样是 CNNIC、CONAC 和北龙泽达。

实名制催生域名核验服务。为支撑主管部门的域名管理工作，加快域名注册领域实名制工作实施进度，一些机构推出了域名核验服务。如自 2016 年起，CNNIC 已为 10 家域名注册管理机构、53 家域名注册服务机构提供域名核验服务，覆盖 47 个顶级域，截至 2019 年 6 月该服务已完成命名审核 5317 万次，实名审核 1922 万次。

（三）行业集中现象明显，各细分领域出现显著领先者

域名行业具有明显的高集中性，业务主要集中在少数域名从业机构和顶级域名中，CNNIC、Verisign、Donuts、Afilias、".CN"".COM"".TOP"、阿里云等在各细分领域显著领先[注]。

1. 注册管理机构：域名保有量中外两强为主，TLD 数量两外企大幅占先

以下分别从域名保有量和顶级域名数量方面说明域名注册管理机构的集中性。

注册管理机构双领头羊域名保有量占比超八成。按所管理的域名保有量计算，CNNIC（"CN/中国/公司/网络"注册管理机构）和威瑞信互联网技术服务（北京）有限公司（"COM/NET"注册管理机构，美国 Verisign 公司在华机构）位列域名注册管理机构前两位。截至 2019 年 6 月，它们管理的域名保有量分别为 2364.1 万个和 1568.5 万个，合计占全国的 81.9%。

按顶级域名的种类计算，两家外企大幅领先。截至 2019 年 9 月，获得电信管理部门许可的 30 家域名注册管理机构中，都能网络技术（上海）有限公司（美国 Donuts 公司在华机构）获得许可的顶级域名数量最多，为 27 个，艾斐域（上海）信息科技有限公司（Afilias 公司在华机

⊖ 由于资料所限，本章仅以域名注册领域说明，不含域名交易、解析、衍生服务等。

构）以 22 个排在第二，两家域名注册管理机构顶级域名数量合计 49 个，占全部顶级域名数（112 个）的 43.8%。其他机构获得许可的顶级域名数都小于 10 个，有 15 家机构都只获得 1 个顶级域名许可。

2. 顶级域名："CN/COM" 主流地位稳固，". TOP" 领跑 New gTLD

以下分别说明在全部市场和 New gTLD 市场中的顶级域名集中性。

"CN/COM" 域名保有量占比超 3/4，两者主流地位稳固。截至 2019 年 6 月，". CN" 仍是全球第一大 ccTLD 和我国的第一大域名，域名保有量为 2185.2 万个，占我国域名总数的 45.5%。排在第二的 ". COM" 域名保有量为 1455.8 万个，占 30.3%。"CN/COM" 域名保有量合计占比超过 75%，牢固树立我国主流域名形象。New gTLD 整体域名保有量为 805.7 万个，占 16.8%，成为我国域名的重要新兴组成部分，但还未能改变 "CN/COM" 主流域名地位，见表 2。

表 2　截至 2019 年 6 月我国各顶级域名保有量

顶级域名	保有量/万个	占我国域名总数的比例
. CN	2185.2	45.5%
. COM	1455.8	30.3%
. 中国	170.6	3.6%
. NET	112.6	2.3%
. BIZ	35.7	0.7%
. ORG	18.6	0.4%
. INFO	6.3	0.1%
New gTLD	805.7	16.8%
其他	9.6	0.2%
合计	4800.1	100.0%

New gTLD 前两强保有量占比超 40%，". TOP" 明显领先。截至 2018 年底，我国 New gTLD 市场中，前十个顶级域名的保有量占 82.4%。其中 ". TOP" 域名保有量最多，为 339.8 万个，占所有 New gTLD 的 33.0%；". LOAN" 域名保有量为 109.2 万个，占 10.6%；这两者合计占比为 43.6%。其他 New gTLD 保有量均不足 100 万个，占比均小于 10%，见表 3。

表 3　截至 2018 年底的我国 New gTLD 前十名情况

名次	顶级域名	保有量/万个	占所有 New gTLD 的比例
1	. TOP	339.8	33.0%
2	. LOAN	109.2	10.6%
3	. XYZ	88.4	8.6%
4	. VIP	79.4	7.7%
5	. CLUB	78.5	7.6%
6	. LTD	62.3	6.1%
7	. ONLINE	26.2	2.5%
8	. WANG	23.6	2.3%
9	. XIN	21.4	2.1%
10	. SITE	20.6	2.0%

数据来源：https://ntldstats.com/

3. 注册服务机构：前十家管理接近全部域名，阿里云多类别居于首位

以下分别按".CN"、gTLD 和 New gTLD 类别说明域名注册服务机构集中性。

阿里云等不足 10 家域名注册服务机构集中了大部分的".CN"域名。截至 2018 年".CN"域名保有量在 100 万个以上的注册服务机构有 3 家，10 万~100 万个的有 6 家，".CN"域名大部分集中在 9 家注册服务机构（见表 4）。2018 年".CN"域名新注量在 100 万个以上的注册服务机构有 2 家，10 万~100 万的有 5 家，".CN"新注域名大部分集中在 7 家注册服务机构（见表 5）。其中，阿里云是主要的".CN"域名注册服务机构。

表 4　按".CN"域名保有量划分的域名注册服务机构数

截至 2018 年的域名保有量	域名注册服务机构数/家
100 万个以上	3
10 万~100 万个	6
1 万~10 万个	25
1 万个以下	40

表 5　按".CN"域名新注量划分的域名注册服务机构数

2018 年域名新注量	域名注册服务机构数/家
100 万个以上	2
10 万~100 万个	5
1 万~10 万个	13
1 万个以下	54

阿里云等前 10 家域名注册服务机构 gTLD 域名保有量合计占比接近全部。截至 2019 年 3 月，gTLD 注册服务机构域名保有量排名前十的依次为阿里云、北京新网数码信息技术有限公司（以下简称新网数码）、成都西维数码科技有限公司（以下简称西维数码）、厦门易名科技股份有限公司（以下简称易名）、厦门商中在线科技股份有限公司（以下简称厦门商中）、浙江贰贰网络有限公司（以下简称浙江贰贰）、上海美橙科技信息发展有限公司、江苏邦宁科技有限公司（以下简称江苏邦宁）、厦门三五互联科技股份有限公司、北京新网互联科技有限公司，排名前十的 gTLD 注册服务机构域名保有量占国内的 95.3%[1]。

阿里云等前 10 家域名注册服务机构 New gTLD 域名保有量合计接近全部。截至 2019 年 3 月，New gTLD 注册服务机构域名保有量排名前十的依次为阿里云、西维数码、新网数码、厦门商中、江苏邦宁、浙江贰贰、北龙中网、易名、厦门纳网科技股份有限公司、郑州世纪创联电子科技开发有限公司，排名前十的 New gTLD 注册服务机构域名保有量占国内的 97.7%[1]。

（四）行业布局东部为主，多重因素支撑北京遥遥领先

我国域名行业主要布局于以北京为代表的东部地区。

我国域名行业主要集中在东部地区。东部地区经济活跃，市场主体多，互联网产业发展较好，品牌保护和投资意识强，对域名的需求量大（见表 6），电力、通信等基础设施完善，人才较多，有力地支撑了域名行业发展，是我国域名行业布局的最主要地区。截至 2019 年 6 月，我国已获得许可的域名注册管理机构分别位于北京、广东、上海、江苏和天津，其他地区均无域名注册管理机构。我国已获得许可的域名注册服务机构数量排在前五名的地区依次为北京、福建、浙江、广东和上海，合计占全国的 65.7%[1]。".CN"境内域名注册服务机构数量最多的前五个地区依次为北京、福建、浙江、广东和上海（见表 7）。

表6　截至2019年6月各地区的".CN"和".中国"域名保有量

".CN"		".中国"	
域名持有者所属地区	保有量/个	域名持有者所属地区	保有量/个
福建	4994585	福建	1496815
北京	2202143	北京	31149
广东	2024486	广东	24263
河南	1520013	山东	21358
江苏	1006345	江苏	11954
湖北	842141	四川	10958
山西	758245	上海	10784
安徽	700929	浙江	9409
四川	699505	湖北	8144
湖南	699163	辽宁	6989
山东	686979	江西	6708
浙江	606053	云南	5651
上海	578116	河北	5590
辽宁	503129	重庆	5419
江西	499950	陕西	5062
河北	399910	河南	4801
陕西	350433	黑龙江	3581
广西	343892	湖南	3169
云南	341541	安徽	2856
贵州	313134	广西	2824
海南	246044	贵州	2758
重庆	244801	天津	1954
吉林	232235	山西	1826
黑龙江	150016	吉林	1795
甘肃	141054	内蒙古	1454
天津	131943	新疆	864
内蒙古	94284	甘肃	774
宁夏	64122	海南	449
新疆	50739	宁夏	440
青海	18151	西藏	418
西藏	7481	青海	189
其他①	400428	其他	15456
合计	21851990	合计	1705861

① 由于隐私保护等原因，部分域名持有者所属地区不明；本表".中国"的"其他"地区含义与此相同。

表 7　".CN"境内域名注册服务机构地区分布情况

地区	每个地区域名注册服务机构数/家
北京	19
福建、浙江	6
广东、上海	5
四川	3
河南、山东、云南	2
江苏、辽宁、黑龙江、宁夏、广西、天津、重庆	1
境内其他地区	0

北京域名行业遥遥领先。即使在东部地区，北京也拥有发展域名行业的独特优势，使其在行业内大幅领先。一是北京作为国际交流中心，对于全球协调极为重要的域名行业来说，是显著重要的促进因素。二是北京互联网行业发达，大型互联网公司多，互联网创业火热，对域名服务的需求大。三是北京域名行业起步早，20 世纪 90 年代，新网数码、万网（被阿里巴巴集团收购前）和 CNNIC 等国内重要的域名从业机构相继在北京成立，在多年发展中积累了众多的域名人才，又反过来培育和壮大了更多的域名从业机构。目前，在域名注册管理机构中，北京有 23 家，远超过排名第二的上海（3 家）；在域名注册服务机构中，北京有 47 家，远超过排名第二的福建（12 家）；北京的".CN"域名注册服务机构数量最多，且以 19 家远超过排名第二的福建和浙江（均为 6 家）；2 家域名根服务器运行机构全都位于北京；3 家域名注册数据托管机构全都位于北京；4 家顶级域技术托管服务机构有 3 家位于北京；唯一的 EBERO 也位于北京。

（五）行业创新持续不断，域名交易领域尤为积极活跃

虽历经几十年发展，国内域名行业仍然保持较强的创新活力，特别是在域名交易领域，技术、商业和应用方面创新不断。

一是积极利用区块链等公开可信技术。域名行业积极开展区块链技术研究和应用。如 2019 年 1 月 8 日，域名 youtuan.com 以人民币 90 万元的价格完成交易，本次交易的所有信息都通过链网平台写入区块链[2]。CNNIC 深入研究区块链技术，申请基于区块链的互联网基础资源服务体系相关国内发明专利近 20 项，并提交 5 项基于区块链的新型域名解析架构相关国际 PCT 专利申请。

二是探索更加灵活的商业模式。2019 年 9 月，易名上线"Repo 域名"功能，使用这一功能的卖家出售域名后，可在约定时间内向买家支付补偿金回购域名。卖家可以自主设定回购期限、回购补偿金，交易后有效的期限内（最长不超过 6 个月）可随时反悔买回域名，灵活控制资金成本[3]。

三是开发域名的金融产品应用价值。近年来，随着互联网金融快速发展和数字无形资产日益得到重视，域名的应用价值被不断挖掘，在传统的网站、电子邮箱应用之外，还可作为资产用于抵押贷款。围绕这一创新应用，国内域名交易领域产生了一批域名贷款理财平台。

新的方式既可能有利于行业发展，也可能带来风险，如何取舍，始终考验着有关各方。

（六）行业协同能力加强，技术需求带动效应相对稳定

域名行业积极加强行业间协作，为满足用户需求创造良好的条件。

一是国际域名争议解决支持力度加强。我国域名领域纠纷较多，且时常被跨国投诉。2018年世界知识产权组织仲裁与调解中心（WIPO AMC）处理的域名争议案件中，按照投诉来源国计算，我国有36起，排名17位；按照被投诉国计算，我国有466起，仅次于美国[4]。为此，2019年7月21日，CNNIC授权WIPO AMC成为第三家中国国家顶级域名争议解决机构。本次合作将发挥WIPO AMC在域名争议解决工作中的经验，拓宽我国国家顶级域名争议解决机构的地域覆盖范围，提升我国国家顶级域名争议解决的国际化水平。

二是纵向一体化程度明显加深。部分重要机构跨越域名行业内部多环节和上下游领域，深入开展纵向一体化经营，有利于发挥产业链协同效应。如阿里巴巴集团收购万网后，将其纳入阿里云体系，业务涵盖域名行业内部的注册、交易、解析环节与下游网站建设、云计算应用领域。腾讯公司收购第三方专业解析服务机构DNSPod，纳入腾讯云体系。百度云也开始提供域名解析服务。CNNIC发布"网域"DNS系列产品，业务已涵盖上游DNS软硬件领域，域名行业内部的注册、解析和衍生服务环节。ZDNS（北龙中网）也进入上游DNS软硬件领域，域名注册、解析等环节。

与供给侧能力加强形成对比的是，技术需求对域名行业的带动效应稳定在较低水平。域名首先是网络信息系统的技术标识，用于标识网站和电子邮件系统等才符合最初设计目的，但目前，我国网站和电子邮件系统建设对域名的需求量保持在较低程度，大量域名并不直接用于标识网络信息系统。

（七）行业准备基本完善，铺平中文域名规模发展道路

经过域名行业的多年努力，中文域名支撑服务体系已基本完善，具备了规模应用的环境。

一是已建立较为完善的中文域名注册体系。一方面，中文域名在顶级域名层面迎来大发展。国内已获得许可的域名注册管理机构中，共有13家机构持有28个中文顶级域名，分别占全部机构数的43.3%和全部顶级域名数的25.0%，增强了中文域名社群的力量。另一方面，国内域名注册服务机构基本都能提供中文域名的注册服务，中文域名需求者能方便地获得所需的域名。

二是已基本消除中文域名技术使用障碍。在CNNIC等中文域名从业机构和下游微软公司、盈世信息科技（北京）有限公司等应用机构的合作推动下，中文域名网站、电子邮箱的技术使用障碍已基本消除。目前，主流网络浏览器均已支持直接在地址栏输入中文域名访问网站。政府、企业等机构广泛使用的电子邮件系统Coremail已支持中文域名电子邮件服务。

三是中文域名主要地区协调机制长期运转。中文域名协调联合会（CDNC）于2000年由我国四家互联网络信息中心（CNNIC、TWNIC、HKNIC和MONIC）在北京正式发起成立。自成立起每年举办会议，评定各种中文域名实现方案，制定中文域名技术标准和注册管理规范，协调相关国家和地区中文域名运行，与国际互联网络组织开展交流合作，制定国际标准。

四是中文域名宣传推广工作持续进行。CNNIC、北龙中网等机构积极宣传推广中文域名应用。如2018年11月7日，第五届世界互联网大会期间，在由CNNIC指导，中国互联网投资基金、高瓴资本主办，金沙江创业投资基金协办的"枕水聆风"乌镇咖荟上，CNNIC向九家知名企业赠送".中国"中文域名，并与二十余家知名企业共同发布"推动中文域名注册使用乌镇倡议"。

（八）行业政策总体向好，国际协调国内管理有序进行

近年来，国内外治理体系和政策发生诸多变化。总体上，新体系新规定使我国域名行业的国际协调、国内管理更加有序进行，我国域名行业处于良好的政策环境中。

1. 网络治理体系顺利变革，促进各国争取有利政策

近年来，全球互联网治理体系出现重大变革。经过多年努力，2016 年 10 月互联网号码分配机构（IANA）职能顺利完成移交，新的全球互联网管理体系平稳运行，全球互联网社群逐步完善对 ICANN 和 IANA 职能的监督机制。虽然在 ICANN 司法管辖权、所承担角色等方面仍存在争议，但这一变革巩固了 ICANN 在全球域名管理体系中的核心地位，便于各国通过 ICANN 这一平台进一步参与全球域名管理，为本国域名行业发展争取有利国际政策。

2. 落实 ICANN 临时政策，行业 GDPR 合规有章可循

2018 年 5 月 25 日起，《通用数据保护条例（GDPR）》正式实施，赋予欧盟地区公民和居民对个人数据的更多控制权，对包括我国在内的各国域名行业保障涉及欧盟地区的用户隐私提出了严格要求。ICANN 为此制定了《gTLD 注册数据临时规范》和《暂行 gTLD 注册数据政策》等，国内多家域名注册管理机构和注册服务机构落实 ICANN 政策要求，对部分字段、部分用户的 WHOIS 信息进行屏蔽，以确保符合 GDPR 规定。

3. 域名基础管理循序渐进，不良应用治理常抓不懈

多年来，主管部门始终坚持推进域名基础管理和不良应用治理工作。

一是依照新规逐步推进基础管理。《互联网域名管理办法》实施以来，工业和信息化部逐步推进域名从业机构许可审批工作，规范域名从业机构市场经营行为，加强注册、解析、网站接入等环节的实名制管理，从机构建立的合法性、经营行为的规范性和信息的真实性等方面构筑域名管理的底层基础。

二是继续加强域名不良应用治理。2018 年 4 月全国网络安全和信息化工作会议在北京召开。中共中央网络安全和信息化委员会办公室认真贯彻落实全国网信工作会议精神，建立健全网络综合治理相关体制机制，坚持依法管网治网、规范网络传播秩序，开展专项整治行动，根据网民举报和自主监管及时清理各类不良信息。域名行业依此开展了域名不良应用治理工作。如 CNNIC 于 2018 年 8 月 30 日正式对外公布并实施域名不良应用治理方案，完善对"CN/中国"不良应用域名的打击处理机制。

4. 域名经济政策亮点频现，经济价值发挥更加规范

在技术标识作用外，域名的经济价值越来越得到重视。近年来，国内有关部门创新制定了经济管理领域的若干政策，使域名经济价值发挥走在法制化道路上。

一是域名被明确认定具备法律意义上的财产属性。2017 年 7 月 1 日，国家税务总局公布营改增最新税率表，首次将域名作为其他权益性无形资产之一列入税率表，对销售域名活动征收 6% 的增值税。2017 年 10 月 16 日，最高人民检察院发布第九批指导性案件，通过"张四毛盗窃案"明确了网络域名具备法律意义上的财产属性，盗窃网络域名可被认定为盗窃行为。

二是网络经营场所登记合法化凸显域名经济价值。2018 年 8 月 31 日，全国人大常委会通过《中华人民共和国电子商务法》，自 2019 年 1 月 1 日起施行。其中规定"电子商务经营者应当依法办理市场主体登记"。依此，2018 年 12 月市场监管总局规定，允许个体工商户将网络经营场所作为经营场所进行登记。2019 年 1 月 9 日，全国首张采用网络经营场所的营业执照在浙江杭州发放。域名作为网络经营场所地址（URL）的重要部分，经济价值凸显。

三、我国域名行业发展问题

在我国域名行业的多年发展中，存在着以下问题。

（一）我国域名行业大而不强，核心竞争力仍有待提升

我国域名行业虽已成为全球域名行业的一极，但这种地位主要是靠业务量、从业机构量等指标的"大"体现的，这些指标与我国经济体量庞大、市场需求大密切相关。在核心竞争力方面，我国域名行业近年来有所加强，但总体上与国际先进水平仍有明显差距，处于大而不强的局面。

一是国际市场竞争力不强。Verisign、Donuts、Afilias 和 GoDaddy 等企业纷纷进入包括我国在内的各国市场，在各国市场中占有一席之地。与之对比的是，我国域名从业机构主要局限于国内市场，较少走出国门，即使个别机构进入海外市场，在当地的业绩表现往往也不尽如人意。

二是缺乏引领世界的企业和产品。一国行业的国际影响力往往是通过引领世界的企业和产品来体现的。如 Verisign 的域名注册管理和解析服务、GoDaddy 的域名注册服务、谷歌的域名递归解析服务（8.8.8.8）、Sedo 的域名交易平台服务、DNJournal 的域名交易新闻服务、DropCatch 的域名抢注平台服务、MarkMonitor 的互联网品牌保护服务、DomainTools 的域名监测和查询服务。我国的域名从业机构和产品在各自领域中还未能达到引领世界的程度。

三是关键基础设施仍然薄弱。核心竞争力的重要表现是对关键基础设施的管理。域名行业中的关键基础设施主要是指根服务设施。目前，13 个根服务器均不在我国，1000 多个根镜像服务器中只有 7 个位于我国境内，只有 2 家获得许可的根镜像服务器运行机构，且我国根镜像服务器访问率较低，根解析服务性能仍有较大提升空间[5]。

（二）监管面临主体多样挑战，行业秩序存在一定隐忧

当前，域名注册领域的参与主体众多，在竞争、创新和推广的同时，有效监管面临挑战，域名注册秩序存在一定隐忧。

一是在注册管理领域，出现了众多源自各行各业的新进入者。一方面，新进入者大多缺乏域名注册管理的技术和运营经验，通过衍生的第三方机构的支持帮助也只能解决部分问题，可能仍存在不规范之处。另一方面，主体的增多使得竞争逐渐激烈，部分注册管理机构采取了非常规竞争策略，如超低价营销等。这些策略给注册管理领域带来了新鲜和活力，但不可避免地也存在影响行业秩序的可能性。这两方面问题都对监管提出了较大挑战。

二是在注册代理领域，进入门槛较低，虽有实力堪比注册服务机构的代理机构，但大量的代理机构为个体工商户。此种方式有利于域名注册业务的线下快速推广，但对此的监管却是个很大的难题。目前监管主要依靠注册服务机构对代理机构的管理，但此种管理明显不足。

（三）应用环境尚未良好支持，普及中文域名任重道远

采用本国语言访问互联网，对于普及互联网、消除数字鸿沟具有重要意义。中文域名社群为此积极制定实施各种政策鼓励使用中文域名，但是，由于用户、技术等应用环境尚未良好支持中文域名，目前中文域名还未得到大规模应用。普及中文域名任重道远。

一是用户使用习惯改变不易。用户习惯的力量过于强大，英文域名仍然是全球用户默认的第一选择，全球 IDN 发展都不尽如人意，中文域名也不例外。考虑到传统通用顶级域名具有先发优势，此处只比较 New gTLD。按照 2019 年 10 月 18 日数据计算，在全球所有 New gTLD 中，有

200 个顶级域名的保有量超过 1 万个，其中仅有 11 个为 IDN New gTLD，且保有量最多的 IDN New gTLD（".网址"）保有量仅为 128362 个，排在所有 New gTLD 第 27 位，是排在首位的".TOP"保有量（3573428 个）的 3.6%[6]。

二是技术应用环境还需提升。若干主流的搜索引擎、网络社交等互联网服务还未能做到如英文域名那样支持中文域名，无法识别中文域名或需将中文域名进行转码。主流互联网服务尚未良好支持中文域名，意味着全社会还未形成自然、方便应用中文域名的技术环境。

四、我国域名行业发展趋势

未来，我国域名行业将朝以下方面发展。

（一）传统主流域名将继续保持主导地位

New gTLD 引发了人们对域名格局变革的期待。2015 年谷歌花费 2500 万美元拍得".APP"顶级域名，夺下当年顶级域名的最高价格。".XYZ"以其大胆、新颖、极具想象力的特点，吸引了大众关注。".TOP"仅用两年时间，域名保有量就已突破 400 万个。经过先前的火热之后，New gTLD 走向平稳，目前来看 New gTLD 无法显著变革域名格局，传统主流域名（"CN/COM"）仍将在我国域名市场中保持主导地位。原因在于：一是用户思维和行为习惯具有强大的力量，通常情况下，我国用户注册和使用的域名是"CN/COM"域名。二是传统主流域名注册机构长期优化提升服务能力，持续加强和完善渠道建设，不断巩固在用户中的认可度。如 CNNIC 不断提升域名领域的技术、服务综合实力水平，域名核心服务可用性多年保持 100%，2019 年 CNNIC 再次全面升级服务水平协议（SLA）承诺。三是颠覆性的、可持续的 New gTLD 域名营销和应用手段还未出现，若干新手段仅能产生小幅的、短期的吸引力，还未能使大量用户有较强意愿长期使用 New gTLD。

（二）域名交易市场将逐步趋于理性成熟

在国内域名行业和社会中，关于域名价值的讨论一直持续不断，域名交易市场也往往与炒作、击鼓传花、非理性、混乱等相连。我们认为，域名交易市场将逐渐趋于理性成熟。一是域名具有稳固的价值支撑。数字经济方兴未艾，作为数字经济的重要标识，域名的价值持续稳固。对于网站，域名的价值有目共睹；对于 APP，域名是联网调用时的必备选择；对于小程序，微信仍然要求设置域名。二是域名价值发挥逐渐规范化。此前域名交易规范化水平不足。目前有关部门在税收政策、商标管理等方面制定了若干政策，使域名经济价值发挥走在法制化道路上。虽然从政策制定到严格落实还有一段距离，但这一方向却是明确的。三是市场动荡也具有一定的教育意义。域名交易市场经历了若干次剧烈动荡，但总体而言，动荡也促使人们对域名交易有了进一步的认识。多次动荡使人们的认识逐渐加深和全面，有望趋于理性看待。当然，市场趋于理性成熟，并不意味着此后将一定不再有炒作、动荡等，域名交易市场在长期的理性成熟过程中仍然可能伴随着一定时间、一定事件中的非正常剧烈波动。

（三）中文域名推广创新尝试将持续不断

从过往努力和成果来看，普及中文域名是一项艰巨的任务，但未来推广中文域名的热潮仍将持续不断，创新手段仍将不断尝试。一是新修订的《互联网域名管理办法》仍然把"推动中文域名发展和应用"作为一项目标，中文域名推广是一项法定责任。二是目前已有一批中文顶级域名，相关注册管理机构来源多样，他们有动力、有资源去推广中文域名。三是作为"互联网＋中华文化"的典型代表，中文域名承载着文化传承的期望。因此，域名行业、互联网行业、文化行业等有关行业将继续不断尝试新的手段，与自身业务结合，与民众关心的事务结合，与国家大力推行的政策结合，推广中文域名。

（四）参与工业互联网标识解析体系建设

当前，全球范围内新一轮科技革命和产业变革蓬勃兴起。工业互联网作为新一代信息技术与制造业融合发展的产物，日益成为"新工业革命"的关键支撑和深化"互联网＋先进制造业"的重要基石。标识解析体系是工业互联网的关键神经系统，是实现工业系统互联和工业数据传输交换的支撑基础。目前，全球范围内还没有一个真正应用于工业互联网的标识解析体系。国务院《关于深化"互联网＋先进制造业"发展工业互联网的指导意见》专门列出一节对"推进标识解析体系建设"提出了具体要求。

我国域名行业在工业互联网标识解析体系建设中大有可为。作为传统互联网标识解析体系，域名解析体系已为全球互联网高效稳定服务了30多年，虽然仍有安全、应用和管理方面的诸多问题，但无疑已得到世人广泛认可。工业互联网标识解析体系虽有其主要用于工业领域的特殊性，但与域名解析体系有很多相通之处，将域名解析体系的成果应用于工业互联网既是可行的，也是有益的。因此，在建设工业互联网标识解析体系过程中，我国域名行业将以多种形式深入参与工业互联网标识解析体系建设。一是技术借鉴和系统融合。工业互联网标识解析体系借鉴域名解析技术，包括标识编码方案、标识解析技术等，或与域名解析系统互联互通，甚至直接部分采用域名解析系统。二是人员交流。域名行业中的人才将流动到工业互联网标识解析领域，实际参与建设标识解析系统。三是机构融合。部分有实力的域名从业机构将探索进入工业互联网领域，开展工业互联网标识解析体系的研发、建设和运营，成为工业互联网标识解析体系中的一员。

（五）加强行业监管的力度和全面性规范性

域名行业长期以来受到主管部门的监管，今后行业监管将更加严格。原因在于：一是全国正在不断深化"放管服"改革，这场改革旨在推动政府职能深刻转变，重塑政府和市场关系，与十一届三中全会以来市场取向改革的大思路一脉相承，是今后较长时期改革的重点内容。"放管服"改革要求之一就是改变"重审批、轻监管、弱服务"的状况，转变监管理念，创新监管方式，强化公正监管，维护公平竞争的市场秩序。二是域名行业提供的服务是互联网基础服务。我国作为互联网大国，加强域名行业监管，保障域名服务规范开展，支撑互联网稳定运行，促进经济社会各领域发展是必然之举。三是新修订的《互联网域名管理办法》专列一章"第四章　监督检查"，对域名行业监管提出了全面、具体的要求，有关部门有明确责任严格落实这些监管要求。因此预计今后对域名行业的监管将更加得到重视和加强，并朝以下两方面发展：一方面，在继续推进许可审批工作之外，将更加重视事中事后监管，体现监管的全面化；另一方面，将按照《互联网域名管理办法》等规定进行，体现监管的规范性。

参 考 文 献

[1] 中国信息通信研究院互联网域名研究团队．互联网域名行业季报（2019 年第二季度）［EB/OL］．
　　 ［2019 - 10 - 15］．http：//域名．信息/policydoc1/2019 年互联网域名行业季报第二季度．pdf．
[2] 熊猫．全球首个使用区块链的法定数字资产交易完成，是域名！［EB/OL］．［2019 - 10 - 25］．ht-
　　 tps：//news．ename．cn/domain_20190109_115048_1．html．

［3］易名 . "Repo" 域名回购功能重磅上线！帮你找回错过的财富！［EB/OL］. ［2019 – 10 – 25］. https：//
news. ename. cn/domain_20190920_118104_1. html.

［4］世界知识产权组织仲裁与调解中心 . Geographical Distribution of Parties in WIPO Domain Name Cases Top
25（2018）［EB/OL］. ［2019 – 10 – 25］. https：//www. wipo. int/export/sites/www/pressroom/en/docu-
ments/pr_2019_829_annex. pdf.

［5］中国信息通信研究院互联网治理研究中心 . 互联网域名产业报告（2018 年）［EB/OL］. ［2019 – 10 – 15］.
http：//www. caict. ac. cn/kxyj/qwfb/ztbg/201907/P020190710582157143531. pdf.

［6］greenSec GmbH. TLD Breakdown［EB/OL］. ［2019 – 10 – 18］. https：//ntldstats. com/tld.

（本文作者：胡安磊　李长江　罗北）

新通用顶级域名及其在我国的发展

摘要：2012 年新通用顶级域名（New gTLD）计划正式开始实施。在全球，New gTLD 显著提高了全球域名空间丰富多样性，对全球域名注册格局产生有限冲击，极大扩展了全球域名行业生态体系；New gTLD 内部已暂时形成强弱格局但远未稳固；发达国家和中印俄 New gTLD 发展较好。在我国，境内外机构申请的超过百个 New gTLD 已正式获准进入；域名保有量达千万，内部格局不断变动；与 New gTLD 相关的传统注册服务和新兴衍生服务皆有所发展，在国际上有突出表现；政府和企业等共同推动 New gTLD 应用，尚待发挥成效；中文 New gTLD 相对领先，还需努力。未来，预计仍可开放申请 New gTLD 但具体方式充满不确定性，全球 New gTLD 开始从独立走向融合，我国 New gTLD 继续处于重大变动中。

关键词：New gTLD；新通用顶级域名；顶级域名申请；域名注册

新通用顶级域名（New gTLD）是通用顶级域名（gTLD）的一部分，它是随着通用顶级域名体系的扩展而形成的。

20 世纪 80 年代，域名体系建立之初，只有 8 个通用顶级域名（"COM/ORG/NET/EDU/GOV/ARPA/INT/MIL"）。2000 年开始，互联网名称与数字地址分配机构（ICANN）对通用顶级域名进行了第一轮扩展，增加了 7 个通用顶级域名（"BIZ/INFO/NAME/PRO/AERO/COOP/MUSEUM"）。2004 年开始，ICANN 对通用顶级域名进行了第二轮扩展，增加了 8 个通用顶级域名（"ASIA/CAT/JOBS/MOBI/POST/TEL/TRAVEL/XXX"）。在这两轮扩展完成之后，全球共有 23 个通用顶级域名。

2005 年，在前两轮扩展基础上，ICANN 的通用名称支持组织（GNSO）开始考虑引入新的通用顶级域名并着手开展政策制订工作。2008 年，ICANN 董事会采纳了 GNSO 关于新通用顶级域名的 19 条具体政策建议。2011 年 6 月，ICANN 董事会同意启动 New gTLD 计划。2012 年 1 月 12 日，New gTLD 申请正式开始。本文所述的 New gTLD 即指 2012 年此轮开始申请的 New gTLD。

一、全球 New gTLD 发展概况

自 2012 年开始申请以来，New gTLD 自身不断发展，给全球域名行业带来了新的变化。

（一）New gTLD 显著提高全球域名空间丰富多样性

New gTLD 计划受到了全球各界的欢迎。本轮一共有 1930 个新通用顶级域名申请。其中 84 个为社群类域名，66 个为地理类域名，116 个为 IDN 域名（12 种文字）[1]。截至 2020 年 1 月 31 日，已入根 1235 个，在 23 个传统通用顶级域名和 300 多个 ccTLD 之外开辟了广阔、多样的域名空间。

（二）New gTLD 对全球域名注册格局产生有限冲击

引入 New gTLD 之初，人们期待其能改变全球域名格局。从实际发展来看，New gTLD 对全球

○ 同一个域名可以属于多个类别。此外，各类别域名数为截至 2012 年 6 月 13 日统计结果，后期可能有变化。

域名格局冲击效果还较为有限。最近几年来，New gTLD 保有量保持在 2000 多万个，已不复此前的高速增长；占全球域名保有量的比例保持在大约 7%，还未能成为主流域名（见表 1）。

表 1　历年 New gTLD 域名保有量变化

时间	New gTLD 保有量/万个	占所有 TLD 保有量的比例
2015 年第三季度末	760	2.5%
2016 年第三季度末	2340	7.2%
2017 年第三季度末	2110	6.4%
2018 年第三季度末	2340	6.8%
2019 年第三季度末	2400	6.7%

数据来源：Verisign。

（三）New gTLD 内部强弱之势暂时成形但远未稳固

在此对 2015 年以来每年域名保有量最多的前十个 New gTLD 进行分析，见表 2。一方面，出现若干长期领先者。"TOP/XYZ"一直处于前三名之列，"SITE/ONLINE/CLUB/VIP"也长期处于前十名之列。另一方面，领先优势并不明显，内部格局持续变动。截至 2019 年第三季度末，排在首位的".TOP"域名保有量仅占 New gTLD 保有量的 12.5%，前十名保有量总和也仅占所有 New gTLD 保有量的 58.7%，与其他 New gTLD 并未拉开显著差距；"ICU/LIVE/WORK"均为首次进入前十名之列，".SHOP"也仅是第二次进入前十名之列；在此前的领先者中，".WIN"首次落在前十名之外，"LOAN/WANG"也落在前十名之外。

表 2　历年第三季度末域名保有量前十名的 New gTLD

名次	2015	2016	2017	2018	2019	占所有 New gTLD 保有量的比例（2019 年）
1	. XYZ	. XYZ	. XYZ	. TOP	. TOP	12.5%
2	. TOP	. TOP	. LOAN	. LOAN	. XYZ	9.7%
3	. 网址	. WANG	. TOP	. XYZ	. ICU	8.7%
4	. SCIENCE	. WIN	. WIN	. CLUB	. SITE	6.4%
5	. WANG	. CLUB	. CLUB	. ONLINE	. ONLINE	5.1%
6	. CLUB	. SITE	. ONLINE	. VIP	. CLUB	4.7%
7	. PARTY	. BID	. VIP	. WIN	. VIP	4.3%
8	. LINK	. VIP	. WANG	. LTD	. SHOP	2.7%
9	. CLICK	. ONLINE	. BID	. SHOP	. LIVE	2.5%
10	. WIN	. PRO	. SITE	. SITE	. WORK	2.1%
合计						58.7%

数据来源于 Verisign，包含部分此前扩展的 TLD（".PRO"）。

（四）New gTLD 极大扩展了全球域名行业生态体系

New gTLD 的引入，从两方面扩展了原有的全球域名行业生态体系。一方面，New gTLD 的申请者中除了原有的域名注册管理机构和域名注册服务机构，还有众多的各行各业的企业。这些新进入者，特别是互联网企业，成为 New gTLD 的重要参与者，如谷歌公司、亚马逊公司分别申请了 101 个和 76 个 New gTLD。另一方面，产生壮大了一批域名衍生服务机构。此前，有少数机构托管其他 TLD 后台。New gTLD 带来大量非专业域名从业机构，使得技术托管成为必需和常见现象，TLD 技术托管服务机构因而成为域名行业的重要组成部分，并催生了顶级域应急托管机构（Emergency Back-end Registry Operator，EBERO）、注册数据托管机构和商标注册代理机构（Trademark Clearinghouse，TMCH）等配套服务机构。

（五）New gTLD 发展主要集中在发达国家和中印俄

发达国家和中印俄等发展中大国的 New gTLD 业务开展较好，"Global South" 仍然显著落后。在 1930 个 New gTLD 的申请者中，来自北美、欧洲和亚太地区的申请者分别为 911 个、675 个和 303 个，南美和非洲分别只有 24 个和 17 个[1]。New gTLD 注册中，美国和中国域名保有量占前两名，并远超出其他国家，排在前十名的依次还有日本、德国、新加坡、印度、英国、加拿大、法国和俄罗斯[2]。New gTLD 从业机构也主要集中在发达国家和中国、印度、俄罗斯。

二、我国 New gTLD 发展状况

经过多年发展，我国 New gTLD 有关各方在申请、许可、注册、行业发展和应用等方面做了大量努力，在多个领域取得了相对较好的成绩，已成为全球 New gTLD 显著且重要的地区。

（一）内外发力，TLD 百花齐放

我国是 New gTLD 的重要参与者，境内机构积极申请 New gTLD，境外机构也纷纷申请许可进入我国市场，内外发力使得我国 New gTLD 百花齐放。

我国是 New gTLD 的积极申请者。据对 ICANN 公告信息[3]统计显示（见表3），我国境内的机构⊖申请了 41 个 New gTLD，其中 32 个获得同意并已入根，另外的 9 个被撤回。虽与美国有巨大差距，甚至少于谷歌一家公司，但与全球各国相比，我国是申请量较高的少数国家之一。在这 32 个已入根的 New gTLD 中，有 2 个社群类域名（"政务/大众汽车"），2 个地理类域名（"广东/佛山"）。

表3　我国境内机构向 ICANN 申请的 New gTLD

申请状态	数量	域　名
已入根	32	CITIC、中信、公益、政务、REN、公司、网络、SOHU、AIGO、SINA、WEIBO、微博、XIHUAN、SHOUJI、ANQUAN、YUN、信息、联通、UNICOM、ICBC、工行、时尚、广东、佛山、XIN、REDSTONE、CYOU、大众汽车、手机、TOP、新闻、BAIDU
撤回	9	SHOP、广东、LIFE、GAME、WEIBO、微博、广州、深圳、网站
总计		41

我国是 New gTLD 的重要目标市场。截至 2019 年底，已有 105 个 New gTLD 获得国内电信管理部门许可，占全球已入根 New gTLD 数量的 8.5%，占国内已获得许可的所有 TLD（即所有 gTLD 和 ccTLD）数的 91.3%。其中境内机构申请的 32 个新通用顶级域名已有 18 个获得许可；境外机构申请的 87 个 New gTLD 获得许可⊖（见表4），是境内的 4.8 倍。部分获得许可的 New gTLD 已正式运营。保有量在全球前列的 New gTLD 大多已获得国内许可。

⊖ 指 ICANN 公告中 Location 为 "CN" 的机构。

⊖ 为保持一致性，此处机构的归属地以向 ICANN 申请时为准。后期由于收购，部分 New gTLD 发生注册管理机构变更，实际上在向国内电信管理部门申请许可时可能为境内机构。此为个别情况，不影响本文观点。

表 4　获得国内电信管理部门许可的 New gTLD

归属地	数量	域名
境内机构	18	公司、网络、公益、政务、REN、CITIC、中信、TOP、信息、广东、佛山、时尚、SOHU、XIN、手机、BAIDU、联通、UNICOM
境外机构	87	网址、WANG、商城、网店、商标、餐厅、招聘、集团、我爱你、XYZ、VIP、WORK、LAW、BEER、购物、FASHION、FIT、LUXE、YOGA、CLUB、SHOP、SITE、FUN、ONLINE、STORE、TECH、HOST、SPACE、PRESS、WEBSITE、INK、DESIGN、WIKI、在线、中文网、RED、KIM、ARCHI、BIO、BLACK、BLUE、GREEN、LOTTO、ORGANIC、PET、PINK、POKER、PROMO、SKI、VOTE、VOTO、移动、网站、LTD、GROUP、游戏、企业、娱乐、商店、CENTER、CHAT、CITY、COMPANY、LIVE、COOL、ZONE、WORLD、TODAY、VIDEO、TEAM、SOCIAL、SHOW、RUN、PUB、PLUS、LIFE、GURU、GOLD、FUND、EMAIL、AUTO、LINK、ART、LOVE、CLOUD、ICU、FANS
总计		105

（二）体量庞大，注册格局充满变数

我国 New gTLD 注册体量已达到令全球瞩目的庞大规模。这一体量，是依靠众多 New gTLD 此起彼伏的发展而来的。

我国以千万级规模占据全球 40% 的 New gTLD 保有量。如表 5 所示，随着 2016 年高达 142.0% 的增长率，我国 New gTLD 保有量首次突破千万个，为 1198 万个。此后由于宏观经济形势、市场周期性调整等因素，域名保有量连续下滑，但也保持在略超过 1000 万水平。2019 年，我国 New gTLD 注册市场开始回升，并超过了 2016 年的顶峰水平，达到 1298 万个。从全球对比来看，我国 New gTLD 保有量长期占全球大约 40%，即使在 2018 年低谷时期，也仅略低于 40%（38.6%），2019 年又开始超过 40%（40.7%）。

表 5　近年来我国 New gTLD 保有量

时间	我国域名保有量（万个）	增长率	我国占全球的比例
2015 年底	495	略	44.3%
2016 年底	1198	142.0%	43.6%
2017 年底	1089	-9.1%	46.3%
2018 年底	1042	-4.3%	38.6%
2019 年底	1298	24.6%	40.7%

数据来源：https：//ntldstats.com/。

我国 New gTLD 内部注册格局还在不断调整中。虽已经过几年的发展，我国 New gTLD 内部还未形成相对稳定的格局，各个 New gTLD 由于许可、营销策略等因素，可很快导致自身域名保有量和排名发生较大变动，明显领先者的地位长期稳固性不牢。如表 6 所示，2018 年我国前两强 New gTLD（"TOP/LOAN"）保有量合计占比超 40%，而".ICU"近期域名保有量快速攀升，2020 年 3 月已超过 500 万个，占我国 New gTLD 保有量的 38.3%，成为新的明显领先者；除".ICU"以外，其他前九名 New gTLD 保有量占全国所有 New gTLD 的比例均在 10% 以下，表明 New gTLD 之间并未形成显著优劣局面。总体来说，目前我国 New gTLD 处于初步阶段，各个 New gTLD 的发展状况主要取决于自身运作水平，还未与其他 New gTLD 形成竞争之势，我国 New gTLD 格局存在很大变数。

表6 我国 New gTLD 保有量前十名情况

名次	2018 年底	2020 年 3 月		
	域名	域名	保有量（万个）	占所有 New gTLD 的比例
1	. TOP	. ICU	575.7	38.3%
2	. LOAN	. VIP	137.1	9.1%
3	. XYZ	. WANG	137.1	9.1%
4	. VIP	. TOP	97.6	6.5%
5	. CLUB	. XYZ	87.4	5.8%
6	. LTD	. CLUB	55.1	3.7%
7	. ONLINE	. SITE	49.8	3.3%
8	. WANG	. BUZZ	44.3	3.0%
9	. XIN	. FUN	40.5	2.7%
10	. SITE	. LIVE	37.9	2.5%

数据来源于 https://ntldstats.com/，访问日期为 2020 年 3 月 6 日；数据经过四舍五入，表格中相等的数据实际原值并不相等；包含未获得国内电信管理部门许可的域名。

（三）新旧并进，行业发展国际突出

New gTLD 计划的实施，不仅推动了原先的域名注册管理和注册服务领域的发展，而且产生了一批配套的域名衍生服务机构。在其中若干领域，我国 New gTLD 相关机构在国际上有突出表现。

我国 New gTLD 注册管理领域高度集中在北京和外企。截至 2019 年底，获得国内电信管理部门许可的 New gTLD 注册管理机构为 30 家，共持有 105 个 New gTLD。按机构数计算，这些已获得许可的 New gTLD 注册管理机构分别位于北京、广东、上海、江苏和天津，其他地区均无域名注册管理机构，特别是北京以 23 家远超过其他地区。按所持有的 New gTLD 数量计算，最多的前四家均为外资企业在华机构，合计为 63 个，占全部 New gTLD 数量的 60%，持有最多的境内企业广州誉威信息科技有限公司仅以 5 个排在第五名，见表7。

表7 获得许可的 New gTLD 注册管理机构及其管理的数量

New gTLD 注册管理机构	获得许可的 New gTLD 数量/个
都能网络技术（上海）有限公司	27
艾斐域（上海）信息科技有限公司	18
北京然迪克思科技有限公司	9
北京明智墨思科技有限公司	9
广州誉威信息科技有限公司	5
其他 25 家	每家 1~4
合计 30 家	105

我国 New gTLD 注册服务机构少而集中。据不完全统计，在我国已获得电信管理部门许可的上百家域名注册服务机构中，大约一半能提供 New gTLD 注册服务，其中能提供"公司/网络/政务/公益"域名注册服务的机构较多，能提供其他 New gTLD 注册服务的仅大约为 30 家，反映了

New gTLD 注册服务体系还有壮大空间。从业务量看，我国 New gTLD 业务长期保持高集中度态势，阿里云和西维数码的 New gTLD 保有量长期占据前两位，且远超过第三名（见表8）；其中阿里云 New gTLD 保有量为全球最多。

表8　近年来我国排名前五的 New gTLD 注册服务机构

名次	2017 年	2018 年	2019 年	保有量（2019 年）/万个
1	阿里云	阿里云	阿里云	527.4
2	西维数码	西维数码	西维数码	178.1
3	易名	新网数码	山东怀米网络科技有限公司	32.2
4	北龙中网	易名	江苏邦宁	27.8
5	广东时代互联科技有限公司	江苏邦宁	新网数码	27.6

数据来源：https://ntldstats.com/。

CNNIC 为亚太唯一 New gTLD 应急托管机构。伴随 New gTLD 计划，ICANN 推出了 New gTLD 应急托管机制，包括设立 EBERO。当全球任意 New gTLD 无法正常运作时，EBERO 能够在 24 小时内接管该注册管理机构业务，继续保障该 TLD 正常解析，确保终端用户的正常访问。2013 年 CNNIC 成为首轮三家之一、亚太唯一的 EBERO。2019 年 9 月，在大幅提高技术要求的第二轮 EBERO 遴选中，CNNIC 再次成为三家之一、亚太唯一的 EBERO，可同时有效支撑 8 个 TLD、4000 万个域名量注册数据的完整恢复、稳定解析和实时查询。

TLD 技术托管服务成为国内 New gTLD 主要运行模式。New gTLD 注册管理机构来源多样，很多机构并不具备相应的 TLD 运行技术实力。国内 New gTLD，仅有少数 TLD 的系统由注册管理机构自己运营，绝大多数都托管在第三方公司，这一模式也是我国 New gTLD 得以大发展的重要因素。目前，提供此类托管服务的国内机构有 CNNIC、ZDNS、泰尔英福，以及进入我国市场的 Afilias 公司。其中 ZDNS 管理 19 个 New gTLD 的后台，域名保有量为 536 万个，在全球仅次于 CentralNic[4]。

我国是全球重要的 New gTLD 注册数据托管服务方。按照 ICANN、工业和信息化部的要求，为提高域名注册数据的安全可靠性，New gTLD 注册机构必须将域名关键数据托管在具备实力和资质的第三方机构。目前，全球共有 9 家域名注册管理机构数据托管机构（DEA），其中我国为 3 家，分别是 CNNIC、CONAC 和北龙泽达。全球共有 6 家域名注册服务机构数据托管机构（RDE TPP），其中 3 家为我国机构，同样是 CNNIC、CONAC 和北龙泽达。

此外，还有一些机构提供商标注册代理服务和域名核验服务等。

（四）政企共推，应用尚未开花结果

近年来，政府和行业都在努力推动 New gTLD 应用，但由于传统习惯和环境、主流域名自我提升等多种因素，New gTLD 尚未得到普遍应用。总体来说，我国 New gTLD 应用处于早期阶段，还未开花结果。

一是政府和行业努力推动 New gTLD 应用。一方面，政府着力开展示范应用。New gTLD 持有者很多出于品牌保护性注册，较少将注册的 New gTLD 作为网站主域名。作为行业主管部门，工业和信息化部着力推进 New gTLD 示范应用，采用"域名.信息"作为"域名行业管理信息公示网站"的主域名。另一方面，行业积极开展特色应用。".XIN"的域名注册管理机构是阿里巴巴集团体系内公司，该公司计划结合该域名的"诚信""信任""信赖"含义和阿里系业务，逐步建立网络诚信体系。".XIN"域名持有者可以授权将自己在芝麻信用或诚信通评估的诚信指数通过域名注册信息直接展示出来，网民可通过域名信息查询功能快速了解该域名持有者的诚信指数。

二是 New gTLD 尚未得到普遍应用。采用 New gTLD 的网站和电子邮箱系统少，且没有准确的衡量，在此以域名到期续费率和域名交易价格来间接说明。域名到期后续费表明域名持有者愿意继续持有该域名，一定程度上反映了该域名被使用的可能性较高。据粗略测算，除个别 New gTLD 外，整体上 New gTLD 的续费率低于我国主流的"CN/COM"域名，说明 New gTLD 被使用的可能性较低。域名交易价格高低表明目前该域名用于投资的价值高低，一定程度上反映该域名被用于标识网络信息系统的可能性大小。目前，对于相同品种的域名，New gTLD 的交易价格远低于我国主流的"CN/COM"域名，说明 New gTLD 目前还未表现出较高的投资价值，一定程度上也说明 New gTLD 被用于技术标识的预期不强。

（五）相对领先，中文域名还需努力

总体来说，中文 New gTLD 在全球具有相对较强的吸引力，但实际业务状况还有待提高。以下通过对中文 New gTLD 国际申请和国内许可情况的整理分析（见表9），并结合域名注册状况，详细阐述。

表9　中文 New gTLD 申请和许可详情

域名	申请者	地区	ICANN 状态	国内许可
手表	Richemont DNS Inc.	CH	已入根	否
珠宝	Richemont DNS Inc.	CH	已入根	否
大拿	VeriSign Sarl	CH	已入根	否
點看	VeriSign Sarl	CH	撤回	否
点看	VeriSign Sarl	CH	已入根	否
手机	Beijing RITT – Net Technology Development Co. , Ltd	CN	已入根	是
信息	Beijing Tele – info Network Technology Co. , Ltd.	CN	已入根	是
公益	China Organizational Name Administration Center	CN	已入根	是
政务	China Organizational Name Administration Center	CN	已入根	是
联通	China United Network Communications Corporation Limited	CN	已入根	是
中信	CITIC Group Corporation	CN	已入根	是
网络	China Internet Network Information Center	CN	已入根	是
公司	China Internet Network Information Center	CN	已入根	是
深圳	Guangzhou YU Wei Information Technology Co. , Ltd.	CN	撤回	否
佛山	Guangzhou YU Wei Information Technology Co. , Ltd.	CN	已入根	是
广东	Guangzhou YU Wei Information Technology Co. , Ltd.	CN	已入根	是
广州	Guangzhou YU Wei Information Technology Co. , Ltd.	CN	撤回	否
工行	Industrial and Commercial Bank of China Limited	CN	已入根	否
时尚	RISE VICTORY LIMITED	CN	已入根	是
网站	RISE VICTORY LIMITED	CN	撤回	否
微博	Sina Corporation	CN	已入根	否
微博	Tencent Holdings Limited	CN	撤回	否
大众汽车	Volkswagen（China）Investment Co. , Ltd.	CN	已入根	否

（续）

域名	申请者	地区	ICANN 状态	国内许可
新闻	Xinhua News Agency Guangdong Branch 新华通讯社广东分社	CN	已入根	否
广东	Xinhua News Agency Guangdong Branch 新华通讯社广东分社	CN	撤回	否
诺基亚	Nokia Corporation	FI	已入根	否
欧莱雅	L'Oréal	FR	撤回	否
招聘	Dot Trademark TLD Holding Company Limited	HK	已入根	是
网店	Global eCommerce TLD Asia Limited	HK	撤回	否
网站	Global Website TLD Asia Limited	HK	已入根	是
网址	HU YI GLOBAL INFORMATION RESOURCES（HOLDING）COMPANY. HONGKONG LIMITED	HK	已入根	是
餐厅	HU YI GLOBAL INFORMATION RESOURCES（HOLDING）COMPANY. HONGKONG LIMITED	HK	已入根	是
商标	HU YI GLOBAL INFORMATION RESOURCES（HOLDING）COMPANY. HONGKONG LIMITED	HK	已入根	是
嘉里大酒店	Kerry Trading Co. Limited	HK	已入根	否
嘉里	Kerry Trading Co. Limited	HK	已入根	否
電訊盈科	PCCW Enterprises Limited	HK	已入根	否
香港電訊	PCCW – HKT DataCom Services Limited	HK	撤回	否
香格里拉	Shangri – La International Hotel Management Limited	HK	已入根	否
盛贸饭店	Shangri – La International Hotel Management Limited	HK	撤回	否
盛貿飯店	Shangri – La International Hotel Management Limited	HK	撤回	否
世界	Stable Tone Limited	HK	已入根	否
健康	Stable Tone Limited	HK	已入根	否
商城	Zodiac Capricorn Limited	HK	已入根	是
网店	Zodiac Libra Limited	HK	已入根	是
八卦	Zodiac Scorpio Limited	HK	已入根	否
信息	Afilias plc	IE	撤回	否
移动	Afilias plc	IE	已入根	是
中文网	TLD REGISTRY LIMITED	IE	已入根	是
在线	TLD REGISTRY LIMITED	IE	已入根	是
普利司通	Bridgestone Corporation	JP	撤回	否
集团	Eagle Horizon Limited	KY	已入根	是
慈善	Excellent First Limited	KY	已入根	否
娱乐	Modern Media Limited	KY	撤回	否
我爱你	Tycoon Treasure Limited	KY	已入根	是
通販	Amazon EU S. à r. l.	LU	已入根	否
亚马逊	Amazon EU S. à r. l.	LU	入根前测试	否
食品	Amazon EU S. à r. l.	LU	已入根	否

（续）

域名	申请者	地区	ICANN 状态	国内许可
書籍	Amazon EU S. à r. l.	LU	已入根	否
家電	Amazon EU S. à r. l.	LU	已入根	否
飞利浦	Koninklijke Philips N. V.	NL	已入根	否
淡马锡	Temasek Holdings (Private) Limited	SG	已入根	否
政府	Net – Chinese Co. , Ltd.	TW	已入根	否
谷歌	Charleston Road Registry Inc.	US	已入根	否
企业	Dash McCook , LLC	US	已入根	是
通用电气公司	GE GTLD Holdings LLC	US	撤回	否
网址	Minds + Machines Group Limited	US	撤回	否
购物	Minds + Machines Group Limited	US	已入根	是
组织机构	Public Interest Registry	US	已入根	否
机构	Public Interest Registry	US	已入根	否
游戏	Spring Fields, LLC	US	已入根	是
一号店	Wal – Mart Stores, Inc.	US	RA 终止	否
商店	Wild Island, LLC	US	已入根	是
娱乐	Will Bloom, LLC	US	已入根	是
天主教	Pontificium Consilium de Comunicationibus Socialibus (PCCS) (Pontifical Council for Social Communication)	VA	已入根	否

　　中文 New gTLD 是最具全球典型性的 IDN New gTLD。一是总量大。共申请 74 个中文 New gTLD，占全部 IDN New gTLD 申请量的 63.8%，大于所有其他 IDN New gTLD 申请量总和。其中已入根 56 个，撤回 16 个，正在进行入根前测试 1 个，RA（注册协议）已终止 1 个。二是范围广。申请者来自 14 个地区，既有我国大陆、我国香港、我国台湾，新加坡等传统的中文地区，也有瑞士、芬兰、法国、爱尔兰、美国、日本、卢森堡、荷兰、梵蒂冈，还有开曼群岛。

　　境内申请中文 New gTLD 的积极性还有很大提升空间。来自我国境内的机构申请了 20 个中文 New gTLD，为全球各地区第一。排名第二的我国香港地区申请了 18 个中文 New gTLD。考虑到我国内地和我国香港的人口、面积、企业数、经济等体量对比，境内申请的积极性还有很大的挖掘空间。在这些境内机构申请的中文 New gTLD 中，已入根 15 个，撤回 5 个。

　　我国市场上中文 New gTLD 选择空间逐渐增多。在已入根的中文 New gTLD 中，28 个已获得国内电信管理部门许可，占 50%；其中，由我国境内机构申请的中文 New gTLD 为 11 个。

　　在注册量普遍较低的局面下，中文 New gTLD 发展相对较好。一是全球 IDN New gTLD 发展都不尽如人意。按照 2019 年 10 月 18 日数据计算，在全球所有 New gTLD 中，有 200 个 New gTLD 的保有量超过 1 万个，其中仅有 11 个为 IDN New gTLD，且保有量最多的 IDN New gTLD（".网址"）保有量仅为 128362 个，排在所有 New gTLD 第 27 位，是排在首位的".TOP"保有量（3573428 个）的 3.6%[5]。二是中文在所有 IDN New gTLD 中处于领先水平。在前述的 11 个 IDN New gTLD 中，9 个为中文 TLD，且前四名均为中文 TLD。除".网址"外，第 2~4 名为"公司/在线/手机"，其他 5 个为"网络/商标/我爱你/中文网/商城"。

中文 New gTLD 注册管理领域机构分散和业务集中并存。一方面，获得许可的 28 个中文 New gTLD 分别由 22 个注册管理机构持有[⊖]。另一方面，".网址"域名保有量远超出其他中文 New gTLD，其他保有量较多的还有 CNNIC 管理的"公司/网络"、北京域通联达科技有限公司管理的"在线/中文网"等。机构分散和业务集中并存意味着众多中文 New gTLD 注册管理机构并未实际运营或业务量小。

三、未来 New gTLD 发展思考

对未来 New gTLD 在全球和我国的发展做如下思考。

（一）未来 New gTLD 开放可期但充满不确定性

自 2012 年 New gTLD 首轮开放申请以来，特别是当前首轮大部分评估工作已完成之际，对下轮开放申请成为业界关注焦点。本文认为，未来 New gTLD 将能继续通过开放申请得到，但在具体操作方面，如何时、采用何种方式等充满不确定性。一是 ICANN 的核心使命是维护域名体系的安全与稳定，在此基础上尽可能增加选择，促进竞争和创新。按照此目标引入 New gTLD，从首轮实际情况来看，New gTLD 不影响域名体系的安全与稳定，并且在一定程度上增加了选择，促进了竞争和创新。因此，未来我们仍可以期待继续通过开放申请获得 New gTLD。二是自下而上、共识驱动、多利益相关方的运作模式决定了 ICANN 的政策制订是复杂、漫长的。GNSO 批准成立的 New gTLD 后续流程工作组对未来 New gTLD 政策涉及的广泛领域进行了初步探讨，提出了多种多样的初步建议、方案和问题。目前来看，未来申请 New gTLD 多大程度上继续采用现有的具体操作政策，存在着很大的不确定性，还有待持续观察。

（二）全球 New gTLD 开启从独立走向融合之路

一直以来，域名相对独立地在经济社会中存在，有专门的域名注册机构，域名持有者对域名的管理利用有专门的处理方式。进入 New gTLD 时代，为保持全球域名体系的安全与稳定，域名的技术独立性将仍然保持，但在其他诸多方面将更多地体现出融合性。一是在业务运营方面，各行业的企业都进入 New gTLD 注册管理领域，使得 New gTLD 业务将不再是完全独立单元，而是与企业集团所属业务更加紧密融合发展，支撑企业集团整体业务发展战略。未来，New gTLD 注册管理机构将不再是为注册而注册，衡量 New gTLD 成败的将主要不再是域名注册量、注册业务收入等指标，而是对企业集团整体业务的支撑作用。二是在域名管理方面，无论是作为域名注册管理者还是域名持有者，New gTLD 给企业提供了广阔的选择空间，也提高了保障自身权益的难度，使得企业不再将 New gTLD 仅看作是技术标识来简单管理，而是将其当作企业的重要资产，纳入企业的整体资产管理中，对如何有效开展品牌保护、如何管理域名资产、如何使域名资产保值增值做出整体考虑。如美国的全国房产经纪人协会（NAR）已成功为".REALTOR"域名提交了商标注册申请，并获得了批准。

（三）我国 New gTLD 领域继续处于重大变动中

New gTLD 计划的实施，使一些业务和机构发生从"0"到"1"的根本性变革，我国更加显著。目前，New gTLD 领域还处于初期发展阶段，众多方面还未成熟稳定，行业仍将继续处于重

⊖　　此处机构以向 ICANN 申请时为准。

大变动中。一是由于对下一轮 New gTLD 开放的预期，一些机构已开始进行相应的多方面准备。二是在 2012 年此轮申请成功的 New gTLD 中，不少还未获得国内电信管理部门许可，已获得许可的也有部分尚未实际运营。预计接下来一段时期，这些 New gTLD 将加快许可和运营进程。三是大量的 New gTLD 运营状况未达到计划目标，寻求行业合作是摆脱困境的重要手段，甚至收购兼并、萎缩退出也成为可考虑的选择。四是我国作为 New gTLD 的活跃地区，全球与 New gTLD 相关的各类动向都可能在我国表现得更为明显。

参 考 文 献

［1］ICANN. New gTLD Application Submission Statistics ［EB/OL］. ［2020 – 3 – 4］. https：//newgtlds. icann. org/en/program – status/statistics.

［2］中国信息通信研究院互联网域名研究团队. 互联网域名行业季报（2019 年第三季度）［EB/OL］. ［2020 – 3 – 4］. http：//域名. 信息/policydoc1/2019 年互联网域名行业季报第三季度. pdf.

［3］ICANN. NEW GTLD CURRENT APPLICATION STATUS ［EB/OL］. ［2020 – 3 – 4］. https：//gtldresult. icann. org/applicationstatus/viewstatus.

［4］GREENSEC GMBH. Registry Backend Breakdown ［EB/OL］. ［2020 – 3 – 9］. https：//ntldstats. com/backend/ZDNS.

［5］GREENSEC GMBH. TLD Breakdown ［EB/OL］. ［2019 – 10 – 18］. https：//ntldstats. com/tld.

（本文作者：李长江　胡安磊　罗北）

国际组织动态篇

ICANN 全球域名分部行业峰会（GDD）情况及动态

摘要：报告内容基于中国互联网络信息中心（CNNIC）出访参加第四届和第五届 ICANN－GDD 峰会期间获得的第一手资料。通过参与 ICANN 主导的行业会议，关注重要国际互联网组织和机构的工作动态与工作规划，跟进全球域名业界最新发展动态。聚焦 ICANN 热点议题，针对 ICANN 长期热点问题展开前瞻性研究，结合 CNNIC 战略目标与主要职能，通过及时反馈、不断发声，积累 CNNIC 在国际互联网社群的影响力。

关键词：ICANN；GDD 峰会；域名；国际互联网社群

一、背景介绍

互联网名称与数字地址分配机构（ICANN）全球域名分部（GDD）行业峰会自 2015 年设立，是专门面向 ICANN 签约方——域名注册管理机构和域名注册服务机构召开的行业会议，独立于每年 3 次的 ICANN 会议之外。会议议题一般由各注册管理机构和注册服务机构通过各自的利益主体组织——注册管理机构利益相关方（RySG）和注册服务机构利益相关方（RrSG）自行商定，范围涵盖后台技术、资质认证、服务协议、流程改进、新兴市场和行业前景等。各方会在峰会期间就实际运营中的具体问题进行讨论，同时与 ICANN GDD 部门进行面对面交流。

CNNIC 作为 New gTLD ".公司"和".网络"的注册管理机构，是 RySG 成员，对 ICANN GDD 相关工作进行了长期跟进并持续参与。2018 年和 2019 年，CNNIC 分别派员赴加拿大温哥华和泰国曼谷参加 GDD 峰会，充分发挥自身优势，进一步加强对 ICANN 事务的参与力度，扩大在 ICANN 等互联网非政府国际组织中的话语权和影响力。

二、2018 年第四届 GDD 峰会概况

（一）会议总体情况

第四届 ICANN－GDD 行业峰会于 2018 年 5 月 14 日至 17 日在加拿大温哥华举行，有超过 52 个国家和地区的 450 多家域名行业相关组织、注册管理机构和注册服务机构的代表参会。

（二）主要动态

1.《gTLD 注册数据临时规范》正式生效

为应对欧盟将于当年 5 月 25 日起施行的《通用数据保护条例（GDPR）》，ICANN 发布了《gTLD 注册数据临时规范》草案，具体化了注册管理机构和注册服务机构在应对 GDPR 问题上的解决方案。该草案经 ICANN 与欧盟数据保护机构多次磋商并在 ICANN 社群内部多轮讨论后于本届 GDD 峰会期间获 ICANN 董事会通过正式生效。根据此方案，注册管理机构和注册服务机构既可以继续遵守现有的 ICANN "注册管理机构协议"和"注册服务机构认证协议"，又能符合欧盟

《通用数据保护条例（GDPR）》的相关规定。

2. 对域名信息查询传输协议（WHOIS）系统进行调整

根据《gTLD 注册数据临时规范》的要求，WHOIS 系统需要进行如下调整：一是对 WHOIS 系统字段的显示内容进行限制，2018 年 5 月 25 日后，WHOIS 只能显示部分基本技术数据，例如域名所属注册服务机构的状态、域名注册的状态、域名的创建和过期日期，不再显示任何域名注册者的个人资料。未经授权的个人或组织只能通过匿名电子邮件、WEB 表单或其他技术和法律手段才能联系域名注册者；二是建立对 WHOIS 的分层访问模型，对于不公开显示的 WHOIS 信息，只有获得 ICANN "分层访问认证" 的机构或团体才能查看，例如执法机构和知识产权保护机构等。ICANN 目前正与政府咨询委员会（GAC）和数据保护机构（DPAs）合作，拟建立一套名单，其中包含各国政府授权的执法机构和其他政府机构，名单上的机构可以直接获得 ICANN "分层访问认证"，以获取非公开数据。

由于距离 GDPR 生效仅剩一周时间，注册管理机构和注册服务机构面临很大压力，且 WHOIS 分层访问模型目前仅停留在概念阶段还无法真正施行，该问题只能留待 5 月 25 日之后解决，这在一定程度上将会造成未来一段时间内全球 WHOIS 管理方式出现混乱。部分注册管理机构和注册服务机构表示可能会暂时停止提供 WHOIS 服务。

3. "中国域名管理政策" 专题研讨

阿里云在本次峰会上组织了 "中国域名管理政策" 专题研讨，邀请中国信息通信研究院产业与规划研究所互联网产业研究部负责人对国内域名行业发展概况、国内域名管理体系、新版《互联网域名管理办法》等域名相关政策法规进行了介绍。阿里云代表从国内注册服务机构面临的合规环境、合规要求、域名注册和网站备案域名核验基本流程等问题分享了自身经验，介绍了阿里云域名业务的优势与合作案例，并与国外注册管理机构、注册服务机构代表进行互动交流。该专题研讨会是此次 GDD 峰会议程中唯一由中国社群机构和企业组织的环节，也是唯一一个聚焦国家/地区域名政策的环节。

三、2019 年第五届 GDD 峰会概况

（一）会议总体情况

第五届 ICANN-GDD 行业峰会于 2019 年 5 月 6 日至 9 日在泰国曼谷举行。由于本次峰会举办地在亚洲，吸引了大量亚太国家机构参会，共有来自 60 个国家和地区的 500 多位注册管理机构、注册服务机构以及域名行业相关组织的代表参会。

会议按照四个主题展开，分别是："注册数据访问协议（RDAP）实施及影响" "快速政策制定流程（EPDP）" "ICANN 组织效率提升" "域名滥用监测"。本届峰会绝大多数的议题都由注册管理机构和注册服务机构主导，ICANN 在会议主导方面的活动有所减少。

在 New gTLD 方面，社群专门召开了专场会议来讨论品牌顶级域的营销和推广问题，美国谷歌公司代表在会议上分享了一些富有创意的研究案例，以及对新通用顶级域的营销观点。

（二）主要动态

1. RDAP 和 EPDP 进展

ICANN 于 2018 年 5 月出台《gTLD 注册数据临时规范》（以下简称《规范》）以应对欧盟《通用数据保护条例（GDPR）》生效后可能出现的风险，其后又由《规范》衍生出了 RDAP 和

EPDP，拟分别从技术层面和政策层面制定一套完善的隐私保护体系，以彻底满足 GDPR 的合规要求。ICANN 已于 2018 年 3 月发布《注册数据访问协议（RDAP）技术实施指南》（以下简称《指南》）和《注册数据访问协议（RDAP）响应概要》（以下简称《概要》），要求所有注册管理机构和注册服务机构根据《指南》和《概要》在 8 月 26 日前完成 RDAP 的部署工作，但从目前的反馈情况来看，按时完成部署难度较大，包括 CNNIC 在内的一些注册管理机构和注册服务机构在 RDAP 的部署上存在一定困难。目前的《指南》和《概要》并不足以指导注册管理机构和注册服务机构完成 RDAP 的部署，ICANN 需要发布更加详细的引导文件，并对 RDAP 的合规性进行测试。

对于政策层面的 EPDP，目前分为四个阶段。阶段 1 为《规范》实施期，ICANN 社群在此期间针对《规范》提出了 29 项改进建议；阶段 2 从《规范》失效开始直至 29 项建议落地实施；阶段 3 将在 29 项建议正式被 ICANN 董事会批准成为"政策"后启动，在此期间各注册管理机构和注册服务机构可以选择遵循《规范》或"政策"；阶段 4 将在 2020 年 2 月 29 日之后启动，在此阶段所有注册管理机构和注册服务机构只能遵循"政策"。EPDP 目前的整体进度处在阶段 2，该阶段的最终报告已经完成，只待 ICANN 董事会的最终批准。

2. ICANN 组织效率提升与体系变革

ICANN 作为负责协调全球互联网域名系统的国际机构，政策制定流程（PDP）是 ICANN 及其社群成员讨论和发展域名行业统一政策的重要机制。但近年来 PDP 逐渐暴露出组织效率低、推进速度慢、区域代表性不足和与实际业务脱节等诸多问题，ICANN 社群和域名行业对于改进 PDP 的呼声不断增大。

阿里云在此次峰会期间承办并主持"Making ICANN Policy Development Work for Business"专题研讨会，致力于探讨如何对 ICANN 现有的政策制定流程进行有效改造，在提高政策制定效率和效果的同时，确保流程机制和政策研究的最终结果朝着有利于域名业务、用户需求和行业进步的方向发展。会议从三个维度对当前 ICANN 政策制定流程的主要缺陷进行了分析：一是组织效率低，极大影响了注册管理机构和注册服务机构社群的参与效果；二是政策制定过程对实际业务和注册管理机构/注册服务机构成本等因素考虑不足；三是亚太地区在 ICANN 政策制定中仍然处于弱势地位。社群代表们提出，ICANN 作为全球性协调机构，需要积极响应社群诉求，尽快围绕上述问题对政策制定和治理模式提供实质性改进方案；注册管理机构和注册服务机构利益群体作为域名行业机构权益的代表组织，需要更好地发挥其协调作用和平台作用，更多关注和提升注册管理机构和注册服务机构在 ICANN 的参与价值，在政策与业务之间形成良性沟通机制；ICANN 与亚太社群应该继续加强合作、共同努力，为各层级的政策制定与社群活动中带来更多亚太声音。

3. 域名系统（DNS）安全

ICANN 表示目前 DNS 滥用已经成为社群广泛关注的重大问题，注册服务机构和注册管理机构在应对 DNS 滥用时，往往都没有对收到的举报和报告采取正确的应对措施，导致 ICANN 合规部门收到大量相关投诉。ICANN 自 2017 年启动了域名滥用活动报告（DAAR）项目，旨在研究和监测注册管理机构和注册服务机构的域名注册和域名滥用行为并向 ICANN 社群报告具有安全威胁的活动，以促进社群的相关政策决策。作为一个数据平台，DAAR 目前在处理 DNS 滥用方面遭遇的主要问题有：①注册管理机构和注册服务机构对于公开分享 DNS 滥用数据和情报的意愿度较低；②对于 DNS 滥用，社群目前还没有统一的定义，造成各个机构之间对滥用的评判标准不一；③ICANN 协议中，缺乏对系统性 DNS 滥用的处理机制；④DAAR 目前的数据仅包含注册管理机构的 DNS 滥用活动，注册服务机构的数据并未包含在内。ICANN 在会议上提出以启动

PDP 的方式来解决 DNS 滥用问题，但是遭到注册管理机构和注册服务机构的反对，没有得到任何支持。ICANN 下一步拟继续与社群商讨更有效的 DNS 滥用解决方案。

四、下一步工作方向

通过参与这两届 GDD 峰会，可以看到，我国的互联网社群加大了在 ICANN 相关会议中的参与度和曝光度，目前 ICANN 一般用户咨询委员会（ALAC）理事、互联网号码分配管理（IANA）职能审查组（IFR）委员、ICANN 通用名称支持组织（GNSO）副主席、ICANN 国家/地区名称支持组织（ccNSO）副主席、第三届 ICANN 透明和问责审查组（ATRT3）成员、下一轮新通用顶级域（gTLD）开放进程工作组的第 2 小组联合主席以及 ICANN 普遍适用性（UA）推广大使等职位均由中国社群人员担任，其中不乏来自互联网域名系统北京市工程研究中心（ZDNS）、域名城公司以及我国台湾地区网络信息中心（TWNIC）等企业和机构的代表，阿里云等企业已开始主导部分政策和会议议题并明确表达自身诉求。但是我们和国际上一些大型注册管理机构和注册服务机构相比，在国际任职和话语权方面依然存在差距。中国社群需要进一步加强沟通协调，积极发声，提升主动意识和参与深度，进一步扩大中国社群参与 ICANN 的活跃度及群众基础，进一步加强与其他相关各界的合作，共同解决互联网治理相关问题，共同促进我国互联网域名行业发展，增强我国社群的话语权和影响力。

CNNIC 下一步将继续行使好国家网络信息中心的职责，发挥我国国家顶级域名注册管理机构的优势：一是积极提升 ICANN 及其相关活动的参与力度，不断巩固和保障 CNNIC 在国内域名行业的领先地位，在政策议题研究方面加大投入；二是力推 CNNIC 人员在 ICANN 社群中任职，利用任职获取的资源、渠道和信息，在扩大国际合作、促进国际参与等领域探索和创造更多机会；三是有效利用包括 ICANN 会议在内的国际平台，开展境外业务的宣传推广工作；四是持续关注和参与 ICANN 域名滥用安全领域的议题，提出 CNNIC 的治理策略，加强与 ICANN 社群、各域名注册管理机构和域名注册服务机构的沟通联系，推动建立双边、多边的协作机制，提升处置不良域名的能力。

（本文作者：杨墨　孙钊　胡安磊）

亚太顶级域名联合会（APTLD）动态观察

摘要：本文通过观察亚太顶级域名联合会（APTLD）2018—2019年的主要活动，总结和分析了亚太域名产业社群在国际组织参与、网络空间国际政策应对、基础资源领域产品创新、国家和地区间合作等方面的动态和趋势，为互联网基础资源领域行业机构在亚太区域的国际发展提供参考依据。

关键词：亚太顶级域名联合会；APTLD；亚太域名；国际组织动态

亚太顶级域名联合会（APTLD）成立于1998年7月，是由亚太区域内国家和地区顶级域注册管理机构及相关技术、政策机构联合组建的会员组织，目前拥有60余家会员机构，是全球四大区域性顶级域名组织之一。APTLD会员分为两类，一是正式会员，仅地理位置在亚太区域、在ICANN官方数据库备案的国家或地区代码顶级域名管理机构（ccTLD）可以以正式会员身份加入；二是准会员，一切正式会员以外的、与域名行业相关的组织和个人均可以加入。相较准会员，正式会员享有参与董事会、对APTLD组织运营事务投票和表决、域名注册数据服务等额外权利。

长期以来，APTLD在协调亚太顶级域名政策制定和技术方案开发、促进亚太社群交流合作、资源分享等方面发挥了重要作用，在提高亚太地区在国际互联网业界影响力等方面具备重要的参与意义和地缘意义。本文观察APTLD 2018—2019年的主要活动，从而总结和分析亚太域名产业社群的动态和趋势。

一、APTLD主要活动情况

APTLD的主要活动形式包括会员会议、线上社群讨论和会员新闻简报及问卷调查等信息服务。

在会员会议方面，APTLD每年召开2次会议，每次会议为期4天，组织2~4场培训、12~17场主题研讨会，各会员单位派员参与，交流探讨域名行业技术、政策和市场方面动态及经验，会议同时也吸引互联网名称与数字地址分配机构（ICANN）、国际互联网协会（ISOC）、亚太互联网络信息中心（APNIC）、亚太互联网治理论坛（APrIGF）、欧洲网络协调中心（RIPE NCC）、非洲顶级域名联合组织（AFTLD）等重要国际组织代表参会并做经验分享。2018—2019年的四次会议，APTLD分别选取了尼泊尔、乌兹别克斯坦、阿联酋、马来西亚作为会议地点，并将在2020年于澳大利亚举办会议，可以看出APTLD会议在地理位置选择上有各地区轮换的原则。2018—2019年的四次会员会议重点关注和讨论的议题包括：欧盟《通用数据保护条例（GDPR）》的实施情况及对域名领域的影响、国际化域名和多语种邮件的发展情况与经验、各国域名政策对比、域名推广策略与营销手段、域名竞拍与争议解决、解析系统安全、注册管理机构创新业务、区块链等新技术对域名解析系统冲击等行业热议话题。

在线上讨论方面，APTLD主要通过邮件列表进行日常讨论，配合不定期的专题工作组、在线语音会议等形式，探讨亚太社群普遍关注的话题和APTLD组织运营事务。2018—2019年，APTLD主要就欧盟（GDPR）、域名争议解决方案（UDRP）召开两次线上语音会议；会员代表建立了 APTLD 三年战略计划（2019—2021）工作组和 APTLD 透明与可靠性工作组，针对相关问题进行研讨并产出了相应成果文件；社群邮件列表的讨论议题包含 GDPR、DNSSEC、国际化域名应用、ICANN GNSO 关于启用二字母顶级域名的相关提案等，针对 GNSO 二字母域名相关提案，APTLD 社群表示强烈反对，并倡议亚太区域各 ccTLD 注册管理机构向 ICANN 分别提交反对评议。

此外，APTLD 每两周通过邮件向会员发送一份新闻简报，内容主要包括 APTLD 各会员组织的动态新闻、主要国际组织动态、互联网基础资源领域主流媒体新闻摘录等；同时，APTLD 面向正式会员（Ordinary Member）提供数据调研服务，主要包括网页实时的亚太 ccTLD 注册量数据及图表（如图 1 所示），数据由各正式会员自愿提供；另外，APTLD 不定期根据会员需求发起问卷调查，2019 年 APTLD 发起了关于"ccTLD 与政府间关系"的问卷调查，相关报告面向参与调查的会员开放。

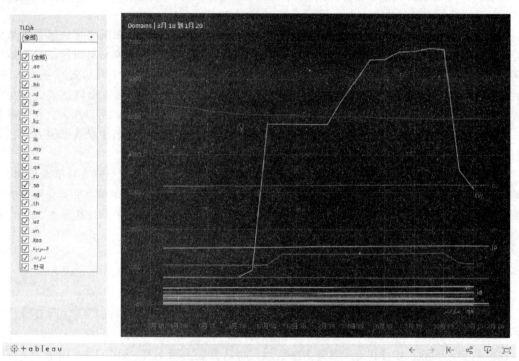

图 1　APTLD 提供的亚太 ccTLD 注册量数据图

二、APTLD 社群动态与趋势观察

总结 2018—2019 年 APTLD 社群相关活动，APTLD 及其会员社群的主要动态趋势包含以下几个方面。

（一）APTLD 国际影响力不断扩大

截至 2019 年 11 月，APTLD 会员规模已从最初的 6 家发展为 64 家，与欧洲国家顶级域注册管理机构委员会（CENTR）持平，成为全球规模并列第一的同类型组织。通过与 ICANN 等国际组织、欧洲、美洲及非洲等相关区域性组织机构建立合作，使 APTLD 的影响力日益增强。2019 年 2 月，APTLD 通过与 ICANN 中东域名系统论坛合办第 75 次会员会议，从而深化了 ICANN 与

APTLD 相互参与及合作，未来双方将在会员培训、会议参与、政策讨论等方面进一步加强合作与交流。

此外，APTLD 会员，尤其是一些大型注册管理机构和注册服务机构，正日益加大对国际互联网治理政策等领域的研究投入，很多技术社群组织开始重新定位，将工作重心逐渐由传统域名管理与推广等，向国际互联网治理政策层面拓展，加强对 APTLD 国际互联网治理平台的参与，从而发挥国际影响力，这也使 APTLD 这一平台被国际社群进一步重视，影响力日益拓展。

（二）网络空间国际政策对基础资源领域影响深远

欧盟 GDPR 是 2018—2019 年互联网行业的一大热议话题，APTLD 社群也对该政策进行了多方面、多种形式的研究和讨论。GDPR 对欧盟互联网用户数据安全的要求直接影响包括 WHOIS 在内的一些互联网基础资源信息披露范围，自 2018 年 5 月实施以来，APTLD 组织多次培训与研讨，会员纷纷互相分享各自在实践中遇到的问题和应对措施。其中，英国二级域名注册管理机构中部网络中心（CentralNic）在培训会上深入讲解了 GDPR 对欧盟国家个人用户数据采集的原则、保管等具体流程规则，他们对欧盟国家用户信息跨境采集和保管的法律兼容等问题进行了分析，并在 APTLD 社群分享了 GDPR 赋予注册申请用户的法律权力；新西兰域名管理委员会（DNC）就 GDPR 与《新西兰隐私法》条款的异同之处进行比较，认为有一定的共通性；美属萨摩奥 . AS 注册管理机构称，美国加州于 2018 年 6 月出台的消费者隐私保护条例（The California Consumer Privacy Act of 2018）有异曲同工之效，他们认为，未来三年全美乃至世界各国都将纷纷出台数据保护相关政策；来自 ICANN 的代表则表示，数据信息保护需要各社群和利益相关方的共同协作和努力。

此外，ICANN 的各项政策也在 APTLD 社群引发讨论。自 2012 年 ICANN 推出新通用顶级域（New gTLD）项目以来，已有 1200 多个新顶级域入根，ICANN 正在参考上一轮开放的相关政策制订 New gTLD 项目后续流程，即将开放第二轮 New gTLD 申请，目前已经建立了政策制定流程（PDP）的章程。APTLD 社群以 ccTLD 的运行管理者为主，一些会员建议，ccTLD 注册管理机构可以抓住下一轮新通用顶级域开放的机会，更多关注和发展国际化域名（IDN）相关服务，同时做好对现有政策的审视和调整，以应对接下来的挑战。

（三）亚太地区注册管理机构发展迅速，域名产品推陈出新

APTLD 每次会议都会邀请各与会会员代表在会议上分享自身机构的发展和近期动态。近两年，来自新加坡、马来西亚、越南、斯里兰卡、蒙古、老挝、阿曼、印度尼西亚、俄罗斯、德国、新西兰和澳大利亚等国家的会员机构代表就注册管理机构现状、未来的发展及创新服务等话题进行了分享。其中，阿曼电信管理局于 2012 年正式成立，其运营管理的 ".OM" 国家域名在 2017 年注册数已达 4000 个，月解析量达 6.48 亿次，阿曼将在未来加强对 IPv6、DNSSEC 的投入；老挝国家互联网中心于 2016 年正式成立以来，主要承担 ".LA" 国家域名的推广与维护，面临市场规模小、偏远地区的无线宽带建设成本高、缺乏基础技术领域的人才及市场推广经验等，寻求在这些领域的相关协助和合作；斯里兰卡针对中小型公司推出了包括提供企业域名、企业邮箱、企业网站等在内的配套服务；印度尼西亚的域名管理机构 PANDI 通过与第三方合作推出一系列付费二级域服务，并以 ".ID" 为例分享了印尼用户行为习惯相关数据，介绍如何利用社交媒体和网站收集数据并加以应用；新加坡互联网络信息中心（SGNIC）用过域名服务为网络交易提供电子发票，以提高互联网金融的效率；印度公司 XGEN 致力于促进多语种邮件、国际化域名的发展，针对印度官方语言多达 22 种的情况，预测印度将率先取得国际化域名的普遍应用；马来西亚互联网络信息中心（MYNIC）利用社交媒体帮助乡村地区建立农产品供应链，从

而成功推广了国家顶级域；CentralNic 公司推出了域名保护锁、DNS 解决方案等增值服务。

（四）国家和地区间基础资源合作日益频繁

借助 APTLD 平台，亚太国家和地区间基础资源合作日益频繁，联合能力建设等互助项目机制逐渐成熟。2018—2019 年，APTLD 共牵头了面向东帝汶 . TL、瓦努阿图 . VU、马尔代夫 . MV、阿曼 . OM、伊拉克 . IQ、阿富汗 . AF、老挝 . LA、乌兹别克斯坦 . UZ 等注册管理机构的 10 余次双边或多边能力建设项目。ICANN、澳大利亚 . AU、新西兰 . NZ、俄罗斯 . RU、马来西亚 . MY、印度 . IN、印尼 . ID、葡萄牙 . PT 等注册局管理机构，中立星（Neustar）、艾斐域（Afilias）等大型行业公司派出行业专家作为能力建设讲师加入项目，为提升发展比较落后的注册管理机构技术、政策、营销等方面的能力提供了帮助。此外，一些有意向长期双边合作的机构也借助 APTLD 平台签订了合作要约，如越南互联网络信息中心（VNNIC）于 2019 年分别与俄罗斯国家域名中心（ccTLD. RU）和韩国互联网振兴院（KISA）签订了合作备忘录（MoU）。

（五）国际组织任职发挥积极作用

APTLD 董事会是其组织的主要管理机制，负责 APTLD 的重大事项决策和日常管理，以月度董事会议的形式对重要事项进行讨论和表决。董事会成员共 8 人，全部由正式会员投票选举产生。CNNIC 长期担任 APTLD 董事席位，成为中国社群提高亚太地区及国际互联网业界影响力的重要抓手。2018—2019 年，CNNIC 专家参与 APTLD 董事会，充分履行 APTLD 董事职责，一方面通过积极参与讨论，充分发挥国际任职的桥梁作用和发声作用，提高了中国社群在 APTLD 的声誉，积累了丰富国际组织管理经验；另一方面，参与国际组织任职工作获取的内部资源、渠道和信息，有助于参与方引导社群讨论和决策向利好方向发展，在扩大国际合作、促进国际参与等领域，也探索和创造了更多机会。

参与国际组织任职提高了中国社群在亚太以及全球互联网基础资源社群中的影响力，为未来进一步争取国际互联网治理领域的主动权和话语权积累了宝贵经验，值得长期维护和巩固。

以上，根据对 APTLD 组织动态的观察和发现，值得互联网基础资源领域行业机构思索和参考的建议包括：一是如 APTLD 一类的地区性国际组织（Regional Organization，RO）有重要参与价值，通过地区性平台，了解行业共性或差异性问题，竞争者发展情况，有助于经验交流和借鉴；二是通过地区性组织平台可拓宽业务合作渠道，借助 APTLD 等 RO 平台，能够与其他国家基础资源管理机构以及全球性互联网基础资源协调组织加深接触和交流，共同探索合作机会；三是争取国际组织任职，对获取信息和资源、提高中国社群影响力和国际话语权有积极作用。

（本文作者：董墨）

APNIC 动态

摘要：报告内容基于中国互联网络信息中心（CNNIC）出访参加第 45~48 届 APNIC 会议期间获得的第一手资料及 APNIC 官方网站。介绍了 2018—2019 年间，APNIC 在地址资源相关政策、Whois、RPKI、Resource Quality Check 、IPv4 地址回收、RDAP 方面的进展情况以及 APNIC 会议情况。

关键词：Whois；RPKI；Resource Quality Check；IPv4 地址回收；RDAP 资源政策；APNIC 会议

一、APNIC 简介

互联网的 IP 地址和 AS 号码分配是分级进行的。互联网名称与数字地址分配机构/互联网数字分配机构（ICANN/IANA）将地址分配给区域互联网地址注册机构（RIR），RIR 负责各自地区的 IP 地址分配、注册和管理工作，在本区域的地址分配上拥有自治权，通过组织该区域的社群会议等形式商议决定地址分配政策和定价等重要事务。通常 RIR 会直接或通过当地的国家/地区级互联网注册机构（NIR）将 IP 地址进一步分配给本地互联网注册机构（LIR），然后由

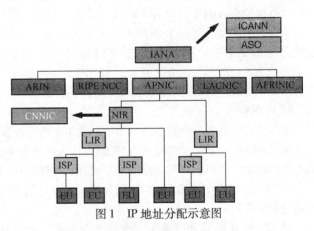

图 1　IP 地址分配示意图

LIR 进一步分配给下游的互联网服务提供商或终端用户。目前，全球共有 5 个 RIR：ARIN（负责北美地区业务）、RIPE NCC（负责欧洲地区业务）、APNIC（负责亚太地区业务）、LACNIC（负责拉丁美洲地区业务）、AFRINIC（负责非洲地区业务），如图 1 所示。

亚太互联网络信息中心（Asia – Pacific Network Information Center，APNIC）是负责亚太区域的 IP 地址分配及管理机构，机构总部在澳大利亚。APNIC 通过向亚洲和太平洋地区提供 IP 地址和自治系统号码的分配和注册、反向 DNS 授权、路由注册、开展培训和教育等服务，为 IP 地址、域名等基础设施建设提供技术支持，以及与其他地区性和国际性组织开展合作等方式，推动本地区互联网发展。

二、2018—2019 动态

动态汇总

- APNIC Whois 数据库是一个可供公开查询的数据库，存储亚太地区已分配地址资源的基本信息。APNIC 高度重视 Whois 信息的准确性，目前正分阶段部署，落实 prop – 125 提案，并推动各 NIR 与 APNIC 进行 Whois 信息一致性的检查。

- 作为一种互联网基础资源安全保障机制，RPKI（Resource Public Key Infrastructure）通过引入 PKI 体系，实现互联网码号资源（IP 地址、AS 号）分配信息真实性的保障。APNIC 一直致力于推动亚太地区 RPKI 的部署工作，目前已支持 CNNIC 和 JPNIC 等部署 RPKI 服务。APNIC 一方面积极参与相关国际组织，跟踪 RPKI 在标准化及技术方面的最新进展，另一方面在亚太地区广泛开展 PPKI 相关培训。

- APNIC 为资源质量检查（RQC）开发了一个自动化支持的项目，来识别与特定地址块相关的运行问题，以便在地址回收和转移过程中使用。

- 针对 IPv4 地址日益短缺的问题，APNIC 在征求社群意见后，考虑对已分配但未实际使用的地址进行回收，目前正在进行"未使用地址"定义、回收方法和机制的研究和制定。

- APNIC 高度重视 RDAP 在亚太地区和全球范围内推广，在为 NIR 提供 RDAP 服务的同时，积极参加 IETF 中相关标准的起草工作，并与其他 RIR 合作，推动 RDAP 数据的一致性。

- 2018—2019 年，APNIC 共举办 4 届 APNIC 会议，会议地点分别是尼泊尔、新喀里多尼亚、韩国和泰国，共通过 6 项地址相关政策提案。

1. Whois

在第 46 届 APNIC 会议上通过的 prop–125 提案中，要求所有的资源持有人在 Whois 数据库中提供准确的事件响应团队 IRT 联系人信息，APNIC 每 6 个月检查一次会员是否遵守此政策。

第一批 IRT 验证邮件于 2019 年 8 月 5 日发送，后续批次将每周发送。这将与 IRT 验证邮件发送之前 15 天启动的其他联系人验证过程相关联。第二阶段，在 2019 年底前将扩大验证要求，以涵盖与客户分配相关的 IRT 对象。APNIC Whois 数据库中 IRT 对象的"abuse–c"镜像已完成，等待部署，等待对 NIRs 潜在级联效应的进一步内部评估。

2. RPKI

APNIC 正在开展一个旨在改善 RPKI 服务并确定新服务机会的项目。IETF 已经演示了资源标记认证（RTA）试点，APNIC 现在将 RTA 作为托管服务在 MyAPNIC 中进行部署。标准规范方面的工作仍在继续进行，相关草案在蒙特利尔的 IETF 105 上获得通过。

APNIC 已支持 CNNIC、JPNIC 等 NIR 运行自己的 RPKI 服务，其他 NIR 也处于技术验证或部署前的测试阶段。

APNIC 在 IETF 提出了关于"重新考虑验证"部署的草案，目前不确定是否会被采用，正在进行意见征集。

APNIC 在培训和演讲材料中，对 RPKI 平台（授予持有人的资源认证）和 RPKI 应用程序（资源来源验证、资源标记认证等）之间的区别进行了澄清。

APNIC 产品开发团队正在对验证请求和依赖方服务进行评估。

3. Resource Quality Check

APNIC 为资源质量检查（RQC, Resource Quality Assurance，以前叫 ROA）开发了一个自动化支持的项目，来识别与特定地址块相关的运行问题，如路由筛选、电子邮件、其他类黑名单、路由历史记录和地理位置错误，以便在地址回收和转移过程中使用。

目前，项目更名为资源质量检查（RQC），以避免产生错误的预期和法律责任。

RQC 模块在 NetOX（https：//NetOX.apnic.net/）中创建，包括有助于评估资源质量的小部，并起草了免责声明文件。（http：//netox.tst.xyz.apnic.net/Disclaimer）。

4. 回收未使用的 IPv4 地址空间

在 2018 年的 APNIC 调研中，会员们要求关注亚太区未使用的 IPv4 地址的回收问题。APNIC 为此建立一个项目，确定未使用 IPv4 地址回收的定义、方法和机制。

APNIC 服务团队、会员产品经理和 APNIC 的总法律顾问一起制定了规范，包括将"未使用

IPv4 地址空间"定义为超过/24 的已分配但不再需要的地址。

基于 RIPE NCC 的路由统计工具获取未路由 IPv4 地址的统计数据，并将其分为下面几类：

1）从 103/8 地址池中分配，不超过 5 年的地址；

2）从 103/8 地址池或其他地址池分配，超过 5 年的地址；

3）没有路由的历史遗留地址；

APNIC 将在 2019 年 3 季度向没有进行路由的地址的持有人发送邮件，鼓励他们将这些地址进行地址转移或者退回 APNIC，同时在 MyAPNIC 中起草草案进行规范。

5. RDAP

注册数据访问协议（RDAP）是 Whois 访问 Internet 资源注册数据的替代方案。RDAP 的设计是为了解决现有 Whois 服务中的一些缺点。最重要的变化是：查询和答复的标准化；在数据对象中对英语以外其他语言的国际化考虑；允许无缝转接到其他注册中心的重定向功能。

APNIC 以 NIR Whois 数据作为首选数据源，继续为 NIR 部署 RDAP 服务。NIR 源被清楚地标识出来，并且该模型可扩展为 NIR 添加 RDAP 自托管服务，或者为 APNIC 提供更好的数据。该模型将 Whois 和 RDAP 响应尽可能紧密地对齐。

APNIC 开始为 IETF 起草关于 RDAP 镜像的草案，以允许 NIR 托管的 RDAP 服务与 APNIC 有效协调。演示服务器和客户端代码已发布。APNIC 将继续开发该系统，并在亚太地区和全球范围内推广，以实现高效的 RDAP 镜像。

APNIC 继续与其他 RIR 一起研究 RDAP 数据的配置文件，以提高一致性。目前已经开发了一个概要文件和一致性测试套件，并且在 IETF 105 会议上与其他 RIR 讨论了这个概要。APNIC 将继续促进 RIR 之间的 RDAP 一致性，并与 ICANN 在域名空间中的 RDAP 使用保持一致。

IETF REGEXT 工作组继续讨论 RDAP 相关的 RFC。APNIC 与世界各地的 RDAP 开发人员在标准流程方面进行合作，专注于国际化和镜像活动。

6. APINC 会议

2018 年 2 月 25 日至 2 月 28 日，第 45 届 APNIC 会议在尼泊尔召开，共有来自 247 家 APNIC 会员单位的代表和业界专家 700 余人参加了本次会议。

1）此次会议上有 3 个 APNIC 执行委员的任期到期，进行重选。来自中国香港的 Kams Yeung、印度的 Rajesh Chharia 和印度尼西亚的 Benyamin Naibaho 当选，任期 2 年。

2）NIR 工作组会议上，各 NIR 作了近期工作报告，分享 IP 地址分配及 IPv6 推动等方面的情况。

3）政策工作组会议上，进行了工作组联系主席的选举，来自中国台湾的 Ching – Heng Ku 和来自新喀里多尼亚的 Bertrand Cherrier 当选，任期 2 年。会议有 4 个政策提案进行了讨论：

● prop – 118：No need policy in APNIC region "地址转移接收方不用基于使用需求即可转移"，由于提案作者没有出席并提供提案的修订版本，社群讨论后决定这两个提案将变更作者以便对提案进行修订。

● prop – 119：Temporary transfers "临时性转移政策" 由于提案作者没有出席并提供提案的修订版本，社群讨论后决定这两个提案将变更作者以便对提案进行修订。

● prop – 120：Final /8 pool exhaustion plan "最后一个 A IPv4 地址池耗尽计划" 在表决时没有达成一致意见，将返回邮件列表继续讨论。

● prop – 123：Modify 103/8 IPv4 transfer policy "修改 103/8 IPv4 地址转移政策" 在表决时没有达成一致意见，将返回邮件列表继续讨论。

4）协作工作组会议上，进行了工作组联席主席的选举，Bikram Shrestha 当选，任期 2 年。

5）在 IPv6 使用监测专题会议上，APNIC 发布了 2017 年最新亚太区 IPv6 使用监测结果：

2017 年平均 IPv6 路由宣告比例达到 26.7%，年平均 IPv6 服务可达性比例达到 14.01%，年平均 IPv6 用户占比为 12.92%。

2018 年 9 月 10 日至 13 日，第 46 届 APNIC 会议在新喀里多尼亚召开，共有来自 92 家 APNIC 会员单位的代表和业界专家 300 余人参加此次会议。

1）NIR 工作组会议上，各 NIR 作了近期工作报告，分享 IP 地址分配及 IPv6 推动等方面的情况。

2）政策工作组会议上，有 4 个政策提案进行了讨论：

- prop – 125：Validation of "abuse – mailbox" and other IRT emails "确保地址滥用/垃圾邮件问题响应邮箱有效性"达成一致意见，将发送到政策讨论邮件列表进行为期 4 周的最终评议期，如果评议期内无实质性反对意见，政策工作组主席将提交这几个提案给 APNIC 执行委员会，经 AP-NIC 执行委员会审议通过后进行发布和执行。

提案具体内容为 APNIC 周期性（建议每 6 个月）发起对会员在 IP WHOIS 数据库中登记的滥用/垃圾邮件问题响应邮箱的有效性验证（邮件形式），会员必须在收到邮件后 15 日内进行人工响应，会员如不遵守将导致 Whois 中相关属性标记为无效且会员平台访问权限关闭。该政策提案要求所有 NIR 同步贯彻执行。该提案旨在提高 IP Whois 准确性，充分体现出社群成员对于提高 IP Whois 数据准确性的重视和诉求。

- prop – 118：No need policy in APNIC region "地址转移接收方不用基于使用需求即可转移"，内容尚不完善、存在较多争议，在表决时没有达成一致意见，将返回邮件列表继续讨论。

- prop – 124：Clarification on IPv6 sub – assignments "在 IPv6 地址申请政策中明确向下分配的含义"，内容尚不完善、存在较多争议，在表决时没有达成一致意见，将返回邮件列表继续讨论。

- prop – 126：PDP Update "关于政策提案形成流程更新"在表决时没有达成一致意见，将返回邮件列表继续讨论。

3）APNIC 总裁报告了 APNIC 会员增长趋势、IPv4/IPv6 地址分配情况、AS 号码分配情况以及 IPv4 地址转移情况。持有 IPv6 地址的 APNIC 会员总数占全部会员的比例上升至 60%，IPv6 在 APNIC 区域的支持度从 7.5% 上升到 16.8%。

2019 年 2 月 25 日至 28 日，第 47 届 APNIC 会议在韩国召开，共有来自 153 家 APNIC 会员单位的代表和业界专家 700 余人参会。

1）此次会议上有 4 个 APNIC 执行委员的任期到期，进行重选。来自中国大陆的张跃冬、中国台湾的 Kenny Huang、日本 Yoshinobu Matsuzaki 和尼泊尔 Gaurab Raj Upadhaya 当选，任期 2 年。

2）NIR 工作组会议上进行了工作组主席的选举，来自韩国的 Billy Cheon 当选，任期 2 年。各 NIR 作了近期工作报告，分享 IP 地址分配、IPv6 部署和 RPKI 推动等方面的情况。

3）政策工作组会议上，进行了工作组主席的选举，来自孟加拉的 Sumon Ahmed Sabir 当选，任期 2 年。

有 6 个政策提案进行了讨论：

- prop – 127：Change maximum delegation size of 103/8 IPv4 address pool to a /23 "将亚太地区 IPv4 地址最大分配量从 4C（1024 个 IPv4 地址）调整为 2C"在现场表决时达成一致意见，将发送到政策讨论邮件列表进行为期 4 周的最终评议期，如果评议期内无实质性反对意见，政策工作组主席将提交这几个提案给 APNIC 执行委员会，经 APNIC 执行委员会审议通过后进行发布和执行。

- prop – 128：Multihoming not required for ASN "申请自治域系统号（ASN）不再需要多宿主的条件"在现场表决时达成一致意见，将发送到政策讨论邮件列表进行为期 4 周的最终评议期，如果评议期内无实质性反对意见，政策工作组主席将提交这几个提案给 APNIC 执行委员会，经 APNIC 执行委员会审议通过后进行发布和执行。

- prop – 129：Abolish waiting list for unmet IPv4 requests "取消 IPv4 回收地址池等待列表"在现场表决时达成一致意见，将发送到政策讨论邮件列表进行为期 4 周的最终评议期，如果评议期内无实质性反对意见，政策工作组主席将提交这几个提案给 APNIC 执行委员会，经 APNIC 执行委员会审议通过后进行发布和执行。

- prop – 118：No need policy in APNIC region "地址转移接收方不用基于使用需求即可转移"由于自上次会议后邮件列表中没有进一步的讨论，作者也没有提供新的版本，此次会议上宣布该提案被放弃。

- prop – 124：Clarification on IPv6 sub – assignments "在 IPv6 地址申请政策中明确向下分配的涵义"，内容尚不完善、存在较多争议，在表决时没有达成一致意见，将返回邮件列表继续讨论。

- prop – 126：PDP Update "关于政策提案形成流程更新"在表决时没有达成一致意见，将返回邮件列表继续讨论。

4）协作工作组会议上，进行了工作组主席的选举，来自中国台湾的 Joy Chan 当选，任期 2 年。

5）APNIC 计划在 2019 年继续提升 IP Whois 数据的一致性和完整性。

6）亚太地区大部分 NIR 仍未部署 RPKI 系统，处于系统调研阶段。

7）APNIC 计划在 2019 年建立使用 anycast 技术或云技术部署分布式的 RDAP 服务，支持包括英语及各 NIC 的本地语言；寻找 NIR 开展支持本地语言的系统测试并讨论数据共享问题。

2019 年 9 月 9 日至 12 日，第 48 届 APNIC 会议在泰国召开，共有来自 198 家 APNIC 会员单位的代表和业界专家 400 余人参会。

1）NIR 工作组会议上进行了工作组联席主席的选举，来自中国的禹桢当选，任期 2 年。各 NIR 作了近期工作报告，分享 IP 地址分配、IPv6 部署和 RPKI 推动等方面的情况。

2）政策工作组会议上，有 5 个政策提案进行了讨论。

- prop – 131：Editorial changes in IPv6 policie "IPv6 地址政策修订"在现场表决时达成一致意见，将发送到政策讨论邮件列表进行为期 4 周的最终评议期，如果评议期内无实质性反对意见，政策工作组主席将提交这几个提案给 APNIC 执行委员会，经 APNIC 执行委员会审议通过后进行发布和执行。

- prop – 132：AS0 ROAs for Bogon "APNIC 为其未分配地址创建 AS0 ROA 来解决 Bogon 公告问题"在现场表决时达成一致意见，将发送到政策讨论邮件列表进行为期 4 周的最终评议期，如果评议期内无实质性反对意见，政策工作组主席将提交这几个提案给 APNIC 执行委员会，经 AP-NIC 执行委员会审议通过后进行发布和执行。

- prop – 124：Clarification on IPv6 sub – assignments "在 IPv6 地址申请政策中明确向下分配的涵义"在表决时没有达成一致意见，将返回邮件列表继续讨论。

- prop – 126：PDP Update "关于政策提案形成流程更新"在表决时没有达成一致意见，将返回邮件列表继续讨论。

- prop – 130：Modification of transfer policies "地址转移政策修改"在表决时没有达成一致意见，将返回邮件列表继续讨论。

3）在此次会议上，决定成立路由安全/RPKI 工作组，旨在建立一个讨论全球路由安全操作问题及最佳实践的平台。工作组主席和联席主席将在第 49 届 APNIC 会议上进行选举产生。

4）APNIC 与与缅甸互联网交换中心（Myanmar Internet Exchange，MMIX）签署了合作备忘录。双方同意共同合作，共享信息并促进缅甸互联网的发展。

（本文作者：禹桢）

DNS – OARC 全球域名技术发展风向标

摘要：域名系统运行分析研究中心（DNS – OARC）作为全球重要的域名运行与研究机构，自成立以来已组织了三十多次全球域名技术大会，建立起了覆盖 DNS 软件厂商，DNS 运营机构以及相关科研中心为主的域名技术交流社区，来共同推动整个域名技术的健康有序发展。本篇文章梳理了近两年来参会的相关技术主题内容，涉及根区密钥轮转、隐私保护和协议优化等多个方面，系统地介绍了当前全球域名发展的热点问题和技术发展趋势，供国内相关域名从业人员参考。

关键词：DNS – OARC；根密钥轮转；软件优化；数据统计；协议优化；隐私保护

一、会议简介

DNS – OARC[⊖]是世界领先的开展域名系统（DNS）服务运营支持、技术产品开发、安全保障以及其他前瞻性研究的非营利性机构，其会员包括业界领先的公司、顶级域（TLD）运营机构以及独立研究机构，每半年组织一次工作会议，邀请成员单位、DNS 相关专家等就当前 DNS 运行和研究相关热点问题进行介绍和讨论。2018 年至 2019 年间，分别在荷兰、泰国和美国组织了四场技术会议。

二、年度动态汇总

2018 年的 DNS – OARC 会议主要围绕根区密钥轮转、域名安全管理等主题展开；2019 年会议则主要围绕 DNS 协议优化，DNS 安全及隐私保护等主题展开，近两年内总计完成超过 80 个相关议题的分享和讨论。本文将分别围绕根区密钥轮转及隐私保护等相关主题进行分类梳理，就部分议题提供背景介绍和会议内容的整理，供域名从业技术人员参考。

（一）根区密钥轮转

2018 年是根区密钥轮转的收尾之年，DNS – OARC 会议期间，来自 ICANN 的技术管理层及相关技术人员向社区介绍了整个根区 KSK 密钥轮转事件的相关进展。自 2017 年秋季 DNS – OARC 会议公布数据以来，ICANN 通过相关技术手段（引入密钥动态上报机制），密切跟踪递归服务器密钥的变更调整情况。综合考虑当时全球递归服务器的整体推进情况，以及 2018 年度密钥升级工作计划，ICANN 最终于 2018 年 10 月 11 日 UTC 时间 16：00[⊖]，将新的 KSK 签名的 DNS-KEY RRSET 记录正式发布，此后权威区域验证 ZSK 将通过新的 KSK 签名的版本完成。如果用户需要进行 DNSSEC 验证的话，只能通过新的 KSK 进行处理。在 KSK 轮转进入激活阶段后，整个 DNS 社区未收到任何大规模域名服务不可用的通报，但存在由于部分软件硬编码 KSK 导致收到解析告警（使用旧的 Unbound 软件库）的问题，在 DNS – OARC 会议期间 ICANN 工程师也给社

⊖　DNS – OARC 官方网站：https：//www. dns – oarc. net。
⊖　ICANN 正式对外宣布激活新的 KSK 密钥：https：//www. icann. org/news/announcement – 2018 – 10 – 15 – en。

区介绍了详细的回退流程。

（二） DNS 开源软件发展

会议期间，DNS - OARC 的软件团队讨论了 DNS - OARC 相关开源 软件项目的开发进展情况，重点介绍了 DNSCAP[⊖] 和 DNSJIT[⊖] 软件。这两个软件分别用于 DNS 数据包的捕获、分析以及数据包的重放。其中 DNSCAP 软件类似于 tcpdump 但是同时又包含对于 DNS 数据包的一些特殊处理，社区当前也在使用 DNSCAP 用于 DITL（A day in the life of internet）项目数据收集；DNSJIT 软件结合了 DSC，DNSCAP、DROOL 并通过集成脚本语言方式提供 DNS 数据包的捕获分析和统计功能及数据包重放功能。

BIND 9 自诞生以来已有 17 年历史，最新的稳定版本 9.12 于去年 12 月发布。会议期间 ISC 的开发工程师介绍了 BIND 9 过去及现在的发展状况，以及 BIND 9 团队未来的一些计划[⊜]。会议讨论了开发模式、发布周期以及功能的变化，这些功能将帮助 BIND 9 团队更灵活地添加新功能，修复旧问题，减少维护时间和确保用户的稳定使用。当前团队主要的工作内容集中在 CDS/CDNSKEY 工具、重构、应答策略接口和 EDDSA 支持（OpenSSL）等方面。同时 BIND 软件删除了一些不再支持的算法，比如 RSAMD5、GOST 和 DSA 算法，比较了多款 DNS 解析软件在同样场景测试的情况，大部分软件都可以保持较好的算法支持和稳定运行，但同时也发现了一些问题，比如部分 DNS 软件在应对不支持的算法中的签名算法切换，DLV 信任锚配置中的异常等。

来自于 DNS 域名服务托管商 NS1 的工程师介绍 DNS 压力测试工具 Flamethrower^四，该工具可用于替代 DNSPerf，提供 TCP 支持，速率限定和端口分布设置等；支持静态配置或者通过兼容 dnsperf 的文件作为输入配置；支持随机域名前缀设置，支持 TCP 和 UDP 两种测试模式。该项目现已开源在 Github 上，提供自定义的功能扩展和免费使用。

（三） 域名安全管理

Farsight 的安全团队负责人 Mike Schiffman 介绍了国际化品牌滥用和其他基于 IDN 域名的不当行为的监测。当前部分黑客会注册外观相似的域名，建立网络钓鱼网站，并发起垃圾广告活动，目的是哄骗用户透露个人信息，包括登录凭证、信用卡号码和社会保险号。当开始使用国际域名（IDNs）时，发现和打击与外观相似的域名相关的犯罪活动将变得更加困难。分享主要对于 IDN 不当行为的检测，收集方法和相关的数据分析进行了讨论，包括如何使用各种语言库的视图分析，并通过几个现实世界的例子来讲解整个监测过程。

会议期间来自于 OpenIntel 的工程师分享了如何进行全球范围内的域名采集和数据管理。介绍了早期的被动采集以及其局限性，通过主动的测试方式，可实现每天 2 亿左右的域名查询，覆盖大部分的 gTLD 以及部分 ccTLD。议题同时介绍了几个数据分析的实例，比如 DNSSEC 的实施情况分析，DNS 稳定性以及 DNSTXT 数据记录等^五。从对 DNS 的稳定性分析中发现，自从 2016 年

　⊖　DNSCAP 软件介绍：https：//www. dns - oarc. net/tools/dnscap。

　⊖　DNSJIT 软件介绍：https：//www. dns - oarc. net/tools/dnsjit。

　⊜　Bind 9 软件重构：https：//www. isc. org/blogs/bind - 9 - refactoring。

　四　DNS 压力测试工具 Flamethrower 介绍：https：//nsl. com/blog/flamethrower - dns - performance - tool。

　五　https：//www. openintel. nl。

发生 DYN 攻击后，有越来越多的客户的域名都同时托管在多个运营商上运行以及使用不同的 IP 段运行，而在 DNSTXT 类型分析方面，发现了很多 txt 记录保存了程序甚至是证书信息的情况。

（四）DNS 协议优化

截至 2019 年 2 月，DNS – Flag Day[⊖]项目已启动一年并推动社区完成了关于 EDNS 兼容性优化的方案的落地实施，对于整个项目的进展情况，多数参会人员持乐观态度，会议期间来自 ISC，SIDN，CZNIC 等企业的工程师均公布了关于该项目的实施进展以及相关数据分析结果。特别是谷歌积极地响应社区号召，其公共递归服务器 8.8.8.8 和 8.8.4.4 在 EDNS 方面已经满足近 95% 的严格支持模式。

2019 年初，DNS – Flag Day 项目继续开展新一轮的技术优化，并提出规范现有的 DNS UDP 分包和 TCP 重传的问题。当前 DNS 系统借助于 EDNS 协议可以支持接收超过 512B 的 UDP 数据包的传输，但是在互联网上由于错综复杂的网络环境，IP 数据分帧的问题可能导致数据包的丢失，同时分帧的出现还有可能导致 DNS 数据的恶意插入，解析到错误的地址。新的规范要求，尽量将 EDNS 数据尺寸的大小设置到 1500 以内，推荐设置的 EDNS 大小为 1232，任何超过该大小的数据将强制通过 TCP 重传，这就要求权威服务器需要支持基于 TCP 的传输，且递归服务器能够根据权威服务器的响应信息进行 TCP 重传。

总体来说，2019 年的技术优化相对 2018 年较为简单，实现上也比较容易，如果当前系统基于开源系统，那么主流的开源系统比如 BIND，Ubound 和 PowerDNS 都可以通过简单的配置实现，无需额外的开发工作，而网络方面需要配置防火墙允许 DNS 的 TCP 数据的传输。

（五）DNS 隐私保护

当我们上网浏览网站信息的时候，每一次点击背后都会涉及一个或多个域名的查询请求，通过截获这些域名查询信息，可以知道我们日常访问的网站域名，访问频率以及时间等，同时明文传输的 DNS 在部分地区的运营商的网络中，甚至存在被劫持的风险，运营商注入设置好的域名结果，从而"引导"用户到指定的页面上访问。简单有效的 DNS 协议在当前不断发展的技术和安全风险方面变得尤为脆弱。

DNS 隐私保护并非最近才引起人们的重视，早在 2016 年 DNS 社区就发布了 RFC 7816《DNS 查询最小化》来推动改善现有的 DNS 查询流程中存在的隐私泄露问题（递归在发送迭代查询到权威服务器的时候，会将整个用户查询的数据比如 www.google.com 传递到每次迭代的权威服务器），而 RFC 7816 则建议使用最小化的查询方式，比如对于根服务器仅发送 ".com" 顶级域名的查询信息，这种方式主要实现递归服务器和权威服务器之间信息的隐私保护。另外两个可用的隐私保护协议是 RFC 8484 (*DNS over HTTPS*)[⊜]以及 RFC 7857 (*DNS over TLS*)[⊜]，原理是通过将用户明文信息封装到加密链路中，从而实现用户到 DNS 递归服务器的链路数据的安全传输。

2019 年 OARC 会议上，COMCAST 的工程师介绍了他们在推进 DoH 和 DoT 方面的一些进展，当前 COMCAST 生产环境每天的查询量接近 6000 亿次查询，平台支持 UDP、TCP 以及 DNSSEC 的验证（2012 年起开始实施）和双栈（IPv4，IPv6）接入。当前已完成 DoH 服务器部署并提供外界测试使用，会议期间也谈到了关于 DoH 和 DoT 在部署上面的一些经验以及风险问题，比如

⊖　DNS FlagDay 项目官方网站：https：//dnsflagday.net。

⊜　RFC 8484 *DNS Queries over HTTPS*（*DoH*）：https：//tools.ietf.org/html/rfc8484。

⊜　RFC 7858 *Specification for DNS over Transport Layer Security*：https：//tools.ietf.org/html/rfc7858。

DoH 导致性能的大幅下降；企业网络实现 DNS 查询存在一些分离视图的方式，可能导致查询服务的失效（Mozilla 提供一定的配置去支持内部网络的解析，解决内外网解析分离的问题）。

来自普林斯顿大学的研究人员也分享了实际运行环境中使用 DNS、DoT 和 DoH 的测试性能比较的结果，主要集中比较了 Cloudflare，谷歌以及 Quad 的性能，以及对比在不同的网络环境下的页面载入性能，包括普通网络环境，移动 4G 和 3G。一些结果发现部分 DoH 测试可能在某一些环境中因为 HTTP 缓存等原因，借助边缘缓存及 CDN 获得比普通 DNS 更快的解析速度。由于测试借助于亚马逊虚拟化环境，故其 UDP 和 TCP 传输性能与传统的服务器网络差异有一定差别，另外由于未作较为深度的服务器调优，可能导致结果偏离实际性能测试。

Cloudflare 的技术人员在会议期间分享讨论了如何让浏览器去选择合适的 DoH 服务器的问题，主要包括两个方面，一是获得 DoH 服务器列表，二是从列表选择 DoH 服务器发送查询。传统的 DNS 解析是按照解析列表和轮询（Round Robin）的方式使用，但是这种方式在某些情况下不够灵活，比如一些内外部分离的解析，可能性能达不到较好的表现。而 Cloudflare 则提供了一种具体的解决方式并基于此提交了一篇 IETF 的草案⊖来解释工作原理。主要是通过设置一定的 HTTP 头部信息来定义查询的 DoH 服务。

VeriSign 的工程师则从权威服务器与递归服务器之间的隐私保护角度展开对应的技术分享，并介绍了他们在实施 DoT 方面的一些考虑比如超时，连接数和等待时间等方面，同时介绍了新的 TLS1.3 版本在实施方面的一些性能增强和优化问题。

三、总结

随着互联网规模的不断扩张，5G 以及物联网的发展将不断推动域名技术的持续变革，2018 年 OpenDNS 的工程师曾经在 DNS - OARC 会议上介绍过当前针对 DNS 相关的 RFC 已经超过了 200 多篇，未来该数字还将不断地增加，我们可以看到近年来越来越多新的技术被加入进来，原有的技术逐步被升级或者淘汰，而像 DNS - OARC 这样的技术会议将软件开发人员，服务提供商以及技术研究人员汇聚在一起，必将极大的提升技术的更迭速度从而快速适应不断变化的外围环境，为域名行业的发展不断注入新的活力。

（本文作者：张明凯　张跃冬　冷峰）

⊖　DoH 优选策略草案：https：//tools. ieft. org/html/draft - schinazi - httpbis - DoH - preference - hints - 00。

中文域名协调联合会（CDNC）情况及动态

摘要：中文域名协调联合会（CDNC）于 2000 年在北京正式发起成立。CDNC 在国际上主要承担中文域名的协调和规范工作，讨论研究中文域名相关的技术。本文主要介绍 CDNC 自成立以来的相关工作以及取得的成果。

关键词：CDNC；中文域名；中文字表；中文邮件；域名注册

中文域名协调联合会（CDNC）于 2000 年由中国互联网络信息中心（CNNIC）、中国台湾网路资讯中心（TWNIC）、中国香港网络资讯中心（HKIRC）、中国澳门网络资讯中心（MONIC）联合在北京正式发起成立。

CDNC 在国际上主要承担中文域名的协调和规范工作，讨论研究中文域名相关的技术，并主导和参与互联网名称与数字地址分配机构（ICANN）的中文根区字表制定规则，代表中文社群商定用于中文顶级域名的统一汉字及一致性异体字映射和处理规则等问题。另外，CDNC 成员之间在国际化域名（IDN）、国际化邮件地址（EAI）、IPv6、DNSSEC 以及新通用顶级域（New gTLD）等方面都有深入的交流与合作。

CDNC 每年通过会议的形式讨论并推进中文域名相关的工作。CDNC 从 2000 年成立至今，每年召开年度会议（定期）或者特别会议（不定期），由各单位轮流主办。2017 年 8 月的 CDNC 年度会议由 TWNIC 主办；2018 年春季会议由北龙中网主办；2018 年秋季会议由中科院计算机网络信息中心主办；2019 年的年度会议由 TWNIC 主办。会议主要针对中文字表、中文域名和中文邮件等业务和技术相关方面进行交流。

CDNC 自成立以来，制定了统一的中文字表，并合作推动了中文域名和中文邮件相关的国际技术标准的制定，推动了简繁体等效注册等国际规则的制定。在国际上，有利于对中文域名和中文字表统一发声，是维护中文域名社群统一的中文域名字表的平台。

一、中文域名技术及其标准研究

由于历史原因，互联网上的很多应用仅能使用英语，这给众多非英语地区的互联网用户及其互联网普及应用带来不容忽视的语言障碍，包括 ICANN、互联网工程任务组（IETF）等在内的众多互联网国际组织以及包括 CNNIC 在内的众多国内组织，一直致力于非英语互联网应用和服务的开发，着力推动全球互联网事业的新发展。在推进互联网国际化的同时，积极考虑如何在语言和应用等方面更好地尊重民族化、本土化，以便让世界不同国家、不同地区、不同民族的网民能在互联网世界中利用自己熟悉和喜爱的母语进行交流，共享人类科技进步的硕果。多语种域名和多语种电子邮件地址（多语种邮箱）技术的制定便是其中的重要举措。

在 CDNC 的共同努力下，CDNC 成员在 IETF 共同推动发布了解决中文域名注册等效的 RFC 3743 和 RFC 4713。后续又推动了国际化多语种电子邮件的 RFC 6531 和 RFC 6532 等技术标准，有力地推动了中文域名的应用发展。

二、中文注册机构字表研究

互联网是一个基于开放互联协议的网络，域名是互联网上的基础服务，是用于识别和定位互联网上计算机的层次结构式的字符标识，与计算机的互联网地址相对应。基于域名可以提供 WWW、EMAIL、FTP 等应用服务。

随着互联网的发展，中文用户的数量不断增加，对于中文域名的使用需求也在增加。但是中文域名和传统的英文域名有较大差别，比如：域名字段分隔符（中文句点和英文句点）不同，中文字符有多种形式（包括简体、繁体、异体、古体等），并且中文域名的字符集比传统的英文域名的字符集大很多。为了规范中文域名，让中文用户能够方便地通过中文域名来使用互联网的各种应用服务，制定中文域名字表进而推动中文域名的使用是十分重要的。

CDNC 自成立以来集中了两岸四地的中文文字专家，对中文域名及其可用字符进行了深入研究，制定了中文域名字表。目前 CDNC 制定的统一字表已经被 CDNC 会员采用。国际上的中文域名注册管理机构也在借鉴采纳此项 CDNC 中文域名字表。

三、中文电子邮件技术推广

电子邮件是互联网最早和最普遍的应用和服务之一，国际化多语种邮箱技术标准的制定实施和推广应用具有深远意义。它打破了自 1982 年以来英文作为电子邮件地址唯一选择的局面，加速多语种邮箱以及多语种域名的商业化进程。相信在不久的将来，将看到有越来越多的中国、俄罗斯、日本、韩国、德国、法国、阿拉伯等非英语国家和地区的网民，利用自己熟悉的母语收发电子邮件，并从中受益，从而更好地体现互联网开放、交流、多元、包容的文化与精神。

例如，就北京著名的全聚德烤鸭店而言，目前的顾客联络邮箱为"quanjude @ quanjude. com. cn"，采用中文邮箱和中文域名后，顾客联络邮箱可变为"全聚德@ 全聚德. 中国"，这将极大方便顾客记忆与使用，并有助于在网上强化民族语言与文字符号，更好地体现全聚德的传统品牌与中国文化。

多语种电子邮件地址作为互联网多语种域名的最大应用，将推动互联网域名相关产业以及电子邮件相关产业的发展，促进互联网的应用升级换代，推动互联网经济的发展。

拥有超过 6 亿终端用户的我国著名邮件服务商 Coremail 已经完成多语种邮箱电子邮件平台的部署升级，其研发的 Coremail XT V3. 0 邮件系统，成为首个符合 IETF RFC 6530、RFC 6531、RFC 6532 等多语种邮件国际技术标准及中文电子邮件地址国家行业技术标准等相关技术要求的商用软件。

世界三大主流邮件开源系统之一的 Postfix 在其官方主页发布可支持 IETF 多语种邮件协议标准的 Postfix 新系统。该系统获得了主导制订国际化多语种电子邮件地址核心国际标准——《SMTP 扩展支持国际化邮件》（RFC 6531）的 CNNIC 的大力支持，其第一版本获得 CNNIC 资助，并已开发完成。

目前谷歌的 Gmail 邮件系统，微软的 Outlook 2016 等都已经支持多语种邮件技术。印度和俄罗斯的大型邮件厂商也都已经支持多语种邮件技术。2018 年，微软的 Hotmail 和 Exchange Server 2019 正式实现了国际技术标准 RFC 6531 中的相关技术。在 2018 年中文域名协调联合会（CDNC）会议期间，微软 Hotmail 的代表与 CDNC 会员代表进行了基于中文邮箱的中文电子邮件的发送活动，正式宣告微软 Hotmail 支持中文电子邮件技术标准。

我国邮件服务商 Coremail 早在 2012 年已经支持基于国际标准的中文电子邮件地址技术。目前，网易的部分品牌邮箱已经可以支持接收和发送中文邮箱的电子邮件。腾讯等国内邮件厂商提供的电子邮箱技术上已支持接收和发送中文邮箱的电子邮件，目前进入测试阶段。

四、中文顶级域字表研究

2018 年 CDNC 会议期间，CDNC 与会代表讨论了关于 ICANN 根区字表的相关政策。针对"视觉相似性"问题，CDNC 达成共识：中文域名社群理解和尊重 ICANN 为降低域名滥用而采取的努力，但不接受直接将"视觉相似性"设为中文变体字组成部分，建议 ICANN 采用单独政策或技术流程进行处理。CDNC 成员起草了一份 CDNC 联合声明，发送至 ICANN。会议还讨论了更新 CDNC 字表到互联网数字分配机构（IANA）字表的问题。

目前 CNNIC 和 TWNIC 已经将字表更新至 IANA。CDNC 各会员后续如有字表调整需求将依现有字表更新办法提交给 CDNC 秘书处处理。中文顶级域字表目前已经基本完成，后续将根据 ICANN 的相关要求，稍作调整后提交至 ICANN。由于中文字表和日本及韩国使用的中文字符可能有整合问题，会议建议 CDNC 可向 ICANN 主动表达：若未来韩国及日本有新的变体需求时，中文顶级域字表可在 ICANN 的协调下进行相关的整合。中文顶级域字表只是为互联网域名根区使用，CDNC 字表是中文域名注册管理机构在开展中文域名注册业务时使用。为了更好地向国际专家解释这两个字表的使用目的，CDNC 将整理一份文件，说明这两个字表的关联及发展过程。

五、CDNC 的未来发展

CDNC 自 2000 年成立以来，一直承担着中文域名的协调和规范工作，在国际化域名（IDN）、国际化电子邮件地址（EAI）、新通用顶级域（New gTLD）和中文字表制定等方面发挥了至关重要的作用。在国际舞台，中文域名社群通过 CDNC 这一平台统一发声，有效地维护了中文社群的利益，推动了中文域名的发展，提高了中文域名的影响力。这些成绩的取得，无不凝结了 CDNC 同仁在这项事业上多年的付出和坚持。当前，中文域名的发展方兴未艾，虽然在技术标准、应用模式等方面取得了不小的进步，但注册保有量和实际应用率等方面尚有很大的提升空间，可谓任重而道远。道路虽然曲折、过程虽然艰辛，但中文域名的发展与普及应用定将是未来的大势所趋，前路广阔。

（本文作者：周琳琳　姚健康）

附录
中国互联网络发展状况统计报告

（2020 年 4 月）

前　　言

1997 年，国家主管部门研究决定由中国互联网络信息中心（CNNIC）牵头组织开展中国互联网络发展状况统计调查，形成了每年年初和年中定期发布《中国互联网络发展状况统计报告》（以下简称《报告》）的惯例，至今已发布 44 次。《报告》力图通过核心数据反映我国网络强国建设历程，已成为我国政府部门、国内外行业机构、专家学者等了解中国互联网发展状况、制定相关政策的重要参考。

2019 年是新中国成立 70 周年，也是中国全功能接入国际互联网 25 周年。25 年来，中国互联网从无到有、由弱到强，深刻改变着人们的生产生活。在习近平新时代中国特色社会主义思想特别是网络强国重要思想的指引下，我国网信事业取得历史性成就，网络强国建设迈上新台阶，网络空间主旋律高昂，信息领域核心技术不断突破，网络惠民利民便民红利充分释放。作为网络强国建设历程的忠实记录者，中国互联网络信息中心持续跟进我国互联网发展进程，不断扩大研究范围，深化研究领域。《报告》围绕互联网基础建设、网民规模及结构、互联网应用发展、互联网政务发展、产业与技术发展和互联网安全等六个方面，力求通过多角度、全方位的数据展现，综合反映 2019 年及 2020 年初我国互联网发展状况。

在此，衷心感谢中共中央网络安全和信息化委员会办公室、工业和信息化部、国家统计局、中共中央党校（国家行政学院）电子政务研究中心等部门和单位对《报告》的指导和支持，同时向在本次互联网络发展状况统计调查工作中给予支持的机构、企业和网民致以诚挚的谢意！

中国互联网络信息中心
2020 年 4 月

摘　　要

一、基础数据

1）截至 2020 年 3 月[⊖]，我国网民规模达 9.04 亿，较 2018 年底增长 7508 万，互联网普及率达 64.5%，较 2018 年底提升 4.9 个百分点。

2）截至 2020 年 3 月，我国手机网民规模达 8.97 亿，较 2018 年底增长 7992 万，我国网民使用手机上网的比例达 99.3%，较 2018 年底提升 0.7 个百分点。

3）截至 2020 年 3 月，我国农村网民规模为 2.55 亿，占网民整体的 28.2%，较 2018 年底增长 3308 万；城镇网民规模为 6.49 亿，占网民整体的 71.8%，较 2018 年底增长 4200 万。

4）截至 2020 年 3 月，我国网民使用手机上网的比例达 99.3%；使用电视上网的比例为 32.0%；使用台式电脑上网、笔记本电脑上网、平板电脑上网的比例分别为 42.7%、35.1% 和 29.0%。

5）截至 2019 年 12 月，我国 IPv6 地址数量为 50877 块/32，较 2018 年底增长 15.7%。

6）截至 2019 年 12 月，我国域名总数为 5094 万个。其中，".cn" 域名数量为 2243 万个，较 2018 年底增长 5.6%，占我国域名总数的 44.0%。

7）截至 2020 年 3 月，我国即时通信用户规模达 8.96 亿，较 2018 年底增长 1.04 亿，占网民整体的 99.2%；手机即时通信用户规模达 8.90 亿，较 2018 年底增长 1.10 亿，占手机网民的 99.2%。

8）截至 2020 年 3 月，我国网络新闻用户规模达 7.31 亿，较 2018 年底增长 5598 万，占网民整体的 80.9%；手机网络新闻用户规模达 7.26 亿，较 2018 年底增长 7356 万，占手机网民的 81.0%。

9）截至 2020 年 3 月，我国网络购物用户规模达 7.10 亿，较 2018 年底增长 1.00 亿，占网民整体的 78.6%；手机网络购物用户规模达 7.07 亿，较 2018 年底增长 1.16 亿，占手机网民的 78.9%。

10）截至 2020 年 3 月，我国网络支付用户规模达 7.68 亿，较 2018 年底增长 1.68 亿，占网民整体的 85.0%；手机网络支付用户规模达 7.65 亿，较 2018 年底增长 1.82 亿，占手机网民的 85.3%。

11）截至 2020 年 3 月，我国网络视频（含短视频）用户规模达 8.50 亿，较 2018 年底增长 1.26 亿，占网民整体的 94.1%；其中，短视频用户规模为 7.73 亿，占网民整体的 85.6%。

12）截至 2020 年 3 月，我国在线政务服务用户规模达 6.94 亿，占网民整体的 76.8%。

二、趋势特点

（1）基础资源状况持续优化，安全保障能力稳步提升

⊖ 受新冠肺炎疫情影响，本次《报告》电话调查截止时间为 2020 年 3 月 15 日，故数据截止时间调整为 2020 年 3 月，以下同。

截至 2019 年 12 月，我国 IPv6 地址数量为 50877 块/32，较 2018 年底增长 15.7%，稳居世界前列；域名总数为 5094 万个，其中".cn"域名总数为 2243 万个，较 2018 年底增长 5.6%，占我国域名总数的 44.0%；网站⊖数量为 497 万个，其中".cn"下网站数量为 341 万个，占网站总数的 68.6%。2019 年 6 月，首届中国互联网基础资源大会成功举办，"基于共治链的共治根新型域名解析系统架构""2019 中国基础资源大会全联网标识与解析共识"等成果发布。2019 年，我国先后引入 F、I、L、J、K 根镜像服务器⊜，使域名系统抗攻击能力、域名根服务器访问效率获得极大提升，降低了国际链路故障对我国网络安全的影响。

（2）互联网普及率达 64.5%，数字鸿沟不断缩小

截至 2020 年 3 月，我国网民规模达 9.04 亿，较 2018 年底增长 7508 万，互联网普及率达 64.5%，较 2018 年底提升 4.9 个百分点。其中，农村地区互联网普及率为 46.2%，较 2018 年底提升 7.8 个百分点，城乡之间的互联网普及率差距缩小 5.9 个百分点。在《2019 年网络扶贫工作要点》的要求下，网络覆盖工程深化拓展，网络扶贫与数字乡村建设持续推进，数字鸿沟不断缩小。随着我国"村村通"和"电信普遍服务试点"两大工程的深入实施，广大农民群众逐步跟上互联网时代的步伐，同步享受信息社会的便利。

（3）网络零售持续稳健发展，成为消费增长重要动力

截至 2020 年 3 月，我国网络购物用户规模达 7.10 亿，较 2018 年底增长 16.4%，占网民整体的 78.6%。2019 年，全国网上零售额达 10.63 万亿元，其中实物商品网上零售额达 8.52 万亿元，占社会消费品零售总额的比重为 20.7%。2020 年 1～2 月份，全国实物商品网上零售额同比增长 3.0%，实现逆势增长，占社会消费品零售总额的比重为 21.5%，比上年同期提高 5 个百分点⊜。网络消费作为数字经济的最重要组成部分，在促进消费市场蓬勃发展方面正在发挥日趋重要的作用。

（4）网络娱乐内容品质提升，用户规模迅速增长

2019 年，网络娱乐类应用内容品质不断提升，逐步满足人民群众日益增长的精神文化需求。2020 年初，受新冠肺炎疫情影响，网络娱乐类应用用户规模和使用率均有较大幅度提升。截至 2020 年 3 月，网络视频（含短视频）、网络音乐和网络游戏的用户规模分别为 8.50 亿、6.35 亿和 5.32 亿，使用率分别为 94.1%、70.3% 和 58.9%。网络视频（含短视频）已成为仅次于即时通信的第二大互联网应用类型。短视频平台在努力扩展海外市场、输出文化的同时，与其他行业的融合趋势愈发显著，尤其在带动贫困地区经济发展上作用明显。

（5）用户需求充分释放，在线教育爆发式增长

截至 2020 年 3 月，我国在线教育用户规模达 4.23 亿，较 2018 年底增长 110.2%，占网民整体的 46.8%。2020 年初，全国大中小学校推迟开学，2.65 亿在校生⊛普遍转向线上课程，用户需求得到充分释放。面对巨大的在线学习需求，在线教育企业通过发布免费课程、线上线下联动等方式积极应对，行业呈现爆发式增长态势。数据显示，疫情期间多个在线教育应用的日活跃用户数达到千万以上。

（6）数字政府加快建设，全国一体化政务服务平台初步建成

⊖　网站：指域名注册者在中国境内的网站。

⊜　其中由中国互联网络信息中心引入 F、I、L、J、K 根镜像服务器，中国信息通信研究院引入 L、K 根镜像服务器，互联网域名系统北京市工程研究中心有限公司引入 L 根镜像服务器。

⊜　来源：国家统计局。

⊛　来源：国家统计局《中国统计年鉴 2019》。

截至 2020 年 3 月，我国在线政务服务用户规模达 6.94 亿，较 2018 年底增长 76.3%，占整体网民的 76.8%。2019 年以来，全国各地纷纷加快数字政府建设工作，其中浙江、广东、山东等多个省级地方政府陆续出台了与之相关的发展规划和管理办法，进一步明确了数字政府的发展目标和标准体系，为政务数据共享开放提供了依据。2019 年 11 月，全国一体化在线政务平台上线试运行，推动了各地区各部门政务服务平台互联互通、数据共享和业务协同，为全面推进政务服务"一网通办"提供了有力支撑。截至 2019 年 12 月，平台个人注册用户数量达 2.39 亿，较 2018 年底增加 7300 万。

（7）上市企业市值普遍增长，独角兽企业发展迅速

截至 2019 年 12 月，我国互联网上市企业⊖在境内外的总市值达 11.12 万亿人民币，较 2018 年底增长 40.8%，创历史新高。2019 年底在全球排名前 30 的互联网公司中，美国占据 18 个，我国占据 9 个，其中阿里巴巴和腾讯稳居全球互联网公司市值前十强。截至 2019 年 12 月，我国网信独角兽企业⊜总数为 187 家，较 2018 年底增加 74 家，面向 B 端市场⊜提供服务的网信独角兽企业数量增长明显。从网信独角兽企业的行业分布来看，企业服务类占比最高，达 15.5%。

（8）核心技术创新能力不断增强，产业融合加速推进

2019 年，我国在区块链、5G（第五代移动通信技术）、人工智能、大数据、基础资源等核心技术领域自主创新能力不断增强，产业融合加速推进。在上级号召下，区块链技术也已被政府、企业与各类社会组织作为驱动创新发展的重要工具；在 5G 领域，5G 商用环境持续完善，标准技术取得新突破，应用孵化进入全面启动期，产业总体发展迅速，达到世界领先水平；在人工智能领域，关键技术应用日趋成熟，并引领各行业数字化变革；在大数据领域，产业布局持续加强，技术创新不断推进，带动产业持续发展。

⊖ 互联网上市企业：指在美国、我国香港地区以及沪深两市上市的互联网业务营收比例达到 50% 以上的上市企业。其中，互联网业务包括互联网广告和网络营销、个人互联网增值服务、网络游戏、电子商务等。定义的标准同时参考其营收过程是否主要依赖互联网产品，包括移动互联网操作系统、移动互联网 App 和传统 PC 互联网网站等。

⊜ 网信独角兽企业：指最近一次融资时估值超过 10 亿美金的新生代未上市网信企业。定义的标准同时参考了创业企业的融资数据和一级市场主流投资机构对项目的认可的估值水平。

⊜ B 端市场：指面向企业客户提供产品或服务。

第一章 互联网基础建设状况

一、互联网基础资源

（一）互联网基础资源概述

截至 2019 年 12 月，我国 IPv4 地址数量为 38751 万个，IPv6 地址数量为 50877 块/32。我国域名总数为 5094 万个。其中，".cn"域名总数为 2243 万个，占我国域名总数的 44.0%。国际出口带宽为 8827751Mbit/s，较 2018 年底增长 19.8%。以上数据见表 1。

表1　2018 年 12 月～2019 年 12 月互联网基础资源对比

基础资源	2018 年 12 月	2019 年 12 月	年增长量	年增长率
IPv4[①]/个	385843968	387508224	1664256	0.4%
IPv6[②]/（块/32）	43985	50877	6892	15.7%
域名/个	37927527[③]	50942295[④]	—	—
其中 CN 域名/个	21243478	22426900	1183422	5.6%
国际出口带宽/（Mbit/s）	7371738	8827751	1456013	19.8%

① 2018 年 12 月及 2019 年 12 月数据均含港、澳、台地区。
② 2018 年 12 月及 2019 年 12 月数据均含港、澳、台地区。
③ 2018 年 12 月统计数据不含新通用顶级域名（New gTLD）数量。
④ 2019 年 12 月统计数据含新通用顶级域名（New gTLD）数量。

（二）IP 地址

截至 2019 年 12 月，我国 IPv6 地址数量为 50877 块/32，较 2018 年底增长 15.7%，如图 1 所示。

单位：块/32

来源：CNNIC 中国互联网络发展状况统计调查　　　　2019.12

图 1　IPv6 地址数量
注：图中数据均含港、澳、台地区。

截至 2019 年 12 月，我国 IPv4 地址数量为 38751 万个，较 2018 年底增长 0.4%，如图 2 所示。

（三）域名

截至 2019 年 12 月，我国域名总数为 5094 万个。其中，".cn"域名数量为 2243 万个，较

单位：万个

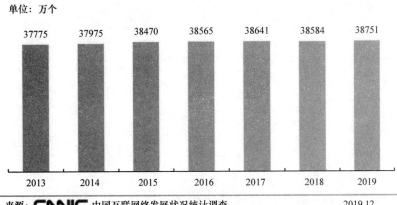

来源：CNNIC 中国互联网络发展状况统计调查 2019.12

图 2　IPv4 地址数量

注：图中数据均含港、澳、台地区。

2018 年底增长 5.6%，占我国域名总数的 44.0%；".com"域名数量为 1492 万个，占我国域名总数的 29.3%；".中国"域名数量为 170 万个，占我国域名总数的 3.3%；新通用顶级域名（New gTLD）数量为 1013 万个，占我国域名总数的 19.9%，见表 2、表 3。

表 2　分类域名数

域名	数量/个	占域名总数比例
.cn	22426900	44.0%
.com	14924706	29.3%
.中国	1703456	3.3%
.net	1075645	2.1%
.org	167067	0.3%
.biz	45182	0.1%
.info	33588	0.1%
New gTLD	10132444	19.9%
其他	433307	0.9%
合计	50942295	100.0%

注：通用顶级域名（gTLD）及新通用顶级域名（New gTLD）由国内域名注册单位协助提供。

表 3　分类".cn"域名数

域名	数量/个	占".cn"域名总数比例
.cn	19668268	87.7%
.com.cn	2188326	9.8%
.net.cn	285090	1.3%
.org.cn	154872	0.7%
.adm.cn	91139	0.4%
.gov.cn	21359	0.1%
.ac.cn	11446	0.1%
.edu.cn	6264	0.0%
其他	136	0.0%
合计	22426900	100.0%

（四）国际出口带宽

截至 2019 年 12 月，我国国际出口带宽数为 8827751Mbit/s，较 2018 年底增长 19.8%，如图 3 所示。其中，我国主要骨干网络出口带宽数见表 4。

来源：工业和信息化部，中国科技网，中国教育和科研计算机网　　　　　　2019.12

图 3　我国国际出口带宽数及增长率

注：2018 年数据根据工业和信息化部数据调整。

表 4　我国主要骨干网络国际出口带宽数

单位名称	国际出口带宽数/（Mbit/s）
中国电信 中国联通 中国移动	8651623
中国科技网	114688
中国教育和科研计算机网	61440
合计	8827751

二、互联网资源应用

（一）网站

截至 2019 年 12 月，我国网站[⊖]数量为 497 万个，较 2018 年底下降 5.1%，如图 4 所示。

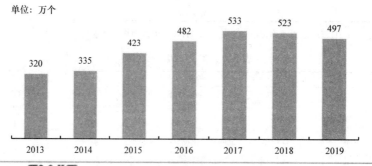

来源：CNNIC 中国互联网络发展状况统计调查　　　　　　2019.12

图 4　网站数量

注：网站数量不包含". edu. cn"下网站。

截至 2019 年 12 月，". cn"下网站数量为 341 万个，较 2018 年底增长 4.6%，如图 5 所示。

（二）网页

截至 2019 年 12 月，我国网页数量为 2978 亿个，较 2018 年底增长 5.8%，如图 6 所示。

⊖　网站指域名注册者在中国境内的网站。

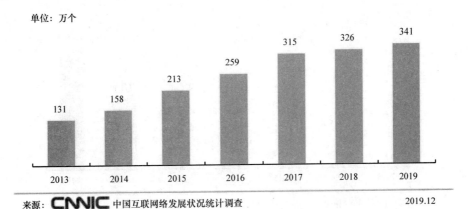

单位：万个

图 5　"．cn"下网站数量

注："．cn"下网站数量不包含"．edu．cn"下网站。

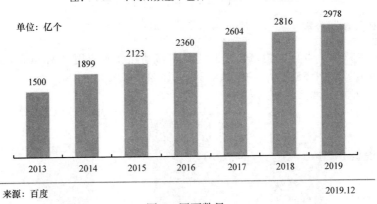

单位：亿个

图 6　网页数量

其中，静态网页⊖数量为 2063 亿，占网页总数量的 69.3%；动态网页⊖数量为 916 亿，占网页总数量的 30.7%，见表 5。

表 5　网页数量

网页	单位	2018 年	2019 年	增长率
总数	个	281622406489	297829914511	5.8%
静态	个	197066105957	206255312345	4.7%
	占网页总数比例	70.0%	69.3%	—
动态	个	84556300532	91574602166	8.3%
	占网页总数比例	30.0%	30.7%	—
长度（总字节数）	KB	19061579332918	20952363890708	9.9%
平均每个网站的网页数	个	53810	59926	11.4%
平均每个网页的字节数	KB	68	70	2.9%

（三）移动互联网接入流量

2019 年 1～12 月，移动互联网接入流量消费达 1220.0 亿 GB，如图 7 所示。

⊖　静态网页：指标准 HTML 格式的网页，文件扩展名是．htm、．html，可以包含文本、图像、声音、FLASH 动画、客户端脚本和 ActiveX 控件及 JAVA 小程序等。

⊖　动态网页：指基本的 HTML 语法规范与 Java、VB、VC 等高级程序设计语言、数据库编程等多种技术的融合，页面代码虽然没有变，但是显示的内容却是可以随着时间、环境或者数据库操作的结果而发生改变。

单位：亿GB

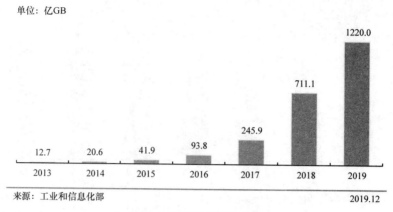

来源：工业和信息化部

2019.12

图 7　移动互联网接入流量

注：2013—2018 年数据来自《中国通信统计年度报告》，2019 年数据来自工业和信息化部网站《2019 年通信业统计公报》。

（四）APP 数量及分类

截至 2019 年 12 月，我国国内市场上监测到的移动互联网应用（Application，APP）数量为 367 万个，比 2018 年减少 85 万个，下降 18.8%，如图 8 所示。

单位：万个

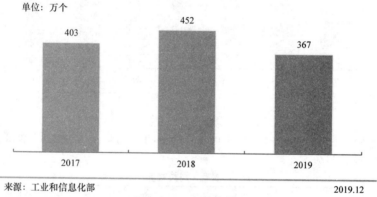

来源：工业和信息化部

2019.12

图 8　APP 在架数量

截至 2019 年 12 月，本土第三方应用商店 APP 数量为 217 万个，苹果商店（中国区）APP 数量超过 150 万个，如图 9 所示。

■本土第三方应用商店　■苹果商店

来源：工业和信息化部

2019.12

图 9　本土第三方应用商店与苹果应用商店 APP 数量占比

截至 2019 年 12 月，移动应用规模排在前四位种类（游戏、日常工具、电子商务、生活服务类）的 APP 数量占比达 57.9%。其中，游戏类 APP 数量达 90.9 万个，占全部 APP 比重为 24.7%，较 2018 年减少 47.4 万个；日常工具类、电子商务类和生活服务类 APP 数量分别达 51.4 万、38.8 万和 31.7 万个，分列移动应用规模第二、三、四位，占全部 APP 比重分别为 14.0%、10.6% 和 8.6%；其他社交、教育等 10 类 APP 占比为 42.1%，如图 10 所示。

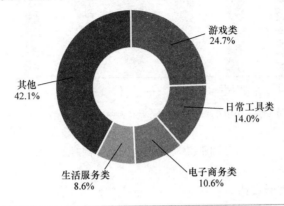

来源：工业和信息化部　　　　　　　　　　　　　　　　　　　　2019.12

图 10　APP 分类占比

三、互联网接入环境

（一）上网设备

截至 2020 年 3 月，我国网民使用手机上网的比例达 99.3%，较 2018 年底提升 0.7 个百分点；网民使用电视上网的比例为 32.0%，较 2018 年底提升 0.9 个百分点；使用台式电脑上网、笔记本电脑上网、平板电脑上网的比例分别为 42.7%、35.1% 和 29.0%，台式电脑使用比例下降较为明显，如图 11 所示。

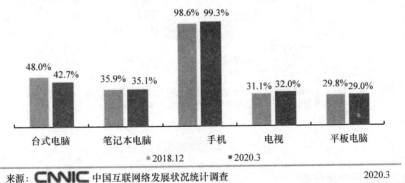

来源：CNNIC 中国互联网络发展状况统计调查　　　　　　　　　　　2020.3

图 11　互联网络接入设备使用情况

（二）上网时间

1. 网民人均每周上网时长

截至 2020 年 3 月，我国网民的人均每周上网时长为 30.8 个小时，较 2018 年底增加 3.2 个小时。受 2020 年初新冠肺炎疫情影响，网民上网时长有明显增长，如图 12 所示。

图 12　网民人均每周上网时长

2. 各类应用使用时长占比

2019 年 12 月，手机网民经常使用的各类 APP 中，即时通信类 APP 的使用时间最长，占比为 14.8%；网络视频（不含短视频）、短视频、网络音频、网络音乐和网络文学类应用的使用时长占比分列第二到六位，依次为 13.9%、11.0%、9.0%、8.9% 和 7.2%。短视频应用使用时长占比同比增加 2.8 个百分点，增长明显，如图 13 所示。

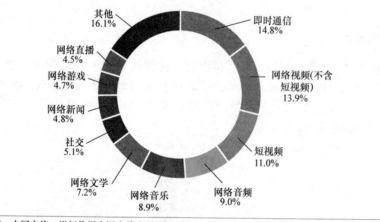

图 13　各类应用使用时长占比

3. 各类应用使用时段分布

2019 年 12 月，六类 APP 中，即时通信类、社交类、网络新闻类、网络购物类 APP 用户使用时段分布曲线较为接近，使用高峰均在 8 点～10 点间开始，21 点～22 点间结束，期间使用时长分布比较均匀，占比在 5% 至 6% 左右；短视频类 APP 在 17 点至 22 点间出现使用高峰，使用时

　　⊖　网络音频：指可以收听网络电台等音频类节目的移动互联网应用类型。

长占比均超过 6%；网上外卖类 APP 的使用时段高峰特点明显，在 11 点 ~ 12 点间、17 点 ~ 19 点间，使用时长占比分别达 20.5% 和 24.3%，如图 14 所示。

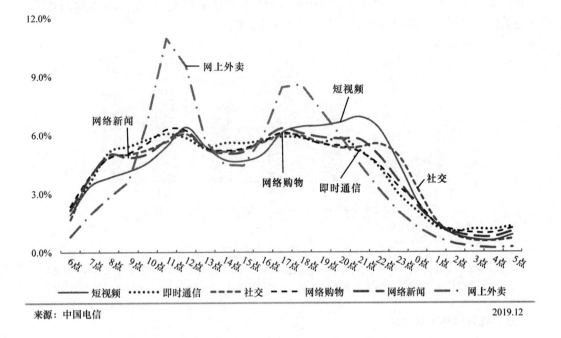

来源：中国电信　　　　　　　　　　　　　　　　　　　　　　　　　　　　　　　2019.12

图 14　六类应用使用时段分布

注：使用时段分布：指各类 APP 使用时长的时间段分布。例如，用户在 6 点 ~ 7 点间使用即时通信类应用的时长为
　　15 分钟，即 0.25 小时，全天使用即时通信类应用的时长为 4 小时，计算方法即为 0.25/4。

（三）100Mbit/s 及以上宽带用户占比

截至 2019 年 12 月，100Mbit/s 及以上接入速率的固定互联网宽带接入用户总数占固定宽带用户总数的 85.4%，如图 15 所示。

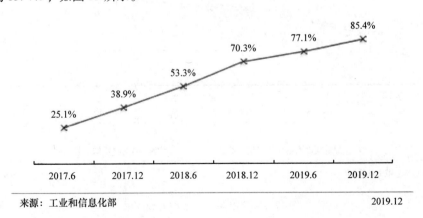

来源：工业和信息化部　　　　　　　　　　　　　　　　　　　　　　　　　　　　2019.12

图 15　100Mbit/s 及以上固定互联网宽带接入用户占比

（四）光纤宽带用户规模及占比

截至 2019 年 12 月，光纤接入（FTTH/O[⊖]）用户规模达 4.17 亿户，占固定互联网宽带接入用户总数的 92.9%，较 2018 年底提升 2.5 个百分点，如图 16 所示。

来源：工业和信息化部　　　　　　　　　　　　　　　　　　　　　　　　　　　　2019.12

图 16　光纤宽带用户规模及占比

注：2013～2016 年数据来自《中国通信统计年度报告》，2017～2018 年数据来自工业和信息化部网站《通信业主要指标完成情况》报表，2019 年数据来自工业和信息化部网站《2020 年 1～2 月通信业经济运行情况》。

（五）宽带网络下载速率

截至 2019 年第三季度，我国固定宽带网络平均可用下载速率为 37.69Mbit/s，同比增长 50.8%；我国移动宽带用户使用 4G（第四代移动通信技术）网络访问互联网时的平均下载速率达 24.02Mbit/s，同比增长 11.9%，如图 17 所示。

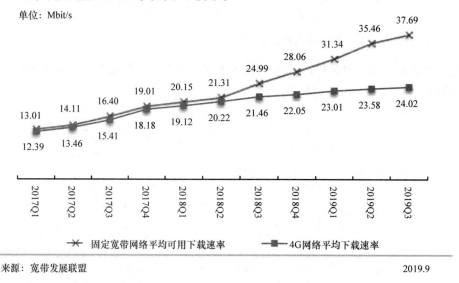

来源：宽带发展联盟　　　　　　　　　　　　　　　　　　　　　　　　　　　　　　2019.9

图 17　固定宽带/4G 平均下载速率

⊖　FTTH/O：指 FTTH 和 FTTO。FTTH 即 Fiber To The Home，意为光纤到户；FTTO 即 Fiber To The Office，意为光纤到办公室。

第二章 网民规模及结构状况

一、网民规模

（一）总体网民规模

截至 2020 年 3 月⊖，我国网民规模为 9.04 亿，较 2018 年底新增网民 7508 万，互联网普及率达 64.5%，较 2018 年底提升 4.9 个百分点，如图 18 所示。

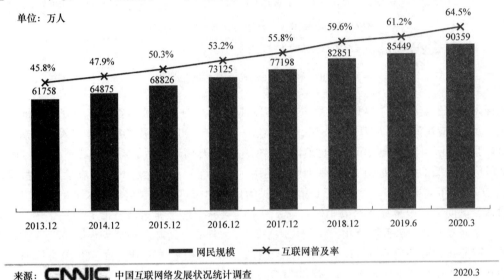

图 18　网民规模和互联网普及率

截至 2020 年 3 月，我国手机网民规模为 8.97 亿，较 2018 年底新增手机网民 7992 万，网民中使用手机上网的比例为 99.3%，较 2018 年底提升 0.7 个百分点，如图 19 所示。

2019 年以来，我国互联网发展取得显著成就，多措并举带动网民规模持续增长。一是"双 G 双提⊜"工作加快落实，农村宽带用户快速增长。截至 2019 年 12 月，我国固定互联网宽带接入用户总数达 4.49 亿户，其中 100Mbit/s 及以上接入速率的用户总数达 3.84 亿户，占总体的85.4%，1000Mbit/s 及以上接入速率的用户数达 87 万户。4G 用户总数达到 12.8 亿户，占移动电话用户总数的 80.1%。农村宽带用户总数达 1.35 亿户，较 2018 年底增长 14.8%，增速较城市宽带用户高 6.3 个百分点⊜。二是网络应用持续完善，移动流量增速保持高位。截至 2019 年 12 月，

⊖　受新冠肺炎疫情影响，本次《报告》电话调查截止时间为 2020 年 3 月 15 日，故数据截止时间调整为 2020 年 3月，以下同。

⊜　双 G 双提：指推动固定宽带和移动宽带双双迈入千兆（G 比特）时代。

⊜　来源：工业和信息化部《2019 年通信业统计公报》。

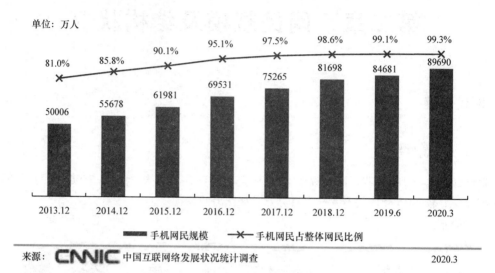

图 19　手机网民规模及其占网民比例

我国国内市场上监测到的 APP 在架数量为 367 万款，第三方应用商店在架应用分发数量达 9502 亿次⊖。网络应用满足用户消费、娱乐、信息获取、社交、出行等各类需求，与人民群众生活结合日趋紧密，吸引四五线城市和农村地区用户使用，提升用户生活品质。尤其是微信、短视频、直播等应用降低了用户使用门槛，带动网民使用。2019 年，移动互联网接入流量消费达 1220 亿 GB，较 2018 年底增长 71.6%⊖。三是信息惠民为民加速推进，社会信息化水平持续提升。各级政府认真贯彻《2019 年政务公开工作要点》等政策要求，积极推进政务服务与民生领域信息化应用，全面提升政务服务规范化、便利化水平，充分满足人民群众办事需求。2020 年初，互联网政务服务在新冠肺炎疫情防控中发挥有力支撑，用户规模显著提升。截至 2020 年 3 月，我国在线政务服务用户规模达 6.94 亿，较 2018 年底增长 76.3%，占网民整体的 76.8%。

（二）城乡网民规模

截至 2020 年 3 月，我国农村网民规模为 2.55 亿，占网民整体的 28.2%，较 2018 年底增长 3308 万；城镇网民规模为 6.49 亿，占网民整体的 71.8%，较 2018 年底增长 4200 万，如图 20 所示。

城乡地区互联网普及率差异缩小 5.9 个百分点。截至 2020 年 3 月，我国城镇地区互联网普及率为 76.5%，较 2018 年底提升 1.9 个百分点；农村地区互联网普及率为 46.2%，较 2018 年底提升 7.8 个百分点，如图 21 所示。

（三）网络扶贫成效

2019 年 4 月，中共中央网络安全和信息化委员会办公室、中华人民共和国国家发展和改革委员会、国务院扶贫开发领导小组办公室、中华人民共和国工业和信息化部联合印发《2019 年

⊖　来源：工业和信息化部《2019 年互联网和相关服务业运行情况》。

⊖　来源：工业和信息化部《2019 年通信业统计公报》。

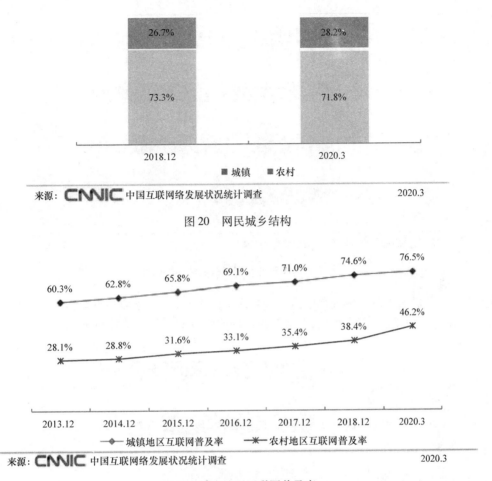

图 20　网民城乡结构

图 21　城乡地区互联网普及率

《网络扶贫工作要点》，提出要充分释放数字红利，加大网络扶贫工作力度。网络赋能扶贫攻坚，成效显著。一是通过网络扶贫工作，显著改善贫困地区网络基础设施。2019 年，我国"村村通"和"电信普遍服务试点"两大工程深入实施，中国广大农村及偏远地区贫困群众逐步跟上互联网时代的步伐，同步享受信息社会的便利。截至 2019 年 10 月，我国行政村通光纤和通 4G 比例均超过 98％，贫困村通宽带比例达到 99％，实现了全球领先的农村网络覆盖；试点地区平均下载速率超过 70M，基本实现了农村城市"同网同速"。农村及偏远地区学校网络接入条件不断改善，全国中小学校联网率超过 96％，助力实现教育均等化，为网络扶贫奠定坚实基础⊖。

二是通过网络扶贫工作，切实提升广大网民对脱贫攻坚的认知水平。数据显示，超过七成网民对网络扶贫相关活动有所了解。截至 2020 年 3 月，网民在互联网上看到"扶贫捐款"的比例最高，为 57.7％；在互联网上看到"贫困地区特色农产品宣传""在社交平台、新闻网站等上的扶贫宣传"的比例分别为 48.1％、47.2％，如图 22 所示。

三是通过网络扶贫工作，积极带动广大网民参与脱贫攻坚行动。数据显示，在了解网络扶贫活动的网民中，近七成网民参加过各类网络扶贫活动。截至 2020 年 3 月，了解网络扶贫活动的

⊖　来源：工业和信息化部 2019 年网络扶贫论坛，http：//www.miit.gov.cn/n973401/n6394828/n6394843/c7467766/content.html，2019 年 10 月 16 日。

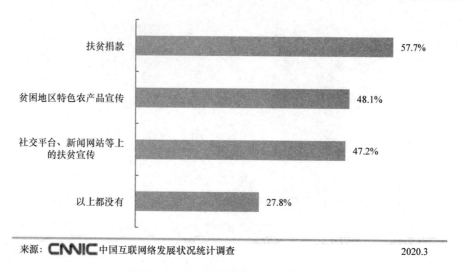

来源：CNNIC中国互联网络发展状况统计调查 　　　　　　　　　　　　2020.3

图22　网民对各类网络扶贫活动的认知

网民参与"网上扶贫捐款"的比例最高，为43.9%；其次是"扶贫宣传点赞、转发、评论"，比例为36.3%；"网上购买贫困地区特色农产品"的比例为23.0%，如图23所示。

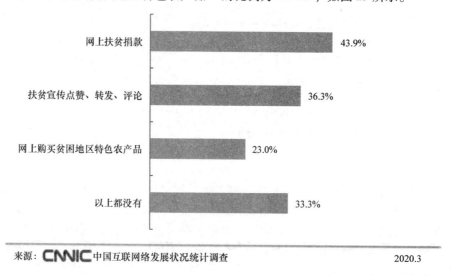

来源：CNNIC中国互联网络发展状况统计调查 　　　　　　　　　　　　2020.3

图23　了解网络扶贫活动的网民中参与各类网络扶贫活动的比例

　　四是通过网络扶贫工作，不断巩固脱贫攻坚工作成果。数据显示，近九成网民认同互联网在脱贫攻坚中的重要作用。截至2020年3月，七成以上网民认为互联网能在"汇集广大网民的力量为贫困群众提供帮助""通过电商帮助贫困群众扩大农产品销售""让贫困群众更方便地获取工作、社保、医疗等信息"等方面发挥重要作用；网民对"通过远程教育为贫困地区的孩子提供优质学习资源"的认同度略低，为69.7%，如图24所示。

（四）非网民规模

　　截至2020年3月，我国非网民规模为4.96亿，其中城镇地区非网民占比为40.2%，农村地区非网民占比为59.8%，非网民仍以农村地区人群为主。

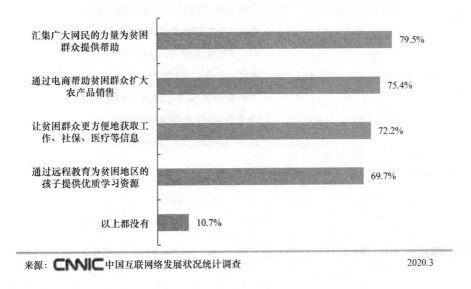

图 24　互联网在帮助贫困地区脱贫方面发挥的作用

　　使用技能缺乏、文化程度限制和年龄因素是非网民不上网的主要原因。数据显示，因为不懂电脑/网络技能而不上网的非网民占比为 51.6%；因为不懂拼音等文化程度限制而不上网的非网民占比为 19.5%；因为年龄太大/太小而不上网的非网民占比为 14.0%；因为没有电脑等上网设备而不上网的非网民占比为 13.4%；因为不需要/不感兴趣、缺乏上网时间等原因不上网的非网民占比均低于 10%，如图 25 所示。

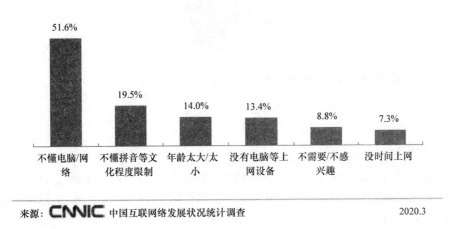

图 25　非网民不上网原因

　　数据显示，促进非网民上网的首要因素是方便与家人亲属沟通联系，占比为 29.7%；其次是提供免费上网培训指导，占比为 28.3%；再次是提供可以无障碍使用的上网设备，占比为 27.4%，如图 26 所示。

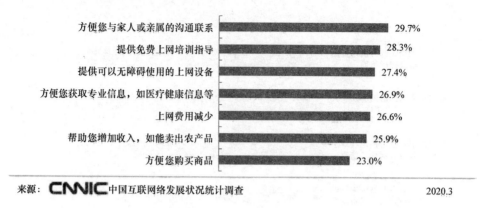

方便您与家人或亲属的沟通联系　29.7%
提供免费上网培训指导　28.3%
提供可以无障碍使用的上网设备　27.4%
方便您获取专业信息，如医疗健康信息等　26.9%
上网费用减少　26.6%
帮助您增加收入，如能卖出农产品　25.9%
方便您购买商品　23.0%

来源：CNNIC中国互联网络发展状况统计调查　　　　2020.3

图 26　非网民上网促进因素

二、网民属性结构

（一）性别结构

截至 2020 年 3 月，我国网民男女比例为 51.9∶48.1，男性网民占比略高于整体人口中男性比例（51.1%⊖），如图 27 所示。

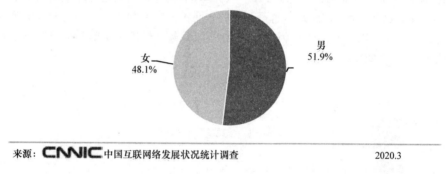

女
48.1%

男
51.9%

来源：CNNIC中国互联网络发展状况统计调查　　　　2020.3

图 27　网民性别结构

（二）年龄结构

截至 2020 年 3 月，20～29 岁、30～39 岁网民占比分别为 21.5%、20.8%，高于其他年龄群体；40～49 岁网民群体占比为 17.6%；50 岁及以上网民群体占比为 16.9%，互联网持续向中高龄人群渗透，如图 28 所示。

（三）学历结构

截至 2020 年 3 月，初中、高中/中专/技校学历的网民群体占比分别为 41.1%、22.2%，受过大学专科及以上教育的网民群体占比为 19.5%，如图 29 所示。

⊖　来源：国家统计局《中国统计年鉴 2019》。

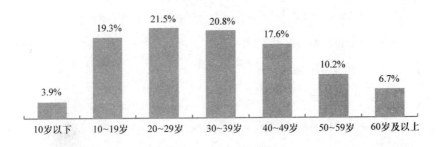

来源：CNNIC 中国互联网络发展状况统计调查　　　　　　　　2020.3

图 28　网民年龄结构

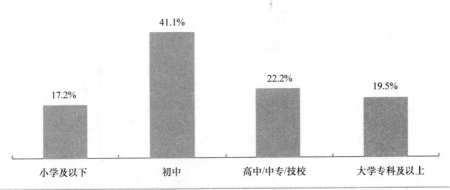

来源：CNNIC 中国互联网络发展状况统计调查　　　　　　　　2020.3

图 29　网民学历结构

（四）职业结构

截至 2020 年 3 月，在我国网民群体中，学生最多，占比为 26.9%；其次是个体户/自由职业者，占比为 22.4%；企业/公司的管理人员和一般人员占比共计 10.9%，如图 30 所示。

（五）收入结构

截至 2020 年 3 月，月收入[⊖]在 2001~5000 元的网民群体合计占比为 33.4%，月收入在 5000元以上的网民群体占比为 27.6%，有收入但月收入在 1000 元以下的网民群体占比为 20.8%，如图 31 所示。

⊖　月收入：学生收入包括家庭提供的生活费、勤工俭学工资、奖学金及其他收入；农林牧渔劳动人员收入包括子女提供的生活费、农业生产收入、政府补贴等收入；无业/下岗/失业人员收入包括子女给的生活费、政府救济、补贴、抚恤金、低保等；退休人员收入包括子女提供的生活费、退休金等。

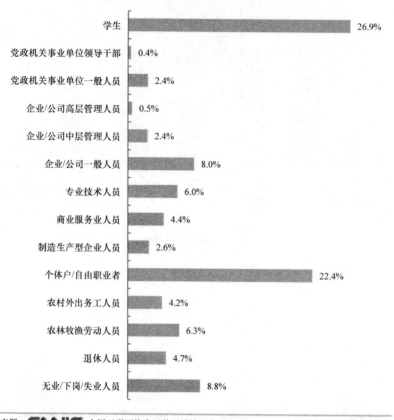

图 30　网民职业结构

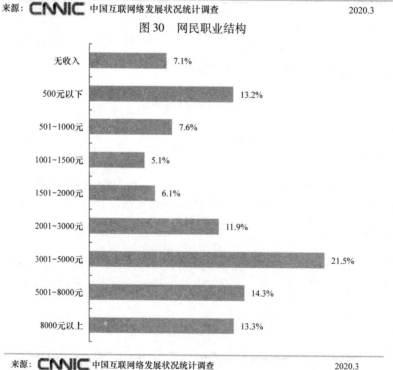

图 31　网民个人月收入结构

第三章 互联网应用发展状况

一、互联网应用发展概述

2019 年以来，我国个人互联网应用继续保持稳步发展。其中，受 2020 年初新冠肺炎疫情影响，全国大中小学开学推迟，教学活动改至线上，在线教育用户规模较 2018 年底增长 110.2%；在电商直播的带动下，网络直播用户规模较 2018 年底增长 41.1%；网络支付的用户规模达 7.68 亿，较 2018 年底增长 27.9%，手机网络支付用户规模增长率为 31.1%，见表 6、表 7。

表 6　2018.12 ~ 2020.3 网民各类互联网应用用户规模和使用率

应用	2020.3		2018.12		
	用户规模（万）	网民使用率	用户规模（万）	网民使用率	增长率
即时通信	89613	99.2%	79172	95.6%	13.2%
搜索引擎	75015	83.0%	68132	82.2%	10.1%
网络新闻	73072	80.9%	67473	81.4%	8.3%
网络支付	76798	85.0%	60040	72.5%	27.9%
网络购物	71027	78.6%	61011	73.6%	16.4%
网上外卖	39780	44.0%	40601	49.0%	− 2.0%
旅行预订①	37296	41.3%	41001	49.5%	− 9.0%
网约车	36230	40.1%	38947	47.0%	− 7.0%
在线教育	42296	46.8%	20123	24.3%	110.2%
网络音乐	63513	70.3%	57560	69.5%	10.3%
网络文学	45538	50.4%	43201	52.1%	5.4%
网络游戏	53182	58.9%	48384	58.4%	9.9%
网络视频（含短视频）	85044	94.1%	72486	87.5%	17.3%
短视频	77325	85.6%	64798	78.2%	19.3%
网络直播②	55982	62.0%	39676	47.9%	41.1%
互联网理财	16356	18.1%	15138	18.3%	8.1%

① 旅行预订：包括网上预订机票、酒店、火车票或旅游度假产品。

② 网络直播：包括电商直播、体育直播、真人秀直播、游戏直播和演唱会直播。

表 7　2018.12 ~ 2020.3 手机网民各类手机互联网应用用户规模和使用率

应用	2020.3		2018.12		
	用户规模（万）	手机网民使用率	用户规模（万）	手机网民使用率	增长率
手机即时通信	89012	99.2%	78029	95.5%	14.1%
手机搜索	74535	83.1%	65396	80.0%	14.0%
手机网络新闻	72642	81.0%	65286	79.9%	11.3%
手机网络支付	76508	85.3%	58339	71.4%	31.1%
手机网络购物	70749	78.9%	59191	72.5%	19.5%

（续）

应用	2020.3		2018.12		
	用户规模（万）	手机网民使用率	用户规模（万）	手机网民使用率	增长率
手机网上外卖	39653	44.2%	39708	48.6%	-0.1%
手机在线教育课程	42023	46.9%	19416	23.8%	116.4%
手机网络音乐	63274	70.5%	55296	67.7%	14.4%
手机网络文学	45255	50.5%	41017	50.2%	10.3%
手机网络游戏	52893	59.0%	45879	56.2%	15.3%

2019 年 12 月，15 ~ 19 岁手机网民群体人均手机 APP 数量[一]最多，达 84 个；其次为 20 ~ 29 岁手机网民群体，人均手机 APP 数量为 65 个；60 岁及以上手机网民群体人均手机 APP 数量为 37 个。与 2018 年 12 月相比，10 岁及以上各年龄段手机网民人均手机 APP 数量均有所增加，如图 32 所示。

单位：个

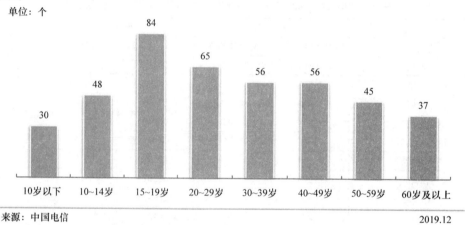

来源：中国电信　　　　　　　　　　　　　　　　　　　　　　　2019.12

图 32　各年龄段手机网民人均手机 APP 数量

二、基础应用类应用

（一）即时通信

截至 2020 年 3 月，我国即时通信用户规模达 8.96 亿，较 2018 年底增长 1.04 亿，占网民整体的 99.2%，如图 33 所示；手机即时通信用户规模达 8.90 亿，较 2018 年底增长 1.10 亿，占手机网民的 99.2%，如图 34 所示。

2019 年以来，即时通信行业发展态势良好，用户规模和普及率进一步增长。即时通信产品逐渐从沟通平台向服务平台拓展，主要体现在个人用户数字化和企业用户信息化两个方面。

在个人用户方面，即时通信已经成为用户数字化生活的基础平台。一是在开发端，即时通信平台为小程序开发者提供了丰富完备的云端开发工具，让开发者可以在不搭建服务器、数据库和存储空间的条件下，直接利用应用程序接口（API）进行核心业务开发，从而实现各类服务的快速上线和迭代。二是在应用端，越来越多的线上线下服务被纳入到即时通信的生态系统中来，推

[一]　人均手机 APP 数量：指手机网民人均在手机上安装的 APP 数量。

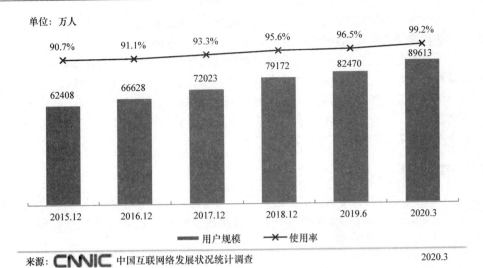

图 33　2015. 12 ~ 2020. 3 即时通信用户规模及使用率

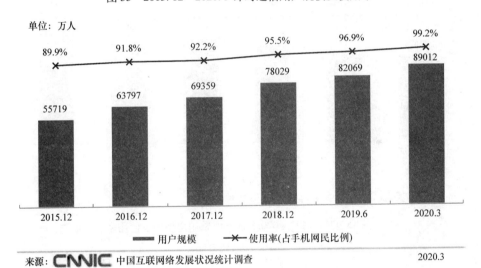

图 34　2015. 12 ~ 2020. 3 手机即时通信用户规模及使用率

动即时通信成为个人数字化生活的核心环节。数据显示，当前网民最常使用的两个互联网应用均为即时通信类应用⊖。三是在用户端，即时通信平台通过推出小程序搜索、小程序评分等功能，降低用户在服务生态内的使用和反馈门槛，推动小程序用户规模与活跃度进一步提高。数据显示⊖，2019 年小程序日活跃用户突破 3 亿，人均访问小程序次数提高 45%，人均使用小程序个数提高 98%。

　　在企业用户方面，即时通信应用开始成为企业信息化转型的得力助手。依托云计算、人工智能等技术，即时通信在企业日常运营管理、数据信息互通共享、团队远程协同办公等领域发挥的作用日渐凸显，从而帮助企业提升运营质量与效率，赋能传统行业转型升级。一是在企业日常运营管理上，即时通信为线下零售行业提供门店人员调配、顾客会员管理、库存信息提醒等功能，

　　⊖　来源：CNNIC 第 45 次中国互联网络发展状况统计调查。

　　⊜　来源：腾讯《2020 微信公开课》。

助力企业实现对线下零售网点的信息化、智能化运营。二是在数据信息互通共享上，企业即时通信为医疗行业机构开发信息流转与通信平台，实现科室、医院间的信息互通，打通医疗环节中医生、患者和设备的联系，从而促进医疗信息与数据的充分流动，提升患者就诊效率和治愈率。三是在团队远程协同办公上，即时通信为企业提供了基于云端的多人音视频会议、共享文档编辑、异地项目协同管理等功能，帮助企业实现实时协同，保障组织高效平稳运转。尤其在 2020 年初新冠肺炎疫情期间，企业即时通信远程办公功能有效减少了办公环境下的人际接触，为防范疫情扩散、推动企业复工复产提供了有力支撑。

（二）搜索引擎

截至 2020 年 3 月，我国搜索引擎用户规模达 7.50 亿，较 2018 年底增长 6883 万，占网民整体的 83.0%，如图 35 所示；手机搜索引擎用户规模达 7.45 亿，较 2018 年底增长 9140 万，占手机网民的 83.1%，如图 36 所示。

图 35　2015.12～2020.3 搜索引擎用户规模及使用率

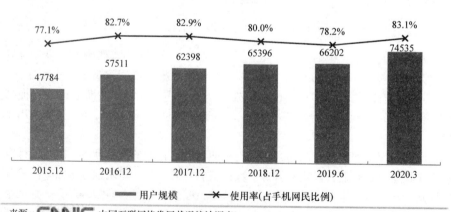

图 36　2015.12～2020.3 手机搜索引擎用户规模及使用率

2019 年，搜索引擎行业竞争激烈，产品和服务持续丰富，行业发展更加健康有序。

搜索服务内容生态布局加快演进。信息流服务是基于兴趣的主动推送服务，能够对基于需求的主动搜索服务进行有效补充，帮助搜索引擎完善内容生态布局，缓解 APP 间数据壁垒导致的流量获取难题，获得更多的用户和收益。百度依托搜索引擎入口，不断优化算法，提供文字、短视频等富媒体内容，持续改进信息流产品。字节跳动发布移动端搜索产品，涵盖旗下信息流[⊖]、短视频、问答等产品的内容，同时抓取全网资源，为用户提供综合搜索服务。

人工智能技术推动搜索产品创新和服务质量提升。一是人工智能技术推动产品创新，出现了将知识体系作为搜索结果的新产品。基于机器学习的人工智能知识搜索引擎 Magi 上线，通过机器学习将自然语言信息提取成结构化数据，可以为用户提供除网页链接以外的知识体系搜索结果，为行业构建和完善知识图谱。二是人工智能技术提升服务质量。搜索引擎开放人工智能技术接口，与搜索小程序融合，促进开发者为用户提供更智能的服务，覆盖视频、生活服务、购物、旅游等众多领域。百度智能小程序 2019 年 11 月活跃用户数超过 3 亿，在搜索流量中占比超过30%[⊖]，360 搜索 PC 端小程序 12 月活跃用户数超过 5000 万[⊖]。

行业发展环境持续完善。一是监管部门加强对商业信息的监管。针对教育领域搜索广告扰乱正常网络秩序、伤害用户利益的情况，教育部会同公安部要求搜索引擎进行改进，完善推荐规则、突出广告提示，规范商业化推荐行为、防范安全风险。二是企业重视青少年搜索环境的建设维护。中国搜索推出专为青少年定制的搜索引擎 APP "花漾搜索"，利用人工智能技术阻断有害青少年身心健康的不良信息。

（三）网络新闻

截至 2020 年 3 月，我国网络新闻用户规模达 7.31 亿，较 2018 年底增加 5598 万，占网民整体的 80.9%，如图 37 所示；手机网络新闻用户规模达 7.26 亿，较 2018 年底增加 7356 万，占手机网民的 81.0%，如图 38 所示。

图 37　2015.12～2020.3 网络新闻用户规模及使用率

⊖　信息流产品：指社交、资讯、视听等互联网应用中，以瀑布式的用户动态、图片、新闻资讯、视频等为展示形式的产品。

⊜　来源：百度宣布智能小程序月活 3 亿，承接 30% 搜索流量，https://tech.qq.com/a/20200109/066359.htm，2020 年 1 月 9 日。

⊝　来源：奇虎360《小程序平台商业化分析》报告，2019 年 12 月。

图38　2015.12～2020.3 手机网络新闻用户规模及使用率

2019年，网络新闻行业紧跟时事热点，不断打造吸引力强的内容产品，合力建设优质内容生态。

新闻媒体坚持"内容为王"，信息平台探索融合发展。一是传统媒体加强与平台企业的合作。2019年，传统媒体愈发重视新闻传播途径，主动加强与信息聚合及娱乐内容平台的合作，加速融入网络内容生态体系。例如，2019年8月，《新闻联播》正式入驻抖音、快手等短视频平台，入驻当天粉丝数超千万。二是新闻资讯聚合平台更加注重整合优质资源。2019年，新闻资讯平台企业不断拓展与新闻内容合作边界，从而使内容实现跨平台流动。例如，腾讯看点依托QQ和微信两个社交平台，利用自身在视频、综艺、游戏、体育等领域的版权优势，实现社交与内容的结合；今日头条则通过布局搜索业务继续拓展内容分发渠道，以更好服务于用户。

新闻媒体保持技术敏感，推进媒体生态不断进化。随着移动互联网的普及和5G、人工智能（Artificial Intelligence，AI）等新兴信息技术的不断演进，媒体格局和舆论生态发生深刻变革，传统媒体和新兴媒体依托新技术深度融合，推进媒体生态不断进化。例如，中央广播电视总台积极应用"5G＋4K⊖＋AI"新技术，与三家电信运营商、华为公司合作建设了我国首个国家级"5G新媒体平台"，并在2019年春晚、两会和"一带一路"高峰论坛及北京世园会报道中实现了"5G＋4K""5G＋虚拟现实（Virtual Reality，VR）"的全流程、全要素直播，未来有望在传媒领域得到广泛应用；抗击新冠肺炎疫情过程中，新浪新闻利用AI技术整合人民日报、新华社等权威媒体内容进行内容聚合分发，帮助用户及时了实时疫情动态，同时对用户防疫科普、谣言甄别等潜在需求进行预判，向用户展现科普和辟谣信息。

（四）社交应用

截至2020年3月，微信朋友圈、微博使用率分别为85.1%、42.5%，较2018年底分别上升1.7、0.2个百分点；QQ空间使用率为47.6%，如图39所示。

2019年，社交产品不断创新，社交元素推动流量变现⊖，社交平台助力社会公益，社交网络生态持续向好。

⊖　4K：指4K超高清分辨率，在此分辨率下，观众将可以看清画面中的每一个细节和特写。
⊖　流量变现：指将网站流量通过商业方式实现现金收益。

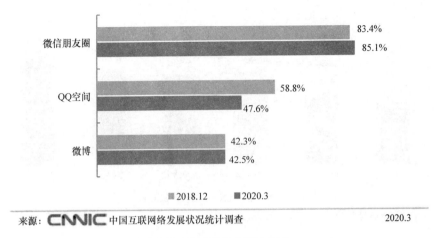

来源：CNNIC 中国互联网发展状况统计调查　　　　　　　　2020.3

图39　典型社交应用使用率

社交产品创新丰富，满足用户多元需求。一是社交与视频融合，增加用户使用时长和黏性，出现了以音频、短视频、直播等作为新形式的社交产品或功能，如基于短视频的"多闪"、基于声音的"吱呀""音遇"、知乎开通直播功能等。二是企业挖掘社交关系细分市场，根据关系的亲疏远近，出现了陌生关系、"点赞之交"等不同社交深度的产品，如腾讯、陌陌陆续推出多款匿名社交APP，搜狐、微博相继推出浅互动社交产品"狐友""绿洲"等。

社交元素助推流量变现，拓宽平台收入渠道。一是社交元素助推优质内容生产，从而提高收入，如今日头条提供社交群服务，创作者可建立付费社交群获得创作收益。二是社交电商持续拓宽数字消费渠道，社交平台为多类用户建立了丰富的连接渠道，如品牌账号、自媒体账号、明星KOL⊖账号、个人用户账号等，推动社交电商继续保持较快增长。

社交平台发挥更多公益效能，社会价值不断扩大。社交平台为公益活动的传播起到巨大的推动作用，并成为公益捐助的重要来源。2019年上半年，民政部指定的20家互联网公开募捐信息平台募捐总额超过18亿元人民币，其中腾讯公益、微公益等都利用社交平台助力公益慈善捐助行动。在抗击新冠肺炎疫情过程中，上亿用户通过微博关注最新疫情、获取防治服务、参与公益捐助。截至2020年2月4日，微博热搜榜上疫情相关话题的占比超过60%⊜。

（五）网络支付

截至2020年3月，我国网络支付用户规模达7.68亿，较2018年底增长1.68亿，占网民整体的85.0%，如图40所示；手机网络支付用户规模达7.65亿，较2018年底增长1.82亿，占手机网民的85.3%，如图41所示。

2019年，网络支付覆盖领域日趋广泛，加速向垂直化应用场景渗透，推动数字经济与实体经济融合发展。

网络支付业务稳步增长，有力拉动消费升级。一是网络支付业务继续保持较快增长速度。数据显示⊜，2019年非银行支付机构处理网络支付业务7199.98亿笔，处理业务金额249.88万亿元，同比分别增长35.7%和20.1%，实现较快增长。二是移动支付有力拉动消费增长。非现金

⊖　KOL：指关键意见领袖，Key Opinion Leader。

⊜　来源：微博。

⊜　来源：中国人民银行《2019年支付体系运行总体情况》。

单位：万人

图40　2015.12～2020.3 网络支付用户规模及使用率

单位：万人

图41　2015.12～2020.3 手机网络支付用户规模及使用率

支付工具与大众日常生活的联系日益紧密，不仅重塑了居民个人的消费行为，变革了企业的商业模式，而且在很大程度上带动了各地区居民的消费增长。三是移动支付优化大众家庭消费结构。研究[注]表明，移动支付可促进我国家庭消费增长16.0%，使恩格尔系数（食品消费占比）降低1.7%，同时带动教育、文化、娱乐等发展型消费实现大幅增长，幅度明显高于食品、衣着、居住等生存性消费。

网络支付正成为境内企业走出国门、境外企业进入国内市场的活跃领域。一是网络支付业务走出国门、境外业务快速发展。近年来，随着国民出境旅游需求日益增长，"一带一路"沿线国家数字化发展需求日渐强烈，越来越多的网络支付企业大力拓展跨境业务。例如，2019年2月，支付宝全资收购英国跨境支付公司万里汇（WorldFirst）后，在全球的金融机构合作伙伴数目已超过250家；5月，网易支付上线跨境收款平台"收结汇"业务，旨在助力境内卖家实现资金的收款与结汇，支持自有电商业务出海。二是支付行业逐渐成为扩大金融市场开放的先行者。在国

⊖　来源：北京大学数字金融研究中心、上海交通大学中国金融研究院、浙江大学互联网金融研究院、中国人民大学中国普惠金融研究院和蚂蚁金服集团研究院共同发布的"数字金融开放研究计划"。

家放开外商投资支付机构准入限制后，2019 年 9 月，中国人民银行批准贝宝（PayPal）收购国付宝 70% 的股权，标志着首家外资第三方支付机构进入境内市场；11 月，在中国人民银行指导下，Visa、Mastercard 等五大国际卡组织与腾讯开展合作，使境外开立的国际信用卡能够绑定微信支付，目前已支持电商购物、旅行预订等国内消费场景。

网络支付与科技融合程度不断加深，推动行业效能提升。物联网、近场通信等新技术在垂直领域加速渗透，不断催生并变革着相关支付方式与形态。例如，在交通出行领域，基于感应识别、数据联网交换等技术的电子不停车收费系统（Electronic Toll Collection，ETC）发展迅速。截至 2019 年 12 月 10 日，全国 ETC 客户累积达 1.85 亿，2019 年全年新增 1.05 亿，全国高速公路出入口客车 ETC 平均使用率达到 70.0%[⊖]。此外，随着技术与支付的融合加深，支付企业竞争焦点正逐渐转向技术。以人脸识别、指纹识别等为代表的人机交互技术和以防攻击、防诈骗等为代表的风险控制技术在网络支付领域应用日趋广泛。

三、商务交易类应用

（一）网络购物

截至 2020 年 3 月，我国网络购物用户规模达 7.10 亿，较 2018 年底增长 1.00 亿，占网民整体的 78.6%，如图 42 所示；手机网络购物用户规模达 7.07 亿，较 2018 年底增长 1.16 亿，占手机网民的 78.9%，如图 43 所示。

图 42　2015. 12 ~ 2020. 3 网络购物用户规模及使用率

2019 年，网络零售持续稳健发展，成为拉动我国消费增长的重要动力。数据显示[⊖]，2019 年，全国网上零售额达 10.63 万亿元，其中实物商品网上零售额达 8.52 万亿元，占社会消费品零售总额的比重为 20.7%。网络消费通过模式创新、渠道下沉、跨境电商等方式不断释放动能，形成了多个消费增长亮点。

社交电商、直播电商成为网络消费增长的新动能。作为网络消费模式创新，社交电商和直播

⊖　来源：交通运输部"取消高速公路省界收费站"专题新闻发布会，http://www.gov.cn/xinwen/2019 – 12/12/content_5460622.htm，2019 年 12 月 12 日。

⊖　来源：国家统计局。

图 43　2015.12～2020.3 手机网络购物用户规模及使用率

电商有效满足了消费者的多元需求，成为了网络消费重要支撑。一是社交电商增长势头迅猛，已发展成为网络消费的新生力量。数据估算显示⊖，2019 年社交电商交易额同比增长超过 60%，远高于全国网络零售整体增速。社交电商借助社交媒体或互动网络媒体，通过分享、内容制作、分销等方式，实现了对传统电商模式的迭代创新。二是直播电商不断拓展网络消费空间。截至 2020 年 3 月，电商直播用户规模达 2.65 亿，占网购用户的 37.2%，占直播用户的 47.3%。直播电商通过"内容种草"⊜、实时互动的方式激活用户感性消费，提升购买转化率和用户体验。

下沉市场⊜成为网络消费重要增量市场。一是下沉市场网购用户保持快速增长，为网络消费提供了用户基础。截至 2020 年 3 月，三线及以下市场网购用户占该地区网民比例较 2018 年底提升 3.9 个百分点；农村网购用户规模达 1.71 亿，占网购用户比例达 24.1%。二是下沉市场网购环境日趋完善，为释放消费潜力提供了重要保障。随着电商平台渠道、物流服务加速下沉，三线以下城市和农村地区的网购基础设施和商品供给不断完善，下沉市场成为网购消费增长核心动力。数据显示⑭，2019 年天猫"618"活动期间，三线及以下城市网络消费增速是一二线城市的1.14 倍，对网络消费同比增长的贡献率达 62%。

跨境电商成为促消费、稳外贸的重要力量。一是跨境电商促进消费作用持续凸显。2019 年，在明确跨境电商"按个人自用进境物品监管⑮"性质、降低行邮税⑯税率及扩大跨境电子商务综合试验区等多项利好政策推动下，跨境电商保持高速增长，全年通过海关跨境电子商务管理平台零售进出口商品总额达 1862.1 亿元，增长 38.3%⑰。二是跨境电商助力品牌出海，推动外贸"稳中提质"。2019 年，国务院出台"无票免税"政策⑱和更加便利企业的所得税核定征收办法，

⊖　来源：中国互联网协会《2019 中国社交电商行业发展报告》。

⊜　内容种草：指通过内容介绍、展示等方式，分享推荐某种商品，激发他人的购买欲望。

⊜　下沉市场：指国内三线及以下中小城市，以及乡镇农村地区。

⑭　来源：光明网，http://economy.gmw.cn/xinxi/2019-06/28/content_32957924.htm，2019 年 6 月 28 日。

⑮　按个人自用进境物品监管：指个人携带进出境的行李物品、邮寄进出境的物品，用于自用且合理数量。

⑯　行邮税：指行李和邮递物品进口税的简称，是海关对个人携带、邮递进境的物品关税、进口环节增值税和消费税合并征收的进口税。

⑰　来源：海关总署，http：//www.scio.gov.cn/xwfbh/xwbfbh/wqfbh/42311/42414/index.htm，2020 年 1 月 14 日。

⑱　"无票免税"政策：指对跨境电商综合试验区出口企业出口未取得有效进货凭证的货物，同时符合一定条件的，试行增值税、消费税免税政策。

进一步助力跨境电商出口。日趋成熟的跨境电商产业和国内制造业体系为品牌出海提供了强大助力，多个传统制造商及电商品牌先后走向全球市场，在推动外贸转型升级的同时进一步提升了我国品牌的国际形象。数据显示[一]，2019 年中国品牌出海 50 强中，跨境电商品牌占 9 席，部分品牌影响力甚至超越传统知名品牌，体现出电子商务对制造业转型升级和品牌建设的积极作用。

（二）网上外卖

截至 2020 年 3 月，我国网上外卖用户规模达 3.98 亿，占网民整体的 44.0%，如图 44 所示；手机网上外卖用户规模达 3.97 亿，占手机网民的 44.2%，如图 45 所示。

单位：万人

图 44　2015.12 ~ 2020.3 网上外卖用户规模及使用率

单位：万人

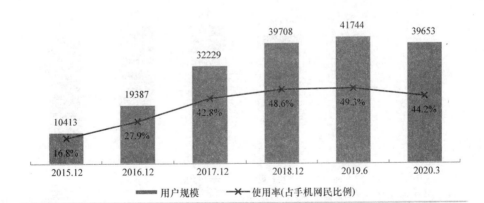

图 45　2015.12 ~ 2020.3 手机网上外卖用户规模及使用率

2019 年，网上外卖行业从供需两端不断深耕发展，行业进入提质升级阶段。

从供给端看，外卖平台对上游服务支撑力度不断加大，并逐步传导至传统餐饮业供给。一是加速推动外卖行业供给侧数字化升级。2019 年，外卖平台加大对商户服务支持，通过提供智能

㊀　来源：谷歌和全球最大传播集团 WPP 联合发布的《2019 年中国品牌出海 50 强》报告。

终端、智慧点餐系统、收银系统等提升商户运营效率，同时通过订单管理、集中采购、峰值预测等数字化支持强化商户供应链水平，在提升供给端效能的同时也进一步推动了餐饮业的数字化升级。二是促进外卖产品和服务质量持续提升。外卖平台持续优化服务流程，推动无人配送等技术不断强化履约配送能力，外卖食品安全和配送效率不断提升。同时，外卖商家品牌化、连锁化等趋势进一步凸显，品质化进一步升级。

从需求端看，外卖平台不断扩展服务边界，逐步形成下沉市场和细分场景新增长动力。尽管新冠肺炎疫情对外卖用户需求造成了较大冲击，但由于用户习惯已经形成，随着疫情缓解和餐饮行业复工复产逐步推进，外卖需求将进一步恢复。一是向下加速推进市场下沉。2019 年，外卖平台加速向三线及以下市场渗透，截至 2020 年 3 月，三线及以下市场外卖用户占该地区网民比例的 39.8%，下沉市场正在成为外卖需求端的增量市场。二是外卖需求呈现多元化发展态势，细分场景催生出新的消费增长点。在外卖服务推动下，用餐需求从正餐向甜点饮品、下午茶、夜宵等细分场景纵向延伸，逐步形成以夜宵外卖为代表的"夜经济⊖"消费。同时，外卖服务加快横向拓展，满足生鲜菜蔬、药品配送等即时配送服务需求，加快带动以社区生鲜、拼团买菜为代表的零售新模式发展，进一步丰富线上线下零售业态。例如在新冠肺炎疫情期间，外卖平台推出买菜、买药、闪购等到家服务，在培育更多线上消费习惯、补充传统商超等零售业的同时，也加速推动了平台生态的进一步构建。

（三）旅行预订

截至 2020 年 3 月，我国在线旅行预订用户规模达 3.73 亿，较 2018 年底减少 3705 万，占网民整体的 41.3%，如图 46 所示。受新冠肺炎疫情影响，短期来看，在线旅行预订行业受到较大冲击，用户规模大幅下降；中长期来看，随着疫情逐渐好转至结束，在线旅行预订行业有望进入反弹期。

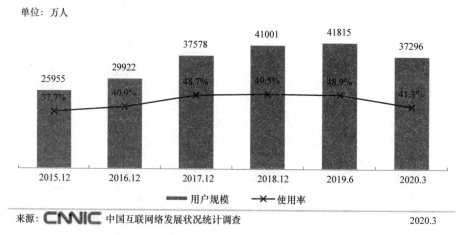

图 46　2015.12 ~ 2020.3 在线旅行预订用户规模及使用率

2019 年，我国在线旅行预订行业稳健发展，通过拓展市场空间引爆业务新增长点，利用新兴技术赋能催生数字化新动能，借助乡村旅游拉动贫困地区经济增长。

在市场运营方面，海外业务和下沉市场成为在线旅行社业务新增长点。一是旅行预订平台海

⊖　夜经济：指晚 6 点至次日凌晨 6 点所发生的服务业商业活动，业态囊括晚间购物、餐饮、旅游、娱乐、学习、影视、休闲等。

外市场扩张成果显著。以携程集团为例，2019 年其与猫途鹰（TripAdvisor）达成战略合作，共享旅游品类库存。目前，携程集团海外用户规模超过 1 亿，产品覆盖全球 200 多个国家和地区，国际业务收入占集团总收入的 35.0% 以上[一]。二是旅行预订平台对三线及以下城市用户潜力的挖掘，加速下沉市场消费的崛起。以同程艺龙为例，其通过共享微信平台下沉市场流量实现业务增长，2019 年第三季度来自非一线城市的注册用户占比约为 85.5%，63.3% 的新增付费微信用户来自三线及以下城市，较 2018 年同期的 58.8% 有所提升[二]。三线及以下城市出境游人次复合年增长率最高，达到 160%[三]，高速增长的出境游人次持续推动市场发展。

在技术赋能方面，数字化应用成为旅行预订行业发展新动能。一是旅游行为的线上化趋势重塑用户旅行预订决策习惯。60.8% 的用户在过去一年中有过旅游经历分享行为[四]，通过在景点拍摄照片和短视频进行分享，为旅行预订平台导入更多的用户流量。二是数字化虚拟景区催生"云游览"现象。虚拟现实（Virtual Reality，VR）/增强现实（Augmented Reality，AR）、AI、5G 等数字化技术向旅行预订应用场景渗透，实现虚拟景区游览，提升消费体验。以百度百科数字博物馆为例，共上线 300 家博物馆，累计 1.17 亿参观者使用[五]。蓬勃发展的数字化应用激发旅游行业增长潜力，不断塑造未来旅行预订模式。

在旅游扶贫方面，乡村旅游成为我国贫困人口脱贫的重要途径之一。国家乡村旅游监测中心数据显示，设在全国 25 个省（区、市）的 101 个扶贫监测点（建档立卡贫困村），通过乡村旅游经济实现脱贫的人数为 4796 人，占脱贫人数的 30.4%，通过乡村旅游实现监测点贫困人口人均增收 1123 元。在此过程中，旅游扶贫通过短视频进行宣传，进一步激发乡村旅游消费潜力，使更多的民众参与到扶贫助农活动中来。抖音平台贫困县旅游风光相关视频被分享 3663 万次[六]。

（四）网约车

截至 2020 年 3 月，我国网约车用户规模达 3.62 亿，占网民整体的 40.1%，如图 47 所示。受新冠肺炎疫情影响，部分城市暂停了网约车运营服务。在疫区城市，公共交通工具停运，多家网约车平台组织司机为医生病患接送和特殊服务保障提供运力支持。中长期来看，网约车用户规模将会恢复性增长。

2019 年，网约车行业合规化进程加速推进，竞争加剧催生新的合作模式。

在行业规范方面，网约车合规化提速，助力行业安全发展。政府部门对网约车采取包容审慎监管态度：坚守安全底线、合理放宽限制，在监管意见中明确提出优化完善准入条件、审批流程和服务，建立健全身份认证，加快平台经济参与者合规化进程[七]。地方政府和企业积极落实合规化要求。一是不断优化网约车准入条件。如宁波和贵阳合并网约车和出租车驾驶证、深圳和昆明等地推动使用新能源网约车。二是建立"黑名单"预警机制。如上海市网约车监管平台搭建"双证"查询比对系统，与四家网约车企业[八]完成对接建设，以及"黑名单"预警功能一期设置。

○ 来源：携程 2019 年季度财务报告。

◎ 来源：同程艺龙 2019 财年第三季度财务报告。

⊜ 来源：携程与万事达卡《2019 中国跨境旅行消费报告》。

◍ 来源：同程艺龙和马蜂窝《新旅游消费趋势报告 2019》。

⓹ 来源：百度百科——博物馆计划。

⊗ 来源：抖音《2019 年抖音数据报告》。

⊕ 来源：《国务院办公厅关于促进平台经济规范健康发展的指导意见》，国办发〔2019〕38 号。

⊛ 四家网约车企业：此处指美团打车、首汽约车、阳光出行和滴滴出行。

图 47　2016.12 ~ 2020.3 网约车用户规模及使用率

三是依托新一代信息技术精准执法。如南京市运输管理部门尝试利用 5G 设备进行执法检查⊖，瞬间查证核实非法运营网约车。目前，我国已有 140 多家网约车平台公司取得了经营许可⊜，全国合法网约车驾驶员已达 150 多万人，日均完成网约车订单超过 2000 万单⊜。

在市场竞争方面，汽车企业重构网约车行业竞争格局，聚合模式⊜助力平台型企业拓展市场。一是汽车制造商跨界经营网约车业务。数字化转型重塑汽车行业价值链，汽车制造商竞相布局出行服务领域，以"制造 + 出行"模式切分市场，抢占用户流量和数据资源，夯实未来智能出行服务基础。2019 年，广汽集团、一汽集团等近十家汽车企业推出网约车服务，多数大型国有汽车企业已进入网约车市场。二是网约车平台企业聚合资源拓展发展空间。网约车平台企业以"聚合模式"在全国范围内拓展业务，地方性网约车企业作为市场的底层力量，为"聚合模式"提供基础供给资源。如美团点评在平台上接入多家网约车服务商，聚合流量入口提升约车效率，将出行服务拓展至全国 42 个城市⊛。

（五）在线教育

截至 2020 年 3 月，我国在线教育用户规模达 4.23 亿，较 2018 年底增长 2.22 亿，占网民整体的 46.8%，如图 48 所示；手机在线教育用户规模达 4.20 亿，较 2018 年底增长 2.26 亿，占手机网民的 46.9%，如图 49 所示。受新冠肺炎疫情影响，全国大中小学开学推迟，教学活动改至线上，推动在线教育用户规模快速增长。

党的十九届四中全会提出，"发挥网络教育和人工智能优势，创新教育和学习方式"，为在线教育发展注入了新活力，指明了新方向。2019 年，教育部门出台多项政策，规范在线教育市场；在线教育企业通过多种方式，推动获客率和营收增长。

⊖　利用 5G 设备进行执法检查：指在执法车后备箱安装 5G 的设备终端，将车载高清摄像头和无人机连入 5G 网络，随时回传路上捕捉到的营运车辆车牌信息，与数据库进行比对，筛查问题车辆。

⊜　来源：交通运输部。

⊜　来源：网约车监管信息交互平台。

⊜　聚合模式：指平台拓展供给端资源，接入多家网约车服务商，聚合流量入口提升约车效率，如用户可以在美团 App 一键呼叫首汽约车、曹操出行、神州专车等多个不同平台车辆。

⊛　来源：美团点评 2019 财年第二季度财务报告。

单位：万人

来源：CNNIC 中国互联网络发展状况统计调查　　　　　　　　　　2020.3

图 48　2015. 12 ~ 2020. 3 在线教育用户规模及使用率

单位：万人

来源：CNNIC 中国互联网络发展状况统计调查　　　　　　　　　　2020.3

图 49　2015. 12 ~ 2020. 3 手机在线教育用户规模及使用率

　　教育部门密集出台多项政策，推动在线教育行业更加规范。教育部门加强与网信、公安等部门的合作，加大对在线教育行业和在线教育应用 APP 等方面的监管力度。教育部联合中央网信办、公安部等多部门共同下发了《关于引导规范教育移动互联网应用有序健康发展的意见》和《关于规范校外线上培训的实施意见》等指导意见，印发《教育移动互联网应用程序备案管理办法》《高等院校管理服务类教育移动互联网应用专项治理行动方案》等文件，为促进教育移动应用和校外线上培训有序健康发展提出了明确要求，推动在线教育行业更加规范化、体系化。

　　在线教育企业通过多种方式，推动获客率和营收增长。2019 年在线教育市场进入更加平稳的发展时期。数据显示⊖，2019 年我国在线教育共发起 148 起融资，同比增长 38.3%，融资总金额达 115. 6 亿元人民币。一是推动新技术在在线课堂的深度应用。当前人工智能、大数据等新兴技术已在在线教育领域得到广泛应用。通过大数据对师资进行筛选，提升课程标准化，提升客户满意度；通过人工智能对学术课堂表现进行识别、收集、整理，力图做到因材施教，实现个性化课堂，从而增强用户黏性。随着 5G 在我国的商用，直播互动的教学形式将会更多地运用到在线

　　⊖　来源：网经社《2019 在线教育融资数据榜》。

教育中来，目前存在的如画面不流畅、内容延迟等痛点也将得到进一步的改善。二是加强了与短视频的跨界合作。通过这一更加贴合年轻用户信息获取习惯的方式，达到吸引更多客户，降低获客成本的目的。2019 年仅快手平台的教育类短视频累计生产量就高达 2 亿[一]。

2020 年初，全国大中小学校推迟开学，2.65 亿在校生普遍转向线上课程，用户需求得到充分释放。面对巨大的在线学习需求，各类企业积极应对，行业呈现爆发式增长态势。数据显示，疫情期间多个在线教育应用的日活跃用户数达到千万以上。一是各类学校积极探索在线教育。教育部组织推出 22 个线上课程平台，开设 2.4 万门在线课程，为普通高等学校在疫情期间停课不停教、停课不停学提供了有力保证[二]。二是多个办公应用跨界在线教育。钉钉、腾讯会议等办公应用成为在线教育平台，被全国师生普遍采用。三是通信和电商平台加入市场竞争。华为、京东等推出在线教育课堂或教学系统，加入在线教育行业竞争中。

四、网络娱乐类应用

（一）网络音乐

截至 2020 年 3 月，我国网络音乐用户规模达 6.35 亿，较 2018 年底增长 5954 万，占网民整体的 70.3%，如图 50 所示；手机网络音乐用户规模达 6.33 亿，较 2018 年底增长 7978 万，占手机网民的 70.5%，如图 51 所示。

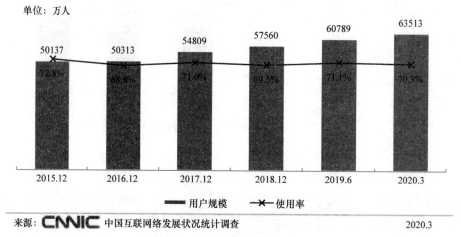

图 50　2015.12 ~ 2020.3 网络音乐用户规模及使用率

2019 年，网络音乐作品质量持续提升、商业模式日趋完善，成为人民群众网上精神文化生活的重要组成部分。

在产业生态方面，网络音乐行业更加重视建设上游创作生态。在音乐版权资源竞争更加激烈的背景下，大型网络音乐平台的战略重点从下游的用户资源转向上游的创作资源。以酷狗音乐旗下"5sing"、网易云音乐旗下"云村"为代表的原创音乐社区成为优质音乐作品的摇篮。各大平台利用资金和流量鼓励社区用户创作并上传各种风格的音乐作品。这种模式不但为专业音乐人提供了新作品发布推广的渠道，同时也吸引普通用户积极通过在线卡拉 OK 的形式录制歌曲并与其

[一]　来源：快手大数据研究院《2019 快手教育生态报告》。

[二]　来源：国务院联防联控机制新闻发布会，http://www.gov.cn/xinwen/gwylflkjz10/，2020 年 2 月 12 日。

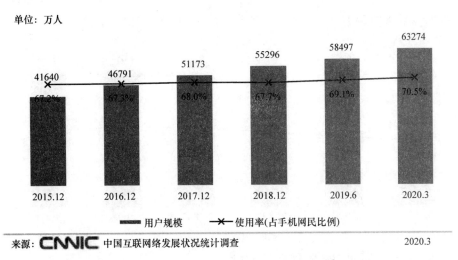

单位：万人

图 51　2015. 12 ~ 2020. 3 手机网络音乐用户规模及使用率

他社区用户进行分享。原创音乐社区的蓬勃发展，不但形成了集艺人挖掘、作品发布、粉丝互动于一体的产业链闭环，同时也有助于形成全民共创、全民参与的音乐文化生活氛围。

在业务发展方面，网络音乐行业多元化业务模式逐步形成。网络音乐平台正逐渐从作品分销商[⊖]向音乐内容提供商[⊜]转型，推动行业营收稳定增长。流媒体直播是 2019 年大型网络音乐平台重点发力的业务模式。歌手直播板块分别在腾讯、网易旗下的网络音乐平台上线，并逐渐成为推动营收增长的重要力量。数据显示[⊜]，2019 年前三季度，以流媒体直播服务为核心的社交娱乐服务营收在腾讯音乐集团总营收中的占比达 72.4%。未来，以付费会员为基础，协同直播打赏^⑭、数字专辑、作品授权、付费电台、音乐周边^⑮、线下演出的多元化业务将进一步推动网络音乐行业健康发展。

在海外市场方面，大型网络音乐平台的全球化布局初见成效。我国互联网音乐平台对外投资力度进一步加大，不但拓宽了行业营收增长渠道，而且为国内外音乐文化交流奠定了基础。目前，我国大型网络音乐平台的全球化布局已形成一定规模。一是在欧洲和北美市场，腾讯投资了 Spotify、Smule 等海外网络音乐企业，其中 Spotify 是全球最大的网络音乐平台。二是在亚洲市场，字节跳动在印度和印度尼西亚上线了音乐应用 Resso，试图与腾讯投资的印度音乐平台 Gaana 展开竞争。三是在非洲市场，网易云音乐参与投资的非洲音乐平台 Boomplay 通过手机预装渠道在非洲用户中快速渗透，由此打开了非洲网络音乐市场的大门。

（二）网络文学

截至 2020 年 3 月，我国网络文学用户规模达 4.55 亿，较 2018 年底增长 2337 万，占网民整体的 50.4%，如图 52 所示；手机网络文学用户规模达 4.53 亿，较 2018 年底增长 4238 万，占手

　⊖　音乐作品分销商：指单纯将网络音乐版权采购之后售卖给用户的网络音乐平台，商业模式单一。
　⊜　音乐内容提供商：指包含音乐售卖、直播打赏、作品授权、音乐周边、线下演出等多种商业模式的网络音乐平台。
　⊜　来源：腾讯音乐集团 2019 年第三季度财务报告。
　⑭　直播打赏：指用户收看网络音乐平台上的在线直播服务时，通过赠送主播虚拟礼物的方式对其进行打赏的行为。
　⑮　音乐周边：指围绕音乐人或音乐作品推出的周边产品，如服装或饰品等。

机网民的 50.5%，如图 53 所示。

单位：万人

图 52　2015.12～2020.3 网络文学用户规模及使用率

单位：万人

图 53　2015.12～2020.3 手机网络文学用户规模及使用率

　　网络文学行业延续了长期以来的稳定发展态势，其变化主要体现在市场竞争、作品质量和商业模式三个方面。

　　在市场竞争方面，网络文学行业内外部竞争更加激烈。一是产业链内部，网络文学平台面临着来自上下游企业的挑战。爱奇艺、磨铁等企业凭借自身优势，持续对网络文学业务进行渗透，并已形成一定规模。二是产业链外部，信息分发平台的跨界竞争给网络文学行业带来了新的竞争压力。字节跳动、趣头条等信息分发平台均在 2019 年加强了对于旗下网络文学业务的布局。其中，字节跳动上线了依靠会员和广告服务收入的免费阅读应用，趣头条则推动旗下网络文学公司完成了新一轮融资。

　　在作品质量方面，网络文学内容品质得到进一步提升。网络文学行业在 2019 年延续了精品化发展道路，呈现出题材更多元、创作更新颖、内容更丰满的新面貌。作者间的竞争机制和读者的快速反馈机制共同推动了网络文学作品内容的迭代与创新。目前网络文学作品的主要分类近20 个，细分类别达到 200 余个，其中建党建国、改革开放、反腐倡廉、创新创业等领域的正能量题材作品深受读者喜爱。随着网络文学内容品质的不断提高，越来越多的优秀作品走向海外，成为我国向国际输出文化影响力的代表性符号。截至 2019 年，仅阅文集团向海外授权的作品就达到 700 余部，起点国际在线社区的日评论量超过 4 万条⊖。

　　在商业模式方面，网络文学行业变现方式日渐丰富。以影视制作、游戏改编、广告收入为代表的多元化业务组合逐渐成为大型网络文学平台的常规变现手段，并在企业营收中所占的比重显著提高，为行业健康发展打下了坚实基础。其中，通过免费作品吸引用户进行广告变现的商业模式尤其受到重视。阅文集团、爱奇艺（文学）等平台均在 2019 年陆续推出正版免费作品，通过形成会员、广告、版权等多种业务协同的复合型商业模式，增强企业的盈利能力。数据显示⊜，阅文集团 2019 年非在线阅读业务⊜营收占比达到 55.6%，同比提升 31.5 个百分点。

（三）网络游戏

　　截至 2020 年 3 月，我国网络游戏用户规模达 5.32 亿，较 2018 年底增长 4798 万，占网民整体的 58.9%，如图 54 所示；手机网络游戏用户规模达 5.29 亿，较 2018 年底增长 7014 万，占手机网民的 59.0%，如图 55 所示。

图 54　2015.12～2020.3 网络游戏用户规模及使用率

　　2019 年网络游戏产业发展较 2018 年有了较大回升，全年共有 1570 款游戏通过审核上线运营⊛。我国网络游戏企业纷纷尝试海外发行以拓宽收入渠道，同时更多国际知名网络游戏企业开始入华经营。在科技进步的引领下，"云游戏"也从概念逐步向落地转变。

　　网络游戏产业"走出去"亮点频出。随着国内游戏市场的日渐饱和，出海发展已成为众多国内网络游戏厂商的务实选择。多款国内开发的移动游戏全球月活跃用户数、下载量、用户支出等数据均居世界前列。数据显示⑤，2019 年全球用户支出排名前十的网络游戏中，来自我国的《王者荣耀》《梦幻西游》和《PUBG MOBILE》分列第二、七、九名。全球月活跃用户排名前十的网络游戏中，也有四款为国产游戏。国产游戏在海外的亮眼表现，为网络游戏厂商拓宽收入渠道、增强抵御风险能力创造了良好条件。

　　⊖　来源：中国社会科学院《2019 年度网络文学发展报告》。
　　⊜　来源：阅文集团 2019 年财务报告。
　　⊜　非在线阅读业务：具体指版权运营及其他业务。
　　⑭　来源：http://www.gamelook.com.cn/2020/01/378576，2020 年 1 月 3 日。
　　⑤　来源：移动市场数据供应商 APP Annie《移动市场报告 2020》。

单位：万人

来源：CNNIC 中国互联网络发展状况统计调查　　　　2020.3

图 55　2015.12～2020.3 手机网络游戏用户规模及使用率

网络游戏产业"引进来"成果丰硕。长期以来，我国国内游戏市场受到众多海外企业的青睐。2019 年，任天堂游戏平台（Nintendo Switch）和蒸汽平台（Steam）先后引入国内，开始为我国用户提供服务。国际知名游戏平台的引入为我国网络游戏用户获得更好的游戏体验和更多的游戏选择创造了条件，也为我国网络游戏从业者学习国外先进制作理念并借此打入国际市场提供了契机。

"云游戏"概念逐步落地。随着科技的进一步发展和 5G 在我国实现商用，"云游戏"从概念向落地迈出了坚实的一步。"云游戏"旨在通过云端集中运算减少游戏对客户硬件的需求，从而使更多用户可以享受高质量的游戏体验。腾讯、完美世界、网易等网络游戏企业先后推出了多个云游戏平台，并加强了与中国联通、华为等通信企业在相关领域的研发合作，意图在"云游戏"领域占得先机。

2020 年初，受新冠肺炎疫情影响，人民群众更加倾向于通过网络进行娱乐活动。移动游戏、电脑端游戏、主机游戏等游戏下载量、同时在线量、用户流量和游戏内消费等均创新高，网络游戏产业在营收方面迎来较快增长。

（四）网络视频

截至 2020 年 3 月，我国网络视频（含短视频）用户规模达 8.50 亿，较 2018 年底增长 1.26 亿，占网民整体的 94.1%，如图 56 所示。其中短视频用户规模为 7.73 亿，较 2018 年底增长 1.25 亿，占网民整体的 85.6%，如图 57 所示。2020 年初，受新冠肺炎疫情影响，网络视频应用的用户规模、使用时长均有较大幅度提升。

2019 年，网络视频行业发展进一步规范化，互动视频$^{\ominus}$成为行业热点，平台跨领域合作创造会员服务新生态。

政府加强监管力度，助力行业健康有序发展。2019 年 3 月，国家互联网信息办公室指导组织主要短视频平台试点上线"青少年防沉迷系统"，引导互联网企业积极履行社会责任，进一步提升青少年网络保护力度。截至 10 月，已有 53 家$^{\ominus}$网络视频、直播平台上线"青少年模式"，

　$\ominus$　互动视频：指与传统视频相对应的一种视频形式，将剧情的走向交到观众手中，观众通过选项互动，主动参与剧情走向，由观众来决定角色的发展和结局。

　$\ominus$　来源：中国网信网，http://www.cac.gov.cn/2019-10/14/c_1572583648355661.htm，2019 年 10 月 14 日。

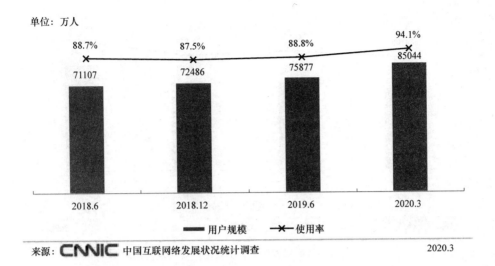

图 56　2018.6~2020.3 网络视频（含短视频）用户规模及使用率

规范青少年用户的使用时长、时段、功能和内容，引导青少年合理使用网络。11 月，国家互联网信息办公室等相关管理部门联合印发《网络音视频信息服务管理规定》，及时回应当前网络音视频信息服务及相关技术发展面临的问题，全面规定从事网络音视频信息服务相关方应当遵守的管理要求，为促进行业健康有序发展提供了重要指引。

　　互动视频探索步伐加快，迅速成为行业关注焦点。一是平台促进互动视频发展。爱奇艺、腾讯视频、哔哩哔哩、优酷等多家平台均开始尝试互动视频，在互动电视剧、互动综艺、互动电影等领域实现了多点开花，同时设立创作基金，鼓励优秀内容创作，推动更多互动内容走向大众视野。二是技术促进互动视频发展。互动视频一站式创作平台陆续出台，帮助创作者使用通用模板上传、发布作品，降低创作门槛，推动互动视频内容的落地。此外，5G 技术商用也为互动视频的发展提供了新机遇。但由于制作成本的限制，目前互动视频的商业模式和技术形态仍处于探索阶段。

　　网络视频平台加强跨领域合作，促进付费会员数量和收入增长。2019 年，各大视频平台以优质内容服务为核心，围绕用户需求进一步扩大服务边界，与生活服务、技术等领域领先的公司，如携程、京东、华为等合作，通过账号互通、运营协同、内容共享等措施，扩展会员权益，激发用户付费意愿，跨领域获取付费用户资源。2019 年 6 月和 11 月，爱奇艺、腾讯视频分别宣布付费会员数量过亿⊖。2019 年，爱奇艺会员服务营收同比增长 36%，在总营收中的占比接近50%，远远超过在线广告服务营收⊖。伴随着付费用户的持续增长，未来如何平衡平台商业收入和用户体验，是网络视频行业需要面对的问题。

　　2019 年以来，短视频用户规模快速增长，内容发展更加良性，行业逐渐进入到健康发展的新阶段。短视频平台在努力扩展海外市场、输出文化的同时，与其他行业的融合趋势愈发显著，

⊖　爱奇艺数据来源：爱奇艺官方微博 https://m.weibo.cn/status/4385852639307944，2019 年 6 月 22 日；腾讯视频数据来源：腾讯 2019 年第三季度财务报告 https://tech.sina.com.cn/i/2019 - 11 - 13/doc - iihnzahi0645660.shtml，2019 年 11 月 13 日。

⊖　来源：爱奇艺 2019 年度财务报告 https://tech.sina.com.cn/i/2020 - 02 - 28/doc - iimxyqvz6376372.shtml，2020年 2 月 28 日。

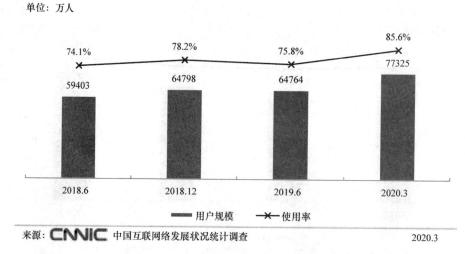

图 57　2018.6 ～ 2020.3 短视频用户规模及使用率

尤其在带动贫困地区经济发展上作用明显。

短视频在扩展海外市场的同时，也成为文化输出的重要平台。一是各大短视频平台不断拓展对外传播疆域。抖音海外版 TikTok、快手海外版 Kwai 等应用以"东亚文化圈"为主打、欧美地区为辅助，迅速扩张海外市场。海外版短视频产品支持将视频分享到 YouTube（优兔）、Facebook（脸书）、Twitter（推特）等国际平台，连通了海外用户日常使用的主要社交软件，使用率迅速攀升。数据显示⊖，TikTok 海外下载量已超过 15 亿，Kwai 也多次登顶巴西应用总榜第一。二是优秀的短视频作品担当起文化输出的重要使命。生动直观、新颖易懂的短视频作品突破了语言的局限性，更具跨文化传播力。以知名博主李子柒为例，她的短视频以中国传统文化为主线，围绕中国农家的衣食住行展开，吸引外国网友观看，成为他们了解中国文化的一个窗口。截至 2019 年 12 月，李子柒在 YouTube 上的粉丝数近 800 万，100 多个短视频的播放量大都在 500 万以上⊜。

短视频通过带动乡村旅游、推动农产品销售等方式，拉动贫困地区经济发展。《2019 年网络扶贫工作要点》中强调，要充分发掘互联网和信息化在脱贫中的潜力，扎实推进网络扶贫行动向纵深发展。随着农村互联网基础设施的完善、智能终端的普及，简单易用的短视频成为农民的娱乐、生产工具。贫困地区群众通过拍摄家乡自然风光、风土人情的短视频，吸引游客，推动乡村旅游，带动当地经济发展。同时，越来越多的农民转变为视频博主，在短视频的帮助下解决乡村特产的销售问题。截至 2019 年 9 月，已超过 1900 万人在快手平台上获得收入，其中超过 500 万人来自国家级贫困县，有 115 万人通过在快手平台卖货，年销量总额达到 193 亿⊜。四川凉山彝族自治州"悬崖村"利用短视频实现脱贫，陕西杨凌、山东泰安等地的短视频乡村创业、扶贫等活动，均取得了较好成果。

（五）网络直播

截至 2020 年 3 月，我国网络直播用户规模达 5.60 亿，较 2018 年底增长 1.63 亿，占网民整体的 62.0%。其中，游戏直播的用户规模为 2.60 亿，较 2018 年底增长 2204 万，占网民整体的

⊖　来源：移动应用数据分析公司 Sensor Tower。
⊜　来源：人民网，http：//media. people. com. cn/n1/2020/0101/c40606 - 31530960. html，2020 年 1 月 1 日。
⊜　来源：人民网《短视频支农兴农创新发展报告》，http：//capital. people. com. cn/n1/2019/1122/c405954 - 31469951. html，2019 年 11 月 19 日。

28.7%；真人秀直播的用户规模为 2.07 亿，较 2018 年底增长 4374 万，占网民整体的 22.9%；演唱会直播的用户规模为 1.50 亿，较 2018 年底增长 4137 万，占网民整体的 16.6%；体育直播的用户规模为 2.13 亿，较 2018 年底增长 3677 万，占网民整体的 23.5%。在 2019 年兴起并实现快速发展的电商直播用户规模为 2.65 亿，占网民整体的 29.3%，如图 58 所示。

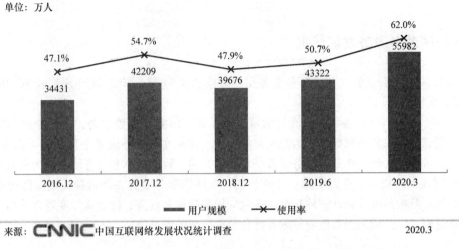

图 58　2016. 12 ~ 2020. 3 网络直播用户规模及使用率

网络直播行业在 2019 年延续了创新发展态势，行业变化主要体现在以下三个方面：

在内容品类方面，电商直播蓬勃发展。虽然真人秀直播、游戏直播等传统网络直播用户规模增速放缓，但电商直播的兴起为行业整体用户规模增长注入了新的活力，丰富了网络直播行业的内容与变现方式。阿里巴巴、京东、拼多多等电商平台陆续涉足该领域，将实体商品交易与互动直播形式进行融合，提升了用户消费体验与黏性。此外，电商直播拉动农产品销售，为贫困地区脱贫致富提供了有力支撑。2019 年 7 月，浙江省与阿里巴巴集团举办的"电商扶贫浙里行"活动，由砀山县、平武县、咸丰县等 12 个重点对口县干部与公益明星主播共同推介家乡特色农产品，在三小时内销售额就突破 1000 万元[⊖][注]。

在市场发展方面，网络直播回归理性发展轨道。2019 年，随着资本市场对于网络直播行业的投资力度逐渐降低，传统网络直播平台优胜劣汰的趋势更加明显。企业财务报告数据显示，YY、陌陌、斗鱼、虎牙等已经上市的大型直播平台的营收在 2019 年前三季度均保持增长态势，其中以斗鱼和虎牙为代表的网络游戏直播平台营收增幅分别达到 109.3% 和 87.0%，而部分中小型平台则因融资困难退出市场。

在行业监管方面，相关管理机制进一步完善。一是针对直播过程中的账号监管、主播着装、用户举报等问题，地方行业协会联合网络直播平台发布了《网络直播平台管理规范》和《网络直播主播管理规范》，成为我国直播行业出台并实施的首批团体标准。二是针对电商直播中出现的产品质量和夸大宣传问题，国家市场监督管理总局等部门在 10 月发布专项行动工作方案，对电商直播中存在的食品安全问题进行专项整治。

⊖　来源：浙江省商务厅。

第四章　互联网政务发展状况

一、互联网政务服务发展状况

截至 2020 年 3 月，我国在线政务服务用户规模达 6.94 亿，较 2018 年底增长 76.3%，占网民整体的 76.8%。

2019 年，我国各地区各部门认真贯彻落实党中央、国务院决策部署，大力推进各级政务服务平台建设，以国家政务服务平台为总枢纽的全国一体化在线政务服务平台（以下简称：平台）初步建成，推动了各地区各部门政务服务平台互联互通、数据共享和业务协同，为全面推进政务服务"一网通办"提供了有力支撑。2020 年初，互联网政务服务在新冠肺炎疫情防控中发挥有力支撑，用户规模显著提升，一体化政务平台应用成效越来越大，社会认知度越来越高，群众认同感越来越强，已经成为创新政府管理和优化政务服务的新渠道。

（一）全国一体化政务服务平台初步建成

2019 年，全国计入统计的 31 个省（区、市）⊖和新疆生产建设兵团、40 余个国务院部门建成政务服务平台。2019 年 11 月，国家政务服务平台整体上线试运行，联通 32 个地区和 46 个国务院部门，对外提供国务院部门 1142 项和地方政府 358 万项在线服务。截至 2019 年 12 月，32 个省级网上政务服务平台的个人用户注册数量达 2.39 亿，较 2018 年底增加 7300 万；其中，实名注册个人用户达 2.21 亿，占比为 92.5%，较 2018 年底增加 7600 万，如图 59 所示。平台实现了八个方面创新：第一次建立全国权威身份认证体系、第一次实现全国电子证照目录汇聚和互信互认、第一次实现全国政务服务事项标准化、第一次实现全国政务服务统一评价和投诉建议、第一次解决地方部门平台间用户信任传递问题、第一次构建全国政务服务大数据、第一次实现地方部门政务服务数据共享需求统一受理和服务、第一次实现全国政务服务平台安全一体化管理。

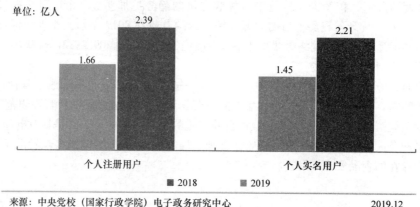

图 59　全国一体化政务服务平台个人用户注册情况

⊖　本章统计未包含我国港澳台地区。

（二）在新冠肺炎疫情防控中发挥有力支撑

一是提供疫情信息服务。国家政务服务平台充分发挥总枢纽作用，通过整合分散在地方部门的资源，统筹建设"疫情防控专区"，上线全国一体化政务服务平台疫情防控专题，并在平台PC端、移动端（APP和小程序）同步发布，可提供疫情实时数据、定点医院及发热门诊查询导航、确诊患者同行人员自查等60余项疫情防控服务。各地区政务服务平台挖掘各自优势，创新服务举措，推出各具特色的疫情防控专题。通过发布一体化平台线上办事操作流程，引导办事群众线上查询办事指南、申报政务服务事项、查询办理进度、获取办理结果，便利疫情防控期间企业和群众办理政务服务事项，做到大厅暂停、服务不停，疫情防控"不松懈"，政务服务"不断档"。

二是推行线上办理。各地区依托全国一体化政务服务平台充分发挥"全流程、一体化"在线办事服务功能，大力推行政务服务"网上办、掌上办、自助办、预约办、邮寄办"，减少人员跑动和聚集。数据显示，疫情防控期间，全国一体化政务服务平台整体办件量378万件，其中线上办件133万件，占比为35.2%。分地区来看，15个地区线上办理比例呈现同比增长，14个地区线上办理比例呈现环比增长，22个地区省级行政许可事项网办率超过50%，8个地区省级行政许可事项"不见面审批"事项比例超过25%。

三是协助推进精准防疫。为统筹推进疫情防控和复工复产工作，国家政务服务平台推出"国家平台新冠肺炎防疫健康信息码综合服务"，各地区按照政务服务平台防疫健康信息码服务统一标准，通过对接国家平台"健康码"实现互认共享。数据显示，浙江、广东、河南、四川、上海、北京等近30个省市均推行"健康码"，对本地区人员防疫健康状况进行分级分类管理，供社区、企业、交通卡口等疫情管控人员验码使用，为疫情防控发挥了积极作用。浙江累计发放健康码6965万张，同时优化境外人员赋码规则，并建立海外侨胞回国健康信息预申报平台。广东省主动与四川、河南、湖南等劳务输出大省对接，全省平均每天亮码超过500万人次，基层防控人员通过"粤康码"采集重点人群健康信息33万余条。

（三）政务服务平台集约化水平显著提升

2019年，为落实《关于加快推进全国一体化在线政务服务平台建设的指导意见》，各地区大力推动政务服务平台从分头建设向统筹建设、从信息孤岛到协同共享的转变。截至2019年12月，计入统计的31个省（区、市）和新疆生产建设兵团中，31个省级政府构建了覆盖省、市、县三级以上政务服务平台，其中21个地区按照规范化、标准化、集约化的建设要求，实现了省、市、县、乡、村服务全覆盖，如图60所示。同时，大力推进以高效办成"一件事"为目标的业务流程再造，系统重构部门内部操作流程、跨部门跨层级跨区域协同办事流程，推动实现更深层次、更高水平的"减环节、减时间、减材料、减跑动"，推进政务服务更加便利高效，打造更加优质营商环境，进一步提升企业和群众办事的便捷度、体验度和满意度。数据显示，31个省（区、市）和新疆生产建设兵团中，29个地区的省级政务服务平台开通了"一件事"集成服务专区，对外提供涉及建设工程、市场准入、企业投资、不动产登记、民生事务等重点领域高频服务。

（四）政务服务供给水平不断提升

2019年，国务院办公厅会同相关部门编制完成国家政务服务事项基本目录，建立了全国依申请类政务服务事项[⊖]基本目录体系，首次确认全国依申请事项1713个，其中行政许可事项1198个，破解了长期存在的事项底数不清、要素标准不同、更新不及时等问题。目前，全国各地区各

⊖　依申请类政务服务事项：指依申请行政行为的具体化，依申请行政行为是指行政主体只有在行政相对人申请的条件下方能作出，没有相对人的申请，行政主体便不能主动作出行政行为。

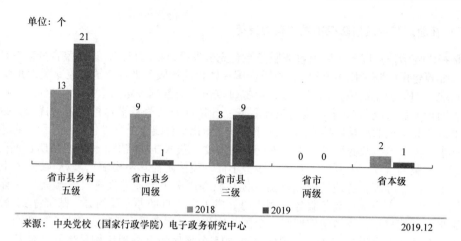

来源：中央党校（国家行政学院）电子政务研究中心　　　　　　　　　　　　2019.12

图60　2018～2019年各省级政务服务平台覆盖层级情况
注：图中数据包括新疆生产建设兵团情况。

层级的12476个实施主体已经基于国家政务服务事项基本目录，编制了责任主体清晰、办理时限明确的实施清单，共包含373万个具体的服务事项，办事指南要素信息超过2亿条。截至2019年12月，31个省（区、市）和新疆生产建设兵团建设的省级政务服务平台按照统一编码、统一标准、统一要素的标准化要求，可以提供省本级部门涉及的行政许可、行政给付等六类具有依申请特征的52973项政务服务事项，包括办事指南、网上办理、结果查询服务，纳入平台管理运行的数量比2018年增加了9676项，增幅达22.3%，如图61所示。

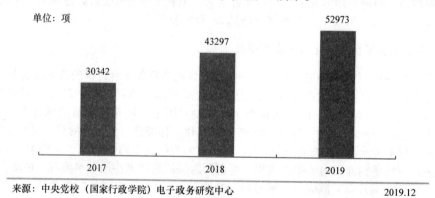

来源：中央党校（国家行政学院）电子政务研究中心　　　　　　　　　　　　2019.12

图61　2017～2019年具备依申请特征的政务服务事项提供数量

二、县级融媒体发展状况

2019年，我国县级融媒体中心（以下简称：中心）建设在全国范围内系统性展开，数量呈井喷式增长。随着中心陆续建成，其作为县域社会治理监督中心、信息集散中心、生活服务中心的三类功能不断凸显，推动县域治理体系和治理能力向现代化转型，同时在防范和应对重大风险、引导和服务群众的过程中发挥重要作用。

承上启下、协同治理，协助推进县域治理体系和治理能力向现代化转型。一是发挥治理枢纽作用。作为国家治理体系中最基层的一环，中心承接中央从顶层设计出发做出的各类战略部署，同时将省级治理工作重点延展到基层，并向上反映群众需求和呼声，是传达各类信息的"最后一公里"，承担起"上情下达、下情上传"的治理枢纽作用。二是发挥协同治理作用。多数地区县级融媒体中心均成立了"新闻110"技术集成平台，为县域平安建设起到关键性作用。中心与社会综合治理等相关部门密切配合，针对交通事故、生产事故、暴恐线索等方面，成体系进行线索收集和汇总，实现协同治理。

防范和应对重大风险，在新冠肺炎疫情中发挥重要作用。针对新冠肺炎疫情，全国各中心打造抗击疫情"网上指挥部"，第一时间发布防控工作相关指令文件，实时更新、集中报道，以便人民群众通过电视、公众号、微博、微信等多种途径，及时收到防控动态。中心充分发挥了最接近基层群众的区位优势，大幅提升信息传播的时、度、效。

引导服务好群众，创建基层"互联网＋综合服务"智慧平台。县级融媒体中心整合报纸、广播、电视、网站等各类媒体资源，精简冗余重复的媒体机构，强化服务与宣传核心职能。中心将党建、公安、教育等领域的政务微信、微博等新媒体纳入融媒体中心平台，引入电子商务、文化娱乐、百姓生活等服务，形成了"新闻＋政务""新闻＋电商""新闻＋文化""新闻＋服务"等多种服务模块，拓展成为一个功能丰富、生态健全的"互联网＋综合服务"平台。平台能提供多元化服务满足群众需求，增强与群众交流互动，反映群众的呼声并解决群众的困难，推动新型智慧城市构建。

三、政府网站发展状况

（一）政府网站总体及分省状况

截至 2019 年 12 月，我国共有政府网站[○]14474 个，主要包括政府门户网站[○]和部门网站[○]。其中，国务院部门及其内设、垂直管理机构共有政府网站 912 个；省级及以下行政单位共有政府网站 13562 个，分布在我国 31 个省（区、市）和新疆生产建设兵团，如图 62 和表 8 所示。

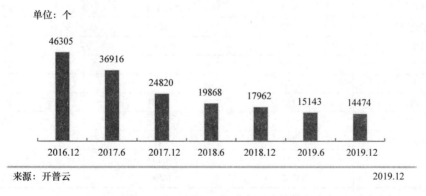

单位：个

来源：开普云　　　　　　　　　　　　　　　　　　　　　　　　　　　　2019.12

图 62　2016～2019 年政府网站数量

○　政府网站：指各级人民政府及其部门、派出机构和承担行政职能的事业单位在互联网上开办的，具备信息发布、解读回应、办事服务、互动交流等功能的网站。

○　政府门户网站：指县级及以上各级人民政府、国务院部门开设的政府门户网站。乡镇、街道原则上不开设政府门户网站，确有特殊需求的特殊处理。

○　部门网站：省部级、地市级政府部门，以及实行全系统垂直管理部门设在地方的县处级以上机构开设的本单位网站。县级政府部门原则上不开设政府网站，确有特殊需求的特殊处理。

表8 2018.12 ~ 2019.12 政府网站数量

	2019.12	2018.12	缩减
北京	72	80	10.0%
天津	105	133	21.1%
河北	499	573	12.9%
山西	398	422	5.7%
内蒙古	537	618	13.1%
辽宁	543	666	18.5%
吉林	302	373	19.0%
黑龙江	207	449	53.9%
上海	63	88	28.4%
江苏	645	800	19.4%
浙江	558	689	19.0%
安徽	810	909	10.9%
福建	433	495	12.5%
江西	533	625	14.7%
山东	864	1120	22.9%
河南	841	1054	20.2%
湖北	707	852	17.0%
湖南	576	746	22.8%
广东	617	867	28.8%
广西	573	758	24.4%
海南	108	127	15.0%
重庆	113	342	67.0%
四川	909	1066	14.7%
贵州	413	450	8.2%
云南	302	394	23.4%
西藏	215	165	− 30.3%
陕西	627	752	16.6%
甘肃	520	616	15.6%
青海	134	181	26.0%
宁夏	126	158	20.3%
新疆	161	167	3.6%
新疆生产建设兵团	51	147	65.3%
合计	13562	16882	19.7%

注：表中数据不含各部委政府网站数量。　　　　　　　　　　　　　来源：开普云

（二）各行政级别政府网站数量

截至 2019 年 12 月，国务院部门及其内设、垂直管理机构共有政府网站 912 个，占总体政府网站的 6.3%；市级及以下行政单位共有政府网站 11890 个，占比为 82.1%，如图 63 所示。各行政级别政府网站数量较 2018 年底均有所下降。

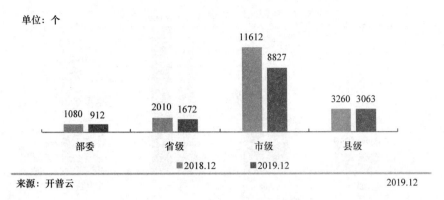

图63　各行政级别政府网站数量

（三）各行政级别政府网站栏目数量

截至 2019 年 12 月，各行政级别政府网站共开通栏目数量 24.5 万个，主要包括信息公开、网上办事和政务动态三种类别。在各行政级别政府网站中，市级网站栏目数量最多，达 12.9 万个，占比为 52.9%。在政府网站栏目中，信息公开类栏目数量最多，为 16.2 万个，占比为 66.4%；其次为网上办事栏目，占比为 14.8%；政务动态类栏目数量占比为 13.5%，如图 64 所示。

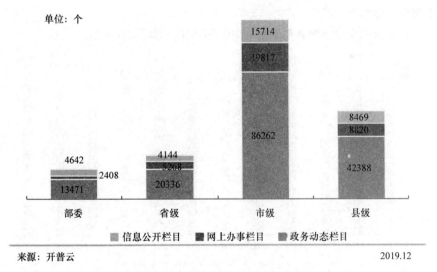

图64　各行政级别政府网站栏目数量

注：图中各行政级别政府网站栏目数量分布只包括图示三大分类，不包括其他小栏目。

（四）各行政级别政府网站首页文章更新量

2019 年，各行政级别政府网站首页文章更新量[⊖]均有所增长，较 2018 年底增长 34.6%。其中，部委政府网站首页文章更新量增幅最高，达 63.7%，如图 65 所示。

⊖　首页文章更新量：指各政府网站首页文章更新数量。

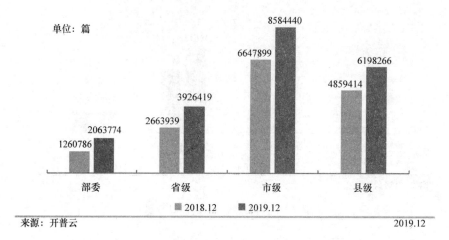

图 65　各行政级别政府网站首页文章更新量

四、政务新媒体发展状况

（一）政务服务搜索发展状况

1．政务服务总体搜索状况

2019 年，百度移动端政务服务搜索量为 201.97 亿次，如图 66 所示。

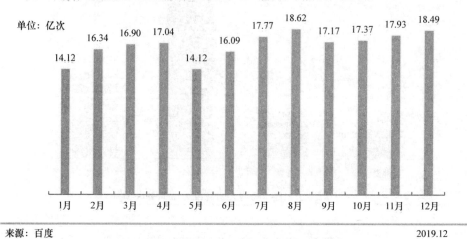

图 66　2019.1～2019.12 百度移动端政务服务搜索量

2．部分省份政务服务搜索状况

2019 年，广东省网民在百度移动端政务服务搜索次数最多，为 21.11 亿次，如图 67 所示。

（二）政务机构微博发展状况

1．政务机构微博总体状况

截至 2019 年 12 月，经过新浪平台认证的政务机构微博为 13.9 万个，如图 68 所示。

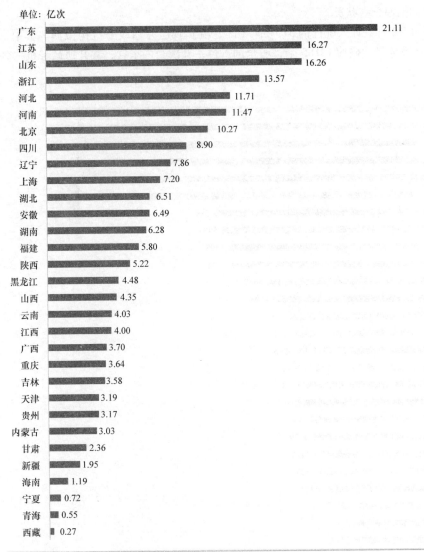

单位：亿次

省份	数值
广东	21.11
江苏	16.27
山东	16.26
浙江	13.57
河北	11.71
河南	11.47
北京	10.27
四川	8.90
辽宁	7.86
上海	7.20
湖北	6.51
安徽	6.49
湖南	6.28
福建	5.80
陕西	5.22
黑龙江	4.48
山西	4.35
云南	4.03
江西	4.00
广西	3.70
重庆	3.64
吉林	3.58
天津	3.19
贵州	3.17
内蒙古	3.03
甘肃	2.36
新疆	1.95
海南	1.19
宁夏	0.72
青海	0.55
西藏	0.27

来源：百度 2019.12

图 67　部分省份百度移动端政务服务搜索量

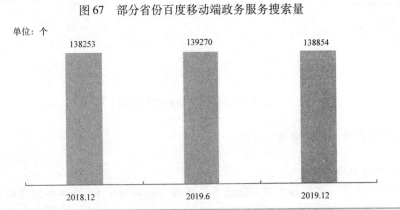

单位：个

2018.12	2019.6	2019.12
138253	139270	138854

来源：微博 2019.12

图 68　政务机构微博数量

2. 政务机构微博分省状况

截至 2019 年 12 月，计入统计的 31 个省（区、市）均已开通政务机构微博。其中，河南省各级政府共开通政务机构微博 10185 个，居全国首位；其次为广东省，共开通政务机构微博 9587 个，如图 69 所示。

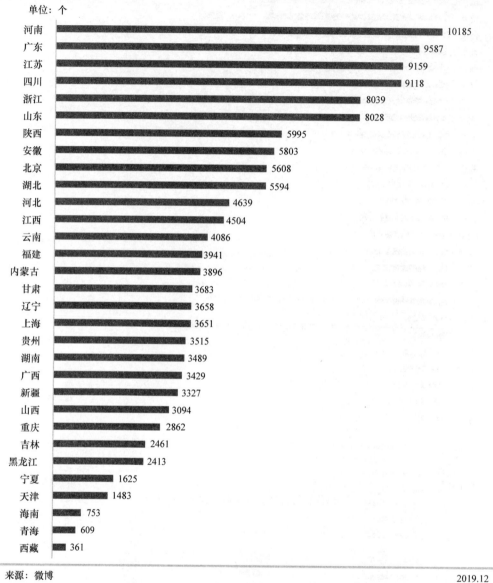

单位：个

省份	数值
河南	10185
广东	9587
江苏	9159
四川	9118
浙江	8039
山东	8028
陕西	5995
安徽	5803
北京	5608
湖北	5594
河北	4639
江西	4504
云南	4086
福建	3941
内蒙古	3896
甘肃	3683
辽宁	3658
上海	3651
贵州	3515
湖南	3489
广西	3429
新疆	3327
山西	3094
重庆	2862
吉林	2461
黑龙江	2413
宁夏	1625
天津	1483
海南	753
青海	609
西藏	361

来源：微博　　　　　　　　　　　　　　　　　　　　　　　　　2019.12

图 69　分省政务机构微博数量

（三）政务头条号、抖音号发展状况

1. 政务头条号总体状况

截至 2019 年 12 月，各级政府共开通政务头条号$^{\ominus}$82937 个，较 2018 年底增加 4757 个，如图 70 所示。

───────────

$\ominus$　政务头条号：指今日头条的政务公共信息发布平台。

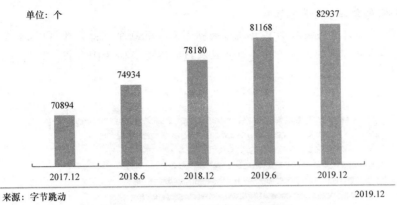

单位: 个

来源: 字节跳动　　　　　　　　　　　　　　　　　　　　　　　　2019.12

图 70　2017~2019 年政务头条号数量

2. 政务头条号分省状况

截至 2019 年 12 月, 计入统计的 31 个省 (区、市) 均已开通政务头条号。其中, 开通政务头条号数量最多的省份为山东省, 共开通 8325 个政务头条号; 开通数量在 3000 个以上的省份有 10 个, 如图 71 所示。

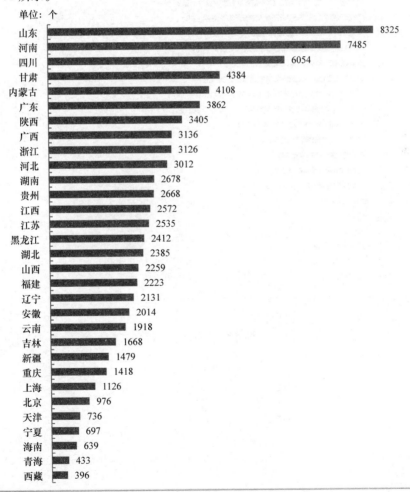

单位: 个

来源: 字节跳动　　　　　　　　　　　　　　　　　　　　　　　　2019.12

图 71　部分省份政务头条号数量

3. 政务抖音号总体及分省状况

截至 2019 年 12 月，各级政府共开通政务抖音号 17380 个。计入统计的 31 个省（区、市）均已开通政务抖音号。其中，开通政务抖音号数量最多的省份为山东省，共开通 1175 个，如图 72 所示。

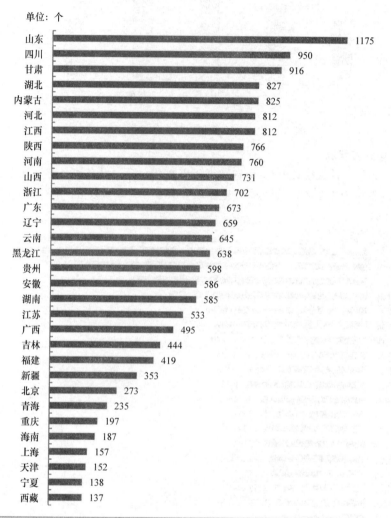

单位：个

省份	数量
山东	1175
四川	950
甘肃	916
湖北	827
内蒙古	825
河北	812
江西	812
陕西	766
河南	760
山西	731
浙江	702
广东	673
辽宁	659
云南	645
黑龙江	638
贵州	598
安徽	586
湖南	585
江苏	533
广西	495
吉林	444
福建	419
新疆	353
北京	273
青海	235
重庆	197
海南	187
上海	157
天津	152
宁夏	138
西藏	137

来源：字节跳动   2019.12

图 72 部分省份政务抖音号数量

第五章　产业与技术发展状况

一、互联网产业发展状况

（一）产业发展规模

1. 电子商务产业发展状况

2019 年我国电子商务产业发展总体平稳。网络零售在扩大国内消费方面持续发力，农村电商和跨境电商迅速崛起，配套产业在支撑电子商务发展方面协同共进，共同推动我国数字经济发展。

从产业规模来看，网络零售稳定增长，中国连续七年成为全球最大的网络零售市场。2013 ~ 2018 年间，我国电子商务[○]交易额从 10.40 万亿增长到 31.63 万亿[○]，年均复合增长率为 24.9%，2019 年仍然保持稳健增长态势。一是在消费电商市场，2019 年全国网上零售额 106324 亿元，比上年增长 16.5%。其中，实物商品网上零售额 85239 亿元，同比增长 19.5%，占社会消费品零售总额的比重为 20.7%[○]。二是在产业电商[○]市场，2018 年中国产业电商市场营业收入规模达 4742.6 亿元，增速为 21.8%[○]。2019 年，产业互联网的兴起带动产业电商继续快速发展。电子商务作为数字经济的主要组成部分，成为我国经济发展重要的内驱动力。

从细分领域来看，农村电商发展潜力不断释放，跨境电商发展环境进一步优化。随着我国数字乡村基础设施建设的不断推进、网络扶贫行动的纵深发展，农村电商发展速度持续提升。2019 年，我国农产品网络零售额达 3975 亿元，同比增长 27%[○]。在电子商务扶贫方面，仅 2019 年上半年，国家级贫困县网络零售额实现 1109.9 亿元，同比增长 29.5%，较农村整体增速高 7.1 个百分点[○]，2019 年全年保持着快速增长态势。与此同时，政府相关部门不断完善跨境电商行业促进政策，推动我国跨境电商发展稳中提质。随着国务院发布《关于同意在石家庄等 24 个城市设立跨境电子商务综合试验区的批复》，我国跨境电子商务综合试验区增至 59 个[○]；《关于扩大跨境电商零售进口试点的通知》将石家庄等 50 个城市（地区）及海南全岛纳入跨境电商零售进口试点范围；我国与多个国家签署的"一带一路"双边合作协议里，均涉及跨境电商合作内容。

从配套产业来看，移动支付和快递业务迅速发展，支持网络零售激发居民消费潜力。一是移

○　电子商务类别构成：电商平台连接供需两端，供给端通常为企业，按照需求端连接对象的不同，电子商务分为连接消费者的消费电商，以及连接企业的产业电商。

○　来源：商务部《中国电子商务报告 2018》。

○　来源：国家统计局。

○　产业电商：指连接 B 端供需双方的电子商务平台，通过使用互联网、大数据等技术，为产业链中上下游企业提供信息撮合、交易平台、数字营销、金融信贷、物流仓储等服务。

○　来源：易观。

○　来源：商务部。

○　来源：商务部。

○　来源：证券日报网，http：//epaper.zqrb.cn/html/2019 - 12/26/content_547249.htm？div = -1，2019 年 12 月 26 日。

动支付业务在支撑电子商务发展的基础上，逐步渗透至生活服务领域等诸多方面，应用场景十分丰富，业务量增长显著。如公交、地铁、停车等民生支付场景成为新的增长点，线下中小型商户构成新的增量市场。2019 年第四季度，移动支付业务 307.34 亿笔，金额 94.92 万亿元，同比分别增长 73.6% 和 21.3%[⊖]。二是受益于电子商务消费高速增长，快递行业业务量在高位稳步上升。2019 全年快递业务量和业务收入分别完成 630 亿件和 7450 亿元，同比分别增长 24% 和 23%。快递业务量连续六年稳居世界第一[⊜]。2019 年"双十一"当天，各邮政、快递企业共处理 5.35 亿件快件，是二季度以来日常处理量的 3 倍，同比增长 28.6%，创下历史新高[⊜]。

2. 网络广告产业发展状况

2019 年，我国网络广告市场规模达 4341 亿元，同比增长 16.8%，增速较 2018 年有所放缓，如图 73 所示。

单位：亿元

来源：根据企业公开财报、行业访谈及CNNIC统计预测模型估算　　　　　　　　2019.12

图 73　网络广告市场规模和增长率

2019 年我国网络广告产业发展主要呈现以下三个特点：一是从平台类型来看，电商、搜索平台依然是最主流的广告渠道，其中电商平台广告收入保持较快增速。随着电商平台与短视频、社交等领域的融合，个性化场景的精准推荐与多样化的广告形式显著提升了广告触达率^㉔，带动电商广告市场持续增长。受整体市场环境和新兴媒体形式影响，搜索平台广告收入呈下降趋势。新闻资讯、视频、社交等平台的广告收入均保持稳定增长。二是从市场竞争格局来看，部分企业广告收入迅速增长，推动行业竞争加剧。字节跳动、美团点评等企业依靠创新的业务模式、产品和技术优势，聚合用户流量，吸引广告主投放，市场占比进一步扩大。新兴大型企业的崛起为网络广告市场发展注入新动力，也使得头部媒体和平台的市场集中度进一步提升，行业竞争更加激烈。三是从营销模式来看，网络红人^㉕营销渐成趋势，其商业价值得到市场认可。相对于传统广告营销方式而言，网络红人营销成本较低、大众接受度高、投放效果更为精准。尤其在美妆、服

　㊀　来源：中国人民银行《2019 年第四季度支付体系运行总体情况》。

　㊁　来源：2020 年全国邮政管理工作会议。

　㊂　来源：国家邮政局。

　㊃　广告触达率：指进行广告投放时，所能触达目标用户群体的比例。

　㊄　网络红人：指因自身的某种特质在网络作用下被放大，有意或无意间受到网民追捧的人，简称网红。网络红人在社交媒体上聚集流量与热度，对粉丝进行营销，将粉丝的关注度转化为购买力，从而将流量变现的模式被称为网红经济。

饰、食品、珠宝、数码家电等行业，越来越多的品牌通过与网络红人合作实现销量的大幅增长。2019 年双十一期间，淘宝网红主播引导成交的销售额最高超过 27 亿元[一]。

（二）互联网企业发展状况

2019 年，在人工智能、云计算、大数据等信息技术和资本力量的助推下，在国家各项政策的扶持下，我国互联网企业整体实现较快发展，上市企业市值普遍增长，网信独角兽企业发展迅速，对数字经济发展的支撑作用不断增强。

互联网上市企业市值普遍增长并创历史新高。截至 2019 年 12 月，我国互联网上市企业在境内外的总市值达 11.12 万亿人民币，较 2018 年底增长 40.8%，创历史新高。其中，我国排名前十的互联网企业市值占总体市值比重为 84.6%，较 2018 年底增长 0.4%。从全球互联网公司市值排名情况看，2019 年底在全球排名前 30 的互联网公司中，美国占据 18 个，我国占据 9 个，其中阿里巴巴和腾讯稳居全球互联网公司市值前十强。

网信独角兽企业发展迅速。截至 2019 年 12 月，我国网信独角兽企业总数为 187 家，较 2018 年底增加 74 家。随着中国企业数字化转型加速，B 端市场的增长潜力愈发受到企业重视，面向 B 端市场提供服务的网信独角兽企业数量增长明显。从网信独角兽企业的行业分布来看，企业服务类占比最高，达 15.5%。随着企业服务产业迎来发展的黄金期，网信独角兽作为企业服务产业的中坚力量，在服务模式创新、效率提升及成本降低等方面都将扮演至关重要的角色，成为企业服务产业的未来。

科技创新企业成长性突出。2019 年 1 月，中央全面深化改革委员会第六次会议审议通过了《在上海证券交易所设立科创板并试点注册制总体实施方案》《关于在上海证券交易所设立科创板并试点注册制的实施意见》。7 月，科创板正式开市，从制度设计落地为现实。截至 12 月，已发布业绩年报的 89 家科创板企业中，电子行业实现净利润 47.2 亿元，以 39.6% 的增速排在首位，成为科创板成长性最高的行业[二]。

1. 互联网上市企业发展状况

截至 2019 年 12 月，我国境内外互联网上市企业总数为 135 家，较 2018 年底增长 12.5%。其中，在我国沪深上市的互联网企业数量为 50 家，较 2018 年底增加 4 家；在美国上市的互联网企业数量为 54 家，较 2018 年底增加 6 家；在我国香港上市的互联网企业数量为 31 家，较 2018年底增加 5 家，如图 74 所示。

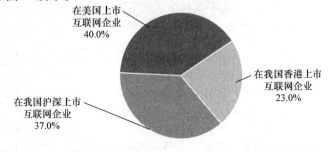

来源：根据公开资料收集整理　　　　　　　　　　　　　　　　　　2019.12

图 74　互联网上市企业数量分布

[一]　来源：人民网，http://fashion.people.com.cn/n1/2020/0113/c1014-31545079.html，2020 年 1 月 13 日。

[二]　来源：21 财经，https://m.21jingji.com/article/20200312/affbac70752de529c928341e65f06dcf.html，2020 年 3 月 12 日。

　　截至 2019 年 12 月，我国互联网上市企业在境内外的总市值$^{\ominus}$为 11.12 万亿人民币，较 2018 年底增长 40.8%。其中，在我国香港上市的互联网企业总市值最高，占总体的 52.5%；在美国和我国沪深两市上市的互联网企业总市值各占总体的 42.0% 和 5.5%，如图 75 所示。

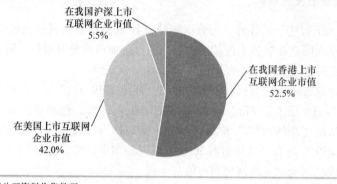

来源：根据公开资料收集整理　　　　　　　　　　　　　　　　　　　　　　2019.12

图 75　互联网上市企业市值分布

　　从互联网上市企业市值分布来看，互联网上市企业在港股市场表现亮眼。2019 年 11 月，阿里巴巴正式在我国香港交易所挂牌上市，成为首家同时在美国和我国香港两地上市的中国互联网企业。截至 2019 年 12 月，阿里巴巴市值达 5692 亿美元，较 2018 年底增长近 60%$^{\ominus}$，成为我国市值最高的互联网企业，也是亚洲市值最大的互联网企业。阿里巴巴的成功回归不仅为其他海外上市企业回归港股或 A 股提供了示范和指引，也进一步提升了港股市场活力。

　　截至 2019 年 12 月，在 135 家互联网上市企业中，工商注册地位于北京的互联网上市企业数量最多，占互联网上市企业总体的 33.3%；其次为上海，占总体的 17.0%；杭州、深圳、广州的互联网企业分别占总体的 11.9%、11.1% 和 4.4%，如图 76 所示。

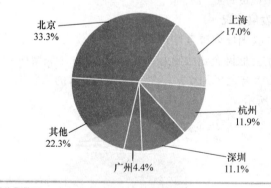

来源：根据公开资料收集整理　　　　　　　　　　　　　　　　　　　　　　2019.12

图 76　互联网上市企业城市分布

　　从互联网上市企业城市分布来看，北京、上海、杭州、深圳依然领先，这些城市的经济发达度、产业成熟度、政策优惠、人才质量、基础设施等均居全国前列，从而吸引更多的资金和人才聚集，形成产业聚合。随着我国经济持续发展，互联网产业范围的持续扩大以及多层次资本市场

$\ominus$　海外上市企业的市值按照 2019 年 12 月 31 日汇率计算。

$\ominus$　采用阿里巴巴美股市值进行统计。

的改革完善等，未来互联网上市企业有望在更多的地区产生。

截至2019年12月，在互联网上市企业中，网络游戏类企业数量仍持续领先，占总体的23.9%；其次是文化娱乐类企业，占比为17.9%；电子商务、网络金融、工具软件和网络媒体类企业紧随其后，占比分别为14.9%、10.4%、8.2%和6.0%，如图77所示。

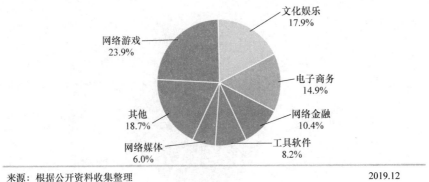

来源：根据公开资料收集整理   2019.12

图77 互联网上市企业类型分布

从互联网上市企业类型[○]分布来看，我国网络游戏产业进入发展成熟期，整体规模呈现稳定增长态势；文化娱乐产业增长迅速，在整个互联网产业中的重要性和价值日益凸显；电子商务持续快速发展，不断催生新经济、新业态、新模式，成为数字经济领域最具活力的要素之一；金融科技、网络媒体不断创新模式，为互联网产业发展持续提供新动力。随着科创板制度机制进一步完善，资本市场服务科技创新企业的能力持续增强，市场包容性不断提升，未来互联网上市企业类型将会更加丰富多元。

2. 网信独角兽企业发展状况

根据创业企业的融资数据和主流投资机构认可的估值水平进行双向评估，截至2019年12月，我国网信独角兽企业总数为187家，较2018年底增加74家，增幅达65.5%。

从地区分布来看，网信独角兽企业仍然集中分布在北京、上海、广东和浙江，总占比达90.4%。其中，北京的网信独角兽企业数量最多，为85家，同比增加31家，占总体的45.5%；上海的网信独角兽企业为37家，同比增加17家，占比为19.8%；广东共27家，同比增加12家，占比为14.4%；浙江共20家，同比增加5家，占比为10.7%，如图78所示。

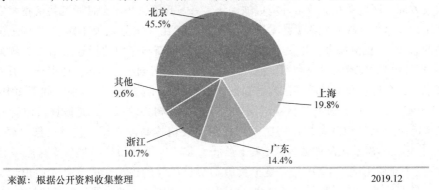

来源：根据公开资料收集整理   2019.12

图78 网信独角兽企业地区分布

○ 互联网上市企业类型参考了 GICS（Global Industry Classification Standard）行业分类、恒生行业分类等。

从行业分布来看，全国 50% 以上的网信独角兽企业集中在企业服务、汽车交通、电子商务、金融科技和文娱媒体等五个行业。截至 2019 年 12 月，企业服务类企业组成网信独角兽企业第一梯队，占企业总数的 15.5%；汽车交通类和电子商务类企业组成第二梯队，占比分别为 12.3% 和 11.8%；金融科技类和文娱媒体类企业组成第三梯队，占比分别为 9.6% 和 9.1%，如图 79 所示。

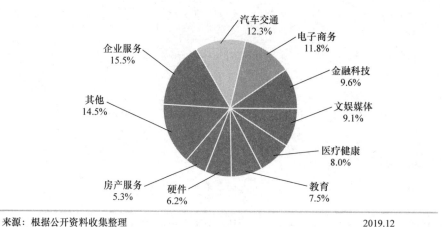

来源：根据公开资料收集整理　　　　　　　　　　　　　　　　　　　　　　　2019.12

图 79　网信独角兽企业行业分布

二、前沿技术发展状况

（一）区块链发展状况

习近平总书记在中央政治局第十八次集体学习中特别强调，"要把区块链作为核心技术自主创新的重要突破口，明确主攻方向，加大投入力度，着力攻克一批关键核心技术，加快推动区块链技术和产业创新发展。"在这一号召下，区块链技术被政府、企业与各类社会组织作为驱动创新发展的重要工具，在多种应用场景下为实体经济"降成本""提效率"。当前，我国区块链政策与监管体系已初步构建，技术研究持续深入，并在多个行业落地应用。

在政策方面，区块链相关政策环境更加优化。一是政策密集出台鼓励区块链技术发展。中央政府将区块链技术作为战略性前沿技术进行提前布局，在《国务院关于印发"十三五"国家信息化规划的通知》《国务院办公厅关于积极推进供应链创新与应用的指导意见》等政策性文件中多次提到对于区块链技术的研究利用。地方政府从鼓励应用创新、加强产业引导、引进专业人才等方面着手，出台优惠政策推动辖区内各部门对区块链技术的研究和落地。截至 2019 年底，国内已有 29 个省（区、市）发布了区块链发展指导意见或相关政策。二是区块链监管框架已初步形成。区块链应用风险和概念炒作问题受到我国监管机构高度重视，监管框架已经基本形成。《关于防范代币发行融资风险的公告》《关于开展为非法虚拟货币交易提供支付服务自查整改工作的通知》《关于防范境外 ICO[⊖] 与"虚拟货币"交易风险的提示》等文件先后出台。2019 年 1 月，国家互联网信息办公室发布《区块链信息服务管理规定》，并上线运行区块链信息服务备案

⊖　ICO：指首次币发行，Initial Coin Offering。源自股票市场的首次公开发行（IPO）概念，指区块链项目首次发行代币融资的行为。

管理系统，为区块链信息服务的推出、使用和管理等提供有效的法律依据，进一步推动了我国区块链相关领域管理规定的细化落实。

在技术方面，区块链关键技术取得进展[⊖]。一是底层技术创新持续提升。2019 年，我国重点探索区块链存储、智能合约、共识算法和加密技术等方面，全年分别累计公开有效专利 964、420、101 和 42 件。从底层平台技术代码开源角度来看，目前完全开源的底层平台有 13 个，占 15%；部分开源的底层平台达 47 个，占 54%。二是加密算法重视自主可控。安全多方计算、同态加密、零知识证明等密码学算法不断融合应用，隐私保护方案创新涌现。国产密码算法在区块链技术各环节创新融合，支持国产密码算法的比例达到 67%。三是跨链技术成为研究热点。我国共有跨链技术研究组织机构 35 家，较 2018 年增加 23 家组织机构。其中，国家级研究单位 8 家，企业研究机构 19 家。

在应用方面，区块链技术与各行各业加快融合。区块链技术已经被广泛应用于政务、金融、供应链管理等多个领域，其助力我国传统产业高质量发展与转型升级、推动我国构建诚信社会体系的作用得到初步体现。一是区块链政务应用在民生办事领域落地。区块链技术为跨级别、跨部门的政府数据互联互通提供了安全可信任的环境。依托区块链技术的政府数据系统可以对数据调用行为进行记录，在出现数据泄露事件时准确追责，从而大幅降低政府与企业数据在共享时的安全风险，提高了办事效率。2019 年 12 月，深圳市统一政务服务 APP 发布区块链电子证照应用平台，实现身份证、户口本等 24 类常用电子证照上链，支持 100 余项高频政务服务事项的办理[⊜]。二是区块链金融应用取得阶段性成果。区块链自动化智能合约和可编程的特点能够极大降低成本和提升效率，避免烦琐的中心化清算交割过程，方便快捷地实现金融产品交易。截至 2019 年 12 月，中国人民银行贸易金融区块链平台应用已上链运行供应链应收账款多级融资、跨境融资等多项业务，业务量超过 900 亿元[⊜]。此外，随着 Facebook 发布数字稳定币[⊛]Libra，我国央行的数字货币研发工作也得到国务院正式批准，预示着我国数字货币研发进入加速期。三是基于区块链的供应链系统已被用于实际业务中。基于区块链技术的供应链系统加强了供应链上下游沟通，优化系统效率，同时支持各方实时查看产品信息，降低了管理和信任成本。阿里巴巴、京东等电商平台目前均已依托区块链技术搭建了产品防伪追溯平台。

（二）5G 发展状况

2019 年，我国 5G 商用环境持续完善、标准技术取得新突破、应用孵化进入全面启动期，产业总体发展迅速，达到世界领先水平。

多方合作加强统筹协调，助推 5G 加速部署。一是政府协调推进 5G 政策落实。国家发展和改革委员会等十部门于 2019 年 1 月联合印发《进一步优化供给推动消费平稳增长促进形成强大国内市场的实施方案（2019 年）》，提出扩大升级信息消费，加快推出 5G 商用牌照，随后工业和信息化部于 2019 年 6 月正式发放 5G 商用牌照，标志着我国 5G 正式开始商用。二是政企合力部署 5G 发展战略。地方政府高度重视 5G 布局建设，与运营商签订合作协议加速建设试验网，如长三角多地政府与运营商签署了《5G 先试先用推动长三角数字经济率先发展战略合作框架协

⊖　本段内容与数据来源为赛迪区块链生态联盟《2019—2020 年中国区块链年度发展报告》。

⊜　来源：新华网，http://www.xinhuanet.com//2019 - 12/09/c_1125326604.htm，2020 年 3 月 12 日。

⊜　来源：人民银行深圳市中心支行 2020 年工作会议。

⊛　数字稳定币：区块链技术在数字货币中的一种应用形式。指以法币作为抵押的数字货币，解决了数字货币价格过度波动问题，不仅强化数字货币的生命力，也间接赋予了传统法币以"数字化"功能。

议》。三是企业合作开展 5G 网络集约建设。2019 年 9 月，中国联通与中国电信签署《5G 网络共建共享框架合作协议书》，在全国范围内合作共建一张 5G 接入网络、共享频率资源，以降低网络建设和运维成本，提升效益与运营效率。

　　5G 增强技术研发取得阶段性进展，专利件数居全球第一。我国 5G 技术在成功完成关键技术、技术方案、系统组网三阶段研发验证后，进入增强技术研发实验阶段。一是全年在芯片测试、低频和高频⊖技术研究方面均有突破。在芯片与系统互联互通测试方面，我国已成功完成 4 款芯片、6 家系统的室内外环境网络测试。在低频技术方面，华为于 2019 年 1 月完成 2.6GHz 频段下 5G 基站新空口测试，完成我国 5G 技术研发试验第三阶段非独立组网（Non - Standalone，NSA）和独立组网（Standalone，SA）全部实验室及外场测试，标志着我国已完成 3.5GHz/4.9GHz 和 2.6GHz 频段的测试。在高频技术方面，我国启动 5G 毫米波射频指标测试工作。2019 年 7 月，中兴通讯完成我国首次 26GHz 频段 5G 基站射频空中下载技术测试，为我国 5G 高频频谱规划提供参考。二是我国企业申请和认证的专利数量世界领先。从申请的专利数量上看，截至 2019 年 11 月，华为声明的 5G 标准必要专利数以 3325 件排名世界第一，中兴通讯以 2204 件排名第五；从通过认证的专利数量上看，华为以 1337 件排名世界第四，中兴通讯以 596 件排名第七⊜。当前，我国 5G 在网络建设与业务组织上还面临诸多技术难题⊜，如大规模软件定义网络协同、网元构成优化、网络切片管理、基于服务的架构开放安全性、用户身份管理方式，以及 5G 运营支撑系统优化、车联网场景和工业互联网场景下的特殊需求等。

　　我国 5G 商用部署全面开展，商业化应用进入实践阶段。我国重点城市 5G 规模组网建设试点工作有序开展：截至 2019 年 4 月，已有 16 个省（区、市）实现了 5G 通话⊗；截至 2019 年 10 月，已有 52 座城市实现 5G 商用；截至 2019 年 12 月，建成 5G 基站超过 13 万个⊕。我国 5G 商业化应用取得诸多成功实践：一是实现在增强移动宽带场景下的应用，如 2019 年国庆盛典运用 5G +4K 高清直播、世界互联网大会的安检系统运用 5G + VR 人体成像。二是实现在超高可靠低时延场景下的应用，如 2019 年 3 月我国完成首例 5G 网络远程人体手术，2020 年 2 月新冠肺炎疫情中，武汉火神山医院借助 5G 技术搭建"远程医疗系统"。三是实现在海量机器类通信场景下的应用，如我国智慧城市通过传感器和摄像头构建的"神经网络"实现智能安防与交通管理等。5G 有力支撑了传统产业数字化、网络化、智能化发展，并为自身加速商业化提供驱动力。

（三）人工智能发展状况

　　2019 年，党中央、国务院高度重视人工智能技术的发展与应用，提出"人工智能是新一轮科技革命和产业变革的重要驱动力量，加快发展新一代人工智能是事关我国能否抓住新一轮科技革命和产业变革机遇的战略问题"⊗。我国各部门、各地方持续落实《新一代人工智能发展规划》部署，各地区人工智能政策环境不断完善，关键技术应用日趋成熟，并引领各行业数字化变革。

　⊖　低频、高频：第三代合作伙伴计划（3rd Generation Partnership Project，3GPP）定义的两类频率范围。其中 5G 使用的低频部分为 450MHz - 6000MHz 的频段，即 Sub -6GHz 频段；高频部分为 24250MHz - 52600MHz 的频段，即毫米波的频段。

　⊜　来源：IPlytics，*Who is leading the 5G patent race*，2019 年 11 月。

　⊜　来源：邬贺铨，关于 5G 的十点思考．中兴通讯技术，2020 年第一期。

　⊗　来源：国内 16 个省份打通 5G 电话。基站建设规模超预期，http：//www.21jingji.com/2019/4 - 26/3OMDEzODFfMTQ4MzE3OA.html，2019 年 4 月。

　⊕　来源：工业和信息化部。

　⊗　来源：2018 年 10 月习近平总书记在中共中央政治局第九次集体学习上的讲话。

地方政策加快部署，一线城市推动人工智能产业落地发展。我国多个省（区、市）根据自身实际情况制定了相应的人工智能发展规划，其中以"北上广深"为代表的一线城市积极制定政策，推动人工智能产业的落地和发展。一线城市作为技术、人才和产业发展最具优势的区域，成为我国人工智能发展的中心，有效地带动周边区域的发展。以上海为例，通过不断完善和细化在人工智能领域的发展战略和政策，努力建造国家人工智能发展高地。上海市以依靠人工智能提升城市核心竞争力为发展主线，以《关于加快推进上海人工智能高质量发展的实施办法》为抓手，围绕人工智能人才队伍的建设、数据资源的开放和应用、深化人工智能产业协同创新、推动产业的布局和集群、加大政府引导和投融资支持力度等五个方面提出了多条具体政策。

关键技术日趋成熟，语音识别技术、计算机视觉等领域均取得长足发展。一是语音识别技术快速成熟。科大讯飞拥有深度全序列卷积神经网络语音识别框架，输入法的识别准确率达到98%；搜狗语音识别支持最快400字每秒的听写[⊖]；阿里巴巴人工智能实验室通过语音识别技术开发了声纹购物功能。二是计算机视觉技术应用场景广泛，在智能家居、增强现实、虚拟现实、三维分析等方面有长足进步。百度开发了人脸检测深度学习算法PyramidBox；海康威视团队提出了以预测人体中轴线来代替预测人体标注框的方式，来解决弱小目标在行人检测中的问题。

推进行业数字化改革，人工智能助力产业转型升级。2019年我国人工智能企业数量超过4000家[⊜]，位列全球第二，我国企业在智能制造和车联网等应用领域拥有较大优势，在高端芯片等基础领域取得一定突破。在智能制造领域，应用场景主要有产品智能化研发设计、制造和管理流程智能化、供应链智能化三类，其中在产品质检领域，汽车零部件商开始利用具备机器学习算法的视觉系统识别部件；在互联技术及无人驾驶测试两个领域，我国技术水平已处于国际领先地位，华为的5G技术将为互联技术车联网（Vehicle to Everything，V2X）提供全球一流的通信支持，同时与国内外车厂进行了合作与测试；百度Apollo自动驾驶全场景在国家智能网络汽车（长沙）测试区进行测试，完成了全国首例L3、L4等级别车型[⊜]的高速场景自动驾驶车路协同演示；在芯片领域，清华大学实现基于忆阻器阵列芯片卷积网络的人工神经网络芯片，能效较GPU高两个数量级，同时以阿里巴巴、百度和华为为代表的我国科技公司逐步进入人工智能芯片的研发竞争。

（四）大数据发展状况

2019年，大数据领域政策环境逐步完善，技术创新不断推进，产业应用持续深化，共同推动大数据领域发展。

大数据产业布局持续加强。一是党的十九届四中全会提出要"健全劳动、资本、土地、知识、技术、管理、数据等生产要素由市场评价贡献、按贡献决定报酬的机制"，首次将数据与劳动、资本、土地、知识、技术和管理并列作为参与分配的生产要素，同时提出要"推进数字政府建设，加强数据有序共享，依法保护个人信息"，数据生命各周期的监管与保护越来越受到重视。二是地方政府颁布各项法规，强化大数据领域的安全保障。例如，2019年10月1日，我国大数据安全保护层面第一部地方性法规《贵州省大数据安全保障条例》正式施行，这标志着贵州明确了大数据产业相关安全监管主体及其职责，大数据安全有了保障。三是各地政府相继成立

⊖　来源：德勤研究《全球人工智能发展蓝皮书》。
⊜　来源：清华大学《中国人工智能发展报告》、德勤研究《全球人工智能发展蓝皮书》。
⊜　L3等级：自动系统既能完成某些驾驶任务，也能在某些情况下监控驾驶环境，但驾驶员必须准备好重新取得驾驶控制权；L4等级：自动系统在某些环境和特定条件下，能够完成驾驶任务并监控驾驶环境。

地方性大数据管理机构，陆续出台大数据产业规划，不断优化区域产业发展环境，致力于发挥大数据对经济社会转型发展的引领作用。截至 2019 年 12 月，全国已有 20 个省（区、市）成立了负责大数据相关业务的省级管理机构，未成立省级管理机构的省（区、市）中有 6 个已发布大数据相关产业发展规划[⊖]。

大数据已成为新一代信息技术融合应用的焦点。作为实现创新发展的重要动能，大数据技术已成为我国信息化建设的重要支撑。随着相关技术的不断演进和应用持续深化，大数据正成为提高行业生产率、提升产业附加值的核心。2019 年，智能计算已成为大数据领域发展较为迅速的细分领域。例如，2019 年 8 月，华为推出了目前单芯片计算密度最大的 AI 处理器昇腾 910，其作为华为 AI 解决方案的底层芯片，能够有效运用智能计算等大数据技术，并加速 AI 技术在电力、互联网等行业的应用；9 月，阿里云推出了第一颗自研芯片含光 800，该芯片采用自研芯片架构，利用先进算法，深度优化计算、存储密度，在推理性能和能效比方面均打破世界纪录，成为全球最强 AI 推理芯片。

稳定增长的大数据市场对经济社会发展的引领作用日益凸显。一方面，数据显示[⊖]，2019 年我国大数据市场总体收益达 96 亿美元，2019—2023 年预测期内的复合年均增长率为 23.5%，增速高于全球平均水平，其中服务器和存储设备等大数据相关硬件服务占比最高，达到 45.2%，信息技术（Information Technology，IT）服务和商业服务等大数据相关服务收入占比为 32.2%，软件收益占比为 22.6%。另一方面，大数据与零售、工业、金融、安防、营销、健康等领域的融合程度不断加深，在整合生产要素、促进经济转型、催生发展新业态、支撑决策研究等方面的作用愈发明显。近年来，制造业企业纷纷以大数据算法模型为指导，实现供需精准匹配，通过数字化手段推动销售增长。工业大数据正成为企业转型的核心驱动力，未来将在研发设计、生产制造、供应链协同和售后服务等多个环节助力工业高质量发展。

2020 年大数据领域将呈现以下十大发展趋势[⊖]：一是数据科学与人工智能的结合越来越紧密；二是数据科学带动多学科融合，基础理论研究的重要性受到重视，但理论突破进展缓慢；三是大数据的安全和隐私保护成为研究热点；四是机器学习继续成为大数据智能分析的核心技术；五是基于知识图谱的大数据应用成为热门应用场景；六是数据融合治理和数据质量管理工具成为应用瓶颈；七是基于区块链技术的大数据应用场景渐渐丰富；八是对基于大数据进行因果分析的研究得到越来越多的重视；九是数据的语义化和知识化是数据价值的基础问题；十是边缘计算和云计算将在大数据处理中成为互补模型。

（五）基础资源技术发展状况

2019 年，我国互联网基础资源整体情况不断优化，技术持续更新升级，系统运行更加安全稳定，我国网络安全、国家安全和经济社会平稳发展得到进一步保障。

互联网基础资源加强交流合作。2019 年 6 月，以"筑牢根基、砥砺前行、共绘未来"为主题的首届中国互联网基础资源大会成功举办。大会围绕网络强国战略大局，回顾中国互联网 25 周年发展历程，聚焦互联网基础资源行业发展，展示前沿创新技术，搭建行业交流平台，推动行业规范有序发展。会议期间，"基于共治链的共治根新型域名解析系统架构""2019 中国基础资源大会全联网标识与解析共识"等成果发布，为进一步加速我国互联网基础资源领域技术创新，

⊖　来源：根据公开资料整理，不含港、澳、台地区。
⊖　来源：互联网数据中心。
⊖　来源：中国计算机学会 CCF 大数据专家委员会《2020 年大数据发展趋势预测》。

实现自主可控，做出了有益的探索。2019 年 7 月，中国国家顶级域名注册管理和运行机构组织开展 IP 地址分配联盟 IPv6 技术交流活动，旨在进一步支撑和促进国内 IPv6 申请，推动 IPv6、互联网基础资源公钥证书体系（Resource Public Key Infrastructure，RPKI）等下一代互联网关键技术的研究部署，鼓励相关技术与应用落地，营造良好的创新与应用环境。

互联网域名系统更加安全可靠。2019 年我国先后引入 F、I、L、J、K 根镜像服务器[一]，提升我国网民访问域名根服务器的效率，改善网民上网体验，增强互联网域名系统的抗攻击能力，降低国际链路故障对我国互联网的安全影响。国家域名服务平台解析节点新增 5 个，全球节点数量达 35 个，实现了 ICANN 全球五大地区的全部覆盖，全面提升了 ".CN" 国家顶级域名对我国互联网整体基础设施的安全保障能力[二]。7 月，WIPO AMC[三] 成为第三家中国国家顶级域名争议解决机构，进一步拓宽了中国国家顶级域名争议解决机构的地域覆盖范围，提升中国国家顶级域名争议解决的国际化水平。8 月，互联网名称与数字地址分配机构（ICANN）宣布中国互联网络信息中心等机构成为新一轮新通用顶级域名应急托管机构，充分体现了中国国家顶级域名注册管理运行机构的技术实力和技术优势，对我国和亚太地区所有域名注册管理机构业务的安全稳定运行，互联网基础资源数据的安全保障具有重要意义。

互联网基础资源技术创新突破。2019 年发布的 "基于共治链的共治根新型域名解析架构" 引发业界高度关注。该架构利用新兴区块链技术的去中心化特征，通过设计并实现基于共治链的无中心化、多方参与、可监管的新型域名管理技术和系统，满足兼容演进、高效安全、用户透明等域名解析需求。作为全球领先的域名解析与安全防护引擎产品，"网域" 系列产品新增了多标识解析与流量监控、基于加密传输的域名解析等功能，融合各类标识解析于一体，利用解析软件的高并发、高性能、低延时、高安全等特性，实现一站式标识解析，并通过快照隔离、微任务调度、数据持久化等方向的技术攻关，在性能方面取得了进一步技术突破。此外，在反钓鱼和不良域名检测和发现算法、全联网研究等方面也取得了新的突破。

[一] 其中由中国互联网络信息中心引入 F、I、L、J、K 根镜像服务器，中国信息通信研究院引入 L、K 根镜像服务器，互联网域名系统北京市工程研究中心有限公司引入 L 根镜像服务器。

[二] 来源：中国互联网络信息中心。

[三] WIPO AMC：指世界知识产权组织仲裁与调解中心，World Intellectual Property Organization's Arbitration and Mediation Center。

第六章　互联网安全状况

一、网民网络安全事件发生状况

（一）网民遭遇各类网络安全问题的比例

我国网民在上网过程中未遭遇过任何网络安全问题的比例进一步提升。截至 2020 年 3 月，56.4% 的网民表示过去半年在上网过程中未遭遇过网络安全问题，较 2018 年底提升 7.2 个百分点。通过分析网民遭遇的网络安全问题发现：遭遇网络诈骗的网民比例较 2018 年底下降明显，达 6.9 个百分点；遭遇账号或密码被盗的网民比例较 2018 年底下降 5.2 个百分点；遭遇其他网络安全问题的网民比例较 2018 年底也有所降低，如图 80 所示。

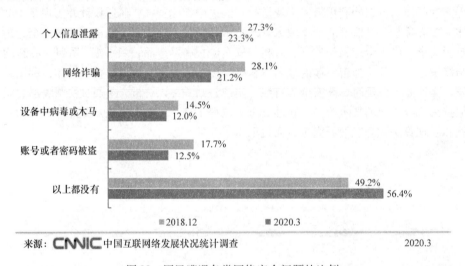

图 80　网民遭遇各类网络安全问题的比例

（二）网民遭遇各类网络诈骗问题的比例

通过对遭遇网络诈骗网民的进一步调查发现：虚拟中奖信息诈骗仍是网民最常遭遇的网络诈骗类型，占比为 52.6%，较 2018 年底下降 8.7 个百分点；冒充好友诈骗的占比为 41.2%，较 2018 年底下降 8.1 个百分点；网络兼职诈骗的占比为 33.5%，较 2018 年底下降 7.8 个百分点，如图 81 所示。

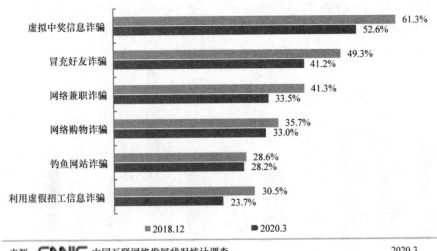

来源：CNNIC 中国互联网络发展状况统计调查　　　　　　　　　　　　　　　2020.3

图 81　网民遭遇各类网络诈骗问题的比例

二、网站安全和漏洞

（一）我国境内被篡改网站数量

截至 2019 年 12 月，国家计算机网络应急技术处理协调中心（中文简称国家互联网应急中心，英文简称 CNCERT）监测发现我国境内被篡改⊖网站 185573 个⊖，较 2018 年底（7049 个）增长较大⊜，如图 82 所示。

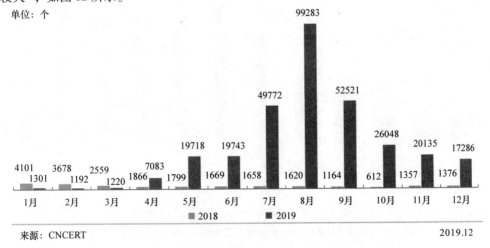

来源：CNCERT　　　　　　　　　　　　　　　　　　　　　　　　　　　2019.12

图 82　我国境内被篡改网站数量

⊖　网站篡改：指恶意破坏或更改网页内容，使网站无法正常工作或出现黑客插入的非正常网页内容。

⊜　数据为去重数据，下同。

⊜　自 2019 年 4 月起，CNCERT 扩大了监测范围，故数据出现显著增长。

截至 2019 年 12 月，CNCERT 共监测发现我国境内被篡改政府网站[⊖]515 个，较 2018 年底（216 个）增长 138.4%，如图 83 所示。

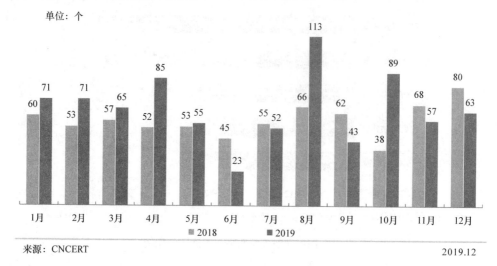

图 83　我国境内被篡改政府网站数量

（二）我国境内被植入后门网站数量

截至 2019 年 12 月，CNCERT 共监测发现我国境内被植入后门的网站数量达到 84850 个，较 2018 年底（23608 个）增长 259.4%，如图 84 所示。

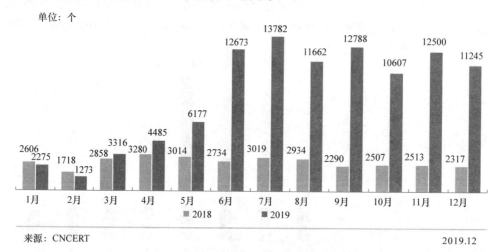

图 84　我国境内被植入后门的网站数量

注：自 2019 年 4 月起，CNCERT 扩大了监测范围，故数据出现较大增长。

截至 2019 年 12 月，CNCERT 共监测发现我国境内被植入后门的政府网站数量达到 717 个，较 2018 年底（674 个）增长 6.4%，如图 85 所示。

⊖　政府网站：指英文域名以".gov.cn"结尾的网站。

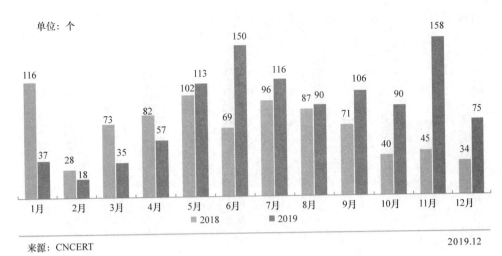

图 85　我国境内被植入后门的政府网站数量

（三）信息系统安全漏洞数量

截至 2019 年 12 月，国家信息安全漏洞共享平台[○]收集整理信息系统安全漏洞 16193 个，较 2018 年（14201 个）增长 14.0%，如图 86 所示。

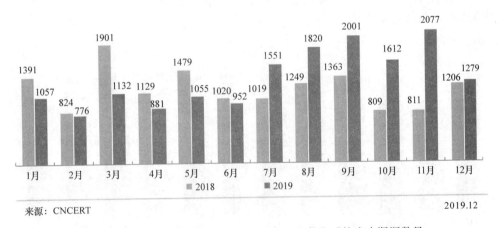

图 86　国家信息安全漏洞共享平台收集整理信息系统安全漏洞数量

其中，收集整理信息系统高危漏洞 4877 个，较 2018 年底（4898 个）下降 0.4%，如图 87 所示。

○ 国家信息安全漏洞共享平台（China National Vulnerability Database，CNVD）：由 CNCERT 联合国内重要信息系统单位、基础电信运营商、网络安全厂商、软件厂商和互联网企业建立的信息安全漏洞信息共享知识库。

单位：个

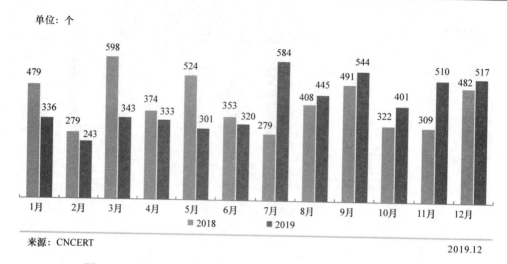

来源：CNCERT

2019.12

图87　国家信息安全漏洞共享平台收集整理信息系统高危漏洞数量

三、网络安全相关举报和受理

（一）CNCERT 接收到网络安全事件报告数量

截至 2019 年 12 月，CNCERT 接收到网络安全事件报告 107801 件，较 2018 年底（106700 件）增长 1.0%，如图 88 所示。

单位：件

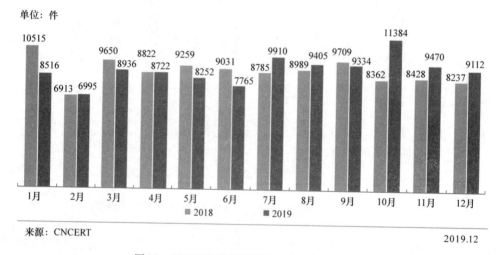

来源：CNCERT

2019.12

图88　CNCERT 接收到网络安全事件报告数量

（二）全国各级网络举报部门受理举报数量

截至 2019 年 12 月，全国各级网络举报部门共受理举报 13899 万件，较 2018 年底（16502 万件）下降 15.8%，如图 89 所示。

单位：万件

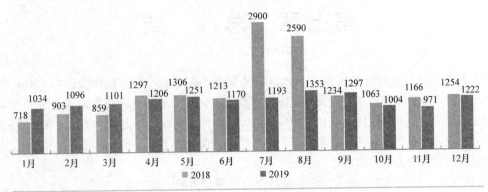

来源：国家互联网信息办公室违法和不良信息举报中心　　　　　　　2019.12

图89　全国各级网络举报部门受理举报数量

第七章　总　　结

2019 年是世界互联网诞生 50 周年，也是我国全功能接入国际互联网的第 25 年。当前，新一轮科技革命和产业变革加速演进，人工智能、大数据、物联网等新技术新应用新业态方兴未艾，互联网迎来了更加强劲的发展动能和更加广阔的发展空间。在新的历史时期，我国互联网发展牢牢把握战略机遇，在数字经济、技术创新、网络惠民、在线政务等方面不断取得重大突破，有力推动网络强国建设迈上新台阶。

"互联网 +"加速与产业融合，数字经济成为发展新引擎。在创新、协调、绿色、开放、共享的新发展理念指引下，我国数字经济快速发展，规模已达 31.3 万亿元，位居世界前列，占国内生产总值（GDP）的比重达到 34.8%⊖。一是数字消费持续增长，2019 年网络消费已突破 10 万亿大关，连续七年位居世界第一；二是数字贸易不断提质升级，跨境政策与模式创新不断推动跨境电商发展，助力外贸转型升级；三是数字企业领跑全球，2019 年，中国和美国所拥有的数字平台企业占全球 70 个最大数字平台市值的 90%⊜，以互联网平台经济为代表的新动能为产业升级不断赋能。

互联网前沿技术不断开拓创新，推动产业加快转型升级。一是区块链技术受到高度重视。2019 年，习近平总书记将区块链作为核心技术自主创新的重要突破口，为其发展提供了重要指引。二是 5G 技术步入商用阶段。2019 年，我国正式开启 5G 商用，其中增强技术研发取得了阶段性进展，商业化应用进入实践阶段。三是人工智能和大数据技术夯实基础支撑。人工智能技术方面，语音 AI 等核心技术不断突破，产业融合日趋加快，大数据已发展为创新发展的底层基础，不断为各行业数字变革提供动力。

网络惠民利民效应更加凸显，助力打赢脱贫攻坚战。截至 2020 年 3 月，我国网民规模为 9.04 亿，较 2018 年底新增网民 7508 万，互联网普及率达 64.5%。一是互联网持续向农村地区渗透。农村地区互联网普及率为 46.2%，较 2018 年底提升 7.8 个百分点，城乡之间的互联网普及率差距缩小 5.9 个百分点。截至 2019 年 10 月，我国贫困村通宽带比例达到 99%⊗，实现了全球领先的农村网络覆盖。二是互联网通过网络覆盖、电子商务、在线教育、短视频等多种方式助力脱贫攻坚。国家乡村旅游监测中心数据显示，设在全国 25 个省（区、市）的 101 个扶贫监测点（建档立卡贫困村），通过乡村旅游经济实现脱贫的人数为 4796 人，占脱贫人数的 30.4%，通过乡村旅游实现监测点贫困人口人均增收 1123 元。

"互联网 + 政务服务"有序推进，助推政府数字化转型和政府治理现代化。截至 2020 年 3 月，我国在线政务服务用户规模达 6.94 亿，占网民整体的 76.8%。一是数字政府的建设速度不断加快。全国一体化在线政务服务平台上线试运行，并在 2020 年初的新冠肺炎疫情防控中初步发挥"数字政府"支撑和职能作用。二是在线政务以民为本，推动公共服务效率明显提升。31 个已建成的省级平台提供的 22152 项省本级行政许可事项中，超七成已

⊖　来源：国家互联网信息办公室《数字中国建设发展报告（2018 年)》。

⊜　来源：联合国《2019 年数字经济报告》。

⊗　来源：工业和信息化部 2019 年网络扶贫论坛，http://www.miit.gov.cn/n973401/n6394828/n6394843/c7467766/content.html，2019 年 10 月 16 日。

经具备网上在线预约预审功能条件，平均办理时限压缩 25.0%[⊖]。三是在线政务法制化进程加快，标准化发展初见成效。《国务院关于在线政务服务的若干规定》出台，为在线政务服务规范化、标准化、集约化建设指明了方向。各省级政务服务平台消除各类移动政务服务各自为政的现状，逐步做到移动政务服务应用统一数据源、统一运营，实现数据同源共享，推动实现在线政务"全国一盘棋"。

一、数字经济增长强劲，为经济发展提供新动能

（一）数字消费持续增长，网络消费市场扩大内需

网络消费作为数字经济的最重要组成部分之一，在促进消费市场蓬勃发展方面发挥了日趋重要的作用。截至 2020 年 3 月，我国网络购物用户规模达 7.10 亿，较 2018 年底增长 1.00 亿。交易规模达 10.63 万亿元，同比增长 16.5%，连续七年成为全球最大的数字消费市场。其中，实物商品网上零售额达 8.52 万亿元，同比增长 19.5%，占社会消费品零售总额的比重为 20.7%。2019 年网络消费在扩大内需方面发挥了积极作用。一是以社交、直播电商为代表的新电商模式创新发展，释放潜在内需消费。全年社交电商交易额同比增长超过 60%，远高于全国网络零售整体增速。二是网络零售加速渗透下沉市场，不断激活农村消费。电商平台渠道、物流服务下沉推动三线以下城市和农村地区网购基础设施和商品供给不断完善，下沉市场消费潜力快速释放。三是在线生活服务市场保持快速增长，持续推动服务消费。移动支付服务推动线上线下联动的消费新场景不断丰富，带动各类在线服务持续发展，其中在线餐饮、在线旅游、在线家政等网络服务蓬勃发展，不断扩大数字消费边界。

（二）数字贸易提质升级，跨境出口模式不断完善

跨境电子商务作为数字贸易的重要组成自出现以来发展迅速，对促进我国外贸转型升级、提升我国在全球数字经济价值链中的地位具有重要意义。2019 年，通过海关跨境电子商务管理平台零售进出口商品总额达 1862.1 亿元，增长了 38.3%。政策和出口模式不断优化，有力带动了跨境电商出口的发展。一是跨境综试区范围进一步扩大，为外贸新业态新模式提供发展土壤。国务院发布《关于同意在石家庄等 24 个城市设立跨境电子商务综合试验区的批复》，同意在石家庄、太原等 24 个城市设立跨境电子商务综合试验区，跨境电商综合试验区增至 59 个。二是跨境出口政策、模式不断完善，降低跨境出口运营成本。2019 年，国务院出台"无票免税"政策和更加便利企业的所得税核定征收办法，杭州综试区跨境电商 1210 邮路保税出口新模式启动，为企业跨境电商出口提供一站式在线报关、通关及结汇、退税等服务，助力跨境电商出口发挥"稳外贸"作用。

（三）数字企业领跑全球，平台经济赋能产业发展

我国互联网数字企业通过市场应用带动本土创新，实现从模仿到并跑、甚至全球领跑的蜕变，在推动产业升级、引领全球数字经济发展中扮演重要角色。一是数字企业全球影响力提升。联合国《2019 年数字经济报告》指出，中国和美国所拥有的数字平台企业占全球 70 个最大数字平台市值的 90%，包括我国阿里巴巴和腾讯两家企业在内的七个"超级平台"，占据了全球数字

⊖　来源：中国政府网，http：//www.gov.cn/zhengce/2019－05/13/content_5390955.htm，2019 年 5 月 13 日。

经济总市值三分之二。截至 2019 年 12 月，我国境内外互联网上市企业总数为 135 家，较 2018 年底增长 12.5%；网信独角兽企业总数为 187 家，较 2018 年底增加 74 家，增幅达 65.5%。二是平台经济为产业数字化发展持续赋能。在需求端，平台企业在推动商业模式创新、赋能商家和品牌发展及消费数字化等方面发挥了重要作用；在供给端，平台通过数据驱动优化商品供给、提升供应链数字化水平等方式，为推动商品供给侧改革、提升生产制造效能、促进产业转型升级提供了关键支撑。

二、核心技术持续创新，产业融合驱动转型升级

（一）区块链受高度重视，政策与监管体系初步构建

2019 年，习近平总书记首次将区块链作为核心技术自主创新的重要突破口，为区块链技术政策支持和发展提供了重要指引和驱动力。一是区块链政策与监管体系初步构建。国务院将区块链技术作为战略性前沿技术进行提前布局，在《国务院办公厅关于积极推进供应链创新与应用的指导意见》等政策性文件中多次提到对于区块链技术的研究利用。同时针对区块链技术的应用风险，就虚拟货币交易、区块链信息服务使用和管理等方面形成了相应的监管框架，推动我国区块链应用管理进一步规范。二是技术研究持续深入并在多个行业落地应用。2019 年，我国区块链发明专利数量位居全球第一，系统并发业务处理能力、稳定性和安全性进一步提升。在系统吞吐效率问题、分叉节点数据一致性问题和智能合约安全问题等领域的研究成果深受重视。区块链技术通过云服务等形式，在电子政务、金融交易、供应链溯源等方面陆续应用，助力我国传统产业高质量发展与转型升级。

（二）5G 开启商用进程，技术研发与商业化同步推进

2019 年，我国正式开启 5G 商用，增强技术研发取得阶段性进展，商业化应用进入实践阶段。一是政府部署、企业合作共同推动 5G 进程。工业和信息化部于 2019 年 6 月正式发放 5G 商用牌照，标志着我国 5G 正式开始商用。地方政府高度重视 5G 布局建设，与运营商签订合作协议加速建设试验网。中国联通、中国电信等企业合作共建 5G 接入网络、共享频率资源。二是 5G 增强技术研发取得阶段性进展。2019 年我国在芯片测试、低频和高频技术研究方面均有突破，分别完成 4 款芯片、6 家系统的室内外环境网络测试，同时完成 3.5GHz/4.9GHz 和 2.6GHz 频段，以及 26GHz 频段 5G 基站射频空中下载技术测试。我国企业声明的 5G 专利数量世界领先，华为、中兴通讯声明的 5G 标准必要专利数分别排名世界第一和第三位。三是商业部署不断加快。截至 2019 年 4 月，已有 16 个省区市实现了 5G 通话；截至 2019 年 10 月，已有 52 座城市实现 5G 商用；截至 2019 年 12 月，建成 5G 基站超过 13 万个。在增强移动宽带、超高可靠低时延和海量机器类通信三大场景方面，已实现 5G + 4K 高清直播、5G 远程人体手术、智能安防与交通管理等领域的商业实践。

（三）人工智能发展加快，大数据业务逐渐向各领域渗透

2019 年，人工智能和大数据技术在技术研发、产业融合方面取得积极进展，不断引领各行业数字化变革。一是我国人工智能企业竞争力不断增强，关键技术日趋成熟。2019 年，我国人工智能企业数量超过 4000 家，位列全球第二，我国企业在智能制造和车联网等应用领域拥有较大优势，在高端芯片等基础领域取得一定突破。其中阿里巴巴、百度和华为等逐步进入人工智能

芯片的研发竞争。与此同时，人工智能关键技术日趋成熟，特别是语音识别技术、计算机视觉等领域均取得长足发展。二是大数据政策环境不断完善，对经济社会发展的引领作用日益凸显。党的十九届四中全会首次将数据与劳动、资本、土地、知识、技术和管理并列作为参与分配的生产要素。同时，我国大数据安全保护层面第一部地方性法规《贵州省大数据安全保障条例》正式施行，标志着数据生命各周期的监管与保护越来越受到各级政府的重视。大数据业务逐渐向各领域渗透，与零售、工业、金融、安防、营销、健康等领域的融合程度不断加深，在整合生产要素、促进经济转型、催生发展新业态、支撑决策研究等方面的作用愈发明显。

三、网络惠民成就显著，日益满足群众美好生活需要

（一）网络环境持续优化，推动网民规模稳定增长

2019 年，我国已建成全球最大规模光纤和移动通信网络，不断优化网络环境，推动网民规模增长。我国行政村通光纤和 4G 比例均超过 98%，固定互联网宽带用户接入超过 4.5 亿户⊖。截至 2020 年 3 月，我国网民规模达 9.04 亿，较 2018 年底增长 7508 万。一是全面落实网络提速降费，持续推动流量高速增长。与五年前相比，固定和移动宽带平均下载速率提升了 6 倍多，固定网络和手机上网流量资费水平降幅均超过了 90%。在提速降费政策推动下，用户月均使用移动流量达到 7.2GB，为全球平均水平的 1.2 倍⊜。二是"双 G 双提"工作稳步推进，高速宽带加快建设。截至 2019 年底，三家基础电信企业的固定互联网宽带接入用户总数达 4.49 亿户，全年净增 4190 万户。其中，1000Mbit/s 及以上接入速率的用户数 87 万户，100Mbit/s 及以上接入速率的固定互联网宽带接入用户总数达 3.84 亿户，占固定宽带用户总数的 85.4%⊜。三是 5G 网络建设有序推进。截至 2019 年底，全国开通 5G 基站 12.6 万个，5G 套餐签约用户超 87 万户⊗。5G 网络建设顺利推进，在多个城市已实现 5G 网络的重点市区室外的连续覆盖，并协助各地方政府在展览会、重要场所、重点商圈、机场等区域实现室内覆盖。

（二）网络应用持续完善，满足群众美好生活期待

2019 年，我国互联网应用与人民群众生活结合日趋紧密，实现了衣食住行各类生活场景的全覆盖，不断提升群众生活品质，突出体现在：一是短视频、直播等各类新媒体发展迅猛，为群众分享信息提供更多选择。短视频、直播等应用的普惠性降低了信息交流分享门槛，实现了全民参与。截至 2020 年 3 月，短视频和直播用户规模分别达 7.73 亿和 5.60 亿，分别占网民整体的 85.6% 和 62.0%。二是网络内容应用质量不断提升，不断丰富群众文化娱乐生活。互联网知识产权环境更加完善，推动优质文化内容持续增长，带动用户内容付费意愿和用户规模不断提升，截至 2020 年 3 月，网络视频（含短视频）、网络音乐和网络文学用户规模分别达 8.50 亿、6.35 亿和 4.55 亿。三是社交、支付等应用在社会公益方面发挥正效能。2019 年上半年，民政部指定的 20 家互联网公开募捐信息平台，募捐总额超过 18 亿元人民币，累计获得 52.6 亿人次的点击、关注和参与⊕。互联网极大降低了网民参与公益活动的门槛，积少成多为慈善事业的发展注入了

⊖　来源：工业和信息化部。

⊜　来源：人民网，http：//finance. people. com. cn/n1/2019/0523/c1004 - 31100011. html，2019 年 5 月 23 日。

⊜　来源：工业和信息化部《2019 年通信业统计公报》。

⊗　来源：工业和信息化部，全国工业和信息化工作会议。

⊕　来源：新华网，http：//www. xinhuanet. com/gongyi/2019 - 08/22/c _ 138329146. htm，2019 年 8 月 22 日。

巨大活力。

（三）网络扶贫作用凸显，全面助力决胜脱贫攻坚

互联网在助力扶贫攻坚、推动乡村振兴方面正发挥日趋重要的作用。截至 2020 年 3 月，我国农村地区互联网普及率为 46.2%，较 2018 年底提升 7.8 个百分点，城乡之间的互联网普及率差距缩小 5.9 个百分点。一是网络覆盖为网络扶贫夯实基础。截至 2019 年 10 月，我国行政村通光纤和通 4G 比例均超过 98%，贫困村通宽带比例达到 99%，实现了全球领先的农村网络覆盖。二是切实提升广大网民对脱贫攻坚的认知水平。超过七成网民对网络扶贫相关活动有所了解。其中，网民在互联网上看到"扶贫捐款"的比例最高，为 57.7%。三是积极带动广大网民参与脱贫攻坚行动。在了解网络扶贫活动的网民中，近七成网民参加过各类网络扶贫活动。其中，网民参与"网上扶贫捐款"的比例最高，为 43.9%。四是不断巩固脱贫攻坚工作成果。近九成网民认同互联网在脱贫攻坚中的重要作用。七成以上网民认为互联网能在"汇集广大网民的力量为贫困群众提供帮助""通过电商帮助贫困群众扩大农产品销售""让贫困群众更方便地获取工作、社保、医疗等信息"等方面发挥重要作用。

四、在线政务积极推进，夯实政府治理现代化基础

（一）数字政府加快建设，提升国家治理现代化水平

党的十九届四中全会明确指出："建立健全运用互联网、大数据、人工智能等技术手段进行行政管理的制度规则。推进数字政府建设，加强数据有序共享，依法保护个人信息[⊖]。"数字政府成为创新行政方式，提高行政效能，建设人民满意的服务型政府的重要途径和关键抉择。一是"互联网＋政务服务"深入推进，数字政府的建设速度不断加快。截至 2019 年 12 月，我国共有政府网站 14474 个，其中国务院部门及其内设、垂直管理机构共有政府网站 912 个；省级及以下行政单位共有政府网站 13562 个。各地纷纷加快数字政府建设工作，其中浙江、广东、山东等多个省级地方政府陆续出台了与之相关的发展规划和管理办法，进一步明确了数字政府的发展目标和标准体系，并为政务数据共享开放提供了依据。二是全国一体化在线政务服务平台上线运行，为推进政务服务"一网通办"提供有力支撑。2019 年，计入统计的 31 个省（区、市）[⊜]和新疆生产建设兵团、40 余个国务院部门政务服务平台建成。2019 年 11 月，国家政务服务平台联通 32 个地区和 46 个国务院部门，对外提供国务院部门 1142 项和地方政府 358 万项在线服务，首次实现了全国权威身份认证体系、电子证照目录汇聚和互信互认、构建全国政务服务大数据等在线政府服务创新。三是在线政务在新冠疫情防控中充分发挥"数字政府"的功能和支撑作用。在疫情信息服务方面，国家政务服务平台上线全国一体化政务服务平台疫情防控专题，并在平台 PC端、移动端（APP 和小程序）同步发布，提供疫情实时数据、定点医院及发热门诊查询导航等 60 余项疫情防控服务；在线上化办公服务方面，疫情防控期间，全国一体化政务服务平台整体办件量 378 万件，其中线上办件 133 万件，占比达 35.2%；在推进精准防疫方面，国家政务服务平台推出"国家平台新冠肺炎防疫健康信息码综合服务"，各地区按照政务服务平台防疫健康信息码服务统一标准，通过对接国家平台"健康码"实现互认共享。

⊖　来源：党的十九届四中全会审议通过的《中共中央关于坚持和完善中国特色社会主义制度、推进国家治理体系和治理能力现代化若干重大问题的决定》。

⊜　本统计未包含我国港澳台地区。

（二）在线政务日趋规范，法制化集约化进程加快

2019 年，在线政务服务规范化发展趋势明显，政务服务集约化水平显著提升，已成为推进政府治理现代化、提升政务服务水平的重要途径。一是在线政务服务建设纳入法制化轨道。《国务院关于在线政务服务的若干规定》出台，提出实现政务服务事项全国标准统一、全流程网上办理，实现电子证照全国范围内互信互认，为全国在线政务服务规范化、标准化、集约化建设指明了方向。二是省级政务服务平台集约化、标准化发展初见成效。截至 2019 年 12 月，31 个省级政府构建了覆盖省、市、县三级以上政务服务平台，其中 21 个地区按照规范化、标准化、集约化的建设要求，实现了省、市、县、乡、村服务全覆盖；29 个地区的省级政务服务平台开通了"一件事"集成服务专区。此外，各省级政务服务平台发挥服务规范、数据汇集、技术整合优势，消除各类移动政务服务各自为政的现状，逐步做到移动政务服务应用统一数据源、统一运营，实现数据同源共享，推动实现"全国一盘棋"。三是政务服务评价机制日趋完善，进一步推动在线政务服务质量提升。国务院办公厅出台《关于建立政务服务"好差评"制度提高政务服务水平的意见》，明确提出政务服务事项全部实行清单管理，并纳入全国一体化在线政务服务平台管理，建立"好差评"数据机制，连通线上线下各类评价渠道，进一步提升政务服务水平。

（三）在线政务以民为本，公共服务效能明显提升

2019 年，各级政府积极推进政务服务与民生领域信息化应用，在线政务服务日趋成熟，业务办理效率得到明显提升，更多人民群众享受到政府部门的贴心服务。截至 2020 年 3 月，我国在线政务服务用户规模达 6.94 亿，较 2018 年底增长 76.3%，占网民整体的 76.8%。一是"一网办理"为群众解决日常办事难点、痛点提供便利。2019 年，国务院办公厅主办"中国政务服务平台"微信小程序正式上线，用户可在线办理查询、缴费等 200 多项政务服务⊖。此外，多个地方政府陆续开通城市服务、互联网法院电子诉讼平台、电子证照等在线政务服务，进一步满足人民群众日常生活办事需求。二是在线政务服务业务效率明显提升。在 31 个已建成的省级平台提供的 22152 项省本级行政许可事项中，超七成已经具备网上在线预约预审功能条件，平均办理时限压缩 25.0%，群众动动手指就可享受"人在家中坐，事情全办妥"的政务服务体验⊜。

⊖　来源：中国网信网，http://www.cac.gov.cn/2019-09/25/c_1570940468370225.htm，2019 年 9 月 25 日。
⊜　来源：中国政府网，http://www.gov.cn/zhengce/2019-05/13/content_5390955.htm，2019 年 5 月 13 日。

第八章　调查方法

一、调查方法

（一）网民个人调查

1. 调查总体

我国有住宅固定电话（家庭电话、宿舍电话）或者手机的 6 周岁及以上居民。调查总体细分如图 90 所示。

调查总体划分如下：

子总体 A：被住宅固话覆盖人群（包括：住宅固定电话覆盖的居民＋学生宿舍电话覆盖用户＋其他宿舍电话覆盖用户）；

子总体 B：被手机覆盖人群；

子总体 C：手机和住宅固话共同覆盖人群（住宅固话覆盖人群和手机覆盖人群有重合，重合处为子总体 C），C＝A∩B。

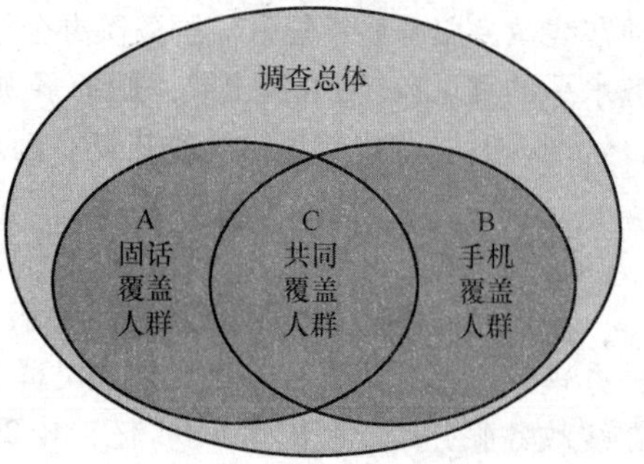

图 90　调查总体细分

2. 抽样方式

CNNIC 针对子总体 A、B、C 进行调查，为最大限度地覆盖网民群体，采用双重抽样框方式进行调研。采用的第一个抽样框是固定住宅电话名单，调查子总体 A。采用的第二个抽样框是移动电话名单，调查子总体 B。

对于固定电话覆盖群体，采用分层二阶段抽样方式。为保证所抽取的样本具有足够的代表性，将我国（不含港澳台地区）按省、直辖市和自治区分为 31 层，各层独立抽取样本。

省内采取样本自加权的抽样方式。各地市州（包括所辖区、县）样本量根据该城市固定住宅电话覆盖的 6 周岁及以上人口数占全省总覆盖人口数的比例分配。

对于手机覆盖群体，抽样方式与固定电话群体类似，也将我国（不含港澳台地区）按省、直辖市和自治区分为 31 层，各层独立抽取样本。省内按照各地市居民人口所占比例分配样本，使省内样本分配符合自加权。

为了保证每个地市州内的电话号码被抽中的机会近似相同，使电话多的局号被抽中的机会多，同时也考虑到了访问实施工作的操作性，在各地市州内电话号码的抽取按以下步骤进行：

手机群体调研方式是在每个地市州中，抽取全部手机局号；结合每个地市州的有效样本量，生成一定数量的四位随机数，与每个地市州的手机局号相结合，构成号码库（局号＋4 位随机数）；对所生成的号码库进行随机排序；拨打访问随机排序后的号码库。固定电话群体调研方式与手机群体相似，同样是生成随机数与局号组成电话号码，拨打访问这些电话号码。但为了不重复抽样，此处只访问住宅固定电话。

网民规模根据各省统计局最新公布的人口属性结构，进行多变量联合加权的方法进行统计推算。

3. 抽样误差

根据抽样设计分析计算，网民个人调查结果中，比例型目标量（如网民普及率）估计在置信度为95%时的最大允许绝对误差为0.3个百分点。由此可推出其他各种类型目标量（如网民规模）估计的误差范围。

4. 调查方式

通过计算机辅助电话访问系统（CATI）进行调查。

5. 调查总体和目标总体的差异

CNNIC在2005年末曾经对电话无法覆盖人群进行过研究，此群体中网民规模很小，随着我国通信业的发展，目前该群体的规模逐步缩减。因此本次调查研究有一个前提假设，即：针对该项研究，固话和手机无法覆盖人群中的网民在统计中可以忽略不计。

（二）网上自动搜索与统计数据上报

网上自动搜索主要是对网站数量进行技术统计，而统计上报数据主要包括IP地址数和域名数。

1. IP地址总数

IP地址分省统计的数据来自亚太互联网络信息中心（APNIC）和中国互联网络信息中心（CNNIC）IP地址数据库。将两个数据库中已经注册且可以判明地址所属省份的数据，按省分别相加得到分省数据。由于地址分配使用是动态过程，所统计数据仅供参考。同时，IP地址的国家主管部门工业和信息化部也会要求我国IP地址分配单位每半年上报一次其拥有的IP地址数。为确保IP数据准确，中国互联网络信息中心（CNNIC）会将来自APNIC的统计数据与上报数据进行比较、核实，确定最终IP地址数。

2. 网站总数

由CNNIC根据域名列表探测得到。".cn"和".中国"域名列表由CNNIC数据库提供，通用顶级域名（gTLD）列表由国际相关域名注册局提供。

3. 域名数

".cn"和".中国"下的域名数来源于中国互联网络信息中心（CNNIC）数据库；通用顶级域名（gTLD）及新通用顶级域名（New gTLD）由国内域名注册单位协助提供。

二、报告术语界定

1）网民：指过去半年内使用过互联网的6周岁及以上我国居民。

2）手机网民：指过去半年通过手机接入并使用互联网，但不限于仅通过手机接入互联网的网民。

3）电脑网民：指过去半年通过电脑接入并使用互联网，但不限于仅通过电脑接入互联网的网民。

4）农村网民：指过去半年主要居住在我国农村地区的网民。

5）城镇网民：指过去半年主要居住在我国城镇地区的网民。

6）IP地址：IP地址的作用是标识上网计算机、服务器或者网络中的其他设备，是互联网中的基础资源，只有获得IP地址（无论以何种形式存在），才能和互联网相连。

7）网站：是指以域名本身或者"www. +域名"为网址的Web站点，其中包括中国的国家顶级域名".cn"".中国"和通用顶级域名（gTLD）下的Web站点，该域名的注册者位于我国境内。如：对域名cnnic.cn来说，它的网站只有一个，其对应的网址为cnnic.cn或www.cnnic.cn，除此以外，whois.cnnic.cn，mail.cnnic.cn……等以该域名为后缀的网址只被视为该网站的不同频道。

8）调查范围：除非明确指出，本报告中的数据指中国大陆地区，均不包括香港、澳门和台湾地区在内。

9）调查数据截止日期：本次统计调查数据截止日期为2020年3月15日。

第九章　互联网基础资源附表

附表 1　各地区 IPv4 地址数

地　　区	地址量	折合数
中国大陆	339092992	20A + 58B + 43C
中国台湾	35695872	2A + 41B + 223C
中国香港	12382720	166B + 104C
中国澳门	336640	5B + 33C

附表 2　大陆地区 IPv4 地址按分配单位表

单位名称	地址量	IPv4 地址总量
中国电信集团公司	125763328	7A + 126B + 255C
中国联合网络通信有限公司	69866752①	4A + 42B + 21C
CNNIC IP 地址分配联盟	61979904②	3A + 177B + 189C
中国移动通信集团公司	35294208	2A + 26B + 140C
中国教育和科研计算机网	16649728	254B + 14C
中移铁通有限公司	15796224③	241B + 8C
其他	13742848	209B + 179C
合计	339092992	20A + 58B + 43C

注: 1. 数据来源: 亚太互联网络信息中心 (APNIC)、中国互联网络信息中心 (CNNIC)。

　　2. 以上数据统计截止日为 2019 年 12 月 31 日。

① 中国联合网络通信有限公司的地址包括原联通和原网通的地址,其中原联通的 IPv4 地址 6316032 (96B + 96C) 是经 CNNIC 分配。

② CNNIC 作为经 APNIC 和国家主管部门认可的中国国家级互联网注册机构 (NIR),召集国内有一定规模的互联网服务提供商和企事业单位,组成 IP 地址分配联盟,目前 CNNIC 地址分配联盟的 IPv4 地址总持有量为 8497 万个,折合 5.1A;上表中所列 IP 地址分配联盟的 IPv4 地址数量不含已分配给原联通和铁通的 IPv4 地址数量。

③ 中移铁通有限公司的 IPv4 地址是经 CNNIC 分配。

附表 3　各地区 IPv6 地址数　　　　　　　　　单位:块/32①

地　　区	地址量
中国大陆	47885
中国台湾	2538
中国香港	447
中国澳门	7

① IPv6 地址分配表中的块/32 是 IPv6 的地址表示方法,对应的地址数量是 $2^{(128-32)} = 2^{96}$ 个。

附表 4　大陆地区 IPv6 地址分配表

单位名称	IPv6 数量（块/32）
中国电信集团公司	16387
CNNIC IP 地址分配联盟	14328[①]
中国教育和科研计算机网	6162
中国联合网络通信有限公司	4097
中国移动通信集团公司	4097
中移铁通有限公司	2049[②]
中国科技网	17[③]
其他	748
合计	47885

注：1. 数据来源：APNIC、中国互联网络信息中心（CNNIC）。

　　2. 以上数据统计截止日为 2019 年 12 月 31 日。

① 目前 CNNIC IP 地址分配联盟的 IPv6 地址总持有量 16409 块/32；上表中所列 IP 地址分配联盟的 IPv6 地址数量不含已分配给中移铁通有限公司和中国科技网的 IPv6 地址数量。

② 中移铁通有限公司的 IPv6 地址是经 CNNIC 分配。

③ 中国科技网的 IPv6 地址是经 CNNIC 分配。

附表 5　各省（区、市）IPv4 比例

省　份	比　例
北京	25.49%
广东	9.54%
浙江	6.47%
山东	4.89%
江苏	4.76%
上海	4.51%
辽宁	3.33%
河北	2.85%
四川	2.77%
河南	2.63%
湖北	2.40%
湖南	2.36%
福建	1.94%
江西	1.73%
重庆	1.68%
安徽	1.65%
陕西	1.63%
广西	1.38%
山西	1.28%
吉林	1.21%
黑龙江	1.21%

（续）

省　份	比　例
天津	1.05%
云南	0.98%
内蒙古	0.77%
新疆	0.60%
甘肃	0.47%
海南	0.47%
贵州	0.44%
宁夏	0.28%
青海	0.18%
西藏	0.13%
其他	8.92%
合计	100.00%

注：1. 数据来源：APNIC、中国互联网络信息中心（CNNIC）。

2. 以上统计的是 IP 地址持有者所在省份。

3. 以上数据统计截止日为 2019 年 12 月 31 日。

附表6　分省（区、市）域名数、".cn"域名数、".中国"域名数

省份	域　名		".cn"域名		".中国"域名	
	数量（个）	占域名总数比例	数量（个）	占".cn"域名总数比例	数量（个）	占".中国"域名总数比例
福建	6951243	13.6%	4227657	18.9%	1505477	88.4%
广东	6118385	12.0%	2037735	9.1%	21389	1.3%
北京	5049877	9.9%	1965633	8.8%	28740	1.7%
河南	3135248	6.2%	1058690	4.7%	4658	0.3%
湖南	2501484	4.9%	907915	4.0%	2753	0.2%
江苏	2425387	4.8%	1098288	4.9%	11242	0.7%
四川	2170482	4.3%	849678	3.8%	11035	0.6%
湖北	2063296	4.1%	885753	3.9%	5340	0.3%
浙江	1840148	3.6%	615742	2.7%	8895	0.5%
山东	1773097	3.5%	774486	3.5%	24143	1.4%
江西	1566758	3.1%	746128	3.3%	5795	0.3%
安徽	1513616	3.0%	652114	2.9%	2734	0.2%
上海	1388849	2.7%	719673	3.2%	9575	0.6%
河北	1383850	2.7%	750388	3.3%	5489	0.3%
广西	1252634	2.5%	582665	2.6%	2230	0.1%
贵州	1199342	2.4%	414203	1.8%	3249	0.2%

（续）

省份	域　名		". cn" 域名		". 中国" 域名	
	数量（个）	占域名总数比例	数量（个）	占". cn" 域名总数比例	数量（个）	占". 中国" 域名总数比例
陕西	1074086	2. 1%	471840	2. 1%	5292	0. 3%
云南	990032	1. 9%	413092	1. 8%	5518	0. 3%
辽宁	961913	1. 9%	583668	2. 6%	6775	0. 4%
山西	820642	1. 6%	477209	2. 1%	1903	0. 1%
重庆	811992	1. 6%	301415	1. 3%	5404	0. 3%
海南	641935	1. 3%	324006	1. 4%	441	0. 0%
吉林	626679	1. 2%	234719	1. 0%	1572	0. 1%
黑龙江	560257	1. 1%	256080	1. 1%	3280	0. 2%
甘肃	343054	0. 7%	174505	0. 8%	919	0. 1%
天津	334146	0. 7%	145469	0. 6%	1697	0. 1%
内蒙古	279128	0. 5%	142158	0. 6%	1304	0. 1%
新疆	158680	0. 3%	66247	0. 3%	918	0. 1%
宁夏	81511	0. 2%	43354	0. 2%	440	0. 0%
青海	38997	0. 1%	20639	0. 1%	181	0. 0%
西藏	20058	0. 0%	13793	0. 1%	457	0. 0%
其他	865489	1. 7%	471958	2. 1%	14611	0. 9%
合计	50942295	100. 0%	22426900	100. 0%	1703456	100. 0%

附表 7　按后缀形式分类的网页情况

网页后缀形式	比　　例
html	46.08%
htm	4.02%
/	14.93%
shtml	2.93%
asp	0.94%
php	5.99%
jsp	0.27%
aspx	1.58%
其他后缀	23.26%
合计	100.00%

注：数据来源：百度在线网络技术（北京）有限公司。

附表 8　分省（区、市）网页数

省　份	去重之后网页总数	静态	动态	静、动态比例
北京	112491651009	77342016903	35149634106	2.20
广东	40580470043	29748748331	10831721712	2.75
浙江	35523633334	23631891744	11891741590	1.99
上海	21170500933	14300570128	6869930805	2.08
河南	14789152264	9976529229	4812623035	2.07
江苏	14384291053	9607980457	4776310596	2.01
河北	11161383615	7503258278	3658125337	2.05
福建	7092222905	5400446405	1691776500	3.19
山东	5844398886	4307931973	1536466913	2.80
天津	4377725523	3038028826	1339696697	2.27
四川	4268267276	3366241581	902025695	3.73
山西	3831038657	2534070871	1296967786	1.95
安徽	3512065237	2604914559	907150678	2.87
辽宁	2198633421	1492239032	706394389	2.11
江西	2161699656	1460205872	701493784	2.08
吉林	2052845780	1402714088	650131692	2.16
湖北	1990192685	1411521169	578671516	2.44
黑龙江	1844942262	1398261838	446680424	3.13
广西	1832653391	1339607180	493046211	2.72
云南	1733805207	985537723	748267484	1.32
湖南	1405631922	1010646291	394985631	2.56
陕西	1231035945	792047131	438988814	1.80
海南	1114258097	825081057	289177040	2.85
重庆	564347920	325629097	238718823	1.36
贵州	250343770	163481223	86862547	1.88
内蒙古	184534517	102660381	81874136	1.25
甘肃	125306189	91319683	33986506	2.69
新疆	67219451	57610753	9608698	6.00
青海	25652178	18892545	6759633	2.79
宁夏	16183704	11810633	4373071	2.70
西藏	3827681	3417364	410317	8.33
合计	297829914511	206255312345	91574602166	2.25

注：数据来源：百度在线网络技术（北京）有限公司，未计入我国港澳台地区数据。

附表 9　分省（区、市）网页字节数

省　份	总页面大小	页面平均大小（KB）
北京	9349712147880	83
广东	2722564025419	67

（续）

省　份	总页面大小	页面平均大小（KB）
浙江	2221857618145	63
上海	1648299212791	78
河北	906223987575	81
河南	824930039794	56
江苏	686503236366	48
福建	415362417431	59
山西	401630768645	105
山东	339951150001	58
天津	255307201411	58
四川	217571936607	51
辽宁	118259434858	54
安徽	98808794584	28
黑龙江	97846328385	53
云南	86878724976	50
江西	85017269600	39
吉林	84479735961	41
湖北	82122912915	41
广西	77969322193	43
湖南	58805314272	42
海南	56951737002	51
陕西	48803927625	40
重庆	36677422799	65
贵州	13567030133	54
内蒙古	6019885013	33
甘肃	6005173801	48
新疆	2530200633	38
青海	1010039117	39
宁夏	554646285	34
西藏	142248491	37
合计	20952363890708	70

注：数据来源：百度在线网络技术（北京）有限公司，未计入我国港澳台地区数据。